动物行为学

（第二版）

尚玉昌　编著

北京大学出版社
PEKING UNIVERSITY PRESS

图书在版编目(CIP)数据

动物行为学/尚玉昌编著. —2 版. —北京:北京大学出版社,2014.9
ISBN 978-7-301-24847-8

Ⅰ.①动… Ⅱ.①尚… Ⅲ.①动物行为—教材 Ⅳ.①Q958.12

中国版本图书馆 CIP 数据核字(2014)第 217523 号

内 容 简 介

动物行为学的研究成果不仅可用于农业、畜牧业、养殖业等部门以大大提高经济效益,而且对促进仿生学、生理学、心理学、遗传学、进化论等学科的发展也具有不可估量的意义。

本书在第一版基础上新增了近十年动物行为学研究的新进展。全书从动物行为的研究方法、行为遗传、行为进化、行为生理、行为发育、觅食行为、时空行为、社会生活与通讯、学习行为等多种角度,对动物行为学的基本理论和方法进行了系统全面的阐述。书中列举的大量实例生动有趣,笔触严谨而又不失诙谐,为读者呈现出多姿多彩的动物世界。

本书既可作为大学本科生和研究生的教材,也可作为中学生物教师及奥林匹克生物竞赛参赛者的参考书,还可供有兴趣的读者阅读。

书　　　　名:	动物行为学(第二版)
著作责任者:	尚玉昌　编著
责 任 编 辑:	郑月娥
标 准 书 号:	ISBN 978-7-301-24847-8/Q·0149
出 版 发 行:	北京大学出版社
地　　　　址:	北京市海淀区成府路 205 号　100871
网　　　　址:	http://www.pup.cn
新 浪 微 博:	@北京大学出版社
电 子 信 箱:	zpup@pup.cn
电　　　　话:	邮购部 62752015　发行部 62750672　编辑部 62767347　出版部 62754962
印　刷　者:	北京宏伟双华印刷有限公司
经　销　者:	新华书店
	787 毫米×1092 毫米　16 开本　29.75 印张　750 千字
	2005 年 7 月第 1 版
	2014 年 9 月第 2 版　2024 年 12 月第 14 次印刷
定　　　　价:	69.00 元

未经许可,不得以任何方式复制或抄袭本书之部分或全部内容。
版权所有,侵权必究
举报电话:010-62752024　电子信箱:fd@pup.pku.edu.cn

第二版前言

本书自 2005 年出版发行以来,受到国内广大读者的欢迎,为满足读者购书要求每年都要重印一次,至今已重印了九次,发行量已达 3 万册,这说明在我国喜欢学习和研究动物行为的人还是不少的。动物对于人类之所以重要,是因为人类起源于动物界,而又离不开动物界。在人类进化历史的大部分时间内,人类几乎完全依赖野生动物和野生植物为生,但野生动物对人类的价值远不止从它们身上拿取一些东西,它们在科学、美学和实用方面的近期和长远价值还远未被人类充分认识。充满生机的动物世界大约是由几百万个物种组成的,每一种动物都是一个独一无二的基因库,其特性绝不会同其他任何动物重复。今天科学家十分关心保存这些遗传特性的多样性,因为它们对人类有巨大的、不可替代的潜在价值。现在我们既不能预测人类将来需要哪些动物,也不能预测哪些动物将为我们提供新的药物、新的原料和新的食物来源,但我们知道家畜品种很少是永远不变的,因此人类得不断利用野生动物的遗传特性对它们加以改良。一种现在被认为是毫无用处的动物,将来很可能会出人意料地成为对人类极有价值的物种,因此,研究和保护野生动物及其行为的多样性将为人类提供广泛的选择余地,以应对未来世界的变化。而动物行为学的知识和理论对于珍稀和濒危动物的保护和科学管理是不可或缺和至关重要的。

人类不仅在物质生活上离不开动物,在精神生活上也与动物密切相关,可以说我们每一个人都热爱大自然并为大自然所陶醉。我们周围美丽奇异的动物世界会使我们精神振奋,感到鼓舞并给我们以激励。大自然的美景和多彩多姿的动物给人类的生活增添了无穷的乐趣,并已成为世界旅游业最吸引人的内容之一,而且随着人类文明的发展,动物及其行为的美学价值也会越来越大。

正因为如此,人们对动物行为学的兴趣和研究热情持续升温,自本书 2005 年出版至今的短短几年间,动物行为学又有了很大发展,发表了很多论文和出版了不少新书,有些书则是一版再版,甚至出到第 10 版,极受欢迎。我一直跟踪和关注着动物行为学这一生物学的最年轻学科在全球的发展动态,并在《自然杂志》和其他自然科学刊物上连续发表文章介绍动物行为学研究的新进展。本书第二版也要与时俱进,反映这一学科的新进展,为此在内容上作了大量的增补,增补内容主要有:分子遗传学方法及研究实例;动物行为的神经生物学基础;替换行为;加拉帕戈斯群岛达尔文地雀的适应辐射;蜜蜂觅食行为研究的新进展;食物贮藏与计划未来;动物的求偶喂食行为;鸟类的食物多样性及取食适应;蝶类的拟态;动物的战斗行为;性选择的两种表现形式——性内选择和性间选择;优质基因与配偶选择;学习与配偶选择;社会性昆虫的一雌多雄制;混交制;一雄一雌制与多巴胺;亲代抚育行为的利弊分析;双亲偏爱;同胞互残;蝶类的生命周期——从卵到成虫;动物的栖息地选择;蜜蜂、蚂蚁和白蚁的社会生活;昆虫社会行为的进化与生态适应;蜜蜂的通讯行为;蚂蚁的化学通讯;蚂蚁的视觉、听觉和触觉通讯,以及动物的文化传承等。

值得一提的是,进入 21 世纪后,国外又陆续出版了一些动物行为学的专著或大学教科书,就我所看到和读到的就有:J. R. Krebs 和 N. B. Davies 著《An Introduction to Behavioural Ecology》(第 3 版,2004;第 4 版,2012);J. Alcock 著《Animal Behavior: An Evolutionary Approach》(第 9 版,2009;第 10 版,2013);L. A. Dugatkin 著《Principles of Animal Behavior》(第 2 版,2009);J. Goodenough, B. McGuire 和 E. Jakob 著《Perspectives on Animal Behavior》(第 3 版,2010);J. W. Bradbury 和 S. L. Vehrencamp 著《Principles of Animal Communication》(第 2 版,2011);A. Manning 和 M. S. Stamp 著《An Introduction to Animal Behaviour》(第 6 版,2012);M. D. Breed 和 J. Moore 著《Animal Behavior》(2012);J. G. Fleagle 著《Primate Adaptation and Evolution》(第 3 版,2013)。在这里特别应当提到的是,由 P. J. B. Slater, J. S. Rosenblatt, C. J. Snowdon 和 T. J. Roper 四位动物行为学家主编的《Advances in the Study of Behavior》每年出版一卷,至今已出版了 40 多卷,每卷都能反映当年动物行为研究的新进展,是学习和研究动物行为的重要参考资料。

最后,我要感谢北大出版社的领导和参与本书出版、重印发行和再版的所有工作人员,没有领导的支持和有关工作人员的努力,本书就不可能一再进行重印和再版。我特别要感谢本书的责编郑月娥同志,从本书的初版、多次重印到再版,她都极其认真负责地对全书进行了校对和修改,并提出了很多宝贵意见,在此深表谢意。

尚玉昌

2014 年 7 月于北京大学燕北园

第一版前言

动物行为学是生物学的一个分支学科,也是一门新兴学科,从学科建立到现在只有短短几十年的发展史。该学科发展的里程碑是 1973 年,当年有三位终生从事动物行为学研究的生物学家 K. Lorenz、N. Tinbergen 和 K. V. Frisch 共同获得了诺贝尔奖,这标志着动物行为学开始了一个加速发展的新时期。在此后的三十多年间,动物行为学无论从理论体系、知识深度和资料积累上都已有了很大发展,并已具备了一门独立学科所应具备的特征。当前国际上对动物行为的野外研究和室内研究、理论分析和实验分析都已有了长足进步,研究的深度和广度还在不断扩展。西方发达国家几乎所有稍有名气的大学都有专门从事动物行为学教学和研究的机构和人员。全球性的动物行为学学术会议也已举行过近三十届,其中第 22 届(1991 年 8 月 22 日至 29 日)是第一次在亚洲日本京都的 OTANI 大学举行,因为日本是亚洲动物行为学研究最发达的国家。目前,国外专门的动物行为学期刊或杂志已有二十多种,如《行为》(1947 年创刊)、《英国动物行为杂志》(1953)、《动物行为》(1953)、《动物行为实验杂志》(1963)、《行为实验分析杂志》(1964)、《生理学和行为》(1966)、《脑、行为与进化》(1970)、《学习行为与动机》(1970)、《行为研究进展》(1971)、《行为遗传学》(1971)、《动物的学习与行为》(1973)、《应用动物行为学》(1975)、《动物行为过程》(1975)、《鸟类行为》(1977)、《行为、生态学与社会生物学》(1977)、《行为和脑科学》(1978)、《动物行为学》(1978)、《行为学与社会生物学》(1980)等。而有关动物行为学的专著和教科书也出版了几十部之多,20 世纪 70 年代出版的有 H. Brown 著《Brain and Behavior》(1976)、E. R. Kandel 著《Cellular Basis of Behavior》(1976)、A. Payne 著《Social Behaviour in Vertebrates》(1976)、P. P. G. Bateson 著《Growing Points in Ethology》(1976)、T. A. Sebeok 著《How Animals Communicate》(1977)、J. D. Carthy 著《The Study of Behaviour》(第 2 版,1979)、John Alcock 著《Animal Behavior: An Evolutionary Approach》(第 2 版,1979)、R. A. Wallace 著《Animal Behavior: Its Development, Ecology and Evolution》(1979);80 年代出版的有 D. B. Lewis 著《Biology of Communication》(1980)、D. M. Guthrie 著《Neuroethology: An Introduction》(1980)、S. A. Barnett 著《Modern Ethology: The Science of Animal Behavior》(1981)、D. M. Bro 著《Biology of Behaviour》(1981)、E. M. Macphail 著《Brain and Intelligence in Vertebrates》(1982)、J. Balthazart 等著《Hormones and Behaviour in Higher Vertebrates》(1982)、R. L. Mellgren 著《Animal Cognition and Behavior》(1983)、K. Aoki 等著《Animal Behavior: Neurophysiological and Ethological Approach》(1984)、G. Horn 著《Memory, Imprinting and the Brain》(1985)、D. McFarland 著《Animal Behavior》(1985);90 年代出版的有 D. W. Leger 著《Biological Foundations of Behavior: An Integrative Approach》(1992)、J. W. Grier 等著《Biology of Animal Behavior》(第 2 版,1992)、L. C. Drickamer 著《Animal Behavior: Mechanism, Ecology, Evolution》(第 3 版,1992)、J. Goodenough 著《Perspectives on Animal Behavior》(1993)、J. Alcock 著《Animal Behavior》(第 5 版,1993)、D. McFarland 著《Animal Behaviour》(第 2 版,1993)、N. J. Mackintosh 著《Animal Learning and Cognition》(1994)、B. M. Bekoff 著《Animal Play》(1998);进入 21 世纪后出版的有 J. Alcock 著《Teaching' Animal Behavior》(第 7 版,2001)、J. Alcock 著

《Animal Behavior》(第7版,2001),L. C. Drickamer 著《Animal Behavior:Mechanism, Ecology, Evolution》(第5版,2002)。目前,动物行为学正处在蓬勃发展的时期,研究成果和人才不断涌现,发展前景广阔,令人向往和振奋。

动物行为学目前在我国还处于起步阶段,与国际水平相差甚远,直到现在也还没有一种专门的动物行为学期刊,也没有出版过一本动物行为学教材,本书如能出版算是国内的第一本。我是1988年在北京大学开始主讲动物行为学的,这也是国内高校第一次开设这门课程,当时还只是一门选修课,但一开讲便受到了广泛的关注和欢迎,选课者除北大学生外,还有来自校外单位的很多人,如中科院动物研究所、中国林业科学院、中国农业大学和北京师范大学等,选课人数最多达256人(按参加期末考试人数统计),很多人都在大阶梯教室的后面和两侧站着听课。这种状况对我是很大的支持和鼓舞,使我连续讲授了11年之久,并写了一本动物行为学讲义作教材(北大印刷厂印制)。我深深感到在我国高等院校开设动物行为学课程是势在必行,越早开越好。

我国从1993年开始年年参加国际奥林匹克生物竞赛,适逢今年在我国首都,且在北京大学举行。在每年国际生物奥赛的考题中都有动物行为学方面的内容(大约占5%),这种形势大大促进了我国中学生物学教材内容的改革。为了应对国际生物奥赛,在中学生物课本中不得不专门增加了动物行为学的章节,但现在的中学生物学教师们在师范院校学习时都没有学过动物行为学这门课程,而且国内有关动物行为的参考书和参考资料又极为贫乏,其教学难度可想而知,据参加全国奥赛辅导员培训班的中学教师反映,这部分内容是中学生物学教学中最没有把握和最难教的。目前,中学生物教师急需辅导、补课,更需要系统地学习动物行为学的理论和基础知识。多年来我一直为此而尽自己的微薄之力,走出北大为北京市和全国的中学生物教师、为参加各种培训班的中学教师辅导,并在教师进修学院讲授动物行为学,还连续多年为参加国际奥林匹克生物竞赛的国家代表队进行出国前的培训,为此曾连续5年获得了国家教委和中国科学技术协会的表彰和颁发的突出贡献奖。一个人的力量是有限的,这些年来我一直呼吁在我国综合性大学、农林大学和师范大学开设动物行为学课程,哪怕是选修课也好,但至今我国只有少数院校开设了这门课程,还远远达不到我个人的期望。这些年来,我与中学生物教师们接触比较多,深知他(她)们教学中的困难和需求,他(她)们一直都在期待和催促着我这本拙著能够早日出版,我现在终于可以告诉他(她)们不会等待很久了。北大出版社及本书的责任编辑郑月娥同志正在加紧工作,力争本书尽快出版,在此我要特别感谢北大出版社的领导和郑月娥同志,谢谢你们为此书出版所付出的辛勤劳动。

我深知,本书出版虽然是我国动物行为学教学和科研发展中的一件令人高兴和瞩目的事,但它并不能从根本上改变我国动物行为学的落后状况。这种落后状况时时敲打着我的心,这么多年来,我一直为改变这种状况而四处呼吁,并尽我个人所能做一点事,但个人的力量实在是太渺小了,深感力不从心。在本书出版之际,我再次呼吁:希望教育部门和科研部门的各级领导能够给予动物行为学这一新兴学科更多的关注和照顾,希望有志于从事我国动物行为学教学和研究的人,能够携起手来共同努力开创我国动物行为学发展的新局面,为早日改变我国动物行为学研究的落后状况而努力奋斗!

尚玉昌
2005年3月于北京大学

目 录

第一章 绪论 …………………………………………………………… (1)
    一、什么是行为和为什么要研究动物的行为 ………………………… (1)
    二、描述行为学和实验行为学 ………………………………………… (2)
    三、动物行为学的研究领域 …………………………………………… (5)
    四、动物行为学的研究内容 …………………………………………… (6)
    五、比较心理学派和行为学派 ………………………………………… (9)
    六、行为的进化和行为功能 …………………………………………… (10)
    七、动物行为谱 ………………………………………………………… (11)

第二章 动物行为的研究方法 ………………………………………… (14)
    一、比较心理学研究法 ………………………………………………… (15)
    二、行为学研究法 ……………………………………………………… (16)
    三、行为生态学和社会生物学研究法 ………………………………… (18)
    四、分子遗传学方法及研究实例 ……………………………………… (18)
    五、动物行为的神经生物学基础 ……………………………………… (20)
    六、动物行为观察的几点原则 ………………………………………… (23)

第三章 动物行为学中的一些基本概念和基本行为型 ……………… (26)
    一、反射 ………………………………………………………………… (26)
    二、动性 ………………………………………………………………… (27)
    三、趋性 ………………………………………………………………… (28)
    四、横定向 ……………………………………………………………… (29)
    五、释放行为的刺激阈值和空放行为 ………………………………… (30)
    六、行为反应的疲劳现象 ……………………………………………… (31)
    七、欲求行为和完成行为 ……………………………………………… (32)
    八、动物行为的动机 …………………………………………………… (33)
    九、动机的测定 ………………………………………………………… (34)
    十、刺激过滤 …………………………………………………………… (36)
    十一、行为的释放机制和关键刺激 …………………………………… (39)
    十二、释放者 …………………………………………………………… (40)
    十三、信号刺激 ………………………………………………………… (42)
    十四、刺激的累积 ……………………………………………………… (43)
    十五、超常刺激 ………………………………………………………… (44)
    十六、固定行为型 ……………………………………………………… (45)
    十七、本能与学习 ……………………………………………………… (47)
    十八、利他行为 ………………………………………………………… (50)

十九、替换行为 ……………………………………………………………… (53)
第四章　行为遗传 ……………………………………………………………… (55)
　第一节　问题与方法 …………………………………………………………… (55)
　　一、行为遗传学中的问题 …………………………………………………… (55)
　　二、评估遗传决定性的方法 ………………………………………………… (55)
　　三、杂交试验 ………………………………………………………………… (57)
　　四、动物行为遗传分析的几个实例 ………………………………………… (61)
　第二节　基因与动物行为 ……………………………………………………… (64)
　　一、基因对鹦鹉和蜘蛛行为的影响 ………………………………………… (64)
　　二、基因与黑顶莺的迁移行为 ……………………………………………… (65)
　　三、基因与果蝇的活动周期和求偶鸣叫节律性 …………………………… (66)
　　四、基因与束带蛇的行为 …………………………………………………… (68)
　　五、基因影响行为的生理基础 ……………………………………………… (69)
　　六、染色体对行为的影响 …………………………………………………… (70)
第五章　行为进化 ……………………………………………………………… (72)
　第一节　行为进化的证据和研究方法 ………………………………………… (73)
　　一、来自化石研究的证据 …………………………………………………… (73)
　　二、来自行为个体发育方面的证据 ………………………………………… (73)
　　三、遗痕行为 ………………………………………………………………… (74)
　　四、加拉帕戈斯群岛达尔文地雀的适应辐射 ……………………………… (74)
　　五、来自驯化方面的证据 …………………………………………………… (79)
　　六、近缘物种行为的比较研究 ……………………………………………… (80)
　　七、来自通讯行为仪式化方面的证据 ……………………………………… (82)
　　八、来自行为趋同方面的证据 ……………………………………………… (84)
　　九、吸血蛾吸血行为的起源和进化 ………………………………………… (84)
　第二节　行为适应的产生和进化 ……………………………………………… (86)
　　一、什么是行为适应 ………………………………………………………… (86)
　　二、对黑头鸥激怒反应功能假说的检验 …………………………………… (87)
　　三、对家燕激怒反应功能假说的检验 ……………………………………… (88)
　　四、近缘物种行为的比较研究 ……………………………………………… (89)
　　五、动物行为的适应价值 …………………………………………………… (91)
　　六、动物行为的进化特征 …………………………………………………… (92)
　　七、个体适应度和广义适应度 ……………………………………………… (94)
　第三节　通讯信号的起源和进化 ……………………………………………… (97)
　　一、重建通讯信号的进化史 ………………………………………………… (97)
　　二、蜜蜂的舞蹈通讯及其起源和进化 ……………………………………… (98)
　　三、通讯信号的利弊分析 …………………………………………………… (101)
　　四、通讯信号在捕食压力下是如何进化的 ………………………………… (103)
　　五、欺骗信号为什么会普遍存在 …………………………………………… (104)

第六章 行为生理 …… (106)
第一节 神经系统与行为 …… (106)
一、不同类群动物的神经系统及其进化关系 …… (106)
二、神经系统的基本结构单位及其功能 …… (110)
三、动物的感觉和知觉 …… (111)
四、感觉与行为 …… (113)
五、神经系统的研究方法 …… (117)
六、神经生物学与行为关系的研究实例 …… (122)

第二节 内分泌激素与行为 …… (125)
一、无脊椎动物的内分泌系统 …… (126)
二、脊椎动物的内分泌系统 …… (127)
三、激素与行为关系的研究方法 …… (130)
四、激素的功能之一——激活效应 …… (130)
五、激素的功能之二——组织效应 …… (132)
六、激素、环境与行为之间的相互作用 …… (135)
七、动物的睡眠行为 …… (138)

第七章 行为发育 …… (142)
第一节 动物发育期间行为发生变化的原因 …… (142)
一、神经系统发育引起的行为变化 …… (142)
二、激素改变引起的行为变化 …… (142)
三、其他形态改变引起的行为变化 …… (143)
四、经历与经验引起的行为变化 …… (143)

第二节 基因和环境在鸟类鸣叫发育中的作用 …… (144)
一、斑马雀鸣叫行为的控制机制 …… (144)
二、学习在白冠雀鸣叫发育中的作用 …… (145)
三、鸟类鸣叫学习的敏感期 …… (146)
四、鸣叫学习的本种倾向性和学唱对象的选择 …… (147)
五、雌鸟在雄性牛鸟叫声发育中的作用 …… (148)

第三节 行为发育的敏感期 …… (149)
一、什么是敏感期 …… (149)
二、敏感期的时间选择 …… (149)
三、敏感期对行为发育的重要性 …… (150)

第四节 行为发育的内稳定性 …… (156)
一、猕猴的社会行为发育 …… (157)
二、两栖动物的神经行为发育 …… (157)

第五节 昆虫和鱼类的行为发育 …… (159)
一、果蝇的行为发育 …… (159)
二、蜜蜂的行为发育 …… (160)
三、鱼类的行为发育 …… (161)

第八章　动物的觅食行为 …………………………………………………………（162）
第一节　最适觅食理论 …………………………………………………………（162）
一、最适觅食理论的概念 ………………………………………………………（162）
二、最适食物类型的选择 ………………………………………………………（163）
三、觅食行为的动机 ……………………………………………………………（166）
四、猎物的转换 …………………………………………………………………（167）
五、最适觅食地点的选择 ………………………………………………………（168）
六、捕食和竞争对最适觅食的影响 ……………………………………………（169）
第二节　动物觅食的技能和策略 …………………………………………………（170）
一、动物食性的多样性 …………………………………………………………（170）
二、食性的特化 …………………………………………………………………（172）
三、传粉动物与植物的协同适应 ………………………………………………（173）
四、动物的觅食技能 ……………………………………………………………（174）
五、动物的捕食策略 ……………………………………………………………（178）
六、鸟类的食物多样性及取食适应 ……………………………………………（184）
第三节　蜜蜂觅食行为研究的新进展 ……………………………………………（191）
一、蕈形体对蜜蜂觅食行为的影响 ……………………………………………（191）
二、基因、mRNA与蜜蜂觅食行为的关系 ……………………………………（192）
三、激素与蜜蜂觅食行为的关系 ………………………………………………（193）
第四节　动物的求偶喂食行为 ……………………………………………………（194）
一、求偶喂食行为的概念和实例 ………………………………………………（194）
二、求偶喂食与欺骗 ……………………………………………………………（195）
三、求偶喂食行为的生物学功能 ………………………………………………（196）
四、求偶喂食行为的进化 ………………………………………………………（197）
第五节　食物的贮藏与计划未来 …………………………………………………（198）
一、鸟类脑大小对觅食创新的影响 ……………………………………………（199）
二、动物有计划未来的能力吗 …………………………………………………（200）
三、脑海马大小与贮食行为的关系 ……………………………………………（201）
四、贮食行为的进化与系统发生 ………………………………………………（201）
第六节　动物的防御行为 …………………………………………………………（202）
一、防御行为的概念、类型和功能 ……………………………………………（202）
二、初级防御 ……………………………………………………………………（203）
三、次级防御 ……………………………………………………………………（209）
四、蝶类的拟态 …………………………………………………………………（216）
第七节　动物的战斗行为 …………………………………………………………（219）
一、会导致严重受伤和死亡的战斗 ……………………………………………（219）
二、分阶段和逐步升级的战斗 …………………………………………………（220）
三、靠威吓战胜对手 ……………………………………………………………（221）
四、仪式化战斗 …………………………………………………………………（222）

五、决定战斗胜负的心理因素 ……………………………………… (223)
第九章　动物的生殖行为 ……………………………………………… (225)
　第一节　两性生殖对策 ………………………………………………… (225)
　　一、两性差异和亲代投资 ……………………………………………… (225)
　　二、性选择、性二型和两性作用的逆转 ……………………………… (226)
　　三、性选择的两种表现形式——性内选择和性间选择 …………… (229)
　　四、优质基因与配偶选择 ……………………………………………… (230)
　　五、学习与配偶选择 …………………………………………………… (231)
　　六、竞争交配权 ………………………………………………………… (232)
　　七、精子竞争 …………………………………………………………… (237)
　　八、雌性动物的配偶选择 ……………………………………………… (241)
　　九、雄性只提供精子时的配偶选择 …………………………………… (244)
　第二节　婚配体制 ……………………………………………………… (246)
　　一、雄性动物婚配体制的多样性 ……………………………………… (246)
　　二、一雌多雄的婚配体制 ……………………………………………… (251)
　　三、一雄多雌的婚配体制 ……………………………………………… (252)
　　四、社会性昆虫的一雌多雄制 ………………………………………… (261)
　　五、混交制 ……………………………………………………………… (261)
　　六、一雄一雌制与多巴胺 ……………………………………………… (262)
　　七、婚配体制的研究实例——岩鹨 …………………………………… (262)
　第三节　亲代抚育 ……………………………………………………… (263)
　　一、亲代抚育行为的利弊分析 ………………………………………… (263)
　　二、亲代抚育通常是由雌性个体提供 ………………………………… (264)
　　三、雄性个体提供亲代抚育的实例 …………………………………… (265)
　　四、亲代对子代的识别（亲子识别） ………………………………… (267)
　　五、不同类群动物的亲代抚育 ………………………………………… (268)
　　六、双亲偏爱 …………………………………………………………… (270)
　　七、同胞（兄弟姐妹）互残 …………………………………………… (271)
第十章　动物的时空行为 ……………………………………………… (274)
　第一节　生物节律和生物钟 …………………………………………… (274)
　　一、生物节律和生物钟的研究简史 …………………………………… (274)
　　二、生物节律的概念和特征 …………………………………………… (275)
　　三、生物节律的类型 …………………………………………………… (276)
　　四、生物钟的调控 ……………………………………………………… (281)
　　五、生物节律和生物钟的适应意义 …………………………………… (283)
　　六、生物钟的特性 ……………………………………………………… (285)
　　七、生物钟的作用机制 ………………………………………………… (288)
　　八、各类动物昼夜节律生物钟的组织与调控 ………………………… (291)
　　九、蝶类的生命周期——从卵到成虫 ………………………………… (295)

第二节　动物的迁移行为 …………………………………………………（299）
　　一、什么是迁移 ……………………………………………………（299）
　　二、动物迁移的研究方法 …………………………………………（300）
　　三、动物迁移的诱发因素 …………………………………………（300）
　　四、动物迁移的利弊分析 …………………………………………（301）
　　五、动物迁移的起源 ………………………………………………（303）
　　六、动物迁移与人类的关系 ………………………………………（304）
　　七、哺乳动物的迁移 ………………………………………………（304）
　　八、鸟类的迁移 ……………………………………………………（306）
　　九、爬行动物的迁移 ………………………………………………（314）
　　十、两栖动物的迁移 ………………………………………………（315）
　　十一、鱼类的迁移（洄游）…………………………………………（316）
　　十二、昆虫的迁移 …………………………………………………（319）
第三节　动物的定向和导航机制 ………………………………………（321）
　　一、利用地标定向和导航 …………………………………………（321）
　　二、利用太阳定向和导航 …………………………………………（322）
　　三、利用星星和星空定向和导航 …………………………………（325）
　　四、利用月亮定向和导航 …………………………………………（326）
　　五、利用地球磁场定向和导航 ……………………………………（327）
　　六、利用嗅觉定向和导航 …………………………………………（329）
　　七、利用电和电场定向和导航 ……………………………………（330）
　　八、利用声音定向和导航 …………………………………………（331）
第四节　动物的领域行为 ………………………………………………（333）
　　一、巢域、核域和领域 ……………………………………………（333）
　　二、动物保卫领域的方法 …………………………………………（334）
　　三、领域的类型 ……………………………………………………（335）
　　四、领域的标记 ……………………………………………………（336）
　　五、种间领域 ………………………………………………………（338）
第五节　动物的栖息地选择 ……………………………………………（339）
　　一、栖息地选择与理想自由分布理论 ……………………………（339）
　　二、散布和迁移 ……………………………………………………（340）
　　三、迁移行为的进化史 ……………………………………………（341）

第十一章　动物的社会生活与通讯 ………………………………………（343）
第一节　动物的社会生活 ………………………………………………（343）
　　一、群体无脊椎动物 ………………………………………………（343）
　　二、社会性昆虫 ……………………………………………………（344）
　　三、蜜蜂的社会生活 ………………………………………………（346）
　　四、蚂蚁的社会生活 ………………………………………………（349）
　　五、白蚁的社会生活 ………………………………………………（353）

六、昆虫社会行为的进化和生态适应 …………………………………………（356）
　　　七、鱼类 ……………………………………………………………………………（360）
　　　八、两栖动物和爬行动物 …………………………………………………………（361）
　　　九、鸟类 ……………………………………………………………………………（362）
　　　十、哺乳动物 ………………………………………………………………………（364）
　第二节　社会生活的好处和代价 ………………………………………………………（367）
　　　一、问题的提出 ……………………………………………………………………（367）
　　　二、社会生活的好处 ………………………………………………………………（367）
　　　三、社会生活的代价 ………………………………………………………………（369）
　第三节　动物的通讯及通讯方式 ………………………………………………………（370）
　　　一、什么是通讯 ……………………………………………………………………（370）
　　　二、动物为什么要通讯 ……………………………………………………………（370）
　　　三、动物的通讯方式 ………………………………………………………………（372）
　　　四、动物通讯的代价 ………………………………………………………………（379）
　　　五、对动物通讯方式的选择压力 …………………………………………………（379）
　　　六、蜜蜂的通讯行为 ………………………………………………………………（383）
　　　七、蚂蚁的化学通讯 ………………………………………………………………（385）
　　　八、蚂蚁的视觉、听觉和触觉通讯 ………………………………………………（388）
　第四节　动物通讯的功能 ………………………………………………………………（390）
　　　一、识别物种 ………………………………………………………………………（390）
　　　二、识别社会等级 …………………………………………………………………（392）
　　　三、识别种群 ………………………………………………………………………（393）
　　　四、吸引异性 ………………………………………………………………………（394）
　　　五、求偶 ……………………………………………………………………………（394）
　　　六、使卵的孵化同步 ………………………………………………………………（395）
　　　七、乞食和喂食 ……………………………………………………………………（395）
　　　八、报警 ……………………………………………………………………………（396）
　　　九、求救呼叫 ………………………………………………………………………（397）
　　　十、招募 ……………………………………………………………………………（398）
　　　十一、靠身体接触保持社会联系 …………………………………………………（398）
　第五节　通讯信号的进化 ………………………………………………………………（399）
　　　一、为什么炫耀行为总是刻板不变的 ……………………………………………（399）
　　　二、仪式化的炫耀行为是怎样进化来的 …………………………………………（400）
　　　三、仪式化的实际过程 ……………………………………………………………（403）
第十二章　动物的学习行为 …………………………………………………………………（405）
　　　一、什么是学习 ……………………………………………………………………（405）
　　　二、学习与适应 ……………………………………………………………………（405）
　　　三、学习敏感期 ……………………………………………………………………（406）
　　　四、学习的类型 ……………………………………………………………………（408）

五、习惯化 …………………………………………………………………………（408）
六、经典条件反射 …………………………………………………………………（410）
七、操作条件反射 …………………………………………………………………（412）
八、试-错学习 ……………………………………………………………………（413）
九、潜在学习 ………………………………………………………………………（419）
十、模仿学习 ………………………………………………………………………（420）
十一、玩耍学习 ……………………………………………………………………（421）
十二、印记学习 ……………………………………………………………………（423）
十三、学习集 ………………………………………………………………………（427）
十四、顿悟学习 ……………………………………………………………………（428）
十五、动物的文化传承 ……………………………………………………………（429）
十六、动物使用工具 ………………………………………………………………（433）

参考文献 ……………………………………………………………………………（437）
动物行为学名词英-中对照及释义 ………………………………………………（446）

第一章 绪 论

一、什么是行为和为什么要研究动物的行为

1. 行为的定义

什么是行为？要给行为下一个确切的普适的定义是很困难的,因为行为(behavior)一词在不同的科学领域有不同的含义,即使是在生物学领域内,行为一词也广泛地应用于不同的研究层次上,如个体行为、细胞行为、基因行为和分子行为等。一般说来,动物行为学(ethology)中所说的行为是指个体行为和种群行为,通常是指动物各种形式的运动(跑、跳、游泳和飞翔等),鸣叫发声,身体的姿态,个体间的通讯和能够引起其他个体行为发生反应的所有外部可识别的变化,如身体颜色的改变、面部表情的变化和气味的释放等。因此,行为虽然常常表现为是某种动作或运动形式,但它并不局限于是一种动作或运动形式。一只看上去完全不动的雄性羚羊屹立在山巅,这往往是向同种个体显示它是这一特定领域的占有者,因此是一种炫耀行为;一只蜥蜴停在阳光下静伏不动,实际上它是在从阳光中吸取和积蓄热量,这是在变温动物中经常可以看到的行为热调节现象,它对动物的生存和活动非常重要;一只雌蛾在夜间释放性信息素吸引雄蛾或一只雌萤在幽暗的角落以固定的频率放射冷光也是一种几乎看不出动作和形体变化的通讯行为。总之,行为是动物在个体层次上对外界环境的变化和内在生理状况的改变所做出的整体性反应并具有一定的生物学意义,动物只有借助于行为才能适应多变的环境(生物的和非生物的),以最有利的方式完成取食、饮水、筑巢、寻找配偶、繁殖后代和逃避敌害等各种生命活动,以便最大限度地确保个体的存活和子代的延续。为了做到这一点,动物个体必须以一个整合的协调单位做出反应,首先是把来自环境和体内的各种刺激加以整合,把信息转化为各种指令送达肌肉系统,并以适当的行为表现于外。动物的行为也和动物的形态和生理一样,不仅同时受到遗传和环境两方面的影响,而且也是在长期进化过程中通过自然选择形成的,因而同样具有种的特异性。有时,两个在形态上难以区分的物种,却可以通过不同的行为型加以识别,例如,在鸠鸽类鸟类中,目前还没有一个共同的形态特征把它们联系在一起,但它们极为特殊的饮水方式却与其他所有鸟类不同,这无疑是从行为方面揭示了这一类群的共同起源。在自然界,行为型也常常是近缘物种的种间隔离和种间辨识的一个重要方面,例如:所有萤科昆虫都是靠雌萤发出闪光来吸引雄萤的,但每种萤的闪光频率都不一样,而雄萤只对本种雌萤发出的闪光频率才有反应,这就从行为上避免了种间杂交。

行为还有另外一个定义:是动物所做的有利于眼前自身存活和未来基因存活的任何事情。从这个定义可以看出,行为不一定有利于动物个体的存活(如利他行为),但总是有利于基因的存活。R. Dawkins 把个体看成是基因的寓所和复制基因的机器。

2. 为什么要研究动物的行为

我们人类像所有的动物一样与其外部世界(包括生物的和非生物的)有着复杂的和重要的联系。人类获取食物和居所的能力、寻找配偶和生儿育女的能力以及躲避敌害的能力(至

少早期人类是这样)也和所有动物一样,对于种群的生存和延续是十分重要的。由于人类始终都和自然界的动物处于激烈竞争和密切依存的关系之中,所以从远古时代到现在人类始终都对动物的行为怀有极为浓厚的兴趣就不足为奇了。早期人类的生活与大型狩猎动物是密切联系在一起的,而昆虫和啮齿动物对现代人类的生存则更加重要,因为这些动物是人类食物的强大竞争者,而且还能传播很多危险的疾病。有人曾记载过,人类死于鼠类传染病的人数大大多于在历次战争中死亡的人数。据统计,全世界因鼠害而损失的粮食,相当于粮食总产量的5%,约可养活两三亿人口。要想控制啮齿动物的危害,必须从了解它们的生活习性和行为规律入手,对它们的行为了解得愈清楚愈全面,就愈有希望找到有效的防治措施。利用黑光灯诱蛾和糖醋酒诱杀粘虫就是依据对这些害虫趋光性取食行为的研究而制定出来的有效防治措施。

研究动物的行为不仅为有害动物的防治奠定了科学基础,而且也为各种有益动物的利用和珍稀濒危动物的保护提供了广阔前景,这些工作无一不是建立在动物行为研究基础之上的。根据对蜜蜂和熊蜂学习行为的研究,目前已能训练蜜蜂为人们所指定的作物和果树授粉,从而大大提高了这些有益昆虫的利用范围和经济作物的产量。将动物行为的研究成果广泛地应用于农业、畜牧业、林业和养殖业等产业,就能够大大地提高经济效益和工作效率。此外,研究动物的行为也有利于促进仿生学、生理学、心理学、遗传学、进化论、分类学和生态学的发展,具有不可估量的理论意义。近几十年来,国际上对动物行为的野外研究和室内研究、理论分析和实验工作都有了很大发展,有些人热衷于研究适用于所有行为的一般原理,有些人则集中精力对各种动物的行为进行比较研究并用模型解释所观察到的各种现象。对自然保护感兴趣的科学家则着重研究动物的生理学和行为过程,为的是能够挽救一些濒危物种。总之,全世界正在出现一个研究动物行为的热潮,这预示着动物行为学这门最年轻的学科将会展现出诱人的发展前景并取得重要的研究成果。

二、描述行为学和实验行为学

1. 描述行为学

行为学分析包括两个步骤,即观察动物的行为和解释动物的行为。动物的任何一种行为都可以从因果关系、生态功能、个体发生和遗传进化四个方面去解释,这是全面认识动物行为的几个重要方面,它们彼此互相补充,缺一不可。因果关系是指行为是由什么外部刺激和内部动机引起的;生态功能是指行为的适应意义和行为对动物个体的存活价值;个体发生是指一个特定行为为什么只出现在动物发育的一定阶段及其在动物个体发育中的变化规律;遗传进化是指行为的遗传规律和进化史,即某一特定行为是如何继承下来和如何进化的。

对动物行为进行科学研究的起点和基础是正确而又详细地收集和整理所研究动物的各种行为类型(即行为谱研究)。这种研究早期是依靠对观察记录的整理和分析,现在则有可能借助各种先进的记录和信息贮存仪器,如磁带录音机、录像机、摄影机、声波分谱仪、各种自动记录仪器和电生理技术等,这些技术的应用大大便利了对动物行为进行定量分析和比较分析。同时计算机的应用则大大加快了研究数据的处理速度。动物行为谱的研究有时又被理解为是行为形态学,因为动物的行为也和动物的形态一样具有种的特异性,即每个物种都具有自己所特有的行为型和行为特性。动物的行为和形态都是长期进化的产物,所以,行为学家在研究行为进化的时候常常采用形态进化的研究方法。

从一开始,行为学家就不是孤立地研究一种动物的行为,而总是把一种动物的行为同其他动物的行为进行比较研究。Charles Otis Whitman 对鸠鸽类行为的比较研究和 Oskar Heinroth 对雁鸭类行为的比较研究就是很好的例子。对整个属和整个科的行为谱进行比较研究和分析可以提供各类群间亲缘关系的重要线索和证据,有助于从行为进化的角度对动物进行系统分类,同时还可阐明各个行为型的进化过程。比较行为学(comparative ethology)主要就是研究行为的系统演化问题。

描述行为学的另一个重要任务是对各种行为型进行分类和命名。行为的分类可依据不同的标准,其中最常用的是功能标准,即依据行为的功能进行分类。通常是把具有相同或相似目的和效果的一些行为归入同一功能系统,已知的功能系统有运动、取食、求偶、亲代抚育、侵犯和学习等。而每一个功能系统又可以再分为亚系统,如取食行为又可细分为猎食、食物加工和食物贮存行为等;亲代抚育行为又包括筑巢、喂食和护幼行为等。

描述行为学也包括对行为层次性和行为顺序性的研究。一个行为型往往是由多层次上的运动或动作整合而成的,例如从单个肌肉或肌肉群的收缩到动物体某些部分的运动,再到由多个成分构成的复杂行为的表现等,越是处于低层次上的简单运动就越有可能属于不止一个功能系统。又如一个复杂的本能行为常常可以分解为肌肉运动、固定行为型、简单本能和复杂本能四个层次,它们经过合理地组织和整合才能完成一定的生物学功能。行为学家所要研究的行为层次往往是依据课题的性质而定,如果是要研究某种鸟类的歌声对雄鸟激素的依存关系,那么只要把整个歌声作为一个单位加以分析就足够了,但如果要研究歌声中哪些成分对其他雄鸟具有信息功能,那就需要对组成歌声的各种成分进行单独分析或部分成分之间的组合分析。此外,各个行为的发生也有明显的顺序性,有些行为总是一起发生,而且是按固定的顺序先后出现,但也有些行为是互相排斥和相互抑制的。以上这些问题都是属于行为组织或行为结构的研究范畴。

2. 实验行为学

通过描述行为学的研究可以掌握动物的各种行为型和行为发生的层次性和时间顺序性,但要想了解行为的因果关系,就必须借助于实验行为学的研究,下面我们举一个最简单的经典实例来加以说明。细腰蜂(*Ammophila campestris*)是一种掘地蜂,雌蜂在地下掘洞作巢,在巢内产一卵后便把洞口封死,待卵孵出幼虫后便重返巢中并把猎获的鳞翅目幼虫(麻醉或杀死)带回巢内充作幼蜂的食物,雌蜂大约要为每只幼蜂运送 3~7 只猎物,直到幼蜂化蛹时才再一次把洞口封死,使蛹能在地下安全羽化。雌蜂的这种行为顺序是很容易通过观察了解到的。但是,每只雌蜂要同时照顾和喂养几个洞穴中的蜂幼虫,而这些蜂幼虫的发育年龄又各不相同,因此,雌蜂往每个洞穴内运送猎物的大小和数量也不相同,那么,雌蜂是怎样知道每个洞穴内需要多少食物呢?这个问题只凭观察是无法解释的,但如果做一个简单的行为学实验就清楚了。如果人为地减少或增加洞穴中已存猎物的数量,雌蜂也相应地增加或减少它所带回的猎物的数量,这表明,雌蜂的行为并不是刻板的和固定不变的,而是根据每个巢内的具体情况运送食物的。原来,每天清晨雌蜂都要到每个洞巢内巡视一遍,并根据每个巢内的幼蜂和食物状况决定这一天运送多少猎物。如果在雌蜂巡视巢室以后再人为地增减巢室内食物的数目,雌蜂就不会再对这种变化做出任何反应(图 1-1)。

在实验行为学中,模型的使用起着重要的作用。模型是指对任何起刺激作用的现实物体的模仿,这种模仿可以在从很精确到很不精确的范围内变动,以便对诱发动物行为的刺激成分进行分析,看看到底是什么刺激成分对诱发动物的特定行为起了作用。模型常常只模仿动物

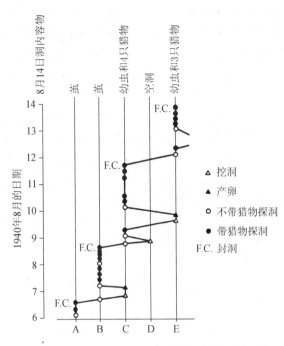

图 1-1 雌细腰蜂挖巢、产卵、贮食和封巢活动图解
A,B,C,D,E 代表它同时照顾的 5 个洞穴

身体的一部分，如鸟喙或头，并不断改变模仿的精确性(如改变各部分的比例、改变形状和颜色等)。甚至一些非自然物体(如木球和各种颜色的立方体)也可以当做模型使用，用录音磁带播放声音和人工释放某种气味也可看做是声音模型和气味模型。总之，行为学家可以任意改变自然物体的各个部分，以便能够找出这些自然物体的哪些成分是有效的刺激成分。在研究鸟类的叫声时也可以用改变歌声各组分的自然顺序、节律或增减某种声音频率的方法(即播放各种类型的录音)，来测定到底是歌声中的什么成分具有重要的生物学意义。

下面我们举一个利用模型来研究雏鸥啄击反应的实例。雏银鸥每当饥饿乞食时便用喙啄击成年鸥黄色喙上的红斑点，此时成年鸥便会反吐食物给雏鸥。试问，雏鸥的啄击反应是由什么外界刺激因素引发的呢？是成年鸥头上的什么东西诱发了雏鸥的反应呢？为了回答这个问题，行为学家用模仿成年鸥头部形态和颜色的各种硬纸卡模型做了试验，这些模型变换成年鸥喙及头部的着色和喙上斑点的颜色并作各种可能的组合(图1-2)。试验结果表明：诱发雏鸥啄击反应的信息是在成年鸥的喙上，而与成年鸥头部的形状、大小及颜色无关。成年鸥喙上的红斑点及其与底色的对比程度起着重要的作用。如果把成年鸥喙的模型染成适中的灰色，而其上的斑点由白色到黑色(经过不同程度的灰色)变动，那么最容易诱发雏鸥啄击反应的是斑点偏白或偏黑，位于白色和黑色正中间的灰色斑点所引起的啄击反应次数最少，这就是说，斑点与底色的对比越强烈，越容易诱发雏鸥的啄击反应。但是，一个喙为黄色、斑点为红色的仿真自然模型还是比任何其他非自然模型(如喙为灰色、斑点为黑色)更能有效地诱发雏鸥的啄击反应，虽然后者斑点与底色的反差可能更强烈。

除了银鸥以外，对很多其他动物都曾用模型作过类似分析。这些模型或是一个接一个地相继出现在受试动物面前，或是两个或更多模型同时出现在受试动物面前。同时出示多个模

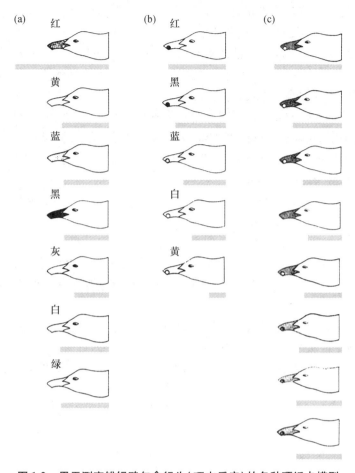

图 1-2　用于测定雏银鸥乞食行为(啄击反应)的各种硬纸卡模型

横棒长度代表啄击次数的多少。(a) 各种颜色的喙；(b) 黄色喙上各种颜色的斑点；(c) 在灰色喙上斑点由白色到黑色逐渐转变

型的好处是动物马上就可以对它们进行比较,而模型的相继出现往往会导致动物的适应和疲劳,使同一模型在试验前期出现和试验后期出现的效果不相等,也就是说,动物对模型做出的反应往往不能准确表明该模型的"价值"。

三、动物行为学的研究领域

除了描述行为学和实验行为学以外,行为学还包括几个不同的研究领域,这些领域各有自己所要研究的重点问题。生态行为学(ecoethology)是行为学中一个比较新的分支,主要是研究动物的行为与其生物和非生物环境之间的相互关系,它或是着重研究一个亲缘类群,或是着重研究同一生境内的各个物种。前者主要兴趣是要查明不同物种之间存在着哪些行为差异,这些差异又如何表现为对不同生境的适应,倘若其中有一个物种生活在一个与其他物种完全不同的生境内,而且它的行为也大大偏离了该类群动物的典型行为的话,那么常常可以由此得出一些特别有意义的结论。如果是研究一个生境(如沙漠和热带雨林),则主要兴趣是研究生活在该生境内的动物所发生的平行行为适应,由于这些物种一般不具有密切的亲缘关系,这些行为就可以被看成是该特定生境内的典型行为。

生态行为学的一个重要分支是社会生态学(socioecology)。社会生态学主要是研究动物的生活环境与其社会结构之间的关系,即研究一种动物成员的空间分布结构和社会组织(如它们是独居的、群居的、还是成对生活的等)。动物社会学(animal sociology)虽然也是研究动物的社会行为,但它同社会生态学不同,它特别强调社会行为机制的研究,例如研究有助于确立和维持社会结构的各种通讯方式等。

行为生理学(ethophysiology)是研究动物行为的生理基础,它的两个主要分支涉及对动物的行为起重要控制作用的两大系统,即神经系统和内分泌系统。神经行为学(neuroethology)主要研究感觉过程和构成动物行为基础的中枢神经系统,而行为内分泌学(ethoendocrinology)则主要研究激素和行为的相互关系。

行为遗传学(behavior genetics)是用遗传学方法研究动物行为的遗传学基础,目的是解释各遗传因子间的关系和它们如何影响动物的行为。

研究动物的行为随时间而变化的两个领域是行为的系统发育(phylogeny of behavior)和行为的个体发育(ontogeny of behavior)。前者是研究动物行为的起源和进化,后者是研究动物行为的个体发生过程,其中的行为胚胎学(behavioural embryology)则专门研究动物出生前的行为发育。

行为学最年轻的一个分支是人类行为学(human ethology),主要是用行为学的方法研究人类的行为,并特别注重从系统发生和遗传学的角度研究人类的行为。

生物学有几个分支学科虽然不属于行为学的范畴,但也涉及行为的研究,因此与行为学有一定的重叠性。其中最年轻的一个分支学科是社会生物学(sociobiology),它对当代的生物学思想有重要影响。就研究内容来讲,社会生物学是介于行为学和种群生物学之间的一个学科领域(种群生物学研究种群内个体的时空分布及其与生物和非生物环境的关系)。社会生物学与行为学一样特别重视采用比较研究的方法,它主要是研究社会行为的生物学基础和特定社会结构的适应性。同行为学相比,社会行为学不太重视机制(即决定一种动物或一个种群社会组织的各种机制)的研究。

社会生物学的研究使行为学家更加注意动物行为的种内变异和各个行为型的研究,同时还对很多行为特征提供了科学的解释,而这些行为特征以前用达尔文的个体选择理论一直没有得到合理的解释,例如动物的利他行为。

此外,与行为学交叉的两个研究领域是生物声学(bioacoustics)和生物节律的研究。生物声学是研究动物的发声,这门学科是在最近20年间随着高质量的录音设备和磁带录音机的问世而发展起来的。现在已能如实录下和播放动物的各种发声,而废弃了陈旧的文字描述和乐谱记录。生物声学的研究内容包括听觉器官、发声器官(如声带、摩擦发声器和羽毛变形发声等)、声音产生和感知的生理过程以及动物的发声与其生境的关系等。生物声学曾对动物声音通讯的研究和行为个体发育的研究做出过重要的贡献。

生物节律的研究涉及生活过程中那些有规律的、重复发生的事件及其基本过程。依据周期的长短可区分出日节律、月节律和年节律。由于动物行为的周期性表现得非常明显,所以生物节律的研究与动物行为学的关系非常密切。

四、动物行为学的研究内容

对于动物的行为可以从各种不同的角度加以研究,例如从进化的角度、从行为功能的角度、从心理机制和生理机制的角度等等。自然界的动物对于它们所生活的环境通常都具有极好的适应性，例如在地面筑巢的银鸥，由于它们的卵和雏鸥极易遭受捕食动物的侵袭，所以它们的巢非常隐蔽，成鸟有极发达的护巢护幼行为，当一只亲鸟外出觅食时，另一只亲鸟便留在巢中或巢的附近。对于银鸥的行为，科学家曾作过多方面的研究，其中包括反捕行为、卵滚出巢外时的行为反应和两性间的合作关系等。但行为学家也常提出各种问题，如为什么鸥卵具有特定的颜色？为什么雌雄成鸟在孵卵交接班时常常要表演一种复杂的行为仪式？等等。行为适应问题和行为机制问题是完全不同的两类问题，因此回答也自然不同。如果我们要问：鸟为什么孵卵？答案将依提问的不同侧重点而有所不同，大致有如下4种提问的方法：

(1) 鸟为什么孵卵？（侧重点在卵上）

(2) 鸟为什么孵卵？（侧重点在孵上）

(3) 鸟为什么孵卵？（侧重点在鸟上）

(4) 鸟为什么孵卵？（侧重点在为什么上）

显然，由于强调问题的不同部分就会做出不同性质的回答。第1个提问强调鸟为什么孵卵，而不是孵一块石头或一朵花，回答这一提问时必须表明卵的形状、大小和颜色对诱发亲鸟的孵卵行为有着重要的刺激作用，这是从外部刺激和因果关系的角度在研究动物的行为。大量的试验已经证明亲鸟有识别自己卵的机制，在这一机制中，卵的形状、大小和颜色起着重要的作用。

第2个提问强调的是鸟在干什么，即强调鸟是在孵卵而不是在吃卵。回答这一问题必然会涉及鸟的内在生理状态和动机。鸟只有在生殖季节时才有孵卵的生理要求和动机，当鸟处在非生殖季节的饥饿状态时就会把卵吃掉而不是去孵它。这实际上是从生理学的角度在研究动物的行为。回答这类问题需要具备动物生理学方面的知识，并需弄清楚"饥饿"和"孵"的生理内涵是什么。

第3个提问强调的是为什么鸟孵卵，而猫或猪不孵卵。对这一提问的回答是鸟具有产卵和孵卵的遗传素质而猫或猪却没有。可见，遗传因素对于行为的发育起着决定性的作用，行为遗传学就是研究各种行为特征是如何从一代传到另一代的，这是行为学研究的重要组成部分。

第4个提问强调的是为什么。我们可以回答说，鸟孵卵是为了能够从卵中孵出幼雏。成鸟不可能预先知道它们孵卵行为的后果是什么，但凡是不具有这种行为的成鸟就不会传下后代。这就是说，任何一个可遗传行为特征的存活价值都是由自然选择决定的。在自然种群中，一种行为能在多大程度上从一代传递到另一代，将决定于亲代的生殖成功率和该行为对动物在不利条件下的存活价值（如在食物短缺时、存在捕食者压力时和与其他同性个体竞争配偶时）。

从上述提问可知，对动物行为所提问题的回答，可以采取几种不同的观点。一般说来，心理学家对控制动物行为的机制最感兴趣，而进化生物学家的兴趣则在于这些行为机制是如何演变成现在这个样子的。行为学家认为，区分行为机制和行为设计（指自然选择对行为型的塑造和改进）是很重要的。鸟之所以孵卵是因为有某些机制使得它们这样做；自然选择之所以设计鸟的孵卵行为是因为这种行为能够完成一项重要的功能，它能确保鸟的存活和生殖。因此，关于行为设计和行为机制的各种问题对于全面了解动物的行为是非常重要的。

关于动物行为的适应，也常区分为基因型适应和表现型适应两类。前者是在进化过程中通过自然选择产生的，因此是可遗传的；后者只表现在一个个体身上，它是不遗传的。基因型适应可以以天蛾幼虫（*Leucorampha*）的炫耀行为为例，当它受到惊扰时便把头高高昂起，头部变扁，两侧显示出一对大的假眼，样子很像是一条蛇，常可把小鸟和其他捕食动物吓跑。通过进化,天蛾幼虫利用鸟类害怕蛇的心理有效地发展了自己的防御行为,其实天蛾幼虫本身并不具有什么特殊的防御能力,但继承了这种遗传特性的幼虫将比未获得这种遗传特性的幼虫具有更大的生存机会。

表现型适应常常与动物的学习过程、成熟过程和短时的生理调节有关。例如,一只鸥在低温有风的天气孵卵时,通常是采取迎风而卧的姿势并将身体紧紧地贴在卵上,这样有利于保存热量;但在炎热的晴天孵卵时,成鸥则轻轻地伏在卵上,刚好能遮住阳光,为了散热,成鸥会展开翅膀,喘着气并采取其他有利于降温的行为。这些表现都是对天气条件的生理适应和短期行为。

有些鸟类能够根据卵的色型学会识别自己的卵,这种适应性是通过学习获得的,因此当鸟巢因捕食或其他干扰而发生变化的时候,它们也能适应于这种变化。通过学习或生理适应对变化中的环境做出适当的反应,这种能力对于生活在可变环境中的动物来说是非常重要的。

达尔文在环球考察期间曾观察过许多对特定环境的巧妙适应,并将其看成是生物进化的有力证据。例如:从一个共同祖先进化来的加拉帕戈斯十多种地雀显示出了多种多样的形态(特别是喙)和行为特点,这些形态和行为差异无疑都是由于适应不同生境和食性的结果。食虫的树栖地雀像山雀一样极灵巧地在树枝间跳来跳去;啄木地雀则在垂直的树干上攀爬,并探寻着每一个树裂缝中的昆虫;莺地雀则像真正的莺那样迅速地飞来飞去;地栖地雀则只在地面上蹦蹦跳跳。从一个单一的祖种由于适应不同的生境而形成许多新种的现象就称为适应辐射,加拉帕戈斯地雀就是适应辐射的一个典型实例。另一个典型实例就是澳大利亚的有袋类哺乳动物,它们已分化为食草的、食虫的、食肉的、地下穴居的、攀树的和空中滑翔的许多生态类型。

加拉帕戈斯群岛的地雀不仅说明了适应辐射现象,而且与世界其他地区的鸟类也表现出了趋同进化现象。例如,莺地雀很像真正的莺,啄木地雀又极像啄木鸟。当不同的物种栖息在相同或相似的环境中时,往往会发生趋同进化,使一些并无亲缘关系的物种在形态和行为上极为相似(图1-3)。

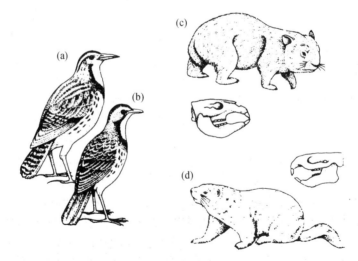

图1-3　趋同进化使一些毫无亲缘关系的物种在形态和行为方面十分相似
(a) 美洲的草地百灵(*Sturnella magna*)和(b) 非洲的黄喉长爪鹡鸰(*Macronyx croceus*)很相似;
(c) 澳大利亚的袋熊(*Phascolonus ursinus*)和(d) 美洲的旱獭(*Marmota monax*)很相似

五、比较心理学派和行为学派

在动物行为的研究领域中存在着两个不同的学派,即美洲的比较心理学派和欧洲的行为学派,这两个学派从不同的观点研究动物的行为。行为学派持有强烈的进化观点,因此他们所研究的动物种类是极其多种多样的,比较心理学派则常常只研究少数几种动物,特别是鼠和鸽,他们的研究目的是探索动物行为的共同规律,并将其应用于人类行为的研究。比较心理学家常常是在严格控制的实验室条件下进行研究,而大多数行为学家则是在野外动物的自然生境中观察动物的行为(图1-4)。心理学家对动物的学习行为特别感兴趣,并着重研究动物的学习能力和学习带给动物行为的应变性,这些方面的研究有助于解开人类学习之谜。行为学家感兴趣的是具有物种特异性的各种典型行为,这些行为是一个物种的所有成员都具有的,而且常常极为刻板不变,这就是人们常说的本能行为或先天行为。在心理学家和行为学家之间虽然常常存在分歧和争论,但双方的研究成果却是相辅相成、互为补充的,每一方都能从对方的研究中获得很多启示和教益。心理学家已经认识到了进化可导致动物彼此之间产生差异,并能影响动物的学习。而行为学家虽然强调行为的先天性和遗传性,但也并不认为动物行为

图 1-4
比较心理学家把动物关在饲养箱中观察它的行为,而行为学家则把自己关在隐蔽所内观察处在自由状态下的动物行为

是固定不变和不可塑造的,他们已经认识到不管动物的行为看上去是多么刻板固定,却都可能受到环境的影响或在学习过程中发生适应性变化。行为学家对心理学家在实验室内的严格实验方法也开始有所理解,所以现在有很多行为学家也在实验室内从事动物行为的研究工作,其中一些人甚至还使用心理学家常用的装置研究动物的学习能力。在关于动物的行为是先天的还是后天的争论中,争论结果往往是折中的,即在任何行为的发育中既不能忽视先天因素的作用也不能忽视后天因素的作用。行为学派和比较心理学派(两者一度曾展开过热烈的争论)之间的界限正在逐渐被打破,既受过行为学训练又受过心理学训练的人常常能够从事各种课题的研究工作,而这些课题是行为学家和心理学家都感兴趣的。

行为发育只不过是行为学家和心理学家都感兴趣的研究领域之一,另一个领域是动物行为因果关系的研究,即研究诱发行为发生的各种原因(体内因素除外)。动物需要保持对外部世界发生变化的感知能力,以便能够对很多不同的刺激做出适当的反应。如对潜在的危险要做出逃避反应,对食物或类似食物的东西应予趋近和捕捉,而对于可能成为其配偶的个体则应当做出接近和求偶的行为反应。行为学家同生理学家和心理学家一样都对动物的感觉过程感兴趣,他们研究的共同目标是了解外部世界的变化是如何能够转化为神经信号并引起动物的行为反应的。

生理、心理学家和行为学家对于内在的生理过程(如低血糖和激素增加)如何影响动物的行为也有着共同的兴趣。正如可用一个扬声器向动物播放求偶叫声或用一个摆出威胁姿态的模型测定动物的行为反应一样,动物的内在生理状况也可人为地加以改变,以便观察由此引起的行为反应。例如剥夺食物引起血糖下降或者用性激素对动物进行处理后观察这些生理变化对动物的行为会产生什么影响等。要想充分认识动物行为发生的因果关系,就必须了解外部刺激和体内生理变化是怎样影响神经系统,从而导致行为的产生的。同时也需要了解有关的神经机制,即了解位于感觉和运动之间的神经中枢及其通路,这通常属于神经生物学家的研究范畴。对行为的因果关系感兴趣的行为学家常常把动物作为一个"黑箱"处理,并不注意黑箱内部的变化。例如他们常常研究能够诱发动物行为的各种外部刺激和动物如何能在特定时刻做出某种特定的行为反应。事实上,动物的某些行为(如取食、饮水和交配等)常常发生在特定的时间内,对这一事实曾提出过很多不同的理论即有关"动机"(motivation)的各种理论,这些理论试图说明外部因素和内部因素是如何共同影响动物的行为的。早期的行为学家如 Lorenz 和 Tinbergen 等都极其重视这些理论的研究,但现在对于动机理论的研究已不如以前那样受到重视,这一方面是由于神经生理学家从神经机制的角度解释动物的行为日益受到重视,另一方面则是由于动机是一个复杂的问题,对于每一个行为系统都需要考虑很多不同的因素,而且难以用一个简单的整体模型加以概述,而早期的行为学家则喜欢提出各种动机模型。神经生理学主要是研究神经系统的功能,这一领域的研究已使心理学和行为学逐渐靠近,目前,很多行为学的研究都涉及神经机制问题,在很多情况下,行为机制必须从生理学的角度加以解释,而行为学家则一直重视行为机制的研究。心理学家对这方面的研究也有同样的兴趣。

六、行为的进化和行为功能

行为学家最感兴趣的研究领域还有行为的进化和行为的功能即行为的适应意义,这些研究与遗传学、进化生物学和生态学相互交叉,但同心理学家和神经生物学家感兴趣的课题相距较远。研究行为的进化是比较困难的,因为行为不可能遗留下化石,因此行为学家所能做的事情就是根据现存近缘物种行为的比较研究重建行为的进化过程(图1-5)。进行选择实验和对于不同于正常动物行为的突变体进行研究也有助于了解行为在进化过程中所发生的变化。

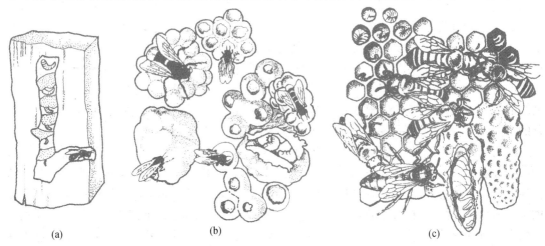

图1-5 通过近缘物种行为的比较研究重建行为的进化过程(从独居蜜蜂进化到高度社会化的蜜蜂)
(a)独居蜜蜂;(b)社会化程度不高的各种熊蜂;(c)高度社会化的蜜蜂,蜂巢庞大结构复杂,只有蜂后才能产卵

近期行为学研究的主要热点是在行为功能方面(即行为的适应意义),研究的主要目的是要了解行为对于物种存活与生殖的适应意义,也可称为是行为存活值的研究。最近二十多年来,进化理论已经发生了一场革命性变化,提出了许多令人鼓舞的新思想和新概念,其中对于行为学研究特别重要的新概念是"广义适合度"(inclusive fitness)和进化稳定对策(evolutionarily stable strategies)。这些新概念的提出开辟了更加广阔的研究前景,特别是加强了在野外对动物社会行为的研究,这些研究将能揭示动物的行为是如何通过自然选择的作用而演变为现在这个样子的。这一研究领域是行为学、生态学和进化论的密切交叉领域,常常被称为社会生物学,或者更恰当地说,应当称为行为生态学,因为它的研究内容不光是社会行为。此后在这一领域中曾进行过许多出色的研究,但也曾产生过不少争论,争论的问题之一是这些新概念是不是也适用于人类的行为。有些社会生物学家热心于把这些进化新概念应用在人类的研究上,认为从进化继承性的角度出发就能更好地理解人类自身的行为。还有人认为人类的行为虽然也会发生适应,但这种适应性并不是通过自然选择产生的,因为人类现在所占有的环境与过去进化时所处的环境有极大的不同,因此很难把人类的行为适应同自然选择联系起来。

研究动物的行为功能也有一定的难度,这是因为对行为功能可以提出各种假说,但这些假说很难进行科学验证。在很多情况下要想设计一个实验证实动物的行为有某种功能,往往并非易事。为了进行实验,必须设两组动物,一组是实验组,另一组是对照组。这两组动物的行为只能在人们想要检验的那个方面有所不同,而行为的其他方面则应当是完全一样的,这一要求往往是很难达到的。另一方面,行为的适应性只同物种进化所处的特定环境有关,因此实验最好是在自然条件下进行,这对实验设计又是一种限制。面对这些难题,很多行为生态学家干脆舍弃了实验法,而采取了观察法和相关分析法。但这种方法也有它的难处,例如猴群的大小可能与其巢域(home ranges)的大小相关,但这一事实本身并不能提供一种解释,因为一个较大的猴群可能需要一个较大的巢域才能满足其食物需求,而一个较大的巢域可能需要一个较大的猴群来保卫。也许这两方面都是由第三种因素所决定的,而它们彼此并不存在任何直接的相关关系。如果食物资源呈小面积地密集分布,那么一个地区资源耗尽时另一地区资源可能正值盛期,这种资源状况有可能促使产生一个大的巢域,以便保证巢域内至少总会有一种食物产区可供利用。反之,如果每一个小的食物产区的资源都很丰富,就可能促使产生一个大的猴群而不会对群体成员造成不利。可见,猴群的扩大和巢域的扩大都与彼此的作用无关,也就是说,两者的扩大都是由第三种因素(食物的分布格局)引起的。由此可见,在解释相关现象时必须十分小心。在研究动物的行为功能时,如果可能用实验进行验证,其结论将会更加可靠。做到这一点虽然不太容易,但的确曾设计过一些聪明巧妙的实验用于检验各种功能假说。

七、动物行为谱

行为学的重要研究内容之一就是建立一种动物的行为谱(ethogram),行为谱就是一个物种正常行为的全部名录或记录。如果不了解鼠类有沿着墙壁或其他垂直物体爬行的习性,我们就很难研究它的逃避行为。同样,如果不掌握物种正常行为的资料,对任何实验资料的解释也会成为问题。因此,积累这方面的资料是行为学家的基本任务之一,这项任务要求行为学家必须长时期与动物相处,并在不干扰它们各种日常活动的情况下详尽地记录动物的行为表现,只有全面地掌握了动物的正常行为,才能设计一些有意义的实验以便研究行为的因果关系。

下面我们以三刺鱼(*Gasterosteus aculeatus*)为例说明一种动物行为谱的建立,Tinbergen 曾详尽地记述过三刺鱼的行为(图1-6)。三刺鱼是生活在淡水中的一种小鱼,体长只有几厘米。Tinbergen 年轻时曾在莱顿大学讲授动物行为学课,并选择三刺鱼作为他的研究对象。应当说这一选择是相当幸运的,因为这种小鱼不仅好养和不怕人,而且是研究先天行为的极好材料。三刺鱼具有强烈的炫耀行为,生殖行为也很奇特并固守一定的程序,对某些外界刺激常常做出强烈的反应。这种小鱼在水族缸中的行为表现与在天然水域中几乎没有什么不同。雄鱼整个冬季都结群在水中游荡,春天一到便离开群体开始占据一个领域并不断把侵入领域的其他雄鱼或雌鱼驱赶出去。接着便开始了在领域中的建巢活动,先是挖一个小坑,坑中的泥沙是含在口中运走的,然后便收集水草(最喜欢丝状藻)并把它们堆放在小坑的上方,表面涂上一层从肾脏分泌出来的粘性物质,再用鼻部反复顶撞压实形成馒头状,然后靠身体的扭动穿行在草墩中钻出一条洞道,这条洞道通常只比鱼的身体短一点。巢建成后,雄鱼的体色开始发生变化,整个冬季鱼体都呈平淡而不醒目的灰色,现在它的颏开始出现粉红色,体背和眼部呈现出明亮的绿色,接着,粉红色又逐渐转变为鲜红色,而体背部则渐变为蓝白色。此时,雄鱼已披上了华丽的婚装,其行为也变得更为大胆,随时都可与雌鱼交配。

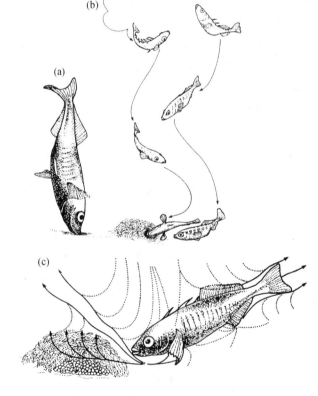

图 1-6 三刺鱼的求偶和生殖行为谱
(a) 雄鱼头向下对侵入其领域的另一条雄鱼进行威吓;(b) 雄鱼用之字形舞把雌鱼带入它已建好的巢中;
(c) 雌鱼产卵后,雄鱼用鳍击水形成水流,以便保持卵周围的水体中含有丰富的氧气

当雄鱼进行春季换装时,雌鱼也在发生变化。虽然雌鱼仍保持单调的体色,但较前更为明亮和有光泽,身体因含卵而膨胀(体内可含多达 100 粒卵)并开始在水中到处漫游。此时一有

雌鱼进入雄鱼的领域,雄鱼就会沿着之字形路线游向雌鱼,并对雌鱼进行求偶炫耀。雌鱼起初对雄鱼的炫耀行为并不在意,但最终还是会做出反应并靠近雄鱼,但雌鱼的动作不同寻常,头保持朝上。此后,雄鱼迅速向自己的巢游去,雌鱼则紧紧跟随。到达巢位后,雄鱼用鼻部多次而快速地伸入洞口探寻,然后背鳍竖起,转过身来侧身对着雌鱼,这时雌鱼便在雄鱼的暗示下很快进入洞道并在里面产卵,但身体的两端还露在洞道的外面。雌鱼进入洞道后,雄鱼便游到雌鱼的后面,有节奏地触碰雌鱼尾基部。雌鱼产完卵后便离巢而去,但雄鱼却要一直守护着卵,并用鳍把富含氧气的水不断推入巢内,直到从卵中孵出小鱼为止。以上就是三刺鱼整个行为谱中的生殖行为部分,其他行为也已靠观察和记录予以全部收集,此处不再赘述。事实上,每一种动物都有自己的行为谱,但至今行为学家还只对极少数动物的行为谱有比较全面的了解。正如前面已经说过的那样,行为谱资料对于很多重要实验的设计是必不可少的,而且也有助于人们了解动物的各种行为型。动物行为谱可以被分成一些大的行为单元,如求偶行为、筑巢行为、睡眠行为和取食行为等,在此基础上也可以再分为许多更小的单元,如求偶行为是一个过程,它是由很多不同的特定行为组成的,图1-7就是珍宝鱼(*Hemichromis bimaculatus*)的一个求偶行为谱。可见,行为谱可以是完整的(即包括一种动物的全部行为),也可以只限于行为的某些方面。

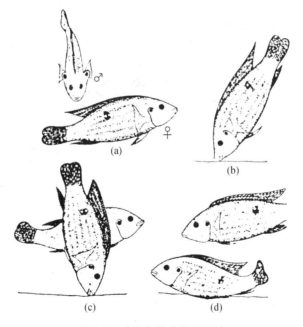

图1-7 珍宝鱼的求偶行为谱

(a)追逐:加速游向另一条鱼;(b)抖动:快速地左右颤动,从头部开始,传至身体后部时结束;
(c)咬:用圆形口清除产卵地表面的污物;(d)擦:鱼体的腹面擦过产卵地的表面,实际是产卵动作

第二章 动物行为的研究方法

为了研究动物的一个行为序列,往往需要提出各种假说,然后再一一对其进行验证。以研究红翅乌鸫(*Agelais phoeniceus*)的年生殖周期为例,此鸟每年三月中旬至四月初到达繁殖地,雄鸟通常是在湿地或沼泽地开始建立自己的领域,此后,雄鸟便向雌鸟求偶、建巢和交配。交配后雌鸟开始产卵和孵卵,孵出的雏鸟则由双亲共同保护和喂养,最后是幼鸟羽毛丰满后离巢飞走(图2-1)。对红翅乌鸫生殖行为的年周期我们可以提出各种问题,如它的领域性、社会关系、生境选择和在季节转换期间雌雄鸟体内的生理变化等。但究竟哪些问题最有意义和最有研究价值呢?本章首先要详细地介绍两门研究动物行为的重要学科——行为学和比较心理学是如何提出问题和回答问题的,我们还要分析这两门学科研究方法的优缺点。

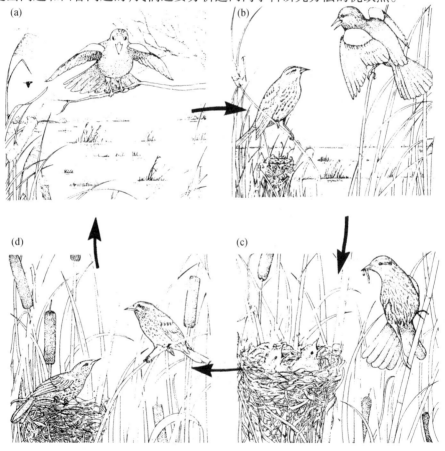

图 2-1 红翅乌鸫生殖行为的年周期变化
它提供了研究动物行为生理过程、社会过程、行为生态过程和进化过程的极好材料。(a)雄鸟到达生殖地和建立个体领域;(b)雄鸟开始求偶、筑巢和交配;(c)雌鸟产卵和孵卵,双亲共同抚育幼鸟;(d)幼鸟离巢开始独立生活;(e)秋季成年鸟与幼鸟迁往南方(图略)

动物行为变异性的存在常常会给研究方法带来一定的困难,例如有些红翅乌鸫只要遇到入侵者就会在其领域的边界上重复其炫耀行为,而另一些红翅乌鸫在同样的情况下其炫耀行为出现的次数则要少得多。另外,这种鸟所选择的筑巢地在距地面的高度上和用于建巢的植物种类上也有很大不同。在设计行为实验时应当如何考虑到这些变异呢?本章的后一部分将要介绍行为实验设计的一些基本原理。最后还要探讨实验研究中存在的一些问题和容易犯的错误。了解各种实验方法和实验技术中存在的问题和局限性有助于我们对行为研究的结果做出正确的评价。

一、比较心理学研究法

比较心理学是一门对动物的行为进行比较研究的科学,特别重视研究动物的学习过程和行为发育过程,虽然主要以动物为实验研究的对象,但有时也研究人的行为。这门学科特别强调行为机理的研究,研究工作的起点常常是对两种或多种动物行为型的分类进行鉴别和特征描述,这种比较分析法有助于发现各物种行为之间和各行为类型之间的关系。常常是选择一个最适合于研究某一特定问题的物种进行行为研究。经常被比较心理学家选做研究对象的动物是家养鼠和鸽子。不过这种仅限于个别动物的研究方法常常遭到人们的非议。

下面我们通过一个研究实例来介绍一下比较心理学的研究思路和方法,并分析一下这种研究方法的优缺点。B. Turpin（1977）曾研究过大鼠（*Rattus norvegicus*）的早期社会经验对其环境选择的影响。实验鼠被分成两组,在第一组中每只鼠从断奶后就开始单个隔离饲养,直到对它们进行测验时为止;第二组鼠自始至终都进行群体饲养。单养笼和群养笼的一半各涂上纵的黑白条纹,其余的单养笼和群养笼则涂上横的黑白条纹。让刚断奶的幼鼠在这些笼中生活5天后对它们进行测验,测验方法是对每只受试鼠都提供两个居室任其选择,其中一个居室涂有纵黑白条纹,另一个居室涂有横黑白条纹,受试鼠对每个居室的偏爱程度以它们在每个居室中停留时间的长短来测定。实验结果表明:单独隔离饲养的鼠比较偏爱它们所熟悉的环境,即喜欢选择在5天实验期间它们所熟悉过的条纹图案;群体饲养的鼠则表现出了对生疏环境（即它们所不熟悉的条纹图案）的偏爱。这说明在大鼠的早期生活经历中有无同伴存在对年幼动物以后如何对外界的新刺激做出反应具有重要影响。

上述实验反映了比较心理学研究方法的许多特点,同时也可从中看出这种研究方法的优点和不足。首先,实验者可以控制受试动物的生活经历及生活环境,而且可以极为精确地获得各种处理对动物行为影响的资料和结论。其次,在一个有系统的和可重复的实验设计中,实验人员可以控制操纵1～2个参数,以便确认这些参数对动物行为的影响,其他非可控变量对实验的干扰则可避免。但是,比较心理学研究法也存在着某些弊端,首先,实验动物通常是在实验室内专门培养或饲养的,其生活环境要比自然环境简单得多。家养条件是如何影响鼠和其他实验动物的行为并且对它们的行为产生了怎样的影响呢?对野鼠和实验鼠的比较研究表明:有些行为受到了影响,而另一些行为则没有受到影响。例如野鼠比实验鼠更活泼好动,而实验鼠与野鼠相比则表现出了不同的学习能力和学习方式。在母爱行为方面（包括筑巢和育幼）,实验鼠和野鼠也有很大不同。显然,动物在驯养过程中其行为已经产生了很大的可塑性和灵活性。因此,实验人员必须牢记,受试动物的行为在实验室的长期饲养条件下已经发生了变化。

比较心理学家常常忽视进化过程对动物行为产生的影响,也就是说,不能把动物现今的行为置于历史演化的大背景下去加以研究,这也给比较心理学研究方法和研究结果带来了一定的局限性。对于我们所观察到的动物行为型,既应当从生理上去理解它,也应当从进化上去理解它,例如要想研究动物的学习行为,首先必须了解这种动物所生存的自然环境特点及它的近期演化史。对一种在自然条件下表现为狭食性的动物(即只吃少数几种食物),一般就不适合于用它在实验室内进行学习行为的研究,因为在这类研究中经常要采用各种类型的食物作为强化物。这种狭食性动物的食性即使在实验条件下会发生一定的变化,但也难以期望它会有很大的改变。

二、行为学研究法

行为学可定义为是研究动物行为的生物学,主要是研究行为功能和行为进化问题,这些问题的研究有助于人们了解动物为什么会在特定的社会和环境条件下表现出一定的行为型。Niko Tinbergen 对鸥的行为曾进行过多年的研究,从这一研究中我们可以看到行为学家是如何提出假说,然后再用野外观察和实验资料去验证这些假说的。在 Tinbergen 对黑头鸥(*Larus ridibundus*)的早期观察中发现了一个有趣而奇特的现象,即当雏鸥从蛋壳中孵出后不久,双亲便小心地把蛋壳残片用喙捡起,然后飞到远离巢穴的地方将其扔掉(图 2-2)。成年鸥为什么要把破蛋壳从巢中移走呢? 又是什么选择压力促进了这一行为的进化呢?

图 2-2
当小黑头鸥从蛋壳孵出后不久,成鸥就把破蛋壳从巢中移走,这种行为可增加巢的隐蔽性和雏鸥的安全

Tinbergen 及其同事对这种行为曾提出过几种可能的解释,如破蛋壳锋利的边缘有可能伤害雏鸥;破蛋壳有碍成鸥孵卵和喂养雏鸥;破蛋壳堆放在巢内破坏了巢内的整洁等。但这些解释都不太令人信服,因为黑头鸥的蛋壳很薄,因此很容易被压碎。另一个比较可信的假说是蛋壳的外面呈杂色,而内面呈白色,因此在成鸥孵卵期间杂色的卵有很好的隐蔽效果,但破蛋壳的白色内表面十分醒目,能吸引捕食者(如乌鸦和银鸥)的注意力。成鸥如能把白色蛋壳移走就能增加巢和雏鸥的安全。这一假说从下述事实得到了进一步支持:黑头鸥的近缘种三趾鸥营巢在悬崖陡壁上,天敌极少,其雏鸥也是白色的,完全无需隐蔽,因此三趾鸥也就没有从巢中移走蛋壳的行为。

上述假说也可以用实验进行检验,看看留在巢内的白色蛋壳会不会增加雏鸥的被捕食率。为了检验这一假说,Tinbergen 曾在英国的一个大养鸥场安排了这样一个实验,即把很多黑头鸥的卵分散地放在养鸥场外的沙丘上,其中有些卵保持黑头鸥的自然隐蔽色(杂色),其他卵都被涂为醒目的白色(即蛋壳内面的颜色)。实验人员则从隐蔽处观察沙丘数日,并记录乌鸦(*Corvus corax*)和银鸥(*Larus argentatus*)对两种卵的捕食率,其结果(表 2-1)明显说明白色卵的被捕食数显著地高于天然的杂色卵。

表 2-1　黑头鸥卵的被捕食实验

	白色卵	天然杂色卵
被乌鸦捕食数/个	14	8
被银鸥捕食数/个	19	1
被其他动物捕食数/个	10	4
被捕食总数/个	43	13
未被捕食总数/个	26	55

Tinbergen 及其合作者还设计了第二个实验,以便进一步检验这一假说。他们先把一些完整的天然杂色卵分散地放置在沙地上,然后再把一些破蛋壳放在离完整卵不同距离的地方,结果发现破蛋壳与完整卵之间的距离越远,完整卵被捕食者发现的可能性就越小(表 2-2)。这些实验和其他一些实验都证实了当雏鸥孵出后成年鸥把破蛋壳从巢中移走的确是一种有利于生存和生殖的行为,它可确保幼鸥有较高的存活率,因此,自然选择将会保存具有这种行为的成年鸥。

表 2-2　完整卵与破蛋壳的距离与被捕食数之间的关系

距离/cm	15	100	200
被捕食卵数/个	63	48	32
未被捕食卵数/个	87	102	118

从观察着手其研究工作的行为学家通常是在动物的自然生境中进行工作的,他们首先是对动物行为的功能和进化发展提出各种可能的解释或假说,然后再设计实验对这些假说进行检验,从而找出最能令人信服的假说。上面对黑头鸥移走蛋壳行为功能的检验就是这种研究方法的一个典型实例。行为学研究方法的主要优点是以生态观点和进化观点构成其实验设计的基础。事实上,动物行为的功能和适应意义只有在自然条件下才能被认识,此外,认识了进化过程如何对动物的形态、生理和行为施加影响也有助于对行为功能的理解。

行为学研究法的局限性主要有两点:第一,由于是在野外进行观察和实验,所以实验人员难以控制各种环境变量。像气候、生境差异和季节变化这样的环境因素不可能受人为控制,所以被观察到的行为变异的功能意义很难弄清楚。第二,对动物的行为提出各种功能和进化假说是很容易的,但设计和进行一个实验以便能够令人信服地检验这些假说则是一件相当困难的任务。例如我们可以假设以各种有蹄动物为食的非洲野犬(*Lycaon pictus*)的集体狩猎行为,其进化意义是在狩猎时实行个体间的合作可以更有效地分隔、追赶和杀死较大的猎物,而单个野犬则很难取得这样的成功。但是要想直接检验这一假说则几乎是不可能的,因为我们无法追踪这种合作狩猎行为是经历了哪些进化阶段而一步一步进化来的。如果有观察资料可以证实单个或成对野犬的捕食成功率不如群体野犬的捕食成功率高,那么这些观察资料也只具有启示作用,而不能对原来的关于集体狩猎进化的假说提供直接的检验。

总之,比较心理学研究法和行为学研究法都对动物行为的研究做出过很大贡献,这些方法目前还在被人们所采用。由于对动物的行为所提出的"怎样"和"为什么"的问题都必须经过实验检验,因此,如果能够把这两种研究方法结合起来就可能提供一种更全面更完整的行为分析方法。

三、行为生态学和社会生物学研究法

在过去的二十多年中,对动物的行为已经出现了一个新的研究方法,即行为生态学和社会生物学研究法。行为生态学和社会生物学在很多方面都是相似的,它们都进行大量的野外工作,以野外工作为主,但也在实验室进行试验。它们都十分注意推理过程,包括所研究动物生态学方面和自然选择对动物行为作用方式方面,最近的一项研究有助于我们更好地了解这种研究方法。1989 年,Hiebert 等人对歌雀(*Melospiza melodia*)叫声的复杂程度与它们获得生殖领域和生殖成功率之间的关系进行了研究,他们最感兴趣的两个问题是:① 雄鸟叫声的复杂程度与建立和保持一个领域的关系;② 雄鸟叫声的复杂程度与成功养育到独立生活的幼鸟数量是否有关?研究工作是在温哥华以南 75 km 处面积为 60 000 m^2 的 Mandarte 岛上进行的。这个歌雀种群已被研究了很多年,对种群中大多数个体都在其后腿上系上了彩色环带。Hiebert 及其同事在 1984—1987 年每年春天都去岛上工作,记录正在建立领域和正在领域定居的雄歌雀的叫声,还在地图上标出雄歌雀领域的位置和大小。他们在生殖季节每 2~5 天对鸟巢、鸟卵和幼鸟观察一次。他们的数据及对数据的分析使他们得出了这样的结论:叫声比较复杂的雄歌雀所占领域较大,一年和一生的生殖成功率(以养育到能独立生活的幼鸟数量的多少为衡量标准)较高,这些都是与叫声比较简单的雄歌雀比较而言。另外,叫声比较复杂的雄歌雀能够更快地建立起领域,它们对领域的占有期也比较长。

行为生态学和社会生物学研究法的一个优点是研究工作是在动物的自然栖息地内进行,或者是在模拟一定自然特征的一个环境中进行。另一个优点是,这些研究常常把一个比较大的问题分解成许多小的部分,这样就能更好地了解动物的行为及其功能意义,以便能够获得数据去检验一个特定的假说(如对雄歌雀叫声的研究)。这种研究方法的缺点是对环境难以施加控制,而且也无法调控动物先前的经验。在行为的功能和进化方面,有时也难以提出能被检验的假说。

四、分子遗传学方法及研究实例

当前正在蓬勃发展的一个生物学领域是分子遗传学,现已有越来越多的研究成果表明:分子遗传学与动物行为有着密切的关系。分子遗传学不仅可用于检验动物行为学中的各种假说,而且也可用基因直接解读动物的很多行为特征。

如果在研究中发现 X 基因的某个变体是与 Y 行为的一个变体相关联的,那么我们就可以确定这个基因与这一行为之间是存在着直接和近期的关系。目前在全球范围内的几百个实验室内正在从事大规模的基因鉴定工作,以确定是哪些基因在决定着动物行为的特征。在这一领域从事研究的科学家还不断探讨并试图搞清动物很多行为特征的分子遗传学基础。下面我们就以两个实例来说明在这一领域的一些研究现状和研究进展。

1. 鸟类的紫外光视觉——斑马雀为什么能感受并看到紫外光?

现已查明,发生在分子遗传学水平上的一个单一变化便能对动物的重要行为特征产生明显的影响。就动物的紫外光视觉来说,很多动物都能感受和看到紫外光(人不能),如很多鱼类、两栖动物、爬行动物、鸟类和哺乳动物,甚至很多昆虫也能看到紫外光。脊椎动物的紫外光视觉是由视网膜色素决定的,这种视觉常被用于动物的求偶、觅食、狩猎和发送社会信号等活动。例如:雌斑马雀可依据紫外光的波长选择自己中意的配偶,但遗憾的是,直到现在我们还

不清楚紫外光视觉的近期机制是什么,为什么有些动物能利用紫外光进行狩猎、发信号和吸引配偶,另一些动物则不能。

Yokoyama 及其同事(2000年)利用分子遗传学克隆技术研究了斑马雀(*Taeniopygia guttata*)的紫外光视觉,在自然情况下,斑马雀能看到紫外光,但借助于改变一个氨基酸就能把紫外光色素(能使鸟类看到紫外光的色素)转变为紫色素(使鸟类看不到紫外光的色素),可见这个氨基酸是多么重要。只要它一发生变化,斑马雀就再也看不到紫外光了,此时它看到的只是紫色光。

更为有趣和引人注目的是,Yokoyama 及其同事还利用鸡和鸽子进行了反向实验,这两种鸟都不具有紫外光色素,因而在正常情况下是看不见紫外光的,但同样是借助于改变一个氨基酸并利用一些与斑马雀极为相似的 DNA 片段,就能使鸡和鸽子由紫色素转变为紫外光色素。由于氨基酸的这一变化使原来不能看到紫外光的鸡和鸽子现在都看到了紫外光。

此后,又有大量的研究工作进一步阐明了动物紫外光视觉的分子遗传学基础,例如:① 现已有证据表明,很多无脊椎动物(如果蝇)的紫外线视觉也具有同样的分子遗传学机理,即也是与单个氨基酸的改变相关联的;② 有些鸟类虽然其祖先物种已经丧失了紫外光色素,但其后裔物种(如金丝雀和虎皮鹦鹉等)能借助于单一氨基酸的改变而重新获得紫外光色素和紫外光的感知能力;③ 分子遗传学的分析和技术已使斑马雀祖先物种的绿色视色素得到了重建。

总的来说,上述一系列的工作不仅表明了分子遗传学在动物行为研究中的重要作用,而且也表明了即使是一个涉及求偶、交配、觅食、通讯和紫外光视觉等功能的复杂特性,也能源自于分子水平上的一个简单变化。

2. 鸟类是怎样学会鸣叫的?

鸟类的鸣叫发声具有很多生物学功能,如吸引潜在的配偶和驱赶领域的入侵者。分子遗传学方法特别强调基因表达的作用。基因表达往往是环境或行为激发的结果,例如:研究人员已经发现,脑部 Foxp2 基因的表达既与鸟类对叫声的感知有关,也与人类语言的获得有关。

就基因表达与鸟类鸣叫之间的关系来说,斑马雀已经成为这方面研究的一个极好实例。在这一领域内的早期研究往往是先让斑马雀听别的鸟叫,然后再测定这些鸟脑中信使 RNA(即 mRNA)的含量,mRNA 是单链 RNA,它对蛋白质合成极为重要。Clayton 及其同事重点研究了前脑中被称为新纹状体(neustriatum)的 mRNA 水平,因为脑的这个部位与鸟类鸣叫格局的辨识和叫声的识别有密切关系。研究人员发现:mRNA 的水平是由一个叫 zenk 的基因决定的,当鸟儿听到斑马雀的叫声之后,zenk 基因就会有所增加。他们还发现:mRNA 的水平同时还与新纹状体中神经元数量的增加有关。但目前尚不清楚的是,与 zenk 基因表达相关的 mRNA 水平的增加和神经元的发育是如何与学习鸣叫相关联的。借助 mRNA 产生的蛋白质可能影响听神经元,而听神经元与鸣叫的识别相关联。此外,还有不少证据表明:zenk 基因可能是构成一个复杂遗传通路的一部分,这条通路将会导致神经可塑性的形成,而神经可塑性(neural plasticity)对鸟类学习鸣叫是极为重要的。

对斑马雀的鸣叫行为来说,其他的研究也支持了上述关于 zenk 基因功能的说法:① 让斑马雀听另一种鸟(如金丝雀)的鸣叫,将会大大降低 mRNA 对其他种鸟叫的反应;② 当将鸟置于无鸟叫的寂静环境或只有蜂音器发出声响的环境中时,zenk 基因的表达就不会有所增加。

如果向斑马雀反复播放同种鸟叫的录音,那么它对此鸟叫声所做出的反应强度就会降低,直到下降到第一次听到叫声之前的反应水平。当动物反复受到同样一种刺激时,就会发生所谓的习惯化(habituation),习惯化是动物适应环境的一种最简单的学习类型,就是当刺激连续或重复发生时,动物反应所发生的持久性衰减。广义来说,习惯化就是动物学会对特定的刺激不发生反应,一只鸟必须学会在风摇树叶时不害怕不飞走。麻雀起初会被安放在田间的稻草人吓跑,但时间一长它们就不再害怕了,甚至会在吃饱之后停在稻草人的手臂上自鸣得意地梳理它们的羽毛。

在一系列巧妙安排的试验中,Clayton 等人(2004年)研究了斑马雀 zenk 基因表达与对熟悉鸟叫声习惯化之间的关系,借助于这些试验,他们不仅想知道基因表达如何受听鸟叫的影响,而且想知道当鸟叫一再重复发生时基因表达会有怎样的变化。为了研究习惯化与 zenk 基因表达之间的关系,Mello 等人(2004年)先让斑马雀听同种个体的鸣叫并发现这会导致前脑 mRNA 和神经元的增加,这一点在前面曾提到过。一只鸟一旦对一个熟悉的鸟叫声形成了习惯化,再播放一只新来斑马雀的叫声,结果会再次记录到前脑 mRNA 和神经元的增加。这些实验结果表明:一只鸟在反复收听到一种鸟叫并将之归为它所熟悉的声音之后,这种声音就再也不会导致与 zenk 基因表达增强有关的分子遗传学和神经生物学方面的变化了。

动物行为学家和其他领域的科学家合作所取得的研究成果正在扩展和加深人们在分子遗传学水平上对鸟类对鸣叫声所做出反应的理解。当前分子遗传学技术和方法在动物行为学中的应用已成为这一学科的新的增长点。

五、动物行为的神经生物学基础

由于内分泌系统与动物的化学通讯有密切关系,所以它对动物行为近期的因果分析发挥着重要作用。但内分泌系统在化学通讯方面又具有很大的局限性,特别是它做出反应的速度太慢,通常是以分钟或小时计。另一个通讯途径是神经系统。神经通讯属于电脉冲系统,它的反应速度则要快得多。

动物都具有被称为神经元的神经细胞,不管这些神经细胞传递的是什么信息,它们都有着一些共同的特点,即每一个神经元都有一个细胞体、一个细胞核、一个或多个神经纤维。能够把电信息(electrical information)从一个神经细胞传递到另一个神经细胞的纤维就叫轴突(axon)。轴突的长短可小至不足 1 mm 到大至 1 m 以上。轴突的直径有所不同,这一点很重要,因为神经脉冲的速度直接影响着动物行为的反应速度。一般说来,轴突的直径越大,神经脉冲沿着它传递的速度也就越快。

每一个神经元都只有一个轴突,轴突的基部叫轴丘(axon hillock),而轴突的端部有很多分支,当信息沿着神经元系统移动时,正是通过这些分支离开一个神经元并进入到另一个神经元的。神经元接受来自其他细胞的脉冲是通过被称为树突(dendrite)的神经纤维,一个神经元可以有成百上千的树突,形成所谓的树突树。此外,有些类型的神经元在树突树的每个分支上还生有很多树突棘(dendritic spine),它可接受来自于其他细胞的信息输入。重要的是,这些树突棘的数量可以随着空间导航行为和学习能力的增强而增强(见后文)。目前已知,无论是树突树、树突棘,还是每个神经元都能够接受来自于很多其他神经元的信息。

1. 田鼠的神经生物学与学习能力

近年来,动物行为学家从神经生物学的角度研究了普通田鼠(*Microtus pennsylvanicus*)的空间学习行为。雄性田鼠是多配偶制动物(polygamous),即在一个生殖季节内可以和一个以上的雌性田鼠交配。此外,雄性田鼠可以占有非常大的巢域(home range),有时可以比雌田鼠的巢域大10倍并能覆盖好几只雌田鼠的巢域。根据动物行为学家的预测,如果雄鼠的巢域比雌鼠的巢域大,而且还必须保持与雌鼠联系的话,那么雄鼠就必须具有比雌鼠更好的空间定向和导航能力。

当 Gaulin 和 Fitzgerald 在实验室内用一系列的迷宫对雄性和雌性普通田鼠进行试验的时候,他们发现,雄鼠比雌鼠表现出了更强的空间学习能力。他们同时还对另一种啮齿动物——草原田鼠(*Microtus ochrogaster*)的空间学习能力进行了测定,这种草原田鼠与普通田鼠的重要区别是它属于单配偶制动物(monogamous),雄鼠和雌鼠巢域的大小差不多相等。由于雄鼠的巢域不比雌鼠大,而且也不需要很强的定向导航能力去穿越很多雌鼠的巢域,所以动物行为学家曾预测在普通田鼠雌雄个体之间所存在的空间学习能力之间的差异,将不会在单配偶制的草原田鼠中看到。事实也正是如此,当 Gaulin 和 Fitzgerald 在迷宫中测定草原田鼠的空间学习能力时,发现雄鼠和雌鼠之间没有差异。

目前,动物行为学家正在从神经生物学角度作以下两方面的研究:① 研究雄性田鼠和雌性田鼠空间学习能力差异的神经生物学机理;② 研究神经系统的某些成分是如何随着动物空间学习经历的改变而改变的。首先,是对多配偶制和单配偶制田鼠的雌雄两性个体进行比较研究,并对大脑皮层的海马区给予特别关注,因为已知大脑的这个区域对动物的空间定向起着关键作用。

根据上述两方面的研究成果,Jacobs 及其同事认为,多配偶制田鼠雄性个体的脑海马应当比雌性个体大,而单配偶制田鼠两性个体的脑海马大小不应当存在差异。在他们的比较实验研究中,选择普通田鼠作为多配偶制物种的代表,并选择松林田鼠(*Microtus pinetorum*)而不是草原田鼠作为单配偶制物种的代表。研究结果发现:就海马相对于整个脑量的大小来说,普通田鼠存在着两性差异,而松林田鼠没有性别差异。这种比较研究法是神经生物学经常采用的一种研究方法。不同物种之间的行为差异往往可以提示人们在这些物种之间可能存在着神经生物学方面的差异(如上例中的海马大小),而且这种提示的准确性是可以通过可控条件下的试验得到验证的。

对啮齿动物的空间学习行为和神经生物学机理的研究,不只限于对不同物种进行比较研究,也不限于对脑海马的研究。现已发现,大脑的颅侧皮质(parietal cortex)和前额皮质(prefrontal cortex)对动物的空间学习过程也起着重要作用,特别是树突棘的数量与学习行为密切相关。例如:在大白鼠颅侧皮质和前额皮质中,雄鼠树突棘的密度比雌鼠大,树突棘数量和密度的增加会加强神经元之间的连接,从而使学习能力得到改善。

Martin Kavaliers 等人曾研究过普通田鼠的学习能力与前额和颅侧皮质内树突棘数量的关系。为了从事这项研究,他们对水迷宫中的雌雄鼠进行了测验,并通过测定普通田鼠在8次试验中找到隐藏在迷宫中平台的速度来判断学习能力的强弱。试验结果表明:雄鼠的学习能力总是比雌鼠更强,这无论是在学习速度方面,还是在留住所学得的信息方面都是如此。空间学习试验一旦结束,研究人员就会对雌雄鼠的脑进行解剖并测定前额和颅侧皮质内树突棘的数量。结果发现,这两个脑区内树突棘的数量都是雄鼠比雌鼠多。

上述研究表明:田鼠的学习能力是与树突棘的密度相关的,但并没有示明其因果关系。有可能在进行水迷宫训练之前,雄性田鼠的树突棘就比雌鼠多,因而其学习能力也比雌鼠强,但也可能在水迷宫实验前,两性田鼠树突棘的数量是相等的,而雄鼠树突棘的数量是在水迷宫中学习期间增加的,而雌鼠没有增加,还有可能这两种情况同时存在,只是我们无法确认。M. B. Moser 等人已提供了充分的证据,证明大白鼠的树突棘数量是能够在学习过程中发生改变的,他们除了利用水迷宫实验,还训练大白鼠去发现隐藏在笼中的食物,并以此测定大白鼠的空间学习能力,试验结束后立即进行大脑取样并计算树突棘的数量和密度。如果将大白鼠随机地分为空间学习组和对照组,并且假定树突棘数量的增加是因为空间学习而引起的,那么就可以断定,空间学习组大白鼠的树突棘数量一定比对照组多,事实也正如预想的一样。Moser 认为,用田鼠做这样的试验也一定会得出相同的结果。

上述工作是说明神经可塑性(neural plasticity)的一个极好实例。所谓神经可塑性,是指神经元随着动物的经历和经验而发生变化的能力。当前,神经可塑性是神经生物学一个极为活跃的研究领域,具有广阔的发展前景。

2. 绿头鸭的睡眠与防御

睡眠是动物十分重要的一种生理功能,也是动物行为的一种表现,但睡眠给动物提出的一个难题是,在睡眠期间动物的警觉性会下降,因而更容易遭到捕食动物的猎杀,很多动物对这一难题所采取的行为对策是睡眠时睁一只眼闭一只眼。这种具有防御功能的睡眠方式首先是在雉鸡中被观察和记录到的,在绿头鸭(Anas platyrhynchos)中却得到了最充分的研究。

绿头鸭不仅能够睁着一只眼睡觉,而且有一侧的脑半球处于清醒状态,实际上,这些鸟是半个脑在睡觉,半个脑保持清醒。这种睡觉被称为单半球睡眠(unihemispheric sleep)。Rattenberg 和 Lima 曾研究了绿头鸭的单半球睡眠,他们发现,绿头鸭不仅能睁着一只眼睡觉,而且位于群体边缘的个体(更易遭到猎杀)比位于群体中心的个体,其单半球睡眠表现得更为明显。这些处于群体外围的绿头鸭睁着的那只眼总是离群朝外,对着危险源的方向。

那么,绿头鸭到底是怎样进行单半球睡眠的呢?它们似乎能够使一个在睡眠时处于积极活动的脑半球进入所谓的慢波睡眠(slow-wave sleep)。简单地说,"慢波"就是研究人员用脑电图仪(EEG)所记录下的脑波频率。鸟类的慢波睡眠在波频和波幅方面与其他的睡眠状况或清醒状态是完全不同的,这种慢波状态可使睡眠者对捕食者做出快速反应,但在危险真正到来之前它又不会干扰正处在睡眠状态的那个脑半球。脑电图记录显示:在单半球睡眠期间,控制睁眼的脑区显示出慢波睡眠所特有的低频范围,而另一半脑区的脑电图与正常睡眠十分相似。

大多数单半球睡眠的实验工作都是在鸟类中进行的,但鸟类并不是唯一采取这种睡眠形式的动物。虽然大多数哺乳动物(包括人)都是两个脑半球同时睡眠,但水生哺乳动物是例外,在海豚、鲸、海狗和海狮中,单半球睡眠能够使这些动物在睡眠中游到海水表面进行呼吸换气。在这些研究工作中,研究人员曾利用各种技术测定大脑两半球的活动,其中包括大脑两个半球的温度记录。由此发现,清醒脑半球的温度比睡眠脑半球的温度高。

目前,动物行为学家利用脑电图和测脑温的技术已经能够研究动物在睡眠期间的脑动态,动物通常每天持续约 8 个小时的睡眠。这些分析研究工作不仅为动物行为本身的研究工作开辟了新的前景,而且也揭示了前所未知的大脑活动,单半球睡眠就是这种脑部活动的一个方面,也是神经生物学家和动物行为学家都非常感兴趣的一个新的研究领域。

六、动物行为观察的几点原则

1. 熟悉研究对象、坚持长期跟踪观察

研究动物的行为最重要的是要使研究人员全面了解所研究动物的各种行为表现和生物学,人与动物的熟悉程度有时是很关键的。如果说在行为研究方面有什么重要格言的话,那就是"熟悉你所研究的动物"。动物全部行为的一览表就叫动物行为谱(见第一章)。不管一种动物的行为谱是否已经编制完成,人们都需要全面了解和熟悉这种动物,熟悉可以靠文献阅读和亲自观察两种方法。行为观察往往要花费大量时间,这是因为行为类型很多而且存在着变异性,还因为行为之间存在着相互作用和各种关系,而且很多行为只能偶尔看到。全面系统的行为观察所花费的时间比一般人想象的要多得多,例如:Dane 等人对金眼鸭求偶炫耀行为的研究,仅录像胶片就用了 670 m;Schaller 对非洲狮的跟踪观察总共花费了 2900 小时!而 Ransom 在对一群狒狒的研究中整整花费了 2555 小时的观察时间。Lindauer 曾对蜜蜂作过几项研究,在其中一项研究中仅对一只工蜂的观察就用了 176 小时 45 分!大多数行为学专家都把自己一生的大部分时间用在了对某些动物的观察和研究上。

2. 在不被动物觉察的情况下进行观察

科学最忌讳不能反映真实情况的观察结果和实验结果,这些问题对动物行为的研究尤为重要,因为大多数动物可以借助于它们的感官和神经系统觉察出或感觉到一个观察者的存在。这时,大多数脊椎动物和很多无脊椎动物很容易受到惊扰并中断正常的活动。一般说来,它们对观察者或周围情况变化所做出的反应是试图逃避或隐藏,也许是静伏不动或出现异常动作,至少会把一部分注意力转移到观察者身上。

通常有两种方法可以避免或减轻观察者对所观察动物的干扰:① 观察者隐藏起来不让观察对象发现;② 使被观察的动物习惯于观察者的存在,习惯于各种观察设备和手持观察工具。这两种方法对于笼养中的动物来说都是需要的。使观察者隐藏起来的方法很多,如使用遮帘和障碍物或者使观察者与观察对象保持适当的距离。观察可通过一条裂缝或小孔进行,也可采用特殊设备如闭路电视,如果距离适当则可使用双筒望远镜或其他望远设备。对于动物发出的声音,可以采用多种物理或电子记录和窃听装置。设置遮帘或障碍物不仅非常有效,而且又十分简单且代价低廉。障碍物的建设可以就地取材,如用芦苇、树枝、草茎、石块、泥土或其他很容易得到的废弃物(如硬纸箱、废弃的建筑材料和方砖等)。隐蔽观察场所的选点也很重要,应注意不给动物造成干扰、便于观察、出入方便、对于观察和摄像有适合的角度和光线等。一个好的隐蔽观察点应当有防风防雨的设备。

不干扰动物和不被动物觉察的观察方法还包括安置各种自动拍摄或录像设备,这些设备通常要进行伪装和隐蔽,而且能遮蔽风雨,在观察者不在现场的情况下,当动物活动或出现时借助于红外线机制也能自动进行拍摄和录像。在动物园、野生动物养殖场或濒危动物繁育中心,通过常规的和日常的观察也能获得大量的动物行为方面的知识。但是在这些场所进行动物行为观察,除了观察干扰问题之外,还有笼养和囚禁本身所带来的其他不利因素如环境简单化等。虽然动物没有自由与囚禁的抽象概念,但几乎所有的动物都需要适当的运动、合理的居住和健康条件,还需要一定程度的环境多样性和尽可能少的惊吓因素和胁迫因素。有些动物在囚禁条件下行为古怪,例如:家猫受到囚禁时烦躁不安,胆怯害怕且易激动,但如果给它提供一个能安卧其中的硬纸匣或可以进入的纸袋,它就会表现出一定的满足感,因而也更容易接受囚禁生活。

较高等的社会性动物还需要有同种其他个体与其生活在一起,否则就需要有人(研究人员及其助手)去亲近它,而这常常会花费很多时间。各种哺乳动物和鸟类具有高度发达的神经系统和社会行为,它们尤其需要关照。在极不自然的环境中(如强制囚禁或笼养),动物的行为往往表现异常,最常见的两种异常行为是: ① 过分活跃;② 呆滞不动或极不活跃,行为简单化。

3. *动物个体的鉴定和识别*

在动物行为的研究中,非常重要的是对每个个体的识别,这一点比生物学任何其他领域的研究更为重要,因为行为学研究需要记录每一个个体的行为表现,记录资料不能张冠李戴混淆不清,另外也需要准确地知道是哪一只动物和另外的哪一只动物在发生着关系。有时个体与个体之间是很相似的,不太容易分清楚,这就特别需要鉴别和识别技术。鉴定和识别动物个体的方法很多,而且大都是很巧妙的。在很大程度上依赖于观察者的经验和对所研究物种及其自然生活史的熟悉程度。一些很稀少和很难找到的动物有时在它的自然栖息地却能很容易地被熟悉它的人找到,因为这些人知道如何去找和到什么地方去找。但由于物种之间的差异和积累经验需要很长的时间,所以只有很少人有这种本事,而且他们通常也只熟悉少数动物。

动物个体识别主要靠两种方法,即靠每个个体所独有而其他个体都没有的特征和靠使用人为涂上或系上的标记或标记物。这两种方法的实例很多,这里只列举少数几个。首先可以利用个体间的自然形态差异,如在平喙海豚(*Tursiops truncatus*)、东非小羚羊、天鹅和几种灵长动物中,个体间都存在着形态差异。狮子之间的个体差异甚至可以表现在口周围的触须上。用于标记动物的标记物有条带、布卡、涂料、身体各部位的自然变异(如脚趾、尾巴、鳞片、贝壳、毛发和羽毛等),还包括无线电遥测技术。借助于颜色组合或数字组合,标记数量几乎可以是无限的。

这里应特别注意无线电遥测方法,现代电子学技术可为收集信息提供很多方法,这在以前是不可想象的。利用遥测技术,行为学家随时都可以知道他所研究的动物是在什么地方,而用其他方法就无法找到它。人们还可以在大范围内和长时间内跟踪研究对象,距离往往是很大的。除了简单的地点信息以外,更精确的遥测手段还可提供其他信息如动物的行为类型和活动量、心搏速率、呼吸和耗氧量、体温以及其他行为和生理特征等。总之,实践证明,无线电遥测技术是研究动物行为的一种非常有用的方法。

当标记活动范围很大的动物时(如鸟类),有可能在不同的研究者之间发生重叠、混淆甚至引起争议。目前,各大陆之间的鸟类环志工作已经标准化了,而且有相应的政府机构进行协调。试图协调和控制辅助性标记物(如鸟类的颜色标记)也已获得了很大成功,这主要取决于研究者之间的合作。在这里特别值得一提的是,不是任何人都能够或应该在他们所希望的时间和地点对动物加以捕捉和标记,这个问题涉及动物的健康、福利和生存,而且有些物种已受到威胁并处于濒危状态,它们已很难再忍受额外的压力。另外,动物的捕捉、处理和标记需要有专门的知识,不是任何人都能进行的。靠与其他人一起工作获得这方面的经验是很重要的。

4. *用卫星寻找和跟踪野生动物*

2005 年,纽约布朗克斯动物研究组织的科学家们开展了一项新的研究项目,即从外太空来观测、跟踪并统计野生动物的数量。他们的装备是一架高分辨率照相机,这架相机被安装在一颗距地球 450 km 的同步轨道卫星上。他们首先使用它统计一个大型动物园的动物数量,然后将结果与这个动物园人工统计的动物数量相比较,以判断使用卫星观测动物的准确性和可靠性。如果结果证明卫星的观测清晰可靠,那么这种方法将会被用于更大范围的野生动物观测和保护中去,特别是一些人迹罕至而又幅员广大的地方。

对卫星照片所作的最后分析结果让科学家们异常兴奋,几乎所有的较大型动物,从长颈鹿到瞪羚都清晰地被记录在卫星图片上。

使用卫星的好处是显而易见的,那就是精确、实时、覆盖范围大,并且避免了研究人员进行实地观测时对野生动物的干扰。现在,科学家正计划扩大它的使用范围,用卫星统计那些生活在特别偏远地区的野生动物,包括坦桑尼亚的野象和长颈鹿、青藏高原的野驴和岩羊、南美洲的火烈鸟等,统计结果将被用来进行各种分析和研究。

第三章 动物行为学中的一些基本概念和基本行为型

一、反射

长期以来,人们一直把动物的行为仅仅看成是动物对外界或内部感觉刺激的一种反应,最简单的反应就是反射(reflex)。反射的特点是在刺激和反应之间有着极强的联系,在相同的条件下,同一刺激总是引起完全相同的反应。这种反应的固定性是因为在传导神经冲动的神经和引起反射作用的神经之间有着非常固定的解剖学联系,这种联系就是平常所说的反射弧(图3-1)。反射弧从一个感受器(一个感觉神经细胞或一个感觉器官)开始,经由传入神经到达中枢神经系统,再经由传出神经到达效应器。最简单的反射弧只有一个传入神经细胞和一个传出神经细胞组成,因此只含有一个突触(单突触反射),但是大多数反射弧都含有很多神经细胞和突触(多突触反射)。在脊椎动物中,多数反射弧都只到达脊髓,少数反射弧可到达脑干,因此,反射活动不受脑的高级中枢控制,大都属于无意识的活动。

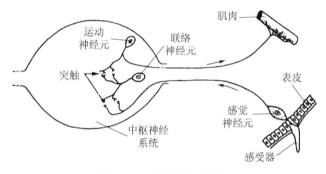

图3-1 一个简单的反射弧

反射可以区分为条件反射和无条件反射。在无条件反射中,刺激和反应之间的联系是先天的,也就是说,反应只能被一定的刺激所引起(遗传决定)而不受其他刺激影响。在条件反射中,刺激和反应之间的联系是后天获得的,即刺激和反应之间的联系是在学习过程中建立起来的(图3-2)。无条件反射包括很多保护性反射(如划痕反射、回缩反射、闭眼反射、瞳孔反射、喷嚏反射、咳反射和呕吐反射等)、膝腱反射和能维持身体姿势和平衡的一些反射等。在行为学研究中曾起过重要作用的一个反射是唾液反射。大多数反射所延续的时间很短,但也有少数反射可延续较长时间,如幼小灵长动物的抓握反射(攀附在母体身上)。

俄国生理学家巴甫洛夫在研究狗的唾液反射的基础上主要从事动物条件反射的研究。分泌唾液本来是由食物刺激(气味、形状等)引起的无条件反射,但如果在提供食物之前伴随给以无关刺激(如灯光、铃声),那么在多次结合以后,即使不再提供食物,这些无关的中性刺激也能引起唾液分泌。条件反射和无条件反射的相似之处是:刺激和反应之间的联系是非常固定的,也就是说,动物以极大的可靠性对刺激做出反应。在无条件反射中引起反应的原初刺激是无条件刺激,但如果原初刺激是无关的中性刺激则称为条件刺激。

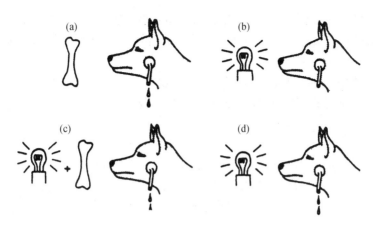

图 3-2　条件反射的形成过程

巴甫洛夫对条件反射的研究对理解学习过程的本质做出了重要贡献,但也导致了反射学(reflexology)的迅速发展,由于反射学的影响,有很长一段时期人们一直把动物的行为仅仅归结于是中枢神经系统的反射活动,认为复杂的行为只是由长长的、复杂的反射链所构成的。这种状况一直持续到20世纪30年代。后来,E. V. Holst和K. Lorenz根据实验和观察各自独立地发现,动物的行为不仅仅是对刺激做出的反应,而且也有其内在的自发性的原因,这一发现使人们有可能从概念上把先天行为(innate behaviour)同反射活动区分开来,并可根据这种自发性特点给先天行为下定义。

二、动性

动性(kineses)实际上是对刺激所做出的一种随机的或无定向的运动反应,其强度随诱发刺激强度的变化而变化,其结果会导致身体长轴没有特定的指向(图 3-3)。最简单的动性类型是直动性(orthokinesis),它是对刺激的一种基本运动反应,例如一个在黑暗中完全不动的昆虫,当受到微弱光刺激时便开始微动或开始准备活动,当光强度逐渐增加并达到一定阈值时,昆虫便活跃了起来,光强度进一步增加,昆虫的活动性也随之增加,但当光强度达到上限阈值时,昆虫活动便停止。这就是说在光强度的上限阈值和下限阈值之间,昆虫的反应强度和光强度之间呈一种直接的线性关系。

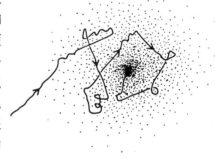

图 3-3　在一种化学物质的气味刺激下(浓度自外向内逐渐增加),一只昆虫动性的运动轨迹

直动性的结果可以造成个体的聚集,因为这些个体都会进入一个低强度刺激区并停止活动,但个体聚集更可能是由调转动性(klinokinesis)所引起的。调转动性的特点是随着刺激强度的变化,动物随机转向的频率也发生变化。当一个刺激逐渐减弱或增加时(也就是呈梯度分布时),动物的反应往往是一种定向行为,其行为特点是做出大量的随机性定向反应。这种定向可帮助动物停留在刺激源部位,防止动物进入不利环境。例如昆虫可以沿着一个物质气味梯度找到食物或配偶。当气味强度保持不变或逐渐增加时,动物的运

动就是直线的,但当刺激强度减弱时,动物就会随机调转方向,这种随机运动可保证动物能找到刺激源。涡虫是具有负趋光性的动物,它在强光下增加调转频次,在弱光下减少调转频次就可保证它最终进入弱光区或黑暗区。

总之,动性虽然是一种随机的或无定向的运动反应,但动性的最终结果是使动物趋向于有利刺激源和避开不利刺激源。动性在昆虫和无脊椎动物中最为常见。

三、趋性

趋性(taxes)是接近(+)或离开(-)一个刺激源的定向运动。定向是沿着这样一条线,此线通过动物体的长轴直接指向刺激源。与趋性有关的感觉器官必须能够确定刺激来自何方,而且必须能够校正身体长轴与刺激方位的偏离角度。趋性是一种很有效的定向手段。

趋性通常是依据刺激的类型进行分类,如可把趋性区分为趋光性(phototaxis)、趋暗性(skototaxis)、趋地性(geotaxis)、趋湿性(hydrotaxis)、趋触性(thigmotaxis)、趋流性(amenotaxis,指气流)、趋流性(rheotaxis,指水流)等。

调转趋性或斜趋性(klinotaxes)是趋近或离开刺激的定向反应,其定向机制是有规律地交替偏离刺激源,如昆虫在通过一个刺激区时总是左右摆动身体的前部,以便使感受器能够均匀地接受来自刺激源的刺激,但其总的运动方向是趋近或离开刺激源(图3-4)。

趋性的另一个机制是趋激性(tropotaxes),它的特点是沿直线趋近或离开刺激源靠的是身体两侧具有成对的感受器,它们可将同等量的刺激强度传到中枢神经。如果一侧眼所接受的光刺激强于另一侧眼,那么动物身体就会向这一侧偏转,直到使两侧眼所接受的光强度保持平衡。可以用实验来说明这种趋激性现象,如果把一只具有正趋光性的甲虫放在一个圆盘中,圆盘前方设有单一光源,在这种情况下,甲虫很快就会朝光源直线爬去,当圆盘缓慢沿顺时针方向转动时,甲虫的身体就会连续向左做补偿性转动(图3-5)。如果使甲虫的一只眼致盲,甲虫就会连续朝光源方向转动,直到使视觉正常的眼看不到光为止。若光源来自上方,甲虫就会不停地朝正常眼方向转动。

图 3-4 一个鳞翅目幼虫对单一光源的定向运动

靠左右交替摆头来平衡头部两侧单眼所接受的光刺激

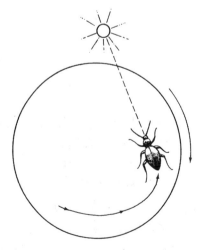

图 3-5 甲虫的趋光机制实验

趋激性反应的另一个特点是可在两个相等刺激源之间保持定向的平衡。如果动物被刺激走向了其中的一个刺激源而不是呆在两个刺激源之间，那么这种行为反应就称为目标趋性（teleotaxis）。例如在双光源实验中，动物在同一时刻只能趋向于其中的一个光源，虽然它可以周期性地改变定向趋向另一个光源，从而采取一种工字形的运动路线。这表明中枢神经系统抑制了对其中一个刺激源所做出的反应。实验证明：在双光源实验中，蜜蜂既表现有趋激性（tropotactic）定向，也表现有目标趋性（teletactic）定向，但在大多数情况下，蜜蜂是选择两个刺激源中的一个，而不是选择在两个刺激源之间，这对蜜蜂来说显然是更为有利的，因为蜜蜂必须通过视觉定向飞向一朵花，而不是在两朵花之间飞过。

四、横定向

横定向（transverse orientation）可使动物身体与刺激源方位保持一个固定不变的角度，但不一定涉及动物的运动，例如很多昆虫的背光反应（dorsal light reaction）或腹光反应（ventral light reaction）就常常与运动无关。横定向对于保持动物的基本定向体位是非常重要的，很多自由游泳的水生昆虫就是靠腹光反应或背光反应来保持它们的正常体位的。仰泳蝽（Notonecta）是背部朝下游泳的昆虫，它完全是靠腹光反应才能保持这种游泳姿势的，而划蝽（Corixa）则是靠背光反应维持其背部朝上的游泳姿势。

与运动有关的横定向的一个最常见实例是所谓的光罗盘反应（light compass reaction）。由于动物的运动方向常常与光源保持一个固定的角度，因此，光罗盘反应也是动物导航的一个重要方面。光罗盘反应又叫太阳罗盘定向，有几个简单实验可以说明这种定向。如果用一个黑盒子把一只正在运食回巢的蚂蚁扣住，扣住的时间要足以使太阳明显改变方位，然后再将蚂蚁放出，此后蚂蚁的爬行路线将会明显偏离原来的方向，而偏离的角度则刚好与太阳移动的角度相等（图3-6）。同样，如果让一只靠太阳罗盘定向的蚂蚁看不到太阳，并用镜子把太阳反射到另一个位置，此时蚂蚁也会相应地改变它的运动路线。

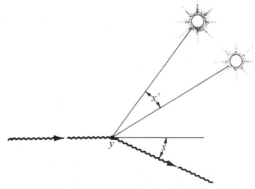

图3-6 蚂蚁的横定向

在 y 点用黑盒子把蚂蚁扣住2小时，此时蚂蚁便改变了原来的移动方向，改变的角度（x）大体上与太阳移位的角度（x'）相等

太阳、月亮和星星都是极好的定向参照点，因为它们距离遥远，这使得动物在沿着直线长距离移动后仍能与它们保持固定的角度。如果光源很近，动物沿着直线走很短的距离，光线的入射角（入视网膜）就会发生变化，此时动物只有朝向光源不断转体才能保持固定的角度，夏

天夜晚飞蛾之所以总是绕灯光旋转飞行就是这个道理(图 3-7)。

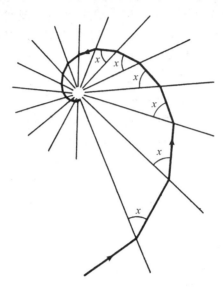

图 3-7 飞蛾选择近距离点光源作为定向参照点时的飞行轨迹

自然界中的动物通常会接受来自各种类型的刺激(比实验室里复杂得多),因此其行为反应也是综合多种刺激后做出的,并对各种刺激有一定的兼容性。如生活在叶丛中的动物通常都会有负趋地性和正趋光性,而栖息在土壤中的动物则具有趋触性、负趋光性和正趋地性。

五、释放行为的刺激阈值和空放行为

和简单的反射一样,动物的复杂行为也可以由外部刺激所释放,但两者有一个基本差别,即在简单的反射中,对一个刺激所做出的反应基本上是相同的,而对复杂行为型来说,各次反应可能很不相同。

这种差别可以用阈值(threshold)的概念来说明。在行为学中,阈值是指释放一个行为反应所必须具有的最小刺激强度。低于阈值的刺激不能导致行为释放。在反射活动中,阈值的大小是固定不变的,但在复杂行为中,阈值则受各种环境刺激和动物生理状况的深刻影响。当一种行为更难于释放的时候,我们可以说是阈值提高了;当一种行为更容易释放的时候,也可以说是阈值下降了。

完成某一行为后所经历的时间长短对于这种行为的再次出现有明显影响。一般说来,刚刚完成某一行为后,动物对这一行为的要求就会大大下降,例如:刚交过尾的动物对于性刺激或是没有反应或是反应很弱,这就意味着释放性行为的阈值增加了。类似情况在觅食行为和其他功能系统中也很常见。另一方面,长时间未发生的行为非常容易被释放,释放这种行为的刺激会更简单和较少特异性。一个著名的例子是狗的衔物摆头行为,犬科动物利用这种行为可以轻易地扭断猎物的脖颈,使其失去反抗能力,如果没有天然猎物,那么很多非生物物体也能释放这种行为。猫的捕食行为不仅可以针对一个猎物,也可以针对一个球或其他易于滚动的物体。动物园和实验室中的动物以及其他供玩赏的动物,往往与同种其他个体隔绝,因此释放它们行为的阈值通常会下降,尤其是性行为。有时,异种动物或一个粗糙的模型都可以诱发它们的交配行为和其他性行为。而在自然情况下,这种现象是从来不会发生的。这种能够诱发动物正常行为的模型就被称为代用物。在极端情况下,阈值的降低可以导致行为的自发产生,这就是空放行为(vacuum behavior),空放行为是一种无刺激行为释放,是达不到该种行为目的的一种行为。最令人信服的实例就是织巢鸟复杂的筑巢行为,饲养在鸟笼中的织巢鸟在得不到任何筑巢材料(草茎)和代用物的情况下也完全可以表现出这种行为。

六、行为反应的疲劳现象

如果对支配一束肌肉的运动神经进行长时间的重复性刺激,该肌肉会长达几小时或十几小时地做出收缩反应而不显示疲劳,但如果刺激是通过正常的反射弧途径传给肌肉,情况就完全不同了。例如:在皮肤上的一点连续20秒钟给予机械或电刺激以后,狗的擦反射(即足擦抹皮肤受刺点)就会开始减弱,表现为足的动作减弱和节律消失。这种疲劳现象肯定不在肌肉本身,因为前后两个实验是用的同一束肌肉。如果把刺激部位移动几厘米,擦反射便又恢复正常,而且原刺激部位经过短时间休息后也能恢复正常的擦反射。

以上事实说明:疲劳部位一定是在皮肤的感受器和运动神经起点之间的某处。C. S. Sherrington 认为:疲劳现象是由于联络神经元(把冲动传到脊髓)和运动神经元之间突触传递阻力的增加而引起的。L. Franzisket 已经进一步证实:在青蛙的擦反射中,疲劳点是在联络神经元。

疲劳现象是复杂行为的一个普遍特征。有时,刺激的转换也能重新诱发一个已经疲劳了的反应。雀形目的雏鸟每当亲鸟回巢的时候便伸长脖颈、张开大口乞求喂食。实验证实,只要有暗色物体在巢的边缘出现或巢受到一下震动(这是亲鸟回巢的正常信号),雏鸟立刻就会做出同样的反应。如果通过视觉刺激一次次地重复诱发雏鸟的乞食行为,那么这种行为就会逐渐减弱,直到完全消失。此时如果震动一下鸟巢,雏鸟会重新做出最强烈的反应。因此我们把这种疲劳叫做特定刺激疲劳(stimulus-specific fatigue),也就是说,其他类型的刺激能够克服这种疲劳,重新释放这一行为。下面我们就特定疲劳现象再举一个蜻蜓稚虫的例子:蜻蜓稚虫的捕食器(俗称"假面具")在正常情况下受到视觉刺激(如猎物的形态和特有运动方式)时就往前伸出,当视觉刺激重复多次时,这种反应就会暂时消失,此时若改用接触刺激,捕食器的捕食动作便又重新发生。

除了特定刺激疲劳以外,还有一种特定反应疲劳(response-specific fatigue),R. Hinde 曾用苍头燕雀在枭出现时的躁动反应试验来说明过这种疲劳现象。他让一只枭出现在一只苍头燕雀面前30分钟,30分钟结束时躁动反应通常就会停止,他计算枭出现最初6分钟内苍头燕雀的叫声次数,以作为躁动强度的指标。枭第二次出现同第一次试验结束时的间隔时间从半分钟到24小时不等,并记录每次试验前6分钟苍头燕雀的鸣叫次数。试验结果表明:间隔时间在30分钟以内,疲劳现象迅速得到恢复(间隔时间越短,枭第二次出现时躁动反应越弱),间隔30分钟第二次躁动反应可达到第一次反应强度的50%,间隔时间超过30分钟直到间隔24小时,反应强度都没有明显增加。为了排除特定刺激疲劳的影响,曾把第二次枭的出现改为鼬的出现(鼬和枭是等强度刺激物),结果与前基本相同,只是反应强度略有增加。这说明,这种疲劳现象主要不是特定刺激疲劳,而是躁动反应本身所特有的一些性质,所以叫特定反应疲劳。

动物的很多活动都有自己的疲劳特性,有些活动(或行为)在第一次被完成后只需经过很短的时候就可再次被释放,而另一些活动(或行为)在完成一次之后则需间隔很长时间才能再次被释放。这种差别是同动物对不同行为的不同需要有关的,例如:性行为和取食行为是两类周期性发生的行为现象,因此两次行为之间需要间隔较长的时间,而逃避行为和防御行为则必须随时都能得到释放,因为这关系到动物的生死存亡,因此两次行为之间所间隔的时间极短。

七、欲求行为和完成行为

动物的复杂行为通常可以明显地分为两个阶段,即欲求行为(appetitive behavior)阶段和完成行为(consummatory behavior)阶段。在欲求行为阶段,动物积极地寻找和探索目标,一旦找到目标,欲求行为便结束,并开始完成行为,以便完成该行为系统的生物学目的。例如:一只家鼠(*Rattus*)在饥饿时会变得非常活跃,到处寻找和探索食物,这是欲求行为时期,一旦找到食物后便吃了起来,吃食物本身是完成行为。如果食物数量足够使它吃饱,此后欲求行为就不再发生,直到再一次出现饥饿。

动物的欲求行为往往需要经历较长的时间,行为程序有较大的灵活性,而且会表现出学习能力,例如:家鼠能够记住通向食物的道路,并在下一次觅食时重走这条路。在实验室里,人们可以教会家鼠在迷宫中认路或者踏杆取食,这种操作行为(operant behavior)通常也被认为是欲求行为的一种形式。完成行为历时较短,行为也比较简单,往往是老一套的行为陈规,如吃食物(不同动物都有自己特有的吃食物方式)。就性行为来说,寻找配偶和求偶是欲求行为,而交配是完成行为(交配方法随种而异)。

完成行为将会导致动物的欲望下降,使该行为系统在此后的一段时间内不再发生,也就是说,诱发欲求行为和完成行为的刺激阈值会大大增加或暂时失效。与此相反的是,欲求行为本身并不能减少动物的欲望,直到达到完成行为的目的为止,因此,欲求行为不存在特定反应疲劳,它可以被重复释放。欲求行为和完成行为的这种差异可以用它们各自的功能来解释。完成行为会使该行为系统的生物学目的得以实现(如解除饥饿和完成受精),下一次什么时候将再次需要这一行为将随种而异。欲求行为同该行为系统的生物学目的没有直接关系,因此,欲求行为的方式和次数是随具体情况而变的,虽然它最终会导致出现完成行为,但是每一次欲求行为不一定紧跟着就出现一次完成行为,例如:动物一次捕猎失败后必须再次进行捕猎。如果一次捕猎失败会导致欲求行为的减弱(即对同一刺激反应强度的减弱),那在生物学上是很不适宜的。

欲求行为的复杂程度是有差别的,有时欲求行为仅仅是一种简单的定向活动(如趋性),但一般说来,欲求行为是由一系列复杂的行为序列所组成的,其中包括鸟类的迁飞和鱼类的产卵洄游,其持续时间有时可长达几个月。从广义来理解,动物的这种迁移行为应当被认为是一种欲求行为,因为只要一到达繁殖地和产卵地,这种行为也就停止了。

应当指出的是:欲求行为和完成行为有时是很难区分的,拿乌鸫(*Turdus merula*)的筑巢行为来说,筑巢从寻找大树枝构筑巢基开始,接着是收集小树枝构筑巢壁并涂上软泥,最后是在巢里铺上细草和毛羽。当我们把整个巢的建成看做是筑巢行为最终目的的时候,是很难明确区别哪些行为是欲求行为,哪些行为是完成行为的。一种可能是把寻找每一个树枝看成是欲求行为,而在巢内安放树枝看成是完成行为;或者把找到一个适用的树枝看做是完成行为,因为找到树枝后就会暂时停止寻找。至于把树枝衔回巢的行为就只能认为是另一类型的活动了。

八、动物行为的动机

人们经常可以看到，当周围环境发生变化的时候，动物的行为也会发生相应的改变。例如：一只睡觉的狗当主人走近它时会醒来；一只正在啄食的鸽子当它看到一只老鹰在空中盘旋时会飞走。因此我们可以说，外部刺激是引起动物行为变化的一类因素。但是，人们也经常看到，当周围环境不发生变化的时候，动物的行为也会发生改变。因此，在这种情况下，引起动物行为改变的原因必定是在动物体内。目前已知，引起动物行为改变的因素可以有下列五种：① 外部刺激；② 个体发育；③ 病伤；④ 学习；⑤ 动机（motivation）。

动物行为在个体发育过程中的变化是很明显的，如鸟类发育到一定阶段就会飞，哺乳类发育到一定年龄就会走路，这些都无需特别的学习或实践。因病伤改变行为的例子很多，如动物的跛行。动物通过学习而导致的行为变化必定与动物的生活经历有关，如动物一旦被烧伤以后就学会了躲避火，如果动物吃了某种食物几小时以后生了病，那么以后它就不会再吃这种食物。

在外部环境未发生变化的情况下，动物行为的改变更经常地是由动物体内的动机变化而引起的。例如：给母鸡一个鸡蛋，母鸡有时会把蛋吃掉，但有时却表现为孵蛋，虽然在这两种情况下外部条件都是一样的。这种行为差异完全是由于动机变化而引起的，在前一种情况下，母鸡正处于饥饿状态，而在后一种情况下，母鸡的孵卵欲望占了上风。

因动机变化而引起的行为变化，其特点是动机变化本身是可逆的。例如，狗不吃东西会变得越来越饥饿，但如果喂给它食物，它就会恢复到原来的非饥饿状态。在这个过程中如果完全不涉及个体发育、病伤和学习的话，那么就可以极为准确地恢复到原初状态。

可逆性是动机的独有特性，对个体发育、病伤和学习过程来说，都是不可逆的过程。虽然动物有时也会忘记它们所学习到的东西，但是学习过的动物终究与未学习的动物是不一样的。学习过程所引起的内部变化是永久性的。因此，我们可以给动机下这样一个定义：动机是引起动物行为变化的一类可逆的体内过程。这一定义可以把动机同其他四类引起行为变化的因素区别开来。这一定义完全是为了分类方便，而没有涉及动机过程的物质基础和生理机制。

研究行为动机必须从直接观察动物的行为开始，最好是在自然环境中进行观察，因为只有在自然环境中研究动物的行为才能观察到动物行为的全貌，并能了解到动物是如何通过它们的行为去适应自然环境的。

此外，直接观察动物在自然状态下的各种行为，还可以使我们得出这样一个重要的结论，即动物在同一时刻只能做一件事，这就是说，两种行为不能同时发生。例如：一只饥饿的狗会因食物的到达（给食）而从睡眠中醒过来，如果推迟给食时间，它就会继续睡下去。这表明，当食物到达的时候，狗仍有睡意（睡眠的内在动机），只是此时吃食的动机更为强烈。除了睡觉和吃食物的动机以外，此时狗还可能有散步的动机，但与前两个动机相比均属次要。如果是这样的话，那么狗在睡足了觉和吃饱了肚子以后很可能就会去走一走。

假定这只狗在睡觉的时候具有吃东西和散步的潜在动机，那么显然，吃东西的动机不会表现为行为，因为此时有关的外部刺激还没到达，散步的动机也不会转化为行为，因为这一动机不如睡眠动机强烈。显然，当我们看到一种动物从事一种活动的时候，我们不能说动物只有这一种活动的动机。我们必须认识到，动物各种类型的行为都有各自的潜在动机作基础。事实上，动物的行为决策都是由内部的动机状态和外部的环境状况所决定的。

动物在同一时刻虽然只能进行一种活动,但两种不同的行为动机却常常在体内发生冲突,并导致动物表现出所谓的折中行为(compromise behaviour)(图 3-8)。例如:当手拿食物喂给一只鸭子时,鸭子常常是又想接近食物又想避开拿食物的人,结果它会走到一定的距离,然后要么是继续接近要么是往后退,也可能它停在那里不动,伸长脖颈去接近食物,但脚却尽量往后放,准备随时撤退。这是一种典型的折中姿态(又想接近又想走开)。这种姿态在其他动物中也是很容易被观察到的,因为两种不同动机的内在冲突是经常发生的。例如:三刺鱼(Gasterosteus aculeatus)在保卫它的领域时是极富侵犯性的,当领域入侵者是一只雄鱼时,这种侵犯性又掺杂有害怕的成分;当入侵者是一只雌鱼时,这种侵犯性又掺杂有求偶的成分。

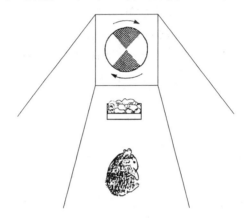

图 3-8 豚鼠的折中行为
当豚鼠在饥饿动机的支配下走近食物盘时,其前方一个彩色圆盘突然转了起来,
这在豚鼠体内诱发了一个害怕的动机,在两种动机支配下豚鼠停在了中途

九、动机的测定

研究动物的行为动机需要测定动机的强度及其变化。

测定行为动机的方法应当依据所测动机的类型和动机的种类而定。因为动机是动物的一种内部状态,所以一般是难以直接测定的,但是我们可以测定在动机支配下的某种行为反应(数量和强度)来间接地测定动机的强度。

动物的取食动机是比较容易测定的,因为所有动物每间隔一定时间就要进行一次取食,而且通过控制喂食的间隔时间很容易控制它们的取食动机。下面我们列举几种测定取食动机的方法,这些方法适用于哺乳动物(如大白鼠),有些方法也适用于其他动物。

(1) 测动物的取食量:测食物的重量通常比计算动物取食运动的次数更方便。对大多数动物来说,只要喂给它们食物,它们就会以大体相同的速度吃食,直到吃饱为止。

(2) 测动物对苦味食物的忍受限度:一般说来,动物取食动机越强烈(越饥饿)就越能忍受食物中含有较多的苦味物质。苦味物质一般采用奎宁,常在小食物丸中和浓缩的乳滴中掺入奎宁喂给大白鼠,使食物中奎宁含量逐渐增加,直到大白鼠用舌舐尝后拒食为止。

(3) 测动物奔向食物的拉力和速度:给所测动物套上一个挽具,挽具与一个弹簧秤相连接,这样当动物奔向食物的时候就可以测定动物的拉力。此装置稍加改进就可测定动物奔向食物的速度。

(4) 测动物为了得到食物所能忍受的最大电击量：把食物放在一个大白鼠能够看到的地方，但动物要得到食物必须走过一个带电的金属网格，而动物事先已受过训练知道走过网格时会受到电击。当金属网格带电量逐渐增加时就可测知动物为了得到食物所能忍受的最大电击量。

(5) 测动物的压杆速率：作此项测定常采用斯金纳箱(Skinner box)，箱内有一横杆，横杆受压后会自动将一小粒食物送入杯内。测定时把一只饥饿的大白鼠放入箱内，并教它学会压杆取食。然后作这样的安排：并不是每次压杆都给食，而是不规则地间隔一定时间给一次(平均 30 秒钟给一小粒食物)。用心理学的术语说这种做法就叫可变间隔强化实验，这种实验安排使动物不可能知道哪一次压杆能够得到食物。事实证明，在这种安排下，动物压杆更加匀称和有规律(与每次压杆都给食的安排相比)，因此很适合于测定动物的饥饿状态。一般说来测定动物的压杆速率要在动物饥饿不同时间以后进行，以便对各次实验进行比较(每次因饥饿时间不同，动机状态也不同)。

从表面上看，以上几种方法所测定的是同一件事——饥饿动机，但实际上它们所测得的结果并不完全一致，只有把这些结果对照起来加以分析，才能了解动机的一些性质。

N. E. Miller 曾同时采用三种方法(食量法、奎宁忍受法和压杆法)来测定大白鼠在饥饿不同时间后的动机状态。他发现，三种方法的测值并不是都随着饥饿时间的增加而一起增加的。当饥饿时间(即不给食时间)从 0 到 54 小时逐渐增加时，大白鼠所能忍受的奎宁浓度是一直增加的，压杆速率也逐渐增加，但取食量却在饥饿 30 小时后达到最大，此后还略有下降。这表明，虽然 30 小时以后大白鼠的取食量已不再增加，但它的饥饿程度还是在增强，因为它所能忍受的奎宁浓度也一直在增加。取食量不再增加的原因很可能是胃容量有限。

有人还曾做过大白鼠的饮水试验，试验前先让大白鼠喝足了水，然后再通过一个植入管把 5 mL 浓盐溶液直接送入胃内而不经过口。此后便在不同时间(15 分钟, 1 小时, 3 小时和 6 小时)测定下列三种数据：① 饮水量；② 所能忍受的最大奎宁浓度(饮水中)；③ 压杆速率。试验结果见图 3-9。如果只考虑压杆速率的变化，我们就得出这样的结论，即在注入盐溶液以后

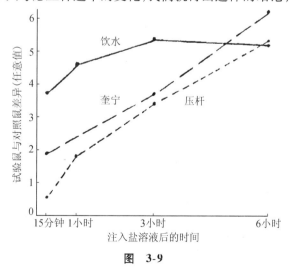

图 3-9

将 5 mL 浓的盐溶液直接注入大白鼠胃内后，大白鼠的饮水量、压杆速率和所能忍受的最大奎宁浓度随时间而变化的情况。纵坐标是试验鼠与对照鼠各测值的相差倍数(任意单位)

的最初15分钟内,渴的程度并没有明显增加,但此后直到6小时,渴的程度一直在增加。但这只能说明一部分真相,实际上,15分钟以后大白鼠是非常渴的,因为此时它们已开始大量地喝水。虽然压杆速率并不像饮水量增长得那么快,但是,饮水量在3小时以后便不再增加,而压杆速率却继续增加,对饮水中奎宁浓度的忍受程度也继续增加。由此看来,要想较合理地了解盐溶液对渴的影响,必须把几种测值结合起来考虑,只根据一种测定方法得出的结论肯定是不全面的。虽然现在我们还不清楚为什么这三种测值不完全吻合,但如果要想了解动机的真正性质,这些试验资料肯定是非常有价值的。

关于行为动机,著名行为学家K. Z. Lorenz曾提出了一个非常形象的液体压力模型(图3-10)。该模型较好地说明了动物体内动机的强弱(用贮水箱中水位的高低表示)与外在行为释放之间的关系,即体内动机越强烈,外在行为释放的等级也就越高。

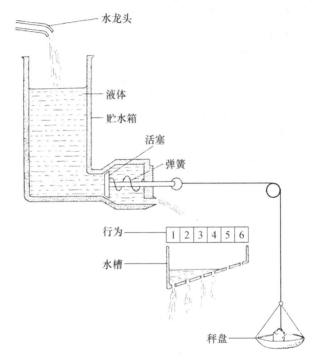

图3-10 Lorenz的动机液压模型说明动机强弱与行为表现之间的关系

十、刺激过滤

每一个动物在任何时刻都会面对无限量的环境信息(各种物理的、化学的和生物的信息),但是,在信息的海洋中,有用的信息只占很小的一部分。因此,对动物来说最重要的任务之一就是有选择地对外界刺激做出反应。

动物有两种器官系统具有刺激过滤(stimulus filtering)的功能,这就是感觉器官和中枢神经系统,这两种器官系统选择信息的过程可分别称为外周过滤(peripheral filtering)和中枢过滤(central filtering)。

1. 外周过滤

外周过滤可以借助于两种方式实现:感觉器官要么对信息毫无感受能力,要么对信息能够做出反应,但却不能把信息传送到中枢神经系统。前一种方式决定于动物感觉器官的不同感受能力,事实上,不同动物的感觉器官的感受能力有极大差别。例如:蝙蝠和某些蝶类能够感受高频声波;蜜蜂能够看到紫外线;响尾蛇能对红外线做出反应并能敏感地分辨 0.005℃ 的温度差;大多数哺乳动物的嗅觉要比人的嗅觉敏锐得多;很多昆虫由于复眼视细胞的结构特别精细而能感受偏振光,这种特殊的感觉能力使昆虫在没有可见光的情况下仍然能够依据太阳的位置进行定向;有些鱼类可以感受它们周围的电场,而这个电场是它们自己制造的;此外,蜜蜂和迁徙鸟类还有依据地球磁场进行定向的能力。

总之,只有能够被感知的外界刺激对动物才具有生物学意义,因此,可以影响动物行为的外界刺激的种类和数量,对不同动物种类来说是很不一样的。感觉生理学(sensory physiology)就是专门研究动物对各种刺激感受能力的一门科学。

动物感觉器官的感觉能力是同动物的生活方式相适应的。例如:夜蛾能够感受高频声波,使它们能够及时发现蝙蝠发出的高频声波,逃避蝙蝠对它们的追捕;响尾蛇的颊窝对猎物的体温特别敏感。一般说来,由于感觉器官的感受能力是有限的,大部分不具有生物学意义的信息就可被排除。

在某些例子中,刺激的过滤具有高度的种的特异性,例如:某些雌蝶分泌的性信息素可以把雄蝶从遥远的地方吸引过来。这些性信息素是由很复杂的化学分子构成的。感觉生理学家的研究已经证实:位于雄蝶触角上的化学感受器只对同种雌蝶的性信息素和一些极其近似的化合物非常敏感,而对其他化合物则反应极小或无反应。在听觉方面的一个类似例子是生活在亚热带传播黄热病的一种蚊虫,雄虫触角上的江氏器(Johnston's organ)主要对雌蚊的振翅频率发生反应,而雄蚊的振翅频率每秒钟比雌蚊多 150 次,这种频率对雄蚊的感觉器官没有影响。因此,当雌蚊从附近飞过时,雄蚊可依据雌蚊振翅的声音辨识和追踪雌蚊。外周过滤的另一个实例是前面已经提到过的夜蛾,夜蛾的听觉器官对追捕它们的蝙蝠所发出的高频超声波极其敏感。而各种蝙蝠对它们所发出的高频超声波的感受性常常也具有很强的种的特异性。

以上事例都具有一个共同点,即来自环境的不必要信息将不被动物所感知,这是外周过滤的第一道关卡,这种过滤方式对于那些只需要特定信息的动物来说是非常有价值的。例如:很多种类的夜蛾从蛹中羽化出来后只能生活很短的时间,常常不需要再吃食物,对它们来说,唯一的使命是寻找雌蛾交尾。因此,具有生物学意义的唯一刺激就是雌蛾分泌的性信息素。它们的嗅觉器官已经特化到只对这种单一刺激起反应的程度。其他一些特化物种也有类似的情况,例如:单食性或寡食性的寄生动物常常只对从一种或少数几种寄主身上发出的信息(如气味、特定形态等)发生反应,这样才能保证它们顺利找到特定的寄主。

一般说来,只依靠感觉器官有选择地感受刺激(即有限的感受能力)是不能完成对外界刺激的全部过滤任务的。上面所举的几个例子只不过是少数几个特例,在大多数情况下还必须依靠其他的过滤方式,这是因为:① 生物信息的性质太复杂,感觉器官往往难以完全适应。很多刺激类型具有复杂的构成,而且各种刺激之间具有一定的相互关系,这往往会超出一个视觉器官的过滤能力。② 一种感受器必须对各种属于不同功能系统的信息发生反应,因此,只是在感受器水平上依靠简单的过滤方法就难以满足这种多功能的需要。例如:雄性的刺鱼(*Sticklebacc*)看到水蚤时的反应是猛扑过去攫而食之,看到绿藻和其他植物时的反应是表现出筑巢行为,看到其他同性个体时的反应是战斗,而看到一条雌性刺鱼时的反应是求偶。甚至在同一功能系统内,也会有类似的问题,例如:就多食性动物对食物刺激的反应来说,很多食物刺激都可以引起动物的取食反应(正反应),但对于很多类似食物但不可食的东西,动物就需要做出拒食反应(负反应)。

可见,复杂的刺激需要复杂的过滤机制。这种过滤机制仍然以感觉细胞的感觉为基础,在信息比较复杂的情况下,感觉器官可以对一系列的信息做出反应,但只把有限的信息量传递下去。在这方面,侧抑制(lateral inhibition)起着重要的作用,如果有一个感觉细胞因受到刺激而发生了兴奋,当它传递这种兴奋的同时能够减弱,甚至防止相邻的感觉细胞发生兴奋,这种现象就叫侧抑制。由于侧抑制的作用,当刺激引起的兴奋由外周感觉器官向中枢神经系统传递时,每单位时间的信息容量可以减少几个数量级。

2. 中枢过滤

尽管存在着两种外周过滤方法,但对于外界刺激的过滤仍嫌不足。因此,必须在中枢神经系统对外界刺激进行再过滤。中枢过滤的机制和地点,目前虽然还未完全弄清楚,但当动物对几乎所有的复杂刺激发生反应的时候,似乎这种过滤方式都在起作用。这方面的研究是神经生理学(neurophysiology)研究内容的一部分。行为学研究只能确认这种过滤方式的存在。研究的最好方法是利用模型做试验,在模型试验中,一种复杂刺激的各个组成部分可以被分离开来呈现在受试动物面前,这样就可以确定刺激中的哪些成分是必要的,哪些成分是多余的。

用眼蝶所做的试验曾经获得了非常出色的结果。雄蝶在生殖季节开始追逐飞翔,这种追逐飞翔可以诱使飞过的雌蝶停落在雄蝶附近,经过短时间的求偶活动,雌雄蝶便开始交尾。借助于使用不同颜色、不同形状、不同明亮度和不同移动方式的模型已经确知,正是飞翔雌蝶本身的有关刺激诱发了雄蝶的追逐飞翔。而且发现:模型的颜色、形状和明亮度对于诱发雄蝶的追逐飞翔几乎完全不起作用,而移动方式和与背景的对比强度则是重要的刺激成分。因此,最能有效地诱发雄蝶追逐飞翔的方法,是把一个黑色的纸卡模型悬垂在钓鱼竿上,让它像一只自然飞翔的雌蝶那样上下跳动。如果在试验中只测定眼蝶的一个功能系统(即求偶功能),那么就会得出眼蝶是色盲的结论,但是根据其他行为的观察,发现眼蝶在寻找食物的时候对蓝色花和黄色花具有明显的偏爱,显然它们是能够辨识颜色的。这表明,眼蝶并不是色盲,但在求偶期间的行为很容易让人误认为它们是色盲。

对其他动物所进行的观察表明:很多动物都和眼蝶一样对刺激的感受是有选择性的。例如:银鸥雏鸟的啄击反应只能被亲鸟喙上的信息所诱发。因此,一个银鸥成鸟的模型,只要喙上具有适当的刺激成分,哪怕头部的形状、颜色和大小非常走形,也照样能诱发雏银鸥的啄击反应(图3-11)。又如:从未抚育过幼雏的雌火鸡,只有听到雏鸡的叫声才表现出抚育行为,而对雏火鸡的外貌和活动则不予理会。即使是一个很走形的雏鸡模型,只要在它体内安装一个小型的发音器并能发出雏鸡的叫声,就能诱发雌火鸡的抚育行为。如果把雌火鸡的听觉器官破坏掉,那么它就只会孵蛋,当雏火鸡从蛋壳中孵出时,亲鸟会把自己的雏鸟杀死。

雄性刺鱼的侵犯行为主要是由同性个体侧下部的鲜艳红色诱发的,而雄刺鱼的形状、大小和体表特性对于诱发其他雄刺鱼的侵犯行为是很少起作用的。一个非常酷似雄刺鱼的模型,如果它的侧下部被染成灰色,那就很难诱发雄刺鱼的侵犯行为。相反,一个侧下部被涂上红色的椭圆形木板却很容易诱发雄刺鱼的侵犯行为。雄性的欧䳭对其他雄鸟胸部的红色羽毛也产生类似的反应,而对鸟体的整个外形却不在意。如果在欧䳭的领域中把一些红色的羽毛捆扎

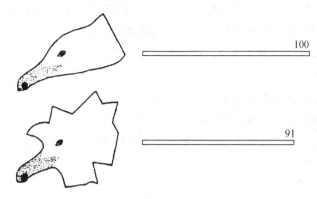

图 3-11

诱发雏鸥啄击反应的刺激并不是银鸥成鸟头部的形状,而是喙上的某些刺激成分

在一个树枝上,它就会受到雄欧鸲的攻击,但是,如果把一个打扮得很像的雄欧鸲模型安放在树枝上,只要它的胸部没有红色羽毛,它就不被雄欧鸲所理睬。在这方面古巴莺表现得更为明显,因为雄莺的颈翎是黄色的,所以,哪怕是一个纸卷或一个外形很不像鸟的物体,只要它具有黄色的标志就会受到雄莺的威吓和攻击。

问题是如何解释这种现象,即为什么动物的反应会如此特化和受到局限?这种现象对动物的最大好处很可能是:如果动物只对环境中的极少数刺激发生反应,那么动物的反应就会大大简化和减少失误,只要这些少数刺激能够代表环境中那些具有生物学意义的客体就行(如捕食者、猎物、营巢地或隐蔽所等)。其他刺激是不必要的,甚至会分散注意力,因此最好是对这些刺激不发生反应。在雄欧鸲的领域中,除了它自己的配偶(雌欧鸲)外就再也不会有胸部生有红色羽毛的鸟儿了,如果出现这样的鸟儿,那肯定就是一只雄欧鸲。对刺鱼来说也是一样。因此,当领域的主人不分青红皂白地一律对红色信号加以攻击的时候,这不能不说是一种适应。如果在某种动物的环境中只有少数动物具有某种特定的信号,那么动物就会逐渐形成对这种信号的局限反应。相反,如果在同一区域内有两个或多个特征相似的物种生活在一起,那么动物就很难形成对某一特征的局限反应,因为这样会导致物种识别的错误。

十一、行为的释放机制和关键刺激

释放机制(releasing mechanism)的概念很早就被引入了行为学,这个概念是同刺激过滤和行为的选择释放密切相关的,而这一切又依赖于动物的动机状态。释放机制又可称为刺激过滤机制(stimulus filter mechanism),它是指与过滤刺激有关的各部分中枢神经系统总和(包括感觉器官),也就是说,释放机制是生物体内参与一个特定行为释放的各种结构成分之总和。释放机制将能确保动物的某一特定行为型只能被某种适当的刺激所释放,例如猎物诱发猛禽的捕食行为、雏鸟诱发(即释放)亲鸟的抚育行为等。可见,释放机制将决定一个动物会不会对某个刺激或某个刺激组合做出反应。在每个行为功能系统中,都只有那些与相应的释放机制相"吻合"的刺激才能释放动物的行为。眼蝶在花间飞舞采食时的释放机制使眼蝶只对花朵的颜色有反应,但当眼蝶追逐雌蝶求偶时的释放机制则使眼蝶对移动着的物体以及这种物体与背景之间的色差特别敏感。这些事实虽然很清楚,但应当说,我们至今对释放机制(一种神经感觉机制)的本质还是了解得很少。目前我们还不知道这种机制的确切位置在哪里,只知道它是在外周感觉器官和运动中枢之间,并且很可能涉及几个彼此相连接的成分。这种带有判断性的粗浅认识使我们很难了解动物体内实际所发生的过程。

所谓关键刺激(key stimuli)就是释放动物某一反应所必需的刺激。如果把释放机制比做是一把锁,那么关键刺激就是打开这把锁的钥匙。当然,这只是一种形象的比喻,说明动物的一种反应需要一个特定的刺激去释放。关键刺激可以是某种单一的信息,也可以是多种成分按一定比例组合起来的复合信息。例如:火鸡是根据猛禽所特有的短颈、长尾外形来辨认它们的,而幼鹅辨识一只猛禽纸卡模型的头部不仅根据头部的实际大小,而且还根据头部与身体大小的相对比例(图3-12)。

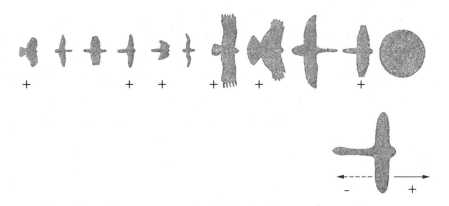

图 3-12　用纸卡模型测试地面鸟类(如火鸡等)的逃跑反应

(+)代表逃跑,(-)代表不逃跑。凡短颈长尾者(猛禽特征)都会引起逃跑反应。有趣的是,右下纸卡模型向右移动时会引起逃跑反应(短颈长尾),但向左移动则不会引起逃跑反应(长颈短尾如天鹅)

十二、释放者

在行为学文献中,关键刺激和释放者(releaser)的概念有时被混用,其实它们各有不同的含义,应当严格区分开来。关键刺激通常是指种间的信息传递,只同接受信息的一方有利害关系。例如:一棵大树绝不会为了吸引某种鸟类到树上来营巢而长出鲜艳的树枝,但是鸟类却必须学会依据树干、树枝和树叶的形态来辨识最适于营巢的树种,而树木的这些特征只不过是它本身适应环境的产物。就捕食动物与被捕食动物的关系来说,双方都将避免产生有利于对方辨识自己的结构和行为。捕食动物会偷偷地和悄悄地接近猎物,猫头鹰由于翅羽的特殊结构飞行时几乎没有声音。被捕食动物则尽量隐蔽和伪装自己。总之,需要获得信息的都只是信息的接受者,而且都只能通过提高感觉器官的敏感性来改善获得信息的能力。

释放者通常是指种内个体间的信息传递,这种信息传递实际上是信息的相互交换,对信息的发送者和接受者都有好处。因此,双方都将对这种通讯效率的提高做出贡献,并可能在进化过程中产生一些专门用于种内通讯的形态结构。例如:在种内的求偶和双亲抚育行为中,对信息的需要就是相互的,通讯效率的提高对双方都有好处。雄性动物必须能够辨识雌性动物及其性生理状态,并对雌性动物的求偶行为做出适当的行为反应,而雌性动物对雄性动物的行为也必须做出正确的反应。因此,双方都会产生一些适应:信息接受者会改善其感觉器官的感受能力,而信息的发送者所发出的信息(刺激)会更容易被对方所辨识,并具有更大的信号价值。

释放者是相互通讯系统的组成成分,在其进化发展的过程中,达到双方相互了解的目的是主要的,因此,释放者的主要功能就是传递信息,而关键刺激的这种功能则是一种偶然的和附加的功能。由于两者有明显区别,所以,K. Lorenz 主张应当严格区分释放者和关键刺激这两个不同的概念。他给释放者所下的定义是:释放者是引起同种个体发生一定反应的某些结构或行为型。

释放者可以是视觉信息(颜色、形状等)、听觉信息(发声)和化学信息(信息素),也可以是某种行为型和身体的体态,这种行为型和体态经常是很醒目的,有时则演变为仪式化了的信号(ritualized signals)。

为了完成种内通讯这一主要功能,释放者必须容易辨认和醒目,所以,动物的那些最醒目的形态特征几乎毫无例外地都是释放者。最著名的例子是孔雀开屏(图 3-13)、雄性野鸭和雉类的华丽羽衣以及很多种雏鸟的喙裂标志和口乳突等。

图 3-13　孔雀开屏

动物最鲜明醒目的形态特征几乎都是释放者,包括孔雀开屏和雄性雁鸭类的华丽羽衣等

释放者的显明性是借助于突变和自然选择逐渐进化来的,但这种进化也常受到限制,如:①动物同时需要隐蔽和伪装;② 来自其他功能系统进化的压力。因此,很多释放者都是在几种选择压力下的折中产物。

当动物同时需要伪装时,释放者的折中性质就会表现得非常明显。醒目的释放者常常位于可折叠的器官上(如鱼鳍上的眼斑、鸭翅上鲜艳的翼镜、孔雀的尾羽和很多鸟类可膨胀的喉囊等)。这些特征通常只出现在雄性动物身上,或者只有当动物实际需要它们的时候,它们才会产生。例如:鸟类和鱼类往往到生殖和求偶季节才长出鲜艳的羽毛或体色,生殖季节过后便换上一身隐蔽的伪装色。因此,种内的信息传递虽然使用鲜明的信号,但这种信号只在需要时才显示出来,因而可把由此带来的危险降至最低。这种现象在一些鱼类中表现得最为明显,例如:丽鱼借助于某种神经机制可以迅速地改变体色和外貌,这可以使它们在需要的时刻才发出信号,而且在各种功能系统中,信号能够表示不同的精神状态。

释放者的概念最初只用于种内通讯,后来又发现在不同物种成员之间也存在着信息交流,因此便提出了种间释放者的概念。例如:很多种鸣禽(芦鹀、欧鹀、大山雀、蓝山雀和苍头燕雀)的叫声虽然各不相同,但它们的报警鸣叫却非常相似,这样,当危险来临时不仅可向同种个体报警,同时也提醒了其他鸟类。有些鸟类不会发出报警鸣叫,但可对其他鸟类的报警鸣叫做出反应。

种间释放者在拟态(mimicry)和共生(symbiosis)的种间关系中最为常见。拟态是指一种动物模仿另一种动物,并从中得到好处的一种种间关系,如鸟类喜食的一种昆虫如果在形态、颜色和行为方面模拟另一种鸟类不喜食的昆虫(这种昆虫往往有毒而且具有显明的警戒色),那么就可以减少鸟类对它的捕食。在共生的关系中,共生双方需要一定的信号以便相互辨识和了解,最著名的例子是某些鱼类之间的清洁共生。有些鱼专门取食其他鱼体上的寄生物,这些清洁鱼往往具有鲜明的颜色和容易辨认的特定游泳姿态。这些特征实际是向它们的清洁对象(有些是凶猛的肉食性鱼类)发出的信号,似乎是在说:"我是清洁鱼而不是猎物,切莫认错。"有些清洁鱼则采取一种特殊的姿态如张着嘴,展开鳃盖以引起对方注意。在其他鱼的口腔内取食的清洁鱼,常常接到主人发来的信号,如果主人连续闭几次嘴就表示它要离开这里了,于是清洁鱼便会从它的口腔中游出来(通过口或鳃盖)。

由此可见,关键刺激与释放者之间的区别并不在于信息是在种内传递还是在种间传递,而是在于这种信息传递是使一方获得好处还是使双方都获得好处。关键刺激只使接受刺激的一方受益,而释放者则使发出刺激和接受刺激的双方都受益,唯一的例外是拟态,显然,当拟态发生时,受益者只有模拟者一方即发送信号的一方,不过就它的模拟对象(被模拟者)所处的种间关系来说,警戒色是使双方都受益的一种信号。

十三、信号刺激

信号刺激(sign stimuli)是指能代表发出刺激的整个主体的刺激,例如:对雄欧鸲和雄刺鱼来说,红色刺激常常代表着另一只雄欧鸲和雄刺鱼;对雏银鸥来说,红色斑点则意味着是它们的双亲。除了视觉刺激以外,信号刺激也可以是一种听觉刺激或化学刺激,例如:对雌火鸡来说,它们只根据雏火鸡的叫声来辨认自己的后代;鲶鱼对同种个体发出的化学物质非常敏感,如果一只鲶鱼因受伤使血液流入水中,其他鲶鱼就会惊慌地逃走,而对其他鱼的血液它们则毫不在意;蛾类也是这样,雄蛾总是被雌蛾释放的化学物质所吸引,尽管这种物质的浓度极低。

有时,诱发一个反应常常需要一个以上的信号刺激,在这种情况下,缺少一个刺激可以靠另一个刺激的增强来补偿。例如:守卫蜂箱出入口的蜜蜂是根据盗蜂的颜色和特有的飞翔姿态来辨认盗蜂的。用一个小绒线球就可以诱发蜜蜂的攻击行为:棕褐色线球比白色线球的诱发效果更好,但是,如果一个白色线球模拟盗蜂的飞翔状态,其诱发蜜蜂攻击行为的效果可同一个静止的棕色线球一样好。一个刺鱼模型如果能保持头朝下的威胁姿态,更能引起一个占有领域的雄刺鱼对它的攻击,在这个例子里,姿态和红色的效果是一种相加的关系。

有选择地对信号刺激做出反应,显然对很多动物的生活是有很重要的适应意义的,特别是对于那些主要依赖遗传行为的动物。如果动物对某种刺激必须做出反应,但个别反应失误又不会影响太大,那么在这种情况下往往会形成信号刺激。例如,由于从领域中驱赶竞争对手对雄刺鱼来说是如此重要,所以雄刺鱼对红色总是做出极强烈的反应。几乎所有的红色物体都被它看成是竞争对手而加以攻击,甚至偶然落入水中的红色花瓣也会引起雄刺鱼的攻击,这种无效攻击显然只会浪费雄刺鱼的时间。Tinbergen曾观察到这样一件有趣的事:当一辆红色邮车驶过一个水族馆的玻璃窗口时,水族箱内的一条雄刺鱼竟向红色邮车摆出一副威吓的姿态。

如果信号刺激是来自一个捕食动物或者是其他个体发出的报警鸣叫,那么动物对这种信号刺激的反应就必须准确无误。对其他种动物发出的报警鸣叫做出反应也同样是有利的,这样,一种动物遇到了危险,所有动物都可受到警告。事实上,很多鸣禽、鸫和鹀所发出的报警鸣叫声是很相似的,它们彼此之间趋向于形成一种共同的信号刺激,所有的鸟都对这一信号刺激做出反应。

很多种小鸟的自卫方式之一是迅速逃离那些具有大眼睛的动物,通常只有鹰和猫头鹰才具有这种凝视不动的大眼。一个画有大眼睛的简单模型只要突然展现在这些小鸟面前,它们就感到非常害怕并马上逃走。有趣的是,很多种类的蝶和蛾,后翅都具有这样的大眼斑(图3-14),而这些蝶和蛾常常又是小鸟的捕食对象。当蝶、蛾静止不动时,这些眼斑是隐藏起来的,当它一旦受到触动,眼斑便突然闪现出来并把小鸟吓跑。显然,正是由于小鸟对于眼斑这种信号刺激有强烈的逃避反应,蝶、蛾才通过自然选择的作用产生了这种眼斑。对小鸟来说,偶尔受到蝶、蛾类的欺骗总比不对这种信号刺激做出反应而被猛禽吃掉要好。红翅乌鸫雄鸟可以与雌鸟的一个模型尾交配,该模型尾刚好处在正常交配前高举的位置[见图3-18(b)]。

在有些场合下则不会形成信号刺激,例如:我们辨识一个人往往是根据一个人面部的综合特征,其中没有哪一个特征是可以作为信号刺激的,而是把各方面的特征综合起来才能产生一个独一无二的形象。学会辨认不同的人是需要花费时间的,而且显然还受文化传统的影响,例如:黄种人辨识白种人的能力就比辨识本人种的能力差,反过来也是一样。

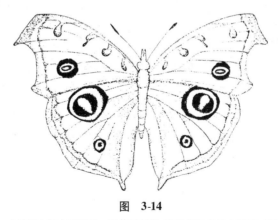

图 3-14

蛱蝶(*Precis almana*)后翅上的大眼斑是一种信号刺激,它极像猛禽的大眼睛,具有吓退小鸟的功能

十四、刺激的累积

动物的很多行为不仅被一个刺激所释放,而且可以被多个刺激释放。这些刺激可以单独起作用,也可以结合起来发挥作用,它们彼此之间可以起促进和补充作用。这一现象首先是被 A. Seitz 在研究丽鱼的战斗和威吓行为时发现的,叫刺激的累积(stimulus summation)。研究这一现象最好的方法是使用模型,因为模型可以使一个个刺激单独出现,也可以作各种组合。

下面我们以银鸥回收蛋的行为来说明这一现象。当蛋滚出巢外时,银鸥会伸长脖颈用喙把蛋收回到巢中来。释放这一行为的刺激是多方面的,如蛋的大小、颜色和蛋壳上的斑点等。

就释放效果来说,大的蛋比小的蛋好,蛋壳上有斑点的蛋比单一色的蛋好,绿色的蛋比棕色的蛋好。如果有一个模型把这三点结合起来(即提供一个比较大的、有斑点的绿色蛋)就会取得最好的释放效果。另一方面,如果有一个刺激缺失(如蛋壳上没有斑点),那么也可以靠另一个刺激的强化(如增加蛋的大小)来加以弥补。

这里再举一例:雌性环鸽只有当雄性环鸽存在的时候才产蛋,如果把雌雄鸽养在一起雌鸽产蛋最快。另一方面,雌鸽单独饲养时如果能播放雄鸽的叫声,也能诱使雌鸽产蛋。把一只雌鸽弄聋使它听不到声音,但只要有一只雄鸽在它身旁求偶,也会刺激它产蛋。这说明,视觉刺激、触觉刺激和听觉刺激都能诱发雌鸽产蛋,而且这些刺激是可以彼此替补的。

如果同一个刺激重复发生或者同时有几个个体发出同样的刺激,往往会增强这一刺激释放行为的效果。这就是为什么很多动物都有集体求偶的习性,即在一个公共场所,很多雄性动物同时向雌性动物求偶,显然,这样对雌性动物具有更强的吸引力(图3-15)。

图3-15 刺激累积作用

在求偶场上4只雄性流苏鹬(*Philomachus pugnax*)同时向1只雌鸟求偶,可大大增强雌鸟的性欲望

刺激的总效果同每一个单独刺激的释放效果都有关,但定量研究表明:这种相关又不是简单的相加关系。一般说来,各个单独刺激是彼此相互促进的,但其释放效果又不完全是累加的,而是一种加权效应。

十五、超常刺激

有时动物发出的自然信号对于信息传递来说并不是最佳的信号,相反,一些非自然的异常信号反而更能诱动物的行为反应。这些非自然信号就被称为超常刺激(supernormal stimuli)或超常释放者,也就是说,比一个正常的自然刺激更能有效地释放动物某一特定行为的刺激就是超常刺激。

超常刺激的现象最初是在使用模型做试验时发现的,例如:一些地面营巢的鸟类(如蛎鹬、喧鸻、银鸥或灰雁),如果给它们提供一些比它们自己所产的蛋更醒目更大的蛋或模型,那么它们更喜欢把这样的蛋收回巢内并孵化它们。因此,银鸥比较喜欢孵化那些被涂上了蓝、黄或红颜色,而且比正常蛋要大一些的蛋;蛎鹬喜欢孵5个蛋,而不是在正常情况下的3~4个蛋(图3-16);眼蝶宁可去追逐与背景色有更强烈对比的黑色雌蝶模型,而不去追逐具有自然色彩的雌蝶；雄萤往往被具有更大发光体表面积并能发出更强黄光的雌萤模型所吸引，而不去追逐真正的雌萤；雏银鸥更喜欢啄击一个末端尖细具有3个白环的红色细棒，而不是模拟得很真实的一个成鸥头部模型；黄雀靠特有的叫声彼此互相联系，如果从叫声中滤掉某些频率成分，则能引起黄雀更强烈的反应。

图 3-16　超常刺激

(a) 蛎鹬更喜欢孵5个蛋，而不是在正常情况下的3~4个蛋；(b) 相比之下更喜欢孵比正常蛋更大的模型蛋。
更大和更多的蛋属于超常刺激

　　超常刺激现象的存在表明：自然选择一方面强烈迫使动物产生尽可能鲜明的释放者(出于个体间通讯的需要)，另一方面又抑制这种趋势的发展(出于隐蔽或其他功能的需要)，结果常常导致折中的解决办法。地面营巢鸟类卵的颜色和雌蝶的隐蔽色是说明这一现象的最好实例。其他功能系统的需要也常常抑制释放者朝鲜明性方向进化，很显然，银鸥如果生有一个细棒状的喙，虽然能更强烈地诱发雏银鸥的啄击反应，但这种喙不利于成鸥的取食活动[图3-18 (a)]。又如：具有更高振翅频率的雌蝶虽然对雄蝶有更大的吸引力，但是高振翅频率并不符合蝶类飞翔的空气动力学需要。

　　在某些自然场合下也存在超常释放者，它们经常出现在巢寄生动物和社会寄生动物身上，如杜鹃雏鸟的嘴裂斑纹就比它们所寄生的寄主雏鸟的嘴裂斑纹醒目得多，这样可以更有效地释放它们养父母的喂食反应。在化学通讯的领域内也有类似的例子，如寄生在某些蚂蚁巢中的甲虫幼虫，它们皮肤腺的分泌物能够释放蚂蚁的抚育行为(喂食等)。这些分泌物是模拟蚂蚁所分泌的物质，但它比蚂蚁的分泌物更有效，因此可以得到更多的抚育和照顾(图3-17)。

十六、固定行为型

　　M. Konishi 曾为固定行为型(fixed action patterns)下过这样一个定义："固定行为型是按一定时空顺序进行的肌肉收缩活动，表现为一定的运动形式并能达到某种生物学目的"。固定行为型是被特定的外部刺激所释放的，一旦释放就会进行到底而不需要继续给予外部刺激。外部刺激除了释放功能以外，还可以影响固定行为型的强度和速度。随着外部刺激强度的不同，固定行为型也以不同的速度和不同的强度进行。由于固定行为型是一种固定不变的运动形式，所以每一个物种都有自己所特有的固定行为型，正如Heinroth所指出过的那样，固定行为型也和形态特征一样可以作为物种的鉴别特征。它们是一种先天行为，由于是种内每一个个体都具有的，所以又被心理学家称为物种的典型行为。

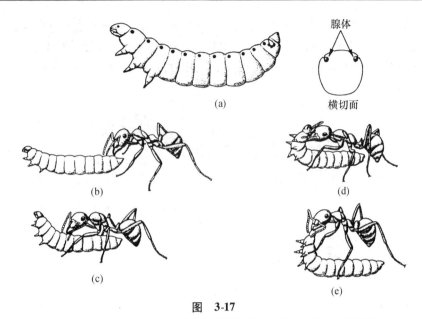

图 3-17

寄生在蚂蚁巢中的隐翅甲幼虫所分泌的化学物质是一种超常刺激,可比蚂蚁幼虫分泌的物质更有效地释放工蚁的喂食行为

固定行为型在诸如求偶、营巢、取食和清洁身体等行为系统中最为常见。灰雁回收蛋的行为就是一种典型的固定行为型(很多地面营巢的鸟类也有这种行为)。当蛋滚出巢外后,灰雁首先伸长脖颈,然后把下颏压在蛋上把蛋拉回,如果中途有人把蛋拿走,灰雁也将继续完成这一动作。这说明,这一动作一旦开始,即使不再有外部刺激,它也将进行下去直至完成〔图 3-18(c)〕。

图 3-18

(a)超常刺激(银鸥雏鸟更喜欢啄击一个末端尖细具有 3 个白环的红色细棒);(b)信号刺激(红翅乌鸫正在和一个雌鸟尾模型交尾);(c)固定行为型(灰雁正在把一枚滚出巢外的蛋用千篇一律的动作收回巢内)

青蛙伸舌捕飞虫也是一种固定行为型,但这种固定行为型常常要以复杂的趋性行为为先导,即青蛙发现飞虫后,首先要调整自己的方位,使身体的主轴对准飞虫,然后才能伸出舌头将虫捕回口中。又如,织巢鸟可以用树枝树叶编织一个非常复杂和完善精致的鸟巢(图3-19),其复杂和精致程度用人手都难以完成,但对织巢鸟来说,它所依赖的就是那么几个固定行为型动作,生来就会,不用学习,它们像机器一样反复动作就能制造出令人惊叹和无与伦比的产品来。蜜蜂用自己分泌的蜂蜡筑造的蜂房大小完全一样,都呈正六边形,即使从严格的几何学角度加以审视都无可挑剔,它们靠的也是固定行为型。蜘蛛也是靠固定行为型编织它们复杂而精确的网(图3-20),由于各种蜘蛛的固定行为型略有不同,所以它们所编织的网也各不相同。

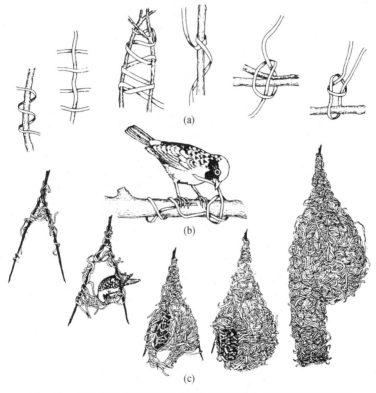

图 3-19　织巢鸟依赖固定行为型可以编织极为复杂和精致的鸟巢

十七、本能与学习

在正常情况下,动物的行为为什么总是能够极好地适应它们的环境?动物行为适应环境主要是靠两种基本方法。首先是靠神经系统先天的正确反应,这种反应已构成整个动物遗传结构的一部分。例如:蜜蜂生来就有飞向花朵和寻找花蜜的行为趋势,通常人们就把这种先天反应称为本能(instinct)。达尔文是第一个科学地给本能行为下定义的人。他把本能看成是可遗传的复杂反射,这种反射是同动物的其他特征一起通过自然选择而进化来的。

另一种基本方法是靠后天的学习,学习是动物在成长过程中借助于经验的积累而改进自身行为的能力。动物在实践中可以学会做出什么样的反应对自己最为有利,并能据此改变自己的行为。

本能和学习都能使动物的行为适应它们的环境,前者是在物种进化过程中形成的,而后者

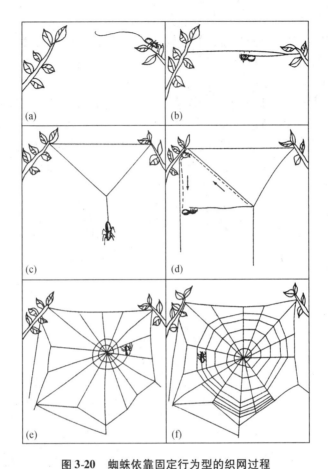

图 3-20 蜘蛛依靠固定行为型的织网过程
(a) 抛出一根丝线靠风力搭桥;(b) 建一根直线桥;(c) 和 (d) 作辐线;
(e) 建宽距离的临时螺旋线;(f) 作密集的最终螺旋线

是在个体发育过程中获得的。

本能对于那些寿命短和缺乏亲代抚育的动物来说具有明显的适应意义,当春天一只雌性泥蜂(*Ammophila campestris*)从地下羽化出来的时候,它的双亲早在前一年的夏天就死去了,它必须同一只雄泥蜂交尾,然后开始在地下挖洞建筑巢室及完成其他一系列的工作:外出打猎、把猎物麻醉并带回巢室、产卵和封堵洞口等。所有这些工作都必须在短短的几周内完成,然后它便死去。如果从挖洞开始这一系列的工作都必须通过学习才能完成,那简直是难以想象的(图 3-21)。

与泥蜂相反,食肉兽出生后必须靠母兽抚育(保护和喂食)相当长的时间才能到处行走,此后它便开始吃双亲带回的猎物并与同伴玩耍嬉戏,并经常观察成兽的各种动作和捕食行为。当它发育到 6 个月(指狮子)的时候才开始独立地猎食小的猎物,但直到 2 年以后才完全长大。它的行为(特别是猎食的方法和策略)在它漫长的一生中是根据具体情况而变化的,因此,学习对这些动物是非常重要的。

当然,泥蜂在短短的一生中也必须学习很多东西,如必须学会辨认每一个洞口的位置,以便狩猎后能准确无误地把猎物带回家(图 3-22)。而食肉兽从小就具有一定的捕食倾向,这种

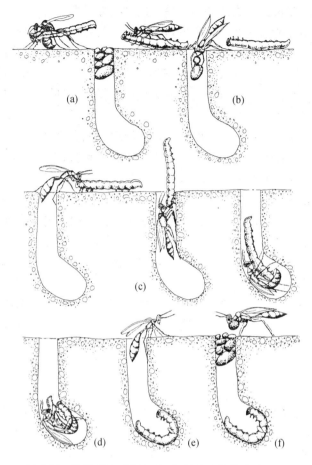

图 3-21　泥蜂的行为很复杂，但基本上都是本能行为
(a) 把麻醉过的猎物带回巢；(b) 移开洞口的小石块；(c) 把猎物拖入洞内；(d) 把卵产在猎物身上；
(e) 出洞；(f) 用小石块封堵洞口

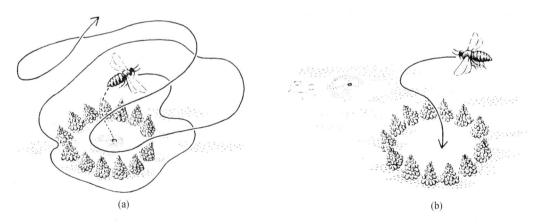

图 3-22　泥蜂靠学习识别自己洞口的位置
实验证明：泥蜂是靠记忆洞口周围的景观特征而识别自己的洞口的。(a) 出洞后先在洞口上方作记忆景观的飞行；
(b) 当景观发生移位后使泥蜂认错了洞口的位置

倾向肯定是一种本能,虽然这种本能还需要后天的学习加以引导。

事实上,处在环节动物进化水平以上的所有动物都具有自己的本能行为,也具有一定的学习能力。例如:雄鸟婉转的歌声一方面以先天的本能为基础,一方面也需要听其他雄鸟歌唱和自己不断地学唱。但是,所有鸟类(已研究过的)的报警鸣叫以及对报警鸣叫所做出的反应都是先天的和本能的,自然选择有利于这种先天反应的保存,如果这种反应必须通过学习而获得,那么动物很可能就会在学习过程中丧命。

学习的好处是使动物对环境的变化有较大的应变能力,这对于长寿物种比对于寿命只有几周的昆虫更为重要。此外,身体大小与学习能力也有关系,因为高度发达的学习能力需要有相应的脑量作基础,而小动物的脑量不可能很大。另一方面,自然选择的作用也可能使同等大小的动物具有很不相同的学习能力,以适应它们各自不同的生活方式。例如:膜翅目昆虫和双翅目昆虫的大小和寿命都差不多,但膜翅目昆虫除了具有很丰富的本能行为外,还具有极强的学习能力(尽管是属于简单的类型)。蜜蜂在短短三周的采食期就能学会辨认巢箱的方位,熟悉各种蜜源植物的空间配置,它们在一天中经常变换采食地点,好像它们知道每一种花朵都在一天的什么时刻产蜜量最大。

双翅目昆虫则完全不同,尽管有很多人曾试图通过试验证实它们有学习能力,但从未获得过令人满意的结果。虽然双翅目昆虫也能表现出某种类型的驯化(habituation),但它们的成功主要是依靠对食物、隐蔽场所和异性的遗传反应。

十八、利他行为

在自然界中生物与生物之间错综复杂的相互关系令人眼花缭乱:惨不忍睹的残杀、势不两立的竞争、损人利己的寄生已是司空见惯,在激烈的生存竞争中,有的靠偷袭取胜,有的靠施展诡计,有的则布下陷阱诱敌上钩。而被猎食者则常常靠快速奔跑、保护色、放烟幕和排臭气而逃之夭夭。在生命舞台上,千奇百怪的形态、妙不可言的生存术、叹为观止的技能,以及智慧、机敏、狡猾、欺诈、慈爱、残暴、忍辱等精神素质都一一呈现在我们面前。

自然界的生物好像都试图在这个空间有限、资源有限并早已挤满了其他生物的星球上找到自己的立足之地,因而在不择手段地损害"他人"的利益。但这只是一个方面,生物之间除了激烈对抗和"自私自利"的一面以外,还有为了"他人"而不顾个体利益和安危,甚至不惜牺牲自己生命的一面,这就是行为学家们津津乐道和正在花大力气进行研究的利他行为(altruistic behavior)。

自然界的一切存在都是合理的,不管表面看来是多么复杂和多么不可思议的行为,都必定经历过一个进化和自然选择过程。尽管达尔文一直坚信这一点,但他在世时对利他行为并未从理论上给予满意的解释。现在行为学家已经初步揭示了利他行为的遗传根据和进化原因,并把生态学、行为学、遗传学和进化论加以综合,提出了广义适合度(inclusive fitness)和亲缘选择(kin selection)的新概念。这些新概念不仅合理地解释了动物的利他行为,而且还丰富和发展了达尔文的自然选择学说。

众所周知,利他行为在动物界是普遍存在的,如双亲护幼和母爱就是最明显的实例。在生殖期间,双亲辛勤工作不是为了自己,而是为了养育和保卫自己的后代。很多在地面筑巢的鸟类,当捕食动物接近窝巢,使其后代面临危险的时候,母鸟会装做一瘸一拐和翅膀受伤的样子离开鸟巢并煞有介事地把一只翅膀垂下,好像已经折断(图3-23)。这样,它就可以把捕食动物的注意力吸引到自己身上,而使安卧巢中的一窝小鸟安然无恙,等捕食动物的利爪快要够到自己时,它会突然放弃伪装,腾空飞起,当然,这样做是要冒一定风险的。鸟类和哺乳动物在面临危险时(一般是捕食动物出现以后),群中的一些先觉个体常常会发出尖锐刺耳的报警鸣叫声,这也是一种以增加自己的危险来换取其他个体安全的利他行为(图3-24)。又如,在蜜蜂、蚂蚁和白蚁等社会性昆虫中,不育的雌虫(工蜂、工蚁和兵蚁等)自己不产卵繁殖,但却全力以赴帮助自己的母亲(蜂后和蚁后)喂养自己的同母兄弟姐妹;工蜂的自杀性螫刺也显然是以自己的性命来换取全群的利益;在蜜罐蚁的蚁群中,有些工蚁整个一生都呆在巢顶,腹部膨大得惊人,里面塞满食物,其他工蚁把它们当做贮存食物的工具来利用,这些蜜罐蚁的个性显然是为了集体的利益而受到了抑制。

图 3-23

一只环鸻(左上)为了保护自己的鸟巢和幼鸟(右下)假装翅膀受伤的样子而把狐狸(中)的注意力吸引到自己身上

上述这些利他行为用达尔文的个体选择观点是很难解释的,因为个体选择是建立在个体表现型选择的基础上,这些特征一经选择,势必以更大的繁殖优势在后代中表现出来,但不育雌虫根本不能繁殖,又如何能将这些特征传递下去呢? 个体选择观点也无法解释其他的利他行为,因为利他行为所增进的不是利他行为者自身的适合度,而是其他个体的适合度。适合度(fitness)是一个个体存活和繁殖成功机会的尺度,适合度越大,个体存活机会和繁殖成功的机会也就越大。在这里,达尔文的个体选择说显然遇到了不可克服的困难。

1964年,J. M. Smith 在"群选择和亲缘选择"一文中明确提出了亲缘选择的概念。同年,W. D. Hamilton

图 3-24 黄鼠的利他行为:报警鸣叫

又在理论生物学杂志上发表了"社会行为的遗传理论"一文。这两篇开创性的论文引起了人们对亲缘选择概念的巨大兴趣。现在,人们已普遍看到了亲缘选择在解释各种社会行为进化和利他行为进化中的重要作用。亲缘选择是指对彼此有亲缘关系的一个家族或家族中的成员所起的自然选择作用。亲缘选择主要是对支配行为的基因起作用,因此它所增进的不一定是个体适合度,而是个体的广义适合度。广义适合度与个体适合度不同,它不是以个体的存活和繁殖为尺度,而是指一个个体在后代中传递自身基因(或与自身基因相同的复制基因)的能力有多大。能够最大限度地把自身基因传递给后代的个体,则具有最大的广义适合度(注意,不一定是通过自身繁殖的形式)。实际上,亲缘选择的概念是从广义适合度的概念引申出来的,所谓亲缘选择就是选择广义适合度最大的个体,而不管这个个体的行为是否对自身的存活和繁殖有利。

应用亲缘选择的观点,动物的利他行为便能得到合理的解释,因为亲缘选择只对那些能够有效传布自身基因的个体有利,假如有一个基因碰巧能使双亲表现出利他行为(如母鸟为了保护雏鸟而把捕食动物的注意力转移到自己身上),哪怕这些行为对双亲的存活不利,但只要这些行为能导致足够数量的子代存活,那么这些利他基因在子代基因库中的频率就会增加,因为子代总是复制与父母相同的基因。社会性昆虫中的不育雌虫也是这样,例如一个工蜂,它同自己的姐妹之间有75%的基因是完全相同的(50%来自单倍体的父亲,25%来自双倍体的母亲),因此,虽然它们自己不繁殖,但它帮助自己的母亲繁殖自己的亲姐妹,比自己生育子女的广义适合度更大,因为母女之间只有50%的基因是相同的,而亲姐妹之间是75%。

正是由于在同一亲缘群中的个体之间,不同程度地具有共同基因,因此从亲缘选择的观点看,如果一个个体对同一亲缘群中的其他个体表现出利他行为也就不足为奇了,因为这种利他行为归根结底还是对利他行为者传递自身的基因有利。应当说明的是,利他行为只能表现在个体层次上而绝对不会表现在基因层次上,因为成功的基因的一个突出特性就是"自私性",达尔文在《自私的基因》一书中称基因是绝对自私的。在任何称得上是自然选择基本单位的实体中都会表现出自私性,基因的自私性常常会使个体表现出自私行为,但有时也会使个体表现出利他行为,这种利他行为对基因仍是有利的。达尔文认为,自然选择的基本单位不是物种,也不是种群或群体,甚至也不是个体和染色体,而是作为遗传物质基本单位的基因。因为从遗传的意义上说,群体只不过是临时的聚合体,它们在进化过程中是不稳定的;种群虽然可以存在一段长时期,但也不时同其他种群混合以致失去它们的特性;个体也不稳定,它们总在不停地消失;至于染色体,它好像是打出去的一副牌,不久就会因洗牌而被混合和湮没,但洗牌不会改变牌本身,牌本身就是基因,基因不会被染色体交换或基因交换所破坏,只是调换伙伴再继续前进。人们通常所说的进化,其实就是指基因库中的某些基因变得多了,而另一些基因变得少了的过程,即基因频率发生改变的过程。因此,每当我们要解释某种利他行为的进化过程时,首先应当了解这种行为特性对基因库中的基因频率产生了什么影响。

下面我们举一个鸟类方面利他行为和亲缘选择的实例:在热带地区,鸟类常常生活在固定的区域,后代也很少分散,因此在左邻右舍之间常常都有一定的亲缘关系。有时人们可以看到3只成年松鸦同时喂养一窝小鸟的怪现象(图3-25)。显然,其中必有1只不是小鸟的双亲,而是外来帮助喂养小鸟的无私"帮忙者"。问题是它们为什么要前来帮忙呢?据研究,帮忙者有时是前一窝的小鸟,现在长大了,前来帮助父母喂养自己的小兄弟姐妹,这种行为的遗传学根据是,它们与父母之间的亲缘系数同它们与兄弟姐妹之间的亲缘系数是相等的,即 r 都等于0.5。因此,帮助父母多养育一只小鸟同自己产卵繁殖养育一个后代,其广义适合度是一样的。所以每当它们因某种原因而不能产卵育雏时,便前来帮助父母进行繁殖。此外,帮忙者也可能是邻居,正如前面所说的,邻里之间往往也有亲缘关系,因此一旦有谁的巢不幸遭到了破坏,而又来不及孵第二窝的话,那弥补损失的最好办法就是去帮助邻居多喂养一些小鸟。

在松鸦的例子中,如果帮忙者所付出的牺牲还不够大的话,那么野火鸡的性行为也许是一个更好的例子。同窝孵出的野火鸡,长大后都分散成2~3只一小群,在同一求偶场(lek)向雌

图 3-25
3 只成年松鸦同时喂养一窝小鸟,其中必有 1 只不是这窝小鸟的双亲,而是前来帮助喂养小鸟的利他行为者

火鸡表演各种动作以示求婚。但在众多的兄弟中只能有一只最有优势的雄火鸡与雌火鸡交配,其他都因优势较差而不能传递后代,但这些情场上的失败者都甘心情愿服从于优势者并千方百计用自己的炫耀行为帮助优势者取得交配和繁殖的成功。在这个例子里,亲缘选择显然倾向于选择那些优势较差但却能帮助优胜者进行繁殖的个体,这种利他行为将会大大增加优势较差个体的广义适合度,因为在它们体内有一半的基因是同优胜者体内的基因是一样的。

当然,利他行为只有在一定的前提条件下才能被自然选择所保存,那么这些条件是什么呢?让我们假定,有一个利他行为者用自身的死亡换取了两个以上兄弟姐妹的存活,或者 4 个以上孙辈个体的存活,或者 8 个以上曾孙辈个体的存活……在这些条件下,利他行为者因自身死亡而损失的基因,才会由于有足够数量的亲缘个体存活而得到完全的补偿,而且还会使这一利他行为基因在种群基因库中的频率有所增加。也就是说,只有受益的亲缘个体所得到的利益按亲缘系数的倒数(即按 $1/r$)超过利他行为者因死亡所受到的损失时,才能增进利他行为者的广义适合度,因而这种利他行为也才能被自然选择所保存。

十九、替换行为

替换行为(displacement behavior)是动物在自然状态下很常见的一种行为表现,但在动物行为学文献和书籍中却很少被提到,人们常常对这种行为感到迷惑不解。其实,动物在自然状态下所表现出的任何行为都是合情合理和有一定原因的,替换行为当然也不例外。简单地说,替换行为就是与当时行为场合完全不相关的一种行为的突然出现,举例来说,当一只雄性三刺鱼(*Gasterosteus aculeatus*)正在向一只雌鱼求偶时,它会突然离开求偶现场游向巢区向巢中扇水,这在正常情况下是一种亲代抚育行为,有利于鱼卵获得充足的氧气,但问题是此时巢中还没有卵(生殖周期正处于求偶阶段),所以扇水行为也起不到亲代抚育的作用。扇水行为不但与求偶行为毫无关系,而且对雌鱼的行为也没有影响,但它却突然取代了求偶行为,所以就称为替换行为。下面再举一例:当两只雄性银鸥在领域边界相遇时往往会摆出一副攻击的架势,此时双方都既有攻击的动机又有害怕的动机。在这种对峙的场合下,往往会有一方突然侧过身去做出拔草的动作,在正常情况下拔草是一种取食行为,但此时却是一种替换行为,因为此时拔下的草并没有吃下去,而是又扔到了地上。

替换行为最容易在两个个体发生矛盾冲突时发生,就三刺鱼来说,当雌鱼刚刚进入雄鱼的领域时,此时雄鱼往往同时具有求偶和攻击两种动机,当这两种动机处于平衡状态时最容易发生替换行为,因为雌鱼进入雄鱼的领域一方面是作为一个潜在的配偶,但另一方面又可能是一个入侵者。此外,替换行为还经常发生在两个个体进行战斗时,例如:当两只公鸡进行战斗时,往往会观察到战斗一方突然会侧过身去啄击地面的一些东西,似乎是在取食,但仔细观察便可看出,它啄起的谷粒或砂粒并没有被吞下,而是又吐了出来,可见这并不是一般意义上的啄食行为,而是一种替换行为。

替换行为可以被看成是解决矛盾冲突和缓和紧张关系的一种手段,但其发生机制却存在一些不同的看法。一些行为学家认为,在矛盾冲突中所形成的紧张气氛可以在一定程度上借助于替换行为而得到解除或缓解。另一些行为学家则认为,替换行为的产生会使冲突双方的战斗意向趋于减弱或消失。但替换行为不仅仅是发生在双方产生矛盾和冲突的场合下,当动物的行为受到挫折而未获得所期望的结果时,也会产生替换行为,例如:当动物看到了食物却又不能接近或得到它的时候,或者一种食物报偿被推迟给予的时候,或者在食物不太适合口味的时候,都有可能产生替换行为。

对替换行为的另一种解释是,在冲突和战斗场合下所导致的行为受挫或行为目的无法达到,这种结果很可能会引起动物注意力的转移并对环境中的某些特定刺激引起注意并做出反应,这些反应就是所谓的替换行为。可见,替换行为就是在特定场合下对某些外部刺激所做出的行为反应。例如:吐绶鸡(*Meleagris gallopavo*)在战斗中会突然表现出啄食或饮水的动作,如果当时有食物就表现为啄食,如果当时有水就表现为饮水,如果没有食物也没有水,那么啄食的对象就会是类似于食物的一些不可食的小颗粒物。让含有二氧化碳的水流过巢区,也能诱发三刺鱼的替换行为(向巢区扇水),这与巢中真有正在发育着的卵效果是一样的,显然,对于诱发三刺鱼的替换扇水行为来说,巢的存在本身就是一个足够的刺激了,但其他一些因素也会有一定影响,这些因素在三刺鱼的正常亲代抚育期是一直在起着作用的。

替换行为最容易发生在个体侵犯和两性相遇的场合下,因为这种场合最容易产生矛盾冲突,正是在这种矛盾冲突的平衡点上所表现出的替换行为常常能为对方提供重要的信息。如果这种类型的通讯能为双方带来好处的话,那么自然选择就会发挥作用,使替换行为逐渐演变为更加可靠和更加有效的信息传递者,而替换行为得以产生和进化的整个过程就称为仪式化(ritualization)。通过仪式化替换行为就可以演变为正常的侵犯炫耀和求偶炫耀的组成部分,例如:在很多鸭科鸟类中,当雄鸭面对雌鸭既有求偶意图又有攻击意图时,常常会表现出用喙梳理羽毛的动作,这原初是一种典型的替换行为,现如今已经具有了求偶的功能,而且已经成了鸭科鸟类雄鸭向雌鸭求偶普遍采用的动作。就赤麻鸭(*Tadorna tadorna*)来说,用喙梳理羽毛是名副其实的替换行为,因为它是发生在双方矛盾冲突期间,但其表现与正常情况下的梳理羽毛并无差异。绿头鸭(*Anas platyrhynchos*)只梳理翅膀上少数鲜艳的羽毛;白眉鸭(*Anas querquedula*)则只做不完全的梳理动作,它只是把喙指向翅膀上艳丽的部位而已;而鸳鸯(*Aix galericulata*)则只是象征性地用喙触碰一下翅膀上那根鲜艳的羽毛。可见,从真正的梳理羽毛到演变为求偶行为似乎存在着一个渐变过程,有些物种比另一些物种在这个方向上进化得更深更远。在仪式化过程中,替换行为几乎完全丧失了它的原初形式,以致使人很难知道它的原初行为是什么。原来是毫不相关的一种替换行为,现在已演变成了很重要的一种通讯手段。

第四章 行为遗传

行为学和遗传学一直是生物学中各自独立发展的两门学科,但到 1960 年左右,这两门学科开始交叉形成了现代行为遗传分析和行为遗传学。从 19 世纪末到 20 世纪 30 年代,有很多心理学家和动物学家都在思考遗传对动物行为影响的问题。早期的一些研究者(如著名的 Robert Tryon Sewall Wright 和 R. A. Fisher 等人)提供了行为遗传学研究的理论和技术基础,自 20 世纪 60 年代以来,这些理论和技术又得到了进一步的阐述和发展。本书只能简要介绍行为遗传学研究的几个主要方面。

第一节 问题与方法

一、行为遗传学中的问题

行为遗传学是动物行为学中一个正在迅速发展着的分支学科,它的定义和研究内容都可能随着它的发展而发生变化,但它的基本问题仍然会是基因如何影响和控制行为的问题。人们常常会问:同一物种中不同的个体在一些特定的行为特征上有差异吗?这些种内变异有遗传基础吗?行为特征遗传的机制是什么?有多少基因参与了对某一特定行为的影响?基因是如何影响各种行为型的发育的?在行为变异中有多大成分是受遗传的影响,又有多大成分是受环境的影响?

在研究种群和进化时,我们应当弄清在种群中已知影响行为的基因频率是多少。我们所研究的行为都能适应物种的生存环境吗?对近缘物种的系统发生所作的比较研究揭示了基因型和行为的相似性或差异性,这能用于确定某些行为型的进化史吗?是什么因素或作用力影响着基因频率(gene frequencies)随时间而发生的变化呢?

二、评估遗传决定性的方法

研究行为遗传学有两种基本方法:① 使环境保持不变,以便探讨遗传因素的影响;② 使遗传因素保持不变,以便研究环境的影响。研究中经常使用一个简单的公式:

$$V_T = V_G + V_E + V_I$$

其中 V_T 代表种群中某一特征所观察到的表现型总变异量;V_G 代表总变异量中的基因型成分;V_E 代表总变异量中的环境成分;V_I 代表基因型和环境因素之间相互作用所引起的变异量,$V_I = V_G \times V_E$。换句话说,就是表现型变异等于基因型、环境和两者相互作用力之总和。

1. 近交试验

研究环境因素对行为影响的方法之一是靠选用同型品系的动物而使遗传成分保持不变。获得遗传纯合性(genetic homozygosity)的一种方法是采取近交繁殖或是在很多世代中使同胞兄妹进行婚配。由于在近亲交配的动物品系中,所有个体都具有同样的基因型,而且我们知道 $V_G = 0$,所以 $V_I = V_G \times V_E = 0$,$V_T = V_E$。就小鼠来说,经过大约 30 代的近交以后,就会有 98% ~

100%的等位基因成为纯合基因对。在近交繁殖过程中,很多致命的或对成功生殖不利的隐性等位基因就会达到纯合状态。因此为了获得有生活力的小鼠近亲繁殖品系,就必须让同胞兄妹婚配重复进行,这样在达到高度纯合性之前就会使很多品系遭淘汰。

如果我们选用的试验动物具有共同的遗传背景,那就可以操纵环境的各个方面,以便确定外在因素对行为影响的相对重要性。下面提供一个试验:有4个近亲繁殖品系的小鼠(即C57/B1/1,C3H/Bi,DBA/8和JK),把每个品系的小鼠都分为两个试验群,一群让其在4日龄时受到2分钟的有害刺激,另一群则不受刺激。具体做法是把4日龄小鼠放入金属盆中,盆侧安装一个门铃,铃声便是一种有害刺激,对照群的小鼠则不受铃声刺激。之后,对所有30日龄的鼠进行测定,方法是把它们放入同一个金属盆中,连续10天每天给予2分钟的有害刺激,并记录小鼠的行为反应,包括排尿量、排粪量和活动量(指在金属盆各个部分的总移动量)。结果发现,虽然在不同品系之间存在着一定差异,但在同一品系内的行为反应却是非常一致的,即试验群与对照群相比都表现了排尿量增加、排粪量增加和活动量减少。

应当指出的是,在很多的行为遗传分析中并不是每一次都能获得这么明晰的结论,试验动物的行为表现常常是处于两种极端情况之间,这就使得对试验结果的分析变得复杂化了,而且利用近亲繁殖动物试验所得出的结论也只适用于某些特定的品系和某些在试验中所测定的特定变量。此外,还有其他很多因素如各次试验方法或程序的差异、动物的年龄、性别和以前的经历等都可能对动物的行为有影响,因而也会影响试验结果。

2. 品系差异试验

比较和评价遗传性对行为影响的另一种方法是系统地研究在同一环境条件下同一物种内的两个或更多遗传同型的近亲繁殖品系。在这类研究中使 V_E 保持不变,以便能评估遗传对行为的影响,此时 $V_T = V_G$。

通常是借助于水迷宫来研究四个近交品系小鼠的行为。水迷宫是由直径122 cm、深32 cm的环形水道组成的,并利用对小鼠无害的颜料使水变得不透明。用普列克斯玻璃制成的逃避平台(escape platform)(10.5 cm³)则安放在水面下0.5 cm处,其位置是可以移动的。来自全部四个品系的试验鼠被饲养在完全相同的室内条件下,以便能把出现的任何行为差异归因于遗传差异。在试验过程中,小鼠需利用视觉线索寻找并游向逃避平台,60秒之后尚未能找到并到达逃避平台的小鼠将被救起。C3H和JK两个品系的小鼠不能完成这一任务,因为它们缺乏敏锐的视力,而另外两个品系的小鼠(即C57和DBA)都能成功地找到平台,但它们找到平台的方法不同。C57品系的小鼠是靠平台位置所示明的视觉线索,但也可从一次次的尝试中学会记住平台的位置(如果平台位置固定不变的话),而DBA品系的小鼠则只能靠视觉线索找到平台,但如果没有视觉线索,它们就不能在学习中凭记忆找到平台。这两个品系的小鼠在行为上的差异很可能与其大脑在学习辨认地点能力上的遗传差异有关。

Lynch和Hegmann(1972)在试验设计中让环境保持稳定并维持遗传特性的多样性,以便能够了解基因型的变化是如何影响动物行为的。他们比较了五个不同自交品系家鼠(*Mus domesticus*)的筑巢行为,这些家鼠都饲养在完全一样的环境中。他们连续5天测定了每个品系每只家鼠筑巢所使用的棉花重量。把雌雄鼠的数据综合起来计算,结果表明:各个品系家鼠在筑巢时平均每天所利用的棉花重量有很大不同。品系1每天棉花使用量是1.3 g,品系2是1.3 g,品系3是0.7 g,品系4是1.1 g,品系5是0.7 g。这些试验结果表明了家鼠筑巢行为的遗传差异。这些遗传差异的存在是动物行为对选择压力做出反应的必要条件。品系间行为遗传差异的研究指明了哪些行为特征在遗传上是易变的,从而也最容易受到选择压力的影响。

3. 人工选育试验

通过人工选育可以培养出很多果树、花卉和农作物品种,也可培育出各种家畜和玩赏动物。在行为遗传学研究中,人工选育技术能够显示出一个特征是不是在一定程度上受着遗传的控制,如果是的话,它就会受到选择压力的影响。人工选育也可用于估价基因在表现型中的表达程度。人工选育试验的基础是在所研究的特征中存在着一定程度的遗传变异性。在一个大的种群样本中经过几代的人工选育就能把分布在两个极端的动物个体选育出来。

Hirsch 和 Boudreau(1958)曾用黄猩猩果蝇(*Drosophila melanogaster*)做试验,看其对光的反应是不是受遗传控制。他们使用一个 Y 形迷宫,迷宫的一个臂是明亮的,而另一个臂是黑暗无光的。在 10 次测试中记录下趋近光源的果蝇所占的百分数。每一轮试验都把趋光次数最多的果蝇(强趋光品系)和趋光次数最少的果蝇(弱趋光品系)选出来分开饲养。以后,在强趋光品系的后代中每次都选出趋光次数最多的个体加以培养,而在弱趋光品系的后代中每次都选出趋光次数最少的个体加以培养,直到把这种人工选育进行到第 29 代为止。不难看出,选育进行到第 29 代时,两品系果蝇的趋光反应已经很少发生重叠了。这一试验的结论是:黄猩猩果蝇的趋光反应在一定程度上是受遗传控制的。

4. 交叉养育试验

交叉养育是指在同一物种或同一品系内把两个家庭的子代交换位置,使其子代受到养父母的养育而不是亲生父母的养育,当然在不同物种之间也可进行交叉养育试验。由于是把遗传上相似的动物放在不同的养育环境中,我们就可以借此对基因型和母爱环境对某些行为特征影响的相对重要性做出评价。这种交叉养育技术可以帮助我们把物种所特有的遗传行为和环境所影响的行为区分开来。如果把在遗传上相似的动物养育在不同的家庭环境中(亲生父母养育或养父母养育),它们的行为表现仍然相似的话,那我们就可认为这种行为基本上是受遗传的控制,但如果这种行为表现出了极大差异,我们就可以认为这种行为主要是受环境的影响。下面举一个实例加以说明。

Broadhurst(1965)在一项研究中想了解在一个新的或胁迫环境中鼠的排粪率是不是会受到出生后母爱行为的影响,他通过人工选育获得了两个不同的老鼠品系,一个品系具有高排粪率,这是"情绪兴奋"(emotionality)的一种标志。另一个品系具有低排粪率。为了检查具有较强情绪兴奋的母鼠是否会引起其养育子代的行为差异,他喂养了这两个品系的鼠并在幼鼠出生时进行两品系间的交叉养育,然后对交叉养育过的幼鼠进行排粪测定,结果发现,交叉养育鼠的排粪率与其亲生父母的排粪率是相同的。这表明:两个品系老鼠的排粪率是由遗传因素决定的,而不受环境因素的影响。

三、杂交试验

在行为遗传学领域进行研究工作的主要是遗传学家和动物行为学家,遗传学家主要是选择那些简单的和容易辨认的行为类型来寻求遗传学问题的答案,他们特别注意特定的行为成分是由哪个或哪些特定的基因所决定的这样一个比较困难的问题,他们几乎完全是用果蝇作试验材料,主要是用黄猩猩果蝇(*Drosophila melanogaster*),因为目前对这种果蝇的遗传构成了解得最清楚,因此最适于作遗传学分析。遗传学家常常排除某一个单基因,同时检查由此而引起的行为变化并与同种未处理个体的行为作比较。另一方面,行为学家最感兴趣的是动物的行为并使用经典遗传学的方法(特别是杂交)来探索动物行为的遗传学基础。特别是当对动物行为的遗传成分和后天获得成分发生争论的时候就尤其需要这方面的研究。

1. 杂交试验的一般方法

目前在行为遗传学领域中采用行为学方法的研究实例还不多,而且大都是采用简单的杂交试验法,这种情况主要是因为方法学问题。为了获得有说服力的试验结果,常常要用大量的动物个体做试验,尤其是多对基因杂种(polyhybrids)。因此,这些研究工作从一开始就受到试验动物的限制。这些试验动物必须能在实验室内大量饲养,或者能够比较容易地养在围场或鸟舍内,或者能在比较短的时间内连续繁殖几个世代。同时,这些动物在它们的行为上还必须具有既容易辨别又容易测量的差异,而且它们之间还必须具有足够密切的亲缘关系,以便能够进行杂交。杂交后代还必须能够产生出能育的下一代,因为只得到 F_1 代往往是不够的。综上所述,能够符合所有这些条件的试验动物显然是很少的。

对动物行为进行遗传学研究可以得到一些什么结果呢?首先可以对种间、亚种间或属间的杂种行为进行鉴定,然后对这些行为进行定量分析并与其亲本行为进行比较,这样就可以使我们对行为的遗传性有所了解。例如:杂种后代的行为是双亲行为的混合性状,还是其中的一个亲本占优势(显性)呢?进一步的杂交试验还可以证实一个特定行为是受单基因控制(单基因杂种遗传,monohybrid inheritance),还是受多基因控制(2,3 或是多基因杂种遗传,di-, tri-, polyhybrid inheritance)。不过由于方法学上的困难,这第二步杂交试验的实例是很少的。关于动物行为遗传基础的一些最重要的结论,最终往往得通过人工选择来决定,即选择那些具有特定特征的个体,让它们继续进行杂交,最好是进行近亲交配。这方面的一个最好实例就是家养动物的驯化过程,这一过程已经进行了千百年了,各种家养动物不仅在形态上,而且在行为上都发生了很大变化。

2. 杂种动物的行为

对杂种动物行为的研究遍及各种不同的动物类群,特别是雁鸭类、鸠鸽类、鹦鹉、鸣禽、几种鱼和昆虫等。这些研究都获得了大体上相似的结果并符合遗传学的一般规律。如果两个亲本物种的行为只存在数量上的差异,那么其杂交后代的行为往往是介于两个亲本物种之间。例如:让环颈雉和家鸡进行杂交(属间杂交),其雄性的杂交后代在啼鸣时的头颈位置刚好介于两个亲本之间(图4-1)。又如:有一些蜡嘴雀饮水时整个啄都浸入水中,另一些蜡嘴雀饮水时只是啄的前端浸入水中,这两类蜡嘴雀的杂交后代在饮水时啄浸入水中的深度刚好介于两个亲本之间。

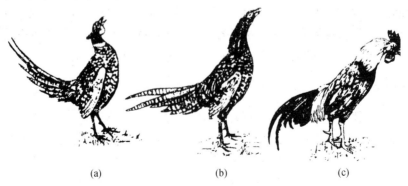

(a)　　　　　　　(b)　　　　　　　(c)

图4-1　环颈雉(a)、家鸡(c)及它们的杂交后代(b)啼鸣时头颈的位置

另一方面,如果两个亲本的行为存在本质差异,例如,一个亲本具有某一行为,而另一亲本则没有,在这种情况下,这一行为在其后代中或是表现出,或是完全不表现,这就要看这一行为是不是显性特征了。就复杂行为型来说,杂交后代可以表现为是嵌合杂种,即该杂种具有双亲行为的混合特征。例如:让罗非鱼属(Tilapia)中的两种鱼杂交,其中的尼罗罗非鱼(T. nilocita)是一种口孵鱼,而另一种罗非鱼(T. tholloni)则是一种底栖鱼。其杂交后代的行为则摇摆在两亲本行为之间,这种摇摆具有随机性质:它们时而把卵粘牢在水底并用鳍为卵扇水,时而又把几粒卵衔在口中并继续为其他的卵扇水。不久它又会把卵从口中吐出来,如此等等。即使卵是受过精的,在这种情况下幼鱼能否正常发育也是成问题的。这种行为平衡失调现象在两种狒狒的自然杂交后代中也已观察到了,这两种狒狒的社会组织极不相同,它们的杂种被发现于这两种狒狒分布区的交界地带,杂种狒狒的社会结构是两种亲本狒狒社会特征的奇异混合体。

从两种非洲情侣鹦鹉(Agapornis 属)的杂交试验中曾获得了非常有趣的结果,该属鹦鹉中有些种类(如 A. roseicollis)携带筑巢材料的方法是很特别的,它们用嘴把树叶或纸片撕成条状,然后把这些条状物放在背部的尾羽之间并把它们附着在尾羽下侧的小钩上(图 4-2)。另一些情侣鹦鹉(如 A. fisherei)携带筑巢材料的方法像通常那样是用嘴衔。这两种情侣鹦鹉的杂种最初总是试图把筑巢材料放在尾羽之间,但它们常常做不好;有时是把纸条送到了适当位置但没能及时松嘴,因此又带了出来;有时则不能把纸条送到足够深的部位,或者是送错了部位(如送到了胸部)。

图 4-2
情侣鹦鹉(Agapornis roseicollis)把筑巢材料放在背部和尾基部的羽毛之间携带回巢

这些杂种的行为既不同于任何一个亲本,也不是真正的中间类型,虽然它们慢慢能够学会用嘴衔运筑巢材料。在这里我们看到的是各个行为成分的瓦解,这些成分本来应当组成一个有序的行为程序。

用情侣鹦鹉(Agapornis)所做的这些杂交试验得出了下面两个结果:① 杂种鹦鹉切割筑巢材料(切成条状物)比任何一个亲本切得更多更长,这就是所谓的杂种优势;② 杂种鹦鹉的体形比亲本大。此外,杂种鹦鹉有时把筑巢材料插入身体的其他部位(如胸部),这对于 Agapornis 属鹦鹉的其他种类(如 A. taranta 和 A. cana)来说是一种正常的携带方式,而且是一种较原始的携带方式。显然,在这里我们看到了一种行为返祖现象,即杂种在行为上表现得比任何一个亲本更接近于原始类型。

3. 杂交育种试验实例

到目前为止,有关行为的杂交育种试验大都没有超越第一代(F_1),因为杂种往往是不育的。只有少数试验进行到了第二代(F_2),这对于了解行为遗传规律是很有帮助的。如果让小杆线虫(Rhabditis inerims)的两个亚种进行杂交,而且其中只有一个亲本身体前端能做波浪形运动(这有利于与昆虫接触,从而增加被传布的机会)(图 4-3)。结果第一代线虫全都能做波浪形运动,但到了由这些杂种产生的下一代(F_2),便产生了两种行为型的线虫:能做波浪形运动的和不能做波浪形运动的,而且两者的比例是 3:1。这说明,做波浪形运动这一行为特征是一种显性特征,而且是受单一基因支配的。

双基因杂种遗传可以用蜜蜂的亲代抚育行为来说明,利用这一行为可以鉴别蜜蜂的两个

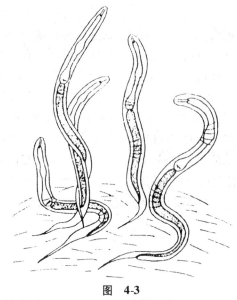

图 4-3
小杆线虫(*Rhabditis inermis*)身体前端可做波浪形运动,使身体抬升到基底之上

自交品系。这里所说的亲代抚育行为是指工蜂把死于蜂房中的幼虫叼走这一行为。卫生蜂能够咬破蜂室的蜡盖并能把死幼虫叼走,而非卫生蜂则缺乏这种行为。当卫生蜂与非卫生蜂杂交时,其杂交后代(F_1)全都是非卫生蜂。但当F_1世代与亲本卫生蜂品系回交时,便会产生四种不同行为型的个体,除了卫生蜂和非卫生蜂外,又出现了两个在正常情况下不会见到的行为型,一个是可以咬破蜡盖但不把死幼虫叼走,另一个是不会咬开蜡盖,但如果蜡盖被人打开,它却能把死幼虫叼走。这四种行为型的发生频率大体相等。这表明:咬开蜡盖和叼走幼虫的行为分别是由两个基因控制的,而这两个基因都是隐性的,换句话说,非卫生行为是显性的。因此只有两对等位基因都是隐性的时候才会表现出完全的卫生行为(既能咬开蜡盖又能叼走幼虫)(图4-4)。

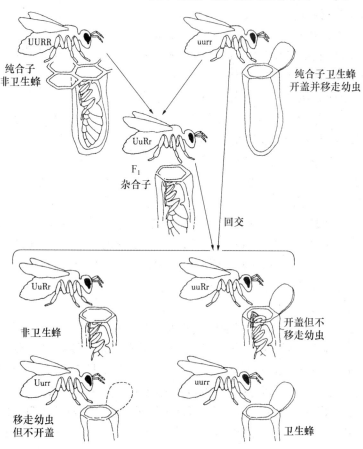

图4-4 卫生蜂和非卫生蜂杂交的基因型分析

从全局来看,这种由单基因或双基因支配的行为遗传是比较少见的,动物大多数行为的遗传都是受多基因支配的,从蟋蟀的杂交试验中已经得知:每种蟋蟀都有自己特有的鸣声,而蟋蟀鸣声的各个组分都是独立遗传的。果蝇的振翅发声也是如此,雄果蝇在求偶时就是用振翅声来吸引雌果蝇的,果蝇振翅的节律和振幅是随种而异的。剑尾鱼($Xiphophorus\ helleri$)与同属的另一种剑尾鱼($X.\ montezumae$)所进行的杂交试验表明:在求偶行为中即使是简单的行为差别也可能是由多基因支配的。

这里应当特别强调的是,上面所举的例子都只说明了基因对行为的直接影响。但是,基因也和激素一样能够间接地影响行为,如通过影响感觉器官的敏感性间接地影响动物的行为。此外,基因还可以通过影响中央神经系统的功能(如记忆力)、激素的分泌、激素的反应阈值和其他一些形态生理特征而间接地影响动物的行为。

四、动物行为遗传分析的几个实例

1. 学习行为的遗传分析

在动物行为学文献中最著名的文献之一是 Tryon 对大白鼠迷宫学习能力的双向繁育试验,该试验连续进行了 15 年,研究者首先观察大白鼠种群中不同成员在一个复合 T 形迷宫中的表现,然后根据它们的得分(错误次数和学会认路的时间)把它们分为聪明的和愚笨的两组并进行隔离饲养繁育。在以后的世代中,聪明的总是与聪明的相配,而愚笨的总是与愚笨的相配。这样,两组大白鼠走迷宫的能力便相差得越来越远,到第八代时,两组之间便不再有重叠现象。Tryon 的这一试验方法后来又被普遍用于其他动物和其他行为的遗传分析。

在后继的一些试验中表明:聪明的大白鼠在其他学习能力方面不一定就比愚笨的大白鼠强,事实上有时还刚好相反。但是,在解决同一问题或类似问题时,聪明者总是占有优势。这些试验说明了两个问题:第一,就大白鼠的学习来讲不存在一个单个的优势基因;第二,聪明者的先天才能往往是同特定的学习任务联系在一起的,其他方面不一定就比别的个体聪明。关于啮齿动物学习能力的研究还曾涉及很多其他行为,如对电击的回避、对水的逃逸、对听觉刺激的偏爱和嫌恶,以及对几种不同类型迷宫的学习能力等。

自从 Tryon 研究大白鼠的学习能力以来,人们一直致力于果蝇($Drosophila$)遗传学的研究,在多细胞动物中,人们对果蝇的遗传学是研究得最多的。虽然果蝇的学习能力尚未得到公认,但对黑丽蝇($Phormia\ regina$)能够形成条件反射这一事实已经得到证实。众所周知,黑丽蝇对蔗糖的反应是无条件地伸出它的喙,如果把一些中性刺激(如水和盐)与蔗糖联系起来,久而久之,它对这些中性刺激也会做出伸喙反应(此时已变成条件刺激),而且个体之间存在着差异,一些黑丽蝇比另一些反应更好。在这里我们可以把 Tryon 研究大白鼠的方法用于研究黑丽蝇,首先对一群自由交配的未加选择的黑丽蝇种群进行条件反射训练,待条件反射建立之后,就根据个体的表现把黑丽蝇分成两组,一组是聪明的,即在可能做出的 8 次反应中有 6 次或 6 次以上是正确的(伸喙);另一组是愚笨的,即在可能的 8 次反应中只有 2 次或少于 2 次的正确反应。分组后对两组黑丽蝇进行隔离繁殖,在后继的世代中重复这样的选择。结果经历若干世代的繁殖以后,聪明组的平均正确反应率增加,而愚笨组的平均正确反应率下降。

2. 果蝇求偶行为的遗传学分析

果蝇($Drosophila$)的求偶行为可以明显地分为五个步骤:① 雄蝇调整自己在雌蝇周围的位置,以便引起雌蝇的注意;② 用足轻轻敲打雌蝇的腹部或足,为的是用足上的感受器对雌蝇进行味道鉴别,如果味道不对头(不是本种雌蝇)它便离去,停止向对方求偶;③振动最靠近雌蝇头部的一只翅膀;④舔雌蝇的生殖区;⑤雄蝇骑上雌蝇,如果雌蝇合作的话(伸展开双翅和外生殖器)便开始交配(图4-5)。

试验可用两组在遗传上非常相似的黄猩猩果蝇(*Drosophila melanogaster*)进行,这两组果蝇只有一点不同,即其中一组果蝇在X染色体上带有一个隐性的黄色基因,该基因表达为表型(phenotype)就是黄色的身体。由于这一突变是隐性的并与X染色体连锁,所以雌性果蝇必须是纯合的,即在一对X染色体上都具有黄色突变基因,其表型才能表达为黄色。据观察,黄色雄蝇开始求偶的时间总是晚于正常雄蝇,而且求偶的持续时间较长。通过比较求偶的各个步骤,发

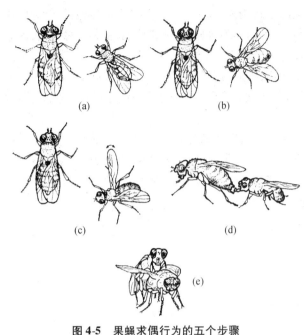

图 4-5 果蝇求偶行为的五个步骤
(a) 定向;(b) 敲打雌蝇;(c) 单翅振动;(d) 舔雌蝇生殖区;
(e) 骑上雌蝇交配

现正常雄蝇的振翅时间较长而调整位置(即定向)的时间较短。一般说来,黄色雄蝇求偶成功的机会较小,最初认为是雌蝇更喜欢选择正常雄蝇与其交配,但更深入的研究表明并不是这样。更可能的原因是,黄色突变雄蝇的性动机较弱、活动性较小,与正常雄蝇相比反应比较迟钝。

3. 蟋蟀鸣声的遗传学分析

果蝇的雄蝇是靠轻轻敲打雌蝇来辨识雌蝇是不是与自己属于同一个种,而蟋蟀的雌性个体则是靠倾听雄蟋蟀的鸣声来识别自己的同类,这种识别方法既快捷又能节省时间和能量。因此每一种蟋蟀都有自己特有的鸣声,很多实验都已证实,雌蟋蟀能够根据雄蟋蟀的鸣声正确地选择同种雄蟋蟀作配偶。蟋蟀鸣声的特异性主要表现在乐句结构(phrase structure)上,包括声音脉冲的频率和时间进程(图4-6)。Bentley 和 Hoy(1972)曾分析了 *Teleogryllus* 属两种蟋蟀及其在实验室培育出的杂交后代的鸣声,这两种蟋蟀分别是 T. commodus 和 T. oceanicus。图4-7是这两种蟋蟀及其杂交后代鸣声的波形图(oscillograms),波形图表明:杂交后

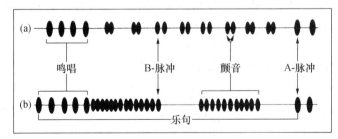

图 4-6 *Teleogryllus* 属两种蟋蟀鸣声的乐句结构
每个乐句都是由 A-脉冲和 B-脉冲组成的,前者包含鸣唱(chirp)部分,后者包括颤音(trill)。
(a) T. oceanicus;(b) T. commodus

代的鸣声特征与两种亲本蟋蟀有明显的差异。在亲本蟋蟀 T. oceanicus 的鸣声中存在一个明显的颤间间隔(intertrill interval),而在另一亲本蟋蟀 T. commodus 的鸣声中却没有。同样的颤间间隔也存在于雌性 T. oceanicus 与雄性 T. commodus 杂交所产生的后代的鸣声中,但是在由雌性 T. commodus 与雄性 T. oceanicus 杂交所产生的后代的鸣声中却没有颤间间隔。这表明:颤间间隔的存在与缺失是与雄蟋蟀从亲本雌蟋蟀那里所接受的 X 染色体相联系的。令人感兴趣的是:杂种雌蟋蟀更容易被杂种雄蟋蟀的鸣声所吸引,而对任何一个亲本雄蟋蟀的鸣声都不太敏感。

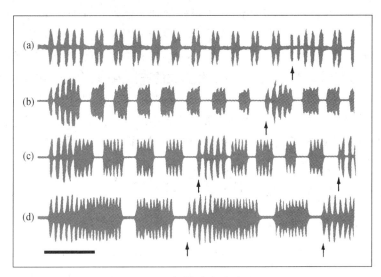

图 4-7　蟋蟀鸣声波形图

(a) T. oceanicus;(b) T. oceanicus(♀) × T. commodus(♂);(c) T. commodus(♀) × T. oceanicus(♂);
(d) T. commodus。箭头表示下一乐句的起点;横杠是时间标尺,为 0.5 秒

由于颤间间隔是很明显的性连锁特征,而且杂种蟋蟀鸣声的其他特征都介于两种亲本蟋蟀之间,这表明是一种多基因遗传,而且蟋蟀鸣声的时间格局可能受许多未知的常染色体(autosomes)的支配,同时也受 X 染色体支配。

4. 家养动物行为的遗传学分析

一种动物一旦被人类驯化,其驯化种群的遗传结构就会发生变化,偏离其野生祖种。在新的环境中,野生祖种的一些不适应特征很可能会变得有利于种群的存活。一个最明显的例子就是对人的反应:驯化动物通常是不怕人的,当它们被捉时也不攻击人。人类往往是有意地通过选择来减弱动物的野性。除此之外,在长期驯养过程中,被驯养的动物还会发生许多驯养者难以预料的变化,这些变化是由驯养环境所引起的,并不是出于驯养人的意愿。很多家养动物都比它们的野生种能够忍受较大的种群密度。家养动物一般成熟较早,求偶行为简化,更容易进行杂交。但并不是所有家养动物都具有这些特征,我们很容易看到这些特性是如何产生的,这些特性一旦发生遗传变异,在豢养条件下进行繁殖的动物最容易表现出来。新驯养的动物在豢养条件下常常不育,生育力变异本身很可能是由遗传决定的(起码是部分的),因此对某些表型的选择必然会伴随着对其他一些表型的淘汰。

当一种动物很难在豢养条件下进行繁育的时候,家养品种很可能仅仅是由一对可以繁殖的个体繁衍而成的。有人曾记述过一种实验用两栖动物——条纹北螈(Triturus vittatus)的起源。这种北螈总是被大量地饲养在一起。最初的也可能是唯一的一次成功交配是在一只采自黑海山区的雄螈和一只采自 Marmora 海附近的雌螈之间进行的,结果从这一对动物就繁育出了条纹北螈这一家养品系。也就是说,家养品系的全部基因都是来自这一对野生条纹北螈。存在于这一对野生条纹北螈体内的任何罕见基因,都会被它们的家养品系后裔大量复制,从而成为常见基因。这种"奠基者效应"(founder effect)可以使一个隔离种群与同种的其他种群出现明显差异,即使在不存在进一步选择的情况下也是如此。

实验动物大白鼠和小白鼠的起源历史大约只有一百多年,但大白鼠的行为与其祖种褐家鼠(*Rattus norvegicus*)的所有野生变种都有了明显区别。例如:对于陌生物体(或食物)的反应,野生物种是回避,而大白鼠则是接近,如若是食物就会吃一点。领域内的一只雄鼠如果遇到一只陌生的雄鼠,野生变种的行为反应是弓背、跳起和撕咬,而大白鼠则是用鼻子闻一闻对方并蜷缩起身子。如果把雄鼠放入一个非自然形成的群体内(其中也有雌鼠),野生变种表现为死亡率高、生长不良和体重下降,只能有一只雄鼠自由行动,其他个体的活动都受到限制,同时还表现为肾上腺肥大;而大白鼠则表现为死亡率低、生长正常,所有雄鼠都能自由行动,肾上腺大小不受影响等。这些差异表明笼养对动物已经产生了多方面的影响。

第二节　基因与动物行为

一、基因对鹦鹉和蜘蛛行为的影响

基因与动物行为之间的关系是复杂的和间接的,这种关系对动物的行为既有近期影响又有远期影响。为了了解动物行为表现的近期机制,就必须首先了解动物各器官系统的发育(如神经、激素和肌肉系统),因为正是这些系统决定着动物的行为。就远期影响来说,除非个体之间存在遗传差异,否则行为就不可能进化,因为个体的遗传差异影响着个体的行为和生殖成功率。这表明,个体之间存在行为差异的原因是来自于遗传差异。

因此,我们应当深入探讨下面的一个重要假说,即个体间的行为差异是由个体所具有的遗传信息引起的。另一个假说是行为差异之所以发生是因为个体生存和生长环境的不同。这两种假说都是依据这样一种理论,即行为发育是个体基因型(遗传构成)与环境相互作用的结果,而这种相互作用又决定了个体的表型(可观察到的特征)。关于是什么决定着个体行为差异的这两种假说,可以用很多方法进行检验。下面举一个桃花鹦鹉的研究实例,有一些桃花鹦鹉从小是由养父母葵花鹦鹉喂养大的。大多数桃花鹦鹉的叫声都是一样的,但那些少数被葵花鹦鹉喂养大的个体,其叫声却不一样。在这个例子中,两类桃花鹦鹉之间的行为差异显然是来自于这些个体的听觉经验和社会经历,而不是由于它们之间存在着遗传差异。所有那些叫声类似葵花鹦鹉的桃花鹦鹉都是由前者喂养大的,而所有那些发出桃花鹦鹉叫声的个体都是由桃花鹦鹉喂养大的。因此我们就可以排除这样的假说,即这种特定的行为差异是来自对发育的不同遗传影响。

下面我们再看看两个漏斗网蛛种群成员之间的行为差异。栖息在草木茂盛的溪流边的漏斗网蛛,对于落网猎物的反应非常缓慢。而栖息在相邻干荒漠草原的漏斗网蛛,只要猎物一落网就会迅速跑到网上。这些同种蜘蛛在出击速度上的差异纯粹是由于环境的差异。例如:栖息在溪流边的蜘蛛与栖息在荒漠草原的蜘蛛相比,猎物较为丰富,很少有饥饿感。为了检验这种可能性,Ann Hedrik 和 Susan Reichert 把这两个地区的蜘蛛带到了实验室内并在同样的条件下把新一代的蜘蛛饲养到了成熟期。结果,来自溪流边的蜘蛛后代对猎物的反应仍然很慢,当把一只蟋蟀放到网上后,蜘蛛来到网上的时间平均约为 1 分钟,而在同样情况下,来自荒漠草原蜘蛛的后代出现在网上的时间平均不足 3 秒钟,即使它们在此之前所得到的食物和溪边蜘蛛的后代一样多。这些实验结果否定了环境差异假说而支持了下述观点:是遗传差异导致了两地蜘蛛在攻击速度上的不同。从远期着眼,则与从近期着眼刚好相反,两地蜘蛛的行为之所以出现差异是因为鸟类对溪边漏斗网蛛的捕食强度大大超过对荒漠草原漏斗网蛛的捕食强度。在高捕食风险的压力下,那些小心谨慎不轻易离开它的安全隐蔽场所而冒险出击的漏斗网蛛,可能比那些急于出击的个体有更多的生存机会。

二、基因与黑顶莺的迁移行为

与漏斗网蛛情况相似的是,生活在不同地区的黑顶莺也存在行为差异。在德国繁殖的黑顶莺一年两次进行远距离迁移,迁移是在欧洲和非洲之间进行的,每年春秋两季都要经过西班牙。但是也有不迁移的黑顶莺,包括栖息在非洲西海岸佛得角群岛上的个体,它们全年都生活在那里。有一种假说认为,德国和佛得角黑顶莺不同的迁移习性是由它们的遗传差异决定的,Peter Berthold 及其同事对这一假说进行了验证。他们预测:其双亲分别是来自德国和佛得角的黑顶莺,其迁移习性将会既不同于它的父亲也不同于它的母亲。这一预测是根据如下假设,即黑顶莺至少有一个基因影响着个体的迁移习性,最简单的情况是只需要一个被称为 A 的单个基因,但它是以等位基因 A^1 和 A^2 的形式存在。德国黑顶莺可能具有的基因型是 A^1/A^1,而佛得角黑顶莺可能具有的基因型是 A^2/A^2。鸟类和大多数其他动物,其基因型中的每个基因都有两个复制品,一个来自母亲的卵,一个来自父亲的精子。就迁移行为来说,如果双亲的行为是来自遗传差异的话,那么杂交后代从每个亲本那里所接受的等位基因就应当有所不同,使它们的遗传特性表现为中间状态(如果在最简单的只有 A 一个基因的情况下,它们的基因型就应当是 A^1/A^2)。如果杂交后代的迁移行为也是介于它们两个亲本迁移行为之间,那么这一结果就会与遗传假说相符合。

为了检验这一假说,Berthold 首先在德国和佛得角群岛捕捉黑顶莺,然后在实验室的大鸟舍中让德国雄鸟与佛得角雌鸟以及德国雌鸟与佛得角雄鸟互相配对,结果在笼养条件下产生了杂种后代。为了进行检验,Berthold 还必须测定亲鸟和杂交后代的迁移行为。他的具体做法是把黑顶莺放入特制的带有电动栖枝的箱子里,不管何时只要鸟儿停在栖枝上就能被记录下来,在秋季迁飞期间,箱中的德国黑顶莺连续几周每晚都在栖枝之间跳来跳去,其迁飞躁动期约为 370 小时。而在这同一期间,佛得角黑顶莺却整夜处于睡眠状态,没有任何躁动不安现象。根据预测,黑顶莺杂交后代的迁飞倾向应当小于它们的德国亲鸟和大于它们的佛得角亲鸟,它们夜晚的迁飞躁动时间平均为 260 小时。这一实验结果支持了遗传假说,即黑顶莺的迁飞倾向是受遗传影响的。

黑顶莺在迁飞期间,两个不同的迁飞种群是采取不同的路线飞往非洲的。德国黑顶莺是朝西南方向先飞到西班牙,再飞往非洲,而奥地利的黑顶莺则是采取完全不同的迁飞路线,它们是朝东南方向经过土耳其飞到黎巴嫩和以色列,再朝南飞到埃塞俄比亚和肯尼亚(图 4-8)。1991 年,Andreas Helbig 研究了遗传差异对黑顶莺不同迁飞路线的影响。他的方法与 Berthold 相同,即先在实验室大鸟舍中繁育出德国黑顶莺和奥地利黑顶莺的杂交后代,然后再把亲鸟和杂交后代于晚上放入专门的漏斗箱中[图 4-9(a)]。当它们向上蹿跳试图开始向非洲迁飞时,就在衬纸上留下了足痕,然后计算每只鸟足痕的平均方向和确定它对飞行方向的选择。当把杂交后代的选择与两亲本鸟的选择进行比较时,证明杂交鸟的选择刚好是两亲本鸟选择方向的中间位置[图4-9(b)],这一结果证实了下述假说,即德国黑顶莺和奥地利黑顶莺在遗传构成上的不同影响着它们对迁飞方向的选择,而杂交后代所接受的是双亲等位基因的混合体,因此在迁飞方向上就表现出了折中性质。

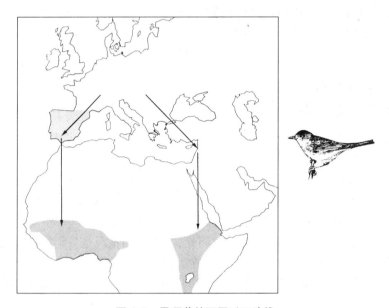

图4-8 黑顶莺的不同迁飞路线

在秋天飞往非洲时,西欧个体首先向西南方向飞到西班牙,而东欧个体先向东南方向飞

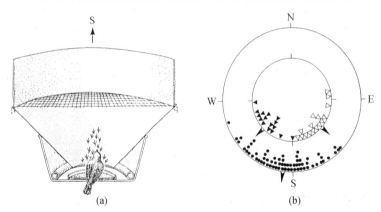

图4-9 对遗传差异假说的检验

(a)用于确定鸟儿迁飞方向的漏斗箱(剖面),鸟儿透过铁丝网眼可以看到夜空,当它从箱底跳上漏斗表面时就会在衬纸上留下痕迹,这些痕迹就表明了鸟儿迁飞时选择的方向(在此例中是南方)。(b)内圈的黑三角代表向西南方向飞行的鸟的飞行方向,白三角代表向东南方向飞行的鸟的飞行方向;外圈的黑点代表杂交黑顶莺的飞行方向,它介于两个亲本鸟飞行方向之间;大黑三角分别代表两个亲本鸟和杂交鸟的平均飞行方向

三、基因与果蝇的活动周期和求偶鸣叫节律性

有些果蝇的幼虫(被称为漫游者)在取食酵母菌时是极为活跃的,而另一些果蝇幼虫(被

称为静坐者)则极不活跃。Marie Sokolowski 及其同事利用遗传技术培育出两个具有遗传均一性的品系,其中一个品系其表型都是漫游者,5 分钟内在酵母培养皿中的移动距离很大,约相当于静坐者品系移动距离的 4 倍。但两个品系的成年果蝇杂交后产下的子一代(F_1),其幼虫期全都是漫游者。待这些幼虫发育为成年果蝇后再互相交配产下的后代(F_2),其中有漫游者也有静坐者,两者的比例是 3∶1。熟悉孟德尔遗传学的人都知道,这些结果表明,漫游者具有 1 或 2 个能影响幼虫觅食行为的显性基因,而静坐者则具有 2 个隐性基因。由此可见,两种幼虫的行为差异是因为在一个单基因内所包含的信息不同,现在已知这一基因是位于果蝇所具有的 4 条染色体的第二条染色体上(de Belle,1989)。在世界性分布的黄猩猩果蝇(*Drosophila melanogaster*)种群中就包含有这两种行为类型。这两种行为类型之所以能够保持下来是因为微生境的自然变异和寄生物对比较显眼的漫游者有更大的压力。

  在果蝇还发现了很多其他单基因影响行为的实例,虽然其中大多数都不是在自然种群中找到的。研究人员通常是先把成年果蝇种群置于一个易引起遗传突变的环境中,然后在再生果蝇中寻找具有异常行为的个体并用这些个体进行必要的繁育试验(Ehrman L. 等,1976)。有些突变的等位基因能影响果蝇的日活动规律,在正常情况下,日活动是以 24 小时为一个周期重复进行的,但具有 per^0 等位基因的果蝇,其活动则完全没有节律性。具有 per^s 等位基因的果蝇表现为日活动周期缩短,仅为 19 小时。具有 per^L 等位基因的果蝇又表现为日活动周期延长为 29 小时。有两个研究小组利用分子遗传学技术发现,每一个突变的等位基因都与典型的或野生种的周期基因(period gene,简写为 per^+)有所不同,这种不同只涉及由 3500 对以上核苷酸构成的 DNA 链上的一对核苷酸。就 per^0 基因来说,DNA 分子中的这个单一变化就导致了所生产的蛋白质链仅由大约 400 个氨基酸组成,而不是像正常的野生果蝇那样由 1200 个氨基酸组成。这一突变可使细胞在成熟前期停止"读取"基因信息。

  如果 per^+ 型的周期基因带有正常活动节律发育所需的信息,那么我们就可以借助于把这个基因插入无节律个体(具 per^0 基因的个体)的等位基因中而使其恢复正常的节律。现代分子遗传学家已经基本掌握了这种遗传移植的程序,既能把果蝇的一段含有 per^+ 等位基因的染色体移植到一个类似病毒的极小质粒(plasmid)中,也能把这个 DNA 片段插入到受体细胞的 DNA 中。借助于把含有很多这种质粒的溶液注射到带有 per^0 表型基因的果蝇胚胎中,我们就能赋予正在发育的胚胎原来所没有的遗传信息。当对成年果蝇进行测定时,那些接受了所需的外来 DNA 的个体在遗传上发生了转变,表现出了野生果蝇的日活动节律,这种结果说明,per^+ 基因对果蝇正常日活动节律的发育来说是必不可少的。

  per 基因除了能影响果蝇的日活动周期外还有其他方面的影响,如它还能影响雄果蝇的求偶鸣叫,求偶鸣叫是靠双翅的振动发出一个接一个的脉冲,并形成一个脉冲长链。两次振翅脉冲(IPI)之间的间隔或停顿大约是 45~55 毫秒(指 *Drosophila simulans*),在一个有规律的鸣叫周期(IPI 周期)中脉冲间隔先是逐渐加长,接着又缩短,而一个 IPI 周期大约是 35 秒。果蝇属(*Drosophila*)中其他种类的 IPI 和 IPI 周期是与 *Drosophila simulans* 不相同的,拿黄猩猩果蝇来说,其 IPI 的平均值是 30 毫秒,IPI 周期的平均值大约是 60 秒。有一种假说认为 per 基因以某种方式影响着雄果蝇求偶鸣叫的定时要素,这个假说可用一种高超技能加以验证。研究者可利用分子技术把一个取自野生果蝇(*D. simulans*)的 per 基因插入到另一种带有 per^0 基因的果蝇即黄猩猩果蝇(*D. melanogaster*)的胚胎中。这种带有 per^0 基因的黄猩猩果蝇的成年雄蝇,其鸣叫是完全没有节律的。如果取自野生果蝇 *D. simulans* 的 per 基因(它常有恢复鸣叫节律所需要的信息)移植到黄猩猩果蝇雄蝇体内,它就应当表现出与野生果蝇(*D. simulans*)一样的鸣叫节律,真实情况的确就是这样。这一验证结果使人们更加相信下述假说是正确的,即各种形式的 per 基因对于调节雄果蝇鸣叫的节律性发挥着关键作用。

四、基因与束带蛇的行为

从近期看,个体的遗传构成影响着细胞的酶生产,而酶的存在又影响着某些生化反应的速率,从而调节着细胞的发育和功能,这一切都对作为行为能力基础的细胞有着重要影响。从远期看,那些具有增强生殖信息的基因一定会在种群中散布开来,但有无证据表明这类进化曾在自然界发生过呢? Arnold(1980)的研究表明:有可能把近期和远期层次上的分析整合在一起。他所选用的研究对象是束带蛇(*Thamnophis elegans*),这种蛇栖息在各种生境中,既分布在潮湿的海岸,也分布在干燥的岛屿上。分布在这两种生境中的束带蛇在食谱上有着明显差异。

海岸蛇在湿地上觅食,主要捕食对象是蛞蝓(腹足纲软体动物),但蛞蝓并不分布在海岛上,可见,海岛蛇是以别的动物为食,主要捕食鱼和蛙,它们是在湖泊和溪流中游泳时捕捉这些动物的。现已确知海岸束带蛇和海岛束带蛇在取食行为上存在差异,问题是这种差异是不是由遗传差异决定的。Arnold 把两地怀胎的雌蛇拿到实验中在相同的条件下进行喂养。当雌蛇产出一窝小蛇时(束带蛇是胎生而非卵生),每只小蛇都进行隔离饲养,不让它们彼此相见,也见不到母蛇,以便尽可能排除环境对其行为的影响。几天以后,把新鲜蛞蝓放入小蛇笼中为其提供一次进餐的机会,结果海岸蛇把全部蛞蝓都吃下去了,而海岛蛇则拒食蛞蝓,甚至根本就不去触碰这种食物。

Arnold 还用另一组隔离的新生小蛇(未吃过任何食物)做试验,为它们提供一次机会对不同猎物的气味做出反应。他把染有某种猎物气味的棉签伸向小蛇,小蛇会伸出舌轻轻触碰棉签,甚至会攻击它。通过计算在 1 分钟内小蛇伸出舌触碰棉签的次数就可以测定尚无经验的小蛇对不同气味的相对反应性(responsiveness)。蛇在其口腔上都有一个对气味进行分析的器官,当舌触碰到化学物,就会把化学物的一些分子带到这一器官,它对猎物的识别起着重要作用。

对浸过蟾蜍蝌蚪溶液的棉签,海岛蛇和海岸蛇所做出的反应大体上是相同的,因为在自然情况下它们都以这种猎物为食。但是对于染有蛞蝓气味的棉签,它们的反应就有很大不同,虽然在每个组内都存在一些反应上的差异,但大多数海岛蛇都对蛞蝓的气味无反应,而大多数海岸蛇则表现出强烈反应。由于所有的小蛇都是饲养在同一环境条件下,所以,它们在吃不吃蛞蝓和对蛞蝓气味有没有反应上存在的差异必然是由遗传差异引起的。

在确认了束带蛇的两个地方种群食性差异的遗传学和生理学依据之后,Arnold 又把注意力转移到了引起这些差异的进化依据。他认为,束带蛇刚开始在海岸带定居时,只有很少的个体具有能接纳蛞蝓作为食物的基因[有理由认为束带蛇(*Thamnophis elegans*)是先在海岛定居后在海岸定居的]。这些吃蛞蝓的蛇所得到的好处是在其新栖息地能利用一种丰富的食物资源,如果因此原因,其生殖成功率能比拒食蛞蝓的蛇提高 1% 的话,那么用不了一万年,海岸蛇种群就会通过歧异进化从海岛蛇种群分化出来达到现在的状态。

不难想象的是,为什么能接纳蛞蝓的基因能获得好处并能迅速散布至整个海岸种群。但海岸种群是怎样从海岛种群分化出来的呢? 据观察,吃蛞蝓的蛇同时也吃水蛭,这种吸血动物在海岸生境中是没有的,但在海岛湖泊中却很多。很可能,吃水蛭(同时吃蛞蝓)的蛇会受到水蛭的伤害,因为水蛭被蛇吞下之后仍可能活着并附着在消化道上吸血,从而造成对蛇的严重伤害。因此,在海岛上,具有接纳水蛭基因的蛇其生殖率会下降,从而被从海岛种群中排挤出去,但因其同时具有接纳蛞蝓作为食物的基因,因此在新的海岸生境中在这一基因的支配下,束带蛇寻觅和攻击蛞蝓的行为就会得到发展。

可见,束带蛇两个地方种群在取食行为上的差异既可用近期的遗传学原因加以解释(两种群内各有不同的基因占优势),也可用近期的生理学原因加以解释(海岸蛇的化学感受器对蛞蝓和水蛭的气味更敏感),最终还可用远期的生态和进化上的原因加以解释,即海岛蛇必须与危险的水蛭作斗争,而海岸蛇所面对的都是可食的蛞蝓。Arnold 对束带蛇行为遗传学的研究提供了一个模式,指明了在动物行为的研究中应如何把近期层次上和远期层次上的分析整合在一起。

五、基因影响行为的生理基础

现在已知,同一物种成员之间的某些行为差异明显地是由个体间的遗传差异引起的,但具有某个或某些特定基因又是如何影响动物的筑巢行为、鸣叫行为和日活动周期的呢?众所周知的是,基因并不能创造特征,通常它只能为一个特定的核糖核酸(RNA)进行编码,而后者则携带有合成某个蛋白质所需要的信息。例如:淀粉酶基因含有淀粉酶(一种蛋白质)的信息。这种唾液酶可以催化一种反应使大而复杂的糖分子分解为糖的更小单位。除了淀粉酶基因外还有大约 5 万个其他基因,其中大多数都能为蛋白质合成进行编码,而且它们大都是酶,也就是说,我们已经有了为制造大约 5 万种酶所需要的信息,可大大加快大约 5 万种生化反应。每种类型的反应都对维持生物体的正常功能发挥着一定作用,其中有些生化反应则影响着动物和人的行为。

例如:一些患有神经分裂症的人,体内常含有过量的多巴胺(DA),这是一种神经递质,有传递脑信息的功能。据研究,有些神经分裂症患者,体内含有的能分解多巴胺分子的酶特别少。这种酶的短缺可导致局部多巴胺的积累并可破坏大脑正常的信号传递,引起精神分裂的行为症状。

就单胺氧化酶(monoanime oxidase,MAO)来说,在基因酶产物和精神紊乱之间存在着更为明确的关系。在个体间,这种酶的活性变化范围很大,在有些家族酶活性水平很高,而在另一些家族则活性水平很低,这一切都与特定基因的存在有关。在具有低 MAO 水平的家族中,自杀和企图自杀的发生率要比高 MAO 家族成员高出 7 倍。

一种较为普遍的观点是:某个特定的遗传信息会引起生化过程的改变,而在对一种单细胞原生动物——草履虫(*Paramecium*)行为的研究中可以清楚地看到生化过程与行为的关系。草履虫可在水中快速游动,穿行自如,当其身体前端碰到一个物体时,体表纤毛就会逆向击水几秒钟,这样身体就会倒回,然后纤毛再恢复向前击水,但此时草履虫的前进方向就会稍加改变,以便再前进时将这一物体绕过,如果未能绕过,它就会再一次做出回避反应(图4-10)。

通过在屏幕上播放大量草履虫的运动镜头,观察者发现了很多类型的突变个体,其中有慢游突变体(sluggish)、快游突变体(fast)、偏执突变体(paranoiac,指后退距离比正常情况大好几倍)和 pawn 突变体(碰到物体后根本不后退)。这些突变体的遗传杂交试验表明:其中的每一种行为突变都是与自身的一个单基因突变相联系的。

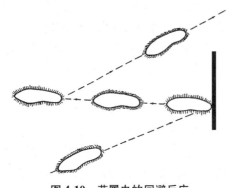

图 4-10 草履虫的回避反应

当它碰到一个物体时,纤毛会有短时间的逆向击水,使身体后退一段距离后再恢复正常的运动

草履虫正常的回避反应是靠触觉刺激对细胞膜内外电位差的影响来调节的。电位差是因带电粒子(离子)在细胞膜内外的分布而引起的。当草履虫的前端触碰到一个物体时,膜的透性就会改变,因而使钙离子从水中进入细胞。这种改变肯定是由一个或多个酶来调节的。当带正电荷的钙离子进入细胞时就改变了这种原生动物的膜电位,于是就引起了纤毛的逆向击水,使草履虫后退。接着,动物体内的生理系统很快就会把钙离子排除出去,当 1~2 秒钟之后膜电位得到恢复的时候,纤毛便又开始向前击水,使动物继续前进。pawn 突变体的行为表现(即碰到物体不后退)是因为细胞膜不能以正常方式对触觉刺激做出反应,也就是说没有发生钙离子流,因此,纤毛就收不到来自细胞膜的信号。纤毛不作逆向击水,动物当然也就不会后退。

六、染色体对行为的影响

在很多情况下,行为的改变是由染色体畸形引起的,染色体畸形有两种基本类型:① 染色体断裂和由此而引起的遗传物质的缺失或重排;② 染色体非断裂畸形,非断裂畸形是指整套染色体的变化(整倍性,euploidy)或单个染色体的增加或减少(非整倍性)。染色体断裂存在四种可能的方式,即缺失(deletion)、重复(duplication)、倒位(inversion)和易位(translocation)。

例如:由于染色体上存在两个或多个倒位,很多蝇类的种群常常表现为多态现象。生活在南美洲的一种果蝇(Drosophila pavani),其染色体倒位影响着它的交配行为。有人曾研究过同核型雄蝇(同源染色体中的两个染色体都发生倒位)和异核型雄蝇(只有一个染色体发生倒位)的交配能力(与一种近缘果蝇 Drosophila gunoha 的雌蝇交配),并根据以下三种表现进行比较:① 在观察期间完成交配;② 只有求偶行为但并不导致交配;③ 在观察期间性活动能力不强。研究结果表明,在与雌蝇相遇的头几分钟内表现出求偶和交配行为的大部分都是异核型雄蝇。可见,异核型雄蝇在交配速度方面比同核型雄蝇占有明显优势,这也许是异核型雄蝇在果蝇(D. pavani)种群中被保留下来的原因之一。同核型和异核型雄蝇在交配速度上的差异在其他种类的果蝇中也被发现过,如 D. pseudoobscura 和 D. persimilis。

通常在显微镜下可以直接观察到染色体的数量及其排列方式,现在已知有很多类型的染色体突变,其中一些已确知是对表型有影响的。因此,研究染色体与行为的相关性就为研究遗传对行为的影响提供了一种有效的方法。最适合于进行这类研究的动物就是果蝇(Drosophila),在果蝇幼虫的唾液腺中有巨大的染色体,经过制片染色可被清楚地看到。最早借助于果蝇染色体分析研究行为的人是 Terry Hirsch 及其同事,他们研究了黄猩猩果蝇的趋地性(geotaxis)。借助于人工选育的方法,他们获得了三个果蝇种群,一个种群表现有正趋地性(positive geotaxis),一个种群表现有负趋地性(negative geotaxis),第三个种群是未经人工选育的对照种群。然后让这些种群与具有各种染色体突变和标志基因(marker genes)的一个特定品系进行杂交。黄猩猩果蝇有 4 对染色体,其中 3 对是大染色体,1 对是小染色体。标志基因是用于鉴定 3 对大染色体,它们都是能控制表型特征的显性基因,其存在明显可见,借助于一种特殊的杂交设计,可使产生的雌蝇要么是纯合的要么是杂合的,以便于对染色体进行研究。

被标志基因所鉴定的3种染色体是:染色体X(表型特征棒眼)、染色体Ⅱ(卷翅)和染色体Ⅲ(短鬃)。让带有这些特征的雌蝇与一个特定品系的雄蝇进行交配,在其所产生的后代中,只选出那些具有全部3个标志基因的个体用于后续试验,让它们与最初的雄蝇种群进行回交,产生8个可能的基因型。根据这8种基因型就可以研究每个染色体的影响及它们的相互作用。

试验结果发现:在未经选育的对照种群中,染色体X和染色体Ⅱ会导致产生正趋地性,而染色体Ⅲ会导致产生负趋地性。在经选育获得的正趋地性品系中,染色体X和染色体Ⅱ的作用没有变化,但染色体Ⅲ则会导致产生正趋地性。在经选育产生的负趋地性品系中,染色体Ⅲ的负趋地性作用有所增强,而染色体X和染色体Ⅱ的正趋地性作用有所减弱。当考虑3种染色体的总体影响时,通常是负趋地性所受到的影响比较大,这一事实也并不奇怪,因为负趋地性对人工选育的总体反应比较大。这些试验结果表明:趋地性行为是受多个基因控制的,这些基因分布在所有的3个染色体上。染色体分析还曾广泛地用于研究果蝇的各种行为,如交配速度和求偶行为的其他方面等。染色体倒位是很常见的现象,在一种果蝇(*D. pseudo-obscura*)中,倒位的杂合子比倒位的纯合子有更大的适合度,主要是通过对交配行为的影响。

染色体分析也常用于人的研究,如人体染色体畸形会引起智力迟钝和行为异常,唐氏先天愚症(Down's syndrome)就是因为多复制了一个小染色体(即第21个染色体,染色体是依据大小编号的)。在细胞有丝分裂期间的一种故障可以导致产生3对而不是2对染色体(又称染色体三倍性,Trisomy-21)。患唐氏先天愚症的病人,其智商往往不到20,最多也只能达到65左右。在黑猩猩体内还曾发现有第22对染色体的三倍性(Trisomy-22),其后果与Trisomy-21极为相似。人体的X和Y性染色体畸形对行为也有明显影响,女性如果缺乏一个X染色体就会发生特纳氏综合征(Turner's syndrome),表现为性机能发育延迟,患特纳氏综合征的女性,其染色体不是正常的XX,而是XO。具有XO染色体组成的女性在视觉的空间感受方面有缺陷。另一方面,如果多一个X染色体则会表现为克兰费尔特氏综合征(Klinefelter's syndrome),其染色体构成为XXY,患这种综合征的人外貌是男性,但细精管发育不全,性欲很弱,不能生育。具有XXY染色体的人在行为上还表现为抓握失准、语音障碍、精神分裂和不正常的性行为。

第五章　行为进化

　　生物学家经常谈论动物形态结构的进化(如头骨和四肢的进化),却很少谈论动物行为的进化,因为研究动物行为的进化比研究形态结构的进化要困难得多。动物的行为是一个十分抽象的概念,它不是一个看得见摸得着的实体,而是一个肌肉收缩序列,可以说,动物的一个特定行为可归结为是动物神经系统和其他器官活动的产物。如果说个体行为之间的差异是一种遗传差异的话,那么自然选择就能够作用于行为,就像作用于动物的形态结构一样。因此,在自然选择的作用下,行为就能得以进化。但是要想重建动物行为的进化史,存在着很多实际困难。研究动物形态结构的进化有化石为证,但行为却没有化石。我们常常靠推想去了解已灭绝的动物(如恐龙)是如何行走和捕食的,有时可根据足印化石看到所谓"被冻结的行为",从石蚕幼虫(毛翅目,Trichoptera)所制造的巢室也能看到被冻结的行为,而巢室有时真能形成化石留存至今。但一般说来,我们只能从现存动物行为的比较研究中了解过去动物的行为。

　　如果某一特定动物类群的所有现存物种都表现有某一特定行为的话,那我们就有理由认为这一类群动物的共同祖先也一定会有同样的行为表现。例如:所有现存的鸠鸽(鸠鸽科,Columbidae)都是靠吸的方式饮水的,因此推测鸠鸽类的祖先也一定是以同样的方式饮水的。判断已灭绝动物的行为的另一种方法是基于这样的事实,即在现存动物中,其解剖学特征和行为特征常常是彼此相关的,如食肉类动物常常具有相同类型的牙齿、消化道、感觉器官和相似的行为,哪怕它们是趋同进化的结果也罢。而食草类动物也各自独立地进化出许多相同的特征。因此根据对现存动物的研究,我们就会知道哪些特征是经常彼此相关的,当我们对所研究的动物缺乏完整资料(如化石)的时候,就可以利用这一方法填补我们知识的空白。

　　在有些情况下,可以很有把握地推断一种行为型是起源于另一种与其相似的行为型,特别是在与通讯有关的行为中。例如:鸳鸯(*Aix galericulata*)总是仪式化地把喙指向翅上鲜艳的翼斑(求偶仪式),这一行为与其祖先用喙梳理羽毛的行为极为相似,可以肯定地说,这是一种已经仪式化了的梳理羽毛的动作。祖种最普通的梳理羽毛的行为演化到今天已经成了仪式化的求偶动作。有时一个古老的行为型从本种消失了,但仍能在其近缘物种中看到。

　　行为是表型中最容易随着环境的变化而发生改变的部分,如果选择压力发生了变化,通常是行为先出现变化,然后才是形态结构发生变化。由于行为是进化的代步者,所以用进化观点研究动物行为的变化是非常重要的,但行为的易变性又使研究工作常有一定的难度。当然,导致行为发生变化的事件是发生在过去,我们根本无法准确地重复这些事件,因此我们所掌握的进化的证据都只能是间接的。行为是进化的产物,只有根据行为的进化史和根据行为对动物存活和繁殖所起的作用才能充分地了解行为。

第一节　行为进化的证据和研究方法

一、来自化石研究的证据

研究行为进化比研究形态进化要困难得多,因为行为几乎没有留下什么化石,而化石又是研究进化的最重要依据。在极少的行为化石中,足印化石和蠕虫洞道化石(图 5-1)可帮助我们了解已绝灭动物的运动方式和取食行为,而胃含物化石和沉积物中的取食痕迹也有助于我们了解动物的取食方式和食性。

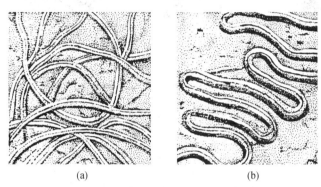

图 5-1　蠕虫在沉积物中留下的觅食踪迹
(a) 较古老的蠕虫类型;(b) 较近代的类型

在大约 2 亿年前的晚三叠纪,瓣鳃类软体动物的化石贝壳上常可见到很多穿凿的孔洞,据研究,这些孔洞是肉食性腹足类软体动物为了取食贝壳中的肉体部分而钻凿的,这无疑是取食行为的一种证据。奇怪的是,这种行为曾一度消失过,直到大约 1.2 亿年前才又重新出现。

1983 年,R. M. Hunt 等人曾挖掘了 2000 万年前中新世早期的古老洞穴系统,其中含有熊狗的骨骼化石,这些动物大小如狼或鬣狗,显然它们同现代食肉类动物一样是居住在洞穴中的。通过研究这些动物的化石,可以了解到其社会行为和交配体制的很多知识。在哺乳动物中,通常是多配制越发达,雌雄两性在身体大小和体重方面的差异也就越大。通过对大量哺乳动物的研究表明:雄性个体相对于雌性个体其体形越大或越重,它所能独占的雌性个体数量也就越多。在很多情况下,性二型的发达程度是可以根据对化石的研究推算出来的。

二、来自行为个体发育方面的证据

行为进化的一些重要发现是来自于行为个体发育的研究。幼年动物的行为往往类似于或等同于一个较原始物种成年个体的行为,就好像它们是该物种的祖先一样。

即使是在一种已不再用草茎求偶的蜡嘴雀(如斑马雀)中,雄性幼鸟偶尔还使用草茎(图 5-2)。地面营巢的百灵,成鸟靠交替伸出左右足奔跑,但幼鸟在离巢后的几天内仍保持双足跳的移动方式,这种移动方式通常是在灌丛中营巢的各种近缘鸣禽的行为模式。南非海豹在游戏中常常蹑手蹑脚地走,这与其肉食性祖先海豹的捕猎行为完全一样。把生活在海洋中的幼盗蟹拿到陆地上来,它就会藏入空贝壳中,这本来是它的近亲寄居蟹成年蟹的一种典型行为。

图 5-2

右面的一对蜡嘴雀,雄雀求偶时口中衔着一支羽毛;左面的一对蜡嘴雀,雄雀求偶时已不再使用羽毛了,但其雄性幼鸟偶尔还表现出这种行为,口中衔着一根草茎

三、遗痕行为

有些行为虽然已经丧失了它的功能,但却能使我们回想起它们祖先过去的行为适应,这种行为常被称为遗痕行为。遗痕行为最容易在幼年动物中看到,但有时也出现在成年动物中。

现在很多猴(如猕猴)的尾巴虽然已经退化成了残干,但它们仍然保留着平衡运动,这种动作已完全失去了平衡作用。很多原始鹿种(如黄麂)在威吓其他个体时常常张开嘴唇露出犬牙,同样的威吓行为也可在较高等的鹿(如赤鹿)中看到,但这些鹿的犬牙已经退化和不再用于战斗了,因为它们的鹿角已经演化成为更强大的战斗武器。可见这些动物是在靠炫耀早已不复存在的"武器"进行威吓。

在树上营巢的秧鸡,在试验中仍然表现有回收蛋的行为,但这种行为已不再有任何生物学意义了,因为它的蛋一旦从巢中滚出去就会摔得粉碎,这种行为是根本无法把它收回来的。回收蛋的行为本来是地面营巢鸟类的典型行为,这表明秧鸡的祖先是在地面营巢的。

海洋鸟类中的海雀和蓝足鲣鸟现在已经不再筑巢了,它们只把蛋产在裸露的岩石上,但它们的求偶动作却是起源于筑巢动作,这说明它们的祖先是属于筑巢鸟类。最典型的遗痕行为也许是某些鸟类的搔头动作。鸟类搔头时先将一侧翅压低,然后同一侧的足从上面越过翅膀伸达头部,当幼鸟搔头时常常会失去平衡。这种行为只能理解为是来自四足动物的遗痕行为,因为四足动物在搔头时就是用后足越过前足而到达头部的,从情理上讲,鸟类的足完全可以从下面伸达头部而不必非得从上面越过前翅不可。实际上很多鹦鹉都是用足把食物直接送到口中而不需越过前翅,但它们在为喙的基部搔痒时却总是按上述刻板费力的程序行事,虽然它们在取食时足能够很方便地伸到同一部位。因此我们只能把这种刻板不变的行为方式看成是来自它们的直系祖先——爬行动物的遗痕行为。

四、加拉帕戈斯群岛达尔文地雀的适应辐射

达尔文在进行环球考察时,曾于 1835 年登上了位于太平洋中部的加拉帕戈斯群岛

(Galapagos Islands),并在那里看到了很多种羽色平淡的雀形目小鸟,这些鸟给达尔文留下了深刻的印象并促使他提出了震惊世界的自然选择进化学说。现在这些鸟已被统称为达尔文地雀(Darwin's finches)。在研究生物进化时,远岛动物虽然数量很少,但所起的作用却很大。群岛就像一个天然实验室,可在没有外力干扰的情况下研究岛上动物的进化过程和进化结果,而加拉帕戈斯群岛上的达尔文地雀就是这方面研究的一个最好实例。

加拉帕戈斯群岛是火山岛,位于南美洲西海岸约900 km处的太平洋中(图5-3和图5-4),该群岛大约是在100多万年前从海中隆起的,从未与大陆相连过,因此岛上的所有动物都是越洋来到岛上的,目前只有很少的动物在岛上定居了下来。其中除达尔文地雀外,还包括2种哺乳动物,5种爬行动物,6种鸣禽和5种其他陆生鸟类。岛上有些动物与大陆的同种个体很难区分,还有一些与大陆同种个体稍有差异,但也有少数种类与大陆物种极不相同,如巨大的陆龟和嘲鸫。这些动物是很早以前就来到加拉帕戈斯群岛的。此外,地方物种本身在各个岛上也有不同程度的变异,这说明这些物种在来到加拉帕戈斯群岛后也歧化出了一些变种。达尔文地雀在这些方面表现得最为明显,它们不仅在不同的岛上发生了变异,甚至在同一个大岛上会同时生活着多达10种不同的地雀。

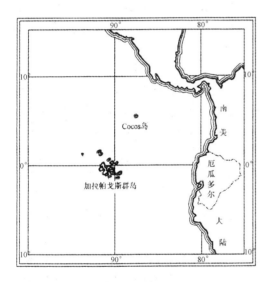

图5-3 加拉帕戈斯群岛位于太平洋中,距离南美大陆西海岸约900 km

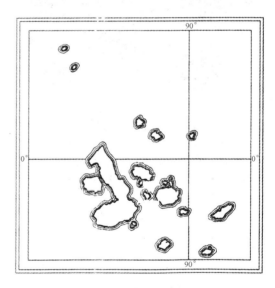

图5-4 加拉帕戈斯群岛是由多个彼此隔离的岛屿组成的

其实,达尔文地雀本身并不引人注目,习性彼此也很相似。达尔文把这些鸟类标本带回英国后,经英国分类学家和鸟类学家John Could鉴定,认为都是以前从未见到过的新物种。加拉帕戈斯群岛总共生活着13种达尔文地雀,外加栖息在加拉帕戈斯群岛东北部Cocos岛(见图5-3)上的一种共14种,它们都被归入同一亚科即地雀亚科(Geospizanae)中,但这些给达尔文留下深刻印象的鸟类是如何进化的呢?根据在加拉帕戈斯群岛的野外观察研究和对博物馆标本的研究发现,达尔文地雀的进化和适应性辐射(adaptive radiation)与其他鸟类和动物的进化有着共通性,因此通过对达尔文地雀进化的研究可以得到很多有益的启示。

14种达尔文地雀(图5-5)属于4个主要的类型(属),首先是地栖地雀,包括 *Geospiza* 属中的6个物种,几乎全都以地面的植物种子为食,多生活在干燥的海岸地带,它们是大地雀

图 5-5　生活在加拉帕戈斯群岛和 Cocos 岛上的 14 种地雀

1. 小树地雀，2. 中树地雀，3. 大树地雀，4. 红树林地雀，5. Cocos 岛地雀，6. 食芽地雀，7. 莺型地雀，8. 啄木地雀，9. 大地雀，10. 中地雀，11. 小地雀，12. 仙人掌地雀，13. 大仙人掌地雀，14. 尖喙地雀

(Geospiza magnirostrix)、中地雀(Geospiza fortis)、小地雀(Geospiza fuliginosa)、仙人掌地雀(Geospiza scandens)、大仙人掌地雀(Geospiza conirostris)和尖喙地雀(Geospiza difficilis)。其次是树栖地雀，也包括6个物种，几乎全都以树上的昆虫为食，多栖息在潮湿的森林地带，它们是大树地雀(Camarhynchus psittacula)、中树地雀(Camarhynchus pauper)、小树地雀(Camarhynchus parvulus)、红树林地雀(Cactospiza heliobates)、啄木地雀(Cactospiza pallida)和食芽地雀(Platyspiza crassirostris)。第3个类型只有一个物种，即莺型地雀(Certhidea fusca)，在干燥和潮湿地区均有分布，主要以灌木丛中的小昆虫为食。最后是单独栖息在孤立隔离的Cocos岛上的一种地雀(Pinaroloxias inornata)，它以热带森林中的昆虫为食。

在地栖地雀中有4种地雀共同生活在大多数岛屿上，其中3种（大、中、小地雀）吃种子，它们的主要差异是喙的大小不同，各适应于吃不同大小的种子。另一种地栖地雀（大仙人掌地雀）则以球仙人掌果为食，它的喙特别大而尖，其余的两种地栖地雀一大一小，生活在边远的岛屿上以种子和仙人掌为食，它们的喙已发生了适当的改变。总的来看，地栖地雀是达尔文地雀中最原始的类型。

在树栖地雀中也包括6个物种，其中的食芽地雀是植食性的，它的喙很像是鹦鹉的喙，适于取食树芽和果实。另有大、中、小3种树地雀，它们的形态彼此很相似，只是身体和喙的大小有些差异，这与它们所取食的昆虫大小有关。第5种红树林地雀取食红树林沼泽地中的昆虫，还有一种闻名全球的树栖地雀是所谓的啄木地雀，它的喙极像大陆物种啄木鸟的喙，但没有长舌，而是靠折取一根仙人掌刺或小树枝探取树洞中或树皮缝中的昆虫，它是一种著名的会使用工具的鸟类（图5-6）。

莺型地雀(Certhidea fusca)也以自己独有的特点闻名世界，它单独栖息在边远孤立的Cocos岛上，它的形态与习性极像生活在大陆上的真正莺科鸟类，它的喙细弱而尖，其取食动作和取食方法极像真正的莺，取食时也轻轻拍动双翅，所以分类学家一度曾把它错误地归属于莺科鸟类。后来根据其内部解剖学特点、卵的色斑、巢的形状和其他一些特征，才认定它是一种与莺科鸟类完全不同源的达尔文地雀。

所有达尔文地雀在羽衣、叫声、巢和卵以及炫耀行为方面的密切相似性表明：它们还没有足够的时间使它们在进化上彼此走得太远，它们之间仅有的巨大差异是在喙上，这些差异是因取食不同的食物而发生的适应性变化。可以确认的是,加拉帕戈斯群岛上所有的14种地雀都是来自于一个最早来到岛上定居的物种。也许你会问,这么多新种地雀有可能来自于一个共同的祖先吗?它们是怎样进化来的呢?通常,当最初的生物进入一个新环境的时候,它就可能产生一些新特征以适应当地环境,这种地理变异是很常见的现象。例如:在加拉帕戈斯群岛上,同一种鸟的形态和行为在不同的岛上是有所不同的,但在同一个岛上通常只能有一种形态类型,这些类型还不能算是独立的物种,而只能是亚种或地理族,但它们之间的差异是可遗传的。达尔文地雀就明显存在着这种地理变异。例如:有大、中、小三种地栖地雀共同生活在一些岛上,它们分别以大、中、小三类种子为食。在南部的两个岛上,因为大地

图 5-6　啄木地雀正在用一根仙人掌刺探取树皮缝中的昆虫

雀的缺失,使得中地雀的喙比其他岛上中地雀的喙更大一些,这是因为它们能吃到大的种子。同样,在另一个小岛上,由于小地雀的缺失,使得中地雀的喙比其他岛上中地雀的喙更小一些,因为它们填补了小地雀食物生态位的空缺,从而能吃到小的种子。还有一些岛屿因中地雀的缺失而使小地雀的喙偏大。显然,达尔文地雀亚种之间喙大小的差异是一种进化适应,这种适应如能得到进一步发展,就有可能发展为可明显区分的独立物种。

　　如果一个亚种先是在一个隔离的小岛上进化,然后再进入一个已被同种另一个亚种占有的岛屿上,那么将会发生什么情况呢?如果两个亚种虽然一直都处于隔离状态,但在它们之间遗传差异比较小的情况下,相遇后仍有可能进行自由杂交并能相互融合产生出具有生殖能力的后代。另一方面,如果两个亚种长期隔离,很多遗传差异就会逐渐积累起来,以致使得它们的基因无法再融合,其杂交后代也不能存活。因此,自然选择常常会扩大两个亚种之间的差异,直到使它们演化为两个不同的物种。

　　达尔文地雀提供了一个因地理隔离而导致新物种起源的证据。正如前面所讲,在以昆虫为食的树栖地雀中有3个物种形态非常相似,它们分别是属于同一个属(*Camarhynchus* 属)的大树地雀、中树地雀和小树地雀,其中的大树地雀喙的大小也有所歧化,生活在最南面岛屿上的个体喙比较小、羽色偏暗;生活在最北面岛屿上的个体喙比较大;而生活在中部岛屿上的个体喙最大且有点像鹦鹉的喙。有证据表明,这3种不同类型的大树地雀都来自一个共同祖先,其表现出的差异都是因地理隔离而产生的,但它们的差异还没有大到能把它们看成3个独立的物种,目前还只认为是3个亚种。如果继续长时间地隔离下去,就很可能最终演化为3个新物种。这种情况一旦成为现实,那它们要想共同生活在一起实现共存就必须满足两个条件:首先是要避免杂交,鸟类避免种间杂交的机制往往是靠形态的差异和叫声的不同,而达尔文地雀彼此相互辨认和识别则主要是靠喙的大小;其次是靠食性的分化,即两个物种避免吃同样的食物,如果两个物种所吃的食物完全相同,那么适应能力较强的物种就会把另一物种从共同生活的区域内排挤掉(竞争排除原理)。正因为如此,加拉帕戈斯群岛达尔文地雀喙大小的差异不

仅仅是地理隔离的产物，而且也是适应于取食不同食物的结果，这有利于它们在加拉帕戈斯群岛上的长期共存。对其他鸟类来说，近缘物种实现共存主要是靠取食地点的不同、取食方法的差异和所吃食物种类和大小的不同。

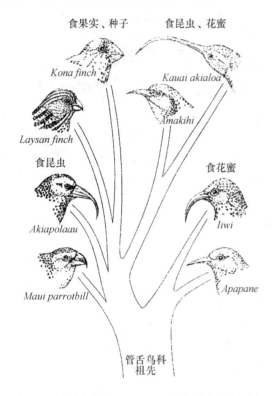

图 5-7　管舌鸟科（Drepanididae）中的蜜鸟在夏威夷群岛上的进化和适应辐射与达尔文地雀在加拉帕戈斯群岛上的进化和适应辐射极为相似

应当说，物种分化的关键是地理隔离。进化学者通常认为，新物种的进化是靠逐渐适应在同一区域不同生境内的生存而实现的，但尚无充分的证据证明，地理隔离是新物种产生的唯一途径，至少在鸟类中是这样。达尔文地雀就是说明这一问题的一个极好实例，Cocos 岛上的一种地雀（Pinaroloxias inornata）与群岛其他岛屿上的地雀非常不同，说明它已在隔离状态下生活了很长时间。尽管岛上的食物和栖息地是多种多样的，而且缺乏其他鸟类的竞争，但 Cocos 岛上的地雀仍然是一个单一物种，这是因为 Cocos 岛是远离加拉帕戈斯群岛的一个隔绝孤立的小岛，它为生物的形态分化提供了绝好的机会。其实整个加拉帕戈斯群岛都是形态分化和生物进化的大实验场，因为最初来到这里的物种可以分散到群岛中各个独立的小岛上去定居，这无疑就为生物的形态分化和进化创造了必要的条件。唯一与达尔文地雀以相似方式进化和发生适应性辐射的鸟类类群就是管舌鸟科（Drepanididae）的蜜鸟，它们同样是生活在一个包括很多小岛的群岛上，即夏威夷群岛（图 5-7）。

问题是，为什么在这两个群岛上发生的进化模式只能出现在加拉帕戈斯群岛和夏威夷群岛呢？地球上不是还有其他的群岛吗？大陆不是也存在地理隔离区吗？毫无疑问，达尔文地雀的祖先最早是生活在美洲大陆，但它并没有在那里进化出像加拉帕戈斯群岛那样的地雀类型，这是因为在大陆环境中的各种生态位早已被其他鸟类所占有。例如：在加拉帕戈斯群岛上类似啄木鸟的地雀，即啄木地雀只能产生在加拉帕戈斯群岛而不能产生在大陆，因为那里已经有了竞争能力更强的真正的啄木鸟。莺型地雀（Certhidea olivacea）也是一样，它在加拉帕戈斯群岛上有其独占的生态位，但在大陆上却无法与真正的莺科（Sylviidae）鸟类竞争。

据研究，达尔文地雀的祖先是最早来到加拉帕戈斯群岛上的大陆鸟类，该群岛为其提供了极其多样的空白生态位，使这些大陆"移居者"可以在其中定居和演化。夏威夷群岛也是这样，它为蜜鸟的进化和适应辐射提供了可能性。其实，从长远眼光来看，加拉帕戈斯群岛和夏威夷群岛的鸟类进化模式并不是独一无二的。很久以前，在大陆上肯定也发生过类似的进化过程，因为真正的莺和真正的啄木鸟以及这里所研究的地雀肯定也是从大陆的一个共同祖先进化来的。两个群岛真正独一无二的地方不是岛上生物的进化方式，而是这种进化过程是在近期发生的,使我们仍能亲眼看到它们演化和形态分化的证据。

从达尔文地雀这个鲜活的进化实例,我们还可以学到更多的东西,但不幸的是,它们所提供给我们的绝好机会可能维持不了多长时间了。达尔文于1835年在加拉帕戈斯群岛所发现和采集的一种地雀现在已经消失了,群岛上还有几种特有动物也已不复存在。群岛上原来是没有人、鼠、狗和其他哺乳动物的,而现在在一些岛上,人和山羊正在破坏着当地的植被,这一切都会对达尔文地雀造成最严重的威胁。由于人类活动对栖息地的直接或间接影响,有些地雀种群已在一些岛上消失,例如,自从达尔文登上加拉帕戈斯群岛以来,大地雀种群已从Floreana岛和San Cristobal岛消失,而尖喙地雀在1932年以前一直生活在Santa Cruz岛上,此后便从岛上消失了。据观察,仙人掌地雀的一个种群也于1906年以后从Pinzon岛消失了,可能与山羊对仙人掌植被的破坏有关。有趣的是,自从20世纪70年代将山羊从Pinzon岛上移走之后,Gibbs又于1984年2月在该岛上看到了至少5只仙人掌地雀,这说明仙人掌地雀种群从Pinzon岛上的消失并不意味着这种地雀的物种灭绝,一旦栖息地条件得到恢复和改善,它们就会从其他岛上扩散到原地栖息。除非我们采取有效的保护措施,否则我们的后代就会失去这一珍贵的无可替代的财富。

五、来自驯化方面的证据

长期以来人类通过人工选择和驯化已经改变了很多动物的行为。驯化(domestication)不光是把动物驯服并使其实现社会化,人类还对驯养动物的繁殖、取食和健康进行控制和管理。有些行为学家认为,家养动物的行为可塑性要比野生动物大,而且具有明显的幼体延续性,即幼体特征延续到成年阶段。有人认为,某些物种对于驯化有着预适应(preadaptation),例如:大多数肉食性动物都有一个巢穴并在离开巢穴一定距离的地方排尿和排粪,因此适合于生活在人类居住地。有利于驯化的因素还有能形成较大的群体、雄性个体终年都留在群中、幼体属于早成性和杂食等。

狗的行为进化为驯化和人工选择提供了一个很好的实例。狗的祖先是狼(Canis lupus),它是北半球人类到达之前最主要的食肉动物,具有复杂的社会行为和合作行为。在狼被人类驯化并演变为狗之后,就随着人类散布到了世界各地并经历了一个适应性辐射过程。狗(Canis familiaris)被人类用于看家、狩猎和放牧其他的家养动物。在距今8000~10000年前,人类的各个族系是相对隔离的,彼此只发生偶然的遗传交流,这种情况大大促进了狗品种的进化,而随着交通的改善,人类的接触逐渐增多,各地不同品种的狗也开始混杂起来,很多品种的狗都丧失了它独有的特性。只是在最近几百年间,人类才通过严格的人工选育逐渐控制了各地不同品种狗之间的杂交。现今,狗在外形和行为方面的极大多样性说明了自然选择和人工选择对狗的形态和行为的巨大影响。选育叭喇狗是因为它有一种攻击牛的口鼻部的行为倾向,而且常常是咬住不放,在英国这是一项体育娱乐。选育另一个品种猤是因为它追击猎物时坚忍不拔毫不放松,哪怕有时自己会身负重伤也不后退。与这些品种的狗相比,狼通常是从身后进行攻击,猛咬一口后便暂时退下以免自己受伤。人类选育的其他品种还包括嗅觉极敏锐的猎狐狗和捕鸟猎狗,这是一些性情温和的品种,可以群体豢养在一个狗舍中。

狼和狗都是靠搜寻和追赶获得猎物而不是靠就地等待和伏击,因此它们有极发达的探究行为。猎狐狗具有极好的跟踪嗅迹的能力,靠追寻气味就能找到猎物。捕鸟猎狗的视觉和嗅觉都很发达,它们沿着地面到处搜寻,当距离猎物只有几步远时它们会立刻站住不动,仅靠嗅觉就能知道猎物在什么地方。为了让狗执行各种任务必须对它们进行训练,但人工选择出来的表型已为特定的行为特征奠定了遗传基础。

六、近缘物种行为的比较研究

对近缘物种的行为进行比较研究可以很精确地重建各个行为型的进化过程。有时可以把同一亲缘群中的行为按其相似程度排列成一个完整系列。通过与较原始物种的比较,常常可以查明较进化物种行为的起源。有几种蜡嘴雀雄鸟在求偶期间,嘴里常衔着一根草茎或羽毛做特定的动作(图5-2),这种求偶动作显然是起源于筑巢行为,蜡嘴雀与大多数鸣禽不同之处是雄鸟也参加筑巢工作,所以筑巢行为有可能演变为求偶功能。分类上比较原始的蜡嘴雀,雄鸟在求偶期间所衔的草茎既用于求偶也用于筑巢。在某些种类中,草茎是在求偶结束时放入巢中的,但是,澳洲绯红雀求偶时雄鸟所衔的草茎却与筑巢材料不同,在这里,草茎只是一种象征或符号。以后,筑巢符号也不再使用了,这显然是经历了几个中间阶段:有的物种只在求偶开始时使用草茎,但在实际的求偶炫耀中就不再用了;另一些种类使用草茎是非强制性的,一只雄鸟可以用草茎求偶但也可以不用;还有一些种类用草茎求偶只是偶然现象;即使是不再利用这种方式求偶的鸟类中,其求偶的动作也可明显地看出是起源于筑巢行为。

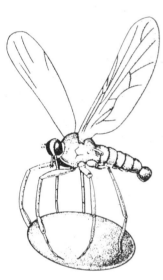

图5-8 球虻抱住一个丝质小球向雌虻求偶

通过比较研究常常可以发现两种极端行为之间存在一系列过渡形式,这大体上可以说明进化的程序,但不能十分准确地代表进化路线,因为现存的过渡类型可能已经发生了变化。这方面最著名的一个研究实例是双翅目舞虻科(Empididae)的球虻(*Hilara sartor*)。雄性球虻常常用足抱住一个丝质小球飞来飞去(图5-8),据推测,这种奇怪的行为可能有以下几种功能:① 吸引异性;② 刺激交配欲望;③ 交配时可减少雄虻被雌虻吃掉的危险。E. L. Kessel(1995)曾描述了这种行为进化的几个阶段:

第1阶段:在舞虻科的大多数种类中,雌雄虻是各自独立地捕食昆虫的,交配与出示猎物无关。这类舞虻的雌虻有时以同伴为食,当雄虻试图交配时有可能被雌虻吃掉[图5-9(a)]。

第2阶段:雄虻捕捉一个猎物递给雌虻,乘雌虻取食猎物时完成与雌虻的交配,这就大大减少了自己被雌虻吃掉的危险[图5-9(b)]。脉翅目(Mecoptera)的蝎蛉也有这种行为,握有一个猎物的雄蝎蛉会竭力吸引雌蝎蛉。但有时另一雄蝎蛉会假扮雌蝎蛉的样子接近它,并诱使握有猎物的雄蝎蛉与其交配,然后便乘机把猎物抢走,或是自己把猎物吃掉,或是利用这一猎物与雌蝎蛉交配。如果这种欺骗行为确实能给欺骗者带来生殖上的好处,那么这种行为就会被自然选择所保存。

第3阶段:雄舞虻不是带着猎物直接去寻找雌舞虻,而是与其他雄舞虻(都握有一个猎物)一起在空中飞舞,猎物只是作为交配的一种刺激物,而不是防止交配时被雌虻吃掉的代替物。雌虻则闯入在空中飞舞的雄虻群中,选择一只雄虻与其交配。

第4阶段:*Hilara* 属中的很多种类,雄虻把捕到的猎物松松地缠绕上一些丝线,以便使猎物保持安静。

第5阶段:*Empis* 属的一些舞虻,雄虻用丝把猎物紧紧地包裹起来,看上去像是一个球状物。当雄虻与雌虻在空中相遇时便把这个球递给雌虻并骑在雌虻的背上,然后便双双落在一株植物上,雌虻开始滚动和探察此球,最后会把其中的猎物吃掉,与此同时雄虻便完成与雌虻的交配[图5-9(c)]。

第6阶段:雄虻捕捉一个小猎物并吸干它的体液,此时猎物已不再是可食的了,然后它在其外织一个复杂的丝球,并把丝球递给雌虻,雌虻在交配期间玩耍此球但不会从中获得任何营养物。

第7阶段:雄虻捕捉的猎物极小,对雌虻和雄虻都没有食用价值,只是为了把它粘附在丝球的一端,此时丝球的作用仅仅是交配的一个刺激物。

第8阶段:雄虻(如 *Hilara sartor*)递给雌虻的丝球是空心的,里面根本就不含有猎物[图5-9(d)],此行为与第1阶段的行为是处于一个行为演化序列的两个极端。

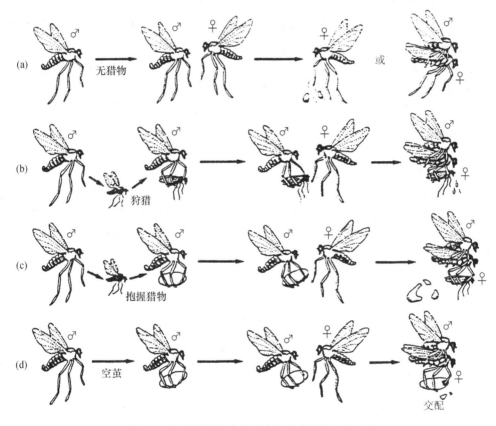

图 5-9　舞虻科昆虫求偶喂食行为进化的几个阶段
（a）不给雌虻提供猎物,但有时会被吃掉;（b）给雌虻提供猎物,乘雌虻吃猎物时完成交配;（c）雄虻在猎物外作一丝茧,当雌虻打开丝茧吃猎物时完成交配;（d）雄虻不捕猎物,只把一个空的丝茧奉献给雌虻(如球虻,*Hilara sartor*)

Kessel 认为,雄虫向雌虫奉献猎物的最初功能是减少雄虫在交配时被雌虫吃掉的可能性。但 W. R. Thornhill(1976)却根据亲代投资的概念提出了另一种功能解释,认为雄虫是靠多种多样的方式为雌虫提供营养,以此参与对后代的投资,这些投资方式包括用腺体分泌营养物、捕捉猎物献给雌虫、反吐食物喂给雌虫(如瘦足蝇科 Micropezidae 的瘦足蝇交配时把富含蛋白质的食物反吐给雌蝇)和雄虫自己献身等。雌虫则依据雄虫提供食物的质量选择配偶。

在脊椎动物中,借助于近缘物种行为的比较研究也可以大体上了解行为进化所经历的各个阶段,最好的一个例子是丽鱼科(Cichlidae)的丽鱼(*Haplochromis* spp.),这是一类口孵鱼,雌鱼把卵含在口中让其孵化。在捕食动物捕食鱼卵的选择压力下,有些丽鱼的雌鱼在产下卵和卵受精后便把卵捡起来含在嘴里,让卵安全地在口腔中孵化。产卵后越早把卵捡起来放在嘴里,卵被捕食的可能性也就越小,因此有些种类的雌鱼产卵后未等这些卵被雄鱼受精就把它们含在了嘴里。有趣的是,这种雄鱼的臀鳍上生有极像鱼卵的黄斑,当雄鱼侧身向雌鱼展示这些黄斑时,雌鱼就会用嘴去咬这些黄斑,并把精子吸入口中使卵受精。对近缘物种行为的比较研究表明,这些黄斑是起源于鳍上既不醒目又无信号功能的圆形斑。I. Eibl-Eibesfeldt(1975)认为,对丽鱼这种口孵行为的进化来说可能存在着三点预适应:① 雌鱼有捡卵的生理动机;② 雄鱼臀鳍上有圆形斑;③ 雄鱼在求偶期间有向雌鱼侧身炫耀的习性。

在现存的膜翅目昆虫(蜜蜂、胡蜂和蚂蚁)中,其社会组织的复杂程度是处在不同的进化阶段上,有的很简单,有的很复杂,从简单到复杂可以排列成一个序列,这个序列则可表示出社会组织可能的进化路线,大体上可以看出以下的几个进化阶段:① 雌虫产卵后不离去,而是和卵呆在一起;② 雌虫建造一个公共的隐蔽场所,与幼虫生活在一起;③ 雌虫连续繁殖几代幼虫并都能使其存活;④ 雌性职虫(工蜂、工蚁)失去生育能力,依赖群体生活;⑤ 分化出各种不同的社会等级。此外,无螫针属蜜蜂(*Meliponi*)的舞蹈语言显示出明显的种间差异,这种差异也在一定程度上揭示了蜜蜂舞蹈语言的进化过程。

七、来自通讯行为仪式化方面的证据

通讯行为是指动物个体之间互相传递和交流信息的行为,在通讯过程中,个体间的信息交流是必不可少的,而且要尽可能做到高效和不发生误解,因此动物的很多行为,特别是与攻击和性活动有关的行为在进化过程中都发生了变化,以便确保信号能够准确无误地传递。这个提高信号传递效率和准确性的过程就叫仪式化(ritualization)过程,因为它很像人类很多仪式的产生过程。

仪式化行为与非仪式化行为有很多特征是不相同的,它的发展是为了改善通讯效率,更容易被识别。仪式化主要表现为行为动作的简化、夸张和定型,而且很多仪式化的行为通常都是有节律地重复发生,一个动作的信号价值可以借助于醒目的身体特征的发展(如色型)而得到增强。在求偶和威吓行为中很容易观察到行为的夸张性,仪式化的行为所消耗的能量要比在正常情况下同样的行为所消耗的能量多得多。例如:吐绶鸡在求偶时高视阔步,把翅垂向地面向对方炫耀自己的羽衣;两只雄性赤鹿在争偶时常以僵直的步态走向对方或朝同一方向平行前进以便审视对方的实力,最后才借助于仪式化的战斗决定胜负。很多意向性动作只有借助于夸张才能演变为信号。

仪式化的第二个重要变化是行为的定型:一个仪式化了的动作通常是非常刻板和固定不变的,而非仪式化的行为则具有很大的可变性。各种运动行为、清洁身体的行为和取食行为在其表现的强度和完整性方面都依实际需要而有所不同,但当这些行为一旦经过仪式化变为社会信号,那它们的表现强度和速度就总是固定不变。如动物在求偶期间的很多梳理行为就是这样,又如,啄木鸟用喙敲击树干发出声音,这种声音在取食时会有很大变化,但在求偶时会表现出本物种所特有的节律性,是独一无二的。

在其他例子中,行为的信号功能可以靠连续的有节律的重复而增强,尤其是听觉信号,如很多昆虫和蛙类的叫声、幼鸟的乞食鸣叫以及很多鸟类的求偶叫声等。大家对雄鸽连续发出的咕咕声一定印象极深。视觉信号有时也会靠其刻板动作的重复增强其通讯功能,如招潮蟹在求偶时总是反复挥舞它的螯肢,又如萤火虫的连续闪光等。

仪式化不仅仅是一种系统发生过程,而且也会发生在个体发育过程中,成年动物的很多刻板不变的行为常常是从幼小动物较为可变的行为发展来的。例如:在很多鸟类中,幼鸟的叫声常常是多变的,但当发育到成鸟时,叫声就会趋于一致,变幅大为缩小。这就叫个体发育中的仪式化。

在非自然场合下,成年动物也常出现行为定型现象,它很像是行为仪式化中的行为定型。例如:动物园中的很多动物由于缺乏足够的实践机会而产生一些刻板不变的动作,如摆头、转体和沿着固定路线走来走去或跑来跑去等。又如:狗熊坐在地上的乞食动作也具有仪式化行为的特征。

实际上所有的功能系统都可能朝仪式化行为方向演化,但仪式化行为更多的是起源于意向动作(intention movements)和替代活动(displacement activities)。意向动作实际上是一种尚未实行的动作或未完成的动作,如鸟类起飞之前的双腿下蹲动作(图5-10)和实际开始筑巢之前的啄取筑巢材料的动作等。通常意向动作发生时,导致这种行为释放的刺激尚未达到所必需的阈值强度,这种行为的仪式化形式常常是重要的社会信号。因此,很多威吓行为(如暴露牙齿等)都是战斗的意向动作,即预示着即将发生战斗。蜡嘴雀口含草茎求偶也是来自筑巢的意向动作。长尾猴的咂嘴动作具有邀请其他个体为自己梳

图 5-10　穗䳭起飞前双腿下蹲的意向动作,预示着该鸟即将起飞

理体毛的社会意义。鸟群在起飞前的双腿下蹲动作特别夸张,似乎具有使鸟群中的所有个体同时起飞的作用。在社会通讯时,替代行为也是附带获得的一种信号功能,最经常出现在求偶行为和威吓行为中,因为在这两个功能系统中,动机上的矛盾和冲突经常发生,这必然会导致很多替代行为的发生。最早研究替代行为的一个实例是各种野鸭用嘴梳理羽毛的行为,在很多情况下这种行为的真正意义已不再是梳理羽毛,而只是一种替代行为(图5-11)。

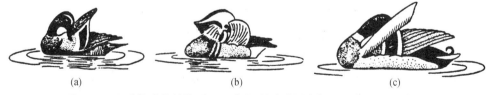

图 5-11　野鸭仪式化的梳理羽毛动作,其功能是求偶,而不再是整理羽毛
(a) 白眉鸭;(b) 鸳鸯;(c) 绿头鸭

在仪式化过程中不仅行为型和行为功能会发生变化,行为动机也会发生变化,例如:蜡嘴雀在求偶期间筑巢的意向动作已不再与筑巢有关,而转变为性动机的一部分。同样,野鸭仪式化的梳理行为也已演变为整个求偶过程的一个组成部分。

八、来自行为趋同方面的证据

前面谈到的一些行为进化证据大都属于类群的系统发生问题,所涉及的一些特征都具有同源性(homology),但通过行为趋同(behavioral convergence)的研究也能获得行为进化的证据。首先应明确趋同的概念和它与同源的不同之处。所谓同源性是指具有共同的信息储备,以确保信息能从一个世代传递到另一个世代,这样就能使其成员在遭遇环境偶然变故之前事先获得适应性,可见在这种情况下有关环境的信息是间接获得的。

至于趋同则不同,其信息都是直接获得的,这就是说,不管个体也好物种也好,它们在相似或相同环境条件下所形成的特征都是各自独立获得的。由于没有共同的信息源,所以它们的适应性是在相似或相同环境条件下逐渐趋于一致的。当陆生脊椎动物再次回到水中生活时,不管是爬行动物(鱼龙)、鸟类(企鹅)还是哺乳类(海豹和鲸),它们的鳍在形态上具有惊人的趋同性,虽然作为四肢它们的结构是同源的,但作为鳍它们却是同功的(analogous),由于趋同进化,使它们变得非常相似。

行为的趋同进化既可以发生在种内,也可以发生在种间,而且趋同的行为特征有可能是先天的,也有可能是后天学习的。当一只幼小动物借助于传统或亲代诱导而学会逃避捕食或学会吃什么东西的时候,对所有动物来说,这种行为都是同源的,因为这种行为的产生不是每个个体独立实践的结果,而是来自亲代传递。一个动物从观察同伴的行为中就能够知道什么东西可以吃什么东西不能吃,而不必自己亲口去尝。另一方面,如果每个个体必须亲身体验或实践才能获得某种行为,那么这种行为的形成就是趋同的结果。对于物种来说也是一样,如果两个物种因亲缘关系密切而具有相同的行为,或者这种行为相同是一个物种从另一个物种学来的,那么这种行为就是同源的。但如果这种行为是各自独立获得的,那就是趋同进化的结果。同源行为的一个实例是蜂鸟的飞翔,但当把蜂鸟的飞翔与蜜鸟和蜜䴕的飞翔进行比较时,发现它们的飞行方式非常相似,这是因为这三种不同类群的鸟都取食花朵中的花蜜,其飞行方式各自独立地形成了对这种取食方式的适应。

趋同进化总是依赖于对相似环境条件的适应。例如:大多数地栖鸟类不管其分类地位如何都采取步行的移动方式,而大多数树栖鸟类都采取跳跃的移动方式。凡是在地面筑巢的鸟类如鸵鸟、雁鸭、雉鸡、涉禽、鹤和其他种类,都具有很发达的回收蛋的行为(即把滚出巢外的蛋收回巢中),这肯定与巢的结构简单或缺乏一个像样的巢有关,蛋在这样的巢中是很容易滚出去的。

生活在澳洲大陆的某些蜡嘴雀饮水时像鸽子一样把喙浸入水中靠抽吸作用将水汲入体内,而其他种类的蜡嘴雀则像雉鸡那样把喙浸入水中,然后抬起头把水送入体内。显然,前一种饮水方式更能节省时间,这是生活在开阔干旱地区很多不同鸟类所形成的一种趋同适应性,有利于减少它们在饮水时被捕食的风险。生活在雨量充沛地区的种类,哪怕它们与前者的亲缘关系很近,也常采取后一种饮水方式。行为趋同进化的另一个实例是一些小型鸟类的报警鸣叫声,它们的报警鸣叫声极为相似,以致可以把它们看成是一种种间信号。

九、吸血蛾吸血行为的起源和进化

在二十多万种鳞翅目昆虫(蛾类和蝶类)中,具有吸血行为的蛾只有四种,吸血蛾(*Calpe eustrigata*)只是其中的一种。蛾子吸血是极罕见的一种行为习性,令人感兴趣的是这种行为是如何产生和进化的。H. Bänziger（1986）曾在马来西亚观察过这种蛾吸食水牛血的情况，原以为这种蛾只是吸食哺乳动物在受蚊虫叮咬时流出的血滴，但当他割破自己的手指暴露给吸血蛾时，发现蛾虽将其吻浸入血滴中，但它并不吸食暴露在表面的血，而是刺入伤口的嫩肉吸食体内的血液。问题是我们如何才能了解这种行为的发生和进化过程，由于缺乏化石证据，就只能依靠对现存物种的比较行为学研究了。

首先我们假定：广泛存在于一个密切亲缘类群中的一些特征可能是遗传自一个共同的祖先，正是由这个祖先演化出该类群的所有成员。正如我们已经说过的那样，如果有几个亲缘关系很近的物种（也就是说它们有共同的祖先和共同的遗传血统）共同具有一个行为特征，那么这个行为特征就不太可能是每个物种各自独立进化来的。相反，这将使人们有理由认为，每个现存物种的这一行为特征都是来自一个共同的祖先。

绝大多数的蛾子都有一个能从花朵中吸食花蜜的细长的吻（虹吸式口器），因此，最早出现的类似蛾类的昆虫可能是以花蜜为食的，其后续物种也一定继承了这一取食习性。如果说吸血行为是起源于食蜜行为的话，那么蛾吻的结构及其行为必须经历许多相应的改变，这些改变可能是其祖先蛾种基因组（genome）累积变异的结果。但是我们怎样才能知道从食蜜到吸血所经历的演化阶段呢？虽然绝大多数蛾类都是吸食花蜜的，但有相当多的蛾子和蝴蝶靠取食烂水果汁、动物尿液和液体分泌物以及靠在水边泥地上吸食盐溶液而获得营养补充，甚至有些蝶类还吸食鳄鱼的眼泪和人的汗液。

为什么会有如此多的蛾类和蝶类吸食动物和人排出的液汁，目前还不十分清楚，虽然这些液汁可提供有用的钠离子和氨基酸。以动物汁液和腐烂水果为食的现象在鳞翅目昆虫中分布得如此广泛，说明这一现象在鳞翅目昆虫进化的早期就出现了并逐渐演化出现在的吸血蛾（*Calpe eustrigata*）。当然，最原始的蛾类还是以纯花蜜为食的。应当说，一个适合于吸食花蜜的吻也同样适合于吸食烂水果汁、尿液、汗液和鳄鱼的眼泪。

在蛾类中只有很少的种类具有刮擦水果的能力，即用吻摩擦软皮果的表面使其受伤并流出甜液来，然后再用吻将甜液吸入体内。鳞翅目昆虫的吻（即虹吸式口器）在结构和功能上是有很大变化的，除了标准的虹吸管类型外，有的像一个钻头，很坚硬，有的末端生有少量的短小硬毛，有锉刀的功能。在少量蛾子中有一种演变趋势，即硬毛变得越来越多、越来越硬，使其已变成锉刀的吻能直接刺破黑莓和悬钩子的外皮吸食果肉。在一些蛾子中，吻的切割功能得到了进一步发展，甚至能够刺破具有很厚外皮的果实。如果一种蛾子的吻具有了刺穿橘皮的能力，那它也就具备了刺穿哺乳动物的皮肤吸食血液的能力。

吸血蛾（*Calpe eustrigata*）很可能就是从刺食果实的蛾类进化来的。由于同一属（即 *Calpe* 属）内其他种类的蛾子都是专门吃果实的，所以那时吸血蛾很可能也是以这种方式取食的。如果在食果蛾种群中有些个体受到动物的吸引去吸食眼睛的分泌物或蚊虫排出的血液，那它们就会获得额外的营养补充，这将促使它们发展新的取食行为，直到通过突变使其吻强大到能刺破貘和其他哺乳动物的皮肤吸食血液为止，正如现在的吸血蛾所做的那样。

H. Bänziger 揭示了蛾类从吸食花蜜到吸食血液的一系列演化阶段（图5-12）。每一演化阶段与前一演化阶段相比都只有少量变化，但每次的少量变化又为下一次的变化奠定了基础，多次变化的积累就能导致产生一个新的行为特征（如吸血），这一特征与原始祖先的行为特征相比已有了巨大差异。

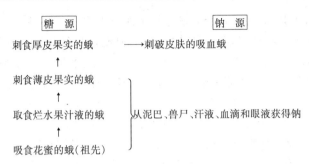

图 5-12　现代吸血蛾的演化途径

第二节　行为适应的产生和进化

一、什么是行为适应

有很多新的行为功能是起源于遗传突变,当然这并不排斥其他的可能性。不管是什么时候,也不管是什么原因,一个新的行为特征只要一出现,那么这一行为特征能否保留下来并持续存在下去就将取决于具有这一行为特征个体的生殖成功率,因为只有通过生殖才能把决定这一特征的遗传物质传递下去,而这一切又都是在与其他个体的竞争中实现的,这些个体可能具有完全不同的行为特征。如果新的遗传特征会导致个体生殖成功率的下降,那么,一般说来,这些新特征就会随着时间的推移而逐渐消失,因为具有这些新特征的个体不能把相关的遗传物质通过繁殖保留和传递下去。与此相反,如果新的行为特征有利于提高个体的生殖成功率,那么决定这些新特征的遗传基因就会在后继世代中得到广泛散布。

什么是行为适应?所谓行为适应就是指这样一些行为特征的形成,这些行为特征将会给个体带来基因传递上的好处。适应性的行为特征要比其他现存行为特征更好,更有助于个体传递自身的基因,通常是借助于生殖传递基因。因此,借助于偶然突变产生的一个行为特征,如果它有利于提高突变个体及其后代的生殖成功率,那么它的产生就是一种适应。当然,通过自然选择而保存下来的行为特征也具有适应性,在这种情况下,新特征如若不能赋予具有这些新特征的个体更高的生殖成功率,那么这些新特征就会被淘汰。

由此可以得出这样的结论,即如果某一行为特征经过自然选择的作用而在种群中得到了广泛的散布或被自然选择保存了下来,那么这个行为特征就必然具有适应意义。但是,新的行为特征如何能使个体获得生殖上的好处呢?我们可用黑头鸥的集体攻击行为(激怒反应)来说明这个问题。夏天,黑头鸥常常是几十对上百对地在开阔草地上筑巢繁殖,当有狐狸、乌鸦、獾或者人靠近它们的群体时,它们就会集体大声吵叫,如果入侵者继续走近它们,它们就会一边大声鸣叫一边像投炸弹似地从空中向入侵者排粪,甚至会直接向入侵者发动攻击。

著名行为学家 Niko Tinbergen 在研究黑头鸥时曾不止一次地引起过黑头鸥的激怒反应(图 5-13),他认为这种反应有助于提高黑头鸥的生殖成功率。因为当捕食动物试图寻找和猎食小黑头鸥时,成鸟的激怒反应会使捕食者受到迷惑并能分散捕食者的注意力,从而使它们的后代得到更多的生存机会。

图 5-13　黑头鸥的激怒反应
当有人接近或进入它们的巢区时,它们会对入侵者发动集体攻击

二、对黑头鸥激怒反应功能假说的检验

从上面的描述中不难看出,黑头鸥的激怒反应具有迷惑和吓阻捕食者的功能,由于它可提高生殖成功率而在种群中得到了保存。但这只是研究者的一种想法和假说,因此在我们接受这一观点前,必须对它进行科学的验证。验证的方法有很多,所采用的技术和精确程度也各不相同。这些验证主要是集中在激怒反应对动物适合度所带来的好处而不去考虑负面效应。一般说来,激怒反应是由很多复杂的行为成分所构成的:首先,一只黑头鸥必须能够听到同伴所发出的报警鸣叫声并能及时做出反应;其次,它必须从自己的巢中起飞加入到鸟群中去并飞到入侵者的上空;最后,还要一边大声鸣叫一边对捕食者实施猝然攻击或俯冲"轰炸"(排粪)。如果这些行为确实具有分散捕食者注意力的适应性功能的话,那么它至少应能减少捕食者找到鸟蛋和幼鸟的机会。这一结果表明:激怒反应的进化功能是提高巢中幼鸟的成活率,使更多的幼鸟能够活到出巢年龄,进而能使更多的幼鸟活到生殖年龄,以便能把从父母那里继承下来的激怒反应基因传给它们的后代。这样,后代在遗传上就先天地具有了激怒反应。

根据激怒反应的功能假说(即可防止捕食者找到卵和幼鸟),很自然地会做出以下预测,即在激怒反应的压力下,捕食者将更难以找到食物。为了检验这一预测,可对黑头鸥和捕食黑头鸥巢中卵和雏鸥的捕食者进行直接观察。Hans Kruuk（1964）曾对黑头鸥群体进行过两年的观察,他曾多次观察到黑头鸥集体追赶和围攻乌鸦和银鸥,后者是特别喜欢吃鸟蛋的鸟类,虽然它们常常能避开黑头鸥的俯冲攻击,但它们却不断地会遭到这种攻击。当它们受到黑头鸥的群体围攻时,它们寻觅鸟巢和鸟卵的效率就会明显下降,这就提供了一种间接的证据,证明黑头鸥通过激怒反应的确能提高自身的适合度。

根据激怒反应功能假说所做出的第二个预测是：黑头鸥成鸟的护卵护幼效果应当与它们激怒反应的表现强度（或捕食者受攻击的强度）成正比。从理论上讲,通过对黑头鸥群体的观察和通过测定捕食者在受到一个至多个黑头鸥攻击时找到鸥卵能力的变化,就能够对这一预测做出检验,但实际上 Kruuk 很难进行这样的观察,因为只要捕食者接近黑头鸥的一个巢群,它马上就会受到很多黑头鸥的围攻。在这种情况下,Kruuk 只能采用一种替代办法来检验这一预测。在他的试验设计中,在黑头鸥的营巢区自外向内呈直线摆放 10 个蛋,而每个蛋之间的距离是 10 m。如果黑头鸥对食蛋动物表现有激怒反应的话,应当说离营巢区越近激怒反应的表现也就越强烈；相反,离营巢区越远激怒反应的表现也就越弱。也就是说,离营巢区越近的蛋就越安全,离营巢区越远的蛋就越容易遭到捕食。事实恰如所预测的那样,乌鸦和银鸥所找到和吃掉的蛋大都是放在营巢区外围的蛋。

可见,无论是观察和实验都说明黑头鸥的激怒反应是一种适应性的行为反应,有助于降低捕食者对鸥卵和雏鸥的捕食成功率。值得注意的是,Kruuk 没有直接去测定生殖成功率,即没有统计鸟在其一生中所繁殖出的后代数量。其原因是要想测定个体一生的生殖成功率是一种很困难的工作。所以行为学家常常是采用间接的方法测定生殖成功率。采用直接方法或间接方法测定生殖成功率的指标可总结在表 5-1 中。

表 5-1　测定生殖成功率的直接指标和间接指标

直接测定生殖成功率（看能否通过下列途径提高生殖成功率）：
　（1）配子生产量
　（2）交配率
　（3）受精卵的产出量
　（4）新生幼体数
　（5）有多少后代能够发育到独立生活年龄
　（6）在一个生殖季节内产出能发育到生殖年龄的后代数
　（7）在个体一生中产出能发育到生殖年龄的后代数
间接测定生殖成功率（看新特征能否通过下列途径提高一生的适合度）：
　（1）提高存活概率
　（2）获得食物的难易程度
　（3）更易得到生存空间
　（4）提高运动效率

三、对家燕激怒反应功能假说的检验

对黑头鸥与其食卵天敌之间相互关系的研究都已证实黑头鸥激怒反应的功能假说是可以接受的,因为根据这一假说所作的预测都得到了确认,但是只进行这样的检验还是不够的,这不仅是因为只对适合度作了间接的测定,而且还因为没有考虑到其他也可能是很有道理的假说。这就是说,对同一观察有可能存在几种不同的假说,因此只对其中一种假

说进行检验是不够的。如果根据 A 和 B 两种假说都能做出 X 预测,而且预测最终证实是正确的话,那么我们就既不能排除假说 A,也不能排除假说 B。所以大多数生物学家都喜欢采用多种假说检验法。

下面我们就用这种检验方法分析一下家燕(*Hirundo rustica*)的激怒反应。家燕经常是好几对共同筑巢于仓库中或桥梁下,它们常采用俯冲或在入侵者周围绕飞的方式攻击捕食者,偶尔也会在飞行中直接撞击捕食者。对于家燕的这种激怒反应可以提出多种假说:第一,可降低捕食者发现鸟巢(内有卵或雏鸟)的概率,从而增加后代的存活机会;第二,由于能把入侵天敌驱逐出巢区,因而也能增加参与激怒反应的成年家燕的存活机会;第三,激怒反应是向异性个体发出的一种广告信号,显示自己作为潜在配偶的质量有多高。

以上三种假说简单说来就是自我防卫假说、向异性发送广告信号假说和保护后代假说。从不同的假说出发就应当做出不同的预测。如果激怒反应是为了自我保卫的话,那这种行为就不应该有明显的季节变化,但实际上这种行为主要发生在生殖季节,因此我们可以认为这一假说是不能成立的。如果激怒反应是为了向异性个体发送信号,那这种行为应发生在生殖季节(的确是这样),而且尚未配对的个体应当是最积极的参与者,但当 William Shields 把一只猫头鹰标本放在家燕巢群附近时,他发现:做出激怒反应的只是那些正在育雏的成鸟,而那些尚未配对的成鸟对猫头鹰标本则做出逃避反应。

如果激怒反应是成鸟保护雏鸟的一种适应性行为,那么参与激怒反应的就应当是那些正在育雏的生殖鸟,事实也正是这样,这使我们更加确信,激怒反应有迷惑捕食者和分散捕食者注意力的功能,有利于雏鸟的安全。

四、近缘物种行为的比较研究

研究动物行为适应的另一种方法是对近缘物种的行为进行比较研究。这种研究方法不仅有助于研究动物行为的进化途径,而且还有助于研究动物行为适应的发生和起源。显然,近缘物种的共有特征是来自于它们共同祖先的遗传,而它们之间的差异则是因为它们各自生活在不同的环境中,在不同的环境压力下所形成的不同适应性,在这种情况下通过适应性突变所产生的新特征就会更有利于动物的生殖。由此我们可以预测:当近缘物种的生存环境不同于它们祖先的生存环境时,它们的行为就会逐渐发生改变以适应新的生存环境。

就拿鸥类及其激怒反应行为来说吧,大多数种类的鸥都在地面集体营巢,其雏鸥易受很多捕食动物的伤害。这种情况表明,在地面集体营巢和群居行为是鸥类祖先的原始行为,现存的各种鸥就是由其原始祖先演化来的。正是由于这种原因,我们很难认为黑头鸥的激怒反应是后来发生的适应性,它很可能是直接来自祖先的遗传特征,其他近缘物种也会有来自同一祖先的这一行为特征。也就是说,这一行为特征不一定是由于在共同的环境选择压力下产生,而只是简单地遗传自共同的祖先。

但并不是所有种类的鸥都在捕食压力很大的地面集体营巢。如果说动物的行为会在不同环境条件下发生适应性进化的话,那么生活在不同环境中的近缘物种就会在行为上发生偏离祖先原型的趋异进化。虽然大多数鸥都在地面营巢,但三趾鸥(*Rissa tridactyla*)却营巢在近乎垂直的悬崖峭壁上(图 5-14),那里几乎没有捕食动物能够到达,三趾鸥的蛋和雏鸟十分安全,不会受到天敌的捕食。在这种情况下可以想到的是,当有捕食者偶然从悬崖峭壁巢群上方飞过时,三趾鸥不应当表现出激怒反应,这是行为上的一种趋异进化,并进一步证实了激怒反应是在捕食压力下所形成的一种行为特征。图 5-15 是在悬崖峭壁狭窄的空间内营巢的三趾鸥成鸟及其幼鸟。

图 5-14　生活在不同环境中的近缘物种在行为上会发生趋异适应
（a）生活在悬崖峭壁上的三趾鸥；（b）生活在地面的黑头鸥,右侧正对一个入侵者发动集体攻击

图 5-15　在悬崖峭壁上营巢的三趾鸥成鸟及其幼鸟

行为比较研究法的另一个方面是,来自不同祖先或谱系的物种在行为上必然会存在先天的遗传差异,因为它们各自带有它们祖先赋予的不同遗传特征。但如果这些毫无亲缘关系的物种生活在同一环境中并经历相同的选择压力,那它们就可能借助于趋同进化(convergent evolution)而各自独立地形成很相似的行为特征。如果共同的环境条件确实与趋同进化相关,那这就强有力地说明了,趋同行为特征的功能是对同一环境选择压力的适应。

应用比较研究法的关键是能真正确认趋同的行为特征是各自独立进化来的。很多与黑头鸥没有亲缘关系的鸟类也表现有激怒反应,如集体营巢的家燕对从它的巢中掠食蛋和雏燕的天敌进行集体攻击,另一种燕科鸟类岸燕,对捕食动物也有集体攻击行为。从生态学上讲,岸燕的集体营巢行为与黑头鸥很相似,它们的雏鸟都易遭到某些捕食动物的捕食。因此,岸燕通过激怒反应和集体防御在适合度上的收益也和黑头鸥很相似。另一个与黑头鸥没有亲缘关系但有集体防御的动物是地松鼠,地松鼠的主要天敌是蛇,它常钻进地松鼠的洞穴中捕食幼鼠。相对说来在洞外进行活动的成年地松鼠比较安全,当遇到入侵的蛇时它们会集体发动进攻,往蛇的面部扬沙子并迫使蛇离去(图 5-16)。

图 5-16　地松鼠向入侵的蛇发动集体进攻

从以上的几个实例中不难看出,激怒反应的确是这几个物种独立进化来的,而它们的后代都受着捕食动物的严重威胁。这些实例还支持了如下的一个假说,即激怒反应是成年动物的一种适应性行为,有利于保护自己的后代。

五、动物行为的适应价值

A. J. Cain 曾经写道:"如果我们看不到某些行为的适应意义和功能意义,那很可能是因为我们的无知。"行为生态学家大都接受了 Cain 的这一观点,并正在孜孜以求和不懈地探求着动物各种行为的适应价值。

这里我们仍以黑头鸥的行为为例说明动物行为的适应价值。在生殖期间,当雏鸥出壳后不久,双亲就会把破蛋壳从巢中叼走,丢弃到离巢较远的地方,这一行为大约要花费成年鸥几分钟的时间,这不仅减少了双亲觅食的时间,而且把雏鸥单独留在巢内也增加了遭到天敌捕食的风险。从另一方面看,这一行为也一定会给黑头鸥带来一定的好处,而且好处还不应当小于它为此所付出的代价。

Niko Tinbergen 认为蛋壳内面是比较鲜明醒目的白色,容易吸引捕食者的注意,从而增加雏鸥遭捕食的风险,因此成鸥把破蛋壳丢弃到巢外就具有了保护后代的适应价值。为了证实这一观点,Tinbergen 曾安排了一些试验,把一些取自鸥群的完整的鸥蛋分散放置在沙丘上,而乌鸦经常光顾沙丘而且非常喜食鸥蛋。在正常情况下,鸥蛋具有很好的隐蔽色,不易被乌鸦发现,但 Tinbergen 把一些破蛋壳(内面为醒目的白色,极易被看到)摆放在鸥蛋附近,还有一些鸥蛋则离破蛋壳很远。结果他发现:越是离破蛋壳近的鸥蛋被乌鸦吃掉的越多,而越是离破蛋壳远的鸥蛋被乌鸦吃掉的越少,其原因就是乌鸦可依据醒目的破蛋壳找到鸥蛋。

另一个试验涉及对黑头鸥和三趾鸥的行为进行比较研究。前面已经说过,三趾鸥在悬崖峭壁上筑巢,任何捕食动物都难以到达那里,在没有天敌捕食的环境条件下三趾鸥就没有把破蛋壳丢弃到巢外的行为,它们甚至于懒得把破蛋壳推出巢外使其掉下悬崖,这从反面证实了黑头鸥叼蛋壳的行为是对有捕食压力的环境所形成的一种保护后代的适应。在地面筑巢的鸥和在悬崖峭壁上筑巢的三趾鸥,它们在行为上具有很多适应性差异(表 5-2)。从表 5-2 可以看出,由于三趾鸥的生活环境与其他大多数鸥明显不同,其行为也发生了很多适应性变化,但从其卵仍具斑点和保护色以及幼鸥在某些情况下能到处跑动来看,有理由认为三趾鸥是从生活在地面的祖先进化来的,但现在两者在行为上已有了很大差异。据 E. Cullen 研究,三趾鸥与地面鸥在行为上的差异或与行为有关的差异多达三十多处,从进化上来看,这些差异的产生都是因在地面筑巢还是在悬崖峭壁上筑巢而引起的。总之是生活环境的不同导致了近缘物种行为上的趋异进化。

表 5-2 地面筑巢的鸥和在悬崖峭壁上筑巢的三趾鸥之间的行为差异

地面筑巢的鸥	在悬崖峭壁上筑巢的三趾鸥
报警鸣叫频繁	极少报警鸣叫
当捕食动物尚未接近巢时成鸥便离巢	当捕食动物接近时成鸥不离巢
有激怒反应	没有激怒反应
成鸥把幼鸥粪便和破蛋壳带出巢外	不把雏鸥粪便和破蛋壳带出巢外
雏鸥外形和行为隐蔽	雏鸥外形和行为不隐蔽
一窝通常为 3 卵	一窝通常 2 卵
对地面生活的适应性:	对悬崖峭壁生活的适应:
(1) 战斗方法多样	(1) 战斗方法单一
(2) 遇到危险时雏鸥离巢隐藏	(2) 遇到危险时雏鸥静卧巢中不动
(3) 适宜巢位多,竞争不激烈	(3) 适宜巢位有限,竞争激烈
(4) 在地面交配	(4) 在巢中交配
(5) 筑巢材料采自巢附近,筑巢不同步,不互偷筑巢材料,产卵前不保卫巢,筑巢技术简单,不使用泥巴,巢呈浅盘状	(5) 筑巢材料采自远处,筑巢同步化,互偷筑巢材料,产卵前保卫巢,筑巢技术复杂,使用泥巴,巢呈深杯状
(6) 雏鸥常常离巢,成鸥喂雏时把食物反吐到地面,喂雏时鸣叫,双亲几天内便能识别自己的幼鸟	(6) 雏鸟不离巢,成鸟直接把食物送入雏鸟口中,喂雏时不鸣叫,双亲至少要在 4 周后才能识别自己的幼鸟
(7) 幼鸟可面朝任何方向,有强烈拍翅活动	(7) 幼鸟大部分时间都面向崖壁,很少拍翅
(8) 爪弱小无力,抓握力不强	(8) 爪强大,趾肌发达,抓握力强

六、动物行为的进化特征

当我们对动物的行为进行描述或对不同种类动物的行为进行比较研究的时候,常常会发现几乎所有行为的进化特征都涉及动物的形态和生理方面。例如加拉帕戈斯群岛上达尔文地雀取食行为的趋异进化总是伴随着喙的形状和身体大小的变化。行为的趋同进化也是一样,这方面的实例包括亲代抚育,学习行为以及飞蜥、飞蛙和飞鼠的滑翔行为等。松鸦(*Cyanocitta stelleri*)的炫耀行为、束带蛇(*Thamnophis sirtalis*)的取食行为和一些鼠类的筑巢行为都表现有平行进化现象和梯度变异现象(即沿地理分布梯度的行为变化)。

很多行为都表现有多态现象(polymorphism),即同一物种不同个体有不同的行为表现,这是一种行为表型(phenotypes)的不同。例如欧亚大陆的黑顶莺(*Sylvia atricapilla*)的迁移行为就表现有多态现象,有些个体表现有迁移行为(在笼中可测定其迁飞躁动),有些个体则没有。行为多态表现最明显的是军蚁(*Eciton burchelli*),军蚁可分为四个工蚁等级,它们在形态和行为上都有差异。

此外，行为仪式化（ritualization）也是行为进化的一个重要方面，一个特定的行为一经仪式化就会背离它原来的功能而去执行另一种功能，通常是与个体之间的通讯和信息传递有关。前面曾提到过的舞虻的求偶行为就是行为仪式化的一个实例。

与仪式化有关的另一个行为进化特征是夸张（exaggeration），如色彩上、结构上和运动方式上的夸张等。仪式化和夸张的一个最常见的实例就是鸡形目鸟类的求偶炫耀（图5-17）。其行为全部都是仪式化的，而且十分夸张，如家鸡、环颈雉和虹雉看似啄食，实际是在求偶，可见这种求偶行为是啄食行为经仪式化后发展而来的。又如孔雀雉和孔雀的展尾炫耀无论是在色彩上、动作上还是在形态结构上都极为夸张，其仪式化和夸张程度在孔雀（*Pavo cristatus*）则达到了顶峰。

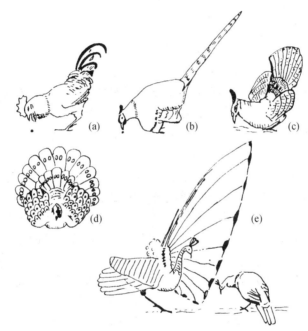

图5-17 鸡形目鸟类求偶行为的仪式化和夸张
（a）家鸡；（b）环颈雉；（c）虹雉；（d）孔雀雉；（e）孔雀

动物有很多方面的行为很容易在进化过程中被仪式化或被夸张，这些行为最常见的有：

（1）热调节行为：包括毛和羽毛的竖起和血液的分布。

（2）运动前的意向性动作：如鸟类起飞前身体的前倾和下蹲，动物跳跃之前身体姿势也会发生一定的改变。

（3）保护性动作：如猫、狗和灵长类动物的某些面部表情变化和鸥类的扭头。

（4）取食动作和梳理羽毛的动作：很容易在进化过程中被仪式化而失去原来的取食和清洁功能，常被转化为求偶和通讯功能。

虽然大多数行为都会经历进化过程，但似乎有些行为比另一些行为在进化上具有更大的可变性（或不稳定性），至于为什么会这样，可能有以下一些原因：① 很多行为（如通讯和求偶行为）都具有物种特异性或物种隔离功能；② 这些行为有助于更有效地利用资源；③ 竞争可导致特化的增加；④ 两个或更多个体或群体之间的相互作用可能会加快协同进化过程，如求偶个体间的相互作用、捕食者与猎物之间和寄生物与寄主之间的相互作用等。

从反面考虑,为什么有些行为比另一些行为在进化上更稳定和更不容易发生变化呢?综合起来看也可能有以下一些原因:

(1) 变异可能尚未发生:如当雄舞虻想求偶时尚未捕到用于求偶的猎物,换句话说就是沿着一个特定路线开始进化的机会尚未出现。

(2) 任何行为的改变都需要有一个基础和开始点,如果不具备这个条件,行为进化就无从谈起。例如:非捕食性的蝇类根本就不捕捉猎物,因此舞虻的献食求偶行为就不可能从这种蝇类的行为进化而来,简单地说就是缺乏前适应行为(preadapted behavior)。

(3) 行为改变不能带来任何好处,甚至可能会带来一些不利。就舞虻的献食求偶行为来说,这种行为带给雄舞虻的好处是显而易见的,它常可防止雄舞虻本身被其配偶吃掉,但在有些情况下,行为的改变可能是不利的。

七、个体适合度和广义适合度

适合度包括个体适合度(individual fitness)和广义适合度(inclusive fitness)两个概念,通常所说的适合度(fitness)就是指的个体适合度。在自然种群中,一个遗传特征的代代相传靠的是亲代个体能成功地进行繁殖,而该特征的价值就在于它能使动物克服各种自然风险如食物短缺、天敌捕食和配偶竞争等。在这些环境压力下所形成的行为特征将会使动物很好地适应它们的环境。

在任何一个动物种群中,个体之间都会存在变异,一些个体的生殖成功率会大于另一些个体,因而会产生更多的后代,显然这些个体的适合度就比较大。一个个体的适合度大小将取决于它存活到生殖年龄的能力、配对后的生育力和其后代存活到生殖年龄的概率。

按达尔文的观点,借助于计算子代数量就能测定出一个基因型的适合度,当然应当是在生活史的同一阶段测定不同的世代。一个个体的适合度必须要考虑到它的年龄,因为生殖潜力是随年龄而变化的。Ronald Fisher 是首先注意到特定年龄生殖值(age-specific reproductive value)重要性的学者,所谓特定年龄生殖值是指某一特定年龄组成员对下一代所做出的贡献。动物在理想情况下应当到什么年龄才发育成熟并进行生殖是一个进化上的生活史对策问题。在不可预测的环境中,自然选择有利于使动物早熟并留下大量后代,而在比较稳定的环境中,最好的对策是晚熟并留下较少的后代。

动物对生殖是要付出代价的,会减少此后存活和生殖的机会。例如:甲虫(*Trogodenna parabile*)的产卵量越多其寿命就越短。另一方面,生殖上的高输出可能会将个体的能量资源耗尽,如很多鸟类在孵卵期间体重都明显下降。短命物种通常会靠有较高的生育力来进行补偿,而长寿物种则靠生育力相对较低来增加整体适合度,特别是在后代所需资源不足时。

一般说来,亲代对某一特定后代所付出的时间和能量越多,该后代的适合度也就越大,因此在后代总数和它们的适合度之间通常会存在一种负相关关系。例如 David Lack 对大山雀(*Parus major*)的研究表明:这种鸟生殖种群的年波动主要是由于冬季到来之前幼鸟死亡率的变化。在生殖季节早期养育出巢的幼鸟成活率较高,因为到生殖季节末期食物资源就不充足了。Chris Perrins 发现:大山雀出巢幼鸟的平均体重将随着窝卵数的增加而下降(图5-18)。Perrins 还发现,出巢幼鸟越大它的存活机会也就越大。为了能在生殖季节早期养育幼鸟,双亲就必须在春季成功地占有一个领域。在这方面,行为因素(如攻击性)也很重要。一般说来,决定大山雀适合度的因素有很多,其中包括产最适的卵数、能成功地占有一个领域和有丰富的育雏经验等。为了能使亲代个体的适合度达到最大,其生殖对策就必须尽可能多地生育后代,同时又能使每一个后代具有较大的适合度。

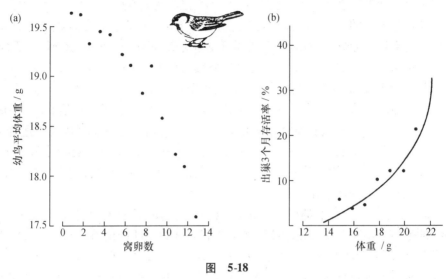

图 5-18
(a) 大山雀幼鸟平均体重随窝卵数的增加而下降;(b) 出巢幼鸟存活率与体重的关系

Lack 及其同事的研究表明:最适窝卵数是存在的,它能使较多的后代存活下来并进行繁殖。窝卵数太小,后代数目就会太少,而窝卵数太大,幼鸟出巢时的体重就会太轻,其存活机会就会降低。这实际上是稳定选择(stabilizing selection)的一个实例,即在一个种群中,居间的生殖对策比极端的生殖对策能够传下更多的后代。在稳定的环境中,遗传重组会增加每个世代种群中个体的变异性,但通过稳定选择会把这种变异性回降到先前世代的水平。另一方面,在变化的环境中,平均个体不可能是种群的最适成员,在这样的条件下定向选择(directional selection)就会起作用,使种群平均朝着更能适应已变环境的新表型转化。

在考虑基因库中某一特定基因存活的时候,也可以把适合度的概念应用于各个基因。如果一个基因能增加携带此基因的动物的生殖成功率,那同时也会增加该基因在基因库中的表达。这个基因之所以能做到这一点是通过影响动物的形态或生理,使动物更能在不利环境条件下生存下来,或者是通过影响动物的行为,使它更有可能获得求偶和育幼的成功。一个对亲代行为有影响的基因有可能出现在其后代中,如果该基因能促进双亲的亲代抚育行为,那么它就很可能会出现在其他个体中。有时会有这样的情况,即一个对动物有害的基因却能增加该动物后代的存活机会,例如:很多动物的双亲为了保护自己的后代都甘冒生命的危险,这就是由基因支配的所谓的利他行为。对携带有同一基因的其他个体表现出利他行为常常会使该基因的适合度有所增加,Bill Hamilton 首先阐明了下述的一个基本原理,即自然选择常常不是使动物的个体适合度达到最大,而是使它的广义适合度达到最大,这就是说一个动物的适合度不仅决定于它自身的生殖,而且也决定于它的亲属的生殖。一个动物的广义适合度既同它的后代的存活有关也同它旁系亲属的存活有关,因此,即使是一个动物没有留下后代,它的广义适合度也不会等于零,因为它的基因也可以靠旁系亲属传递下去,如侄子、侄女和同胞兄弟姐妹等。

在正常的双倍体物种中,每个亲本都会把体内一半的基因传递给它的每一个后代,因此亲本体内任何一个特定基因出现在子代体内的概率都是 50%,以此类推,它出现在孙辈体内的概率是1/4,而出现在曾孙辈体内的概率是1/8。上面提到的0.5,0.25和0.125就是亲缘系数(r),这就是说父母和子女之间以及同胞兄弟姐妹之间的亲缘系数是0.5(即$r=0.5$),祖父祖母和孙子孙女之间的r值是0.25,与曾孙子曾孙女之间的r值是0.125。

动物在自然环境中的行为适合度通常与选择压力有关,从理论上说,动物行为的每一个方面在适合度上都会存在差异,但实际上自然环境极为复杂,因此很难测定动物行为适合度的变化。有两个方法可以解决这一难题,其一是详细研究与行为有关的各种利与弊,其二是直接测定因行为的某一特定方面而导致的生殖成功率的改变。

前面曾介绍过,行为某一特定方面的存活值是可以靠田间试验做出评估的,如黑头鸥从巢中移走破蛋壳的行为。这些试验有助于理解动物行为的功能,但不能直接说明适合度问题。存活值(survival value)通常只能应用于相对来说是短期的问题,如某一特定生殖季节幼体的存活问题。在理想情况下,依据某一特定行为的生殖成功率来测定适合度应当与特定遗传特征的长期存活或长期后果联系在一起。

有时,动物在生殖成功方面的差异很简单地是与行为的某些方面有关,例如:一对蟾蜍(*Bufo bufo*)的生殖成功率主要决定于雌蟾的大小和与其最相匹配的雄蟾大小,当雌雄蟾的大小最相匹配时,雌蟾的产卵量最多,卵的受精率也最高。又如O. M. Fincke(1982)曾研究过豆娘(*Enallagma hageni*)自然种群一生的交配成功率,这种豆娘是在一个浅池塘中进行繁殖,池塘与湖泊间有一个10~20 m宽的沙地。豆娘的取食地点是在繁殖地附近的开阔沼泽地。晴天时,雄豆娘大约是在上午9时30分至下午1时从取食地飞到池塘来,其中大多数都是没有配过对的。此后,配对的个体会越来越多,直到下午3时达到最多并持续到下午5点半。据在某一天观察,当几乎所有的雌豆娘都配了对时,还有大约一半以上的雄豆娘尚未找到配偶。由于繁殖地的雄豆娘数量多于雌性,因此雄豆娘之间的竞争很激烈。雄豆娘常常中途拦截向池塘飞来的雌豆娘。雄豆娘之间的竞争有时是采取干扰已配对豆娘使其无法完成交尾的形式,甚至会取代另一只雄豆娘。

Fincke还发现,雄豆娘的大小与其交配成功率之间不存在相关性。显然,小的与大的雄豆娘都能在飞行中完成与雌豆娘的配对,虽然大的雄豆娘能更成功地取代小的雄豆娘,但前者在干扰行为进行时更容易在水面附近遭到捕食。比较大的豆娘常常要在水面附近飞行更长的时间,这表明干扰已配对的豆娘是它们常用的对策,然而寻找未婚配的雌豆娘可能更容易获得生殖的成功。

雄豆娘的交配成功率各天有很大差异,平均约有39%的雄豆娘能获得交配的机会,其终生的交配成功率也有很大变化,至少获得一次交配机会的雄豆娘只占59%,在繁殖地死亡的主要原因是遭蜘蛛、蜻蜓或青蛙的捕食。因此,对豆娘这个物种一生的生殖成功率来说,最重要的事情是免遭捕食并能活到下一天以便能再获交配机会。

很多动物在生殖季节都有保卫领域的行为,但领域的质量各不相同,能占有高质量领域的雄性动物往往能获得较高的生殖成功率。例如:能占有较大领域的雄性三刺鱼对雌鱼具有更大的吸引力,而在一个大领域内产卵的雌鱼其生殖成功率往往更大,这是因为只有很少的卵被其他雄鱼吃掉。虽然常常会有来自相邻领域的雄鱼会对其巢进行干扰,但领域越大所受到的干扰就越小。领域的质量除决定于大小外,还决定于领域中食物的数量和是否有合适的筑巢地点。在动物彼此竞争配偶、领域和栖息地的情况下,成功者的适合度必须表现在很多方面,它们的生殖成功率高不仅仅是因为它们能得到高质量的配偶和领域,而且在其他方面也有较大的适合度。这涉及对适合度进行多方面的长期评价的问题,在自然环境中往往有很多因素是彼此相互作用的,研究时往往很难把它们全部考虑在内。

第三节 通讯信号的起源和进化

行为学家通常是从两个方面探讨动物行为的进化问题,一方面是试图重建动物现存行为的进化史和进化程序,另一方面是探讨动物行为的适应价值,包括过去的和现在的。本节我们想从这两个方面专门探讨一下动物通讯信号的起源和进化。人所共知的是,动物常常要用大量的时间和消耗巨大能量向其他个体发送信号,或者是对其他个体发送的信号做出反应。其中的一些信号实际上是一些最稀奇古怪和最复杂的行为表现,本节的内容有助于我们认识和了解动物通讯行为的多样性和复杂性。

一、重建通讯信号的进化史

为了研究动物通讯适应价值的一般性问题,我们先来较为广泛地考虑一下通讯信号的起源和其后演变的问题。通讯信号的起源是进化生物学家所面对的主要难题之一,因为为了提高通讯效率,信号发送者必须能够发出信号,而信号接受者则必须能够感受信号并明白它的含意。在这样的通讯系统中所需要的双方互动性合作又是怎样起源的呢?

有一种假说是说大多数动物对于提供信号都有着预适应性,因为它们每天正常的活动都会提供很多可能的信息,例如当水黾在水面划行时会在水面引起波纹,这无疑就是它存在的一种信息。现时,水黾运动所引起的波纹实际已具有与其他个体进行通讯的功能,这种通讯功能很容易起源于过去水黾运动的附带效应。此外,当动物排尿或排粪时,它们所产生的一些物质很可能含有某些视觉或嗅觉信息。现存的斑鬣狗(*Hyaena vulgaris*)常用自己的尿液和粪便标记它们的领域边界,这显然有宣告自身存在的意思,同时也是对入侵者发出的一种警告。

类似的情况是,以树木韧皮部组织为食的小蠹甲,当树木组织穿过雌性小蠹甲的消化道时,会产生某些挥发性的代谢副产品,其中则含有它自身存在和所在地点的信息。如果这一信息有助于雄虫找到它,那么它就因此而受益,而这种好处则是来自它取食和排泄活动的附带效应。显然,对这一信息越是敏感的雄虫就越容易找到雌虫。

有些动物的行为是同时受两个动机支配的,这些行为常常会提供早期通讯信号的发生依据。大家知道,神经系统具有减少冲突行为(conflict behavior)发生频率的作用,但是这种冲突行为仍然有可能发生。因此当两只敌对的银鸥在它们领域边界的交界处相遇时,常常是既想攻击对方又想逃避对方,结果可能会使一只雄性银鸥头向后移,好像马上就要攻击对方了,但实际上它并没有进攻,这只不过是一种意向性动作而已。也可能雄鸥把攻击目标指向一个没有危险的物体如猛烈攻击一丛草叶,而不是当初引起它的愤怒的竞争对手(图5-19)。

冲突行为可能会涉及某些刻板的炫耀行为的起源,而银鸥就是利用这种行为向其他个体传递信息的。随着控制攻击和逃跑行为的神经系统负效应的增强,某些冲突行为有可能提高其攻击动机并把进入其领域的竞争对手驱逐出去,这对双方都有好处,既可使被驱逐者免受啄击又可使防卫者节省能量。在这些情况下,一个通讯系统便有可能确立下来并在其后经过改造而演变为一个现存的由复杂的视觉炫耀而构成的通讯系统。

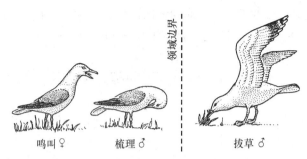

图 5-19 银鸥的冲突行为

当两只雄鸥在领域交界处相遇时,既想攻击对方但又害怕对方,结果双方都没有表现出攻击行为,而是一只雄鸥在用力拔草,另一只则在梳理羽毛,雌鸥则站在其后大声鸣叫

二、蜜蜂的舞蹈通讯及其起源和进化

很多研究都已表明,动物的通讯信号可以简单地起源于动物行为的附带效应和动物用于其他目的的感觉能力,但是我们也应当知道,累积选择(cumulative selection)对于通讯系统其后的演变是很重要的,有时可以导致产生很复杂的行为,主要是通过在比较简单的早期通讯系统中很多细小变化的累积而完成的。最好的一个实例就是蜜蜂的舞蹈通讯。

工蜂具有极复杂的行为,它们的舞蹈被理解为是具有特定含义的符号,可借助于舞蹈给蜂箱中的其他工蜂传递信息,告之其他工蜂花粉和花蜜产地离蜂箱的方位和距离。例如:当侦察蜂发现新蜜源地后,它就会飞回蜂箱在巢础的垂直表面跳一种圆圈舞或 8 字舞(图 5-20)。圆圈舞表示新发现的蜜源地离蜂箱大约 50 m 以内,如果距离超过了 50 m,侦察蜂就会跳 8 字舞。应当说明的是,8 字舞实际上是左右两个圈,在两圈相接处要走一条直线,当走直线时还要左右摆尾(又叫摆尾舞),而摆尾的频率则用于表示蜜源地与蜂箱的距离远近。一般说来,每 15 秒钟摆尾的次数越多,表示蜜源地与蜂箱的距离越近,而每 15 秒钟摆尾的次数越少,表示蜜源地与蜂箱的距离越远。例如就意蜂(*Apis mellifera ligustia*)来讲,每 15 秒摆尾 9.3 次表示蜜源地离蜂箱 61 m,每 15 秒摆尾 6.4 次表示两者相距 305 m,而每 15 秒摆尾 4.5 次表示相距 610 m。

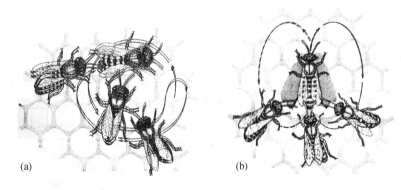

图 5-20 蜜蜂的舞蹈通讯
(a) 圆圈舞;(b) 8 字舞

侦察蜂通过舞蹈不仅可以传递蜜源地与蜂箱距离的信息,而且可以告诉其他工蜂蜜源地相对于太阳所处的方位,借助于观察侦察蜂在巢础上跳 8 字舞时所走的中间直线与垂直线的

夹角就能够知道蜜源地与太阳的相对位置了。实际上,侦察蜂在发现新蜜源地的途中就记住了蜜源地、蜂箱和太阳三者之间的相对位置或夹角,回蜂箱后跳 8 字舞时所走直线与垂直线的夹角刚好等于蜜源地实际方向与太阳方向之间的夹角,如果蜜源地方位向左偏离太阳方位 80°,跳 8 字舞时所走直线就会向左偏离垂直线 80°(图 5-21)。当蜜源地位于蜂箱与太阳中间的连线上时,侦察蜂跳 8 字舞时就会垂直向上走直线。但当蜜源地位于蜂箱的另一侧时(也在连线上),侦察蜂跳 8 字舞时就会垂直向下走直线。

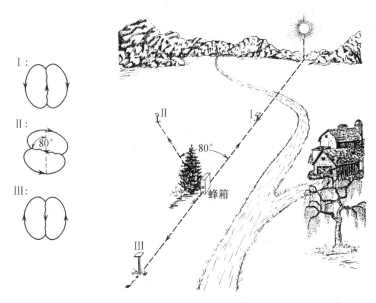

图 5-21 蜜蜂通过舞蹈传递蜜源地方位的信息

Ⅰ.蜜源地位于蜂箱与太阳之间的连线上,舞蹈时垂直向上走直线;Ⅱ.蜜源地方向与太阳方向呈 80°夹角,舞蹈时所走直线向左偏离垂直线 80°;Ⅲ.蜂箱位于蜜源地和太阳之间的连线上,舞蹈时垂直向下走直线

蜜蜂的舞蹈通讯是诺贝尔奖获得者 Karl von Frisch 经过 20 年的试验研究得出的结论。他的主要研究方法是对工蜂进行标记并训练它们到特定的取食地点(人工设计的)去取食蔗糖液或蜂蜜,然后观察和记录这些受到训练的工蜂回巢后的舞蹈动作,他发现依据取食地点离蜂箱的距离和方位的不同,工蜂的舞蹈动作有很大变化,但这些变化是有规律的,因而是可以预测的。

von Frisch 相信,蜂箱中的工蜂可以从侦察蜂的舞蹈中获得信息。因为在正常情况下蜂箱内是黑暗的,在一定距离之外,蜂箱内的工蜂是看不到侦察蜂的舞蹈动作的,但它们在巢础上可以紧紧地跟随着侦察蜂并能感觉到它所发出的震颤。von Frisch 发现:从特定的取食地点返回蜂箱的侦察蜂能通过舞蹈把其他工蜂召唤到同一地点去采食。他的结论是,其他工蜂通过尾随舞蹈蜂行走就能获得采食地点方位和距离的信息,如果真是这样的话,那么蜜蜂舞蹈的适应价值就很清楚了,因为这样就能更快地找到丰富的蜜源地,比它们自己单独出去找要快。在这里我们最关心的问题是蜜蜂的舞蹈通讯行为是如何起源又如何演变为现在这个样子的呢?

为了再现蜜蜂舞蹈行为的进化史,Martin Lindauer 对现存的各种蜜蜂进行了比较研究,首先是研究了 Apis 属所有种类的蜜蜂,意蜂(Apis mellifera)也归于这个属。本属其他三种蜜蜂都是热带种类,包括小蜜蜂(A. florea)、大蜜蜂(A. dorsata)和印度蜜蜂(A. indica)。除了小蜜蜂是在水平巢础上舞蹈外,其他蜜蜂都是在垂直巢础上舞蹈。所有种类的蜜蜂都会跳圆圈舞和

8字舞(图5-22)。对于在水平巢础上跳舞的小蜜蜂来说只要把一边摆尾一边走直线的方向直接指向蜜源地方向就可以了,相对说来这是比较原始的一种舞蹈通讯方式。

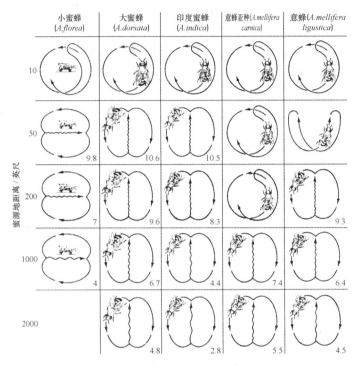

图 5-22　蜜蜂属(Apis)中的四种蜜蜂都靠跳圆圈舞和 8 字舞来传递蜜源地方位和距离的信息
除小蜜蜂是在水平巢础上跳舞外,其他蜜蜂都在垂直巢础上跳舞,方格内右下角的数字表示每 15 秒钟的摆尾次数

由于 Apis 属所有种类的蜜蜂都会跳圆圈舞和 8 字舞,因此我们必须看看其他种类的蜜蜂与 Apis 属较原始的舞蹈方式有什么相似之处和不同之处。热带的无刺蜜蜂可依靠各种通讯系统提供大量的信息,Lindauer 依此提出了下面的一些进化阶段:① 第一阶段是原始行为型,如无刺蜂属(Trigona)有些种类的工蜂,当它们携带着高质量的花蜜回巢时表现得十分兴奋并伴随着发出高音调的嗡嗡声。这种行为表现可召唤蜂群中其他工蜂向它索求它带回的蜜样并嗅闻它身上的气味。然后它们便带着所得到的信息飞离蜂巢去寻找类似的气味,在这里,侦察蜂并没有提供蜜源地方位和距离的任何信息。② 第二阶段是改进行为型,例如 Trigona 属其他种类的蜜蜂可以传递蜜源地地点的信息,但其方法与 Apis 属蜜蜂的舞蹈通讯有很大不同。工蜂发现优质蜜源地后首先是用大颚腺分泌的信息素对该地点进行气味标记,并在飞回蜂巢的途中每隔一段距离就会在草叶和石块上继续进行标记。在蜂箱入口处已有一群工蜂在等待着它的归来,于是它便带领这群工蜂沿着它标记过的路线飞向蜜源地。③ 第三阶段是高级行为型,例如在 Melipona 属中有很多种类的蜜蜂既能传递方位信息也能传递距离信息,舞蹈蜂通过发出脉冲声可告之其他工蜂蜜源地离蜂箱的距离,声音脉冲越长表示蜜源地离蜂箱的距离越远。为了传递蜜源地方位的信息,舞蹈蜂会带领很多跟随者飞离蜂巢并采取一种指向蜜源地的短之字形飞行方式,然后它又飞回蜂巢多次重复这种飞行,此后才带领那些紧随其后的新生蜂直飞蜜源地。

Lindauer 根据对各种蜜蜂行为的比较研究认为,就传递蜜源地距离的信息来讲,蜜蜂祖先最初可能只表现为携蜜工蜂和非携蜜工蜂行为的不同,前者不仅兴奋而且行为也比较特异、不同寻常,同时振翅发出的声音也有所不同,这些异常表现有助于激发其他工蜂外出觅食。其后,自然选择则有利于使这些由"极兴奋"的工蜂表现出的特异行为和声音标准化,正像在 *Melipona* 属中那样。而到了 *Apis* 属,蜜蜂的舞蹈通讯则发展到了最复杂最高级的阶段,即靠跳圆圈舞和 8 字舞来传递蜜源地与蜂箱距离的信息。

三、通讯信号的利弊分析

对通讯信号的适应价值可以借助于经济学中利弊分析的方法加以研究,这种分析方法运用的前提条件是承认任何一个行为特征只有当它带给动物的好处大于它所带给动物的不利时才能得到进化,从而使这一行为在种群中散布开来。从这一前提出发,我们可以预期动物之所以向其他个体传递信息一定是对自身的生殖有利,另一方面信息接受者之所以对这一信息做出反应也一定是对自身生殖有好处。

如果这一通讯行为确实是通过进化获得了适应价值的话,那么当我们全面审视无论是信号发送一方还是信号接受一方的时候,都会发现利多弊少或利大于弊。谁没听到过春天的鸟叫? 此时雄鸟频频鸣叫通常是为了保卫一个领域,而为此要花费很多时间和消耗大量能量,一只雄鸟一天要鸣叫成千上万次。通过鸣叫也把自己所处的位置告诉给了其他动物,包括对自己不利的捕食动物,可以说这就是为鸣叫所付出的代价,那么从鸣叫中能获得什么好处以便抵消并超过所付出的代价呢?

关于雄鸟鸣叫的好处存在两种不同的假说,一种是雄鸟排斥假说(the male repulsion hypothesis),即占有领域雄鸟的鸣叫是为了驱逐同种其他的雄鸟,以便保卫自己的生殖地。另一种是吸引雌鸟假说(the female attraction hypothesis),即鸣叫是为了给雌鸟听并吸引雌鸟进入自己的领域。上述这两种假说至今只用少数鸟类作过检验,虽然这些假说有很强的可验证性。例如:如果雄鸟鸣叫的功能是吸引配偶的话,那么,① 一雄一雌制的雄鸟就应当大声鸣叫,通常是在获得配偶之前鸣叫,此后便应停止鸣叫,而一雄多雌制的鸟类则应与此不同,因为多配制中的雄鸟总是试图吸引多个配偶;② 当在雄鸟巢区附近用扬声器播放雄鸟叫声时,雌鸟应当被这种叫声所吸引。

图 5-23 是雄性鹪鹩(*Troglodytes aedon*)的鸣叫记录,这一鸣叫记录显然支持了上述的预测①。雄鹪鹩是多配制的,可与一只以上的雌鸟配对,当它吸引了一只雌鸟后便暂时停止了大

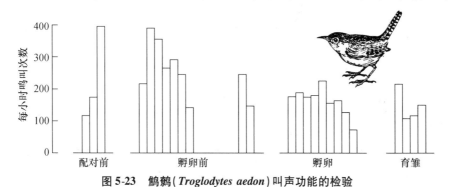

图 5-23　鹪鹩(*Troglodytes aedon*)叫声功能的检验

记录表明:雄鸟在成功地吸引了一只雌鸟后,其鸣叫频率会明显下降,在雌鸟产卵前期几乎完全停止鸣叫。
但当第一个配偶开始孵卵后便又恢复了鸣叫,以便吸引第二只雌鸟

声鸣叫,但当雌鸟产了卵并开始孵卵时便又恢复了鸣叫,以便吸引第二只雌鸟,一旦成功地得到了第二个配偶便又会停叫一个时期。

关于预测②,有人用试验证实,灰鹟鸽、鹩和欧椋鸟的雌鸟都能被从扬声器中播放的本种雄鸟的叫声所吸引,它们宁可接近一个播放雄鸟叫声的人工鸟巢箱,也不会去接近一个寂静无声的雄鸟巢区。

根据雄鸟排斥假说,如果用扬声器播放雄鸟的叫声,应当具有排斥同种其他雄鸟的作用。有人曾用白喉雀(*Zonotrichia albicollis*)做过这方面的试验,即把白喉雀的雄雀从它的领域中移走并代之以一个播放它叫声的扬声器,新来的雄鸟就会迟迟不进入这一领域,但如果把雄鸟从领域中移走后不安放扬声器,新来的雄鸟就会很快进入并占有这一领域。相邻领域的雄鸟只凭叫声就能够互相识别,因此从不互相靠近。可见,雄鸟的鸣叫有助于已占有领域的个体保有自己的领域并与相邻雄鸟维持一定的距离。

雄鸟鸣叫的另外一个功能是让竞争对手远离自己的配偶,因为此时配偶正处于可育状态,入侵雄鸟有可能避开领域主人的注意"偷偷地"使雌鸟受精,从而降低领域主人的生殖适合度。既然入侵雄鸟有机会让另一只雄鸟的配偶受精,那么它为什么还会呆在领域之外呢? Anders Møller 认为:领域主人鸣叫的频度和质量可以把自己保卫配偶的能力准确地传递给其他雄鸟,而入侵雄鸟通过听领域主人的鸣叫就能懂得试图同这样的对手进行争夺配偶的竞争往往是白白地浪费时间。从这种保卫配偶假说(the mate-guarding hypothesis)出发可以做出以下几点预测:① 鸣叫高潮应发生在雌鸟最易受精的时期,而不是发生在领域初建和刚配对的时期;② 雄鸟的身体条件越好,其叫声也越加频繁;③ 入侵者的入侵次数将与领域主人鸣叫的频度或质量有直接关系。

对这三种预测的检验曾得出了以下三种结果:① 有些鸟类的雄鸟(不是鸫鹟和鹩)的确是在雌鸟最易受精时鸣叫频率最高(图 5-24),此后逐渐降低;② 乌鸫(*Turdus merula*)的雄鸟如能在傍晚得到额外的食物补给(如面包和黄粉甲幼虫),那它第二天早晨开始鸣叫的时间就会提前并能持续更长时间,这同预测非常吻合;③ 虽然前两个预测在一些鸟类中得到了证实,

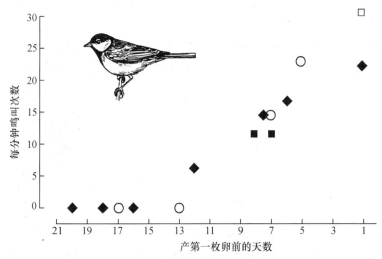

图 5-24　大山雀雄鸟在其配偶产第一枚卵之前各日的鸣叫频率

图中三种不同的符号分别代表三对鸟。该资料支持了保卫配偶假说

但似乎还没有一种鸟的雄鸟愿意远离它的竞争对手。1991年，D. J. Mountjoy 和 R. E. Lemon 发现：当从一个巢箱播放出不熟悉的椋鸟叫声时，当地的雄椋鸟实际上会被这一叫声所吸引，据推测是为了证实这是不是一个不熟悉的入侵者或为了对该雄鸟所保卫的资源进行评估。但他们也发现，巢箱播放"简单的"椋鸟叫声比播放"复杂的"椋鸟叫声能吸引更多的雄鸟前来拜访。实际上只有较老的和具有竞争优势的雄椋鸟才能发出复杂的叫声，这些资料部分地支持了保卫配偶假说，证明保卫配偶的雄鸟的叫声的确影响着挑战者的入侵次数。

四、通讯信号在捕食压力下是如何进化的

动物从鸣叫中虽然可以获得很多好处，但同时也会付出一定代价如吸引天敌的注意等。在这方面一个最著名的研究实例是 Tungara 蛙及其天敌缨唇蝙蝠。雄蛙常在夜晚大声鸣叫以吸引雌蛙，成功后会得到生殖上的好处。但缨唇蝙蝠就是循着蛙的叫声来寻找雄蛙的，它沿着水面飞行并把雄蛙掠走和吃掉（图5-25）。问题是雄蛙有这么大的风险为什么它还要叫呢？雄蛙如果不鸣叫它们就得不到配偶也就留不下后代，如果它们鸣叫就会冒被蝙蝠捕食的风险，摆脱这种困境的唯一方法就是尽可能降低被捕食的风险。雄蛙降低风险增加存活机会的方法可能有很多，首先是一旦发现飞翔的蝙蝠便停止鸣叫；其次是采取折中的解决办法，以适当减小对配偶的吸引力来换取风险下降；第三，组成较大的蛙群进行

图 5-25　捕食压力对通讯信号的影响
缨唇蝙蝠靠听蛙的叫声找到它的猎物——雄蛙

集体鸣叫，处于大群体中的雄蛙遭捕食的风险较小，这就是所谓的稀释效应。

事实表明，蝙蝠的捕食压力也能影响其他动物通讯行为的进化，实例之一就是鸣虫螽斯，这种螽斯通常是在常绿灌木的顶梢发出高频叫声以吸引雌虫，但它在鸣叫时也注意接收蝙蝠发出的超声波，一旦它们接听到在附近飞翔的蝙蝠发出的超声波或从研究人员手持的小型超声波发生器发出的超声波，它们立刻就会停止鸣叫（图5-26）。

众所周知，在大山雀的攻击鸣叫和报警鸣叫之间存在着明显差异，这是捕食压力影响通讯信号进化的一个经典实例。有时大山雀会靠近一只停歇的雀鹰或猫头鹰并发出攻击鸣叫，其能值约为 4.5 kHz，其攻击鸣叫还可吸引其他大山雀前来一起对捕食者进行骚扰。如果大山雀发现雀鹰在远处飞翔，它就会发出报警鸣叫，把潜在的危险告知自己的配偶和后代，报警鸣叫虽然比攻击鸣叫柔和得多，但频率要高得多，能值约为 7～8 kHz。报警鸣叫的特点是传播距离要比攻击鸣叫短得多，因此不容易被捕食者发现自己的位置。此外，大山雀对 7～8 kHz 的高频声音刺激极为敏感，而猛禽则极不敏感。据研究，大山雀能听到 40 m 以外同伴发出的报警鸣叫声，而雀鹰对同一信号的感知范围则不会超过 10 m。

通过比较行为学研究发现，一些非近缘物种发出的报警鸣叫信号往往十分相似，如芦鹀、

乌鸫和燕雀,可能是它们经常生活在一起,因此报警鸣叫趋于一致对彼此都有利(图5-27)。这证明在捕食者的压力下,报警鸣叫信号的确是朝着尽可能减少被天敌发现风险的方向进化的。这些鸣禽的报警鸣叫声对猛禽来说都难以听到,但对它们彼此之间和同种个体之间的信息传递效率却不会有太大影响,即使牺牲一点效率换取死亡风险的降低也是合乎进化规律的。

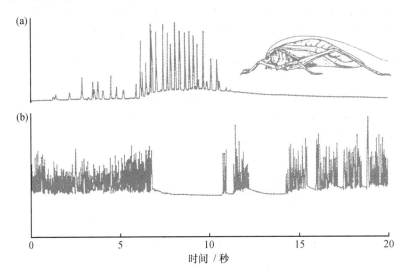

图 5-26　螽斯接听到蝙蝠发出的超声波后便马上停止鸣叫
(a) 螽斯附近蝙蝠发出的超声波记录;(b) 在此前后螽斯鸣叫声记录

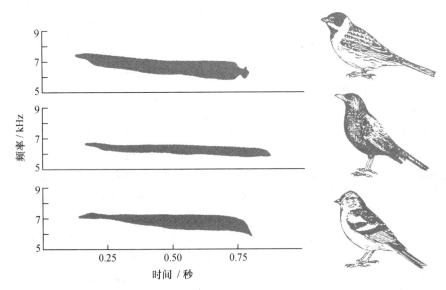

图 5-27　几种鸣禽(自上而下为芦鹀、乌鸫和燕雀)通讯信号的趋同进化
大山雀的报警鸣叫也与这几种鸣禽极为相似

五、欺骗信号为什么会普遍存在

经济学中的投资-效益分析或利弊分析既可应用于信号发送者也可应用于信号接受者。无论是信息发送者还是信息接受者都可能因信息传递而受益或受害。从进化角度看来,有趣的是,有些个体会因其自身的行为而遭受伤害,例如存在所谓的伤害信号(spiteful signaling),即发出的信号不仅会伤害信号接受者,而且也使信号发送者受损。显然,如果这样的信息传递只会给双方带来不利,那伤害信号肯定十分少见。另一方面,较为常见的可能是所谓的附带信号(incidental signaling),即发出的信号只对信号接受者有利而对信号发送者不利,例如:鸣禽的报警鸣叫有时会被其天敌雀鹰听到从而危及自身的安全。

正如信号发送者会因为给怀有敌意的信号接受者提供信息而受到损害一样,信号接受者也会因为对信号发送者发出的欺骗性信息做出反应而受到伤害。如果每个个体都以自己的生殖利益为其行为准则,而且欺骗行为可以增进这种利益的话,那么欺骗信号在自然界的存在就是必然的了,例如:巢寄生物和拟蜂兰花就都是靠欺骗其他物种来获取生殖上的好处的。在这方面更著名的一个实例是 Photuris 属中某些种类萤火虫的雌萤,这些雌萤是肉食性的,一般情况下每一种萤火虫都有自己的通讯密码,靠本种特定的闪光频率吸引同种雄萤。但这些雌萤同时还可对 Photuris 属中三种雄萤的发光信号做出应答,当它们成功地诱使这些异种雄萤靠近的时候,它们就会捕获、杀死和吃掉雄萤。

其实,在被吃雄萤所属的物种中,雌雄个体之间的信号发送和信号接受都完全是正常和有益的,只不过是被某些种类的肉食性雌萤利用了这种正常的通讯关系为自己谋取了好处。总体来看,被吃雄萤从这种正常的通讯活动中所获得的利益还是多于它们因被利用而受到的损失,也就是说,雄萤对本种雌萤的发光信号做出反应还是利大于弊。如果雄萤对本种雌萤发出的"到我这里来"的信号完全不予理会,虽然不再会上其他种雌萤的当,但这样做它就不可能留下自己的后代了。在不放弃机会的同时,它们有相应的对策把被异种雌萤捕食的风险降至最低。当接到雌萤发出的信号时,它们不是直接飞向雌萤,而是先降落在雌萤附近,然后再缓慢地接近雌萤,如发现任何异常随时准备逃走,因此雄萤遭捕食的机会大约只有十分之一。

在南美洲有很多种鸟类习惯地生活在一起,在这种由很多种鸟类组成的群体中,白翅伯劳往往停栖在一个树枝上等待机会捕食飞虫,这些飞虫则是由其他鸟类在浓密叶丛中积极捕食时轰赶出来的。由于伯劳停在树枝上仔细审视着四周的环境,所以通常是它首先发现天敌雀鹰的出现,当它发现雀鹰后就会大声鸣叫使其他鸟躲藏起来或静止不动。但是当它追捕一只正在被其他鸟追捕的飞虫时,它更可能发出这种鸣叫,由于此时并无雀鹰出现,所以它实际上是在向其他鸟喊"狼来了!狼来了!"诱使其他鸟放弃追逐飞虫而使自己受益。问题是其他鸟为什么会容忍这种情况发生呢?这是因为在大多数情况下其他种类的鸟都会因为对它的报警鸣叫做出回避反应而受益,如没有反应就可能死亡。在这种情况下,对其他鸟类来说,对白翅伯劳的每一次报警鸣叫(不管是真还是假)都做出反应是一种利大于弊的选择,尽管这样有时会使白翅伯劳的欺骗行为得逞并捞到一点好处。

如果这一假说正确的话,那么欺骗性的报警鸣叫就应当在一些毫无亲缘关系的物种中得到发展,这些物种的信号接受者如果不对非欺骗性的报警鸣叫做出反应就会面临严重后果。像大山雀和绿长尾猴这样极不相同的动物,有时在天敌未出现的情况下也会发出报警鸣叫,同种其他个体为了安全会迅速逃离,这将使假报警者能够独占丰富的食物资源或其他资源。

第六章 行为生理

第一节 神经系统与行为

每一个动物都会不断接受来自环境的各种刺激,为了生存,动物必须具有能接受各种信息的感受器,还必须靠效应器和内分泌系统对外界刺激做出适当的反应。

一、不同类群动物的神经系统及其进化关系

动物神经系统的结构和特性在进化过程中经历了很大的变化,伴随着这种变化,动物的行为也经历了巨大和复杂的变化。因此,研究动物的行为就必须了解神经系统、进化与行为之间的关系。

1. 简单的神经系统

单细胞动物不具有能被称为神经系统的有形结构,但它们具有大多数细胞都具有的感应性(irritability),表现为刺激从细胞的一点到另一点的波状传递。在进化过程中,为了接受并在体内传送信息而发展了专门的组织和结构,使感应性有了特定的通路。神经系统的变化对多细胞动物的进化是很重要的,同时对动物行为的复杂化和多样化也是很关键的。

神经网是最早出现的神经组织,它可在细胞之间传递信息,它是腔肠动物所特有的神经组织。但很多较高等的动物仍保留着某种形式的神经网,如在脊椎动物的肠壁中蠕动收缩就是一种扩散传导。神经网看上去就是神经纤维的一种随机排列,突触(synapse)就发生在神经元之间的连接处。腔肠动物神经网与其他动物神经系统突触的不同之处在于它是非极化的,其冲动的传导是全方位的,从某一点开始的冲动可传至神经网中的大多数神经元。

神经网只能调控比较简单的行为,如姿势的改变、取食反应。对于局部化反应来说,神经网是一个很好的机制,因为感应器和效应器相距很近,反应无需中枢神经系统作为中介。例如在海星的背部生有很多小螯肢,它能阻止很多小生物在其背部定居,而这些小螯肢的活动就是由局部的神经网调控的。

2. 辐射对称的神经系统

较复杂的神经系统有两种进化趋势:一是神经元在功能上有了分工,各执行不同的功能;二是神经元的排列更加有序,形成了神经束(neurotract)和整合中心。神经网之后最早出现的是辐

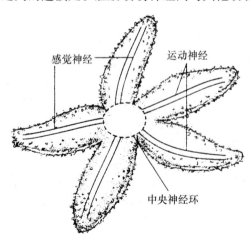

图 6-1 海星的辐射对称的神经系统
包括中央神经环和伸向每一个腕内的神经束,其内有感觉神经纤维和运动神经纤维

射对称的神经系统,是海星和海胆所特有的。在海星的中央部位有中央神经环并有神经束通向每一个腕内(图6-1),在每一个腕内都有由感觉神经元和运动神经元组成的网络(叫神经丛,plexus)。辐射对称神经系统与网状神经系统相比可使行为变得更复杂和具有更多可变性。

海星的有些反应是反射式的,只涉及外周感觉和运动神经元;其他反应则属于有中央神经环介入的整合行为。5个腕之间的协调运动则受控于冲动从感觉神经元和中间神经元向运动神经元的传导,这些通路必然要涉及中央神经环。可见在辐射对称的神经系统中,感受器和肌肉效应器之间的距离增加了。兴奋和抑制的交替便促使了腕的伸缩并导致了运动。如果把它背朝下放,它自己会翻转过来,如果在它下面放一只蛤,它会打开贝壳获取其中的食物。完成这些任务的协调运动必须要有中间神经元和中央神经环的参与。

具有辐射对称神经系统的动物还进化出了一些较特化的感受器,可接受触觉、味觉和各种化学刺激。海星及其亲族的行为反应较之以前的动物具有了更大的多样性和更强的可塑性,但这种神经系统对环境的总体适应能力还是比较低的。

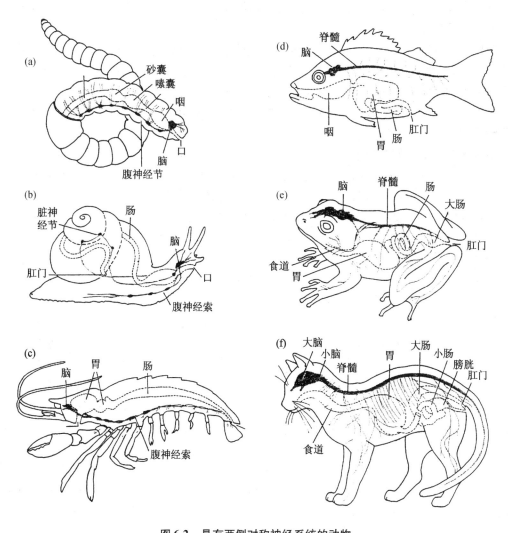

图6-2 具有两侧对称神经系统的动物
(a) 蚯蚓;(b) 蜗牛;(c) 虾;(d) 鱼;(e) 青蛙;(f) 猫

3. 两侧对称的神经系统

环节动物、软体动物、节肢动物和脊椎动物具有两侧对称的神经系统(图6-2)。两侧对称动物通常有头尾(前后)之分,而且身体分节。这些动物大体经历了几个进化发展阶段:首先是感觉器官和神经系统的复杂化和多样化,例如感受器对某些昆虫的空间分布和寻找配偶起着非常重要的作用。雄蟋蟀(*Acheta domesticus*)利用摩擦发声建立自己的领域和吸引异性,雌蟋蟀头部则具有专门收听这种鸣叫声的感受器。大多数昆虫都生有结构极为复杂的视觉感受器复眼,它没有晶状体,是由很多独立的光感受器单眼(ommatidia)组成的,每个单眼都只感受所视物体的一个点,总体图像则是由这很多点镶嵌而成的。头足类软体动物则进化出了与脊椎动物眼睛十分相似的视觉器官,其他特化的感受器还有能接受蝙蝠发声的蛾类触角和丽蝇的嗅觉感受器。

其次,两侧对称动物的另一个进化发展是形成了有关节的骨骼系统,无脊椎动物是外骨骼,而脊椎动物是内骨骼。伴随着骨骼系统进化的是效应器(肌肉)系统的变化,同时,肌肉的神经支配和控制方式也在不断进化,这就为身体各部分的协调运动和动物对外界刺激做出更快更精确的反应创造了条件。

两侧对称动物的第三个也是最重要的一个进化发展是神经过程和行为控制中枢化。两个彼此独立但又相关的变化都与中枢化进程有关。在蚯蚓(*Lumbricus terretris*)中,各神经束联合成了一条腹神经索,在每个体节内来自感受器的感觉神经元进入了神经索,而从神经索发出的效应器神经元则进入了肌肉系统,虽然该系统仍保留着局部调控机制,但已增强了身体各体节协调活动的可能性。

很多无脊椎动物的神经组织是集中在前一体节的神经节中,由于具有头尾的动物通常是向前方移动的,所以大量的信息是来自前方,因此神经中枢往身体前部(头区)集中便成了进化的必然趋势。要想成功地监视外部环境就需要有更多种类和更多数量的感受器,而对这些外来信息的整合则需要有更大的神经节,其结果是神经组织越来越集中于身体前部的体节。

4. 脊椎动物的神经系统

脊椎动物神经系统的进化特征主要表现在以下几个方面:① 中枢神经系统进一步集中和增大;② 神经元之间建立了多方面的相互关系;③ 脑形成,包括神经系统前区体积和结构的变化,这种变化最终导致了大脑的进化,这一过程的一系列变化如图6-3所示。

脊椎动物所特有的很多行为观察显然都与神经系统的这些变化有关。首先,脊椎动物行为型的复杂程度和行为反应的可塑性都超过了其他动物类群。其次,由于神经系统结构和神经元本身形态的改变,使脊椎动物的反应速度要比无脊椎动物快,虽然有些无脊椎动物的反应并不比脊椎动物慢,如蟑螂的逃避反应。第三,大脑的形成和脑量的增加使信息贮存量大为增加,脊椎动物神经系统的这些特征对于动物的行为有很大影响,存贮过去的经验肯定会对未来的行为有影响。第四,脑形成的另一个后果是能使动物把过去、现在和未来可能发生的事件联系起来。

脊椎动物神经系统另一个重要特征是边缘系统(limbic system)的进化。边缘系统是由隔片(septum)、扣带回(cingulate gyrus)、下丘脑(hypothalamus)、杏仁核(amygdala)、海马(hippocampus)和穹窿(fornix)等组成的(图6-4),边缘系统有时又被称为嗅脑(rhinencephalon),因为该系统的很多功能都和嗅觉有关。边缘系统通常与那些需要获得满足的行为有关,如性行为、取食行为和情感活动等。

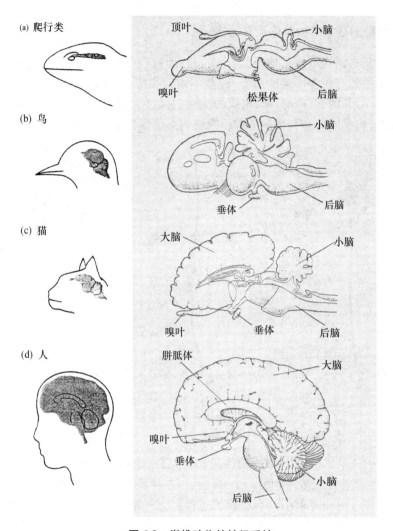

图 6-3 脊椎动物的神经系统

主要特征是中枢化、脑形成和神经系统内部发展了各种相互关系,但不同类群的大脑大小和头骨容量存在很大差异

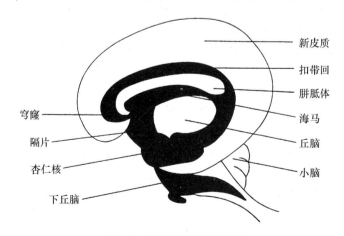

图 6-4 灵长动物的边缘系统

边缘系统是由很多独立的形态结构组合而成的。灵长动物代表比较高级的脊椎动物

二、神经系统的基本结构单位及其功能

神经系统的基本结构单位是神经元(neuron),而神经系统在生物体内传送信息靠的就是神经元。神经元虽然有很多不同的形态,但基本结构相似(图6-5)。典型的神经元是由带核的胞体、轴突(axon)和树突(dendrite)组成的,轴突末端有线状的突触突起,而树突则由胞体发出。胞体的位置、树突的种类和数量依神经细胞的类型而有很大变化。

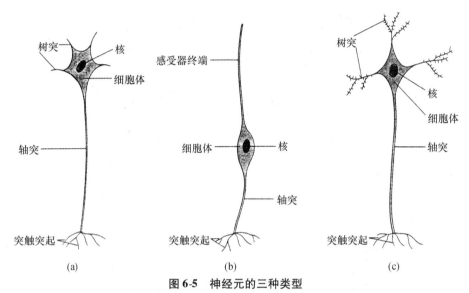

图 6-5　神经元的三种类型
(a) 典型神经元;(b) 感受器或感觉细胞;(c) 脊椎动物脑细胞

神经系统内的通讯靠的是电脉冲的传送,大体有两个阶段:① 电脉冲在神经元内的移动;② 电脉冲从一个神经元传送到另一个神经元。在神经元内部电脉冲是靠离子穿透细胞膜的移动而从树突传送到轴突末梢。当刺激到达神经元一端的树突而引起的电脉冲将会导致钠、钾和氯离子膜透性的改变,这就引起了离子浓度的变化并改变了神经元细胞膜内外的电势。膜离子平衡的这种局部变化也会引起相邻区域的类似改变,这样,电脉冲就会沿着神经元传播。在此后的不应期(refractory period)内带电离子的正常静态平衡又得到恢复,另一个刺激在短暂的不应期内是不会引发电脉冲的。

电脉冲可从一个细胞的轴突末梢传到另一个细胞的树突并可导致突触神经递质(neurotransmitter)被释放到突触间隙(synaptic cleft)。这些神经递质会影响树突膜的穿透性,从而引发一个上面所描述过的电脉冲,电脉冲就是以这种方式从一个神经元传递到另一个神经元的。神经调质(neuromodulator)是神经元释放的一种化学物质,它在突触处发挥作用,可促进或抑制电脉冲的传导。

神经元的活动是很独特的。首先,每个神经元不是处于兴奋状态就是处于非兴奋状态,电脉冲的发生是一种全或无现象。神经电脉冲的强度是没有梯度变化的,它的传递过程对所有神经元都是一样的。在大多数生物中,电脉冲沿神经元的传递是不定向的,脉冲只能在一个方向上通过突触接点。神经元的这些特性可减少模棱两可,因为所有类型的神经细胞所传送的是同一个简单的讯号。

如果神经脉冲全是一样的,那么神经元如何能传递有关刺激性质和刺激强度的信息呢?

不同类型的环境信息是被不同的感受器所感受的,而且会沿着各自分离的神经通路到达中枢神经系统不同的部位以便进行解码和解读。由于对于不同类型的信息有不同的通路和整合系统,这样就避免了听觉刺激和视觉刺激的混淆。至于刺激强度的表达则至少有两种方法:① 同一个神经元靠短暂的不应期可以不断重复兴奋状态;② 携带同一信息的几个神经元可以同时处于兴奋状态。因此,同一个信息可以被一个神经元的兴奋频次解读,也可以被几个神经元的同时兴奋解读。

三、动物的感觉和知觉

1. 感觉器官和感觉能力

感觉(sensation)一词是指把环境刺激或能量(如声、光、热和机械力等)转变为电脉冲的过程。对外部刺激的感觉通常是发生在身体表面,为了能接受环境信息并对其做出反应,动物已进化出很多具有特异性的感觉器官。肌肉内的感受器和器官可提供肌肉张力、身体位置和外部条件的信息,这里我们主要介绍外感受器(exteroceptor),包括某些鱼类的发电器官和感觉系统、蝙蝠飞行和觅食时使用的回声定位系统(它涉及发射高频脉冲并用特化的耳接受回波)及鸽子定向时用来感受地磁力的特殊系统。

电鱼(*Gymnarchus niloticus*)栖息在热带非洲一些多泥沙的混浊河流里,在那里靠视觉导航是非常困难的,因此在鱼体后部的特殊器官能不断发出很弱的电脉冲流,而在头部的孔状结构含有感受器,它能接受身体周围电场的微弱变化(图 6-6)。电鱼靠电场受到干扰和对称性受到破坏而能觉察电场中移动的和不动的物体,因此电鱼能在混浊的水体中自由活动。

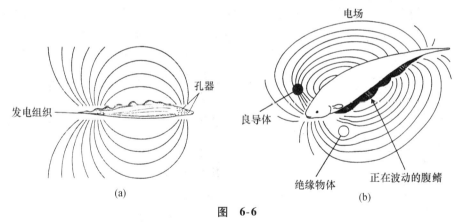

图 6-6

(a) 电鱼(*Gymnarchus niloticus*)利用身体尾部专门的组织所发出的微弱电脉冲在混浊的河水中寻找道路;
(b) *Sternopygus* 属电鱼周围的良导体和不良导体会干扰电场的对称性,因此可被鱼所觉察

蚕蛾(*Bombyx mori*)对环境中的某些化学物质极为敏感,其感受能力远非人的感觉能力所能比拟。雌蚕蛾靠从腹部特殊腺体释放的化学物质蚕蛾醇而把自己所在的位置告知雄蚕蛾。当雄蚕蛾处于雌蚕蛾下风处时,只要靠迎风飞翔雄蚕蛾便能找到这一气味源,从而找到雌蛾。令人惊奇的是,空气中的蚕蛾醇只要有百万分之几的浓度就能激活雄蚕蛾的感受器。雄蚕蛾触上的微毛是专门感受气味的,一旦闻到气味就会逆风飞翔,直到找到雌蛾并完成交配。其他蛾类和大多数其他动物的雄性个体显然都不能感受蚕蛾醇在空气中的存在,这些具有物种特异性的气味常被称为信息素(pheromones),可被用于诱杀很多害虫或诱捕某些昆虫用于研究。

在生物的感觉和传递刺激的每一个通路内都能把刺激的几个方面译为神经电码,如视觉刺激的这几个方面包括颜色、偏振化(polarization)、外形图像和移动等。机械感受包括对体表压力的感受、对空气和水中振动和震颤的感受(如蝙蝠的超声波和海洋哺乳动物的声呐)、对重力和身体位置平衡的感觉,鱼类的侧线可监测水的流动,而本体感受器(proprioceptor)则可感知肌肉和其他组织的位置和张力。有些动物还具有电感受器如电鱼、鲨鱼和鳐。化学感觉则包括对水中化学物质的味觉和对空气中化学物质的嗅觉。

以上这些感觉系统及其感觉能力依动物种类的不同而有很大差异。为了了解动物如何从环境中接受和处理信息,重要的是要了解动物的感觉系统是如何工作的。同样重要的是要了解进化过程对感觉系统形成的影响以及这些感觉系统的长处和不足。

2. 知觉系统

信息一旦编码为电脉冲,它便能在动物整个神经系统进行传递。知觉(perception)就是对感觉信息的分析和解读。在很多无脊椎动物中,这一解码过程是神经节和神经束的功能,而在脊椎动物中则是中枢神经系统的功能。在最简单的神经系统中几乎没有解码发生。动物对一特定刺激产生知觉的方式是与它所接受的感觉信息的类型、其神经系统的结构和永恒编码在它神经系统中的过去经历有关。

在研究不同类群动物感觉和知觉世界的时候,既需要作生理测定也需要作行为测定,当我们把电极置入神经束时,就可以记录到当提供刺激时是不是引发了神经脉冲。例如当把电极置入龟的耳蜗神经并在龟耳附近播放纯音时就能获得一个听觉阈值的反应记录。拟龟(*Pseudemys scripta*)对于空气传送的每秒200~400周期的声音最为敏感。

我们可以利用食物报偿和适度的电击来训练章鱼选择具有各种沟纹分布格局的圆柱体,只要沟纹总面积所占圆柱体表面积的比例相等或接近(图6-7)。然而章鱼对沟纹的不同分布格局没有区分能力,因此,章鱼可以学会区分圆柱体(a)和(b),但不能区分圆柱体(a),(f)和(g)。探讨各种动物的感觉和知觉能力所使用的技术必须考虑到动物的反应能力和行为型。

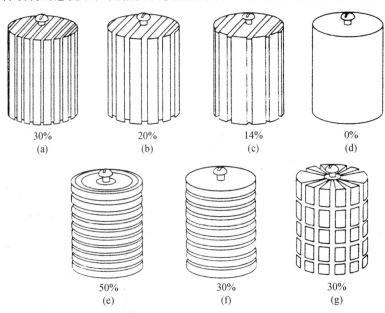

图 6-7 章鱼的触觉识别能力

百分数值为沟纹面相对于平滑面所占的比例。章鱼不能区分沟纹总面积所占比例相同但沟纹分布格局不同的圆柱体[(a),(f)和(g)],但能区分沟纹总面积所占比例不同的圆柱体

每一种动物都是靠自身所特有的感觉系统接受来自环境的信息输入,同时还要靠其神经系统结构对感觉系统所接受的信息进行分析和解读。其实,所谓动物的客观世界或环境(umwelt)在很大程度上是由感觉和知觉共同决定的。在我们研究任何一种动物的行为时都必须深入了解动物的感觉系统及其知觉世界。

四、感觉与行为

1. 感觉的特征和进化方面的考虑

虽然通常认为动物有五种感觉能力,即听觉、视觉、嗅觉、味觉和触觉,但实际上要比这五种多,而且就任何一种特定的感觉能力来说,在各种不同的动物中都有很多变化。表 6-1 是根据相关的能量形式对动物感觉进行的分类。

表 6-1　动物感觉的分类

(1) 机械感受
　　A. 触觉——压力
　　B. 本体感受(体内的通常是下意识的)——弯曲,伸展
　　C. 惯性的/平衡——平衡器或其他重量或运动感受器,包括液体(或气泡)撞击毛细胞的运动
　　D. 振动/听觉——结构多种多样,在有些情况下包括放大
(2) 光感受——视觉和简单的感光
(3) 热感受——热和红外光
(4) 电感受——对电的感觉能力
(5) 磁感受——对磁场的感觉能力
(6) 化学感受——对化学物质或分子的感觉能力
　　A. 味觉
　　B. 嗅觉

自然选择显然是有利于在动物的感觉与各种环境条件下不同生活方式之间有适当的搭配,至于什么感觉能力与什么生活方式搭配则是一个令人难以捉摸的问题,就像提问是先有鸡还是先有蛋一样难以回答。动物的行为和感觉都会发生变异并不断进化。因此其中一方的变化会引起另一方的变化,或者感觉与行为双方同时发生变化。在嗅觉敏锐而视力很弱的动物中,夜晚活动的种类可能比白天活动的种类具有更强的存活力和生殖力。在夜行性动物中,自然选择可能有利于它们发展极好的嗅觉能力,而在日行性动物中则有利于发展各种类型的视觉器官。有些环境肯定是有利于或不利于某些感觉能力的进化,例如在无光或几乎无光的地方(如洞穴、泥水或深水中),视觉的发展会受到抑制。另一方面,在良导体的水生环境中有利于电感觉器官的发展,而在陆生环境中则相反。

这些原则可应用于动物所有的感觉或任何感觉的某一特定方面,例如在特定情况下是高频声的听觉好还是低频声的听觉好。大多数普通生物学教科书都会对感觉系统作一概要介绍,包括人的视觉、听觉、触觉、平衡觉和体内的本体感觉。

2. 不同类群动物的感觉

在脊椎动物所有的纲中,听觉都依赖于内耳的瓶状囊,其发展的最高形式是耳蜗,它是来自于与平衡有关的系统,包括传递振动的液体和毛细胞,后者可感觉到液体的流动和把能量转化为神经脉冲。内耳中的感受器对于平衡和听力都很重要,似乎与鱼类的侧线系统有关。在鱼类中,毛细胞群是位于管内或皮肤下陷的通道内,这些毛细胞可以感受鱼体周围水的流动和

低频振动。在最原始的鱼类中,毛细胞分布在整个鱼体表面而不是集中于侧线处。

蝙蝠不是唯一能听到高频超声波的动物。除了蝙蝠至少还有 23 种动物能够听到超过人的听力上限大约 20 kHz 的声音。包括黑猩猩在内的几种动物能听到 30 kHz 上下的声音,还有很多小哺乳动物(鼠和鼩鼱等)的听力范围可高达 90～120 kHz。海豚和海豹可以发出和听到水下高达 180 kHz 上下的声音,虽然海豹水外听力的上限只有 22 kHz 左右。由于声音在水中的传播速度是空气中的 5 倍,同时还由于其他一些差异,使哺乳动物在水中和空气中的听力是不同的,在这两种介质中的高频限也难以进行比较。

无脊椎动物的听觉通常只限于节肢动物才有,特别是昆虫,昆虫有多种不同的感觉机制,如感受压力的腔与感受振动的毛、触角和其他的身体外延器官等。有几种甲壳动物和蜘蛛也有听觉,其中有些种类还可发声用于通讯。

从发展的角度看,脊椎动物和无脊椎动物专门的听觉器官和对振动的感受力是起源于对接触和振动的更一般的感受。较一般的感受器通常是身体的机械感受器,但可能包括肢体上、各种毛上、触角上和触须上的专门检测器。很多动物包括较低等的无脊椎动物都对地面或水面水内的低频振动具有感受能力。生存基质的这种振动常被多种动物所利用,包括水黾、多种蜘蛛、腔肠动物、软体动物、大多数生活在地下的动物(如蚯蚓、蜗牛)和哺乳动物。

视觉也依赖于振动能,但振动的波长要短得多,而且传递过程也不相同。视觉的基础是光,即电磁谱上的一个狭带。光是从外层空间达到地球表面仅有的两种类型电磁能之一,另一种电磁能是雷达波。所有其他波长都被地球大气层过滤掉了,因此生物在进化过程中将自己的视觉调谐到光波并不是一种巧合。

光的波长极短,还不足 1/1000 mm,因此光与物质的相互作用是在分子水平上,而生物的光感器必须含有能感光和吸收光的色素或光化学物质。不同生物对光的感受性和它们感光器官的类型有很大不同,大多数动物对光都很敏感。原生动物具有光化学物质或感光的细胞器并具有分散的光感觉。一种鞭毛虫纲原生动物眼虫(*Euglena*)在鞭毛附近的眼点内有 40～50 个橙红色的颗粒体,遇光后它会膨胀并影响鞭毛打动的方向。腔肠动物、环节动物和其他无脊椎动物至少都有位于体内外各处的感光细胞。软体动物、节肢动物和脊椎动物则具有各种各样的眼结构,有些眼非常发达,具有聚集成像的透镜。不同结构的眼所看到的东西可能很不相同(图 6-8),但对很多动物来说,我们还不知道最终的感知是怎样在体内加工的。

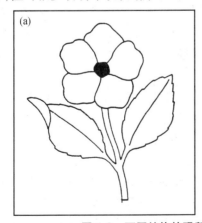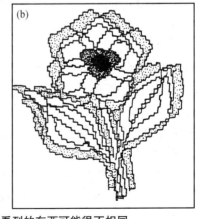

图 6-8　不同结构的眼所看到的东西可能很不相同
(a) 脊椎动物的眼所看到的花和叶;(b) 昆虫复眼所看到的同一朵花和叶

除人以外其他动物是不是能够区分颜色一直是一个令人感兴趣的问题，von Frisch (1914)是最早研究这一问题的人之一，自那时以来曾采用过多种方法对大量物种进行了研究以便确定它们是不是有色觉。现已证实很多动物都是有色觉的，如蜜蜂和很多其他昆虫、头足类软体动物、很多鱼类和两栖动物、日行性的爬行动物、鸟类和某些哺乳动物（包括灵长动物、松鼠，还包括很多其他啮齿动物）、很多食肉动物和少数其他曾被实验过的动物如猪和马等。但色觉很复杂多变，它不是一个简单的有没有的问题，即使是在同一物种不同个体之间也有很大变化。有几种灵长动物（包括一些人）不能或几乎不能识别红色；猫虽然有一定识别颜色的能力，但它对亮度和斑纹格局的识别能力要强得多。

眼睛能对很宽的光强范围做出反应，这部分地决定于视色素和感觉细胞类型的不同。基本的细胞类型是主要在夜晚使用对光较为敏感的杆细胞和主要是在白天使用对光不太敏感的锥体细胞，后者常用于色觉。大多数有视觉的无脊椎动物都只有一种类型的视细胞，因此它们不是在白天活动就是在夜晚活动，而不能白天夜晚都活动。脊椎动物则依种类而有所不同，但通常是两种视细胞类型都有，在有些情况下白天夜晚都能出来活动。虽然大多数脊椎动物都同时具有杆细胞和锥体细胞，但两者的比例是不同的，日行性种类以锥体细胞为主，而夜行性种类杆细胞所占的比例要大得多。

最有趣的是动物利用极微弱光的一种机制，即光的"再循环"机制，当光进入眼内和穿过视细胞后，又被眼底的反射面再次反射回来第二次通过视细胞。这就是为什么很多夜行性动物的眼睛会放射出光芒的原因，如鹿、猫和一些蛾类。另一方面，日行性动物可能会面临相反的问题，即在很多情况下光线太强。因此很多日行性动物的眼底表面是黑色的，这有利于吸收多余的光。

动物对热和红外线的感觉与视觉很相似，它们都广泛存在于各种动物中，在很多动物中这种感觉能力是分散的，而在另一些动物中这种感觉能力是高度发达和集中的。但感光和感热在两个重要方面是不同的。首先，发达的感光能力极为常见，但感热却不是这样。虽然多数动物都有一定的温度觉，但这种感觉是分散而非集中的，就像人对热的感觉那样。具有发达的感热能力和高度特化感热器官的动物包括寄生在温血脊椎动物身上的很多节肢动物、几种类型的蛇（蝰蛇、蟒蛇等）和少数其他动物。夜蛾的雄蛾首先是利用嗅觉发现和接近雌蛾，然后再靠红外感受器找到雌蛾所在的具体位置。澳大利亚的眼斑塚雉（*Leopoa ocellata*，塚雉科 Megapodiidae）是一种对温度有着精确感受能力的鸟，它不是用自己的体温而是利用腐败的落叶使自己的巢保持在33°C。建巢护巢的所有工作都是由雄鸟承担的，而雌鸟则不断在其他雄鸟的巢中产更多的卵。雄鸟经常借助于口中取样测定巢塚的温度，当温度太高时它会把筑巢材料扒开使其冷却，当温度太低时它会往巢塚上添加腐叶以便增温。

感光和感热的另一个重要差别是传导过程。热的检测不是靠光化学分子的改变，而是靠分子运动的热力学性质。夜蛾、蛇和很多节肢动物的感受器则是利用在一定距离以外便能感受到的辐射热，蛇的颊窝就可根据辐射热判断出热源的方位和距离。

最令人感兴趣的感觉就是动物对电场的感受能力，大多数生物都不能感受到电场的存在。很多种鸟类、一种哺乳动物鸭嘴兽和一些两栖动物能感觉到电场的存在，而电场是由其水生猎物的肌肉活动而产生的。还有很多种所谓的电鱼，它们能够制造自己的电场并能感受附近物体所引起的电场变化。少数鱼类（如电鳐、电虹和电鳗）则能发出足够强大的电力并用于防御和把猎物电晕。但大多数种类只是利用电场感知周围的环境或用于通讯并与同种其他个体进行交流。

包括嗅觉和味觉在内的化学感觉在动物中极为普遍地存在,对很多动物来说,化学感觉几乎是它们认识整个外部世界的唯一根据,各种化学物质对其生活极为重要,可能每一个单个的动物至少都有一定的化学感觉,即使是最简单的单细胞动物也必须有选择地摄入分子食物并在化学环境中选择适合于它们生存的小气候。对各种分子的感觉被用于发现和找到食物,同时也被用于避开不利环境和有毒物质。各种化学物质还常常用于通讯如性吸引、领域标记、报警或趋避。

很多其他动物的感觉与人的感觉有很大不同,这不仅表现在对各种化学物质的敏感性上,而且也表现在感官的特化、位置和特定化合物被感受的特异性上。很多水生生物和一些节肢动物的感受器分布在全身表面或足上、触角上及远离口和"鼻"的其他结构上。

味和嗅的传导机制与迄今讨论过的所有其他感觉道都不同,它取决于分子的构型和特性。由于这种感觉的化学性质,其感觉器官表面必须是湿润的且具有溶解性,而且化学感觉还涉及分子的运动和特定感觉细胞与具有适当刺激特征分子相遇的概率。在进化过程中感受器与其所感受的分子之间匹配得越好,感受面积或感受器的数量也就越大,这样分子被感受到或被检出的机遇也就越大。当然,这种机遇也会随着分子浓度的增加而增加。

研究得最好的化学感受器之一就是家蚕蛾(*Bombyx mori*)的感受器。蚕蛾醇是雌蛾吸引雄蛾的一种性信息素(图6-9)。雄蛾总是接近任何一个发出蚕蛾醇气味的物体并试图与其交配,不管是不是看到、听到或接触到了,而对于它所看到的活雌蚕蛾则无

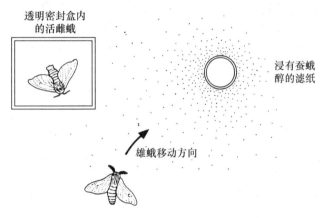

图6-9 雄蚕蛾只对蚕蛾醇的气味有反应而对它所看到的雌蛾(视觉刺激)无动于衷
引自 J. W. Grier 等,1992

动于衷、毫无反应(只要不嗅到气味)。感觉细胞分布在雄蛾的触角上(只有雄蛾才有),其行为反应的强度是与性信息素的浓度成正比例的(图6-10)。

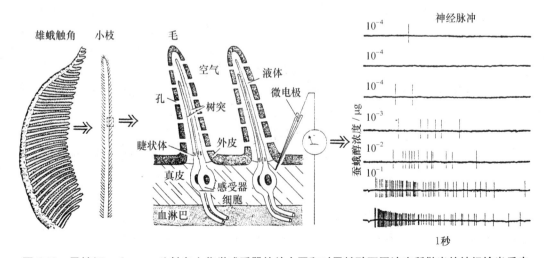

图6-10 蚕蛾(*Bombyx mori*)触角上化学感受器的放大图和对蚕蛾醇不同浓度所做出的神经输出反应

3. 一些动物的感觉是靠自身发射的能量

很多动物感觉系统所利用的能量往往是由动物本身发出的,有时一个动物发出能量,然后再靠这种能量去感知环境或环境中的一种成分。例如蝙蝠常发出叫声,然后再收听其回声,又如电鱼制造电场,然后再检测电场内物体所引起的变化。能够利用声呐的动物还有很多海洋哺乳动物和油鸱。

对水下声音的利用存在一些有趣的问题,当声音在水下传送时只有遇到密度与原来介质不同的介质时才会反射回来。大部分生物组织主要是由水组成的,因此它们主要是传导而不是反射水下的声音,这种组织对声呐来说也大都是"看不见"的。来自很多鱼类的声呐回声反射的可能是它们体内的气泡和骨骼而不是它们的身体表面,这将赋予利用声呐的动物(如海豚)类似"X 射线视觉"。它们甚至能够"看到"它们幼仔消化道内的气泡,实际是听到由气泡反射回来的回声。

有些水生昆虫可以利用水面的波浪,鼓甲(*Gyrinus* sp.)能快速在水面旋转并能检测出返回子波的变化,鼓甲的感觉细胞位于触角基部第二节的细毛上,它能觉察到小至 4×10^{-7} mm 的波纹,即小于百万分之一毫米。当这些特殊的感觉毛被剪除时,对周围的障碍物就难以确认其方位和回避了。鼓甲的旋转是间歇性的,在两次旋转之间显然是在等待旋转波遇到障碍物之后返回的子波。

少数深海鱼类和其他一些海洋生物能发光为自身的活动照明,它们的眼睛极为特化,对光线也极为敏感。还有很多生物也能发光,但显然不是为视觉照明,很多海洋生物发光的功能目前还不十分清楚,对此曾提出过好几种假说。此外,萤火虫和一些深海动物的发光显然是为了达到通讯的目的。

4. 动物的感觉通常是利用多个感觉通道输入的信息

对于任何一个特定行为或感觉功能来说,有很少的动物是只依赖于一种单一的感觉方式,即使是像身体定向这种简单的情况(即感知身体哪端向上或向下),通常都会利用多个感觉源的输入,大多数脊椎动物的定向是利用平衡器官或半规管和相关结构,但这也只是一部分。此外,来自身体各部重量的本体感受输入、各种肌肉的伸张和视觉也起着重要作用。例如:对鱼来说"上"通常是它们环境中最明亮的地方,因为日光是从水体表面射入水中的。如果室内的水族箱光线是从侧面射入的,那么鱼体背面就会朝着最强光照面倾斜,但这种倾斜很难做到完全彻底,而只是倾斜一定的角度,或是对来自视觉和来自半规管的感觉输入加以折中。人体定向部分地决定于人的水平觉,如果水平面发生了难以觉察的缓慢的变化,那我们的定向觉就会发生变化,例如好像觉得水是在向山上流。

感觉输入往往会有一定的冗余,因此如果偶尔有某些输入被排除的话,常常也不会造成引人注意的影响,但如果所有的输入都被排除或某个重要感觉被排除,那就会带来严重的问题。造成平衡紊乱或头晕目眩,在极端情况下会使全部定向觉丧失,发生眩晕。在飞行中当云层、雨雪或类似障碍物遮蔽了地平线或旋转运动打乱了惯性觉的时候常常会发生这种情况。当内耳受损或有病时也会产生眩晕。

五、神经系统的研究方法

行为生理学家可利用各种实验技术来阐明控制动物行为的神经机制,下面我们就介绍一些常用于研究神经系统与行为关系的实验技术并讨论利用这些技术所获得的结果。对一些实验来说可同时利用几种不同的技术来探讨神经系统与行为之间的关系。

1. 记录神经活动

研究神经机制与行为之间关系的一个直接方法是在神经系统内植入电极并直接记录神经脉冲。靠记录到的神经脉冲和同时观察到的动物行为就能发现神经放电和行为之间的相互关联性。

Lettvin 及其同事利用电极记录技术进行了一系列有趣的实验。他们在豹蛙(Rana pipiens)眼睛前方放置一个直径 35 cm 的灰色半球,而植入豹蛙神经系统的电极可记录与视网膜相连的神经节细胞的电活动。利用半球内的磁铁他们可使一些物体在半球周围移动,而这些豹蛙是可以看到的,与此同时记录下通过豹蛙神经节的神经脉冲,利用这种方法他们区分出了五种类型的神经节细胞:① 边缘移动感受器(moving-edge detector),它可对任何穿过豹蛙视觉场的边缘移动做出反应;② 保持对比感受器(sustained contrast detector),当一个移动的物体进入视觉场并停在那里时,它可反复被激活;③ 减光感受器(net-dimming detector),当光亮度的总体水平下降时(尤其是在视觉场中央),它就会做出反应;④ 凸形物感受器(convexity detector),当任何小型物体或任何具有凸形前缘的黑色物体穿过视觉场时它就会被激活;⑤ 黑暗感受器(darkness detector),当光亮度下降时它常常被激活。

上述感受器的每种类型都与豹蛙的习性和行为有关,例如凸形物感受器就与豹蛙发现和捕获猎物有关。在对蟾蜍辨识猎物所做的一个相似研究中,Ewert(1985)曾表明,类似蠕虫的一个刺激(让一个矩形物体沿视觉场的长轴方向穿过)最能引发蟾蜍的转体和捕猎运动。进一步的研究还表明:来自视网膜细胞的信息至少可传递到蟾蜍大脑的五个区域,其中之一就是被称为 T5(2)的亚细胞群。当把类似蠕虫的刺激物出示给蟾蜍时,这些细胞表现出了有选择的激活活动。当出示给蟾蜍的刺激在其长度、速度和其他属性方面发生变化的时候,在这些细胞群的神经激活格局与行为反应之间有着极好的相关性。

对猎物的辨识来说 T5(2)细胞是必不可少的吗? 只靠 T5(2)细胞就可以辨识猎物了吗? 就目前的技术而言,对这些问题我们只可能得到部分答案。如果把一侧脑的 T5(2)细胞去除掉,那么在蟾蜍另一侧视觉场的移动刺激就不能引发捕猎行为,与其他脊椎动物一样,来自每一只眼的视觉信息大都传送到另一侧脑的视区。来自青蛙的资料表明:部分去除脑一侧的 T5(2)细胞既不会导致失明,也不会导致运动障碍。目前我们专门针对 T5(2)细胞的切除术还不够精确,很有可能同时伤及其他细胞,因此我们还不能得出这样的结论,即在动物辨识猎物时只有某些细胞[如 T5(2)细胞]才是必不可少的。

2. 横切技术

当丽蝇(Phormia regina)处于饥饿状态时,它足上的化学感受器就会受到食物的刺激,此时它会伸长它的喙使其味觉感受器也同时受到刺激并开始取食。那么丽蝇将在什么时候停止取食呢? 显然是在它吃饱的时候。

Dethier 及其同事(1976)在其一系列研究中利用横切技术研究了丽蝇的取食行为。他们对某些神经作了横切处理以便观察其对特定行为(如取食行为)的影响并确定与饱食有关的神经活动。Dethier 等人在得出他们的结论之前曾提出并检验过几个假设。首先他们假设饥饿和饱食可能与血糖浓度直接相关,所以他们往饥饿丽蝇体内注射了蔗糖溶液,但丽蝇并未因注入蔗糖溶液而出现饱食现象。当丽蝇取食时,食物首先进入嗉囊(是一个盲囊)并贮存在那里,此后才被消化。为了检验饥饿是不是与嗉囊的充盈度有关,他们对大量丽蝇的嗉囊进行了结扎的微科手术,这种手术防止了食物的积累,但手术后丽蝇仍表现有饥饿感并继续取食。Dethier 及其同事还曾假设饥饿和饱食可能直接受后肠充盈度的调控,而后肠是丽蝇消化道的主要部分。他们借助于灌肠法检验了这一假设,当后肠被灌满时,丽蝇仍然会处于饥饿状态。

此后,Dethier 等人又把注意力转到了消化系统的其余部分即前肠,那里是消化最早开始的地方。借助于极精细的外科手术和使用一台解剖镜,他们对连接前肠和脑的一根小神经进行了横切,希望能知道这根神经能不能传递前肠充盈度的信息,从而能结束取食行为。当做过这种手术的饥饿丽蝇遇到食物时,它便开始吃了起来,但它并不停止取食。根据这些资料和相关信息,Dethier 及其同事所得出的结论是:只要在丽蝇的前肠内有食物存在,位于那里的牵张感受器(stretch receptors)就会向脑发送抑制进一步取食行为的信息。切断这根神经就会使丽蝇处于永远的饥饿状态。进一步的研究还证实,位于体壁中的牵张感受器也能在丽蝇吃饱时向脑发送抑制取食行为的信息。

利用横切技术也可检验束带蛇(*Thamnophis sirtalis*)的取食反应(Buaghadt 和 Pruitt,1975)。束带蛇对含有猎物提取物的棉团所做出的反应是吐出舌并进行攻击。束带蛇识别猎物是靠嗅觉系统还是靠位于鼻腔内的一组独立的化学感受器犁鼻器(vomeronasal organ)呢?为了解答这个问题,Halpern 和 Frumin 曾对束带蛇做过如下手术:① 双侧嗅觉神经被横切;② 双侧犁鼻神经被横切;③ 只进行手术操作但并不切断神经。结果表明,手术之前三组束带蛇中 100% 的个体都有攻击反应,而手术之后被横切了犁鼻神经的束带蛇只有 10% 的个体有攻击反应,而其他两组仍然保持 100% 的反应率。这说明犁鼻器对束带蛇识别猎物来说有着非常重要的作用。

3. 神经刺激

用于研究行为神经调控的另一种方法是电极刺激,即把电极直接放入外周神经系统或脑的特定区域并通过电极接通电流。如果电刺激引发了一个可识别的行为序列,而这个行为序列在正常情况下又是该动物行为谱的一个组成部分,那么就可以认为该电极是处在能控制或引发所观察到的行为的神经通路内或脑区内。Willows(1967)把这种技术用于研究海洋软体动物梭尾法螺(*Tritonia*),这些软体动物不是用脑而是用几个主要的神经节作为它的解码中心。电流通过电极进入神经节并可能在神经节的神经元内引发一个特定的行为型。通过对特定的神经细胞提供电刺激,Willows 可以引发梭尾法螺的向左向右转弯和游泳动作。

通过植入的电极对鼠(*Rattus norvegicus*)的侧下丘脑进行电刺激可诱发出各种行为如取食、饮水、侵犯和梳理行为等。为了进一步探讨这一问题,Bachus 和 Valenstein (1979)还将电极放入一组鼠的下丘脑内,然后选出那些给予电刺激时表现出饮水行为的鼠。他们利用同一电极采用电解损毁的方式破坏电极尖顶周围的组织。他们让一些鼠受到较大的损毁刺激而让另一些鼠受到较小的损毁刺激。当组织损毁后再次给予电刺激时,发现尽管组织受到了损伤但电刺激仍会引发动物的饮水行为。Bachus 和 Valenstein 认为,饮水行为虽然是动物对植入丘脑电极电刺激所做出的反应,但这种反应的个体差异不能完全归之于电极在丘脑内位置的不同。

遥测术(telemetry)是指由无线电信号引发神经刺激,其优点是可使实验动物自由移动而无需受到限制,即使是带有电极的动物也可自由行动。最早使用这一技术的行为生理学家之一是 Jose Delgado,他用这种方法研究了猕猴(*Macaca mulatta*)。他在一个装备有栖息平台的猴舍内观察了 4 只猕猴的攻击行为并确定了它们之间的优势等级,从 1 至 4 顺位排列。他从猴群中取出排位最优的个体并在它的脑中植入能诱发和抑制攻击行为的电极,然后在其背部安置一个小型无线电接收器。当他发送无线电信号的时候,通过所设计的电极就能在猴脑的特定区域产生5秒钟的电刺激。结果发现,刺激脑的后腹核(posteroventral nucleus)区可导致优势猴的攻击行为增加。这一研究方法也曾有效地用于研究灵长动物社会攻击行为的神经调控。

自我刺激(self-stimulation)是指动物通过主动去压一个杆或其他装置而在自己的脑区产生一个电刺激。例如:大鼠能学会去推一个杆而使植入自己脑特定区域的电极发出电刺激。通常当电极被植入杏仁核(amygdala)或隔片(septum)的时候,大鼠就会频繁地去压杆,这表明由此而产生的电刺激可使动物感到愉悦。当电极被植入脑的其他区域时,大鼠极少去压杆,可能由此产生的刺激并不能使动物感到愉悦,甚至会感到痛苦。自我刺激技术曾用于研究动物行为的神经调节,例如研究罗猴对害怕和紧张的反应。Maxim(1977)在罗猴下丘脑可诱发自我刺激的部位植入了电极,然后让一条蛇出现在罗猴面前,蛇是一个可引起害怕的刺激,在这种情况下罗猴频频压杆以寻求自我刺激。当把一只已植入电极的雄猴与一只未植入电极的雄猴放在一起时,前者对后者的反应是频繁压杆,因为后者具有很强的优势行为。压杆显然与吃食、饮水和玩耍等无关,在这个实例中,自我刺激明显地具有减怕效应。压杆速率与潜在的威胁是相关的,或者是与另一只罗猴优势行为的表现相关。

脑神经化学的研究已经发现了被称为内啡肽(endorphins)的一组化合物,这些化合物似乎是身体自身的一种镇静剂,有缓解疼痛的作用。现已发现还与几种行为和生理现象有关,包括冬眠和水分平衡,它也可能是一种神经递质。针刺处理可明显减少脑内内啡肽的释放,对病人有类似麻醉剂的作用。上面所概述的自我刺激效应可能与内啡肽的释放有关。

4. 功能神经解剖学

功能神经解剖学(functional neuroanatomy)主要是研究神经系统内特别是脑内神经细胞的大小、结构和排列,这一领域的研究已导致了脑在行为中的作用的几个重要发现。Hubel 和 Wiesel(1979)主要是用猫和猴子做实验,探索了光刺激是如何在脑中被加工的,特别是视觉信息是如何在大脑皮层中被解码的。他们研究了视网膜神经节细胞的感受域是如何传送到大脑皮层投射区的,Hubel 和 Wiesel 在大脑皮层中发现了几个投射层次,它们都与视网膜细胞的分层排列相对应。在视网膜神经节细胞的感受域与脑的视觉投射区内特定细胞的反应之间也存在着对应关系。在视皮层的某些层次上,反应是这样被转化的,即细胞对定向的光线而不是对光点做出反应。Hubel 和 Wiesel 因视觉系统功能结构的深入研究而与 Sperry 分享了1981年的诺贝尔奖。

下面让我们借助于金丝雀(Serinus canarius)鸣叫这样一个实例说明了解脑组织与行为之间联系的重要性。金丝雀是在呼吸期间当气体从肺和气囊中排出时在鸣管(syrinx)中发声的。雄鸟鸣叫而雌鸟一般不鸣叫,当幼鸟满一龄发育成熟时会学会一套唱法,此后每年都会学唱一组新曲,控制音频和音幅的鸣管肌是受舌下神经支配的。金丝雀的歌是由很多乐句组成的,而每个乐句又分成很多音节,音节可含有一个或更多个组分。左舌下神经和左脑半球是控制鸣唱的主要中枢部位,因此对金丝雀鸣叫的研究涉及脑的半侧优势。Nottebohm 及其同事已经揭示了金丝雀鸣叫控制系统的一些重要事实:① 经睾酮处理过的金丝雀,与鸣叫控制有关的脑皮质核中的神经元,其树突增长有所增加;② 雄鸟在春天鸣叫期,其脑皮质核比秋季不鸣叫期时大76%;③ 用睾酮处理过的雌鸟,其解剖学上的变化与雄鸟相似而且开始鸣叫;④ 用放射性标记过胸腺嘧啶核苷(是 DNA 合成的一种标记物)的金丝雀成鸟,用其所进行的实验表明,控制鸣叫的几个脑核之一,其中有新的神经元形成。微电极探测到了因听觉刺激而引发的电脉冲,而且这些新神经元是构成功能通路的一部分。

可见,神经解剖学的变化是有季节性的,与鸟类的年行为周期变化相一致。随着每年春季新学会的鸣唱曲目,在与鸣叫控制有关的脑区就会形成新的联系,可能还会产生新的神经元。在生殖季节结束时,与控制鸣叫有关的脑核的大小就会下降。这些资料也说明了脑结构具有可塑性,有助于补充新的细胞和建立新的联系。

5. 心理药物学与神经递质

近年来发现了很多种脑神经递质如乙酰胆碱和 5-羟色胺(serotonin)等,化学合成药物的发展与这些神经递质有密切关系,并使研究人员有可能探讨动物神经系统与行为的关系。脑研究的这一新领域就是心理药物学(psychopharmacology),它是包括化学、生理学和心理学的一门综合学科。

Lorde 和 Oltmans(1978)发现,大鼠通过学习会产生味觉反感,当它吃了特定食物而生病后就很少再吃这种食物或完全不再吃它。他们通过注射氯化锂使大鼠生病的方法导致了大鼠此后不再喝含有糖精的水。在特定脑核内作过脑损毁的鼠借助学习仍能对某些食物产生反感。但是注射了 5-羟色胺前体物的大鼠,脑一旦损毁就不再会对食物产生反感。可见 5-羟色胺前体物可能对脑已经起了作用,降低了对氯化锂注射物的敏感性,敏感性的这种变化是与作为神经递质的 5-羟色胺有关的。

雄鼠的交配行为包括一系列会导致插入和爬跨的动作,接着便会出现一个不应期,即雄鼠对异性的存在不再做出反应。在一系列实验中,McIntosh 和 Barfield(1984)研究了神经递质在雄鼠交配后不应期内的作用。第一个实验与 5-羟色胺有关。先对雄鼠进行药物处理前的性行为观察,然后注射一种能抑制脑内 5-羟色胺合成的药物,结果发现:药物处理后的性行为与处理前比较,其不应期明显地从处理前的平均 458 秒缩短到了处理后的 272 秒。在类似的一个实验中,McIntosh 和 Barfield 还检测了多巴胺(dopamine)对大鼠不应期长短的影响,他们利用一种化学物阻塞了多巴胺感受器在后突触膜上的位置,其结果是大大延长了射精后的不应期,平均从 326 秒延长到了 546 秒。第三个实验检验了去甲肾上腺素(norepinephrine)对不应期的影响,把去甲肾上腺素合成抑制剂注入大鼠的腹膜内会大大延长不应期,平均从 343 秒延长到了 526 秒。

从 McIntosh 和 Barfield 的研究可以得出下面几个结论:第一,在正常条件下 5-羟色胺系统抑制着射精后的再交配;第二,多巴胺和去甲肾上腺素途径与激发交配行为有关,还与维持正常的射精后不应期有关。其他一些研究也探讨了各种药物对中枢神经系统内突触传递正常过程的影响。例如:一种安定药氯丙嗪(chlorpromazine)是靠阻抑突触后膜感受器而对神经递质乙酰胆碱和肾上腺素起作用的。烟碱的作用类似乙酰胆碱,有促进突触传递的作用。镇静剂如巴比妥盐(barbituates)和戊巴比妥(pentobarbital)等都是靠干扰 5-羟色胺和去甲肾上腺素的合成与释放而发挥作用的。

6. 插管技术

微电极或微管和探针如何能插入脑的特定区域以便引入药物呢? Davidson(1966)曾利用插管技术(cannulation)检验了雄激素(androgen)与雄鼠性行为之间的关系。性行为是因为激素对特定脑区的直接作用而引起的吗? Davidson 对实验雄鼠进行了阉割,他往处理鼠的不同脑区植入结晶态睾酮丙酸盐(TP,是一种合成的雄激素),并在对照鼠的不同脑区注入胆固醇。结果发现,当往下丘脑和中视前区(media preoptic region)植入 TP 时会重新引发性活动,而往脑的其他部位植入 TP 时其影响较小或根本不会影响性行为。注入胆固醇则完全不影响性行为。Davidson 由此得出的结论是:在脑的下丘脑-中视前区,鼠的性行为是靠睾酮激活的。

7. 神经组织移植技术

移植技术是指把神经组织从一个动物移植到另一个动物体内,或是在同一动物体内从一个部位移植到另一个部位。把视前区组织从新生雄鼠移植到同胎雌鼠的视前区内会导致雌鼠行为的改变,成年鼠无论是雄性性行为还是雌性性行为都会有所增强。雌鼠神经系统的发育显然是受着雄鼠脑组织存在的影响。脑组织移植技术近年来也被用于生物钟的探索和研究,如研究蟑螂的活动节律。

8. 神经元的代谢活动

神经生物学的最新进展之一是利用放射自显影术测定神经系统(特别是中枢神经系统)局部区域内的代谢率。该技术所依据的事实是神经元利用葡萄糖满足其代谢需要,而且神经元也和其他所有细胞一样,其能量利用与其功能活动是分不开的。可以把用 ^{14}C 标记的脱氧葡萄糖(2-DG)注入实验动物体内,这种化合物会被细胞不同程度地吸收,主要是决定于细胞的活动率和能量利用率。2-DG 一旦进入细胞就会转化为 2-脱氧葡萄糖-6-磷酸酯(2-DG6P),而 2-DG6P 是不能进一步代谢的,因而被俘获在细胞内。

此后将实验动物的脑组织制成切片直接在 X 射线下进行放射自显影,显影片上会显示出不同深浅的灰色,代表着 2-DG 的吸收和利用率。接着便可利用标记化合物和放射自显影术测定神经活动。该技术的进一步发展是借助于计算机扫描技术分辨放射自显影中灰色的各种深浅。这种技术曾用于研究鼠的嗅球和印记对雏鸡特定脑区的影响,也曾用于研究在视觉刺激下蛙脑特定区域代谢活动的变化(Finkenstadt 等,1985)。

六、神经生物学与行为关系的研究实例

1. 蟋蟀鸣叫的神经生物学基础

多数种类蟋蟀(如 *Teleogryllus* 属和 *Gryllus* 属)的雄性个体都会发出具有物种特异性的鸣声,以便吸引同种的异性个体。雌性蟋蟀朝着鸣叫雄蟋蟀移动的行为就叫趋声性(phonotaxis)。鸣声的物种特异性对于保持种间隔离是非常重要的,否则在同一地理区域和同一时间鸣叫的不同种类的蟋蟀之间就会发生混淆。行为学家曾对蟋蟀的发声和收声过程,特别是雌蟋蟀对雄蟋蟀鸣叫的感知过程进行过详细的研究。

从早期的工作中我们便已知道,一些成年蟋蟀(如 *Teleogryllus commodus*)的中枢神经系统在孵化后的第 9~11 次蜕皮期间就具有了定型化的运动输出格局。与发声有关的神经元早在孵化时就已出现了,但它们仍需长大并在进入成虫阶段的那次蜕皮期间建立新的突触联系。通过检查蟋蟀各龄若虫与成虫发声有关的特定神经元,Bentley 和 Hoy(1970)弄清了作为发声基础的神经过程是随着每次蜕皮而逐渐发展起来的。只有发育到最后一个龄期,鸣叫的神经机制才能达到完善。

蟋蟀的鸣叫在很大程度上也受遗传控制。有两种澳大利亚蟋蟀(*Teleogryllus commodus* 和 *T. oceanicus*)的雄蟋蟀发出具有物种特异性的叫声吸引雌性。当把雌蟋蟀放入一个 Y 形迷宫,而迷宫的两个臂分别传来两种雄蟋蟀的叫声时,雌蟋蟀主动选择进入的那个臂通常都是传来同种雄蟋蟀的叫声。当用两种蟋蟀杂交产生的杂种后代进行测试时,雌蟋蟀对于杂种雄蟋蟀的叫声具有明显的选择性,而对于两种亲本雄蟋蟀的叫声选择性都较弱。这表明这些蟋蟀对于鸣声的感受性显然是具有遗传基础的。

利用一系列放置在蟋蟀神经系统特定部位的记录和刺激电极就可以研究蟋蟀发声的神经元机制(图6-11)。当联系头区与胸神经节的指令中间神经元受到刺激时便会产生神经冲动,这将引起肌肉收缩,接着是翅的位置发生改变,导致摩擦发声,于是我们就听到了蟋蟀的叫声。

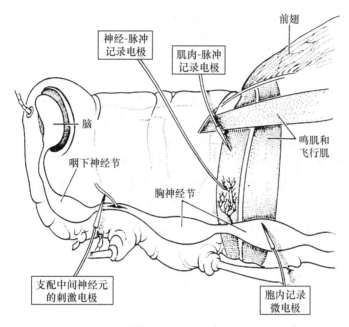

图 6-11 利用微电极研究蟋蟀发声的神经基础

电极可用于跟踪沿神经系统传导的冲动或刺激神经系统的特定结构。当位于头区与胸神经节之间的指令中间神经元刺激胸部中间神经元和运动神经元时就会引起肌肉收缩导致发声,在发声期间垂直肌纤维使翅闭合,而水平肌纤维使翅打开。仿 L. C. Drickamer

对雌蟋蟀收听雄蟋蟀叫声的过程也已有过详尽的研究。雌蟋蟀如何能够识别同种雄蟋蟀的叫声呢?就澳大利亚的一种蟋蟀(*Teleogryllus oceanicus*)来说,其鸣声包含了3种脉冲间间隔,它们都排列成固定的程序(图6-12)。雌蟋蟀对雄蟋蟀鸣声的反应可用两种方法进行检验。一种方法是把雌蟋蟀放置在一个场地上,而场地两侧各有一个用纱布覆盖的扬声器。当扬声器播放雄蟋蟀叫声的时候可观察雌蟋蟀是不是走向扬声器并停止在纱布上。另一种检验方法是当播放雄蟋蟀的鸣声时,观察位于下风处雌蟋蟀(用绳拴住)的转向反应。用播放的三种鸣声[图6-12(b)~(d)]对雌蟋蟀分别进行检验。结果表明:雌蟋蟀(*T. oceanicus*)是能够辨别和区分本种和近缘异种(*T. commodus*)雄蟋蟀的鸣声的。但当让雌蟋蟀(*T. oceanicus*)同时听到本种雄蟋蟀的鸣声和洗牌重组的鸣声时,它就不能区分它们了。这表明:从 *T. oceanicus* 雌蟋蟀的角度看,本种雄蟋蟀的特异鸣声与这种鸣声洗牌重组后的鸣声是等值的和没有区别的。这一发现也被下述事实所证实,即当让 *T. oceanicus* 在本种洗牌重组的鸣声和 *T. commodus* 雄蟋蟀的鸣声之间进行选择时,它选择的是前者。这些结果表明,*T. oceanicus* 雌蟋蟀对本种雄蟋蟀鸣声的识别靠的是鸣声内三种间隔类型的组合而不在意这三种间隔类型的排列顺序,但必须具有足够数量的间隔。

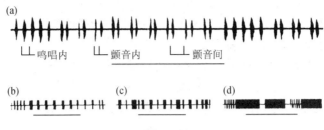

图 6-12

(a) 是蟋蟀（*Teleogryllus oceanicus*）鸣声的示波图，其下的水平线代表1秒。注意蟋蟀鸣叫有三种间隔类型。一支鸣曲包含4个鸣唱内间隔和9对交错排列的颤音内和颤音间间隔。(b)~(d) 是三种类型的电子合成鸣声图：(b) *T. oceanicus* 的鸣声图；(c) 洗牌重组的鸣声图；(d) *T. commodus* 的鸣声图，其下的水平线代表1秒

在雌蟋蟀感受声音的神经生理学方面也做了大量的工作。蟋蟀的听觉器官（耳）是位于前足的胫节上，每只耳大约由60个感受细胞构成，置入细胞内的微电极揭示：有些神经元专门调谐到接受同种异性个体的求偶鸣叫，其他神经元则调谐到适于接受种内各种鸣叫和潜在捕食者发出的叫声频率。随着声强的增加，这些神经元的反应潜伏期就会减少。两耳之间很小的声强差异都会导致反应潜伏期的微小变化，从而能使中枢神经节获得方向信息（Kleindienst，1980）。听觉感受器的神经元将把信息传送到蟋蟀前胸神经节的特定部位，至于神经冲动在中枢神经系统加工的详细过程目前仍是研究的热点。

蟋蟀是一个极好的实例，使人们能够研究神经系统与所观察到的行为之间的整合关系。例如在涉及蟋蟀鸣声的一个系统中，就有可能对神经解剖学与生理学之间的关系以及对塑造这些结构和过程的进化选择压力提出各种假说。

2. 神经生物学与蛙类的声音通讯

蛙类是研究动物神经系统与行为之间整合关系的第二个好实例。通过大量研究，我们关于蛙类神经系统与行为关系的知识已经有了很大增长，这些知识涉及青蛙是如何感知和听到叫声以及它们为什么要区分种间和种内的叫声。

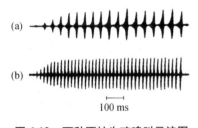

图 6-13 两种雨蛙生殖鸣叫示波图
(a) *Hyla versciolor*；(b) *Hyla chrysoscelis*。下面的短线代表100毫秒

无尾两栖类的大多数研究工作都是用美洲蟾蜍（*Bufo americanus*）和一些种类的小树蛙（*Hyla* spp.）做的。从早春到盛夏，蛙和蟾蜍所采取的寻偶对策是雄性在傍晚时发出鸣叫吸引雌性（图6-13），雌雄个体的配对抱握现象就叫抱合（amplexus）。在雌蛙或雌蟾产下卵团时，雄蛙或雄蟾就会排精使卵受精。在很多地方都是不同属不同种类的蛙或蟾一起鸣叫，但雌蛙总是能识别本种雄蛙的叫声并依据趋声性找到配偶。这种识别的基础之一就是雄蛙能发出本种所特有的叫声，此外还与雌蛙的感觉和中枢神经系统的加工整合有密切关系。

然而，对雄蛙叫声的物种特异性识别有什么好处呢？最明显的好处是同种的雌雄个体能彼此找到并完成交配。雄蛙的叫声应当说是交配前的一种隔离机制。如果没有这种识别就可能会有太多的能量浪费在不能导致卵受精的无效的生殖努力上。此外，在某些无尾两栖类如雨蛙（*Hyla* spp.）和牛蛙（*Rana catesbiana*）中，雌蛙对同种雄蛙可能是区别对待的，也就是说，

它们根据雄蛙的叫声表现出一定程度的配偶选择性,使雌蛙的生殖成功率有所不同。对于这些物种来说,无疑是对雄蛙鸣叫行为的进化和配偶选择过程都会存在一定的选择压力。最后,雄蛙的叫声可告知雌蛙自己所在的位置并准确无误引导雌蛙来到自己身边。

那么,雌蛙是如何识别和区分同种和异种雄蛙叫声的呢? 在对趋声性(phonotaxis)的研究中发现,雌蛙对雄蛙鸣叫频率的选择显然是与它听觉系统敏感性的测度相匹配的(Gerhardt,1987)。雌蛙对雄蛙叫声的识别可能存在两种机制。首先,雌蛙可对以声波形式输入的外来信息进行加工,靠脑中具有已编码的临时模板(temporal template)与外来信息进行比较并能确定什么信号与属于物种特异信号的模板相匹配。其次,雌蛙可对传来的鸣叫声进行加工处理,因为这种叫声是与其他声音(包括各种频率的蛙鸣)混杂在一起的,所以需要利用一个适合的过滤系统去发现并辨别出本种雄蛙的叫声。虽然目前我们对这两种信号加工机制了解得还不是很多,但从我们对无尾两栖类外周和中枢神经系统的了解判断,雌蛙的确是在利用一种相匹配的过滤系统对外来的听觉刺激进行评估。

在神经系统内是如何对外来听觉刺激进行过滤的呢? 无尾两栖类的外周听觉系统包括两个器官,即水陆两用乳突(amphibian papilla)和基乳突(basilar papilla)。前者对中低声频比较敏感,而后者对较高的声频更敏感。来自这些感觉器官的脉冲经由嗅神经进入脑再传输到几个部位。在播放各种频率的声音时记录来自绿树蛙(Hyla cinerea)嗅神经元的信息,我们就会知道雌蛙对两个范围的声频最敏感,这就是 600～1200 Hz 的低频区段和 3000～3800 Hz 的高频区段。绿树蛙雄蛙的鸣叫具有双峰频谱,两个峰分别是 1000～1100 Hz 和 3000～3800 Hz。因此对于绿树蛙的过滤系统来说,起作用的可能是一种神经生理装置。该过滤系统的最后步骤必定是在中枢神经系统,来自两个乳突的信息都会汇集在中枢神经系统的同一部位。只有当过滤系统的两个通路同时被激活的时候,雌蛙才会做出最强烈的行为反应。要想更深入全面地了解这一机制,就必须对无尾两栖类的行为趋声性、神经生理学和听觉系统解剖学作进一步的研究。

第二节 内分泌激素与行为

激素(hormones)是由身体各处特化的无管腺体或神经系统内被称为神经分泌细胞的神经元所分泌的化学物质,后者又称神经分泌物(neurosecretions)。激素是靠循环系统传送的,而神经分泌物则沿着神经轴突或在血液中传送。两者都是输送到各种靶标器官的信息物质,能影响生物的生长、代谢、水分平衡和生殖等各种生理过程。

很多昆虫(如蝗虫)从卵孵化到成虫期要经历一系列的若虫阶段(图 6-14)。每进入一个龄期就要蜕一次皮并经历体内体外的各种变化。然而这一系列的变化是靠什么内在过程调节的呢? 在发育的早期阶段如果把分泌蜕皮激素(ecdysone)的前胸腺移走,正常的发育程序就会终止。但如果植入另一只蝗虫的前胸腺或注射蜕皮激素,其发育程序就会得以恢复。激素的变化也与某些行为的转变有关,如食性、活动节律和生境选择等。蝗虫的迁移(无论是个体还是群体)与交配行为也受着激素的控制。

内分泌系统和神经系统都属于反馈系统,它们是动物与环境相互作用机制的关键部分,而且对动物的适应也极为重要。一般说来,神经系统对于动物体内的内外事件可以做出更快速和更专一化的反应,而内分泌系统的反应则较慢且较为一般化。

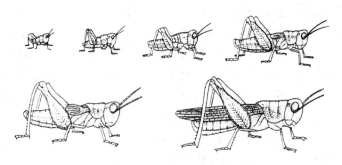

图 6-14　蝗虫的发育要经历 5~7 次蜕皮

每次蜕皮体内外特征都会发生很大变化,蜕皮及其生理变化都受着来自脑和各种腺体的神经内分泌物控制

一、无脊椎动物的内分泌系统

不同类群的无脊椎动物如棘皮动物、软体动物、环节动物和甲壳动物等都具有不同的内分泌系统。显然,激素与行为的关系在昆虫中是了解得最清楚的,特别是蝗虫。在蝗虫中,影响行为的内分泌物或激素大体是由五个部位分泌的(图 6-15):① 脑中的神经分泌细胞(neurosecretory cells);② 位于脑后大动脉旁成对的心侧体(corpora cardiaca);③ 位于食道两侧成对的咽侧体(corpora allata);④ 位于头后长条形的前胸腺(prothoracic gland);⑤ 位于身体后部的雌雄生殖腺(gonads)(图中未显示)。大多数昆虫都有类似的内分泌器官。

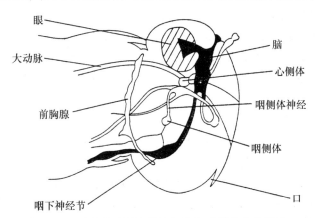

图 6-15　蝗虫的脑神经分泌细胞和头部的内分泌腺

无脊椎动物神经内分泌结构的一个重要特点是,它们要么直接与神经系统相关(如神经分泌细胞),要么借助于神经与神经系统紧密联系在一起,如使它们与脑相连或彼此相连。各个腺体也通过循环系统相互连接。神经内分泌腺体和神经系统的这种双重关系是脊椎动物和无脊椎动物激素系统的一个重要特征。因此,对行为施加控制影响的机制显然一直是在密切协调中进化的。

在无脊椎动物中,神经分泌物或激素不一定会对行为施加直接影响,它们作用的靶标可能是另一个内分泌腺,因此这些分泌物常被称为促神经分泌物(trophic neurosecretions)或促激素(trophic hormones)。例如:来自很多昆虫脑的很多神经分泌物就有促前胸腺分泌的作用,前胸腺反过来又可生产和分泌蜕皮激素以控制昆虫的蜕皮和发育。其他一些促激素则会影响迁移和交配行为。

二、脊椎动物的内分泌系统

脊椎动物的内分泌系统有什么特点？它们与无脊椎动物的内分泌系统又有什么不同呢？在进化过程中很多变化都是发生在动物的内分泌系统。特别是脊椎动物的内分泌系统已经进化产生了两个主要成分：① 脑下垂体(pituitary)，它位于脑腹面的下丘脑(hypothalamus)附近并与几个中枢神经系统的结构密切相连(图6-16)。脑下垂体和下丘脑是紧密相连的，共同形成了神经和内分泌系统之间的重要桥梁。这个桥梁对于这两个控制系统之间的整合是极为重要的，其中存在着两个连接：垂体后叶主要是由来自下丘脑的神经元组成的，而垂体前叶则靠下丘脑-垂体门静脉系统与下丘脑相连。脑下垂体产生促激素影响其他内分泌腺，同时也产生直接起作用的激素。② 其他内分泌腺体，包括甲状腺(thyroid)、松果体(pineal gland)、肾上腺(adrenals)、胰腺(pancreas)和生殖腺，这些腺体位于身体的各处。由垂体各个部位所释放的促激素就是肽(peptides)，肽的基本结构是由氨基酸链组成的。而来自肾上腺、精巢、卵巢和胎盘(placenta)的激素属于类固醇激素(steroid hormones)，这类激素都有碳环结构并生有各种附加的侧链。

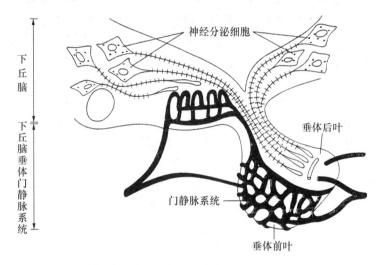

图6-16 脊椎动物神经内分泌系统的下丘脑和脑下垂体模式图

脑下垂体各部位的分泌物不仅可调节其他内分泌腺，而且可直接分泌能影响动物行为和生理的激素。垂体后叶细胞是下丘脑神经细胞的扩展，有贮存和释放神经分泌物的功能，下丘脑释放的其他神经分泌物则靠血液传送到垂体前叶，直接影响激素的生产和释放

1. 内分泌物及其对生理和行为的影响

脊椎动物的主要内分泌腺都有哪些种类以及它们是如何影响动物行为的呢？现在已知脑下垂体的几种分泌物对脊椎动物的行为和生理机制起着调控作用(表6-2)。催产素(oxytocin)和升压素(vasopressin)是下丘脑神经元生产的并贮存在垂体后叶神经终端，然后再作为神经分泌物被释放到血液中。催产素的作用是刺激子宫收缩，有助于交配后精子在雌性生殖道内的移动，而且也有助于分娩期间驱动胎儿。催产素也能刺激乳汁从乳腺中泌出。升压素则影响着肾脏的生理功能并可改变尿液浓度，从而有助于调节水分平衡。例如，高浓度尿液的排泄和身体水分的贮存是很多荒漠哺乳动物的生理和行为适应，如骆驼、更格芦鼠和沙鼠等。

表 6-2 脊椎动物激素的种类、来源及对动物生理和行为的影响

激素名称	来源	对生理和行为的影响
褪黑激素	松果体	调节年生殖周期
催产素,升压素	垂体后叶	排奶;催产;水分平衡
促黄体素(LH)	垂体前叶	形成黄体;分泌孕酮;分泌雄激素
促卵泡激素(FSH)	同上	卵泡发育;排卵(与 LH 和雌激素一起)
促乳素	同上	分泌乳汁;鸟类双亲抚育行为
促肾上腺皮质激素(ACTH)	同上	分泌肾上腺类固醇
促黑激素(MSH)	垂体中叶	变色
类固醇	肾上腺皮质	水分平衡;代谢;电解质平衡
肾上腺素,去甲肾上腺素	肾上腺髓质	血糖水平;压力反应
雄性激素	精巢	精巢发育;精子发生;第二性征
雌性激素	卵巢和胎盘	子宫发育;乳腺发育
孕激素	同上	维持妊娠

垂体中叶可分泌促黑激素(MSH),影响很多脊椎动物特别是鱼类、两栖类和爬行类染色体或色素细胞中色素颗粒的浓度和散布。如果没有促黑激素,色素颗粒就会呈集团分布,MSH 的刺激会导致颗粒的分散和颜色改变。例如:成年雄三刺鱼(*Gasterosteus aculeatus*)在正常情况下体侧呈灰白色,但当两条雄鱼在领域边界进行炫耀的时候,MSH 的释放会引发色素颗粒的散布,使鱼体两侧呈现亮蓝色。脊椎动物的颜色变化可以作为通讯信号或者在特定的背景下使动物达到隐蔽的效果。

可间接影响动物行为的四种激素是由垂体前叶分泌的,其中三种是可影响其他内分泌腺的促激素。在雌性动物中,促卵泡激素(FSH)和促黄体素(LH)可影响卵巢中卵的成熟周期、性接受力和妊娠。在雄性动物中,FSH 和 LH 可控制精子的生成和雄性激素的分泌。第三种促激素是促肾上腺皮质激素(adrenocorticotrophic hormone,ACTH),它可影响肾上腺皮质类固醇激素的生产和分泌。存在于鸟类和哺乳动物的一种脑垂体激素促乳素(prolactin)对母爱行为是很重要的,它能影响哺乳动物乳汁的生产和鸟类嗉囊乳的累积。在某些两栖动物中也曾发现过促乳素,它的功能可能是促使迁往有水的地方进行生殖。脑内的松果体可分泌多种激素,包括吲哚胺(indoleamine)、蛋白质和多肽(polypeptides)。对动物行为研究来说,其中最重要的是褪黑激素,它的作用是调节哺乳动物的生殖和年生殖活动格局。

生殖腺是由来自垂体的营养分泌物所激活的,使精巢分泌雄激素,卵巢生产雌激素和孕激素。在妊娠期间胎盘所分泌的孕激素对维持妊娠起着关键作用。这些激素不仅影响着动物的生殖、母爱行为和群聚,而且也决定着动物的某些起着通讯信号作用的第二性征。肾上腺激素与保持水分平衡、维持新陈代谢和电解质平衡有着密切关系。来自肾上腺髓质的肾上腺素(adrenaline)和去甲肾上腺素(noradrenaline)在突发的压力反应中起着重要作用。

所有激素作用的专一性都取决于靶标组织中感受器位置的专一性,对于肽和类固醇激素来说就是这样,不管靶标组织是属于其他内分泌腺还是不属于内分泌组织。在任一特定时刻,血流中的各种激素都可能传送很多信息,但一种对生理和行为有影响的激素只有当它与相应的感受器位置相接触的时候才能发挥作用,因此精巢分泌的雄性激素必须借助于血流传送到身体各处,雄性激素是通过脑中的靶标组织而影响精囊的生长、第二性征的变化和动物行为的。

2. 内分泌腺之间的相互作用

内分泌腺之间以及它们与靶标组织之间是如何相互作用的呢?很多内分泌腺的分泌活动

都具有反馈性质,即具有反馈环(feedback loops),如图6-17所示。脑垂体分泌的FSH和LH是受释放因子调控的,后者来自于下丘脑并流经下丘脑垂体门静脉系统。此后促激素FSH和LH被送入血液输送到精巢并在那里激活生精小管的精子发生过程,使间质细胞产生和释放睾酮。反过来睾酮又会进入血液传送到其他部位,包括副性腺和下丘脑。特化的下丘脑感觉细胞是构成身体内稳定机制的一部分并不断监测着血液中各种化学物质的浓度,其中包括睾酮及其代谢产物。因此当一个动物受到阉割时,它的睾酮含量就会下降,但同时FSH的浓度会增加。在这种情况下如果动物的行为发生了变化,那我们应当把这种变化归之于睾酮浓度的下降还是FSH浓度的增加呢?这一点也正是我们对影响行为的激素进行研究的难点之一。

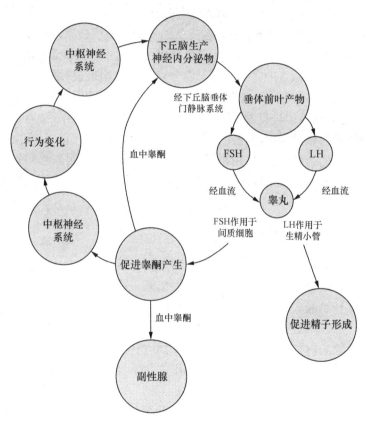

图6-17 雄性哺乳动物或鸟类内分泌生理活动的反馈环

反馈环是激素-行为关系的一个重要特征,有些通道涉及直接作用,如FSH和LH可直接激活精巢;而另一些通道则只涉及负反馈效应,如通过下丘脑血流中的睾酮是受到特定感受器调节的,高浓度的睾酮会减少释放因子的输出,这将对垂体前叶产生影响

处于循环状态的睾酮浓度影响着下丘脑往脑垂体分泌释放因子,这是一种负反馈关系。当血液中睾酮浓度增加时,下丘脑释放因子的分泌就会减少。相反,当血液中睾酮浓度下降时,经由下丘脑-垂体门静脉系统分泌到垂体前叶的释放因子就会增加并会引起FSH和LH输出的增加。在FSH、LH和雌性生殖激素如雌激素(estrogen)和孕激素(progesterone)之间也存在着反馈环,这种反馈环可用雌性哺乳动物的动情周期(estrous cycle)加以说明。在动情周期开始时,下丘脑刺激脑垂体释放FSH和LH,此时FSH浓度最大。FSH和LH可刺激卵巢中卵泡(follicle)的生长并由卵泡产生雌激素。当血液中的雌激素含量达到峰值时(标志着卵泡的

成熟),雌激素就会对脑垂体发生负反馈效应并减少 FSH 的释放。但雌激素对 LH 却会产生正反馈效应,随着雌激素浓度的增加,脑垂体会释放更多的 LH,从而使 LH 成为脑垂体分泌最多的激素。在自发排卵的哺乳动物中,卵泡成熟后,卵大约是在 LH 浓度达到高峰时被释放。成熟的卵泡在 LH 和促乳素(prolactin)的持续影响下分泌雌激素和孕酮(progesterone),但孕酮在血液中浓度的增加会对脑垂体产生负反馈效应,而后者则会导致 LH 释放逐渐减少。

雌激素和孕酮也会引起动物行为发生变化。各种动物在其生殖生理和内分泌学方面是各不相同的,但对哺乳动物来说,雌性个体通常是在动情周期时才接受雄性个体的求偶和交配,这一过程主要是受两种卵巢类固醇激素的影响。动物复杂的生理和行为变化是几种内分泌通道交互作用的产物,均与正反馈和负反馈系统有关。

皮质激素(ACTH)和肾上腺激素也存在类似的反馈环。反馈原理对于充分了解激素的相互作用及其对行为的影响是十分重要的。反馈环也受环境中各种因素(如日照长度)的影响,环境因素可以改变或决定激素的含量。对于内分泌相互作用来说,增效作用(synergism)和拮抗作用(antagonism)是非常关键的两个概念。雌激素和孕激素共同影响着脊椎动物的性行为,它们通常是一起在血液中进行着循环,这种效应常被称为增效作用,雌鼠的性接受能力常常取决于这两种激素的增效作用。与此相反的是,有些激素当它们一起在血液中进行循环时起着拮抗作用,即一种激素所起的作用刚好与另一种激素相反。例如起初雄鸽对一只可作为其潜在配偶的雌鸽显示出了攻击倾向,但最终会由于睾酮和孕激素的拮抗作用而使这种攻击倾向受到抑制。

三、激素与行为关系的研究方法

行为学家研究激素与行为关系的方法概括起来可包括以下几个方面:
(1)把某一特定内分泌腺摘除或移走以便评估某一特定激素缺失时对动物行为的影响。
(2)用从外部补给激素的方法增加动物体内激素的含量并观察对动物行为造成的影响。
(3)激素取代法,即把某一特定激素注射到动物体内或把动物体内的某一内分泌腺摘除,然后再移植另一动物的内分泌腺,同时观察记录对动物行为的影响。
(4)把对某种激素具有拮抗作用或竞争作用的化学物质注射到动物体内,以便干扰这种激素的效力并观察动物行为的变化。
(5)通过输血把一个动物的"激素状况"传递给另一个动物,同时观察由此所引起的行为效应。
(6)用放射免疫测定法直接测量血液中激素的浓度。
(7)通过测定某个次级特征间接地估测血液中激素的浓度,而这个次级特征(如皮肤腺的大小)往往依存于某种特定的激素。
(8)用放射自显影技术确定激素被吸收的位置。
以上这些研究方法在后面具体应用时还会更加详细地介绍。

四、激素的功能之一——激活效应

激素对行为的影响大体可区分为两类,一类是激活效应(activational effects),一类是组织效应(organizational effects)。在前者中,激素对行为的表达和表现来说好像是触发器,具有启动作用。当激素的分泌能引起一个快速反应时就是一种直接的激活效应,而间接的激活效应则需要更复杂的刺激和激素分泌程序。激素的组织效应是在生物发育期间表现出来的,例如:动物的性分化和身体组织的生长格局都受着激素的调控。下面我们先就激素对行为的激活效应及其相关过程举一些实例,然后再举例说明激素的组织效应。

1. 激素与无脊椎动物的蜕皮生长

除昆虫以外其他无脊椎动物的激素和神经分泌物,其功能与昆虫极为相似。甲壳动物、某些环节动物和软体动物都有一个或多个内分泌腺体,其分泌物可影响性别分化、配子成熟和生殖过程。在一些甲壳动物中,几种与行为有关的信息素都受着内分泌物的调控。很多甲壳动物以及其他节肢动物在生长过程中都要定期地进行蜕皮,如果把这些甲壳动物的眼柄切除,其相邻两次蜕皮的间隔时间就会延长。如果把某一特定神经内分泌腺的抽提物注入这些甲壳动物体内,其蜕皮现象就会消失。显然,这些腺体生产着一种抑制蜕皮的物质。很可能眼柄中的一些细胞能够生产和分泌一种物质导致两次蜕皮间隔期的缩短。

2. 激素与龄期

当咽侧体(corpora allata)被切除后,成年的雄性沙漠蝗(*Schistocera gregoria*)就不再表现有生殖行为,但当把另一只成年雄性沙漠蝗的咽侧体移植到这只被切除了咽侧体的蝗虫体内时,性行为就能得到恢复。但类似的一些研究表明,在某些种类的蝗虫中,咽侧体并不是生殖行为所必不可缺的腺体。

有些种类的蝗虫表现出独居型和群居型的分化。而隔离条件下饲养的蝗虫其活动能力较弱而且不会进行持续的飞行,但在拥挤条件下饲养的蝗虫常可进行长距离的迁飞。这些差异是有其激素方面的依据的。首先,独居蝗的前胸腺比群居蝗大;其次,由独居蝗发育而来的成年蝗保留有前胸腺,而由群居蝗发育成的成年蝗则没有前胸腺;第三,如果把前胸腺的匀浆注入群居蝗体内会使其活动力下降,而且,如果把独居蝗的前胸腺移植到群居蝗体内也会大大减少其飞翔活动。

3. 激素与身体颜色的变化

正如前面已提到的那样,促黑激素(MSH)可影响鱼类体色的变化。在短尾鼬(*Mustela erminea*)中,促黑激素也有同样的作用,短尾鼬在春季和秋季换毛期间,其毛被要经历季节性的颜色变化。春季MSH的分泌量会增加,于是新生的棕色毛会取代冬季的白色毛;秋季MSH的释放将受到褪黑激素的抑制,它是松果体分泌的另一种激素,此时正在发育的体毛是没有色素的,于是鼬的毛被又重新恢复到冬季的白色。由于短尾鼬毛被颜色的季节变化与环境的背景色配合得十分巧妙,所以它既具有行为上的也具有功能上的意义。这种隐蔽色可能具有双重功能,即狩猎时不易被猎物察觉,同时也不易被自己的天敌发现。

促黑激素对鱼类、两栖类和爬行类身体颜色的改变也起着重要作用,例如当两条鱼在其领域边界相遇并发生竞争时,它们身体的颜色就可能发生变化或颜色加深。促黑激素影响鱼类、两栖类和爬行类体色变化的一个有趣特征是引起生理变化的速度极快,常常是在几秒钟之内。

4. 激素与昆虫羽化

羽化(eclosion)是指昆虫变态过程中从蛹演变为成虫的过程,这主要是由激素调控的另一种激活效应。很多蛾类都是在一天的特定时间羽化的。羽化激素是由脑中的神经分泌细胞生产的,对羽化过程起着关键作用。如果在变态即将结束时把羽化激素注入蛹内,羽化行为就可能在一天的任一时刻发生,如特有的腹部动作和成虫出现后的展翅。很多被切除了脑的蛾子也能成功地完成羽化,可见羽化激素对于完成羽化来说并不是绝对需要的,但在这种情况下羽化过程就不能协调进行,有些活动(如展翅)就不会发生。

5. 激素与第二性征

激素除了对行为有直接的激活效应外,还可以影响动物的第二性征,公鸡受阉割后其作为第二性征的特有鸡冠就会明显减小。雄猫射尿通常是一种领地的标记行为,一旦精巢被摘除,射尿行为也就随之终止。在这两个实例中,第二性征(公鸡的鸡冠)和与性别相关的行为(射尿)所发生的变化都对动物的通讯行为有影响。

6. 激素与攻击行为和性行为

当环鸽受到阉割时,它的攻击行为、求偶行为和交配行为就会大大减弱。如果往阉割环鸽下丘脑的特定部位置入晶态睾酮丙酸盐,那上述的那些行为就会恢复正常水平,这些实验显然证实了睾酮对性行为和攻击行为的激活效应,并说明特定的脑区可以被影响性行为的睾酮所激活。

其他研究结果也表明:睾酮的存在与否可影响鸟类和哺乳动物的攻击行为,如环鸽、小鼠、大鼠、公鸡和猫等。未阉割的鸟和哺乳动物更富有攻击性,诱发战斗行为的潜伏期也比较短,战斗更加频繁。阉割术常用于各种家畜如猪、牛等,为的是减少其攻击性,便于人的驾驭。金仓鼠(*Mesocricetus auratus*)身体两侧有成对的胁腺,它可分泌脂肪标记环境中的物体,胁腺的发育与雄激素有关,因此测量胁腺的大小及色素沉着可间接估测雄激素在血液中的相对浓度。把4只体重相同未阉割的雄性仓鼠自断奶后便隔离饲养,当在一个大空间内把它们放到一起让其自由交往时,研究人员发现在其相遇表现和胁腺大小指数之间存在着明显的正相关性($r=0.77$)。该实验的主要特点是研究人员在把金仓鼠放在一起之前先对其胁腺进行了测量,因而能够根据胁腺大小(代表雄激素浓度)对相遇表现做出预测。在一个相关实验中,研究人员往每只被阉割的雄仓鼠体内注入了睾酮丙酸盐,但每只金仓鼠所注入的剂量不同。当让一组中的4只仓鼠自由交往时,研究人员可再次根据剂量的不同和相应的胁腺大小指数对相遇表现做出预测($r=0.81$)。有趣的是,研究人员也可以根据雌性金仓鼠胁腺的测量结果对雌鼠相遇的行为表现做出预测。

五、激素的功能之二——组织效应

对鹌鹑、斑马雀、荷兰猪、鼠和猕猴及其他动物所进行的研究清楚地表明:某些激素对动物早期发育时的性别分化有着重要影响。对哺乳动物的研究主要集中在生殖激素的组织效应,因为这些激素影响着以后成年个体的性行为和攻击行为。对鸟类的研究则主要涉及生殖激素对以后性行为的组织效应。下面我们举出一些研究实例以便说明激素对动物行为及其相关过程所施加的组织效应。

1. 激素对性行为和攻击行为的影响

如果雄鼠在出生后的4~5天内被阉割,那么在它发育到成年期时就不再有正常的性行为。如果当这只被阉割的雄鼠发育到成年时往其体内注入雌激素和孕激素,那么它的行为表现就和雌鼠无异,例如它会做出脊柱前凸的动作,这是雌鼠接受雄鼠爬跨和插入的典型动作。如果雄鼠发育成熟后再阉割,那么注入雌激素和孕激素就不能引发它表现出雌鼠的性行为。

在一次实验中往新生的雄性鼠崽中注入雌激素,当它成年后将其宰杀,经组织检查发现其产生精子的精巢小管发生了退化。虽然这些雄鼠仍表现有爬跨行为,但其行为很不正常,爬跨常常失准,而且不能射精。在出生后的4~5天内用人造雄激素或人造雌激素处理过的雌鼠,长大后不能表现出正常的月经周期。即使往其体内注入雌激素和孕激素对雄鼠的爬跨行为也毫无反应。当这些初生时就用性激素处理过的雌鼠在发育成熟时再注射人工雄激素,它就会表现出类似雄鼠的性行为。初生时用雌激素处理过的雌鼠长大后月经周期会变得不规律,若用人工雄激素处理则会发生永久性的阴道角质化。被雄性化了的雌鼠攻击倾向增加,战斗潜伏期缩短。

关于激素对雌性个体行为组织效应的类似研究还曾用豚鼠和猕猴做过,在妊娠期间用雄激素处理过的个体,其雌性后代具有雄性化的外生殖器(阴道口较小,阴蒂肥大),其性行为也类似雄性个体。

这些资料表明:对于发育早期的激素注射来说存在一个关键时期,就鼠类来说这个关键期是在出生后的4或5天内,但对豚鼠和猕猴来说这个关键期是在出生前,对新出生的豚鼠和猕猴进行激素注射,其效果与鼠类是不一样的。猕猴和豚鼠出生前的发育状态约相当于鼠类出生后的发育状态,所以在这些不同种类的动物中,注射激素的组织效应相对说来都发生在大体相同的发育阶段上。至于激素对鹌鹑和斑马雀生理和行为的组织效应也存在着关键期,就鹌鹑来说,雌激素组织效应的关键期是在孵化后的前两周内。

组织效应的一个有趣方面是在近年来才发现的,即并非生理和行为的所有方面都受到同样的影响。例如不同组的鹌鹑在胚胎发育的第9天或第14天用三种不同剂量(0,5或25 μg)的雌二醇(estradiol)进行处理,待孵化后的第4天进行阉割以便排除孵化后释放激素的混淆效应,当发育到成年时再给予外源性睾酮。结果在第9天给予处理的雄鸟(而不是第14天)表现出了去雄性化(demasculinized)的性行为,而且泄殖腔腺增长加快。但无论是第9天还是第14天处理的雄鸟,其啼鸣活动都有所减弱且血液中的LH浓度降低。可见,去雄性化过程并不完全局限于一个特定的关键期,不同的行为可能是在发育的不同时间受到影响的。

最近对3个月的爬行动物所做的研究表明:在花斑壁虎(*Eublepharis macularius*)、密河鳄(*Alligator mississippiensis*)和鳖(*Trionyx spiniferus*)中,行为的组织都是靠激素的组织效应实现的。如果在卵孵化前的适当年龄往这些爬行动物的卵中注入雌二醇,那么在雌激素的作用下,所有被处理的卵都会发育为雌性个体。可见,雌二醇显然会导致各种爬行动物生殖器官的雌性化。

2. 激素对其他行为和胎位的影响

激素除了对动物的性行为和攻击行为有组织效应外,对其他行为也有组织效应,Meany及其同事(1982)曾研究过糖皮质激素(glucocorticoids)对挪威鼠幼鼠玩耍-打斗行为的影响,这种激素可降低雄性幼鼠之间玩耍-打斗的激烈程度,使其不像成年雄鼠那样具有伤害性。但对雌性幼鼠作同样的处理则不会对它们的玩耍-打斗行为产生影响。可见糖皮质激素对鼠类玩耍-打斗行为的组织效应是因性别而异的。

家畜(如牛)龙凤胎中的雌性个体,成长之后往往不能生育后代,据认为是与激素的作用有关,即在胚胎发育的早期,两性胎儿的血液循环是互相连通的,因此雄性激素会进入雌性胎儿体内,引起成年后的不育。最近有很多人研究了出生后用雄激素处理孪生雌仔鼠对其行为的影响,方法是在孪生雌仔鼠3月龄时用丙酸睾酮处理100天,在停止处理后的3~12个月内对其行为进行测定,结果发现:处理鼠与对照鼠相比更具有竞争优势,但两者在外貌和正常的性周期方面并无差异。这表明:早期的激素处理对动物的行为有着持久性影响,处理鼠在与其他陌生鼠相遇时比较胆大和不害怕。类似的雄激素处理实验在赤鹿中也获得了相似的结果。

在大鼠和小鼠中,雌性胎儿的胎位对其生殖结构和行为也有影响,这些鼠在每个生殖周期

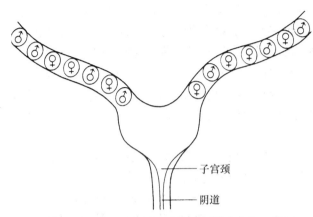

图 6-18　大鼠和小鼠的双角子宫及胎儿在每一个子宫壁中的排列顺序

每个幼崽的胎盘都附着在子宫壁上,其性别则用符号标明

要排放很多卵并孕育1～20个幼崽,它们都有双角子宫,胎儿在子宫中是按顺序排列的(图6-18),因此每一个胎儿都可能位于两个其他同性胎儿之间,或位于两个异性胎儿中间,或位于一雄一雌胎儿之间。大鼠和小鼠在妊娠后期分娩前后有一个生产和释放雄激素的短暂期,子宫中的雌鼠崽可能受到来自相邻鼠崽分泌睾酮的影响而雄性化。据研究,肛门与生殖孔之间的距离(肛-殖距离)是受雄激素影响大小的一个很方便的衡量尺度,那些在子宫中位于两雄鼠之间的雌鼠,其肛-殖距离要比位于两雌鼠之间的雌鼠大。此外受影响的还包括一些行为和生理特征。在大鼠中因在子宫中的胎位而遭到雄性化的雌鼠表现出较强的爬跨行为,而在小鼠中则表现为月经周期延长、攻击行为更强、较早衰老、日活动水平下降和更多地表现有类似雄性个体的性行为。有趣的是,胎位位于两雌胎儿之间的雄鼠具有较多的雌二醇(estradiol),活动水平较高,性行为较弱,而且生殖结构和脑结构也有改变。

从上述事实和实验不难看出,生殖激素对动物行为的组织的确具有影响。在早期发育的适当时刻产生的性激素(包括雄激素和雌激素)借助于产生类似雄性的个体或类似雄性的行为而影响着正在分化的脑,这一切与实际的遗传性别无关。早期性激素的分泌显然会使脑对在血液中循环的其他激素变得更加敏感,并使动物产生特定的生理和行为反应。

3. 甲状腺和肾上腺激素的影响

甲状腺(thyroid)和肾上腺激素对动物的行为同样具有组织效应,去除了甲状腺的大鼠常表现为呆小病(cretinism):生长缓慢、性成熟推迟和神经系统发育减缓。此外还表现为活动变慢和学习能力很差。在大鼠婴儿期每天用这些激素处理几分钟,长大后的成年鼠对胁迫环境反应较迟钝。

4. 激素对无脊椎动物行为的组织效应

无脊椎动物的很多生命过程都与激素对行为的组织效应有关,例如当昆虫的蛹羽化为成虫时和昆虫进行周期性蜕皮时,就涉及某些特定激素对行为的组织效应。昆虫变态的最后一个阶段叫羽化(eclosion),而蜕去旧皮的过程叫蜕皮(ecdysis)。在蜕皮程序中有三种与蜕皮有关的行为,即寻找适于进行蜕皮的栖点、有利于脱掉旧皮的特定动作和新表皮伸展紧贴全身。这一程序的各个阶段都受昆虫体内羽化激素浓度的影响,激素效价的改变以及这些改变的时间性都具有可影响动物行为程序的激活效应。然而对于某些昆虫来说(如烟草天蛾 *Manduca sexta*),在该程序中某些激素的变化对于后续的效应具有启动和组织作用,因此羽化激素浓度在该程序早期阶段的下降对于启动某些预备行为(如寻找栖点)是必不可少的,而且也可使该系统对较晚阶段羽化激素效价的增加做出反应。如果把一种类似羽化激素功能的外来激素注入烟草天蛾体内,而且是正处在这种激素的自然衰减阶段,那么本应到来的下一发育阶段就会推迟到来,这就是剂量制约效应,即外来激素的剂量越大,下一阶段到来的时间就越晚。

蜕皮激素（MH）和保幼激素（JH）是无脊椎动物的常见激素，它们相互作用控制着昆虫的生长和变态。当血液中保幼激素浓度很高而且有蜕皮激素存在时，昆虫就会继续生长和分化，但不会蜕皮发育到成虫期。如果只有蜕皮激素单独起作用，就会诱导昆虫进行蜕皮、发生变态并发育到成虫阶段。对一些昆虫的研究还表明，昆虫的发育分化和性器官的成熟与生殖激素有密切关系。

六、激素、环境与行为之间的相互作用

激素的激活效应常常涉及行为、激素和特定环境刺激三者之间的复杂相互作用，下面我们以实例来详细说明这种复杂的互动关系。

1. 环鸽生殖行为的激素调控

环鸽的整个生殖程序如图6-19所示。把雄鸽与雌鸽放在一起不久，雄鸽便开始向雌鸽求偶。被阉割的雄鸽没有求偶表现，这说明雄激素对这一生殖程序的开始是必不可少的。雄鸽的求偶行为可刺激雌鸽的脑下垂体释放促卵泡激素（FSH），而FSH可促使卵巢中的滤泡发育，滤泡可分泌雌激素使环鸽在1~2天内便可开始筑巢。巢的存在本身可刺激雌鸽和雄鸽生产和分泌黄体酮。黄体酮的功能之一就是促使雌雄鸽的孵卵行为，产卵则是由雌鸽脑下垂体分泌的促黄体激素（LH）所激活的。在雄鸽体内黄体酮和睾丸素的作用刚好相反，它可抑制求偶行为和侵犯行为，而代之以孵卵行为。

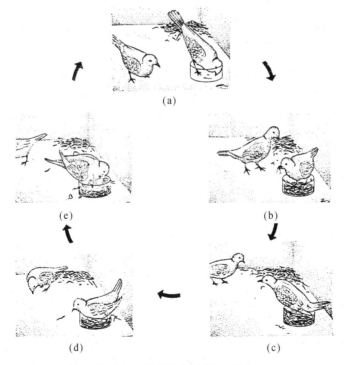

图6-19 环鸽的生殖行为周期

该周期包括：(a) 求偶和交配；(b) 筑巢；(c) 产卵；(d) 孵卵；(e) 喂雏。该周期将重复进行

由黄体酮的分泌所维持的孵卵行为可维持14天，在此期间雌雄鸽轮流孵卵。在巢中卵的刺激下和孵卵行为的兴奋作用下，雌雄鸽的脑下垂体将分泌促乳素（prolactin），它的功能是抑

制促卵泡激素和促黄体激素的分泌,导致全部性行为的消失。促乳素也能促进雌雄鸽嗉囊的发育和生产嗉囊乳(即鸽乳),这是一种营养丰富的液体分泌物,雏鸽出壳后,双亲马上就可用嗉囊乳喂养雏鸽。在此后的10~12天内,双亲不断用鸽乳喂养雏鸽。到育雏末期,喂食行为的减弱是由于促乳素分泌量的减少。随着促乳素分泌活动的减弱,脑下垂体又重新分泌促卵泡激素和促黄体激素,于是这对环鸽又会再次求偶和开始一个新的生殖周期。

在这一生殖程序的每一个阶段,每只鸽的体内状况都与外部刺激相互作用,从而表现出我们所观察到的行为。这里起作用的因素包括:① 雌雄鸽的行为表现,每一性的行为都可刺激配偶的激素分泌和行为变化;② 雌雄鸽体内的激素状况(包括反馈环);③ 环境刺激(如巢和卵的存在),它能影响雌雄鸽的激素分泌和行为变化(图6-20)。

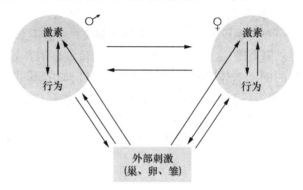

图6-20　激素、环境与行为间的相互作用影响着环鸽生殖行为的同步化
双向箭头表示反馈关系,单向箭头表示直接影响

为了了解配偶和筑巢材料的存在对雌环鸽孵卵行为的影响,Daniel Lehman(1965)等人曾设计了如下的实验:① 对照组单独饲养雌鸽;② 第二组雌雄鸽一起饲养;③ 第三组雌雄鸽一起饲养并放筑巢材料。然后为每组提供一个含卵的巢并记录孵卵雌鸽的百分数,结果是:对照组雌鸽不孵卵;第二组到第6~8天时孵卵雌鸽的百分数逐渐增加;第三组到第8天时雌鸽全部孵卵。由此得出的结论是雄鸽和筑巢材料的存在对于雌鸽完全的孵卵行为是必不可少的。对雄鸽所做的类似实验也说明:雌鸽和筑巢材料的存在对雄鸽完全的孵卵行为也是必不可少的。

在另一个实验中,让雄鸽求偶、与雌鸽交配并参加筑巢工作。当雌鸽已产卵并开始孵卵后,让每只雄鸽透过隔板能看到雌鸽在孵卵但它们自己不能孵卵,因此这些雄鸽只受到了雌鸽孵卵的视觉刺激,但它们的嗉囊都得到了正常发育并在雏鸽出壳后能正常喂雏。而那些不让看到其配偶孵卵的雄鸽,嗉囊都得不到发育,也不能喂雏。可见对嗉囊的发育来说,虽然参与建巢活动是必要的,但却不一定需要直接参与孵卵,只要受到雌鸽孵卵的视觉刺激就可以了。

2. 家麻雀生殖中激素的功能

1987年,Hegner和Wingfield在两项研究中阐明了在树栖家麻雀的生殖中激素与环境因素之间的相互作用。第一项研究是人为操控雄雀睾酮的浓度,以便确定睾酮对亲代投资量和生殖成功率(出巢幼鸟数)的影响。他们假定在生殖季节早期睾酮浓度会因雄雀竞争和保卫领域而有所增加,但对于表现有正常亲代抚育行为的雄鸟来说,睾酮浓度必须随着生殖程序的进行而下降,因为在正常采食喂幼期间如果睾酮浓度太高就会把太多的时间花费在保卫领域上,因而难以为雏鸟供应足够的食物。当育雏期结束时,睾酮浓度会再次升高以便进入下一个生殖程序。

为了验证上述假说,他们于春天生殖季节捕捉雄麻雀并在其皮下植入一个小胶囊,内含以下三种物质之一:① 睾酮;② 雄激素拮抗物(flutamide),可抑制睾酮的摄取;③ 不含任何物质以作对照。然后观察这些鸟在生殖期间的行为表现并定期采取血样以便评估鸟体血液中激素的浓度。睾酮在雄雀血液中浓度的变化如图 6-21 所示。总的说来,用睾酮处理过的鸟其生殖成功率明显下降,平均每巢出巢幼鸟 2.6 只,而用雄激素拮抗物处理过的鸟每巢出巢幼鸟数为3.8 只。被植入空胶囊的对照鸟每巢出巢幼鸟数为 4.2 只。造成这种差异的一个主要因素是用睾酮处理过的雄鸟在育雏期的回巢喂食次数只有其他两种处理的一半,而为保卫领域和鸟巢所花费的时间则是其他两种处理鸟的 2~6 倍。

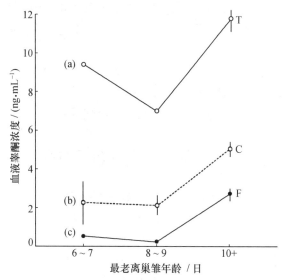

图 6-21　在三种不同处理条件下,雄麻雀最老巢雏的年龄与血液中睾酮浓度之间的关系
(a) 代表植入的胶囊中含睾酮;(b) 代表对照;(c) 代表植入雄激素拮抗物

在另一项研究中,Hegner 和 Wingfield 还研究了巢中雏鸟数量与亲代投资、生殖成功率和内分泌之间的关系。他们用下列方法操控家麻雀巢中的雏鸟数:① 在一些巢中添加两只雏鸟;② 从一些巢中拿出两只雏鸟;或③ 保持巢中雏鸟数的自然状态(3~6 只),不加干预。然后开始记录亲鸟喂雏次数、出巢幼鸟数并在留巢雏发育晚期采取血样,测定雄激素、皮质酮(corticosterone)和促黄体激素(luteinizing hormone)的浓度。家麻雀的养育能力很强,窝中被人为增加了雏鸟数的鸟巢会有更多的幼鸟出巢,但其平均体重要比其他两种处理小一些,而且亲鸟必须花费更多的时间喂雏。喂养较多雏鸟的亲鸟往往会推迟下一窝产卵的时间,而且下一窝的产卵数也会减少。这种现象是因为亲鸟已付出了额外的能量消耗,而且也需要更多时间才能恢复到自由清闲状态,特别是雌鸟。对养育较多雏鸟的雄鸟来说,其血液中双氢睾酮(dihydrotestosterone)的浓度较高,但其他激素的浓度三种处理没有明显差异。这些实验结果表明:亲鸟在第一窝喂养了较多的雏鸟,在下一窝就会减少产卵量,从而舒缓一下生殖所造成的压力,这是行为的一个自我调节过程。

3. 绿安乐蜥的生殖程序与激素

Crews 和 Greenberg(1981)对绿安乐蜥(*Anolis carolinensis*)生殖行为的内分泌学进行了田

间和室内研究并探讨了各种内分泌-行为事件对环境适应的意义。为了更好地了解激素与行为之间的相互关系,首先必须弄清这种蜥蜴的年生殖周期。根据对绿安乐蜥一个地方种群的研究,可以确认其年生殖周期由以下四个阶段组成:① 从9月末至次年1月末栖于树皮下或石块下处于休眠状态;② 2月份雄蜥解除休眠并开始建立生殖领域;③ 3月雌蜥开始活动,4月末进行交配,到5月份每10~14天产一粒卵并持续数月;④ 8月份雌雄蜥蜴会进入为时大约一个月的不应期,在此期间能导致春季生殖活动的同样环境和社会因素则不再起作用。

把田间工作和室内实验结合起来便能看出有关绿安乐蜥生殖的一些重要结论。春季温度的升高和雄蜥的求偶行为影响着雌蜥的卵巢发育和产卵行为。雄蜥在炫耀期间垂肉的扩展对雌蜥的配偶选择是很关键的,而且可促进雌蜥的卵巢活动。只有在最可能怀孕的时候,雌蜥才会接受雄蜥的靠近,这种可接受性部分地是受滤泡细胞所分泌的雌激素(estrogen)调节的。交配活动本身可抑制雌蜥其后的可接受性,这种抑制作用开始于交配后的24小时内,在这整个生殖周期内都起作用。

对雌蜥交配的这种抑制是有其适应意义的,因为绿安乐蜥的交配持续时间较长,而且交配地点通常是暴露的,一对正在交配的蜥蜴很容易遭到其他动物的捕食。事实表明,蜥蜴在交配时比从事其他活动时更容易被人捕捉。因此,雌蜥的可接受性和交配通常是局限于最容易受孕的一段时间内,这具有明显的进化意义。在冬季休眠的不应期内生殖的中止至少有两个方面的适应,首先是确保幼体不在食物资源不足和环境条件不好时出世;其次是保证雌蜥在冬季时能增加脂肪贮存,而不是把能量用于生殖。

雌蜥和雄蜥的性行为是受性激素的调控,很多其他脊椎动物也是如此。研究发现:当雌蜥被注射了孕酮(progesterone)并在24小时后再注射雌激素,就会诱发雌蜥的可接受性,这就是所谓的协同效应(synergistic effect)。用这两种同样的激素处理大白鼠也同样能诱发大白鼠的可接受性。用自动射线照相术(autoradiography)研究大脑特定区域对性类固醇的吸收,从而进一步确认了在安乐蜥和大白鼠中的发现。实验人员把放射标记的雌激素注射到动物体内,几小时后将动物杀死,对大脑进行冷冻切片,然后把切片置于用感光乳剂处理过的特定玻片上,在暗室中放置数日至数月不等。最后对玻片进行显影找出大脑吸收性类固醇的区域。无论是安乐蜥还是大白鼠,吸收区都集中在大脑的中隔和视前区。这些研究和比较研究的有关发现都为将来各类脊椎动物激素与行为相互关系的研究提供了可借鉴的方法。

曾用鞭尾蜥(*Cnemidophorus inornatus*)对雄蜥和雌蜥之间相互关系作过进一步的研究。鞭尾蜥与安乐蜥一样,其生殖具有明显的季节性,生殖腺会在非生殖期萎缩。雄蜥的存在本身可促进雌蜥卵巢的发育,同样,雌蜥的存在也能刺激雄蜥精巢的发育。另外的两个发现则增进了我们对雌雄鞭尾蜥之间相互关系的了解:对被阉割的雄蜥来说,雌蜥的存在可刺激某些但不是全部雄蜥的求偶行为;对整个求偶程序的恢复来说,引入外来的雄激素是必不可少的。雌鞭尾蜥只在其卵形成过程的特定时段内才对雄蜥的求偶做出反应,如果离排卵太早或太晚,雌蜥都会拒绝雄蜥的求偶。对于季节性生殖的物种来说,雌雄间高度的协调关系对保证生殖的成功是极其重要的。

七、动物的睡眠行为

睡眠是广泛存在于动物界的一种行为现象,它的主要特点是长时间处于不动状态,对外界刺激反应迟钝或完全没有反应。行为学家曾研究过很多脊椎动物在自然状态下的睡眠习性,其中包括睡眠状态本身和每一种动物所特有的眠前活动,从而大大丰富了睡眠的概念。生理学家则着重研究睡眠的控制机理,从而揭示出许多至今尚未完全了解的现象,这些现象已经引起了很大争论,并导致对睡眠的性质进行重新评价。下面我们着重从行为学角度对动物的睡眠作一个综述。

1. 动物睡眠的几个行为学特点

(1) 长时间保持不活动状态:虽然有些动物的睡眠时间很短,但大多数动物的睡眠都要持续很多小时,在这期间一直保持不活动状态。动物在睡眠中一般要进行多次姿势调整(特别是恒温动物),幼小动物可在睡眠中吸吮奶汁,反刍动物也可在睡眠中进行反刍,甚至各种无意识的修饰整洁活动也可在睡眠期间发生,但是动物在睡眠时绝不离开它们的睡眠地点。

(2) 反应阈值增加:深眠中的动物对外界刺激或是没有反应,或是反应非常迟缓。例如:一条正在睡觉的鱼,有时可以把它拿在手里,甚至把它拿出水面后它才开始挣脱。最胆小的动物往往也最难把它们从睡眠中惊醒,这是因为它们易受攻击的特点常常使它们选择最安全的地点睡觉,在这里,它们通常是不会受到任何干扰的。

但并不是所有的动物睡眠都很深,很多食草哺乳动物的睡眠是很浅的(如大象、野牛和野兔等),它们对哪怕是很小的危险都很警觉,并能做出迅速而强烈的反应。对大象的观察表明,它们在睡眠中对来自同伴的较大扰动毫无反应,但对它们所不熟悉的轻微声响却极为敏感。这说明,睡眠中的动物仍然保留着对环境刺激的辨别能力,而且对刺激的反应比苏醒时有更大的选择性。

(3) 睡眠的可逆性:睡眠同昏迷、麻醉和药物所引起的沉睡状态不同,它很容易被强烈的刺激惊醒,并恢复到清醒状态。一般认为,入睡和苏醒都有特定的神经控制机理在起作用,这些机理对体内的生理条件和外界刺激都能做出反应。变温动物从睡眠中醒过来的速度比恒温动物要慢得多,因为它们的体温在睡眠时可以大大低于最适体温。

(4) 睡眠姿势:各种动物的睡眠姿势是很不相同的,但是同一种动物的睡眠姿势通常是不变的。马、象、牛和鹿等动物,由于有特殊的骨骼适应性,它们可以站着睡觉。树懒和某些蝙蝠是头朝下挂着睡觉。很多食肉动物都在不同程度上蜷曲着身体睡觉,蜷曲的程度常常与环境温度有关。每一种动物的睡眠姿势同它们的解剖学和生理学特点以及所处的环境特点最相适应。

(5) 睡眠地点:各种动物所选择的睡眠地点是很不相同的,但同一种动物大都选择相似的地点睡觉,而且很多个体天天都在同一个地方睡觉。动物的睡眠地点一般是经过仔细选择的,以减少被捕食的危险,而且不致暴露在严酷的环境条件下如极冷或极热。因此,动物常常在地下的洞穴里和高高的树上睡觉。而一些凶猛的动物,例如狮子和姥鲨常常睡在毫无隐蔽的地方。还有一些动物主要依靠高度的警惕性来保证睡眠时的安全,而不是靠选择睡眠地点,例如,生活在开阔草原上的大型食草动物很难找到隐蔽地点。

动物的睡眠地点与活动地点通常是分开的。椋鸟夜晚在大城市中心睡觉,白天则飞到城郊去觅食。河马喜欢站立在湖里睡觉,但取食时则要到湖岸上去。牛鹭整个白天都栖息在食草动物的背上取食昆虫,但夜晚却要飞到几千米以外的大树上去睡眠。

(6) 睡眠的节律:有些动物晚上睡觉,有些动物白天睡觉,还有一些动物白天晚上都睡觉,只是在黎明和黄昏时活动。大多数动物都在一天的某一特定时刻睡眠,道理很简单:大多数鸟类在黑暗中是看不见东西的,因此,不能进行正常活动;很多爬行动物在夜晚时体温下降,也不能有效地进行活动。捕食动物的活动时间则取决于什么时候最容易获得猎物。一般说来，动物的睡眠时间总是选择在环境最不利和食物最短缺的时候。对陆生动物来说，昼夜交替是影响动物睡眠节律的主要因素，但是在海洋里（特别是沿岸带），影响动物睡眠节律的最重要因素很可能是潮汐现象。

在实验室里，用哺乳动物、鸟类、甲壳动物和昆虫所做的实验表明：环境变化并不是决定动物睡眠节律的唯一因素，动物的某种内在机制也对睡眠节律有影响，有人把这种内在机制称为生物钟。生物钟使动物能够预知环境的周期变化，并使动物对反常的气候变化（如温度、湿度和光）变得不那么敏感。这些生物钟可影响睡眠的控制机制，使动物在每天特定的时刻进入睡眠状态。

2. 动物睡眠的持续时间

从表6-3看，各种哺乳动物在人工饲养条件下平均每天的睡眠时间（0～20小时）是很不同的。这种巨大差异是很难用这些动物之间的生理差异来解释的。但是，如果研究一下各种动物不同的生活方式以及它们的存活对积极活动期的依赖性，我们就能找到比较满意的答案了。

表6-3　各种哺乳动物每24小时的睡眠时间

小时数	动物名称	小时数	动物名称
20	二趾树懒	10	刺猬，黑猩猩，兔，瞎鼠
19	犰狳，负鼠（鼩），蝙蝠	8	人，鼹鼠
16	狐猴，树鼩	7	豚鼠，牛
14	仓鼠，松鼠，河狸	6	貘，山羊
13	鼠，猫，小家鼠，猪，袋鼠	5	霍加坡马，宽吻海豚，巨头鲸
12	绒鼠，食蚁兽	4	长颈鹿，象
11	美洲虎	0	鼠海豚，鼩鼱

大型食草动物每天必须花费大量时间进食，睡眠时间必然减少。而负鼠（即鼩）以营养丰富的腐肉、昆虫、果实和谷物为食，每天只需花很少的时间取食就能满足能量需要，同时，它们选择的睡眠地点又十分安全，因此一天可以睡19个小时。

另外，很多动物的活动都受环境条件的限制，使它们每天有很多时间不能从事任何活动。如鸟类的夜视力不好，夜晚无法飞行，因此只好睡觉。温度的日变化也能对动物的活动起限制作用，特别是对一些小型陆生爬行动物，因为它们的体温是随着环境温度的变化而变化的。例如：生活在高海拔地区的滑喉蜥（*Liolaemus*），那里白天太阳晒得很热，夜晚却非常寒冷并有冰冻，因此，滑喉蜥夜晚必须躲到地下深洞里去，白天从洞里出来靠太阳把身体晒暖后才能进行各种活动。

总之，动物的睡眠时间主要决定于它对非睡眠时间（积极活动期）的需要，这一原理完全适用于幼小动物。对所有动物来说，幼小动物的睡眠时间都毫无例外地比成年动物多，而且，幼小动物睡眠时间的长短与它们出生时的成熟程度有关。猫和鼠在出生时发育程度最差，所以猫仔和鼠仔的睡眠时间也最长。相对说来，新生豚鼠的睡眠时间要少得多，因为它们在出生时神经系统已发育得非常好。个体发育的研究表明，动物出生以后，睡眠时间将随着年龄的增长而缩短，而睡眠最多的是早产儿。幼小动物多睡眠有利于双亲对它们的抚育和减轻双亲的劳累。

3. 睡眠的进化

人和哺乳动物的睡眠现象在本质上与其他脊椎动物的睡眠现象是一样的,不仅如此,脊椎动物与某些无脊椎动物(如软体动物和昆虫)的睡眠现象也非常相似,这表明:在动物的进化史上,睡眠现象的发生可以追溯到很远。

哺乳动物和鸟类在睡眠时都有特定的脑电活动形式,而爬行动物却没有。这主要是由于爬行动物的脑与哺乳动物的脑和鸟类的脑在形态学上有着明显差异。因此,在它们之间很难找到一个统一的睡眠标志。事实上,爬行动物睡眠时和活动时的脑活动是相似的,而且在很多方面也与哺乳动物非睡眠时的脑活动相似。因此,要想知道爬行动物是不是在睡眠,主要应当采用行为学的标准。例如,避役(*Chamaeleo melleri*)每天在太阳落山时都回到一个树枝上,整个夜晚都显示出一种特定的姿态,眼球回收,这是睡眠的一个明显行为标志。凯门鳄(*Caiman sclerops*)的长期休眠分为警觉期和非警觉期,这两个时期都各有特定的状态。在非警觉期对外界刺激几乎没有反应,实际上是在深眠。

虽然我们对两栖动物的研究很少,但已知有些种类是有睡眠现象的,如虎纹钝口螈(*Ambystoma tigrinus*)、古巴雨蛙(*Hyla septentrionalis*)和蟾蜍(*Bufo arenarum*)等。蝾螈和蟾蜍在睡眠时脑电活动发生相应改变。雨蛙在睡眠中受到刺激时懒得跳起。蟾蜍在睡眠时眼睛是闭着的,头位下降。据观察,美西螈(*Ambystoma mexicanum*)成群悬浮在水中睡觉,下面有水生植物托举着它们,此时它们对刺激的反应非常迟钝,而且鳃的活动频率大大下降。但至今还没有人观察到牛蛙(*Rana catesbiana*)有睡眠现象。鱼也在白天或晚上进入睡眠状态,睡眠时静静地呆在石上、石下、砂上或钻入砂堆中,有时隐藏在水生植物丛中。有些鱼在睡眠时会改变颜色,这可能与防御有关。

至今还有很多人不愿意把无脊椎动物(特别是昆虫)的不活动期理解为是睡眠。实际上,很多昆虫在不活动期具有明显的睡眠特征。已知蝶类和蛾类会选择特定的睡眠地点,那里往往是最好的隐蔽场所。其中有些种类在不活动期还采取特定的睡眠姿势,如地中海粉螟(*Anagasta kuehniella*)其触角在正常情况下是向前伸的,睡眠时则倒向后方紧贴在翅上,两触角互相交叉,末端隐藏在翅下。它们在睡眠时对外界刺激极不敏感,甚至用一个微型刷把它的一只翅挑起和放回时,也毫无反应。其他无脊椎动物也有类似现象,特别是软体动物(如头足类)表现非常明显。这说明,睡眠已经经历了一个很长的进化过程了。

第七章 行为发育

第一节 动物发育期间行为发生变化的原因

在动物发育期间各种行为是陆续出现和消失的,一种行为在动物发育到一定阶段时出现了,但此后不久就可能消失或发生变化。行为在发育期间发生变化的原因主要有以下四个方面。

一、神经系统发育引起的行为变化

有时行为的变化是对神经系统发育做出的反应,对一个正在发育的动物来说,其行为与神经系统状况之间的相关性在胚胎发育期间表现得最明显,以鲑鱼胚胎发育期间的神经和行为发育为例:鲑鱼胚胎的第一次运动是心脏的微弱颤动,紧接着就是背部肌肉系统的活动。有趣的是,心脏最初的抽动和背部肌肉活动都发生在神经系统形成之前,因此这些活动都是肌源性的(myogenic),搏动是始于肌肉自身。大约是在胚胎发育的中期,主要的运动系统出现在脊髓中,不久,运动神经元就会与前部肌肉相连接,使得胚胎具有了弯曲的能力。随着身体两侧和不同地点神经联系的发展,胚胎首次表现出了类似游泳的波状运动。短时间以后,躯体的感觉系统开始发育并与皮肤相连接,此后不久,胚胎就能对接触刺激做出运动反应了。最终,支撑两侧鳍和颚运动的神经回路形成了,使这些形态结构能开始进行独立和协调的运动。神经与行为继续进行发育(事实上此时的幼鲑尚未完成孵化),但从上述描述中可以看到,神经系统的变化是构成新行为实现的基础。

与此相关的一个问题是当一个过时行为在发育期间消失时神经回路会出现什么情况？在一些实例中,过时行为一旦消失,神经回路也随之消失或发生永久性改变,但这种改变不会发生在与小鸡孵化相关的各种行为中。在正常情况下,孵化行为在小鸡的生命中只出现一次,通常是在孵化末期的45～90分钟期间内。孵化时小鸡靠一系列的固有的本能动作从蛋壳中挣脱出来,这些动作包括上体旋转和头与足的冲击。由于与孵化有关的行为会在孵化以后消失,所以 Anne Bekoff 很关注构成这些行为(特别是足的运动)基础的神经回路的命运。他提出的问题是当把已孵出的小鸡重新放回蛋壳内时会出现什么情况？为此他把已出壳多达61天的小鸡又放回到一个人造的玻璃蛋壳内并记录它们的行为和肌肉运动。每只小鸡都被轻柔地折叠成孵化的姿势并放入适当大小的透气的玻璃蛋内,在被放入玻璃蛋中的2分钟内,所有年龄的小鸡所表现出的行为在数量和质量上都很像是孵化行为。这表明这些行为在孵化以后并未消失或发生永久性改变,显然,足部孵化运动的神经回路在较老的小鸡中仍然保留着它的功能,为什么是这样目前还不清楚。

二、激素改变引起的行为变化

与小鸡的孵化行为不同的是,与某些行为相关的神经联系一旦这种行为消失就会不复存在或发生永久性的改变。但神经系统的这种改变通常是受激素调节的,例如:烟草天蛾(*Manduca sexta*)是一种完全变态昆虫,在其变态期间神经系统必须有序地调控三个很不相同的发育阶段,即幼虫、蛹和成虫。变态不仅会使昆虫在形态上,而且也会在行为上发生巨大变化,虽然有些行为会出现在所有三个发育阶段(如与蜕皮有关的行为),但很多行为都只出现在一个发育阶段(如幼虫的爬行和成虫的飞翔)。在这种情况下,控制这些行为的神经回路就会在发育期间形成和衰退,对烟草天蛾来说,神经系统的重新塑造是由激素控制的,主要是蜕皮甾类激素(ecdysteroids),它是由前胸腺分泌的。神经系统对这些激素的反应包括神经元的生产和消亡以及神经元结构的改变,特别是树突的生长和退化。很多问题都是与这种变化相联系的,由激素引起的神经系统变化与行为变化有什么关系呢?神经元的生产与新行为的出现有关吗?过时行为的消失是因神经元死亡引起的吗?最后,树突的生长和消退是如何与行为变化相关联的呢?要回答这些问题可以研究烟草天蛾由激素引起的神经系统的改变与特定行为丧失之间的相关关系。

天蛾幼虫生有腹足,它的功能是简单的收缩反射和较复杂的行为如蜕皮、爬行和抓握,虽然这些行为对天蛾幼虫是非常重要的,但发育到蛹期便全部消失,其前足的行为在从幼虫到蛹的发育过程中是逐渐丧失的,问题是是什么东西导致它们功能的丧失呢?前足的大多数运动都伴随着收缩肌的活动,而肌肉活动又受具有树突的神经元支配。在从幼虫到蛹的变态期间,运动神经元的树突便开始退化,很多神经元会死亡,前足肌肉萎缩并失去功能。现在已知,前足神经肌肉系统的衰退以及前足行为的丧失是由化蛹前的蜕皮甾类激素的一次分泌高峰引起的,此时,高水平的蜕皮甾类激素会导致支配前足的运动神经元树突的退化。树突退化的结果是运动神经元被从行为回路(behavioural circuits)中移走,蛹中的前足行为丧失。烟草天蛾的变态提供了一个实例,说明正在发育的动物激素是如何引起神经系统变化从而又引起行为发生变化的。

三、其他形态改变引起的行为变化

有时动物行为的变化是由非神经系统的形态变化所引起的,在这种情况下,特定行为的发育往往伴随着作为这种行为基础的特定形态结构的发育,如匙吻鲟(*Polyodon spatbula*)的行为变化就是这样。这种鱼因生有匙状吻而得名,有些个体匙状吻的长度约为体长的一半。虽然幼鱼追逐和捕食水中单个的浮游动物,但成鱼却靠张开大口无选择地滤食水中所有的可食之物。

匙吻鲟取食行为的改变将伴随着鳃耙的发育。这些类似梳子的骨结构是从鳃弓伸入口腔的,有助于从水中过滤出食物颗粒。有些匙吻鲟体长可达 2 m 以上,当鱼体发育到大约 100 mm 时,鳃耙只是鳃弓中段的一些小突起,此时匙吻鲟还是在搜寻和捕捉单个的猎物,当鱼体发育到大约 125 mm 时,鳃弓上成排的鳃耙"芽"和突起便开始延长,但年轻的匙吻鲟仍然不能有效地过滤食物。直到体长达到 300 mm 时,耙才能得到较好的发育,也正是在这个时期,匙吻鲟才完全采取滤食的取食方式。这个实例说明动物的行为变化是与特定的形态特征发育密切相关的。

四、经历与经验引起的行为变化

在动物发育期间,经验可能是引起行为变化的一个重要原因,特别是生命早期的经验。首先让我们看看挪威鼠(*Rattus norvegicus*)社会经验对其食物偏爱的影响。自由生活的挪威鼠是社会性极强的一种动物,通常都营群体生活,每群鼠都占有一个洞穴系统。觅食时群体成员才离开洞穴系统,取食后又返回它们的洞穴。对饥饿的鼠来说,它们的食物种类是多种多样的,然而幼鼠是如何知道哪些食物是可食的,哪些食物是有毒的和不可食的呢?

Bennett Calef 用了二十多年时间研究了社会经验对挪威鼠行为发育的影响,他发现挪威鼠可利用其他鼠的行为指引自己的行为发育。特别是在食物选择方面深受近期曾吃过食物的同伴的影响。Galef 和 Wigmore(1983)把两只鼠养在一起约几天时间,然后拿出一只鼠("demonstrator"鼠)单独饲养并喂给它桂皮味的食物或可可味的食物。留在原来笼中的那只鼠是所谓的"observer"鼠。Demonstrator 鼠(指示鼠)吃食后马上被放回含有 observer 鼠(观察鼠)的笼中并让它们相处 15 分钟,此后把指示鼠拿出并为观察鼠提供两种味道的食物(桂皮味的和可可味的)。结果发现:如果指示鼠吃的是可可味的食物,那么观察鼠所吃可可味的食物就会比桂皮味的食物多十几倍。这表明,与近期吃过食物的同伴接触对鼠的食物选择有重大影响,这种影响至少在 60 小时之内是很明显的。显然,观察鼠能够从它的同伴那里获得信息,使它能够知道此前它的同伴吃的是什么东西。在自然条件下,去吃其他个体正在吃或已经吃过的东西应该说是一个安全的赌注。一只幼鼠靠闻回巢成年鼠的气味就能安全地选择它所吃的食物。成年鼠既然已经安全地返回了巢洞就表明它没有吃什么可致命的有毒食物。

第二节 基因和环境在鸟类鸣叫发育中的作用

在动物行为的发育过程中,遗传因素和环境因素之间复杂的相互作用导致了鸟类鸣叫行为的发育。人们曾从进化和生态学角度以及从神经、激素与社会对行为影响的角度研究过鸟类鸣叫发育的问题,并揭示了正在发育的动物与其内在和外在环境之间不断地相互作用,正如我们将会看到的那样,影响鸣叫发育的因素既包括细胞之间的相互作用也包括个体之间的相互作用。下面我们首先介绍斑马雀(*Taeniopygia guttata*)鸣叫行为的发育,这是一种社会性极强的鸟类。

一、斑马雀鸣叫行为的控制机制

与大多数鸣禽一样,斑马雀只有雄雀能叫,其叫声是为了刺激雌鸟的生殖行为。虽然大多数种类的雄鸟可用叫声标记自己的领域,但斑马雀是群居的,可允许其他个体近距离接近自己的巢而不发生冲突。斑马雀鸣叫行为的性别差异反映着神经解剖学的两性差异,目前已确知相当大的一部分脑与控制鸣叫发声有关[图 7-1(a)]。鸣声通路是由 9 个脑区组成的,它们大都位于前脑,有一条通路是支配鸣管(syrinx)发声的神经通路。雄斑马雀的鸣叫控制区明显大于雌雀。在细胞水平上两性神经解剖学的差异也很明显,在雄雀大脑的鸣叫区,神经元比雌雀多而且大。

然而这种差异是怎样产生的呢?很显然,斑马雀两性脑结构的巨大差异是由于两性染色体的差异。雄鸟有 2 个 X 染色体,而雌鸟则有 1 个 X 染色体和 1 个 Y 染色体。Y 染色体的缺失将导致胚胎期的雄性生殖腺生产雌激素(estrogen),这种激素可刺激大脑鸣叫区的生长与分化。实验表明,雌激素对控制鸣叫行为的神经网络有很大影响。如果把含有雌激素的药丸植入新孵化的雄斑马雀体内,它们会毫无影响(这就是说在成年期用雌激素处理的雄雀,其脑和叫声都与未处理的雄雀相似)。相反,用雌激素处理的雌雏可使脑的鸣叫区扩大,但仍不如雄

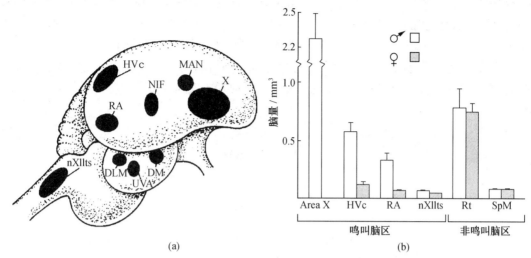

图 7-1　斑马雀控制鸣叫的脑区分布(a)及雌雄两性的比较(b)
仿 J. Goodenough,1993

鸟脑中的鸣叫区大。雌激素显然能使脑雄性化(masculinize)。

其他实验也表明:激素对斑马雀的脑和鸣叫行为的影响并不限于孵化前后,虽然斑马雀的雄鸟都具有雄性化的大脑,但血液中较高的睾酮浓度是激发成鸟鸣叫的必要条件。那些孵化后不久就被植入了雌激素因而脑的鸣叫区扩大了的雌鸟,发育到成鸟时并不会鸣叫,除非给予睾酮。在孵化时未接受雌激素植入但在成年期接受睾酮的雌斑马雀也不会鸣叫。显然,雌雀在发育早期接受雌激素处理可增加成鸟脑对睾酮的敏感性并能激活其鸣叫行为。

鸟类的脑对于雌激素的组织效应并不总是敏感的,例如用雌激素处理成年雌鸟并不能影响脑内鸣叫区的大小。似乎在孵化期前后存在着一个敏感期(sensitive period),此时脑对激素的影响特别敏感。在这个时间窗内,雌激素对正在发育的神经系统影响最大。

二、学习在白冠雀鸣叫发育中的作用

我们已经看到了遗传信息、激素和神经系统的发育在导致鸟类鸣叫行为两性差异所起的作用,现在我们要问学习在鸟类鸣叫发育中将起什么作用?斑马雀常用来研究鸟类鸣叫发育的生理基础,而另一种鸟白冠雀(*Zonotrichia leucophrys*)则常用来研究学习在鸟类鸣叫发育中的作用。学习对白冠雀雄鸟鸣叫发育的重要性可以用 Peter Marler 及其同事所做的隔离实验加以说明。在自然条件下,幼雀总会听到父亲和周围同种其他雄鸟的鸣叫,在幼雀生活的前几个月只能发出不完整的叫声,而且有极大的可变性,但随着年龄的增长,其叫声会越来越精细并逐渐含有了成年雄鸟发声的音节(syllables),最后才能发出成年雄鸟所特有的完整叫声。

被隔离饲养的年轻雄雀会发出不正常的鸣叫,但如果在 10~50 日龄期间让隔离雄鸟听到成年白冠雀鸣叫的录音,它的鸣叫就会得到正常发育。不过在 10 日龄之前或 50 日龄之后听到成年白冠雀鸣叫就不再能学会本种所特有的叫声了。可见在社会隔离的条件下,幼白冠雀学会鸣叫的敏感期是在孵化后的第 10 日龄和第 50 日龄之间。最重要的是,为了使鸣叫行为得到正常发育,雄雀必须在其生命的早期听到本种成年雄鸟的叫声。除了听本种成年雄鸟的叫声外,年轻雄鸟还必须听它们自己的叫声,这对于学会正常鸣叫也是不可缺少的。很多经典

实验都揭示了听觉反馈在鸣叫发育中的关键作用。在生命早期听过成年雄鸟鸣叫但在不完整鸣叫开始之前被致聋的鸟,就只能发出不连贯且多变的叫声。进一步的研究表明,具有完好听力的隔离鸟所发出的叫声在结构上要比那些在发出不完整叫声前被致聋的鸟更正常(图7-2)。听觉反馈对于鸣叫行为的发育虽然是重要的,但对鸣叫声的保持却不是必需的。正常的鸣叫声一旦形成,即使将鸟儿致聋,它也能在一段时期内发出正常的鸣叫声。

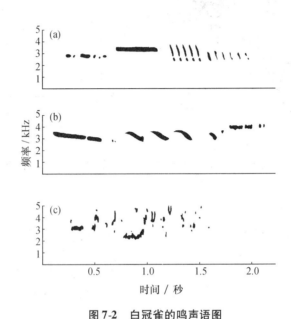

图 7-2 白冠雀的鸣声语图

(a) 野鸟;(b) 隔离饲养鸟;(c) 早期致聋鸟。仿 J. Goodenough,1993

这些实验和其他实验都表明:雀鸟的鸣叫发育是由感觉期(sensory phase)和感觉运动期(sensorimotor stage)组成的。感觉期是鸣叫的学习和贮存期,感觉运动期代表着鸣叫的实际开始。鸟儿在生活前几周听到的声音将在感觉期被贮存在记忆中长达几周或数月之久。在多数雀鸟中,感觉运动期大约是在 5 月龄时开始,在此期间雀鸟根据记忆校正它所学到的叫声并练习鸣唱,不断使自己发出的声音与记忆中的声音相匹配。当雄鸟发育到 7~9 月龄时,鸣叫就已经定型并开始发出完整的鸣叫。此后成鸟的鸣叫将保持不变直至死亡。

前面我们曾用鸣禽的神经解剖学解释了鸣叫行为的两性差异。在大多数鸣禽中只有雄鸟能叫,而且雄鸟大脑中的鸣叫控制区比雌鸟大得多。人们也许会问,这些鸣叫控制区在雄鸟鸣叫发育期间也会发生变化吗?有趣的是,控制鸣叫的神经系统解剖学在雄鸟鸣叫发育期间的确是有明显变化的(Nordeen,1990)。事实上,雄斑马雀脑中的两个鸣叫控制区(HVc 和 X)的神经元在学习鸣叫期是迅速增殖的,这种增殖实际上有助于确定鸣叫学习的关键期,特别是在 HVc 和 X 区神经元数量的增加是发生在感觉期的高峰段,这时正是年轻雄鸟听和记忆其他鸣叫的时候。但在感觉运动区,这两个区域神经元的数量却不会发生变化,此时正是雄鸟的演练期并最终形成自己的鸣叫。下面我们将从神经元层次转到行为层次研究鸣叫学习的敏感期。

三、鸟类鸣叫学习的敏感期

根据前面对白冠雀的研究,我们已经知道了这种鸟的鸣叫学习敏感期是孵化后的 10~50

日龄。其他鸣禽和饲养在不同条件下的白冠雀的学习敏感期是怎样的呢？实际上不同种的鸟其鸣叫学习敏感期的时间和长短差异很大。例如金丝雀在成鸟的整个生活阶段都能对其叫声进行修正，所以被称为长命的学习者("lifelong learners")，而白冠雀和斑马雀的学习敏感期却只限于生命的前几周或前几个月，所以被称为有限年龄学习者("age-limited learners")。

鸣叫学习敏感期不仅在物种间有所不同，而且在同一物种的不同个体间也不相同。田间和室内实验都已证明同种个体之间在鸣叫学习期的时间上存在差异。在实验室内可以借助于不让鸣鸟听到同种成年雄鸟的叫声而操控其鸣叫敏感学习期的长度。年幼的雄斑马雀在35~65日龄时可以模仿与它们养在一起的成年雄鸟（学唱对象）的叫声，如果在此年龄期间不让它听到任何叫声，那么它学习鸣叫的能力将会保留到成年。如果引导鸟的叫声刺激不够强的话，年轻雄鸟也可能发出35日龄前它们所听到过的声音。在一些鸟类中，敏感学习期的长度取决于提供声音刺激的方式，有几项研究已经表明：活生生的学唱对象的叫声比播放叫声录音具有更强的刺激效果。例如：让年轻的白冠雀雄鸟听成年雄鸟的叫声录音，它的学习敏感期是10~50日龄，但如果让它听本种活生生的学唱对象鸣叫，它的学习敏感期就会超出这个范围，导致形成时间更长的学习敏感期。年轻幼鸟所处的自然环境也能影响学习敏感期的发生时间，例如：光周期现象就能影响鹪鹩(*Cistothorus palustris*)学习敏感期的时间长短。所有这些实例都说明：无论是种内还是种间，鸣叫学习敏感期的开始时间和历时长短都是可变的。

四、鸣叫学习的本种倾向性和学唱对象的选择

如果让其有所选择的话，大多数的年轻雄鸟都会学唱本种成员的叫声。例如让年轻的雄白冠雀同时听本种和另一种鸣禽的叫声，它就只模仿本种成员的叫声，不去学另一种鸣禽的叫声。这种偏爱就称为本种倾向性(own-species bias)，它也能影响年轻雄鸟学习的速度和准确性。一般说来，鸟类学习本物种的叫声比学习其他物种的叫声更快和更准确，虽然这种倾向性随种而异且随提供声音刺激的方式而有所不同。当一只年轻鸣鸟听到的是本种成年雄鸟叫声的录音时，另一种鸣禽学唱对象的叫声往往会使本种倾向性失效。如让年轻的白冠雀能够看到一只歌雀在鸣唱，同时只能听到本种雄雀鸣叫的背景声，在这种情况下它们学会的是歌雀的叫声，而不是白冠雀的叫声。这说明在学习鸣叫的过程中，实际的接触和社会相互关系起着非常重要的作用，尽管与其接触和发生社会关系的是其他物种的雄鸟。

在自然界雄性鸣禽是向本种较老的个体学习鸣叫的，人们会问：年轻雄鸟是留在家庭中向父亲学唱呢还是向邻居雄鸟学唱？学唱对象的选择与敏感期的开始时间有关，如果学习鸣叫的敏感期是在孵化后不久开始，那么学唱鸣叫的对象很可能就是自己的父亲。但如果学习敏感期是在孵化后几个月才开始，那么学唱对象就很可能是邻居雄鸟。下面以斑马雀为例谈谈学唱对象的选择问题。

在野外，斑马雀是结群繁殖，由于繁殖是由降雨诱发的，所以群体内一对对的斑马雀是同步繁殖的。幼鸟大约21日龄出巢，35日龄离开双亲开始独立生活，此后便加入到由其他幼鸟和非繁殖成年鸟所形成的群体中。可见年轻雄鸟是处在一个复杂的社会环境中，出巢前和出巢后它们都会与大量的同种其他个体相处。问题是年轻的斑马雀到底跟这个群体中的哪一只雄鸟学唱呢？1983年Jorg Bohner曾研究过这个问题，他为年轻的雄斑马雀提供两种鸣叫模式供其选择，一个是幼雀的父亲，一个是另一只雄鸟。他的具体实验方法是先把雌雄两对成年斑马雀养在同一笼中，但被分别放在两个隔离的不同小室内，其间有金属网格将其分开。两对鸟的鸣叫虽然都在斑马雀的鸣叫范围之内但也有明显差异,笼中的幼鸟孵出后由它们的双亲喂养,出巢后被养在隔离的笼中,与其父母和邻居的笼子相邻接。这种安排能使幼鸟看到和听到双亲和邻鸟的叫声。当幼鸟发育到 100 日龄时,把它们的叫声记录下来并与它们双亲和邻鸟的叫声进行比较。结果在 11 只被养大的雄鸟中有 9 只的鸣叫主要模仿它们的父亲,1 只完全模仿它的邻居,还有 1 只的鸣叫大都由新成分构成。值得注意的是,没有 1 只雄鸟的叫声是既含有父亲叫声的成分又含有邻鸟叫声的成分。可见当让幼斑马雀选择学唱对象时,它们只在两个可选对象中选一个,而且大部分幼鸟都选择自己的父亲。Bohner 在最近的研究中还发现:幼斑马雀孵化后只需听父亲鸣叫 35 天就可完全学会父亲的叫声,与那些已和自己的父亲相处 100 天的幼雀的叫声没有什么区别。这些结果表明:在生命最初的 35 天内,雄斑马雀就能学会本种特有叫声的全部细节,而此时它们还不能离开父母去独立生活。

N. S. Clayton(1987)的研究进一步证实了父亲在幼鸟学习鸣叫中的重要作用,她把一些幼鸟与它们的双亲养在一起,雄鸟一出巢她就把每一只雄鸟与两只作为学唱对象的成年斑马雀养在一起,其中一只的叫声很像它的父亲,另一只的叫声则和它的父亲很不相同。结果雄性幼斑马雀选择学唱的叫声与它父亲的叫声极为相似,而且也是只选择两个中的一个作为学唱对象,不会把两种不同的叫声混杂在一起。

五、雌鸟在雄性牛鸟叫声发育中的作用

其他鸟类的年轻雄鸟不仅可以听其他雄鸟的鸣叫学习鸣叫,而且也可以通过直接的社会相互作用学习。棕头牛鸟(*Molothrus ater*)是一种巢寄生鸟,雌鸟把卵产在其他鸟类的巢中,把抚养后代的责任完全交付给了被寄生鸟类的双亲。如果牛鸟的雄性幼鸟在生命的前几周是靠听巢附近雄鸟的叫声学习鸣叫的话,那么它们最可能听到的就是养父母的叫声,但田间和室内实验都表明事情完全不是这样,当雄性牛鸟性成熟时它们发出的是牛鸟的叫声而不是养父母的叫声。与白冠雀不同的是,从未听到过其他牛鸟鸣叫的雄性牛鸟却能发出准确的牛鸟叫声,这是不是说经验在牛鸟鸣叫发育过程中就不重要了呢?不,在牛鸟叫声的形成过程中,学习的确是发挥着不可缺少的作用。Meredith West 所做的一系列实验表明:雄性牛鸟叫声的形成,部分原因是靠雄-雄优势的相互作用和雌鸟对雄鸟鸣叫所做出的反应。

令人意想不到的一个发现是,虽然把雄性牛鸟饲养在与同种其他雄鸟相隔离的状态下,但它的叫声却与正常饲养的雄鸟几乎完全一样,甚至对雌性牛鸟更有吸引力,其判断标准是它们释放雌鸟交配姿态的能力。事实上,与同种其他雄鸟进行听觉和视觉隔离的雄鸟,其叫声释放雌鸟交配姿态的能力要比雌雄群体混养的雄鸟高一倍。为什么隔离饲养雄鸟的叫声比正常饲养雄鸟的叫声更有活力呢?答案来自对下述事实的观察:当把群养雄鸟和隔离雄鸟分别引入一个大鸟舍中的牛鸟群体时,群养雄鸟在新环境中保持低姿态,在笼中原有雄鸟面前它们从不鸣叫也无攻击行为。与此相反的是,隔离饲养的雄鸟在笼中原有雄鸟和雌鸟面前总是不断地高声鸣叫,笼中原有雄鸟所做出的反应是发动攻击,有时会把鸣叫者杀死。显然,生活在两性混合群中的雄鸟(如自然界中的鸟群)已经学会了抑制自己的叫声,以便避免来自优势雄鸟的攻击。

雌性牛鸟在雄鸟鸣叫形成过程中起着什么作用呢?为了研究这个问题,King 和 West (1983)用牛鸟的两个不同的亚种(*M. ater ater* 和 *M. ater obscurus*)进行研究,分别将这两个亚种指名为 A 和 O。亚种 A 的雄鸟被饲养在听觉隔离的情况下,直到 50 日龄时才终止隔离,然后分别在下列条件下饲养 1 年:① 与另一种鸟(金丝雀或棕鸟)生活在一起;② 与亚种 A 的雌性成鸟在一起;或③ 与亚种 O 的雌性成鸟在一起。在此时期结束时,研究人员检查雄鸟的叫声,结果发现:亚种 A 的三组雄鸟已经产生了明显不同的叫声。与金丝雀或椋鸟饲养在一起的雄性牛鸟能发出多种多样的叫声,包括两亚种牛鸟的混合叫声,同时还能模仿笼中其他种鸟的叫声。与亚种 A 雌鸟生活在一起的雄鸟,其叫声与亚种 A 牛鸟的叫声完全相同。与亚种 O 雌鸟生活在一起的雄鸟,其叫声基本与亚种 O 牛鸟的叫声相同。可见,雄性牛鸟所形成的叫声倾向于与它们生活在一起的雌鸟所偏爱的叫声。

由于雌性牛鸟不会鸣叫,所以不可能用叫声影响雄鸟鸣叫行为的发育。相反,它们是靠简单的展翅炫耀来激励雄鸟鸣叫的,即一侧翅或两侧翅迅速做离体动作。平均每 100 次鸣叫才能引起雌鸟 1 次展翅炫耀,雄鸟可依据雌鸟的展翅动作调整自己的鸣叫,使自己的叫声结构既能回避优势雄鸟的攻击,又能达到刺激雌鸟的作用。在一个自然群体中雄鸟如何能在这两者之间取得平衡则是一个有趣的问题。

第三节　行为发育的敏感期

前面曾描述过鸟类孵化前后的敏感期,在此期间雌激素对斑马雀神经系统的发育有极大影响,我们还描述过与白冠雀鸣叫学习有关的敏感期,此时雄性幼鸟对同种成年雄鸟的鸣叫特别敏感。现在应当补充说明,敏感期对其他很多种动物的学习都是很重要的。由于学习的这个时间窗对行为的发育极其重要,所以下面着重研究一下这一现象。

一、什么是敏感期

敏感期(sensitive period)又称 critical period 或 susceptible period,名词不同但意思是完全一样的。敏感期最初是胚胎学中的名词,指在胚胎早期发育阶段组织快速变化的一个时间段,在这短而明确界定的时间段内如果打乱事件的正常程序就会对正在发育的胚胎造成深远和不可逆转的影响。Konrad Lorenz(1935)是第一个把这一概念用于动物行为研究的人,指在一定的短时期内对环境刺激的易感性,在此期间受刺激后会对其后的行为产生不可逆的影响。

近期的研究表明:① 敏感期的持续时间有所延长;② 敏感期的开始和结束时间不是突然的而是渐近的;③ 敏感期的持续时间依物种、个体和功能系统的不同而不同;④ 敏感期依赖于环境刺激的性质和强度。此外,与敏感期有关的大多数现象并不是不可逆的,相反,在敏感期所形成的行为方式在某些条件下,特别是在与高压有关的条件下都是可以改变或受到抑制的。剥夺实验(如将动物隔离饲养在黑暗环境中)可以逆转或破坏动物在敏感期建立起来的行为方式,但重要的是不要过分强调在敏感期所确立的行为方式的可逆转性。完全隔离或完全黑暗的饲养条件是大多数动物在实验室以外的环境不可能遇到的。即使是在实验室内在敏感期所确立的行为也要比在其他时间通过学习获得的行为更不易发生变化。

二、敏感期的时间选择

1. 敏感期发生的时间

在大多数动物中(包括斑马雀和白冠雀),敏感期只发生在生命的早期。为什么会这样呢?通常认为这一时段是从父母和亲属那里学习知识的最好时段,尤其重要的是学会识别本物种的成员,因为过了这个时段本种成员之间的接触就不那么密切了,在有些情况下它们会受到来自其他物种的强烈刺激。例如有些鸟类的幼鸟孵化后只在巢中生活几周后就离巢加入到由多个物种组成的鸟群中去了,所以这些鸟类的幼鸟就必须在离巢前的短短敏感期内学会识别本种其他个体,否则将来选择配偶都会发生困难。如果学会鉴别本种特征要花太长时间,那就有可能先学会识别另一物种的羽色和叫声,从而造成种间混淆。

有些动物在出生或孵化后完全或几乎不与自己的双亲或近亲个体接触,那么对这些物种来说发育早期的敏感期是怎样发生的呢?对大马哈鱼属(Oncorhynchus)的鱼来说,成年鱼在淡水中(常常是溪流)产卵,产卵后便死亡或继续存活,随种类和种群而有所不同。幼鱼孵出后可能在出生的溪流中生活一段时间,但大多数种类都洄游到数千千米外的海洋中觅食,最终还要回到它们出生的溪流中产卵。它们有非凡的导航能力,当它们游到河流入口处时会毫不犹豫地游入适当的支流,在每一个叉口处都能做出正确的选择,直到到达它们出生的小溪流,这一切似乎都是靠嗅觉。显然,幼鱼在迁入海洋之前的敏感期能够记住出生溪流的气味,因此在它们从海洋中回来到达出生溪流附近时是靠这种气味的引导逆流而上的。为什么大马哈鱼要学会准确地回到自己出生的溪流中呢?答案是每一个种群都只能较好地适应于生活在自己出生的溪流中,如果人为将它引入其他溪流就会使死亡率大大增加。学习敏感期处于个体发育的早期,可确保家乡河流的气味能牢牢地记忆在脑海中。

2. 敏感期的开始时间和结束时间

动物常常对某些环境刺激具有极高的敏感性,如对附近雄鸟的叫声或对出生溪流的气味等。那么是什么因素能够增加动物对某些刺激的敏感性呢?敏感期的开始时间可能决定于外部因素和内在因素两个方面。一般说来,一个正在发育的年轻动物一旦具有了运动和感觉能力,其敏感性就会开始增加。内在生理状况的改变(如激素水平的波动)也能对敏感性产生影响,内在因素与环境因素相互作用便能决定敏感期的开始时间。例如:鸟类子代的视觉印记(跟随母鸟)从幼鸟能够感受和处理视觉刺激时便开始了,但光刺激与内在因素之间的相互作用才能导致特定敏感期的开始。这就是说只有内在因素(如神经系统处理视觉刺激的能力)与环境因素(如光刺激)相结合才能决定敏感期的开始时间。

当前有两个假说用于解释敏感期的结束,即内在生物钟假说(internal clock hypothesis)和竞争排除假说(competitive exclusion hypothesis)。前者是说敏感性的下降是受内在因素的控制,即受体内生物钟的控制,几乎与外部因素无关,换句话说就是,一些内在的生理因素结束了动物对外部因素的敏感期。竞争排除假说把子代印记看成是一个自我结束的过程,在这个过程中外部因素起着关键作用。根据这一假说,最初的外部经历可有效地排除其后的经历,使其不能影响动物的行为,在这种情况下敏感期就结束了。

三、敏感期对行为发育的重要性

1. 鸟类的子代印记

任何一个观察过小鸡、小鸭或小鹅的人都会知道这些小鸡小鸭总跟随着它们的双亲走,这些跟随行为是怎样发展起来的呢?Konrad Lorenz 用初孵灰雁所进行的试验首次对这种行为进行了系统研究。在一次试验中,Lorenz 把灰雁所产的一窝卵分为两组,一组是由母雁孵化的,正如预期的那样,雏雁都尾随着自己的母亲。另一组是在孵化箱里孵化的,雏雁出壳后所遇到的第一个移动着的物体就是 Lorenz 本人,它们对他所做出的反应正如在正常情况下对它们母亲做出的反应一样。Lorenz 对雏雁作了标记以便能知道它们都属于哪一组,然后把它们全部扣在一个盒子下面。当把盒子掀开时,一半雏雁直奔母雁而去,另一半则直奔 Lorenz 而去,前者是由母雁孵化的,而后者是在孵化箱中孵化的,Lorenz 实际上也成了它们的"母亲"。雏雁对与它们的"母亲"相关的特征已经产生了偏爱,而这种偏爱是通过跟随反应表现出来的。

由于跟随反应所显示出来的这种社会依附性似乎是即时的和不可逆转的,所以 Lorenz 称其为印记(imprinting),它表明在第一次遇到一个移动物体时,这个物体的印象便持久地刻印在了幼小动物的神经系统中。幼鸟通过这个过程形成了跟随母亲的偏爱,这种现象就叫子代印记(filial imprinting),这是早期经历在行为发育中所起作用的一个典型实例。子代印记的生物学功能可能是让幼鸟能从其他成鸟中识别出自己的双亲和近亲。下面我们将主要讨论绿头鸭跟随反应的发育问题。

绿头鸭同大多数雁形目(Anseriformes)和鸡形目(Galliformes)鸟类一样,雏鸟出壳不久就能到处跑动和进行独立觅食。子代印记通常只适用于早成性鸟类而不适用于晚成性鸟类,因为后者出壳后不能独立生活,出壳后的几周内都要靠双亲喂养。绿头鸭寻找地面浅穴筑巢产卵,每天产一卵,每窝产 8~10 枚卵,产下最后一枚卵后便开始孵卵,孵卵期约为 26 天,在母鸭体温的孵育下,卵内的胚胎开始发育。在出壳前的 2~3 天,胚胎将头移入卵内的气室中并开始发出叫声,大约 24 小时以后雏鸭就会啄击蛋壳,再过 1 天便破壳而出了。一窝雏鸭的出壳时间前后相差不会超过 10 小时。出壳第 1 天母鸭用羽翼和身体给雏鸭以温暖,此后便离巢用叫声召唤雏鸭跟着自己走。母鸭在巢中孵蛋和孵幼时虽然也叫,但离巢时的叫声频率大大增加。在母鸭叫声的鼓励下,雏鸭开始离巢跟随母鸭来到附近的池塘或湖泊中尾随母亲划行。是母鸭的什么特征使雏鸭产生了依附性呢?使雏鸭产生印记的是母鸭的叫声或外貌,还是两者兼而有之呢?兄弟姐妹在跟随反应的发育中能起什么作用呢?此外,在子代行为的正常发育中必须得经历一个敏感期吗?

上述很多问题的答案都是来自 Gilbert Gottlieb 的试验,在过去的三十多年间 Gottlieb 及其同事研究了北京鸭跟随反应的发育过程,北京鸭是绿头鸭的家养品系,尽管它是人类驯养的,但其行为与野生绿头鸭非常相似。Gottlieb 用从未与母亲接触过的雏鸭进行试验,检查以下两个方面:① 雌鸭的听觉和视觉信息在跟随反应发育中的相对重要性;② 本种母鸭的叫声在诱发和保持雏鸭依附性上是不是比异种母鸭的叫声更为有效。作为研究的一部分,从孵化箱中孵出了 224 只雏鸭,它们从未与它们的母亲接触过,然后把它们分为四组并测定它们的跟随反应。方法是让一只北京雌鸭标本围绕着它们移动,但其中一组用于测试的雌鸭是不叫的;其余三组用于测试的雌鸭会借助于安装在体内的扬声器而发出叫声,一组雏鸭听到的是北京鸭叫声,另一组雏鸭听到的是林鸭的叫声,第三组雏鸭听到的是家鸡的叫声。每一组雏鸭都用 20 分钟时间观察其是不是跟随模型鸭走,结果如图 7-3 所示。在诱发雏鸭跟随反应方面,本种母鸭的叫声比林鸭和家鸡的叫声更为有效,而有叫声比没有叫声要有效得多。

在另一个试验中,为从孵化箱中孵出的雏鸭提供两个可能的跟随对象,一个是发出北京鸭叫声的北京鸭雌鸭模型,另一个是发出家鸡叫声的北京鸭雌鸭模型。当雏鸭出壳后 1 天让其进行选择时,结果有 76% 的雏鸭跟着发出北京鸭叫声的模型走。上述试验表明:来自母亲的叫声对控制初孵幼鸭的行为起着重要作用,虽然这些雏鸭此前从未与它们的母亲接触过,但它们还是有选择地对本种母鸭的叫声做出反应。但这些试验并不能说明经验在叫声偏爱的发育中不重要,实际上经验也是很重要的,只不过它是发生在出壳之前。雏鸭之所以对本种母鸭的叫声表现出偏爱,是因为它们在出壳前就听到过自己母亲或兄弟姐妹的叫声。如果雏鸭被隔

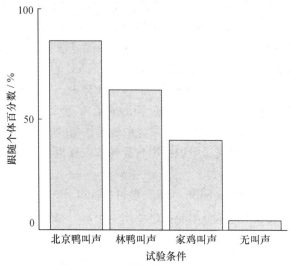

图 7-3 北京鸭雏鸭的跟随反应试验
仿 Goodenough 等,1993

离饲养使其听不到兄弟姐妹的叫声,而且使它们在壳内能发声前致聋,在这种情况下,雏鸭对本种母鸭的叫声就不再有偏爱和选择性了。当为这些出壳 48 小时的雏鸭同时提供本种雌鸭叫声和母鸡叫声供其选择时,结果对两者的选择概率几乎一样。与此相反,在胚胎期具有正常听觉经验的雏鸭总是选择本种母鸭的叫声而不选择母鸡的叫声($n = 24, 24:0$)。

雏鸭偏爱本种母鸭的叫声有没有一个学习敏感期呢?如果雏鸭出壳之后再听到母鸭的叫声,它们还会表现出对这种叫声的偏爱吗? 1985 年,Gottlied 对雏鸭进行隔离饲养并使它们在壳内开始发声前致聋,这样就可确保雏鸭听不到自己和兄弟姐妹的叫声。让一组雏鸭在胚胎期(孵化前 24 小时)听到母鸭叫声,让另一组雏鸭在出壳后 24 小时听到母鸭叫声,然后测定每一组雏鸭对母鸭叫声的偏爱。为它们提供的两种可能的叫声选择是正常母鸭的叫声(扬声器)和节奏变慢的母鸭叫声,结果表明:雏鸭只有在出壳前听到母鸭的叫声才能形成对正常母鸭叫声的偏爱;出壳后再听到母鸭叫声则是无效的,这是胚胎学习敏感期的一个很好的实例。

另一个问题是视觉刺激在跟随反应发育中起什么作用?多个试验表明:雏鸭对母鸭产生视觉印记必须同时有两个条件得到满足,即雏鸭必须与其他雏鸭养在一起并使其能主动追随一只母鸭或模型鸭。如果雏鸭是隔离饲养的,而且只是被动地接触一只不动的模型鸭,那么雏鸭就不会对母鸭产生偏爱。这些结果证明:在自然条件下雏鸭是在离巢以后和跟随母鸭的过程中学会识别母鸭的视觉特征的。可见,来自母鸭的听觉刺激主要是促进雏鸭离巢并影响早期的跟随行为,而母鸭的视觉形象是在离巢之后才变得重要起来。

总之,北京鸭的子代印记是来自于由母鸭和其他雏鸭提供的听觉、视觉和社会刺激之间复杂的相互作用。经验和经历不只是出生或孵化后才有,胚胎期间的经验也能影响动物的行为。就北京鸭来说,孵化前听同伴的叫声对它们出壳后形成对母鸭叫声的偏爱是至关重要的。一种行为的产生可能与多种刺激有关,而随着幼小动物的成熟,不同刺激的重要性也可能发生变化。雏鸭的跟随行为虽然刚出壳时主要是受母鸭叫声的影响,但几天以后视觉刺激就会变得很重要了。

2. 鸟类的性印记

我们已经知道了早期经验可以影响雏鸭对母鸭的依附行为,同样,早期经验对成鸟的配偶选择也有重要影响。在很多鸟类中,在生命早期与双亲和同窝鸟生活在一起的经历的确能影响它们未来对配偶的选择,这个学习过程就叫性印记(sexual imprinting)。通常性印记是发生在子代印记之后,虽然两者的学习敏感期可能有一定程度的重叠。子代印记的标志是幼鸟的跟随反应,而性印记的标志是性成熟鸟对异性个体选择的倾向性。与子代印记不同的是,性印记既可发生在晚成性鸟(altricial)也可发生在早成性鸟(precocial)。

最能说明早期经验对未来选择配偶重要性的就是雀类的交叉养育试验(cross-fostering experiments)。Klaus Immelmann(1969)把斑马雀(*Taeniopygia guttata*)的卵放在文鸟(*Louchura striata*)的窝里,于是文鸟便成了斑马雀的养父母直到把斑马雀养育到独立觅食为止,此后便把幼斑马雀隔离饲养到性成熟。此后当让其在斑马雀雌鸟和文鸟雌鸟之间进行配偶选择时,它却只向文鸟雌鸟求偶而不向本种雌鸟求偶。当交叉养育的斑马雀雄鸟与文鸟雌鸟隔离,只为它们提供本种雌鸟时,它们最终也能完成交配并能产下后代。但经过几个月或几年以后,这些雄鸟仍然会表现出对文鸟雌鸟的偏爱。可见在生命早期与养父母的短期接触比成年期的长期接触对配偶选择的影响更深刻更持久。

关于性印记的生物学意义,Patrick Bateson(1983)曾提出过一个有趣的解释,他认为能学会识别自己的亲属并有选择地对其做出反应,在此基础上动物会选择与亲属长相相似但与自己家庭成员又不一样的异性个体作配偶,原因是极端近交(inbreeding)和极端远交(outbreeding)对动物都不利,而性印记所提供的信息可使动物在近交和远交之间保持一种平衡。对鹌鹑(*Coturnix coturnix japonica*)所进行的研究支持了Bateson的这一观点。鹌鹑喜欢选择与自己家庭成员相似但又稍有不同的个体进行交配。在一项研究中,鹌鹑在出壳后的前30天与同窝雏鹌鹑养在一起,然后将其隔离直到性成熟。到60日龄时在一个特制装置中(可看到其他几只鹌鹑)测定雌雄个体对配偶选择的偏爱,它们所看到的都是本种异性鸟,属以下几种情况:① 熟悉的胞亲(familiar sibling);② 不熟悉的胞亲;③ 嫡表亲(first cousin);④ 堂表亲(third cousin)和⑤ 无亲缘关系个体。鹌鹑羽衣色泽的相似性是同其亲缘关系的远近成比例的,因此被测个体可以依据羽衣特征判断亲缘关系的远近。试验表明:雌雄鹌鹑都喜欢停留在嫡表亲附近,可见,对于鹌鹑的配偶选择来说,胞亲太熟悉,无亲缘关系个体又太不相同,而嫡表亲则处于两种情况之间,是熟悉与新奇之间的完美混合体。Bateson认为,这种偏爱是来自于两个学习过程的综合,即印记和习惯化。印记倾向于使动物选择熟悉的异性,而习惯化则倾向于减少对熟悉异性的注意力。当两种学习过程叠加时就会产生折中的结果。

对鹌鹑的研究结果似乎支持了Bateson的观点,即年轻动物可借助于性印记学会识别近亲的形态特征并到成年时选择一个与自己家庭成员相似但又不完全相同的异性作配偶。正如Bateson所指出的那样,我们在把实验室内的研究结果应用到自然状态下的动物时必须十分谨慎。显然室内饲养和测试动物的条件与动物实际生活和选择配偶的自然条件有很大不同。最好是把室内的研究结果与在野外对动物早期经历对其后配偶选择的观察结果进行比较,但在野外要想准确知道动物个体间的遗传关系和从动物出生跟踪到成年并记述它们的早期经历及后来的交配行为往往是很困难的。

3. 哺乳动物类似印记的过程

对印记的大多数研究都是用鸟类做的,但这种现象并不限于鸟类,正如小鸭跟随着母鸭一样,一窝幼小的鼩鼱(*Crocidura*属)也总是排成一行跟在母亲的后面,每一个幼仔都抓住前面一个幼仔的身体,由母亲带领从一个地方转移到另一个地方(图7-4)。大多数哺乳动物印记的形成是靠嗅觉刺激,而不是像鸟类那样靠视觉或听觉。幼鼩从8至14日龄的哺乳期便对母亲的气味产生了印记,如果在此期间幼鼩是被养母所喂养,那它就会对养母的气味形成印记,当发育到15日龄把它送回亲生母身边时,它将不会跟随亲生母和同胞兄妹走,而是跟随一块饱含着养母气味的布料走。

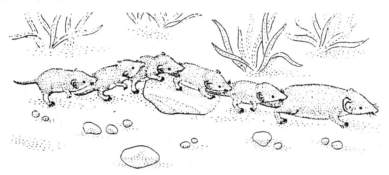

图7-4 鼩鼱的嗅觉印记

对气味的偏爱很可能是随着年龄而变化的,而且哺乳动物不可能总能找到其母亲和兄弟姐妹的气味。1988年Christopher Janus研究了刺鼠(*Acomys cabirinus*)对气味偏爱的发育。在鼠科(Muridae)动物中,刺鼠是很独特的,它们出生时就发育得相当好(早成性),而晚成性的啮齿动物出生时是全裸的,嗅觉系统发育不全,眼瞎耳聋。刺鼠刚出生就能听到声音和闻到气味并能很快睁开眼睛,进行协调运动,此后不久毛也长了出来。由于身体的快速发育和夜出活动习性使视觉信息受到限制,因此依附于特定气味的早期发育就显得更加重要。Janus在一个可进行多个偏爱选择的装置中对1~35日龄的雄性刺鼠进行测试,装置中提供三种可供选择的盘子:无气味盘、含家庭成员气味盘和无亲缘关系个体气味盘。然后记录刺鼠在每一种盘子旁边停留的时间长短。观察结果表明:1~10日龄的幼鼠对家庭成员的气味表现出强烈的偏爱,但这种偏爱将随年龄的增长而下降,直到25日龄时就不再被双亲和兄弟姐妹的气味所吸引了,大约就是在此时,幼鼠开始对非家庭成员的气味越来越感兴趣(图7-5)。

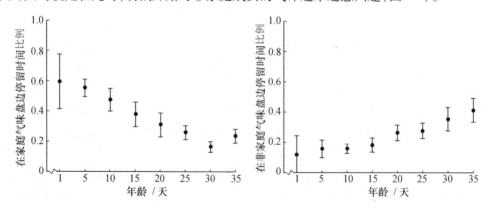

图7-5 刺鼠的嗅觉偏爱随年龄而变化

仿Janus,1988

Janus认为,对家庭成员气味依附性的下降和对非家庭成员气味依附性的增加可促进刺鼠从自家巢域向其他群体的散布。此外,增加对非家庭成员气味的偏爱也有助于刺鼠避免近亲繁殖。在此可以看到,除鸟类外,早年与双亲和兄弟姐妹接触也能影响哺乳动物成年后的配偶选择。哺乳动物的另一种类似印记的过程是母体依附性,在一些有蹄类动物中一种持久的母幼联系是在出生后不久建立起来的,其结果是母兽只把自己的爱和关照给予自己的子女。下面介绍一下家山羊(Capra bircus)母体依附性的发育。幼山羊是早成性的,出生后不久就能离开母山羊到处活动,因此重要的是要在早期建立起稳固的母-幼联系。虽然母-幼联系的形成是决定于母亲及其子女之间的相互联系,但这里我们着重讨论母山羊对其子女的依附关系。

母山羊对其后代有很强的依附性并对不属于自己的幼山羊进行驱赶和顶撞,Peter Klopfer (1988)曾研究了母山羊与后代早期接触对其后对自己的和外来羔羊的接受性或拒绝性(隔离一段时间之后)。他设了两个处理组,每组都包括 15 只母山羊。在第一组中,羔羊一出生就与母亲分开,隔离期间用毛巾包裹好以便保持温暖。在第二组中,允许母山羊与第一个出生的羔羊接触 5 分钟,然后把所有羔羊拿出。在隔离 1,2 或 3 小时后让这些羔羊一个个分别出现在母山羊面前,每一只都给予 10 分钟的观测期,记录母山羊对其是接受还是拒绝,接受的标准是用舌舔并允许吃奶,拒绝的标准是离开和当羔羊试图吃奶时顶撞它。观测结果表明,隔离时间长短(1,2 或 3 小时)对观测结果无差异,差异只表现在母山羊与羔羊是不是有 5 分钟的接触。在 15 只母山羊中有 14 只允许与第一只出生的羔羊接触了 5 分钟,它们全都表现为接受并给自己的羔羊吃奶,而对所有的外来羔羊则表现为强烈的拒绝。有 15 只母山羊当羔羊一出生就马上隔离,在这种情况下只有 2 只母山羊允许自己的羔羊吃奶,而对外来羔羊则全都拒绝。看来,出生后与羔羊的短期接触对于山羊母体依附行为的发育是十分重要的。不过在这个例子中是成年母山羊对其后代形成了印记。

Klopfer 的研究表明:母山羊的母体依附性是迅速形成的且是相当稳定的。母山羊对羔羊的依附性似乎是发生在子女出生后的一个敏感期内,此时至少与一个子女有 5 分钟的接触便可建立起母-幼联系。

4. 蚂蚁社会行为的发育

到现在为止我们只研究了在特定时间窗内经验对鸟类和哺乳动物社会行为发育的影响,那么在其他动物类群的行为发育中有没有敏感期呢?下面我们把注意力转向蚂蚁。蚂蚁的生活非常复杂,它们都生活在一个复杂的社会中,社会成员之间有明确分工,而且在几周之内它们的作用就会发生明显变化并可重复发生。特别有趣的是一种新热带蚁(Ectatomma tuberculaturm),每只蚂蚁的工作是随年龄而变化的。1990 年,A. Champalbert 和 J. P. Lachaud 研究了这种蚂蚁早期社会经验在工蚁行为发育中的作用,他们感兴趣的是 10 天的社会隔离期对不同年龄工蚁的行为发育有什么影响。工作地点是墨西哥的咖啡种植园,先在咖啡树的基部收集 4 个蚁群,每群含有 200~300 只蚂蚁,然后把每群蚂蚁放入一个由塑料制成的人工巢中,人工巢有几个相互连通的小室和一个觅食区。玻璃隔板可使观察人员看到蚂蚁的活动。蚁从茧羽化出来后几小时,从每群蚁中取出 15 只工蚁把极小的数字标签贴在其胸部,然后再放回各自的蚁群中,这些就是对照工蚁,其他试验工蚁也用同样方法进行标记,然后隔离饲养在备有食物和水的玻璃管中。在第一群蚁中隔离期是从羽化开始,而在第二、第三和第四群蚁中隔离期分别是在工蚁发育到 2,4 和 8 日龄时开始。与对照蚁群一样,4 个隔离蚁群的每一群都有 15 只工蚁。Champalbert 和 Lachaud 在羽化后的 45 天内观察和记录对照蚁和试验蚁的行为。

问题是隔离饲养对试验群中工蚁的行为发育有什么影响?隔离饲养的影响与在什么年龄隔离有关系吗?在羽化后的第一周,对照工蚁的大部分时间都靠群体中的其他成员喂食和梳理;到第二周它们才开始工作并专门从事育幼工作,先是照看幼虫,然后是茧,最后是卵;在第三周时，工蚁的工作再次发生变化，开始探查蚁巢并从事各种家务；最后大约是在羽化后1个月，对照工蚁开始专门从事保卫蚁巢或外出寻食的工作。可见，新热带蚁在短短的几周时间内，其工蚁的职务就会以特定的程序发生多次转变。

与对照蚁群相比，试验蚁群的行为表现又是怎样的呢？羽化后马上隔离和羽化后2、4和8天再隔离各有什么影响呢？最为有趣的是羽化后2天隔离的工蚁，其行为发育表现得最不正常，与对照工蚁的不同主要表现在从事活动的顺序上和执行任务的水平上，特别是育幼工作不积极。与此不同的是，羽化后4或8天隔离的工蚁其行为发育与对照工蚁较为相似。羽化时被隔离的工蚁其行为发育只简单地表现为推迟，当把这些工蚁再次放回蚁群中时就相当于第二次羽化（又称次生羽化），虽然此时的工蚁已发育到11日龄了，但它们的行为表现却与新羽化的工蚁一样。但重新引入蚁群后不久，工蚁从事的各种活动会陆续出现，其出现的顺序与对照工蚁完全相同。羽化后4天被隔离的工蚁其行为表现与对照工蚁稍有不同，而羽化后8天被隔离的工蚁则与对照工蚁几乎没有差异。总之，新热带蚁的行为表现失常是10天隔离的结果，失常程度与隔离时工蚁的年龄有关。最大的行为失常发生在羽化后2天被隔离的工蚁身上。

Champalbert 和 Lachaud 根据他们对新热带蚁的研究所得出的结论是：羽化后的前4天是一个敏感期，在此期间接受来自社会的刺激将会影响其行为的确立，特别是与育幼有关的行为。你也许会问为什么在羽化时被隔离的工蚁（它们在4天的敏感期内没有接受来自社会的刺激）其行为发育也很正常呢？作者认为，羽化后马上被隔离的工蚁其行为发育只是简单地被中止了，当隔离期结束再把它们引入蚁群时似乎是在模拟一次羽化。再引入蚁群后的4天之内，这些工蚁所接受的社会刺激对其育幼行为的发育是非常重要的。换句话说，对育幼行为发育最重要的是羽化后4天的社会接触，而不是这4天的生理年龄因素。这4天与社会其他成员的接触可以是在正常的自然羽化之后，也可以是在人为的次生羽化之后（如前所述），次生羽化是把隔离后的工蚁再次引入群体而引起的。这里我们又看到了一个实例，说明行为发育的敏感期是有一定灵活性的，在羽化时就被隔离的蚂蚁中，由于没有受到适当的社会刺激而推迟了敏感期的到来，直到几天之后被再引入蚁群时才开始。就羽化后2天被隔离的工蚁的表现来看，似乎整个敏感期必须以不间断的方式发生才能确保行为的正常发育。由于这些工蚁羽化后的前两天只接受了部分所必需的社会刺激，所以它们的发育系统无法启动，必须等到重新回到蚁群时。

第四节　行为发育的内稳定性

行为发育过程本身对于一些潜在的有害影响似乎具有一定的缓冲能力，这种缓冲能力就被称为发育的内稳定性（developmental homeostasis）。对大多数个体来说，尽管它们的经历各不相同，但其行为发育都具有极强的可预测性和可靠性。事实上在面对大量可变因素的条件下，发育过程总能表现出一定的稳定性和适应性，正如已经看到的那样，羽化后4天或8天而被隔离10天的工蚁，其行为发育是完全正常的。尽管把它们从正常蚁群中取出放入一个个小玻璃管中，但大多数工蚁的行为发育都是正常的。下面我们将以猕猴（*Macaca mulatta*）为例说明对于促进正常的行为发育来说只需要短时间的社会接触就够了。

一、猕猴的社会行为发育

在饲养条件下用猕猴所进行的研究表明,只要有很少的一点社会经历,动物的行为发育就能正常进行,在这一研究中,把幼猴饲养在一种极不正常的环境中并检查这种环境对其后猕猴社会发育的影响。观察表明:在大多数情况下这种极不正常的实验环境对猕猴的社会行为造成了极大的影响。这种环境实际上缺乏正常社会行为发育所必需的一些特征。但试验又表明了猕猴具有补偿这种不利饲养条件的能力,即只需要一点点关键的社会经历就能促使其行为的正常发育。

心理学家 Margaret 和 Harry Harlow 是最早进行这一研究的人,他在完全隔离或部分隔离或为它们提供母亲替代物的情况下饲养幼猴。完全隔离就是把幼猴单独饲养在试验笼中,使其生命早期不与其他猴发生接触,看不到也听不到其他猴的叫声,持续时间可以是 3,6 或 12 个月,这些幼猴只能在喂食时看到饲养员的手。在这种情况下猕猴只能表现出一些固有的简单动作,它们往往蜷缩在笼中的一角,有时会抓、捏或咬自己。发育几年之后(仍未成熟)当把它与幼猴放在一起时,它有时会呈惊骇状呆在那里,但有时又会突然进行猛烈的攻击。一旦发育成熟其性行为和母爱行为的表现都不太正常。雌猴若不与自己的母亲或同伴一起成长,那它们将来对自己的后代就会十分冷淡,虽然第二个子女出生后情况会有所改善。

在部分隔离的条件下,幼猴被单独饲养在铁丝笼中,不能与其他猴接触但可以看到和听到其他的猴,尽管存在一些社会刺激,但部分隔离饲养也会产生与完全隔离饲养相似的一些行为综合征。这些发现强调了身体接触对猕猴社会行为正常发育的重要性。

第三种饲养条件是把幼猴与不能动的母亲替代物养在一起,替代母亲(surrogate mother)通常是由一个铁丝圆柱体构成的,表面覆盖着细绒布,再安装一个木制的头(参看图 12-20)。这样的设计会增加幼猴与替代母亲接触的舒适度,虽然幼猴完全依附于它们的替代母亲并与完全隔离的猴相比较少表现出自我指向活动(如抓咬自己),但仍然不能表现出正常的社会行为。我们要问由母亲喂养会有什么特殊的功能呢?为了能够识别哪些因素是幼猴恋母的重要因素,可以设计各种类型的替代母亲,如可供奶的、可给予温暖的和可做摇摆运动的等。在一项研究中,幼猴宁可依恋一个不授乳的软妈(表面覆盖绒布)而不愿依恋一个可授乳的硬妈(铁丝编织的),这表明:对形成母-幼联系更为重要的是接触的舒适程度而不是满足营养需求。由不动的替代母亲喂养或进行完全或部分隔离饲养都不能为正常的社会发育提供至关重要的社会接触。现在的问题是什么水平的社会接触才能保证正常的社会发育?所谓正常的社会发育是指个体之间有玩耍行为而不是蜷缩在笼中一隅,指具有正常的社会关系和性行为而不是强烈攻击或缺乏兴趣,指能爱护并养育自己的后代而不是冷淡或遗弃它们。据研究,只与替代母亲生活在一起的幼猴,只要每天有 20 分钟让它们与同龄猴接触,它们的社会行为就能完全正常,行为发育也不会推迟。可见,虽然在自然条件下幼猴几乎全天都与同伴生活在一起,但在实验室内一天只要有极少的时间与同龄猴接触就足以使它的社会行为发育保持正常了。这再一次表明行为发育过程有着很强的适应性和复原力。

二、两栖动物的神经行为发育

1. 爪蟾蝌蚪游泳行为的发育与胚胎期经验无关

非洲爪蟾(*Xenopus laevis*)在孵化之前就有一定的行为表现,胚胎最早的运动出现在受精后的大约 25 小时,而身体的弯曲和游泳动作大约出现在此后的 10 和 20 小时。受精后大约 50 小时蝌蚪便孵化出来了。现在问,这些胚胎期的行为是蝌蚪表现出正常游泳行为所必需的吗? 为了回答这一问题,L. J. Haverkamp 和 R. W. Oppenheim(1986)让爪蟾胚胎在其开始运动前致其不能动,待不动期结束后再观察蝌蚪的行为。致胚胎不能动的办法是在胚胎开始运动前将胚胎浸在药液中(氯惹酮 chloretone 或利多卡因 lidocaine)或注射 α-银环蛇毒素(α-bungarotoxin),所有这三种处理都能抑制神经系统的活动,从而也就抑制了胚胎的所有行为。

胚胎期的神经活动和行为受到完全抑制对孵化后蝌蚪的游泳行为有什么影响呢? 观察表明:抑制药物一旦移走,试验蝌蚪的游泳行为就会与正常饲养蝌蚪的行为没什么不同。此外,实验蝌蚪游泳的解剖学与神经生理学基础也与正常蝌蚪没有什么不同。可见,虽然胚胎期的经验对有些物种出生后的行为发育是很重要的(如绿头鸭出壳前必须听母亲和同窝雏鸭的叫声以便出壳后能共同跟随自己的母亲),但我们不能认为所有物种都是如此。就非洲爪蟾来说,其蝌蚪游泳行为的正常发育就与胚胎期间的经验与行为表现无关。如果认为胚胎期的游泳动作是蝌蚪游泳行为发育的先决条件,那就大错特错了。

2. 美西螈神经系统发育的适应性

本章开始时曾介绍了行为变化是如何伴随着神经系统发育的,还讨论了与烟草天蛾行为的出现和消失有关的神经元的结构变化(即树突的生长和衰退)。在神经系统层次上有没有发育内稳定性的实例用于说明行为总是趋向于正常发育呢? 这里我们将举一个像爪蟾胚胎那样的实例,不过这次将把重点放在对已排除了所有神经活动的神经系统结构和功能的影响上。

W. A. Harris(1980)所进行的移植试验极好地说明了在没有神经活动的情况下神经元也具有正常发育的能力。他使用一种很强的神经毒素即海豚毒素(tetrodotoxin,TTX)来阻断所有神经冲动的传导,而这种毒素是一种蝾螈(*Taricha torosa*)体液的正常组成成分,蝾螈组织对这种毒素是不敏感的,但对其他两栖动物(如美西螈,*Ambystoma mexicanum*)的神经组织来说并不是这样。只要接触到这种毒素,美西螈的所有神经活动就会中止。Harris 把美西螈的一只胚胎眼移植到蝾螈(*Taricha torosa*)胚胎的头区,于是这只被移植的胚胎眼就成了蝾螈的第三只眼。此后与美西螈眼有联系的蝾螈的所有神经活动都受到了抑制。蝾螈一旦发育成熟,Harris 就开始检测与移植眼相关的神经发射(neural projections),尽管神经活动受到了完全抑制,但来自移植眼的神经发射还是到达了蝾螈脑的适当部位并建立了有效联系。

当考虑到这些神经组织是从不同种属的动物移植而来,而且它们还处在与寄主的眼直接竞争脑的靶标位置的情况下,视神经纤维能够正常发育就更令人惊奇了。美西螈的眼在面临所有这些不利环境的情况还能进行正常发育并建立起正常联系,这充分说明了发育的内稳定性。但这并不是在缺乏神经活动的情况下,神经系统的发育总能正常进行,在有些发育过程中神经活动的确起着重要作用。

总之,各种行为的出现、消失和变化都伴随着动物的发育过程。行为发生变化的原因很多,其中最重要的一个是神经系统的发育。在胚胎期间,各种行为的出现常常是与感觉和神经结构的发育保持平行。有时神经元的生长、死亡和结构改变都与特定行为的发育变化有关。激素状况的改变也能引起行为发生变化,如当蜕皮类固醇激素的浓度达到最大时,烟草天蛾与前足相关联的行为就会丧失。特定形态结构的发育也可能使行为发生变化,例如匙吻鲟从追逐和有选择地从水中挑选猎物到毫无选择地从水中滤食食物是平行于鳃耙的发育过程的。此外,行为变化也可能是因经历或经验而引起的,如幼鼠常依据同伴最近吃过的食物味道而选择所吃的食物。神经、激素、形态和经验等因素对行为变化的影响通常是在动物与其内外环境之间不断相互作用中起作用的。遗传因素也常常参与这种复杂的相互作用,遗传因素与环境因素之间的相互作用可用鸟类鸣叫行为的性二型发育得到最好的说明。只有雄鸟鸣叫这一事实是有其神经解剖学基础的,两性染色体的差异决定着脑和鸣叫行为性别差异的发育基础。这种遗传差异导致了类固醇激素分泌方式的不同并决定着雄鸟鸣叫脑区的生长与分化。除了神经与激素因素外,经验在鸣叫行为的发育中也起着重要作用。成年雄鸟能正常鸣叫的一个基本条件是在幼鸟期能够听到同种成鸟的叫声同时还必须能听到自己的叫声。

对雄性鸣禽而言,能影响神经系统发育的类固醇激素的分泌和倾听本种其他个体鸣叫的经历并不总是能够影响鸣叫行为的发育。为了使其有效,激素浓度的变化和倾听同伴叫声的经历必须发生在特定的时间内,而在此期间幼鸟对这种影响特别敏感。这种对环境刺激的特别容易接受的时期就叫敏感期。在有些情况下敏感期发生在出生前或孵化之前,而出生前的经历能够影响出生后行为的发育。子代印记(雏鸭的跟随反应)的发育就说明了胚胎敏感期的存在,绿头鸭的雏鸭尚在卵中的时候就必须听到同窝同胞的叫声,只有这样才能在孵化之后共同对母鸭的叫声做出反应。虽然敏感期通常是发生在生命的早期,但偶尔也能发生在成年期,如母山羊就是在羔羊出生后才学会识别自己子女特征的,这个学习过程将导致它们只接受自己的后代而拒绝外来的羔羊。特定行为发育敏感期的开始时间,不同物种之间会有很大差异,甚至在同一物种内也存在差异。敏感期的持续时间也有一定的伸缩性,特别是社会的相互作用对敏感期的开始时间和持续时间都有明显影响。

前面已经说过,经历,特别是年幼动物敏感期期间的经历对行为发育具有深刻影响。在正常情况下虽然动物会经受各种各样的自然条件和社会条件,但大多数行为都能正常发育,这就是发育的内稳定性。有时只需要有一点点的敏感经历就足以使动物行为完成正常发育了,如前面讲过的猕猴每天只需 20 分钟与同伴接触,其社会行为发育就能正常进行。在极为不利的条件下,如神经活动完全受到抑制和把神经组织从一种动物移植到另一种动物体内,即使如此,动物的神经发育也往往会以可预测的和可靠的方式进行。正在发育中的动物的行为及其神经系统具有抵抗各种环境变化的能力,这在大多数情况下都能保证动物最终发育成一个功能完全正常的成年个体。

第五节　昆虫和鱼类的行为发育

一、果蝇的行为发育

果蝇(Drosophila 属)是研究行为发育的好材料,曾在野外和室内用果蝇幼虫和成虫研究过各种行为发育问题。果蝇幼虫的主要活动是取食,当幼虫在食物表面爬行时总是用它的大颚探索和摄取食物。黄猩猩果蝇(D. melanogaster)要蜕皮 3 次,然后化蛹。3 龄幼虫开始时取食率达到最大。化蛹前幼虫会离开食物表面迁往化蛹地点,但也可能留在食物表面化蛹。有些种类的果蝇钻入土壤中化蛹以降低被捕食的风险。

有很多种果蝇对成蝇(特别是雌蝇)的研究要比对幼虫的研究深入得多,因为成蝇的行为类型更加多种多样。雌蝇与生殖有关的两种主要行为类型是性感受性(sexual receptivity)和产卵行为,它们都要经历一个发育过程。Manning 曾研究了黄猩猩果蝇的性感受性。随着咽侧体和卵巢的长大,雌蝇就有了性感受性,这通常是发生在成蝇羽化后的48小时。未成熟的雌蝇拒绝试图与其交配的雄蝇的求偶。咽侧体释放的保幼激素(juvenile hormone,JH)对脑有直接或间接影响,可降低性感受性的阈值。如果把咽侧体植入雌蛹体内,羽化出的雌蝇性感受性就会提前,卵巢也比较大。交配后雌蝇的性感受性会丧失,但产卵行为会增强。性感受性的消退至少有三个原因,即雌蝇体内已有精子、交配行为的作用和来自雄蝇的分泌物。

1978年 J. M. Ringo 曾研究了分布于夏威夷的几种果蝇的发育和成熟过程。这些雌蝇和雄蝇的发育时间大约要经历几天或几周的时间。对 D. grimshawi 的雄蝇来说,在羽化后1个月内的5个年龄期(即1,8,15,22和29日龄)曾观察和记录到了8种行为类型(图7-6)。一般说来,所观察到的行为多样性是随年龄增加的,每种行为的相对频率也是随年龄增加的。这种果蝇的雄蝇可形成求偶场(lek)并在求偶场上集体向雌蝇求偶,最终完成交配。在15日龄和22日龄时,生殖行为和战斗行为明显增加,包括求偶、格斗和垂尾。这些行为增加的时候也正是雄性果蝇争夺配偶和竞争交配机会的时候。

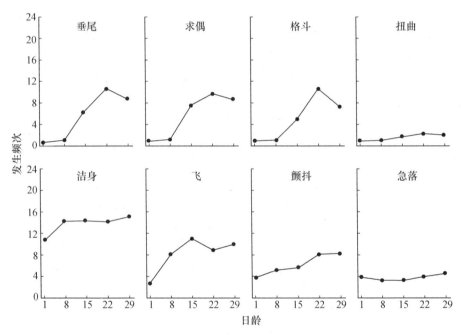

图 7-6 果蝇(*Drosophila grimshawi*)雄蝇在羽化后第1,8,15,22和29日龄时8种行为类型的发生频率

二、蜜蜂的行为发育

很多种类的蜜蜂都生活在很大的群体中,其中存在着在形态、行为和生理上都不相同的等级(castes)。例如在意蜂(*Apis mellifera*)和其他种类的社会性蜜蜂中至少存在三个等级:蜂王(queens)、雄蜂(drones)和工蜂(workers)。蜂王个体比较大,它进行交配、产卵并吃蛋白质类食物,通常自己不觅食也不保卫蜂巢。与此不同的是工蜂个体比较小,不能交配也不产卵,积极参与采食、筑巢和保卫蜂巢的工作。蜂王产的卵将会孵化出幼虫,幼虫化蛹并从中羽化出成蜂。

关于蜜蜂发育的一个关键问题是等级分化是怎样发生和在什么时候发生的?在此过程中有几个重要因素,其重要程度依蜜蜂种类而有所不同,但一般说来包括有蜂房的大小、喂给幼虫的食物数量和质量以及随着食物所传递的化学信息等。对大多数研究过的蜜蜂来说,这些因素都会对孵化或早期幼虫产生影响。无论是蜂巢内部的条件(如失王)还是蜂巢外部的条件(如季节变化)都能影响所产出工蜂和蜂王的数量。

大多数蜜蜂的工蜂都会随着其发育而在行为上发生变化,这种变化是伴随着其在群体中的功能变化而进行的。工蜂的行为类型包括休息、巡查、清洁巢室、吃花粉、照料幼虫、蜂房加盖、传播花粉、保卫蜂巢、战斗、采食和舞蹈通讯等。其中休息和巡查行为在整个观察的24天都有发生,其他很多行为都是按顺序依次出现的。羽化后前几天最早出现的是清洁巢室的行为,接着就是与照料蜂房和幼虫有关的行为,最后是外出采食。温带地区工蜂的平均寿命约为6周。对很多活动来说,它们彼此是有重叠的。

伴随着工蜂职能的转换也会出现几种生理变化。年轻工蜂有较大的下咽腺(hypopharyngeal gland),它可生产蜂乳的主要成分(是构成幼虫食物的一部分)。转化酶(invertase)是涉及将花蜜转化为蜂蜜的一种酶,它的分泌高峰是在工蜂生命的中期。在最年轻的工蜂中蜡腺(wax gland)最小,但会逐渐增大,直到大约16日龄时达到最大,此后又会迅速减小。在这一特定年龄阶段的这些变化都伴随着高强度的与蜂房有关的各种活动。总之,蜜蜂的发育事件是与其在蜂巢中的职能转换密切相关的,很多其他特征的变化也与这一总格局相符合。

大多数社会性蜜蜂都积极保卫它们的蜂巢,但它们是如何识别自己的同群伙伴和把它们与其他同种群体区分开的呢? M. D. Breed(1983)的研究表明:蜜蜂能利用环境气味源识别同群个体和非同群个体,如果环境信息受到控制,它们也能利用遗传信息。研究人员发现,进行这种识别所必需的信息是在成虫羽化之前获得的。

三、鱼类的行为发育

对鱼类行为发育的研究要比对其他脊椎动物行为发育的研究少得多,但最近曾取得了一些进展。其中 R. L. Wyman 和 J. A. Ward 等人的研究最为深入。在对光鳃鱼(*Etroplus maculatus*)进行大量观察的基础上曾提出一个关于各种行为类型个体发育的模型,证明光鳃鱼所有后续的行为类型都是来源于最初的两个行为动作,即掠过(glancing)和轻咬(mironipping),来自各种丽鱼和鲑鱼的资料也与这一模型相吻合。

对鲑鱼(*Salmo* spp. 和 *Oncorbynchus* spp.)所做的其他研究揭示了这些属鲑鱼行为发育的总格局,虽然在每个阶段都有很大变异。受精之后几个月,埋藏在溪流沙砾中的卵开始发育,生命的第一个信号是心肌的收缩,此后不久体肌也开始收缩。起初这些收缩并不协调有序,但很快就发展为特有的波动,看起来像是游泳动作,孵化前不久,上下颌和鳍也显示出协调的运动。孵化动力是来自于游泳动作,其动作之大足能使鱼苗从卵壳中挣脱出来,孵化后不久卵黄囊便被完全吸收,鱼苗在溪流沙砾间处于直立的位置。在这一早期阶段,鲑鱼是负趋光性,它们通常都游进水流中,左右摆尾离开溪底的沙砾层。大约就是在此时,它们才显示出正趋光性。当仔鱼还在卵中时便开始了运动,孵化之后运动频率便加快,如向前急冲和撕咬面前的小物体,还常常叮咬自己的同类。多数种类鲑鱼的幼鱼在发育期间都表现有一些共同特征,如在天敌出现时会集结成群;当受到攻击时便迅速逃离,然后停留在溪底一动不动,偶尔也停留在溪水表面附近。到个体发育的后期,不同种类的鲑鱼会表现出更大的差异。有些种类的鲑鱼在离开出生的溪流进入更大的水体或海洋之前还要占有并保卫一个领域。

第八章 动物的觅食行为

第一节 最适觅食理论

一、最适觅食理论的概念

觅食行为(feeding 或 foraging)并不是一种单一的行为,它包括搜寻(searching)、追逐捕捉(pursuing, capturing)、处理(handling)和摄取(ingesting)等几个阶段。在面对各种选择和各种环境挑战的情况下动物是如何进行觅食的呢?动物在一定时期内的净能量收入必须大于零,即从食物中获得的能量必须多于为获取食物所消耗的能量。为此就必须靠适当的行为解决下面几个生物学问题:

(1) 吃什么和如何识别所吃的食物?
(2) 到什么地方去搜寻食物和在那里搜寻多长时间才离开?
(3) 觅食时采取什么移动方式?
(4) 怎样对付进行抵抗的猎物?
(5) 什么时候吃和什么时候停止吃?

其中第 4 个问题涉及寻找、捕获和处理猎物的方法,将在本章后面讨论。第 5 个问题主要是体内生理调控问题,涉及复杂行为的内在整合。这里我们更为关注的是动物如何解决前三个问题,动物的觅食行为有没有通用的规律呢?能把它概括为一头狮子寻找和攻击一匹斑马或一只松鼠搜寻和压碎一个干果吗?这些问题全都与最适性理论(optimality theory)有关,特别是与最适觅食理论(optimal foraging theory)有关,即从投资/收益的经济学观点研究动物的觅食行为。最适觅食理论是说动物应在投资最小和收益最大的情况下进行觅食或改变觅食行为。用于测定最适性的是动物及其后代的生殖产出(即适合度 fitness),但生殖产出是难以评估的,而且需要花费很长时间。因此通常采用净能量收益的方法对最适性进行评估。

最适觅食理论实际上涉及三种选择:① 吃什么食物(即最适食谱和最适食物类型);② 到什么地方去找食,特别是当食物是隐蔽的和呈不均匀分布时应选择到最有利生境斑块(patch)去觅食并在各生境斑块有最适停留时间;③ 选择最适觅食路线,包括移动方向、移动方式和移动速度。有限的记忆能力常常会影响蝶类对蜜源花朵的选择,只要有一种植物的花朵可供采蜜,蝴蝶往往就会依赖于它,这一现象最早是被达尔文发现的。1986 年,A. C. Lewis 研究了白粉蝶(*Pieris rapae*),表明这种蝴蝶必须学习如何从花朵中吸取花蜜,连续在一种植物的花上取食既能节省时间又能提高效率,当为它提供另一种植物的花朵时,它就不得不学习如何从这种植物的花朵中采食,但学习从第二种植物的花上采食也涉及从第一种植物上采食的能力。这表明有限的记忆限制着蜜蜂的学习能力,改变采食对象无疑会付出学习的代价,因此对蝴蝶来说,只要可能最好是只在一种植物的花朵上采食。

一个正在觅食的动物可能面对各种可供利用的食物,有些容易找到,有些容易处理和消化,有些容易捕捉,而有些则具有较大的营养价值。在这种情况下动物该如何决定去吃什么呢？最适性理论是说,自然选择将有利于最适行为的保存,也就是说当动物面临几种可能的行为选择时,那种能最大限度地使收益大于投入的行为将会被自然选择所保存。

觅食行为是检验最适性理论的最好选材,原因是多方面的。首先,可以很容易地把投入和收益转化为能量单位,这一点很重要,因为最适觅食理论总是在单位时间能量净收益的基础上试图预测动物的觅食方式,所考虑的一些因素包括食物能量值、消化食物所消耗的能量、寻找食物所花费的时间以及处理食物所花费的时间等。觅食行为常被用于检验最适性理论的另一个理由是,可把觅食过程看成是一系列的决策(decisions),然后一次只研究其中一种决策。这些决策包括吃什么食物、到哪里去觅食、在一个地区觅食多长时间和采取什么搜寻路线等。

按照最适觅食理论,进行最适觅食的动物其适合度应当较高,即应当留下较多的后代,觅食的成功会导致其他方面的成功,因为其他方面的活动是靠食物提供能量的。在觅食效率关系到生与死的少数物种中,这种关联是很明显的。例如：鼩鼱在3小时内便将食物完全消化,如果不吃食物很难活过3~5小时。山雀在冬季为了生存每3秒钟必须捉到一只昆虫。

应当注意的是：在动物的适合度和最适觅食之间的联系是很难检验的,因为适合度的衡量尺度是一生的生殖成功率,即一生能繁殖多少后代,而衡量觅食成功的时间尺度要短得多,甚至是即时性的。但在某些情况下有证据证明觅食成功与适合度之间的关系,例如：荔枝螺(*Nucella lapella*)的生长可以作为测定适合度的一个间接尺度。无论是在实验室内还是在田间,觅食活动的个体差异都能表现在生长差异上,因此认为觅食成功与适合度之间存在相关性是有道理的,不过我们应当用更严格的方法对其进行检验。

二、最适食物类型的选择

动物所选择的食物类型将受到最适性原则(optimality principles)的支配。从食性特化种(specialist)到食性泛化种(generalist)是一个渐变的连续体,前者如粪金龟几乎完全以畜粪为食,后者如蚯蚓吃能够消化的几乎任何东西。长尾鸭(*Chanqula hyemalis*)也是特化种,它可潜入46 m或更深的水下觅食各种无脊椎动物,主要是端足类甲壳动物。另一种特化动物是泽鸢,它只吃一种蜗牛。这几种动物对猎物显然都有严格的选择性,选择通常是依据特定的信息。植食性昆虫或蛇等很多动物寻找食物主要是根据气味。有些物种的食性高度特化,它们只吃一种植物或动物的一个特定部位。

泛化物种所吃食物的种类很多,食物资源虽然很丰富,但它们利用任一特定食物资源的效率却较低。泛化种搜寻猎物花费的时间比较少,但处理猎物花费的时间比较长(与特化种处理同种猎物所花费的时间相比)。1988年,T. M. Laverty和R. C. Plowright曾对一种特化种熊蜂(*Bombus consobrinus*)和两种泛化种熊蜂(*Bombus*属)的觅食行为进行了比较研究,当为特化种熊蜂提供它们所熟悉的乌头属植物(*Aconitum*)时,它们能迅速而有效地找到花蜜,而受试的两种泛化种熊蜂则常常要在花朵的错误部位进行探索,在找到花蜜前经常会放弃。依据最适觅食理论预测,在可以得到的食物中动物应当选择最为有利的食物种类,特别是有利食物较多时,选择性就会更强。在食物丰富的环境中所吃食物的种类应当较少,而在食物贫乏的环境中所吃食物的种类应当较多。这些预测已被大量的研究实例所证实,例如：松鸦(*Gymnorhinus cyanocephalus*)能够分辨松树(*Pinus edulis*)种子质量的好坏并专门挑选好种子吃。在食物的最适选择方面,以海螺为食的一种乌鸦(*Corvus caurinus*)是一个极好的实例。为了能吃到海螺肉，乌鸦先从海边啄起它，然后飞到内陆，再把它从高空扔到岩石上（图8-1），待螺壳摔破后再吃壳内的肉。海螺越大，壳被摔破的可能性也就越大，但搬运大海螺从空中扔下所消耗的能量也越大。如果螺壳没有摔破，乌鸦就会面临要不要再尝试一次直到获得成功或者再捉一个海螺的问题。乌鸦行为的所有方面都与最适觅食理论所预测的相吻合，包括海螺的大小和重量、扔螺地点的选择、扔不同大小海螺的高度以及扔螺的次数等。例如：乌鸦总是选择个体较大的海螺而不捕捉较小的海螺，虽然小海螺数量更多而且更容易搬运[图8-1(c)]。但小海螺比较难于破碎，需要飞得更高和更多的扔螺尝试，总体来讲还是大海螺更为有利，理由之一是较大的海螺含有较高的热量。但海螺的大小是不是也能影响破壳的难易程度呢？为回答

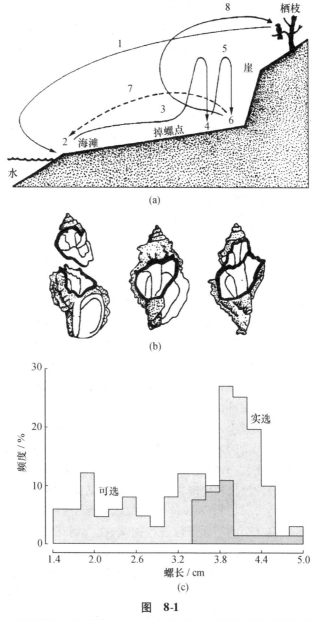

图 8-1

（a）乌鸦觅食程序；（b）螺壳破碎的常见类型；（c）乌鸦总是选择较大的海螺，因为大海螺能提供较多的能量净收益

这一问题,R. Zach(1978)收集了各种大小的海螺并从不同高度把它们掉到岩石上,他发现大海螺比中小海螺更容易破碎而且只需较少的掉螺次数。值得注意的是掉螺高度越低就需要更多的掉螺次数。摔破螺壳的总垂直高度等于掉螺高度乘以掉螺次数。破壳所需要的最低高度是 5 m 稍多一点,飞到这一高度以上等于浪费能量。Zach 发现乌鸦掉螺的平均高度是 5.23 ± 0.07 m,而且总是选择大海螺以保证有最大的能量净收益。经计算乌鸦从一只大海螺中可获得 8.57 J 热量,但捕螺过程要消耗 2.32 J,因此从每只大海螺所得到的能量净收益是 6.25 J。另一方面,捕食中小海螺需消耗更多的能量,因为它们更难于破碎且含有较少能量。经计算,中海螺的能量净收益是 1.28 J。显然,小海螺含能量更少而且更难于破碎,要吃小海螺就必须消耗更多的能量。从以上分析可以看出,乌鸦是能够区分什么是有利食物什么是不利食物的。

1986 年,P. M. Meire 和 A. Ervynk 研究了另一种海滨鸟类蛎鹬(*Haematopus ostralegus*)对其食物贻贝的选择性,情况很像乌鸦,只是对贻贝的选择更为复杂。蛎鹬对贻贝的最适选择不仅决定于贻贝的大小(壳长),而且也决定于壳的厚度、壳上是不是有藤壶生长以及在未能打开的贝壳上所浪费的时间等。

认识各物种在适应性上所存在的基本差异以及由这些适应所造成的限制对了解最适觅食行为是非常重要的,对某一特定食物类型的搜寻和处理时间在具有不同适应性的物种之间是不相同的。但基本的进化适应只能大体上协调物种与环境的关系,而进一步的微调就只能靠种内个体行为的可塑性了。改变觅食行为的能力是随种而异的,即使是近缘种之间也有所不同。在鹿鼠属(*Peromyscus*)中,*P. leucopus* 的觅食行为比 *P. maniculatus* 有更大的可塑性,而且这种可变性将随着动物的成熟而发展。另一方面,觅食行为的可塑性是与栖息地的条件相关的,*P. leucopus* 就生活在多种多样的栖息地类型中。霸鹟科(Tyrannidae)鸟类觅食行为的差异与身体大小有关,也与很多其他因素有关。T. C. Moermond(1979)从生态学观点对昆虫的食性特化进行研究期间得出了一个结论,即植食性昆虫在大的地理区域内可能表现为泛化种,但在局部区域内可能表现为特化种。这可能是因地理遗传差异而引起的,也可能是因个体觅食行为的可塑性引起的。

以多种猎物为食的捕食者在某一特定时期内常常专门吃某一特定猎物,虽然它们全年所吃的猎物种类很多。捕食者通常不是按它们所遇到的各种猎物的比例捕食猎物的,它们可能捕食一种猎物而不去捕食数量同样多的另一种猎物,这种情况在后面还会讨论到。

"吃各种各样的食物"是指导人类科学饮食的一句格言,这句格言同样也可应用于动物,例如蜂虎(*Merops apiaster*)在既吃蜜蜂又吃蜻蜓的情况下比只吃蜜蜂或只吃蜻蜓更能有效地把食物转化为体重。动物可能有特殊的营养需求,因此它们必须在各种食物间取得平衡,以便在摄取足够能量的同时也能保证各种营养成分的供应。例如:驼鹿(*Alces alces*)必须从食物中获得足够的能量用于生长和维持巨大的体重,但它们对钠也有一个最低的日摄入量。水边的落叶阔叶树的树叶比水生植物含有更多的热量,若只考虑热量的摄取,驼鹿就应当只吃陆生植物,但陆生植物的含钠量比较低,而含有低热量的水生植物却含有较高浓度的钠。驼鹿平衡它对能量和营养的需求靠的是既吃陆生植物也吃水生植物,使其在尽可能多地摄取能量的同时也能获得足够需要的钠。

根据最适食物选择理论可以做出两种经得起检验的预测,即① 一种食物的可接受性取决于更有利食物的数量而与自身的数量无关;② 当有利性较大的食物数量增加时,有利性较小的食物就会被排除到食谱之外。以海滩蠕虫(多毛纲)为食的红脚鹬(*Tringa totanus*)就是一个极好的实例。虽然大蠕虫比小蠕虫能提供较多的能量,但它们在一些地方却难以找到。随着更有利食物大蠕虫数量的增加,红脚鹬对食物就会表现出更大的选择性,不管什么时候只要大蠕虫的数量很多,它们就不去吃小蠕虫,即使后者的数量更多。为了克服野外研究这一问题的困难,J. Krebs 及其同事(1977)设计了一种装置可使他们控制提供给大山雀的两种不同大小食物的数量,鸟被饲养在笼中,它可从经过笼侧的传送带上啄取食物——大块和小块的蠕虫(黄粉甲幼虫),而实验人员可以控制这两种食物的数量。大蠕虫比小蠕虫含有更多能量,而对这两种猎物的处理时间却相等。Krebs 发现,当大小蠕虫的数量都很少时,大山雀既吃大蠕虫也吃小蠕虫,它们没有选择性。但当大蠕虫的数量更多时,大山雀就表现出了选择性,此时就不再吃小蠕虫了,只要大蠕虫的数量维持在这一水平上,哪怕小蠕虫的数量超过了大蠕虫,大山雀也不去吃。

三、觅食行为的动机

捕食行为的动机(motivation)是饥饿,捕捉猎物的速度和效率通常随着饥饿程度的增加而增加。但也有例外,如螳螂(*Hierodula crassa*)和跳蛛(*Epiblemum scenicum*),它们捕捉猎物的动作总是那么刻板不变,不受饥饿程度的影响。但觅食行为的其他方面如警觉性是与饥饿程度有关的。很多捕食动物都喜欢捕食某一特定的猎物,而且与正常的饥饿没有明显的关系,在全面研究动物觅食行为的时候必须要考虑到这一点。

1. 猎物的选择

捕食者对猎物的选择通常取决于猎物的可获得性。红脚鹬(*Tringa totanus*)总是在水边觅食,而且对猎物有一定的选择性,当它以海洋多毛类沙蚕(*Nereis*)为食时,它总是挑选大沙蚕,而不去吃小沙蚕,因为这样可以提高食物摄取率。当它以甲壳动物螺蠃蜚(*Corophium* 属)为食时,总是选择在食物丰富的海滩觅食。但当沙蚕和螺蠃蜚同时存在时,它常常更喜欢捕食螺蠃蜚,虽然沙蚕能够更快地满足它对能量的需求。这种情况很可能是由于螺蠃蜚体内含有某些红脚鹬所需要的特殊营养物,猎物选择的研究表明:很多动物都能学会和识别那些最能满足它们需要的食物。

很多捕食动物都有突然改变捕食对象的行为,例如,一群斑鬣狗(*Crocuta crocuta*)在连续多日猎杀牛羚(*Connochaetes taurinus*)之后会突然改为捕食斑马(*Equus burchelli*),这一突然变化并不是由于与猎物相遇概率发生了变化,而是嗜好的改变。斑鬣狗在捕猎瞪羚(*Gazella thomsoni*)或牛羚时,只需二三只合作就够了。但在捕猎斑马时就需形成多达 25 只的大群体。因此在捕猎斑马之前,先要有一个复杂的聚群仪式,此时即使有大量牛羚和其他猎物从它们附近通过它们也无动于衷。当一只牛羚被猎杀后,鬣狗群会迅速扩大,很多其他个体会参加进来分享食物。但当一只斑马被猎杀后就不会发生这种情况,因为参与狩猎的鬣狗已经很多了,因此,分享一只牛羚和分享一只斑马的鬣狗数量大体上是相等的,但由于斑马的体重比牛羚的体重大得多,所以每只鬣狗所分得的食物也较多,这是对狩猎斑马所需更大社会合作的回报。

2. 猎物的贮藏

很多鸟类和哺乳动物所捕杀的猎物数量都比它们所吃掉的多,因此常把吃剩的猎物贮藏起来。豹(*Panthera pardus*)、美洲狮(*Felis concolor*)和虎(*Panthera tigris*)只有在狩猎后因受到干扰不能马上把猎物吃完时才把猎物贮藏起来,而且不能同时贮藏几个猎物。赤狐(*Vulpes vulpes*)则能埋藏多个猎物并能记住这些猎物的埋藏地点。

3. 喂幼

很多捕食动物猎取食物不是为了自己吃,而是用来喂养它们的后代。在后一种情况下,取食过程是在后代乞食的刺激下进行的,而不是在自身饥饿的驱使下进行的。很多鸟类都能依据巢雏数调整自己的觅食行为,雏鸟的乞食行为通常是一种启动刺激,亲鸟就是借此来调整它们的食物需求的。捕食动物在捕到猎物后通常是马上把猎物杀死,但如果是为了喂幼就不会是这样,如家猫和猎豹(*Acinonyx jubatus*)常把活的猎物带给幼兽并当场释放,如果幼兽未能成功地追到和杀死猎物,母兽会重新捕到它并再次释放。翠鸟(*Alcedo atthis*)在捕到鱼时,鱼在口中的位置通常是鱼头向内鱼尾外露,这样便于吞咽,但如果捕鱼是为了喂养雏鸟则情况刚好相反,亲鸟总是先把鱼头递给雏鸟。猛禽在喂幼前常把猎物撕裂成适于雏鸟吞咽的小块。还有一些鸟是自己先把食物吃下,然后再反吐出来喂给雏鸟。

4. 觅食节律

很多动物的觅食行为都有明显的节律性。大鸨(*Otis tarda*)在夏天捕食姬鼠(*Apodemus*),但在冬天却不捕食。灰伯劳(*Lanius excubitor*)通常是又吃昆虫又吃蜥蜴,但到秋季时蜥蜴在其食谱中所占比例下降为零,虽然此时蜥蜴同样容易得到。很多捕食动物都表现有明显的节律现象,蜜熊(*Potos flavus*)和小斑獛(*Genetta genetta*)是夜行性肉食性动物,它们在黄昏时开始活动天亮前停止活动,很多夜行性的鸟类也是这样。有人用猫做过一个试验,每天24小时不定期地给它投放食物,结果猫表现出的是夜行性捕食节律,而且与它特有的捕食对象林姬鼠(*Apodemus sylvaticus*)的日活动节律完全同步。生活在北极圈附近的花头鸺鹠(*Glaucidium passerinum*)与其捕食对象欧䶄(*Clethrionomys glareolus*)之间也存在日活动节律同步现象,这是两物种长期协同进化的结果。

四、猎物的转换

很多捕食动物常常在一定的时期内集中捕食一种猎物,然后会突然转变为捕食另一种猎物,如很多食虫鸟和鱼常常会突然不再吃它们此前所吃的昆虫,虽然这些昆虫在数量上还很多。又如非洲野狗以各种大型猎物为食(角马和瞪羚等),有时突然会转变为以斑马为食,依据猎物种类的不同,它们会组成大小不同的狩猎群并举行不同的猎前仪式(prehunt rituals)。在连续几天捕猎角马以后开始捕猎斑马,此时它们在追捕斑马途中虽然会遇到大群的角马,但它们却完全不予理会。在有些情况下(如食虫动物),不同的猎物可能具有不同的营养价值,因此转换猎物可能是出于对不同营养的需要。在另一些情况下,转换食物也可以用不同的欲求行为(appetitive behaviors)加以解释,即不同猎物可能有不同的特有欲求(specic appetites),当一种欲求得到满足后,它的阈值就会增加,而另一种猎物类型就会更多受到偏爱。

在实验室内小鸮可采取不同的狩猎策略,它主要捕食小鸟和小鼠,在捕食小鸟时常隐藏在浓密的叶丛中对小鸟进行伏击,用足和爪抓住小鸟将其杀死。在狩猎小鼠时,它们是站在高处开阔的栖枝上进行观察,捕到鼠后用咬鼠头和脖子的方法把鼠杀死。对小鸟和小鼠这两种不同类型的猎物来说,小鸮可能存在着两种不同的神经机制,在同一时间只能有一种或另一种机制起作用。

有人曾研究过实验鼠饮水行为的转换问题,当为实验鼠提供多于一种的饮用水溶液时,实验鼠先是饮用其中一种水,然后转而饮用另一种水并再次返回饮用最初饮用的水。这可能是因为随着饮水过程的进行所饮用水的可口性(palatability)便开始下降,当下降到另一种水的可口性以下时,便会放弃正在饮用的水转而饮用另一种。猎物转换并不是一种普遍现象,有些捕食动物一生都坚持以同样的猎物为食,还有些捕食动物对转换猎物是不情愿的或抵制的,有时甚至对陌生的潜在猎物表现出明显的害怕。显然对于猎物转换现象,我们还远未知晓它的真正原因,包括近期的和最终的。

五、最适觅食地点的选择

1. 对觅食地点质量的评估

觅食者一旦决定了吃什么食物,接着就面临着到什么地方去找食的决策。由于食物通常是呈斑块状分布而不是均匀分布的,所以动物的觅食地点有些很容易找到食物,有些则很难找到食物。最适觅食理论预测动物应选择最好的觅食区域(斑块),操作条件反射技术(operant conditioning techniques)曾被用于检验这一预测。在实验室中可用压杆取食模拟觅食以便探索笼养鼠对生境斑块的选择。借助于改变所给报偿食物丸的大小模拟食物数量的变化,再借助于为获得食物报偿所需压杆次数的增加或减少模拟觅食能量投入的变化。先设置两个杆,使其压杆所得到的食物数量不同或得到食物的难易程度不同,然后观察鼠最终压哪一个杆,结果表明鼠最终总是压那个收益和报偿最大的杆,这个杆实际是代表一个较有利的生境斑块,这就是说,正如预测的那样动物总是选择到最好的生境斑块去觅食。

为了确定哪一个觅食斑块是最有利的,觅食者必须周期性地对各觅食地点进行取样,已知大山雀是对各觅食斑块进行取样的并根据取样信息选择最适宜的斑块。在实验中,食物斑块是含有不同蠕虫数量的小杯子,大山雀很快就能学会从含蠕虫最多的杯子中取食,但它们会继续对含蠕虫较少的杯子(斑块)进行取样,这种取样的价值在于当最有利斑块中的食物突然减少时就必须选择第二个最有利斑块去觅食。

当然取样是要付出代价的,因为取样所花费的时间会降低食物的平均摄取率,因此动物必须对利弊做出权衡。例如:如果存在两个觅食地点动物该选择哪一个呢?其中一个斑块可稳定地提供中等量的食物,另一个斑块则在提供极多量食物和极少量食物之间进行波动。显然在食物数量达到高峰时在波动斑块觅食最有利,但当食物数量降到稳定斑块以下时就会变为不利,为了确知波动斑块的食物密度就必须进行取样,但采何种取样频度呢?有一种模型预测,当稳定斑块的价值下降到波动斑块平均值以下时就应经常对波动斑块进行取样。金花鼠(*Tamias striatus*)是检验这一预测的好例子,因为它的食物是落叶阔叶树的种子,分布在很多斑块内,数量不断变化。每棵树下的种子数量将随着种子的成熟、风力大小和其他动物的活动而发生波动,因此金花鼠必须决定应当隔多长时间对其他树下的种子数量进行取样,以便确定是否改变取食地点。研究人员曾监测金花鼠的取食时间和探索其他取食地的时间以便弄清是什么影响着对其他斑块的取样频度。在一个试验中让金花鼠从人工斑块(放葵花子的盘子)中取食,盘中葵花子的数量代表着斑块的价值,结果发现:随着正在取食斑块质量的下降,金花鼠就会把越来越多的时间用来对其他斑块进行取样。

2. 觅食的风险感及对两类觅食地点的选择

在有些动物的生活环境中,食物的供应量是不可预测的,结果动物不得不在两种类型栖息地之间进行选择,一种栖息地能稳定地提供中等数量的食物,另一种栖息地的食物数量波动于极多和极少之间。动物选择后常常能很容易地找到大量的食物,但也可能冒忍饥挨饿的风险。在觅食理论中,风险(risk)一词是指食物丰度的变动性。有些动物在决定到什么地点去觅食时,似乎是考虑到了食物丰度的变化程度,这些动物常被认为具有风险感(risk-sensitive)。但至今为止我们一直假定动物是不在意风险的,它们唯一追求的是能量的最大收益。人们一直认为动物总是选择那些能给它们提供最大平均食物量的生境斑块,而不理会这些斑块在食物供应量波动方面的差异。但这种观点是过于简单了。研究表明:即使是在两个斑块食物平均供应量相等的情况下,动物也能识别哪个斑块是稳定的哪个斑块是有风险的。有些种类的动物是"赌博者",敢冒风险去选择食物供应量不稳定的斑块。另一些动物从不去冒险,它们通常是选择那些能稳定供应食物的斑块,但只能得到中等数量的食物。

为什么动物在选择觅食地点时考虑到食物数量的变化是有好处的呢?对于风险感的功能有一种假说认为,它能减少挨饿的机会。理由如下:一个动物如果每天不能从食物中获得最低量的能量,它就会死于饥饿。如果动物能够在一个能稳定提供食物的地点找到足够数量的食物,那么它就没有必要到一个食物供应不稳定的地点去冒险。但如果这个稳定地点所提供的食物不足因而会使其挨饿,那最好的方法就是冒险到食物供应不稳定的地点去寻找充足的食物。

将会把饥饿风险降至最小的风险感假说预测:动物除了要考虑两地平均食物供应量以外,还会考虑食物供应量的变动性。动物越是接近饥饿状态就越应当倾向于选择到有风险的斑块去觅食。对鼩鼱(*Suncus murinus*)、灯心草雀(*Junco byemalis*)、白冠雀、蜂鸟(*Selasphorus rufus*)和几种莺的研究都证实了这种假说的预测。

熊蜂(*Bombus* spp.)的风险感曾构成了几项实验的基础并引发了对风险感功能的争论。在一项实验中 Leslie Real 让熊蜂在两类人工花朵之间进行选择,一类花朵可提供固定数量的花蜜,另一类花朵提供的花蜜量是可变的,但两类花朵的平均产蜜量是相等的。结果发现,85%的熊蜂去拜访固定产蜜量的花朵,可见它们是采取回避风险的对策。当产蜜量可变的花朵所提供的平均蜜量大于产蜜量不变的花朵时,熊蜂就会更多地拜访前者。

六、捕食和竞争对最适觅食的影响

前面我们说过,动物觅食倾向于使其能量净收益达到最大,但实际情况并不总是这样,因为还有一些其他因素(如存在捕食者和竞争者)会影响动物的最适觅食。显然,动物在觅食时必须防范被其他动物吃掉,有时为了安全就不得不牺牲一些能量收益。这种权衡(trade-off)可以借助多种方式实现。一种方式是尽可能减少觅食时间,由于觅食时很难同时监视捕食者,因此被捕食的风险将随着觅食时间的增加而增加。例如处在非生殖期的太阳鸟在采到了足够维持自身代谢的食物后就不再采蜜了,而是迅速飞到安全的隐蔽地点休息。

在捕食风险与能量收益之间进行权衡的另一种方式是选择到安全的地点觅食,哪怕那里的食物并不太丰富。例如:鼠兔(*Ochotoma collaris*)很容易受到几种捕食动物的捕食,它们通常不会离开自己安全的洞穴太远,有证据表明鼠兔的觅食行为受天敌的很大影响。首先,它们宁可在洞穴附近过牧的草场觅食,也不远离洞穴到比较丰美的草场觅食。其次,最容易遭到捕食的年幼鼠兔比成年鼠兔的活动范围更加靠近自己的洞穴。怀孕的雌鼠兔因需要更多的食物常不得不扩大觅食范围,但离洞穴越远遭捕食的风险也越大。再次,当在鼠兔的栖息地摆上一排排狭长的石块作为鼠兔应对捕食的避难所时,它们就会到离巢洞更远的地方觅食。

可以预测的是,食物价值的增加和危险程度的增加都会影响安全与能量收益之间的平衡。一些研究已经证实了这些预测,有人检验了这些因素对年轻的银大马哈鱼(*Oncorbynchus kisutch*)觅食的重要性,在其生活的前两年,银大马哈鱼生活在溪流中以小浮游动物为食,它们呆在一个中心地点等待适宜猎物的到来,在那里它们与水底沙砾混为一体,很难被捕食者发现。当猎物接近时它们便游过去将其捕获,但移动时就很容易被捕食者发现,因此遭捕食的风险会随着移动距离增大而增加。

通过改变猎物大小、危险程度和对食物的竞争强度可以人为操控食物的价值。当食物重要性增加时,银大马哈鱼就会冒更大的风险,例如它们为能获得更大的猎物而移动更远的距离,一条饥饿的鱼为了猎食也比一条不太饥饿的鱼能移动更远的距离。鱼儿似乎知道有猎物如不去猎取就会把它让给了竞争者。在自然条件下到处漂浮的猎物将被最早接触到它的鱼儿吞食,如果鱼儿不肯冒风险游向猎物,就会把猎物丢失给相邻领域的占有者。在一项实验研究中,用镜面反射的方式增加竞争者的密度,在这种情况下可促使鱼到离领域更远的地方去捕食。

经常会有这样的情况,即价值会随着成熟而增加,因此,觅食成功的相对重要性和捕食风险可能随年龄而改变,在一种群居的结网蛛(*Metepeira incrassata*)中就证实了这一点。在群体内的位置既能影响捕食成功率也能影响被捕食或被寄生风险。位于群体边缘的蜘蛛捕猎的成功率较高,但被捕食的风险也更大。其猎物捕获率大约高达24%~42%,另一方面,其被捕食率约相当于群体中心位置蜘蛛的3倍。可见在觅食成功和捕食风险之间必然存在着权衡,权衡的结果将会影响每个个体留下后代的数量。位于群体中心的个体生殖成功率较高,因为那里的捕食风险和卵被寄生的风险都比较小。捕食者总是喜欢捕食个体大且正处在生殖期的雌蛛,而且总是先到达蛛网的边缘,所以生活在网边缘的大雌蛛被捕食的风险特别大,其卵囊如果失去了母蛛的保护也增加了被寄生的机会。其结果是大多数蜘蛛都是在群体的中央区域孵化并开始生活的,这里猎物稀少,所以个体较大和较老的蜘蛛在争夺猎物时就会占有明显优势并迫使那些个体较小较年轻的蜘蛛到网的边缘寻求生存机会,那里可得到更多的食物,生长更快,也更有可能发育到性成熟期。但随着幼蛛的成熟,其价值也会发生变化,因此其安全性相对于觅食成功来说显得更加重要。所以已经性成熟且个体较大的蜘蛛总是喜欢占有群体中心的位置。

第二节 动物觅食的技能和策略

一、动物食性的多样性

在自然界很容易观察到几乎没有两种动物所吃的食物是完全一样的,从理论上讲这种现象并不难理解。如果两种动物的营养需求完全相同,其中必有一种动物会占有竞争优势并最终会将另一个物种排除掉。但物种之间的食物竞争常引起物种的生态趋异(ecological divergence),回避或减少竞争会使两个物种在生殖上都受益。通过利用另一个物种所不利用的食物资源就能获得更多的能量并能产生更多的后代。多数生态学家都认为,竞争在动物觅食行为差异的进化中起着关键作用。验证这一观点最简便的方法是仔细观察近缘物种对食物的偏爱或嗜好,因为它们具有共同祖先,所以人们通常认为它们会有相似的觅食技巧和食物嗜好。正因为它们非常相似,彼此的竞争就会十分激烈。在这种情况下,自然选择就会导致它们食性的趋异进化。属于同一个属的两种更格芦鼠在形态上非常相似,以致连分类学家都难以区分它们,但其中一种以吃种子和荒漠植物为生,而另一种则完全以滨藜的叶子为食。可见这两种更格芦鼠实际并不存在对食物资源的竞争。

近缘物种食性趋异的更著名的实例是达尔文地雀,这些黄褐色的雀形目鸟类从微小昆虫到大型的厚壳种子几乎无所不吃。在地面吃种子的地雀生有粗壮强大的喙,吃仙人掌地雀的喙适于探取和切割，吃嫩芽和树叶的地雀生有剪切功能的喙，而吃昆虫的地雀喙纤细呈镊子状。当有几种地雀吃同一类食物时，如在地面吃种子的地雀中已分化出了大、中、小喙地雀，它们分别适应于取食大型、中型和小型的种子。由于各种地雀所吃食物种类的不同，所以在加拉帕戈斯群岛的同一个岛上可以同时生活着10种地雀，但食物相同或相似的两种地雀不能生活在同一个岛上，这说明它们之间有竞争排除关系。

加拉帕戈斯群岛离南美大陆非常遥远，只有极少的鸟类能够飞到那里定居并借助于多种多样未被利用的食物而发生明显的适应辐射现象，就像达尔文地雀所发生的那样。当祖种地雀到达加拉帕戈斯群岛时，那里的食物种类多且极为丰富，竞争物种也很少，但随着新物种的形成，取食生态位便被逐渐填满，占有这些生态位的物种都是从吃种子的祖种地雀通过趋异进化而产生的，最明显的实例就是细嘴莺地雀和啄木地雀，前者极类似于北美的食虫莺，而后者则是一种可使用仙人掌刺探取昆虫的地雀（参见图12-26），在生态上等同于长舌啄木鸟。

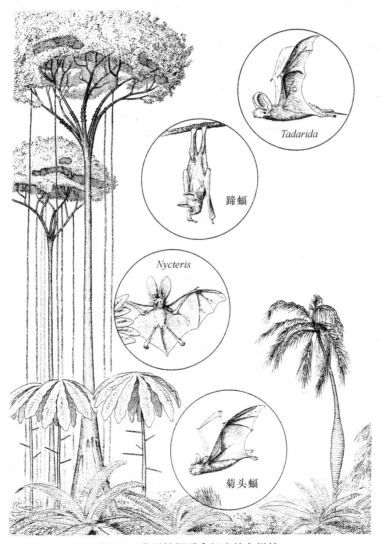

图8-2　非洲蝙蝠觅食行为的多样性
它们虽然在同一地区觅食，但觅食方法极不相同

近缘相似的物种常常借助于所吃食物的不同、觅食方法的不同和取食地点的不同而使资源得到充分利用。例如在非洲的蝙蝠群落中有些蝙蝠是当猎物在近旁飞过时才从栖枝上起飞捕获它们,有些蝙蝠是当昆虫从叶丛中飞出时捕而食之,还有一些蝙蝠则是在空中追捕快速飞行的昆虫。有些蝙蝠生有宽大的翅适合于慢而灵活的飞行,有些生有长而薄的翅能在开阔空间高速飞行。即使是觅食方法相同的种类,也常借助于在不同高度觅食来减少或避免种间竞争(图8-2)。

二、食性的特化

由于可作为食物的动植物种类是极其多种多样的,所以避免食物竞争的可能性也很大。在各种不同气候区域内植物争夺阳光的竞争使植物的光合作用对策发生了广泛的适应性辐射。植物种类的多样性又为多种多样植食动物的生存提供了可能,而这些植食动物是以植物群落中不同种类的植物为食的。植食动物的多样性反过来又为肉食动物多样性的发展创造了条件。

生物种类的多样性使得任何一种都不可能有效地取食所有种类的食物。鬣狗的牙齿能有效地咬碎猎物的骨头但却不适于取食植物。自然选择的作用常会使一些食物资源物种变得难于找到、难于捕捉或难于消化,这种情况也会使那些作为食物的物种变得越来越多样化。对吼猴来说,热带树种的毒性依种类不同而有很大变化,这也就是为什么食叶的吼猴对食物种类有极强选择性的原因。如果一个食物资源物种能够成功地避开消费者的取食而变得数量很丰富的话,那就可能为食性极为特化的物种提供了机会,这个特化物种因能克服食物资源物种的防御机制而获得几乎是无限量的食物供应。食性特化种在进化过程中曾反复出现过,而且是伴随着对大多数消费者有毒的食物资源种一起进化的,这些资源种对大多数消费者来说是不可食的。例如,大更格芦鼠之所以能取食滨藜的叶子是因为它生有特殊形状的门牙,能把饱含盐的滨藜叶的表层刮掉,含盐的叶表层一旦被去除,大更格芦鼠就能获得叶组织内的各种营养物。另一实例是透翅蝶(*Mechanitis isthmia*)的幼虫可以靠行为"谋略"克服寄主植物的防御机制,这种植物表面覆盖着尖锐的空心毛,它能刺穿蝶幼虫的表皮使其陷入困境。但这种幼虫是群体取食的,它们在叶的有刺部位搭建一个丝质的台架,然后向下潜入叶的无刺部位尽情取食。

动物常常靠化学的和行为的方法克服植物的防御。以有毒植物为食的昆虫有时具有特殊的酶系统,这些酶被有毒的化合物激活后能将有毒物质转化为无害物质。豆象的幼虫只生活在一种热带树木的种子中,种子内含有大量的刀豆氨酸(L-canavanine),这是一种潜在的杀虫剂,它能与大多数昆虫的蛋白质结合取代正常的氨基酸从而导致酶系统破坏并引起死亡。但豆象却能不受伤害地吃这种种子,因为它有大量特殊的酶,能把刀豆氨酸转化为氨,它还能利用氨作为氮源构建自己所需要的分子,可见它不仅能够解毒这种杀虫剂,而且还能利用这种毒物构建自己的身体。

植物并不是唯一具有防御性有毒化学物质的生物,很多动物也生有防御性的腺体,这些腺体使它们难以被其他动物取食或者会对其他动物带来危险。獴和地鹃能够制服危险的毒蛇。少数几种长角甲能以红萤(*Lycid beetles*)为食,甚至能把红萤体内的有毒物质转移到自己的组织内用于防御自身天敌的捕食。

有很多动物不是在防御机制方面进行大量投资,而是靠尽可能快地生长和繁殖以便相对减弱天敌捕食的影响,保证种群的延续,这些动物通常是所谓的泛化种(generalist),即可吃多种多样食物的物种。泛化种可比喻为机会主义者,不管是什么食物,只要是可食的和数量多的它都吃。这些动物通常分布在温带地区,那里的气候和食物供应量存在着明显的季节波动。

三、传粉动物与植物的协同适应

动植物防御机制的多样性是导致消费者物种特化和使竞争者之间发生趋异进化的一个重要因素。消费者与消费对象之间的关系并不总是一种寄宿关系,很多植物都与传粉动物发展成了共生关系,植物为传粉动物提供花粉和花蜜,而动物则把花粉从一个植株带到另一个植株,但这两个植株必须属于同一种植物。开花植物在进化过程中已经形成了许多适应性,促使传粉动物在同一种植物的不同植株之间往返移动。花朵在其外形、结构和蜜腺标记(nectar guides)的性质方面是有所不同的,蜜腺标记可指示动物蜜腺的位置。这些适应将有助于特化种在同一种植物的不同植株间活动并得到相应的食物报偿(图8-3)。Bernd Heinrich 发现,熊蜂只限于在一种或少数几种植物的花朵上采蜜。一只没有经验的工蜂开始时甚至很难找到进入车轴草花朵的路径,它只能采到花粉或探索蜜源的位置。

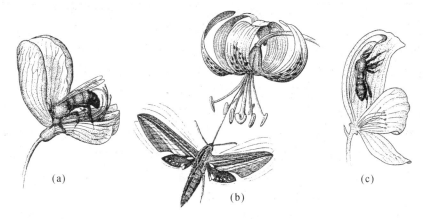

图8-3 植物及其传粉者的协同适应
(a)熊蜂的体重刚好能打开关闭着的金雀花朵;(b)天蛾必须悬停在空中才能采到百合花的花蜜,当它采蜜时花粉会粘附在它的长吻上;(c)为了从车轴草上采蜜,昆虫必须知道如何进入花朵并找到花蜜

对传粉动物来说,花的结构和外形不是唯一的变数,植物所生产的花蜜种类也有不同,有些植物只生产低热值的稀释糖浆,有些植物则生产高浓度的花蜜。蝶类因其表面积/体积比值比较大而存在水的平衡问题,但它们只需要较低的能量,因为它们不必借助于代谢保持固定体温,它们喜欢采食含水量较多的花蜜。但蜂鸟是恒温动物,它们需要较多的能量供应,因此不喜欢采集稀释的花蜜,只采食那些热量值很高浓度很大的花蜜。

在依靠蜂鸟传粉的花朵中各有不同的方法促使每种蜂鸟专门采食一种植物的花蜜。例如,海里康属(*Heliconius*)植物是靠调节产蜜率促使采蜜动物的专一性。一些自花受精的植物常可生产大量的花蜜,这将使很多具有领域行为的蜂鸟长久地占有一种开花植物。还有一些海里康属植物是异花受精的,它们只生产少量花蜜,因此它们所吸引的蜂鸟必须是在植物生产花蜜的时候从一株植物飞向另一株植物,并在收获花蜜的过程中为植物传粉。

正是这些促使一种动物只在一种植物上觅食的适应性使得这些植物对其他效率较低的传粉动物减少了吸引力。花朵也能积极地阻拦一些不适当的动物采粉和采蜜,特别是蚂蚁和小蝇,由于它们的活动能力有限,因此不是好的传粉者。有些花朵用毛、鳞片和乳液管阻止蚂蚁接近花蜜,当蚁爪抓住乳液管时,乳液管就会爆裂从而把蚂蚁赶走。蜜腺也可能隐藏在花冠的深处,因此只有长吻传粉动物才能采到花蜜。食物报偿也可能是隐藏在由花瓣所构成的被囊中,就车轴草和苜蓿来说,只要有一只重量足够大的昆虫落在花朵上被囊就会打开并向各处喷放花粉。可见车轴草只对那些重量足够大的熊蜂有利,因为只有这些熊蜂才能打开花朵。当这些熊蜂以极快的速度从一朵花飞向另一朵花时,它们会引发各处花朵的破裂并喷放出大量花粉,于是这些极微小的花粉云便充满于空气之中,其情景甚是有趣。

四、动物的觅食技能

动物常常以各种各样的食物为食,以有利于减少物种之间的竞争。动物的食物是同它寻找适宜食物的能力和收集与制服食物物种的能力密切相关的。动物有两种基本的觅食方法,即主动地搜寻静止不动或缓慢移动的猎物和坐等积极活动动物的接近。

捕食动物追捕猎物不仅要花费时间和消耗能量,而且会使自己暴露在天敌面前,说不定某个天敌正在某地等着伏击它呢。所有这些都是动物对有效觅食所不得不付出的代价。如果动物的觅食行为是经过长期自然选择保存下来的,那么动物就必将会使它们的搜寻时间尽可能地缩短以便能有更多时间从事其他重要活动。同时还会从觅食活动中获得最大的能量净收益。

有一种夜行性的蝎子($Paruroctonus\ mesaensis$)特别适合于发现和杀死深藏在松软沙土中的蜚蠊,蝎子是在移动中搜寻猎物的,它能发出一种能穿透沙土的振动波,而在其尾须上和足的较低部位生有很多敏感的机械感受器,对微弱的触觉信号极其敏感。它能在 50 cm 以外发现蜚蠊所在的位置并能在蜚蠊钻到安全的深处之前对其发动攻击并拖到地面。即使是一些没有生命的食物种类有时也难以找到,当一条大鱼撕咬猎物时就会产生很多食物碎块,但这些食物碎屑很快就会沉降到水底,那里有很多腐食性动物以此为食。一种自由游泳的浮游虾可在食物碎屑下沉的过程中将其截获。由于这种虾是生活在混浊的沿岸水域中,所以它无法靠视觉找到食物而是依靠嗅觉。正是依靠这种敏锐的嗅觉使它在迅速向下游动时能追上正在下沉的食物颗粒。

利用视觉寻找食物是很常见的,这促使很多被捕食动物发展了隐蔽色,隐蔽色反过来又有利于捕食者发展更敏锐的视力。大型猛禽具有极好的视力,约比人的视力好 8 倍。一些食虫小鸟的捕食技巧也令人印象深刻,在春夏育雏期它们每天必须捕捉成百上千只具有隐蔽色的小昆虫,而且冬天也要靠捕食昆虫为生。这些食虫小鸟为了生存和繁殖,全天每过几秒钟就必须找到一只猎物,其捕食效率之高令人难以想象。对大山雀的研究表明,这些小鸟捕食昆虫远非随机取样而是具有明显的选择性。Luuk Tinbergen 把摄像机安置在巢箱上,每当成鸟带着食物到达巢箱入口处时就对其进行拍照。对照片所作的分析说明,大山雀对猎物是有选择的,因为它所带回的猎物频次与当时该种猎物种群的密度是不相符的。当某种猎物的数量很少时,它们是很少被猎取的,但当其种群数量增加以后,鸟类对它们的猎食数量就会多于随机猎取的数量。Tinbergen 认为,鸟类在学会识别猎物的重要视觉特征和对猎物形成搜寻印象(search image)之前必须与该猎物类型有多次相遇,此后鸟类才能更有效地对它进行捕食并导致这种猎物的捕食率急剧增加。利用搜寻印象捕食的鸟类常常会不太注意稀有的猎物,但这种损失会因对其他猎物捕食率的提高而得到补偿。

虽然 Tinbergen 的观点主要是一种假说,但最近的研究部分地支持了搜寻印象假说。搜寻印象特别适用于那些取食多种多样食物类型,而且这些食物的数量和有利性又不断变化的动物。最适食物摄取的一个实例是发生在斑鹟由依靠父母喂养到独立觅食的转化阶段。刚出巢的斑鹟幼鸟面临着两种选择:是等待父母来喂食呢还是自己去寻找食物。随着幼鸟的长大它就会越来越有能力在飞行中捕食,与此同时,父母也会逐渐减少喂食次数,这种情况将会进一步促使幼鸟自己捕食。N. B. Davies曾发现,当幼鸟自己捕获的食物多于靠乞食从父母那里得到的食物时,它就会完全停止乞食而变为一个完全的自食其力者。

食物选择性的一个有趣实例是由东非太阳鸟提供的,这种鸟是在槲寄生植物的花朵上采蜜。这些花朵在太阳鸟为采蜜将它打开之前一直是关闭着的。半闭着的花朵的含蜜量约为开放花朵含蜜量的4倍,但打开一朵封闭花朵并取走花蜜所花费的时间要比从开放花朵中取走花蜜花费的时间长。大型蜂鸟比小型蜂鸟可以更快地打开封闭着的槲寄生植物花朵。其结果是大型蜂鸟在封闭花朵上每单位时间的净能量摄入量要比小型蜂鸟多。例如:最大的蜂鸟从开放花朵中的能量摄入量是每秒8.8J,而从封闭花朵中的能量摄入量是每秒22.6J,后者约为前者的两倍半。对其他蜂鸟来说,每秒从封闭花朵中摄入的能量约为从开放花朵中摄入能量的一倍半。所有种类的蜂鸟当它们遇到封闭花朵时都无一例外地加以利用,但只有最大的蜂鸟是专一地利用封闭花朵,它们常常从一个生境斑块飞向另一个斑块主要就是为了寻找尚未发现的封闭花朵。对其他种类的蜂鸟来说则没有这种专一性,即非封闭花朵中的花蜜不采,因为封闭花朵相对说来数量较少,因此寻找这种花朵需付出一定的代价。

1. 动物对觅食区域的选择

在自然界动物只有在选择了一种特定的觅食生境之后才会利用搜寻印象和其他方法去搜寻猎物。动物要达到最大的净能量摄取量就必须能够调整自己的觅食行为,只在环境中食物密度最大的地方觅食,至少有些动物是这样的。例如,用山雀所做的田间和室内试验已经表明,这些鸟类可以依据不同斑块内的食物捕获率而形成对微生境的偏爱,这种偏爱是随着食物供应量的变化而变化的。有些昆虫也能改变它们对觅食地点的偏爱,一种熊蜂(*Bombus ternarius*)的小工蜂在另一种熊蜂的大工蜂不在的情况下常在靠近一枝黄花主茎的花簇上觅食。但当大工蜂也同时在一枝黄花植株上觅食时,小工蜂就会转移到一枝黄花的顶部觅食,在那里可以避免与其他种类的熊蜂发生竞争,因为这些种类熊蜂的体重太大,难以停歇在顶部的花簇上。

动物提高觅食投资的能量回报率的另一种方法是选择适当的路径穿过高生产力的生境斑块。如果食物本身是可以缓慢再生的,那么避免在短时间内走过同一地点就是明智之举。鸟类和其他动物结群生活的好处之一就是可使群体中的每个成员能掌握其他个体的移动线索,从而避免进入已被搜寻过的地区。但是独居的捕食动物也可使觅食路径达到最优。穿行草地的一只歌鸫先是短距离地向前跳步,然后停下来观望一下,接着又向前移动,通常是朝着稍微不同的方向。当它跳步前行的时候,常常是向右转再向左转,左右转互相交替,这样能保持大体上的直线移动以避免在每次觅食时两次巡视同一地点。瓢虫幼虫在搜寻蚜虫时借助于在它们走过的植株上留下气味而能知道它们已经搜寻过的地点。通常瓢虫在一定的搜寻时间若找不到蚜虫就会离去。如果瓢虫幼虫再次爬上了一株近期已走访过的植物,那它就只停留极短的时间。但如果这株植物被用丙酮冲洗去除了动物留下的气味标记,那么瓢虫在这株植物上的探索时间就会长得多,与第一次爬上一棵植物所花费的探索时间一样长。

如果食物是呈集群分布的,那么对捕食者最有利的就是在找到一头猎物后就改变它的搜寻路线。歌鸫的取食对象是呈集群分布的蠕虫,在它找到一只蠕虫后常常在同一方向上作几次急剧的转弯,这样它就会在发现蠕虫的区域转圈,这比它直线前进所遇到的蠕虫要多得多。至少有三种不同目的昆虫也采取了相同的转圈对策,这些昆虫的猎物都是在植物叶和茎上呈集群分布的蚜虫。

大量的研究已经证明,很多捕食动物都能做到以下几点:① 能从大量食物物种中选择最有利的猎物物种;② 在各种可供选择的生境斑块类型中常选择在生产力最高的生境斑块内觅食;③ 穿过一个生境斑块的路径最有利于增加与所喜食猎物的相遇率。捕食者的捕食效率越高其留下的后代数量也就越多,但有时捕食者的捕食行为并不像理论预测的那么有效,捕食者也和猎物一样要面对互相对立的需求。例如栖息在潮间带的一种肉食的海蜗牛(*Acanthina punctun*)对食物有极强的选择性,因为它大部分的取食时间都花费在了缓慢凿穿猎物的贝壳上。在正常情况下,海蜗牛只攻击那些贝壳相对较薄的软体动物。然而当潮水上涨的时候,它就有可能被冲刷到远离觅食区的地方并有死亡或受伤的危险。因此,它们在小潮期间比在大潮期间对猎物有更大的选择性。在有些地点连续的觅食会很危险,因此它们要么接受一个质量较差的猎物躲到一个安全场所慢慢食用,要么干脆藏在一个隐蔽处回避海浪的冲击。海蜗牛的取食行为代表着一种折中行为,即在使能量摄入达到最大和使海浪冲击引起的死亡风险降至最小之间采取折中的办法。

2. 坐等和伏击猎物的动物

有些动物是在选择了一个适宜地点之后耐心等待猎物的到来。对于固着不动的动物来说,选择一个合适的地点是觅食成功的关键,假如海葵是固着在一个生物生产力特别高的地点,那么一些小鱼或其他食物就会不断地闯入它的触手冠从而成为它的猎物。很多可移动的

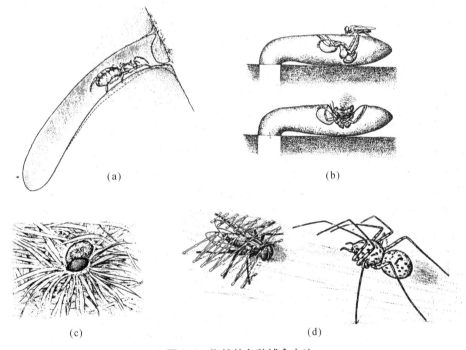

图 8-4 蜘蛛的各种捕食方法

(a) 一种地蛛(*Atypus* 属)正在洞内等待猎物到来;(b) 另一种地蛛在其编织的丝管中捕获了一只蝇;(c) 窖蛛(*Aganippe*)的洞口周围有辐射状信号线;(d) 皮花蛛(*Scytodes*)用从口器中喷射出的粘性物质把蝇捆绑了起来

动物都要寻找一个好的伏击地点。一条鱼会突然遇到从珊瑚礁隐蔽处窜出的肉食性鳗鱼,当它还来不及逃离时便被咬住了。很多猫科动物、蛇和所有的蜘蛛都采取埋伏在一个地点对猎物进行伏击的取食对策(图 8-4)。它们必须找到一个猎物经常到达的地点,地蛛(*Atypus*)常常蹲伏在洞穴的上部,洞口有一个可以开启的盖,当蜘蛛发现有猎物从附近走过时,它就会突然从洞穴中冲出去将其捕获并迅速退回到洞穴中。蟹蛛常常潜藏在花朵中注视着各种采蜜采粉的昆虫并出其不意地发动攻击。虽然伏击者所消耗的能量不多,但也要花费一定的时间和能量建造引诱或捕捉猎物的装置,或者像清洁鱼、清洁虾与它们的清洁对象那样。大量水生动物都让水流经自己的身体并从水流中过滤出微小的食物颗粒,这些滤食者也是被动地等待食物自己到来,它们可能完全以微小的浮游植物为食而不是以主动游泳的动物为食。

还有很多动物是借助于诱饵的帮助来发现和捕捉猎物的(图 8-5)。在深海中很多鱼都有发光器官并用它引诱分散在各处的猎物。完全夜行性的鱼类眼下方生有专门的发光器官,其

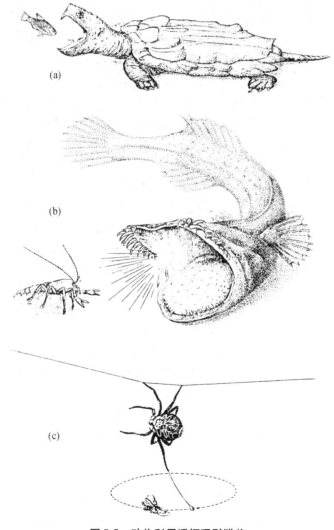

图 8-5　动物利用诱饵吸引猎物

(a) 龟利用舌作诱饵吸引小鱼;(b) 深海鮟鱇口中有一发光的诱饵;(c) 投索蛛用蛛丝末端的性信息素引诱雄蛾

中有与其共生的发光细菌。在没有月光的夜晚或是在水下洞穴中,不同种类的鱼为了引诱或是看到猎物常常采用不同的方式而增强自己的发光器官。投索蛛利用另一种诱饵,即利用释放出的拟态信息素进行狩猎,它对几种蛾子的雄蛾有很强的吸引力。当雄蛾为寻找同种雌蛾而从附近飞过的时候,投索蛛就会转动一根丝质投索,其末端有一滴粘性的性信息物质,雄蛾常常会受到引诱而上当受骗,成为投索蛛的口中餐。

3. 种植和收获食物的动物

有很多动物具有培植和收获食物的能力,如种植植物或保护并关照能为自己提供食物的其他动物。蚂蚁常常要寻找聚集成群的蚜虫,蚜虫用刺吸式口器能吸取植物大量的汁液,这些汁液能迅速通过蚜虫肠道并变化不大地从身体另一端排出来,这些液体排泄物含有大量糖,对很多动物(尤其是蚂蚁)都有吸引力。有些种类的蚂蚁几乎总是与这些蚜虫群体生活在一起,时不时地敲击蚜虫的腹部,这种刺激可促使蚜虫分泌蜜露供蚂蚁食用。另一方面,蚂蚁则帮助蚜虫驱逐捕食性天敌如瓢虫和食蚜蝇幼虫等。这两种动物之间的互惠关系能使蚜虫得到保护和免受天敌捕食,而蚂蚁则能在几乎不需付出能量代价的情况下得到含糖量丰富的液体食物。动物之间另一种互惠关系是海葵与小丑鱼之间的关系。小丑鱼对海葵的刺细胞毒素有免疫力并经常在海葵的触手冠附近或触手冠内活动,特别是在受到威胁或遇到危险的时候。另一方面,小丑鱼经常带给海葵一些食物作为对自己的保护者的回报。

白蚁和蚂蚁善于养殖真菌,这些昆虫先是寻找植物的花和叶,然后把它们切割成小片带回地下的巢中,但它们并不是作为昆虫的食物而是作为培养真菌的基质。切叶蚁的菌圃是以特定的方式建立起来的。首先,切叶蚁用大颚仔细清除花朵和叶上的污垢和异物并移走外来的杂菌,以免这些真菌与它们所培养的真菌发生竞争。其次,采来的植物要经过彻底咀嚼以便破坏掉叶表面的蜡质层,使真菌能更充分地利用叶内的营养物。第三,切叶蚁将含有真菌菌丝的物质小颗粒移植到新鲜材料中以促进真菌的扩散。第四,切叶蚁的腹部末端向新菌圃排放液滴,这些分泌物中含有的酶能分解叶内含氮的蛋白质。真菌缺乏能为其提供氮素的酶,这是真菌生长和繁殖所不可缺少的元素。真菌中具有而蚂蚁所缺乏的酶能把叶中的糖和纤维素转化为蚂蚁能够消化吸收的其他糖类。切叶蚁从这种关系中所获得的好处是以菌圃中的真菌为食,相当于间接从热带森林叶子中获取大量能量供应。而真菌的生长和散布则得益于蚂蚁群体的增殖,如果没有蚂蚁的帮助,这些真菌很快就会被具有更强生化自立能力的真菌所取代。

切叶蚁是一种有趣的农耕动物,但更有趣的是栖息在海洋里的一种小型端足类甲壳动物,这种动物首先要在大海胆上寻找一根尚未被占有的刺并在刺的顶端建立起定居点,它取食被水流带到海胆刺上的有机腐屑。它利用其特殊形状的触角收集食物,当触角摆出直立的V字形时,触角上的毛便啮合在一起形成一个收集食物碎屑的网。端足虫排粪后也会把粪便利用起来建造一个柔软而有弹性的粪棒,它自己就停歇在这根粪棒上。在夏季的几个月份内,海洋中的硅藻便在粪棒上大量繁殖起来,在此期间端足虫便以吃硅藻为生。

五、动物的捕食策略

很多食物资源动物几乎完全靠隐蔽而求得生存,一旦被暴露很快就会因遭捕食而死亡。但还有很多其他猎物不是靠隐蔽求生,而是靠形成的适应性使捕食者难以或不能捕到它们。因此在自然界我们会看到很多跑得极快的动物、外壳特硬特厚的乌龟、长着尖角的羚羊和很多能朝天敌喷射化学毒液的动物。对于上述的每一种反捕食对策,捕食者几乎都有一种反制措施或反适应。例如,专门吃蜜蜂的鸟总是先将蜜蜂的毒针及与其相连的毒囊拔除掉再吃。有些鼠能以拟步甲(鞘翅目拟步甲科)为食,当这种甲虫受到攻击时能做出头手倒立的姿势并向攻击者的面部喷射有刺激性的液体,但鼠的反制措施是在甲虫摆好姿势进行喷射之前迅速将其捉住。

为了对付生有坚厚外壳的猎物,捕食者常常都具有强大咬嚼能力的颚或喙,例如:口足目甲壳动物专门以瓣鳃类和腹足类软体动物为食。这些形态似虾的甲壳动物生有球棒状的前肢,可用于猛击猎物的外壳,其力量之猛犹如射出的一颗小子弹。

警惕性极高且能快速奔跑的猎物,其捕食者往往能偷偷摸摸地靠近它而且也具有极快的奔跑速度。猎豹在追逐瞪羚时的奔跑速度可达每小时 70 km,但猎物也有各种方法对付捕食者的追捕。鳄鱼随时都在戒备着来自鹭和其他食鱼鸟类的捕食危险并时时注意着可能的隐蔽场所。实际上,红鹭和其他鹭有可能从鳄鱼的这种小心谨慎中得益,它们会张开双翼遮掩住一片水面并把鳄鱼吸引到它们的双翼下面来,因为双翼下面的遮阴区正是鳄鱼所要寻找的隐蔽场所。小蜥蜴和啮齿动物比蛇的移动速度快得多,但它们也可能遭到蛇的捕食,因为它们有时会被蛇的尾端所吸引,有些蛇的尾端很像是一头昆虫的幼虫,而且还保持缓慢蠕动状。有一种猎蜻以小的快速移动的猎物为食,但它的运动速度远不及猎物快,因此它从来也不会去追逐这种猎物,而是抬起它的前足,足上长满了毛,这些毛能分泌粘性的液滴,猎物常被这些液滴吸引而遭捕获并被很快吃掉。

1. 设陷阱捕食的动物

有很多靠等待和埋伏捕捉猎物的捕食者常常要建造一个机关或陷阱以便增加猎物捕获的机会,人们最熟悉的这类动物是织网蛛。蜘蛛总是把网建在猎物经常来往的地方,网的形态多种多样,有的网是松散的乱糟糟的一团;有的网呈片状铺在草地或其他植被上;有的网织成精致的漏斗状;园蛛所织的网呈典型的垂直圆网状。有一种蜘蛛很特别,它将身体吊在空中在两个前足之间撑着一张丝质网,过往昆虫一旦被网粘住就逃脱不了被吃掉的命运。

园蛛所织圆网的设计特点尤其值得注意,首先,它的结构符合经济学原理,即以最少的用丝量覆盖最大的面积,网线上往往还要加上一些粘性液滴以增加俘获猎物的效果。蛛丝的粗细、密度和强度绝不会让猎物穿网而过或落在网上又轻易逃脱。其次,粘性的网线具有很大的应变力和弹性,无论是风吹还是猎物的挣扎都不能将其撕破。再次,整张网只需要少数几个附着点,因此蛛网可以安置在很多地方,也可以朝向几乎是任何一个方向。

建网捕猎的巨大好处使得亲缘关系甚远的很多蜘蛛都在进化过程中独立地获得了建网的技能,甚至其他一些节肢动物也发展了用网捕食的行为,如某些摇蚊和石蛾幼虫(毛翅目),后者在水下靠建丝网陷阱捕虫。海洋中有几类毫无亲缘关系的浮游动物利用粘性网捕获微小而分散的浮游植物。一种体长只有 0.076 m 的腹足纲软体动物,当它漂浮在海流中时能分泌一张直径可达 1.83 m 的粘性片网,浮游植物只要落入网中就会被吸入捕食者口中并被消化。

蚁狮(脉翅目)和鹬虻(*Vermileo comstocki*)(双翅目)所建造的捕虫陷阱则完全不同,它们在松散的沙土地上挖一个漏斗状的穴坑,穴坑常位于石块或倒木的边缘,捕食者则隐藏在穴坑的底部。当蚂蚁沿着障碍物的边缘行走时是很容易滑落到陷阱中的,一旦落入陷阱必将成为捕食者的盘中餐(图 8-6)。

2. 集体狩猎的动物

自然界有很多动物是营群体生活的,在捕食时也采取一致的共同行动,这样有利于捕获较大的猎物并能有效克服猎物的抵抗。有很多蜘蛛是社会性动物,数十只蜘蛛生活在一起以各

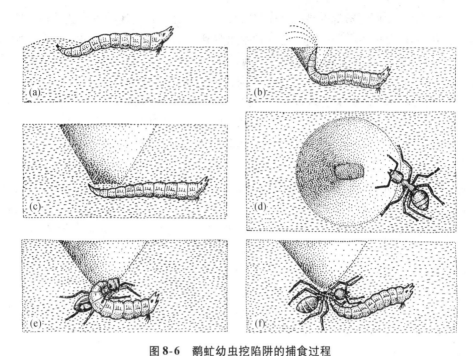

图 8-6　鹬虻幼虫挖陷阱的捕食过程
(a),(b) 挖漏斗状穴坑;(c) 在穴底等待猎物到来;(d) 蚂蚁已靠近陷阱边缘;(e) 蚂蚁滑入穴底被捕获;
(f) 鹬虻幼虫正在吸食已被麻醉蚂蚁的体液

种方式实行合作,包括建造一个共用的蛛网,其面积可达几平方米。撞到网上的大型昆虫同时会受到多个蜘蛛的攻击,然后被集体分食。动物觅食合作行为的进化通常是与捕捉比自己更大的猎物有关。大型猎物对捕食者来说虽然非常强悍并具有危险性,但它们可提供丰富的蛋白质资源。在哺乳动物的三个科中都有一些种类具有集体狩猎的技巧并能捕获比自己身体更大的动物,如狮子的体重为 100~180 kg,其最大猎物的体重为 900 kg;鬣狗的体重为 45~60 kg,其最大猎物的体重为 300 kg;狼的体重为 35~45 kg,其最大猎物的体重为 370 kg;猎狗的体重为 17~20 kg,其最大猎物的体重为 250 kg。

狮子是猫科动物(Felidae)少数几种集体狩猎的动物之一(图 8-7),狮群由一头或少数几头雄狮和很多雌狮以及幼狮组成,其猎物是大型的食草哺乳动物,这些食草动物的警惕性极高

图 8-7　狮群集体狩猎一头野牛后正在分享猎物

且可长距离奔跑,有时能杀死它们的捕食者。狮子具有强大的力量和奔跑速度但不能持久,所以它们常常是先偷偷地靠近猎物,然后再突然发动攻击。假如在几秒钟内不能追上猎物,猎物就会跑掉。生有长鬃毛的雄狮十分威武但它们几乎不参与狩猎,雌狮才是食物的主要提供者,虽然有时雌狮会单独伏击猎物,但大约有一半的时间是集体狩猎的。为了寻找一个猎物群,狮群通常是一起行动的,如果与猎物相距较远,它们会分散开来排成一线长时间地悄悄跟踪和逼近猎物。狮群分散开来至少可以增加单独一头狮子接近猎物的机会,当一头狮子冲向一头猎物时就会引起其他羚羊和斑马的恐慌,它们到处乱窜,甚至会跑向另一头狮子。一头狩猎失败的狮子却可以帮助杀死已被捕获但十分危险的庞然大物如野牛。

有时一两头母狮会离开正在埋伏的狮群到猎物群体周围巡行并将猎物驱赶至埋伏的同伴处。对任何一个大型食草动物来说,最可怕的是走到离设伏母狮太近的地方,当它被捕获后,所有狮群成员都会来共同分食,虽然雄狮优先,但雄狮却允许幼狮与其共同分享。食物就是以这种方式被狮群利用的。

集体狩猎不仅有利于狮子捕获较大的和危险的猎物,而且捕食成功率(30%)也比单独捕食的成功率(15%)高一倍,这将大大减少母狮及其幼狮连续数日忍饥挨饿奔波的可能性。在雌狮每天必须参与两次捕食的前提下,如果单独狩猎的话,2天内捕不到猎物的概率会大大超过50%;但如果是参与集体狩猎,连续48小时挨饿的概率就会减少到不足25%,这对于正在抚养幼狮的母狮来说是非常重要的,因为幼狮几乎没有什么脂肪贮备供食物短缺时利用。

狼和野狗属于犬科(Canidae)动物,它们极善于狩猎,可捕杀10倍于自身体重的猎物。两种捕食者都营社会生活,可长时间追逐猎物达数千米之遥。被追逐猎物最初的反应往往能为捕食者提供重要的信息以决定是不是继续追踪下去。狼在最终选择一个较弱的猎物发动攻击之前往往会先冲击整个鹿群并在这种冲击中寻找机会。同样,野狗也是在集中攻击一头角马前先追逐整个角马群体。实际上捕食者所选中的攻击对象通常是群体中较年幼的、较老的或有病的个体,因为追逐这样的个体比追逐成年健康的个体所得到的回报要多得多,同时因猎物防御性反击所造成的危险也小得多。犬科动物(如野狗)的集体狩猎合作还包括领头追逐猎物的个体是轮换的。一只训练有素的野狗在猎物不断改变逃跑的运动方向时,会抄近路逼近猎物以保持对猎物的压力。在集体狩猎的动物中食物共享是非常普遍的现象,无论是野狗还是狼都会把食物反吐给向它乞食的成年和幼年个体。在有些情况下,当群体的大多数成员都去参与狩猎时,会留下专门照看幼兽的成年个体,外出狩猎者回来后会把食物带给它们。犬科动物的领域防御行为虽然不如狮子发达,但它们也像猫科动物那样用尿标记自己的狩猎区域,特别是标记自己生殖区域的边界,同种其他个体对这种气味是十分敏感的,因此不同群体之间总是分离和互相回避的。一旦相遇,彼此便会产生敌意,狼偶尔会杀死同种的陌生个体。

斑鬣狗是属于鬣狗科(Hyaenidae)的另一种食肉动物,是一种夜行性的捕食动物,其食物的70%都是靠自己猎杀的,在有些地方狮子几乎是完全依赖鬣狗和其他动物所猎杀的动物为食。在食物丰富的季节,鬣狗群体可由多达60只个体组成,其捕猎对象主要是角马,虽然它们偶尔也猎杀斑马,主要是捕杀年幼、年老和有病的个体。鬣狗的捕食策略也和狼一样是先冲击整个猎物群,直到把它们冲散再选择其中一头将其杀死。鬣狗群在分吃猎物时彼此之间是比较温和和友善的,一个由35只鬣狗组成的群体在大约半个小时的时间内就会把一只成年斑马吃光。鬣狗的群体领域很发达,领域边界是用尿、粪便和肛腺分泌物标记的,当它们的领域受到侵犯时常常会引发群体之间的激烈冲突,入侵者会受到驱赶或被杀死。

以上四种能够成功捕杀大型食草动物的捕食者在进化过程中形成了许多共同的适应,如营群体生活、狩猎时个体间实行合作、猎食成功后共享食物、占有领域并在领域边界进行气味标记等,占有固定的领域有助于群体在享用集体狩猎的成果时不受外来竞争者的干扰。

3. 食蚁动物的捕食行为

蚂蚁是自然界中最常见的膜翅目昆虫,因此对很多动物来说也是一种重要的食物资源。蚂蚁不断地爬行,其群体也很醒目,但有些种类的蚂蚁却不容易看到,因为它们建筑巨大的蚁巢或将洞口周围的植被清除干净。由于蚂蚁的数量极多而且醒目,所以捕食者寻找蚂蚁不会有太大的困难;另一方面,蚂蚁是社会性高度发达的动物,对蚁巢有很强的防卫能力。此外,不同种类的蚂蚁具有不同的形态和化学方面的适应性,使它们成为一种难以对付的猎物。食蚁动物必须应对蚂蚁的这些防卫措施,它们有很多方法可以做到这一点。

(1) 各种吃蚂蚁的哺乳动物(土豚、食蚁兽、穿山甲)身体都比蚂蚁强大得多,它们能用利爪挖开蚂蚁的巢穴。这些动物还生有很长的舌可伸入蚁穴内用舌上的粘性分泌物把蚂蚁带到洞外。

(2) 泥蜂(*Clypeadon* 属)在找到一个蚂蚁巢后便在蚁巢洞口等待,只要工蚁来到洞口它便迅速用大颚将其咬住,在蚂蚁利用其强大的颚进行防御之前便将螫刺刺入猎物胸部使其麻醉,然后作为猎获物带回其地下巢洞中。

(3) 猎蝽(*Ptilocerus ochraceus*)是一种食蚁的半翅目昆虫,其胸部侧下部生有很多能分泌化学物质吸引蚂蚁的毛。当蚂蚁走近时,猎蝽便抬起身体让蚂蚁能吃到毛上的具有麻醉作用的分泌物。猎蝽将耐心地等待,直到蚂蚁发出被彻底麻醉的信号并确信其已不能再喷射毒液时才将其强大的刺吸式口器刺入猎物体内。

(4) 蚂蚁巢中有很多巢寄生昆虫如隐翅甲(图8-8),隐翅甲靠发出与幼蚁相同的气味混入蚁巢后诱使工蚁把反吐的食物喂给它,甚至还常常以幼蚁为食。

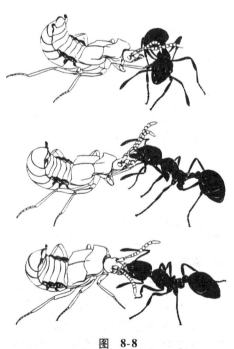

图 8-8
巢寄生昆虫隐翅甲用触角触摸工蚁,使工蚁把食物反吐给它

(5) 球腹蛛专门以蚂蚁为食,它先靠气味找到一个蚁洞,等到一天最热蚂蚁活动最少的时刻,悄悄地迅速地在洞口外面织一张网,当午后第一批蚂蚁从洞中出来时就会落入网中被球腹蛛捕获和吃掉。

(6) 北美洲的 *Zodariid* 蛛白天隐藏起来,晚上走近蚂蚁(*Cataglyphis* 属)的洞口。这种蚂蚁的兵蚁晚上常在洞口守卫蚁巢,因此它们最可能成为蜘蛛的猎获物,此后蜘蛛便可能进入蚁巢捕食更多的蚂蚁或等待蚂蚁从洞中出来并捕而食之。

(7) 蚁狮常挖掘一个漏斗状的陷阱等待离群的工蚁落入陷阱成为它的口中餐,陷阱常设置在蚂蚁经常往来的通道上。

(8) 黑猩猩常用一根小棍或草茎探入白蚁洞中,当兵蚁爬满草茎后再把草茎连同兵蚁一起拉出来,就好像是在钓白蚁。

(9) 有些种类的蚂蚁专门以其他种类的蚂蚁为食,劫掠蚁成群涌进被劫掠蚁的巢把幼蚁当食物抢走。对某些军蚁和驱蚁来说,蚂蚁的幼蚁和蛹是其食物的主要来源。

(10) 有些蚂蚁专门抢劫其他种类的蚂蚁当奴隶养,达尔文曾亲眼看到一群养奴蚁(血蚁)把一窝黑蚁的巢洗劫一空,把所有抵抗者杀死,把蛹全部抢走带回巢内,从蛹中羽化出来的小黑蚁从此便追随主人成了它们的奴隶,为血蚁的蚁王及其后代收集食物。当蚁巢受到惊扰时,小黑蚁也像它们的主人一样激动,如果幼蚁和蛹被暴露出来,小黑奴蚁则会奋发地把它们搬运到安全的地方。

4. 捕食动物对猎物的识别

有人训练小嘴乌鸦(*Corvus corone*)在各种颜色的贻贝壳下寻找人为放置的食物,发现小嘴乌鸦可以很快形成搜寻印象(searching image)。如果乌鸦最初是在黑色贝壳下找到了食物,那它在以后的一段时间内就总是翻转黑色贝壳而不去注意其他颜色的贝壳。到第二天它很可能又去专门翻转另一种颜色的贝壳,而不再注意黑色贝壳了。这种把搜寻注意力集中在某种特定猎物、某一特定地点和特定时间的行为常常可以提高捕食动物的搜寻效率。

捕食动物在找到了一个小猎物后,常常会在原地附近继续搜寻,如果猎物是呈斑块状分布的,那捕食者就极可能找到更多的猎物,从而提高捕食效率。

不同捕食者识别其猎物的方法是很不相同的,大多数捕食者都以多种猎物为食,但也有一些例外,如食螺鸢(*Rostrhamus sociabilis*)专门以 *Pomacea* 属的蜗牛为食。少数捕食者能依据特殊的信号刺激识别自己的猎物,而大多数捕食者识别猎物所依据的是一般性特征,如大小颜色、移动方式和形态等。用食虫猴类小狨猴(*Saguinus geoffroyi*)所做的试验表明,它们是依据头和足的有无来识别其猎物竹节虫和螳螂的。在试验中如果把这些昆虫的头和足去掉,小狨猴就不再能识别它们。所以在自然条件下,竹节虫(*Metriotes diocles*)总是把足紧贴在身上,只要有一对足离开了身体就很容易被小狨猴识别出来。锯脂鲤(*Serrasalmus nattereri*)主要是靠视觉识别猎物,只要是体长4倍于体宽的鱼形物体它都加以攻击,而体长不足体宽3倍的任何鱼都不会受到攻击,而它自身的形状就属于这一免受攻击的范畴。

有很多捕食者捕食是靠机遇和碰运气,章鱼(*Octopus cyanea*)有时会突然搜索一块珊瑚石或是一团海草,其中有可能隐藏着一只海蟹。鹭常用足把浅水搅混,以便把水底的鱼赶出来取而食之。非洲的犀鸟、亚洲的卷尾鹟和巴拿马的咬鹃常常取食因猴子的活动而从隐藏处暴露出来的各种昆虫。牛背鹭(*Bubulcus ibis*)总是跟随在牛和其他大型动物的后面,以便取食受惊扰后从地面飞起的昆虫。伏击也是动物常用的一种取食策略,很多捕食者都以隐蔽状态潜伏在一个经常有猎物出没的地点,只有当猎物进入伏击圈内才会突然出击将其捕获。例如,螳螂(*Parastagmatoprera unipunctata*)是一种肉食性昆虫,它可全天静伏在一个地点等待,只要有猎物走近,它就会快速伸出像铡刀一样的前足将其捕获。伏击者常常会占据一个最有利的位置,如鼻鲈鱼(*Mycteroperca*)总是潜伏在水的底层,因有明亮的天空作背景,对从它上面游过的各种鱼看得清清楚楚,看到大小合适的猎物就很容易将其捕获。

5. 捕食者对猎物的攻击方式

当捕食者进入攻击范围时就会发动迅雷不及掩耳的攻击,攻击一旦开始就不再需要感觉器官的引导或制导了。例如:翠鸟在它潜入水中捕鱼之前眼睛是闭着的,猫头鹰在接触到猎物之前眼睛也是闭着的。试验表明,在章鱼(*Octopus vulgaris*)和乌贼(*Sepia officinalis*)发动攻击期间关掉灯光并不会影响它们的捕食效果。这表明,在瞄准猎物期间,攻击程序就已预先编制好了,不管情况发生什么变化,攻击都按预先编制好的程序执行。动物的攻击动作如此之快,以至于猎物根本就没有时间躲开。有时攻击是从追逐开始并在追逐期间发动攻击的,因此猎豹在追逐期间必须全速奔跑,最后将猎物扑倒给以致命一击。苍鹰(*Accipiter gentilis*)和猫头鹰在空中发动攻击时双足是向前伸的并将利爪刺入猎物体内。

捕食者在追逐时常常会根据对猎物移动路径的预测将猎物截获。如鳞鲵(*Microsaurus pumilis*)总是把缠卷舌伸展到一个正在移动猎物的前面一点,而乌贼则根据螃蟹向后和横行的特点,总是把特化的捕捉腕伸到猎物的两侧或身后,而这正是螃蟹逃跑的方向。

有些捕食者在捕食时会把自己伪装起来,如靠自身的外形和行为悄悄接近猎物而不被发现,或诱使猎物错认自己。水虎鱼和褐家鼠(*Rattus norvegicus*)在靠近猎物时假装成对其毫无兴趣,而且也不显示出任何进攻意图。一旦双方距离拉近就会对毫无疑心的猎物发动突然攻击。有人把这一现象叫侵犯性拟态(aggressive mimicry),这种拟态的一个最好实例是纵带盾齿鳚(*Aspidontus taeniatus*)对隆头鱼的模拟,隆头鱼是一种清洁鱼,专门取食凶猛大鱼体表和口腔中的寄生物和残留物,由于两者有互惠关系而受到大鱼保护。纵带盾齿鳚在形态、大小和颜色方面极像清洁鱼,其行为动作也与后者完全一样,当它受大鱼之邀安全地接近大鱼的时候,它会突然发动攻击,从大鱼身上咬掉一块肉就逃之夭夭。模拟者通过模拟清洁鱼可以获得两方面的好处:它无需发展自己的捕食行为,又免受大鱼攻击。

六、鸟类的食物多样性及取食适应

大多数鸟类都是以富含能量的食物为食,如动物性食物、植物的种子和坚果。但也有很多鸟类以细小的有机物颗粒为食,包括微小的浮游生物。鸟类取食的食物多样性在形态、生理和行为上表现出了极好的适应性。鸟喙的形状依食物性质的不同而有很大变化,抓捕食物的脚爪在形态上也是多种多样的,消化道(嗉囊、砂囊、盲囊和肠道)的特化和适应也很明显。食物种类的不同也会对鸟类的运动器官和感觉器官产生影响。

总体来说,鸟类依食性可大致分为 9 种类型:① 以鱼和水生无脊椎动物为食的鸟类;② 滤食性鸟类;③ 肉食性鸟类;④ 食腐鸟类;⑤ 食虫鸟类;⑥ 食花蜜和花粉的鸟类;⑦ 食植物果实的鸟类;⑧ 食种子的鸟类;⑨ 食植物叶和嫩枝嫩芽的鸟类。鸟类的食性是很复杂的,很多鸟类都不能将其简单地归于某一种类型,因为在一年的不同季节它们所吃的食物是不一样的。还有一些鸟类的食性是高度专一和特化的,也难于将其归类。下面分别介绍鸟类因食物性质的不同而导致的各种适应性。

1. 搜寻捕食

昆虫、陆生节肢动物和某些环节动物是鸟类的重要食物资源。据统计,大约有 60% 的鸟类都或多或少是食虫的。鸟类有着多种多样的搜寻和捕食技巧,可归纳为以下几种:

(1) 搜寻。用敏锐的视觉在树丛、树干、石块和地面上仔细寻找,发现昆虫便迅速将其啄食,如鹟科(Muscicapidae)鸟类和很多其他林栖的雀形目小鸟常常采用这种取食方式。这些鸟类的喙短而尖细,适于啄食静止不动的昆虫,少数食虫鸟是从岩石表面搜寻食物的,如鹪鹩科(Troglodytidae)的鹪鹩、鹟科(Prunellidae)的岩鹨和鹡鸰科(Motacillidae)的白鹡鸰等。

(2) 定点伺机捕食。这类鸟最典型的代表是鹟科食虫鸟,它们常停在一个栖枝上,一旦有飞虫靠近和飞到其攻击范围以内便起飞将飞虫捕获。这类鸟的鸟喙宽阔、稍弯曲、口裂处生有长须,极适合于捕捉空中的飞虫。

采取这种捕食对策的鸟类是很特化的,有的专门以蜜蜂、胡蜂和有螫刺的膜翅目昆虫为食,有的甚至能在无毒的等级(雄蜂)和有毒的等级(工蜂)之间进行选择性取食,并能根据这两类个体飞行时发出的声音识别它们。这些鸟类包括蜂虎科(Meropidae)中的蜂虎,伯劳科(Laniidae)的伯劳等。它们在捕到和杀死这些有螫刺有毒的昆虫后总是先把螫针和毒腺去除后再把猎物吃下,这不能不说是一种保护性的适应行为,因为只要吃下 0.60 mg 的毒液就能使体重为 100 g 的小鸟和小哺乳动物死亡。

(3)飞行捕食。这类鸟在高空中飞行并反复快速穿过飞行中的昆虫群体,它们是靠随机接触,或靠视觉引导掠获食物。楼燕、家燕是昼行性的扫食者,它们的翅长而尖,飞行快速,而夜鹰则属于夜行性的扫食者,它的翅羽轻柔、飞行慢而无声,有些像猫头鹰。总的说来,扫食者的喙短而弱,口裂很宽,腭骨扩展,当它张着口扫食昆虫时可抵御飞行昆虫的撞击。少数种类的喙较长且坚硬,适于攫取飞行中的昆虫。

(4)探食。有些鸟类常把细长弯曲的喙插入树干、土壤和岩石的裂隙中,甚至插入花朵深处探取藏在其中的昆虫(图8-9)。琵嘴鸭特别善于在地下探食猎物,把喙插入土壤中,张开上下喙把土壤撑开,当食物被暴露出来后便用舌取而食之。雀形目的太阳鸟、蜜鸟、达尔文地雀和各种莺等,非雀形目中的无翼鸟、矶鹬、蜂鸟和啄木鸟等均属此类。加拉帕戈斯群岛的达尔文地雀会使用一根仙人掌刺探入树洞或仙人掌洞中攫取藏在洞中的昆虫及其幼虫和蛹,这也是鸟类使用工具的一个典型实例。

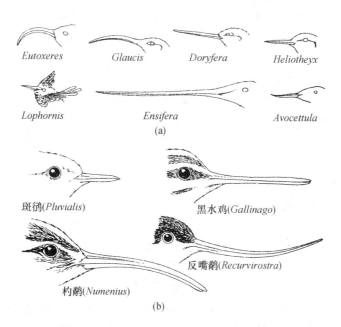

图8-9 鸟类用于探食昆虫的喙是多种多样的
(a)各种以花蜜为食的蜂鸟;(b)在沙滩和泥滩上探食食物的各种滨岸鸟类

(5)钻木取食。有些鸟类具有发达的颈部肌肉和凿状的喙,极适合于在树木或朽木上进行挖掘和打洞,以便把隐藏在树木中或树皮下的昆虫暴露出来。如啄木鸟的喙呈凿状,舌很长生有倒钩可以伸展,很适合从树洞深处探取昆虫(图8-10)。头骨特别坚硬,完全经受得住凿木取食时的强烈震动。

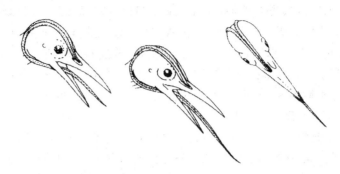

图8-10　啄木鸟特殊的舌骨构造能使舌有很大的伸缩性

(6) 挖刨取食。有些鸟类喜欢在地面和森林的枯枝落叶层中进行挖刨活动,把地下的昆虫和其他猎物暴露出来。各种雉鸡常用脚爪扒土搜寻地下可食的动物和植物,有时还同时使用喙。靠双足跳而不是靠步行移动的雀形目鸟类,往往是靠双脚同时跳起或踢的方式挖刨枯枝落叶或将土壤扒松。这类鸟的喙往往是既适用于挖掘也适用于探食,嘲鸫属(*Toxostoma*)的鸟其用于挖掘的喙有不同程度的特化。例如:褐弯嘴嘲鸫(*Toxostoma rufum*)的喙比较短,它的大部分食物都是从地面上拾取的,而加州弯嘴嘲鸫(*T. redivivum*)的喙长而弯曲,喙快速摆动而在土壤中挖洞觅食,也可用于探食。

(7) 用爪抓捕。有些小型的猛禽如鹰、隼和猫头鹰是用脚爪捕食昆虫的,有时是在地面,有时是在空中,人们常常把它们称为抓食者,但这些用爪捕食昆虫的猛禽没有一种是完全依赖昆虫为食的。

2. 食花蜜和花粉的鸟类

大多数食蜜和花粉的鸟类都是具有长喙和长舌的探食者,如吸蜜鹦鹉专门从花朵中取食。大多数专门以花蜜和花粉为食的鸟类中,舌的末端都有刷状结构以便收集食物,或者舌呈管状便于吸取花蜜。即使是在同一亲缘类群内(如蜂鸟科),喙的长度、形状和弯曲度也有很大不同,在很多情况下,鸟喙的形态都是与其所喜食的特定花朵相适应的。刺花鸟属(*Diglossa*)的鸟类具有特殊的适应,它可用弯曲的上颚吊挂在舌状花花冠的基部,然后用尖直的下颚在花冠基部打一个小洞,并将舌从洞中伸入花中取食花蜜。

3. 食种子的鸟类

植物种子含有丰富的营养,在昆虫和其他食物缺乏的季节,种子常常是鸟类的重要食物资源。种子可以小到不足1 mm(如草本植物的种子),也可以大到直径超过50 mm(如大坚果和果核),食种子的鸟常常表现出极其多种多样的适应性。

可以把吃种子的鸟区分为3个基本类群:① 将种子整个吞下(包括外壳),这类鸟的砂囊有强大的研磨能力,可对食物进行机械加工;② 用喙将种子和坚果打碎,然后取食其中的果肉;③ 生有特化的喙、腭骨和颚部肌肉,以便在吞咽种子之前先使种壳破裂或去除。属于第1类群的鸟类有鸽、雉鸡、鸵鸟和沙鸡等,这些鸟类的砂囊有极强的研磨能力,甚至能将坚果的外壳压碎,例如:火鸡在4小时内可磨碎24个坚硬的山核桃,试验证实,压碎一个山核桃需要施加50~150 kg对应的力。属于第2类群的鸟类有各种乌鸦、鸦和某些啄木鸟。山雀、松鸦和渡鸦常常是用脚爪握紧种子,然后再用喙把种壳打开。最特化的要算是第3类群的鸟,澳洲长尾鹦鹉可以咬碎小的种子，而其他鹦鹉则可用巨大的喙咬碎具有极硬外壳的坚果。有些地雀和蜡嘴雀生有短而厚重并呈拱形的喙，在强大肌肉的支配下能够咬碎任何适当大小的坚硬种子。这类鸟的上喙常有沟槽，而下喙边缘比较锐利，这样就能轻易把种子压碎（图 8-11）。鸟喙的大小通常是与种子的大小呈正相关的。交嘴雀是专门吃针叶树种子的北方雀种，其上下喙呈交叉状，这有助于把松果的鳞片分开，以便于把舌伸入球果内取食种子。专门以松柏树籽为食的白翅拟蜡嘴雀（*Mycerobas carnipes*）的头骨极其坚硬厚重，颚肌特别发达，当它们成群在松柏树的树冠层取食松籽时，会发出压碎种壳时特有的清脆响声。

4. 滤食性鸟类

这类鸟以水中大量的小食物颗粒如绿藻、硅藻和有机物碎屑等为食，将不可食的泥沙和水从口中过滤出，这类鸟有多种不同的过滤机制。鹱形目鸟类宽扁的下喙和可伸缩的喉囊，在肌肉的支配下能产生很强的吸力，可把海水表层的浮游动物吸入口中。鹈鹕在取食小鱼群时，常使用它们呈深网状的大喉囊。锯鹱（*Pachyptila*）的水上滑行也是一种很有特色的滤食方法，取食时胸部贴近水面，双翅外展，靠双足划水使身体前行，此时喙浸入水中靠身体的运动使水流不断进入口中，经过滤后把食物留下。火烈鸟和很多野鸭的滤食方法是用宽扁的舌将水和泥沙从喙缘的叶片间挤出去（图 8-12）。

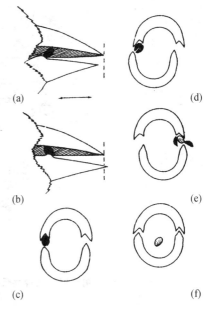

图 8-11　地雀的上下喙结构图
(a)和(b)表示上下喙的运动；
(c)～(f)表示种子的位置和破碎过程

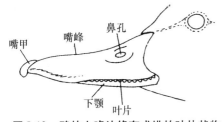

图 8-12　鸭的上喙边缘有成排的叶片状物
水和泥沙从叶片之间流出，而食物则留在口中

5. 食腐鸟类

秃鹫、兀鹫、长腿鹰和某些鹳（如秃鹳）常以动物的尸体为食，这些鸟类有许多独立进化产生的共同特征：① 头部和颈部裸露无毛或羽毛大大减少，尤其是面部周围，这有助于防止兽尸的血液和油脂把羽毛弄脏；② 隼形目的食腐鸟类其脚爪属于非肉食性鸟类的足，更适合于地面行走而不再适合于抓握猎物，尤其是兀鹫。

大多数食腐鸟类都是大型的和能在高空翱翔的种类，通常是靠极为敏锐的视觉从高空监视地面的兽尸，虽然某些新域鹫在近距离内也能利用嗅觉发现食物。食腐鸟类身体的大小和喙的形态因取食不同大小的兽尸或取食同一兽尸的不同部位而有很大变化。例如纹面鹫和白头鹫：喙特别大而厚重，可以轻易撕破动物的厚皮，总是最早破开大型有蹄动物的身体。而颈部特别长的黄秃鹫在兽尸一旦被开膛破肚后，就能深深地将头探入体腔内取食。在东非大草原会有很多大型有蹄动物死亡，其食腐生态位极其多样化，有时会看到有多达 9 种食腐动物在同时分吃同一个兽尸（图 8-13）。

6. 肉食性鸟类

猛禽通常是指以其他鸟类和哺乳动物为食的鸟类，其取食过程可区分为狩猎、捕获、杀死和吃这 4 个步骤，为完成上述步骤，不同的猛禽有不同的特化和适应。猛禽所采取的狩猎

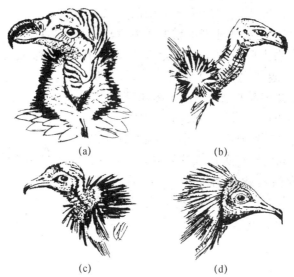

图 8-13　几种秃鹫的头,每种都适于用不同的方法取食同一兽尸
(a) 纹面鹫;(b) 黄秃鹫;(c) 冠秃鹫;(d) 埃及秃鹫

(追逐)方法决定于它们的运动适应,活动时段(昼行性、夜行性或晨昏性活动)和感觉器官的特化程度。大多数猛禽都是白天在空中活动并靠视觉进行狩猎,有些猛禽主要是在地上奔跑追逐猎物,还有一些猛禽(特别是猫头鹰)则是在夜间靠听觉和视觉搜寻猎物。

生活在开阔地带的猛禽几乎都是在飞行中进行狩猎和从空中发起攻击的,像雕和鵟(*Buteo*属)常常是依靠热上升气流在 100 m 至几百米的高空盘旋,监视着地面猎物的活动,一旦看准一个易受攻击的猎物便会收敛双翅,以一定的斜角向猎物发起俯冲攻击。隼科(Falconidae)中的猛禽常以同样的方式攻击飞行中的猎物,从高空俯冲的角度几乎是垂直的(图 8-14)。

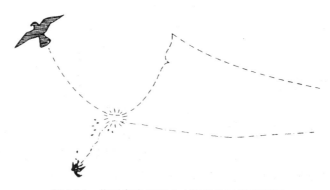

图 8-14　隼科鸟类俯冲攻击猎物的飞行路线图

不少猛禽可以短时间地悬浮在空中搜寻地面或水下的猎物,这些猛禽包括鹗(*Pandion*)、红隼、白尾鸢(*Elanus*)、粗脚鵟和短耳鸮等,甚至贼鸥(*Stercorarius*)和伯劳也有悬停在空中观察猎物的技巧。白尾鸢的双翅可伸展成 V 字形像降落伞一样下降,这样有利于捕获稠密草丛中的鼠类和其他小动物。

有些猛禽如矛隼、游隼和灰背隼等直接攻击飞行中的鸟类、蝙蝠和大型昆虫。在森林生境中,猛禽常常是停栖在一个地点等待猎物的出现或等待猎物进入易受攻击的位置。还有一些森林猛禽是先把自己隐藏起来,再从隐藏处对猎物发动短距离的出击。

生活在草原和半荒漠地带的猛禽常常是在地面上紧追猎物,蛇鹫就是一个很好的实例,它靠在地面上快速奔跑追逐蜥蜴、小哺乳动物和大型昆虫,偶尔还有鸟类。也有少数森林猛禽在地面上追逐猎物。

肉食性鸟类捕捉和杀死猎物靠的是强有力的脚爪或喙,有时是两者并用。大多数隼形目和鸮形目猛禽是用脚爪抓捕猎物,所以它们的脚爪与身体大小相比显得特别强大有力,脚爪长而尖锐,特别适于抓握和刺破猎物(图 8-15)。苍鹰的脚爪粗长而尖锐,能轻易刺穿猎物的皮肤和体壁并伤及猎物体内的重要器官。猫头鹰的对趾足和针状爪在捕获猎物的瞬间可保证与猎物有最大的接触面积。

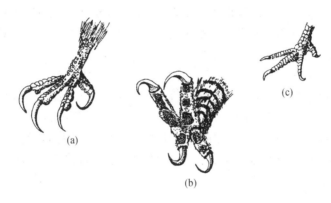

图 8-15
(a) 苍鹰的脚爪;(b) 大角鸮的脚爪;(c) 与苍鹰和大角鸮同样大小的公鸡的脚爪

昼行性猛禽(隼形目)的消化系统有一个很大的袋状嗉囊,可贮存大量食物,但其他肉食性鸟类则没有嗉囊。通常肉食性鸟类的胃都很大,内有分解能力极强的蛋白酶和盐酸以助消化。有些种类不仅能消化全部肉和脂肪,而且还能消化全部或大部分骨头。另一方面,像毛发、鳞片、羽毛和角质物则完全不能消化,所有的猛禽都会将这些不能消化的东西压缩成丸状体反吐出来,鸟类学家靠仔细分析丸状体的组成成分就能大体推断出鸟类的食性。

隼形目中还有专门以蛇(包括毒蛇)为食的种类,其腿和脚上覆盖着密密的鳞可防止被蛇咬伤,其脚趾极为粗短有力适于抓握猎物。这些猛禽常常是用一只脚爪紧紧抓住蛇的颈部,而另一只脚爪抓住蛇身,然后将蛇头咬下并丢弃,其余部分则整个吞下。咬掉蛇头可避免与蛇的毒牙发生危险的接触,此外,食蛇鹰在捕蛇前总是先在蛇的周围跳来跳去对其进行骚扰并用翅抽打对方,诱使蛇一次次发动无效的攻击,直到将其精力耗尽后再将它捕食。这些吃蛇的猛禽包括欧亚大陆的短趾鹰(*Circaetus* spp.)、非洲的短尾雕(*Terathopius ecaudatus*)和南美洲的笑隼(*Herpetotheres cachinnans*)。有些种类的猫头鹰也能捕蛇并以蛇为食。

有些猛禽是属于狭食性的动物,其食性极为特化,最典型的例子就是蜗鸢,它的喙呈狭窄的镰刀状,极适合于把蜗牛肉从蜗牛壳中取出来(图 8-16)。食螺鸢(*Rostrhamus* spp.)几乎完全以 *Pomacea* 属的淡水螺为食,捕到螺后用脚

图 8-16 蜗鸢的喙极适合于从螺壳中取出螺肉

爪将螺紧紧握住,然后用针状的上喙通过厣板插入螺壳中将螺的软体部分全部取出。这种食性极为特化的猛禽的生存是同 Pomacea 属螺类的兴衰紧密联系在一起的。

7. 食鱼鸟类

食鱼鸟类可以从江、河、湖、海的水面、水中和水底获取鱼类,获取的方法也是多种多样的。鹈形目(Pelecaniformes)的军舰鸟能在飞行中捕获跃出水面的飞鱼。有一种叫剪嘴鸥(Rhyncops 属)的鸥科(Laridae)鸟类,它常在飞行中把下颚浸入水中,当触碰到猎物时,便将其捕获,但这种取食方法只有在平静的水面才有效。

也有很多水鸟是停落在水面上取食,如大型鸟信天翁、小型鸟瓣蹼鹬,以及鸭科(Anatidae)的各种野鸭都是用喙从水面捞取或抓取食物。

另一种取食方法是把头和颈部潜入水中,靠双足或双翅划水积极在水中搜寻食物。鲣鸟和塘鹅可潜入水下不同的深度积极地追逐鱼类、乌贼、甲壳动物和其他自游动物,也可能潜入到水底取食有壳软体动物和其他底栖生物。

鱼类是很多水鸟的主要食物,这些鸟类喙和舌的形态和大小与其特定的捕鱼方法和消化食物的方式都极为匹配(图8-17),大多数食鱼鸟类都是把食物夹在上下喙之间,而且生有对付粘滑鱼体的特殊构造。已灭绝的黄昏鸟喙的边缘生有一排真正的齿,其他古鸟也有类似牙齿的构造。现代秋沙鸭喙的边缘生有钩状物,其他野鸭则生有喙缘板,还有一些食鱼鸟如热带鹲鹕、蛇鹈和某些海雀,其喙的边缘很锐利并生有锯齿,这些附加构造都有助于将粘滑鱼体紧紧夹住。

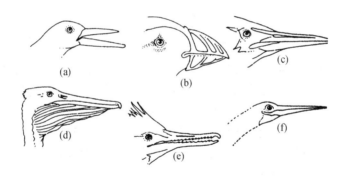

图 8-17　各种食鱼鸟喙的适应性变化
(a) 剪嘴鸥;(b) 海雀;(c) 鹭;(d) 鹈鹕;(e) 秋沙鸭;(f) 蛇鹈

企鹅和鸬鹚其喙的末端呈钩状,它们不光吃鱼,还捕食乌贼等头足类动物和海洋无脊椎动物。鹈鹕一类的食鱼鸟还生有可扩张的喉囊,有助于捕鱼。少数食鱼鸟如蛇鹈,其捕鱼方法是用像剑一样的喙叉鱼。蛇鹈和鹭的长颈有特殊的肌肉和骨骼机制使其在水下捕鱼时能快速伸缩,鹭则进化出了新的适应性,当它站立在水中时双目可同时看到长喙下的一切场景而无须移动它的头。

有些猛禽特别善于用脚爪捕鱼,鹗(Pandion halaeetus)常从空中潜入水中用最先入水的脚爪将鱼抓住,在它脚趾表面的鳞片上生有骨针,有助于抓住粘滑的鱼体。

8. 食果鸟类

取食植物果实的鸟类也广泛存在于雀形目和非雀形目的各个科中,包括鹤鸵、鹬鸵、鸽、鹦鹉、食蕉鸟、某些杜鹃、须䴕、犀鸟、某些啄花鸟、热带裸鼻雀、某些拟掠鸟和太平鸟等。这些鸟喙的形状和大小依所吃果实种类的不同而有很大变化,其消化系统也因吃果实而发生了特化和适应性改变。这些鸟类的消化道通常很短,呈管状,胃不发达,食物常以极快的速度通过消化道,通常只有果肉才能得到消化。

9. 食叶和嫩枝芽的鸟类

只有少数鸟类完全以植物的叶和嫩枝芽为食。一些雁鸭常以陆生草本植物为食。麝雉以红树粗糙的叶片、花朵和果实为食,这些食物的机械加工过程主要是发生在嗉囊中,它的砂囊已退化和缩小了,而嗉囊很大有很厚的肌肉,且有角质的内衬极适合于研磨植物性食物。新西兰鸮鹦(*Strigops*)善于从植物的叶、小枝和幼芽中榨取汁液,常常是用植物的枝叶把它们的大嗉囊填满,回到栖枝上再慢慢研磨这些植物,汁液将被吞下,而纤维则被制成干球排出体外。

10. 具有特殊食性的鸟类

少数鸟类的食性极为特殊,例如:响蜜䴕科(Lndiatoridae)中的鸟以蜂蜡和蜜蜂的幼虫和蛹为食,在人工条件下喂养的一只鸟靠完全吃蜂蜡竟存活了32天之久。至今只发现少数动物具有相应的酶能在消化过程中把蜡降解为脂肪酸,而响蜜䴕则是靠肠道内共生的细菌对蜡进行消化。

加拉帕戈斯群岛有一种地雀(*Geospiza difficilis*)专门吃鲣鸟正在生长羽毛的羽根基部,并吸食由此渗出的血液。还有很多鸟吃哺乳动物的粪便,如冰鸥在北极地区取食北极熊、海象和海豹排在冰面上的粪便。海雀和海燕则吃漂浮在水面鲸的排泄物。信天翁能取食有毒刺的水母而免受伤害,还有很多鸟类能吃对人有毒的浆果和果实。

第三节 蜜蜂觅食行为研究的新进展

1973年N. Tinbergen、K. Lorenz和K. V. Frisch三位动物行为学家因对动物行为研究的卓越成就而共同获得诺贝尔奖,其中一个重要原因就是K. V. Frisch对蜜蜂觅食行为的研究。其实,对蜜蜂最为奇妙和最有诱惑力的觅食行为的研究可以追溯到达尔文本人,他曾对这些社会性昆虫进行过大量的研究,而且人们历来就对蜜蜂这种动物十分喜爱,特别是当人们知道了下述事实以后,就更增强了对蜜蜂的兴趣,即蜜蜂的雄蜂是由未受精卵发育而来的,而雌蜂(包括蜂后和工蜂)则是由受精卵发育而来的。可见,雄蜂与雌蜂的分化仅仅决定于卵受没受精。更为奇妙的是,在雌蜂中蜂后与工蜂的分化也只决定于它们吃什么。孵化后自始至终吃王浆的幼虫将发育为具有生育能力的蜂后,而只在前3天吃王浆,以后便以花粉和花蜜为食的幼虫则将发育为没有生育能力的工蜂。蜜蜂行为的奇特魅力使达尔文在《物种起源》一书中曾多次提到它,使这一小小动物广为世人所知。

一、蕈形体对蜜蜂觅食行为的影响

蜜蜂在蜂巢外进行觅食时必须具有飞行定向的能力,关键是能从环境中获取必要的信息并加以利用。众所周知的是,在脊椎动物中这种能力是与脑海马(hippocampus)有关的,但在无脊椎动物中则是与脑前部的一团小神经细胞有关,这团小神经细胞就是蕈形体(mushroom bodies)。蕈形体对蜜蜂的空间飞行和觅食行为发挥着重要的作用。蜜蜂为了觅食往往要飞行几公里的距离。通常年幼的工蜂会留在巢内工作(称内勤蜂),工作内容包括喂养照料幼虫和清洁蜂巢等;待发育到一定年龄后,才会离开蜂巢外出进行觅食或去寻找新蜜源地(称外勤蜂),此时它们的活动靠的是视觉和嗅觉。当它们第一次离开蜂巢时并不是马上就开始觅食活动,而是多次返回蜂巢并在蜂巢上方上下飞翔几分钟,这种行为称为"定向飞行",它显然可以使觅食者辨明并记住蜂巢在环境中的相对位置。当蜜蜂发育到大约一周龄时便开始进行这种"定向飞行",而直到发育到三周龄时才会开始真正的觅食活动。

S. E. Fahrbach(2006)研究了同一蜂群中不同年龄的工蜂担任不同工作与蕈形体发育(大小)的关系,他发现觅食蜂的蕈形体比内勤蜂约大14.8%。研究者还发现,蕈形体虽然增大了,但它在蜜蜂脑中所占的相对体积却没有发生变化,也就是说,就相对体积来说,它并没有随着工蜂年龄的增长和职务分工的变化而发生改变。为了进一步研究与觅食有关的经历本身会不会影响蕈形体体积的增加,G. Withers 及其同事(2003)又在试验中诱发蜂群中的工蜂提早进行觅食活动。在正常情况下,工蜂大约是在发育到第20天时才开始觅食活动,但在试验处理条件下的工蜂发育到第7天就开始觅食了。试验结果表明:提早觅食工蜂蕈形体的形状与正常年龄觅食工蜂并没有显著差异。

二、基因、mRNA 与蜜蜂觅食行为的关系

为了研究工蜂随着年龄增长而发生职能转换(从内勤喂幼转换为外勤觅食)的分子生物学机制,Alberto Toma 及其同事参考了前人的发现(即 period 基因会影响果蝇行为的日节律和发育时间)并把研究的重点放在了 period 基因上(简称 per 基因),因为 per 基因很可能控制着工蜂随着年龄增长而发生的职能转变(Fitzpatrick,2005;Robinson,2005)。此外,他们还特别研究了信使 RNA(即 mRNA)是如何影响工蜂职能的转变的。

Toma 等人(2000)对实验室培养的三组蜜蜂进行了脑中 mRNA 含量的测定。这三组蜜蜂的年龄分别是 4～6 日龄、7～9 日龄和 20～22 日龄。此外,他们把 1 日龄蜜蜂群中的每一只蜜蜂都作上标记并释放到田间的自然蜂群中去。研究人员在释放后的第 7 天和第 22 天再把它们重捕回来并测定它们的 per mRNA 含量。结果表明:在 mRNA 含量、年龄和觅食行为之间存在着显著的相关性,无论是在实验种群还是在野生种群中,年龄较大的外勤觅食蜂,其 per mRNA 在脑中的含量都明显高于年龄较小的喂幼内勤蜂。

问题是,per mRNA 的含量增加是仅仅由于年龄的关系呢,还是与觅食行为的出现有关?为了回答这一问题,Toma 等人选择了"早熟"的觅食蜂作为研究对象,所谓早熟是指在 7 日龄时就开始外出觅食的工蜂。这些早熟的工蜂为研究者提供了排除早龄影响的机会,因为早熟的工蜂比正常工蜂开始觅食的年龄要早很多。Toma 等人发现,早熟的采食蜂与正常采食蜂的 per mRNA 水平存在着明显差异,这表明,在 per mRNA 与觅食行为之间的确存在着固有的联系。这种联系不同于 per mRNA 与生长发育之间的那种更一般化的关系,但现在仍未明白的是,per mRNA 水平的提高是导致觅食行为增强的原因呢,还是觅食行为增强的结果?

最近一些年来,随着分子遗传技术的迅猛发展,人们对脑中的基因、mRNA 和蜜蜂的觅食行为有了更多和更深入的了解,例如:在对 5500 个基因所进行的一次大规模研究中,Charles Whitfield(2003)发现,其中有 2143 个基因(占 39%)与 mRNA 水平的改变相关,这些基因与工蜂从内勤工作转为巢外觅食有着密切关系。

随着有越来越多的物种完成了基因组的排序分析,大规模的基因组分析方法也越来越普遍地应用于动物行为的研究(Robinson 等,2005;Sumner,2006)。当前的挑战是如何从基因组分析所获得的大量资料中去解读动物的任一特定行为。例如:虽然基因组学和动物行为学这两个学科领域都在快速发展,但目前我们还不能检验这余下的 2000 多个基因和 mRNA 产物与觅食工蜂职能转换之间的关系,也很少知道这些基因及其 mRNA 产物是如何对工蜂职能转换施加影响的。

但有一个基因,我们对它与工蜂职能转换之间的关系是研究得比较好的,这个基因能使我们更好地了解社会性昆虫觅食行为的奥秘。G. Robinson(1987)曾研究了 malvolio(简称 mvl)基因对锰在蜜蜂大脑中传输的影响及其后与工蜂觅食行为的关系(Ben-Shahar 等,2004)。对于这类研究来说,mvl 基因是一个非常好的研究对象,早期的试验已经表明了它对果蝇对蔗糖的反应方式具有显著的影响,而蔗糖也是蜜蜂食物资源的重要成分。

对蜜蜂来说,专门采集花粉的工蜂比专门采集花蜜的工蜂对蔗糖具有更强烈的反应,而它们两者对蔗糖的反应又都比蜂巢内更年轻的内勤蜂强。Ben-Shahar 及其同事(2004)研究了这种差异是不是与 mvl 基因有关。前面曾说过,该基因影响着蜜蜂大脑中锰的传输过程。结果发现,在采食花粉和采食花蜜工蜂的大脑中锰的含量和 mvl mRNA 的含量都很高,而在较年轻内勤蜂大脑中的含量都很低。如果将巢内年轻的喂幼工蜂与巢外所有采食的工蜂(包括采花粉和采花蜜的工蜂)进行比较,我们就会看到,mvl 基因的确对蜜蜂的觅食行为发挥着重要作用。

如果进一步观察采粉工蜂和采蜜工蜂,我们还会发现更多的证据,表明在 mvl 基因和觅食行为之间存在关联性。正如前面说过的,采粉工蜂对蔗糖的反应比采蜜工蜂更为激烈。如果 mvl 基因对觅食行为起着重要作用的话,那么采粉工蜂大脑中锰的含量一定比采蜜工蜂多。有证据表明,事实确实如此。对 mvl 基因与觅食行为之间的关系还存在着进一步的证据,即如果在试验中用锰对蜜蜂进行处理的话,受处理个体对蔗糖的反应就会增强,而且会使从内勤蜂转变为外勤蜂的时间提前。

三、激素与蜜蜂觅食行为的关系

随着工蜂逐渐成长为执行外勤工作的采食蜂,它们体内的保幼激素(JH)含量也会随之增加。为了更好地了解保幼激素与觅食行为的关系,J. Sullivan(2003)进行了去除咽侧体(corpus allatum)的试验(咽侧体是生产保幼激素的腺体),他将去除了咽侧体的蜜蜂与两个对照组蜜蜂进行比较,其中一个对照组是实施了类似切除术但实际并未去除咽侧体,另一个对照组是仅仅实施了麻醉。借助于去除生产保幼激素的腺体,可以使研究人员了解保幼激素含量的变化会不会导致觅食行为的改变。正如在其他类似试验中所看到的那样,觅食行为的改变并不会引起保幼激素水平的变化。

Sullivan 还发现,虽然去除了咽侧体的蜜蜂与对照组的蜜蜂最终都开始了觅食活动,但去除了咽侧体的蜜蜂(因而没有了保幼激素)开始觅食的时间显著地推迟了。如果保幼激素水平的提高能导致觅食行为增加的话,那么就可以预测,只要在试验中提高保幼激素水平,就一定能导致去除了咽侧体的蜜蜂恢复正常的觅食行为。通过试验设计检验这一想法发现,用一种类似保幼激素的化合物(methoprene,蒙五一五)处理已去除了咽侧体的工蜂,其觅食行为表现出与对照组没有显著差异。

有一种叫章鱼胺(octopamine)的神经激素也与蜜蜂觅食活动的增强有关。早期的工作表明:章鱼胺可调节蜜蜂的学习和记忆能力,也能影响蜜蜂的视觉、嗅觉和味觉(Scheiner,2002)。与内勤蜂相比,在巢外担任采食任务的工蜂,其大脑中含有更多的章鱼胺,当工蜂从巢内活动转向巢外觅食活动的时候,这种神经激素的浓度就会达到最高(Schulz 等,2003)。问题是:这种神经激素的增加是只影响与觅食行为有关的飞行活动呢,还是同时能影响刚开始觅食工蜂的其他活动? Barron 和 Robinson(2005)有两方面的证据,证明章鱼胺的确是对蜜蜂的觅食活动有着重要影响的特异物质:① 用章鱼胺处理过的蜜蜂会明显增加与觅食行为有关的飞行活动,但不会增加与其他行为有关的飞行活动,如把死幼虫运送到巢外等;② 当用章鱼胺与繁育新幼虫有关的其他激素处理蜜蜂时,这些蜜蜂就会明显地增强觅食行为,以便能喂养更大的群体,但不会增加与喂养新幼虫有关的其他活动。

自达尔文以来,利用本书所述的分子生物学新方法,已经大大增加了人们对蜜蜂觅食行为认识的深度和广度,但仍有很多问题等待着人们用更新的手段和方法去探索和揭示。

第四节 动物的求偶喂食行为

一、求偶喂食行为的概念和实例

动物的求偶行为与人类的求婚有很多相似之处,英文都用 courtship 一词表达,两者在文字表达上没有区别。求偶时,雄性动物有时必须向求偶对象递送或奉献一件礼物,这很像是人类求婚时送的彩礼。对动物来说,最好的结婚彩礼莫过于美味的猎物了,如一只可口的蝇、蜻蜓或小鱼等。行为学家把这种现象称为求偶喂食行为(courtship feeding),这种行为在昆虫、蜘蛛和鸟类中最为常见。

白嘴尖燕鸥主要以小鱼为食,它能潜入海水中捕食猎物,当雄燕鸥向雌鸟求偶时必须带给雌燕鸥 1~2 条小鱼,否则就会遭到拒绝。与此相似的是,雄翠鸟向雌鸟求偶时也必须带上捕获的小鱼作为礼品。蜂虎在春天从非洲迁回繁殖地之后不久便开始配对,雌鸟和雄鸟常常肩并肩地停靠在一起,当有昆虫从附近飞过时,雄鸟就会暂时飞离雌鸟去捕捉飞虫,捕到飞虫后又飞回到雌鸟身边并兴奋地摆动扇状的尾羽和大声鸣叫,以此向雌鸟献殷勤,尽管此时它的口中还叼着一只猎物如蜻蜓。有时雌鸟会表现出漫不经心的样子接过雄鸟递送过来的礼物,但如果它有意接受雄鸟进行交欢,此时雄鸟就会马上骑到雌鸟背上与雌鸟交配,常常是在雌鸟还来不及将雄鸟奉献的食物礼品吃下之前就完成了神圣的生殖使命。黑头鸥(*Larus ridibundus*)的两性个体在求偶的初期互相表演各种动作,进行所谓的求偶炫耀(courtship display),然后雌鸟便开始向雄鸟讨要食物,此时雄鸟会将事先吃进的食物反吐出来供雌鸟享用。

在昆虫中,蝎蛉(*Hylobittacus apicalis*)的求偶喂食行为是最著名的。这种脉翅目昆虫属于大型昆虫,与大蚊科昆虫很相似,生有很长的腿,大部分时间都把自己倒挂在树叶的下面,它们后腿的最后一节可以向前折叠,像一把大折刀能把猎物牢牢抓住。有趣的是,雌蝎蛉特别在意雄蝎蛉婚前奉献礼品的质量和大小。捕到了猎物并开始向雌蝎蛉求偶的雄蝎蛉总是先围绕着未来配偶进行一次短时间的飞行并释放出一种特殊的气味,然后再回到原来停歇的树叶下。受到气味吸引的雌蝎蛉会停落在雄蝎蛉的对面,后者则把一只美味的昆虫(如丽蝇)递送到雌蝎蛉面前,当雌蝎蛉开始吃食物礼品的时候,雄蝎蛉便将腹部前伸并与雌蝎蛉腹部末端相接进行交配。但如果雄蝎蛉所提供的猎物比较小或者是雌蝎蛉不爱吃的猎物(如瓢虫等),雌蝎蛉就会将腹部卷曲起来拒绝交尾。如果雄蝎蛉奉献的猎物较大而且符合雌蝎蛉的胃口,雌蝎蛉就会连续吃食20多分钟,在此期间雄蝎蛉便会完成与雌蝎蛉的交配并将精子送入雌蝎蛉体内。据观察,雌蝎蛉所选择的配偶通常是能为它提供一个最大猎物供其在婚配时食用的雄蝎蛉。雄蝎蛉所提供的猎物越大,雌蝎蛉允许其交配的时间就越长,受精卵的数量就越多,这对提高双方的遗传收益都有好处。

二、求偶喂食与欺骗

雄蝎蛉在准备求偶礼品时是要冒一定风险的,如在追捕猎物时可能撞到蜘蛛网上被蜘蛛捕获。有些雄蝎蛉为了减少在捕捉猎物时所遇到的风险,常常会采用一种骗术,以便能不费力气和没有风险地把别人捕获的猎物弄到手。欺骗的方法是先寻找一只已经捕到了猎物并正准备作为结婚礼物献给求偶对象的雄蝎蛉,然后便停落在这只雄蝎蛉的身旁,此时欺骗者会压低双翅模拟雌蝎蛉准备接受交配的姿势,诱使受骗者将辛辛苦苦猎得的美味食物递送给自己。虽然有些警惕性较高的雄蝎蛉不会上这个当,而是带着它的猎物飞走,但欺骗者还是有大约三分之二的机会使骗术得逞。那些警惕性不高的受骗者此时会将猎物递送给骗子并试图与骗子交配,但当它发现自己受骗上当之后便会放弃交配并试图重新夺回猎物,于是两只雄蝎蛉便会开始扭打起来,但在多数情况下都是欺骗者赢得胜利并带着骗来的猎物远走高飞,它或是自己把猎物吃掉,或是把它献给一只雌蝎蛉换取交配机会。

关于动物的欺骗行为至今很少为人所关注,其实在生物界(包括植物)中却极为常见,这里不妨再举几个实例。众所周知的是,每一种萤火虫都有自己的通讯密码,所有雌萤都是靠本种所特有的闪光频率吸引同种雄萤,但 *Photuris* 属中某些种类萤火虫的雌萤是肉食性的,它除了能对本种雄萤发出的闪光信号做出应答外,同时还能对其他三种雄萤的闪光信号做出应答,当它成功地骗使这些异种雄萤来到自己身边时,就会毫不留情地捕获、杀死和吃掉它们。但受骗雄萤往往也有相应的行为对策把可能被异种雌萤吃掉的风险降至最低,这就是当接到雌萤发出的信号时,它不是直接飞向雌萤,而是先降落在雌萤附近,然后再缓慢地接近雌萤,如果发现有任何异常就会随时准备逃走。因此雄萤遭到捕食的概率大约只有十分之一,这就是说,这种反欺骗的行为对策可把死亡风险减少90%。其实,在受骗雄萤所属的物种中,两性个体之间的信号发送和信号接收都完全是正常的和有益的,只不过是被某些种类的肉食性雌萤利用了这种正常的通讯而为自己谋取了好处。总体来看,被骗雄萤从这种正常的通讯活动中所获得的利益还是多于它们因被欺骗而受到的损失,也就是说,雄萤对本种雌萤的发光信号做出反应还是利大于弊。如果雄萤对本种雌萤发出的"到我这里来"的信号完全不予理会,虽然不再会上其他种雌萤的当,但这样做它就不可能留下自己的后代了。

欺骗行为的另一个实例是,在热带地区常常是有很多种鸟类习惯地生活在一起,在这种由很多种鸟类组成的混合群体中,白翅伯劳往往停栖在一个树枝上等待机会捕食飞虫,这些飞虫则是由其他鸟类在浓密叶丛中积极捕食时轰赶出来的。由于伯劳停在树枝上仔细审视着四周的环境,所以通常是它首先发现共同天敌雀鹰(*Accipiter nisus*)的出现,当它发现雀鹰后就会大声鸣叫使自己的同伴和其他鸟类躲藏起来或暂时停止活动。但是当它正在追捕一只也在被其他鸟追捕的飞虫时,它就更可能发出这种报警鸣叫声,由于此时并无雀鹰出现,所以它实际上是在向其他鸟喊"狼来了!狼来了!"诱使其他鸟放弃追逐飞虫,从而使自己因不再有竞争者而受益。问题是,其他鸟类为什么会容忍这种有损于自己利益的情况发生呢?这是因为在大多数情况下,其他种类的鸟都会因对它的报警鸣叫做出回避反应而受益,如果不做出反应就可能导致死亡。在这种情况下,对其他鸟类来说,对白翅伯劳的每一次报警鸣叫(不管是真还是假)都做出反应是一种利大于弊的最佳行为选择,尽管这样有时会使白翅伯劳的欺骗行为得逞并捞到一点好处。

很多在地面筑巢的鸟类(如环鸽),当捕食动物(如狐狸)接近自己的窝巢使其安卧巢中的幼鸟面临危险的时候,母鸟常常会假装成一瘸一拐和翅膀受伤的样子离开鸟巢并煞有介事地把一只翅膀垂下,好像已经折断。利用这种骗术,它就可以把捕食动物的注意力吸引到自己身上,而使安卧巢中的一窝小鸟安然无恙。等捕食动物的利爪快要够到自己时,它便会突然放弃伪装,腾空飞起。欺骗行为在自然界几乎俯首皆是:杜鹃鸟自己不孵蛋也不喂养幼鸟,而是把蛋偷偷产在大苇莺或其他鸟的巢中让其他鸟把自己的后代养大,因为它产的蛋在大小、形状和颜色上几乎与寄主鸟的蛋完全一样,从而能骗过寄主双亲的眼睛;投索蛛利用类似雌蛾性信息素的物质作诱饵对几种蛾子的雄蛾有很强的吸引力,当雄蛾为寻找同种雌蛾而从附近飞过的时候,投索蛛就会转动一根丝质投索,其末端有一滴粘性的性信息物质,雄蛾常常会受到引诱而受骗上当,成为投索蛛的口中餐;深海中的很多鱼都有发光器官并用它引诱分散在各处的猎物,如深海鮟鱇就是靠摆动口中的一个发光诱饵骗使各种小动物自动进入自己口中的;兰花螳螂模拟一朵盛开的兰花诱使一些昆虫前来采蜜,这些受骗的昆虫一旦靠近就会遭到致命的一击。

除了物种对物种的种间欺骗行为之外,还有所谓的种内欺骗行为,例如十刺鱼($Prgosteus\ pungitius$):一些未占到领域的雄鱼常常会褪掉它们的黑色,换上一身雌鱼所特有的颜色,从而使自己变成一条假雌鱼,混入一条正常雄鱼所占有的领域内并抢在领域主人之前为该领域中的真雌鱼授精。显然,这条无领域的雄鱼是靠欺骗行为达到了自己传宗接代的目的。这些无领域的雄鱼模拟雌鱼模拟得越好,它所获得的好处就越大,因为在这种情况下,它无需做出求偶努力就能达到为卵授精的目的。如果每个个体都是以自己的生殖利益作为其行为的准则,而且欺骗行为可以增进这种利益的话,那么欺骗行为在自然界的存在就毫不足怪且是必然的了。

三、求偶喂食行为的生物学功能

求偶喂食行为较为普遍地存在,说明它必有重要的生物学功能。一方面,它可增加雌性个体的营养来源和产卵量。虽然在有些情况下,求偶喂食量只占雌性动物日取食量的很小一部分,但也有很多实例说明求偶喂食所提供的食物量相当大,可在很大程度上满足雌性动物对营养和能量的需求。以斑鹟($Ficedula\ hypoleuca$)为例,雌鸟从雄鸟那里接受的食物大约可占到它生殖能量总投入的一半。食物是限制雌性动物产卵量的重要资源,因此雌性动物选择配偶的依据之一就是看雄性动物为其提供食物的能力有多大。另一方面,雄性动物也常常以向求偶对象提供食物来表明自己未来是有能力喂养后代的。事实上,在普通燕鸥($Sterna\ fuscata$)的求偶喂食能力大小和它未来喂养小鸟能力大小之间的确是存在着一种正相关关系。雌鸟经常是在求偶喂食期间对雄鸟的质量做出评估,并拒绝接受质量较差的求偶者作配偶。

最奇特和令人不可思议的也许是雄螳螂的求偶献身行为,它在与雌螳螂交配的同时把自己的身体作为一顿美餐供雌螳螂享用。一旦交上了尾,雌螳螂便用铡刀一样锋利的前足把雄螳螂紧紧夹住,然后用大颚咬掉雄螳螂的头。奇怪的是,掉了头的雄螳螂交尾动作反而更加强烈,据研究可能是由于雄螳螂咽下神经节被切断,致使交尾的神经冲动变得更加强烈的缘故。结果就在雌螳螂大吃大嚼雄螳螂血肉之躯的时候,雄螳螂便把精荚送入雌螳螂体内,完成最后的生殖使命。从人类道德观念的角度出发,雌螳螂的这种残忍的杀夫行为是根本无法理解的,但昆虫世界只遵循自然的法则,不受人类道德理念的约束,即凡是有利于物种延续的东西便都有存在的价值,不管是欺骗行为也好还是残忍的杀生行为也好。蜜蜂群体中的雄蜂在完成生殖使命之后常被工蜂杀死或被赶出巢外冻死饿死就是这一自然法则的又一个生动实例。雄螳螂在完成生殖使命的同时还为雌螳螂提供了一顿营养大餐,这岂不是十分有利于雌螳螂体内卵子的发育吗?

那么,自然界有没有既能满足雌性动物的营养需求,又能保存雄性动物生命的办法呢?答案是有,因为进化是无所不能的。实际上,求偶喂食行为的另一个生物学功能就是用食物堵住雌性动物的嘴,乘其专心致志吃食物时安全地完成交配,实质上是用食物换取自己的一条命。尤其是蜘蛛,求偶的雄蛛有被雌蛛当成食物吃掉的极大危险,因为雌蛛一般比雄蛛大得多而且视力不佳。雄蛛要实现与雌蛛交配,必须首先抑制雌蛛的攻击反应,在这方面,雄蛛有着各种各样的适应和求偶技巧。雄盗蛛(*Pisaura mirabilis*)交配前总是先把一个用丝缠捆着的猎物作为结婚礼品递给雌蛛,当雌蛛忙于处理和吃食物礼品时便乘机和它交配。另一种雄蛛则生有一种专门的附器,交配时用它堵塞住雌蛛张开的口器,使它失去咬噬的能力。更有趣的是,花蟹蛛(*Xysticus cristatus*)的雄蛛在与雌蛛交配前先用蛛丝把雌蛛捆绑起来,以保证绝对安全。

四、求偶喂食行为的进化

动物的求偶喂食行为是怎样进化来的呢?应当说,研究动物行为的进化比研究动物形态的进化要困难得多,因为研究形态结构的进化有化石为依据,而行为几乎没有留下化石。行为是动物为了个体眼前存活和未来基因存活所做的任何事情,也可以说,行为是动物个体层次上对体内生理刺激和体外环境刺激所做出的整体性反应并有利于个体生存或基因传递。可见,动物的行为是一个十分抽象的概念,它不是一个看得见摸得着的物质实体,而是一个由肌肉收缩序列所决定的动物的表情、姿态、动作、各种运动及其效果。可以说,动物的一个特定行为可以归结为动物神经系统和其他器官活动的产物,但这并不是说动物的行为进化就没有办法研究了,我们可以从现存动物行为的比较研究中了解过去动物的行为。事实上,通过对近缘物种行为的比较分析,完全可以精确地重建各种行为的进化过程。有时可以把同一亲缘群体中不同物种的行为按其相似程度排列成一个完整序列,通过与较原始物种行为的比较,常常可以查明较进化物种的行为起源。通过比较研究还可以找到一个连续行为序列中位于两极行为之间的一系列过渡类型,这大体上可以代表一种行为从简单到复杂、从低级到高级的进化过程。例如:有几种蜡嘴雀雄鸟在求偶期间,嘴里常衔着一根草茎或羽毛做特定的炫耀动作,这种求偶行为显然是起源于筑巢行为。蜡嘴雀与大多数鸣禽的不同之处是雄鸟也参加筑巢工作,所以筑巢行为有可能演变为求偶功能。在分类上比较原始的蜡嘴雀,雄鸟在求偶期间所衔的草茎既用于求偶也用于筑巢。在某些种类中,草茎是在求偶结束时放入巢中的,但是,澳洲绯红雀雄鸟求偶时雄鸟所衔的草茎却与筑巢材料不同,在这里,草茎已演变成了一种求偶的象征或符号,再发展为连草茎都不用了,这一过程显然是经历了几个中间阶段:有的蜡嘴雀只在求偶开始时使用草茎,但接着在真正的求偶炫耀中就不再用了;另一些种类使用草茎是非专有性的,一只雄鸟可以用草茎求偶也可以不用;还有一些种类用草茎求偶只是偶然现象;即使是不再利用这种方式求偶的鸟类中,其求偶的动作也可明显看出是起源于筑巢行为。

在这方面,一个最著名的研究实例就是双翅目舞虻科(Empididae)昆虫求偶喂食行为的进化。通过对各种舞虻求偶喂食行为的比较研究,可以把这种行为从没有到产生、从低级到高级划分成许多进化阶段。第一个阶段是求偶喂食行为尚未产生,雄虻求偶时要冒着被雌虻吃掉的风险,最后一个阶段是雄虻只织造一个丝质空茧并用空茧向雌虻求偶,但茧中没有任何猎物,到此为止,求偶喂食行为已经演化成了一个仪式化的视觉通讯信号。进化序列两端之间的过渡类型可按进化顺序排列如下:

(1) 在舞虻科的大多数种类中,雌虻和雄虻各自独立地捕食昆虫,没有求偶喂食现象,这些舞虻的雌虻有时以求偶者为食,当雄虻试图与雌虻交配时有可能被雌虻吃掉。

(2) 雄虻求偶前先进行狩猎,把猎得的猎物直接奉献给雌虻,乘雌虻取食猎物时完成与雌虻的交配,从而降低了自己被雌虻吃掉的风险。

(3) 雄虻不是带着猎物直接去寻找雌虻,而是与其他雄虻(都带有一个猎物)一起在空中飞舞,猎物只是作为交配的一种刺激物,而不是防止交配时被雌虻吃掉的替代物。雌虻主动闯入在空中飞舞的雄虻群中,选择其中一只雄虻与其交配。

(4) 在 Hilara 属中的很多种类,雄虻把捕到的猎物松松地缠绕上一些丝线,以便使猎物保持安静。

(5) Empis 属中的一些舞虻,雄虻用丝把猎物紧紧包裹起来,看上去像是一个球状物。当雄虻与雌虻在空中相遇时便把这个球状物递送给雌虻并骑在雌虻的背上而双双落在一株植物上,此后雌虻开始转动和探察此球,最后会把其中的猎物吃掉,与此同时雄虻便完成了与雌虻的交配。

(6) 雄虻捕捉一个小猎物并吸干它的体液,此时猎物已不再是可食的了,然后它在其外织造一个复杂的丝球并把丝球递送给雌虻,雌虻在交配期间摆弄和玩耍此球,但不会从它获得任何营养物。

(7) 雄虻捕捉的猎物极小,对雄虻和雌虻都没有食用价值,只是把它当装饰物粘附在丝球的一端使丝球变得更加醒目,此时丝球的作用仅仅是交配的一个刺激物。

(8) 球虻(Hilara sartor)的雄虻奉献给雌虻的丝球是空心的,里面根本就不含任何可食的东西,此行为只具有刺激雌虻交配的作用,与(1)是处于一个行为演化序列的两个极端。

根据以上对现存各种舞虻行为的比较研究,可以把舞虻的求偶喂食行为概括为4个主要进化阶段。有人认为,雄性动物为雌性动物奉献猎物的最初功能是减少前者在交配时被后者吃掉的危险。但 W. R. Thornhill 却根据亲代投资的概念提出了另一种功能解释,认为雄性动物要靠多种多样的方式为雌性动物提供营养,以便参与对后代的投资,这些投资方式包括用腺体分泌营养物;捕捉猎物献给求偶对象;反吐食物喂给自己的配偶,如瘦足蝇科(Micropezidae)的瘦足蝇雄蝇交配时把富含蛋白质的食物反吐给雌蝇;以及雄虫(如螳螂)自己献身等。雌性动物则依据雄性动物提供食物的质量选择配偶。

第五节 食物的贮藏与计划未来

近半个世纪以来,学习与觅食行为关系的研究一直是动物行为学和心理学研究的核心内容之一,关于这方面的研究曾发表过大量的科学论文(Balda,1998;Shettleworth,1998)。这些研究所涉及的主要领域是:① 动物脑大小与学习和觅食创新之间的关系;② 动物有没有计划未来的能力;③ 动物为了未来的需要而贮藏食物。下面我们就这方面的研究现状和一些新进展作一简单介绍。

一、鸟类脑大小对觅食创新的影响

很多动物行为学家都认为,在动物前脑大小与觅食创新之间存在着神经生物学联系(Byrne,2002),因为前脑与动物行为的可塑性密切相关。通常是前脑越大,觅食创新能力越强。根据这一基本原理,Lefebvre 等人(2004)研究了北美洲和大不列颠群岛上各种鸟的前脑大小与觅食创新之间的关系。所谓觅食创新,是指能取食和利用新的食物种类或采用新的觅食技巧。为此,研究人员利用了 9 种鸟类学杂志所提供的资料,收集了 322 种觅食创新(或觅食新技能),其中 126 种觅食新技能属于大不列颠群岛上的鸟类,192 种属于北美洲的鸟类(表8-1)。这些觅食创新包括银鸥捕到小啮齿动物后将它们掉到岩石上摔死或淹死,也包括普通乌鸦利用过路的小汽车把坚果压碎,这相当于把小汽车当钳子使用(Youg,1987)。Lefebvre 等人曾计算过这些创新行为在不同类群(目)鸟类中的分布情况,同时还分析过不同类群鸟类在大不列颠和北美洲的常见程度或稀有程度。

表 8-1　鸟类觅食创新(觅食新技能)的一些实例

物　种	觅食创新(觅食新技能)
红衣风头	可把花朵上充满花蜜的萼管咬下,吞而食之
银鸥	捕到小啮齿动物后将其扔到岩石上摔死或将其沉入水中淹死
褐鹰	受猎人枪声的吸引,捕食被猎人打死的猎物
喜鹊	将土豆从土中挖出取而食之
海燕	取食腐烂的鲸鱼脂肪
大贼鸥	在动物尸骸上搜寻食物
家麻雀	利用自动传感器打开公交车站的门
家麻雀	为搜寻昆虫而进入汽车散热器的护栅进行全面搜索
嘲鸫	从海狮的口中夺取食物
普通乌鸦	利用公路上行驶的小汽车压碎坚硬的果壳
鹗	把海螺从高空掉向坚硬的地面或水泥构件
翻石鹬	突袭并攫取海葵胃腔中的内容物
红翅乌鸫	跟随拖拉机,捕食被拖拉机强行赶出的青蛙、田鼠和昆虫等
雀鹰	驱散并捕食乌鸫的猎物
黑兀鹫	停落在漂浮于水面的绵羊尸体上取食
绒毛啄木鸟	利用风力的摆动,取食悬挂在树枝上的食物

在掌握各种鸟类觅食创新行为的同时,研究人员还获得了这些鸟类前脑相对大小的资料(Holden 和 Sharrock,1988)。无论是在大不列颠群岛还是北美洲,鸟类前脑的大小都与觅食创新密切相关。凡是前脑比较大的鸟类,其觅食创新行为也更为常见。虽然有很多觅食创新都是在一次观察中发现的,但对多达 322 例觅食创新行为的大规模分析中,发现在前脑大小与觅食创新之间确实存在着直接的关系。这表明,这是动物行为学中一个重要而有意义的研究新领域。

D. Sol 等人(2006,2007)曾研究过鸟类脑子较大是否对其生存和生殖有利的问题。长期以来人们一直未经验证地认为,脑相对较大有助于提高动物的适合度(fitness),特别是当种群进入一个新的陌生环境的时候，这时觅食创新对动物的生存和生殖就特别重要（Reader，2004；Reader 和 Laland，2003）。Sol 等人曾研究了 646 例物种被引入新环境的试验（涉及 196 种鸟），其中大都是研究人员将一种鸟引入一个岛屿或原分布区以外的地方（Cassey 等，2004；Sol 等，2005）。研究人员还收集了 196 种鸟有关脑大小的资料，并根据鸟大脑就大，鸟小脑就小的基本事实作了相应的校正，最终发现，在鸟的脑大小和能在新环境中成功定居之间存在着正相关关系。这是因为脑子较大的鸟类具有更强的觅食创新能力，这种能力可大大提高鸟类的食物摄取率，从而能提高鸟类的生存机会和生殖机会。

二、动物有计划未来的能力吗

学习是动物借助于个体生活经历和经验使自身行为发生适应性变化的过程，从这一学习的定义可以看出，任何当前发生的行为都是与此前的生活经历和经验相关联的。如果动物也能像我们人类那样能够根据先前的经历和经验预测和计划未来的话，那一定会大大增加自身的存活机会和适合度。目前属于这方面的研究还很少，因为长期以来人们一直认为计划未来是人类独有的能力，这也是人类与所有其他动物存在的一个主要差异（T. Suddendorf，2006）。然而随着时间的推移已变得越来越清楚的是，动物也具有一些一度被认为是人类所独有的行为，例如使用工具和纯粹是有利于未来生存的行为，这促使动物行为学家开始对动物有没有计划未来的能力产生了兴趣并进行研究。

动物行为学家认为，要想确认计划未来的行为必须满足两个条件，首先该行为必须是创新的或新颖的，以使它不是某些本能行为的表现，例如：迁飞行为有很多本能成分，虽然显示有一定的"计划性"，但不是我们要求的那样。其次，计划未来的行为不一定与动物当前的动机状态相关，而必定会涉及未来某一时刻的动机状态。下面介绍一个最新的关于动物计划未来的研究实例，这就是松鸦为了计划未来而改变其觅食行为的现象（Shettleworth，2007）。

松鸦是进行这类研究的一个极好物种，因为它具有令人难以置信的记忆力。它生活在高海拔地区，常常要为未来贮藏大量的食物，每个个体每年大约要贮藏 3 万多粒种子，冬季和春季几乎完全依赖秋季贮藏的种子为生。松鸦不仅能记住它们贮藏食物的地点，而且还十分注意当它们在贮藏食物时谁在观察它们。在这种情况下，它们此后会把食物重新挖出来并进行深埋，以防这些食物被偷食（Dally，2006）。

Raby 等人（2007）利用一个简单而巧妙的试验检验了松鸦是否具有计划未来的能力。研究人员为松鸦提供了两个隔室，其中一个隔室中含有食物——松子，另一个隔室中没有食物。每天早晨松鸦只能见到和进入一个隔室，在连续 6 天的试验期间，两个隔室是交替出现的，各出现 3 次。每天试验的前一天晚上，不为松鸦提供任何食物，因此它们在见到隔室期间是处于饥饿状态。6 天试验结束后，每天天黑前两小时，只为松鸦提供一点点食物，使它们得不到可供贮藏的种子。此后再为它们提供一个备有大量松子的场所，并提供两个以前曾多次拜访过的隔室，但现在每个隔室内又安装了一个能贮藏食物的"贮食杯"，使鸟类在天黑前可以把食物贮藏起来，如果它们愿意这样做的话。试验结果发现，在两个隔室中它们总是在其中的一个隔室中贮藏更多的食物（松子），而这个隔室是它们以前拜访过的那个不含有食物的隔室，这说明在越是缺乏食物的环境中，它们贮藏食物的行为就表现得越明显，这对于保障未来的生存是很重要的，这实际上是为"未来着想的一种行为适应性"。

接下来 Raby 等人又安排了一个更加有趣的试验，他们训练松鸦使其知道在一个隔室中可以吃到花生,而在另一个隔室中可以吃到谷粒,松鸦对这两种食物都很爱吃。当按照上述同样的方法进行试验时,发现松鸦在含有花生的隔室中贮藏的食物是谷粒,而在含有谷粒的隔室中贮藏的是花生,这表明松鸦很注意并喜欢使它们的食物多样化,在它们为未来准备食物时也是遵循这一使食谱多样化的原则。除鸦科鸟类(如松鸦和星鸦)外,其他动物是否也有"为未来着想"和计划未来的行为,目前还研究得很少,尚有待扩展研究范围。

三、脑海马大小与贮食行为的关系

为了了解鸟类觅食行为与空间记忆力问题,Healey 和 Krebs(1992)曾研究了 7 种鸦科鸟类脑海马大小与贮藏食物能力之间的关系。他们之所以选择研究脑海马,是因为已知鸟类大脑的这个区域与食物的回收(复得)有密切关系。同时,鸦科鸟类也是研究这一问题的最好对象,因为在鸦科鸟类的各个物种之间,贮食行为的表现各不相同,便于用比较研究法进行分析。有些鸦科鸟类根本就不贮藏食物,而另一些鸦科鸟类则必须在长达 9 个月的期间内完全依赖贮藏的食物为生(Sherry,2006;Emery,2006)。

Healey 和 Krebs 研究了两种几乎不贮藏食物的鸦科鸟类,即寒鸦(*Corrus monedula*)和红嘴山鸦(*Pyrrhocorax graculus*),还研究了 4 种贮藏食物的鸦科鸟类,它们是秃鼻乌鸦(*Corvus frugilegus*)、欧洲乌鸦(*Corvis corone*)、喜鹊(*Pica pica*)和红嘴蓝鹊(*Cisia erythrorhyncha*),此外还研究了一种不仅贮藏食物,而且在长达 9 个月期间必须记住 6000~11 000 粒种子埋藏地点的鸦科鸟类,即欧洲松鸦(*Garrulus grandarius*)。当检查贮食行为与脑海马大小之间关系的时候,发现这些鸟类都表现出明显的正相关关系,即海马体积越大,贮藏食物的行为就越发达。这表明:海马大小是鸦科鸟类空间记忆力和贮食行为进化的关键因素。

此外,动物行为学家还研究了在一个物种内部个体之间海马大小与贮食能力之间的关系,例如:生活在食物短缺环境中的个体比生活在食物丰富环境中的个体具有更发达的贮食能力,脑海马的体积也比较大(Pravosuodov 等,2002)。这就是说,当鸟类生活在严酷环境中的时候,自然选择有利于增强它贮存食物的能力和此后重新找回这些食物的能力,也有利于海马体积的增大和海马神经元数量的增加。Pravosudo 及其同事用来自食物丰富的科罗拉多州和来自食物短缺的阿拉斯加州的两个黑冠山雀(*Poecile atricapilla*)种群检验和证实了这一观点。他们从阿拉斯加州的安克雷奇(Anchorage)捕捉了 15 只活鸟,从科罗拉多州的温泽(Windsor)捕捉了 20 只活鸟,然后将它们带回到加利福尼亚大学的实验室,45 天后测定这些鸟类贮藏种子之后再重新找到这些种子的能力。当为这些鸟提供可供贮藏的种子时,发现来自阿拉斯加(食物短缺)的山雀比来自科罗拉多(食物丰富)的山雀要贮藏更多的种子。同样重要的是,阿拉斯加山雀不仅比科罗拉多山雀贮藏更多的种子,而且它们重新找回这些种子的效率也更高,所犯错误也更少。

从海马大小的角度进行比较,虽然阿拉斯加山雀比科罗拉多山雀的个体小、体重轻,但其海马的体积却比后者大,而且海马所含有的神经元数量也更多。有趣的是,在不给予两地山雀贮藏食物机会的情况下,它们之间海马大小的差异仍然存在,这表明:贮食行为本身并不会使阿拉斯加山雀的海马变大。相反,两地山雀之间的差异应当是自然选择作用于海马大小的结果。目前,有关这一领域的大量工作正在进行之中。

四、贮食行为的进化与系统发生

研究贮藏食物行为的另一种方法是从进化和系统发生的角度进行研究(de Kort 和 Clayton,2006)。为了了解鸦科鸟类贮藏食物行为的进化史,de Kort 和 Clayton 用鸦科鸟类的 46 种鸟构建了一个系统发生图,对每一种鸟都按其贮藏种子的具体情况加以归类。根据实验室观察和田间研究所获得的资料,把 46 种鸟中的每一种都放入一个类别中,总共有 3 个类别:不贮藏食物者是指那些根本没有贮藏行为的鸟;适度贮藏者是指那些全年都贮藏食物,而且会贮藏很多不同种类的食物,但它们的生存并不完全依赖这些贮藏的食物;最后是专化贮藏者,它们贮藏食物常常具有季节性,通常是在食物产量丰富的季节才贮藏食物,所贮存的食物量很大但常常只有一种,而且贮存的时间很长。

对鸟类贮食行为所进行的系统分析表明:鸦科鸟类贮食行为的原始状态是"适中的贮食",也就是说,鸦科鸟类的祖先是属于适中的贮食者。这是一个重要的信息,因为很多动物行为学家都认为,鸦科鸟类的原始状态是不贮藏食物的,其进化轨迹是从不贮藏食物走向贮藏食物。然而 de Kort 和 Clayton 却发现鸦科鸟类的祖先是适中贮藏食物者,这就是说,原始鸦科鸟类一方面朝专化贮食者的方向进化,而另一些种类则走向了完全丧失了贮藏食物的能力。据分析,朝着专化贮食者方向进化至少已独立地发生过 2 次,可能多达 5 次,与此进化方向相反的是,至少有两个物种完全丧失了贮藏食物的能力。这种退行变化的原因可能是贮食行为所带来的好处不足以弥补维持一个较大的脑海马所付出的新陈代谢代价(Attwell and Laughlin,2001)。

第六节 动物的防御行为

一、防御行为的概念、类型和功能

防御行为是指任何一种能够减少来自其他动物伤害的行为。防御行为可区分为初级防御(primary defence)和次级防御(secondary defence)。初级防御不管捕食动物是否出现均起作用,它可减少与捕食者相遇的可能性,而次级防御只有当捕食者出现之后才起作用,它可增加和捕食者相遇后的逃脱机会。

初级防御有四种类型,即穴居(anachoresis)、隐蔽(crypsis)、警戒色(aposematism)和贝次拟态。次级防御有十种类型,即回缩、逃遁、威吓、假死、转移攻击者的攻击部位、反击、臀斑和尾斑信号、激怒反应、报警信号和迷惑捕食者等。初级防御和次级防御的概念只适用于种间防御而不适用于种内,但同种个体之间的防御与次级防御有很多相似之处。

动物借助于防御行为只能相对降低遭捕食的风险而不能完全避免被捕食。普累克西普斑蝶又称黑脉金斑蝶(*Danaus plexippus*),它和很多其他动物一样是靠色斑和行为逃避天敌的捕食,其翅上有醒目的橙色、黑色和白色,这种警戒色对捕食者来说则意味着有毒和不可食性。普累克西普斑蝶幼虫以马利筋属(*Asclepiadaceae*)植物为食并能把食料植物中的有毒物质强心苷贮存在自己身体的组织内,即使是发育到成虫阶段都可用于防御捕食自己的天敌。鸟类吃了这种有毒物质就会剧烈呕吐,以后就再也不会去吃类似形态的蝶了。但并不是所有的马利筋属植物都含有强心苷,用这些植物饲养出来的普累克西普斑蝶虽然是无毒的和可食的,但有过中毒经历的鸟儿也不会去吃它们。有趣的是,其他种类的蝴蝶常常会乘机利用普累克西普斑蝶的防御系统,它们靠在形态和色型上模拟后者而同样能躲过鸟类的捕食,这种欺骗行为在动物的防御策略中是很常见的。

动物的防御系统并不是在所有时间都起作用的,就普累克西普斑蝶来说,其防御策略的有效性将随捕食者的种类、季节和与捕食者相遇的具体情况而有所不同。每年秋天,这种蝴蝶都要从加拿大和美国西北迁飞到墨西哥中部山区以稠密群体的形式越冬,个体数量可多达数千万头。据研究有两种鸟即黑枕黄鹂(*Icterus galbula*)和黑头蜡嘴雀(*Pheucticus melanoce-phalus*)已破解了普累克西普斑蝶的化学防御系统。这两种鸟在某些越冬的蝴蝶群体中大约每天能吃掉4550~34 300只蝴蝶。黄鹂是有选择地取食相对说来是可食的部位如胸部肌肉和腹部的内容物,而蜡嘴雀则对蝴蝶体内有毒的强心苷不太敏感。然而,所有这些捕食压力,普累克西普斑蝶都是能够承受的。面对每年冬季鸟类的大量捕食,它们会集结为极大的群体并以此强化它们的防御功能。借助于形成密集的群体便降低了群体中任何一个个体遭到捕食的风险。此外,由于群体外围的个体比群体中央的个体更容易遭到捕食,所以先到达越冬地的蝴蝶总是占有中心位置,后来者则不得不处于群体边缘最易受到捕食的位置。

由于捕食现象是无时无处不在的,那么动物是如何应对这种永恒威胁的呢?动物有什么办法能够避开捕食者的注意(初级防御),又有什么办法一旦被捕食者发现后能够增加逃生的机会呢(次级防御)?下面我们就分别介绍动物防御行为的一些主要类型。

二、初级防御

1. 穴居或洞居

很多动物过着穴居或洞居的生活,这使捕食动物很难发现它们,但这种生活方式也给它们带来了觅食和寻找配偶的困难。通常有两种办法可以克服这一困难:第一,终生都生活在地下的动物(如蚯蚓和鼹鼠等)往往具有极特化的习性和食性;第二,至少有部分时间在开阔地生活。例如:野兔于晨昏和夜晚来到地面觅食,而在易被捕食动物发现的白天则隐藏在洞穴中。

2. 隐蔽

很多动物的体色都与环境背景色很相似,因此不易被捕食动物发现。如蚤蟒的体色通常只是绿色的,水体表层中的浮游动物常常是透明的,而山鹑的颜色是棕色的。实验已经证明,与背景色一致的鱼类和昆虫遭到鸟类捕食的机会小得多。与背景色一致和静伏不动是极好的防御方式,很多种蛾白天时静伏在与体色相同的树干上一动不动,一到晚上则飞出觅食和进行生殖活动。天亮前,它们纷纷飞到和自己体色相同的地方把自己隐蔽(crypsis)起来。有些动物还能靠改变体色来取得更好的隐蔽效果。如凤蝶(*Papilio* spp.)和大菜粉蝶(*Pieris brassicae*)的幼虫,在绿叶丛中化成的蛹主绿色,而在棕色植叶丛中化成的蛹是棕色。

动物的体色常能随着外部环境背景色的改变而改变,以便获得隐蔽的效果,避役(俗名变色龙)就是人们最熟悉的一个例子,但头足类动物才是变色能力最强的动物,包括乌贼、章鱼和鹦鹉螺(图8-18)。在极短的时间内它们的体色和斑纹就可以变得与背景色完全一致,不仅天敌难以看到它们,其猎物也发现不了它们。

图 8-18　各种头足类软体动物的体色和色型变化

北极地区的哺乳动物和鸟类每年可变色两次。夏季时银狐、雷鸟（*Lagopus mutus*）和雪兔（*Lepus americanus*）是褐色的,此时它们在岩石和稀疏的植丛中栖息和觅食,但到冬季时,它们会全身变白,与雪原浑然一体,所以它们在两个季节都能隐蔽自己。比目鱼和乌贼（*Sepia officinalis*）都有很强的变色能力,随时可使它们的体色与背景色相匹配。昆虫也有变色能力,但昆虫变色的速度没有头足类软体动物那么快。Joy Grayson 曾研究过鹰蛾（*Laothoe populi*）幼虫变色的原因。这种鳞翅昆虫共有 4 龄幼虫,其末龄幼虫的体色是黄绿色、暗绿色或白色,其中暗绿色是遗传决定的,而黄绿色和白色则是由环境诱发的多态现象。显然,决定幼虫是白色还是黄绿色的主要原因是幼虫停歇在什么背景上以及前 2 或 3 龄幼虫所吃的食物。如果幼虫看到的是白色背景,它就会变白,但如果它看到的是绿色、灰色或黑色背景,它就会变为黄绿色。

有些捕食动物是靠猎物的外形轮廓来识别猎物的,因此有些猎物靠使自身的轮廓变得模糊不清或让自己的身体与环境背景混为一体而躲过捕食动物的注意,这实际上是采取的一种混淆色（disruptive coloration）防御策略,如一种热带珊瑚鱼（*Pomacanthus imperator*）和一种树蛙（图 8-19）。这种珊瑚鱼如果是在白色背景上是非常鲜明醒目的,但如果是在它正常栖息的具有复杂斑纹的背景上,任何动物都很难看到它。树蛙也是一样,它身体两侧的那条纵行黑线在它正常停歇位置和停歇姿态的情况下刚好能使它与环境背景混为一体,谁都难以看到它。更有趣的是,为了使自己的身体外形和轮廓变得模糊起来,伪装蟹（*Oregonia gracilis*）所采取的办法是用口器和螯钳拾取各种植物碎屑碎片、海藻、小木棍、水螅体和多毛类管壁的碎片等,然后把它们附着在身体的各个部位,这样使它看起来就不像一只螃蟹了（图 8-20）。

图 8-19 一种珊瑚鱼(a)和一种树蛙(b)的混淆色

有些动物是靠增加身体的透明度而获得隐蔽效果的,如水螅、水母、栉水母和分布在开阔大洋的很多鱼类的幼体,这些动物身体的水分含量特别高,再加上身体小、色素少,所以看起来几乎是完全透明的。在水环境中透明可能是一种主要的防御机制,这一点常常被人们忽略。有两点理由可以说明为什么透明的隐蔽方法在水生环境中比在陆地环境中更常见：第一,水和空气的折射率（指光从一种介质进入另一种介质时弯曲的角度）不同,由于动物体的主要成分是水,所以当光从水进入水生动物组织时,入射角实际是不变的,而且在没有光散射和吸光物质的情况下,看起来动物就是完全透明的,这就好像是光从水进入水一样。与此相反的是,在陆地光必须从空气进入含水量极大的动物组织,因此空气与动物组织折射率之间的差异就会使动物明显地显现出它身体的外形和轮廓并使其透明度大大下降。第二,陆地动物极少借助于身体透明进行隐蔽的另一个原因是陆地紫外线辐射的有害影响。在水生环境中,大部分紫外线在水面以下几米深处就被过滤掉了,因此不像陆地动物那样容易受到紫外线辐射的伤害。

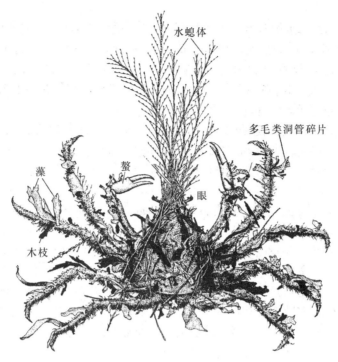

图 8-20　伪装蟹靠往身体各部添加各种物件而把自己隐蔽起来

隐蔽不一定就是颜色灰暗单一,例如在其自然生境中,羽毛鲜艳的鹦鹉、黄鹂和太阳鸟等在它们鲜亮的背景中也是很难辨认出来的,同样,一个灰暗单一色彩的猎物在鲜亮的背景下也会显得十分醒目。这里需要特别指出的是,枯叶蝶模拟一片枯叶,竹节虫模拟一个竹枝,尺蛾幼虫模拟一根树棍以及柳叶鱼模拟落入水中的一片含有中脉的柳树叶等现象不能从表象上把它们归属于拟态(mimicry),这些动物模拟周围环境中的一些物体所获得的防御效果是隐蔽,是让捕食动物难以发现自己,这完全符合隐蔽防御的定义,与保护色、混淆色、保持身体透明等的生物学功能没有什么不同。

可以说大多数动物都不具备迅速调整身体颜色和色型以与其周围环境背景色相匹配的能力,因此,这些动物如果停歇在不适当的地方和背景上,它们就会非常醒目从而暴露在天敌面前,可见对动物来说选择正确的停歇地点以及在适当背景上摆准身体主轴的方向对于获得最佳的隐蔽效果是非常重要的,这也说明行为与隐蔽也有密切关系。

靠隐蔽进行防御的动物可能会遇到其他的问题,如捕食动物常常靠形成"搜寻印象" (searching image)来提高捕食效率,即捕食动物只要找到了一个猎物(可能出于偶然),就会熟悉这种猎物的栖息地点,从而能够更容易地捕到其他猎物。对付捕食者搜寻印象的一种办法就是形成多态(polymorphic),也就是说,同一物种可以包含几个不同的色型。如果捕食动物对一种色型形成了搜寻印象,能够有效地捕杀这一色型的个体,其他色型的个体便能避免被捕杀。例如:禾古铜弄蝶(*Herse convolvuli*)的幼虫有两种色型,它们的颜色和行为都有所不同。一种色型是绿色,栖息在甘薯(寄主植物)叶的下表面;另一种色型身体上有黄色和紫色条纹,喜欢栖息在寄生植物的叶柄和基上,基和叶柄呈浅黄绿色并染有紫色。弄蝶的这两种色型因停栖在寄主植物的不同部位而都获得了隐蔽效果。

3. 警戒色

有毒的或不可食的动物,往往具有极为鲜艳醒目的颜色,这种颜色对捕食动物具有信号和广告的作用,能使捕食动物见后避而远之,这种现象就叫警戒色。典型的例子是胡蜂和黄蜂(*Vespula* 属),它们的身体有黑黄相间的醒目条纹,其作用不是隐蔽自己,而是起到警戒(广告)作用。当它受到攻击时,则用毒刺进行反击。可见,警戒色是属于初级防御,而毒刺属于次级防御,当初级防御无效时,就使用次级防御。

每一个捕食动物在学会回避警戒色以前,至少得捕食一个具有警戒色的猎物,当尝到了苦头之后,才能学会回避它,这就是条件回避反应(conditional avoidance responses)。很多脊椎动物都形成了条件回避反应,如鸟类回避具有黑红颜色的瓢虫(*Adalia* 属和 *Coccinella* 属)、具有橘黄色和黑色的斑蝶(*Danaus* spp.)和黑红颜色的无肺螈(*Plethodon jordani*);蟾蜍拒食蜜蜂(*Apis*)和熊蜂(*Bombus* spp.);鱼类拒食毒鳍鳚(*Meiacanthus* spp.)等。在无脊椎动物中,只有章鱼(*Octopus vulgaris*)能够学会不去攻击壳上带有毒海葵的寄居蟹(*Dardanus arrosor*),但却仍旧攻击壳上不带有毒海葵的寄居蟹。其他无脊椎动物(包括昆虫)目前尚未形成条件回避反应的记载,至少在自然条件下是如此。由于捕食动物在学会回避警戒色以前,必定会先弄死一些猎物,所以真正受益者不是这些受到攻击的个体,而是与受攻击个体生活在一起的其他个体,少数个体受害使大多数个体获得了安全。这一点可以解释为什么具有警戒色的动物总是过着群居生活这一事实。此外,警戒色动物的运动通常都很缓慢,这有利于捕食动物取样和经常看到它们,从而可不断强化所形成的条件回避反应。

下面介绍一个实验,可说明警戒色在自然界所起的作用。纯蛱蝶是一种具有警戒色的蝶,前翅黑色并有鲜红色条纹。有人将一些个体前翅上的红色条纹染黑(使整个前翅都呈黑色),再放回自然界,结果发现实验蝶的平均存活天数只有 31.7 天,而前翅有红色条纹的正常蝶平均可活 52.4 天。同时,在存活的实验蝶中,翅的损伤率高达 42.3%(翅损伤表明曾遭受过鸟类的攻击),而在存活的正常蝶中,翅的损伤率只有 14.3%。这证明,鸟类对具有黑红色前翅的纯蛱蝶已形成了条件回避反应,而对于前翅全黑的蝶却没有。因此,后者就受到了更多的攻击,虽然两者都是不可食的。

警戒色为什么都是鲜明醒目的呢?1990 年,T. Guilford 用试验解答了这个问题,他在试验中让小鸡啄食味道不好的谷粒,开始时对鲜明醒目的谷粒(绿色背景下的蓝色谷粒和蓝色背景下的绿色谷粒)啄食次数较多但最终啄食次数减少,而对隐蔽的谷粒(蓝色背景下的蓝色谷粒和绿色背景下的绿色谷粒)开始时啄食次数较少,但最终啄食次数增加(图 8-21),由此可见,对于不可食的或味道不好的猎物来说,鲜艳醒目的体色和色型有助于减少捕食者的攻击次数。这是因为鲜艳醒目的颜色更能唤起捕食动物对不可食性的联想,并能强化捕食者对不可食猎物的记忆。警戒色除了把鲜艳色彩与有毒物质相结合外,还可以与声音(如响尾蛇和蜜蜂)、气味(如臭鼬、蜻象等)和其他刺激相结合。例如灯蛾对蝙蝠来说是不可食的,它总是发出超声波来回答蝙蝠的声呐,但这种超声波对蝙蝠既有警告作用又有打乱蝙蝠所接受的回波作用。在试验中,蝙蝠可以学会不去捕食发出特殊声波的灯蛾。与保护色不同的是,警戒色的保护作用将随着警戒色信号密度的增强而增强。

4. 拟态

一种动物如果因在形态和体色上模仿另一种有毒和不可食的动物而得到好处,这种防御方式就叫拟态(mimicry)。如果是两个有毒的物种彼此互相模拟,双方就都能得到好处,因为它们将共同分担捕食动物在学习期间所造成的死亡率,这比每一个物种在不互相模拟时被捕食动物弄死的数目要少,这种拟态叫做缪勒拟态(Mullerian mimicry)。如果是一种无毒的动物模仿一种有毒的动物,这种拟态就叫贝次拟态(Batesian mimicry)(图 8-22)。贝次拟态最著名的例子是可食的副王蛱蝶在外貌上模拟不可食的普累克西普斑蝶(*Danaus plexippus*),这两种蝶在分类上属于两个不同的科。在贝次拟态中,模拟物种无疑可以获得好处,而被模拟物种呢？如果模拟者的数量很多,甚至超过了被模拟者的数量,那就会使捕食动物发生错觉,以为它是可食的,这样就会大大增加捕食动物的取样次数,使更多的被模拟者被弄死。

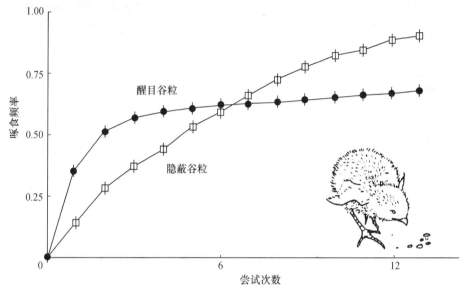

图 8-21 小鸡啄食味道不好谷粒的警戒色试验

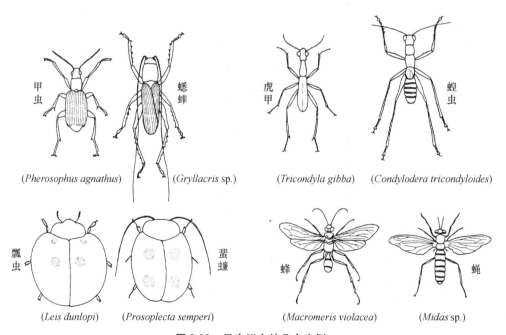

图 8-22 贝次拟态的几个实例

4 对物种中,每对左侧物种是有毒不可食的(被模拟者),右侧物种是无毒可食的(模拟者)

拟态可以表现在形态、色型和行为等各个方面，贝次拟态在昆虫和蜘蛛中最为常见，有些蝇不仅在色型上模拟具有黄、黑两色条纹的蜜蜂和黄蜂，而且也能发出蜂类所特有的嗡嗡声。

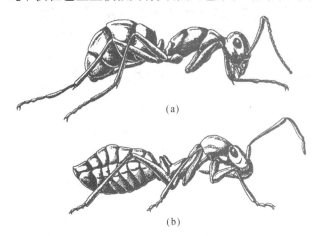

图 8-23 模拟蚂蚁的动物
(a) 一种小黑蚁；(b) 模拟小黑蚁的一种半翅目昆虫——蚁蝽。注意它们的触角和口器有极大区别

捕食动物通常不吃生有毒刺的蜜蜂和黄蜂，也不触碰那些模拟蜜蜂和黄蜂的蝇类（如食蚜蝇）。大多数食虫动物是不吃蚂蚁的，因为蚂蚁分泌的蚁酸有很大刺激性且使蚂蚁的味道不好，因此常常会有一些动物在体色、形态和行为方面模拟蚂蚁（图 8-23）。在印度曾发现过几种模拟蚂蚁的蜘蛛，其中一种蜘蛛非常像印度的大黑蚁（*Camponotus compressus*），它们不仅大小、体形和颜色完全一样，而且都生有细长的足，但蚂蚁的足是 3 对，而蜘蛛的足是 4 对，因此蜘蛛的 1 对前足用来模拟蚂蚁的触角，其动作方式也和蚂蚁触角保持一致。蜘蛛借助于模拟蚂蚁既可在天敌面前保护自己，又可在猎物面前隐蔽自己，可见拟态具有防御和捕食的双重功能。

拟态虽然在昆虫中最为常见，但在更高等的动物中（如鸟类和哺乳动物）也时有发生。例如：猫头鹰（鸮形目）的面部表情有时会模拟生活在同一地区食肉哺乳动物的面部表情，如雕鸮（*Bubo bubo*）的面部很像猞猁（*Lynx lynx*），角鸮（*Asio otus*）的面部很像貂（*Martes martes*），而草鸮（*Asio glammeus*）的面部则很像狼（*Vulpes vulpes*）（图 8-24）。

图 8-24 几种猫头鹰的面部与生活在同一地区的食肉哺乳动物的面部很相似
(a) 猞猁；(b) 貂；(c) 狼；(d) 雕鸮；(e) 角鸮；(f) 草鸮

三、次级防御

1. 回缩

回缩是洞居或穴居动物最重要的次级防御手段。野兔一遇到危险时,便迅速逃回洞内;管居沙蚕则立即缩回到自己的管内。有壳动物缩入壳内(软体动物和龟鳖);有刺动物滚成球或将刺直立起来保护软体部位。回缩的不利因素是暂时无法取食,而且无法知道捕食动物是不是已经走开,所以,对于无关刺激做出回缩反应对动物往往是不利的。正因为如此,很多动物

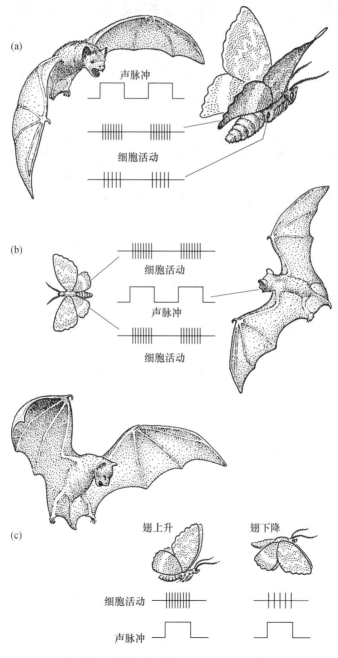

图 8-25 夜蛾可判断蝙蝠的方位,并采取不同的逃遁策略

对各种简单刺激都已经习以为常,不再做出回缩反应。

2. 逃遁

很多动物在捕食者接近时往往靠跑跳、游泳或飞翔迅速逃离,有时采取直线运动,有时采取不规则运动。夜蛾和尺蛾往往在蝙蝠发现它们之前就能感受到鼠耳蝠(Myotis lueifugus)发出的声呐脉冲,但它们飞得没有鼠耳蝠快,因此,当蝙蝠离它们较近时,采取直线飞行就很难逃脱掉,此时它们便采取飘忽不定的不定向飞行,使蝙蝠难于得手。但是,如果在远距离发现蝙蝠,它们就会采用直线飞行,以便尽快飞出蝙蝠的有效搜寻区(图 8-25)。有时,动物在逃跑时会突然展示出鲜艳的色斑,而在静止时,这些色斑是隐藏着的,这就是所谓的闪耀色(flash colors)。例如:红后缓勋夜蛾(Catocala nupta)的后翅有醒目的黄色、红色和蓝色,而前翅则呈树皮色,当它停在树干上时,后翅隐藏在前翅的下面,一旦遇到惊扰,鲜艳夺目的后翅就会突然展现出来,使捕食动物吓一跳,从而争得了逃跑的时间,飞行一结束,闪耀色马上就不见了,动物也好像突然消失了。

3. 威吓

不能迅速逃跑或已被捉住的动物往往采用威吓手段进行防御。灯蛾(Rhodgastria leucoptera)会突然展开双翅,将腹部的红色或黄色斑点暴露出来,同时还从胸部排出一种难闻的黄色液体,以此提醒捕食动物如若仍旧攻击,自己也会吃苦头。蟾蜍(Bufo)在受到攻击时,会因肺部充气而使整个身体膨胀起来,给人一种身体很大的虚假印象。螳螂遇到危险时,会把头转向捕食动物,翅和前足外展,把翅和前足上的鲜艳色彩暴露出来,同时还靠腹部的摩擦发出像蛇一样的嘶嘶响声,这种威吓行为常常可以把小鸟吓跑。许多蛾类后翅上的大眼斑突然暴露出来,也常常会把黄胸鹀一类的小鸟吓跑。小鸟害怕猛禽的大眼睛是众所周知的事实,而蛾类都巧妙地利用了这一点。利用大眼斑威吓捕食动物的有灰天蛾(Smerinthus ocellatus)、靶螳螂(Pseudocre obotra)和摩眼蟾蜍(Physalaemus nattereri)等。

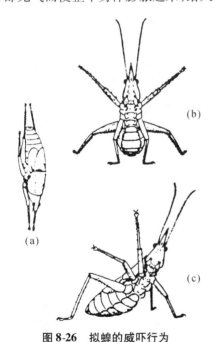

图 8-26 拟蝗的威吓行为
(a) 静止态;(b) 正面威吓;(c) 侧面威吓

威吓行为在自然界是很常见的,从无脊椎动物到脊椎动物的各个类群都能见到。例如类似蝗科昆虫的拟蝗(Mygalopsis ferruginea)在捕食动物逼近时往往会摆出一幅威吓的姿态(图 8-26),包括正面威吓和侧面威吓。在鸟类中,炫耀行为(display)十分发达,以绿鹭为例,炫耀行为的类型很多,其中也包括威吓炫耀,其他还有求偶炫耀、伸展炫耀和飞行拍翅炫耀等(图8-27)。每一种炫耀行为都将向对方传递一种信息,而威吓行为主要是摆出一幅可怕的样子和进攻的姿态,其意向是要把对手吓跑,以避免发生真正的战斗。可见,威吓行为常常可以达到战斗行为所能达到的效果,但却可以避免双方受伤或死亡。威吓行为最常采用的两种方式一是膨胀身体,即把身体上的毛和羽毛直立起来、皮肤褶外展(蜥蜴)、张开鳃盖(鱼)和胀大喉囊(军舰鸟)等。二是展示进攻的武器,尽量把攻击的利器让对方看到,如俗语所说的张牙舞爪,同时

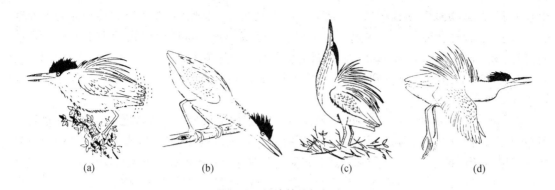

图 8-27 绿鹭的炫耀行为
(a) 威吓炫耀；(b) 求偶炫耀(雄)；(c) 伸展炫耀；(d) 飞行拍翅炫耀

伴随着一种意向性的攻击动作(不一定攻击)并配合特定的色型炫耀如闪亮的色彩和大眼斑等。从动机角度分析，威吓行为是攻击和逃跑(害怕)动机的混合物，是两种动机支配下的折中行为。在爬行动物和哺乳动物中威吓行为也很常见，图 8-28 是皱褶领鬣蜥、猫、臭鼬和短耳鸮等几种动物的威吓姿态。

图 8-28 皱褶领鬣蜥(a)、猫(b)、臭鼬(c)和短耳鸮(d)的威吓姿态

4. 假死

有些捕食动物只攻击运动中的猎物，所以，很多猎物都以假死习性逃避捕食者的攻击。如很多甲虫、螳螂、蜘蛛和负鼠科(Didelphidae)哺乳动物等。通常,这些动物只能短时间地保持假死状态,之后便会突然飞走或逃走。负鼠(*Didelphis virginiana*)的假死行为是人们所熟悉的,但宽吻鳄(*Caiman crocodilus*)的假死行为就很少有人知道了,在陆地上时当有人接近它时,它就会发动攻击,但在水中受到触碰时它会保持假死,可见,动物对特定捕食者的反应是依环境条件而有所不同的。

猪鼻蛇(*Heterodon platirhinos*)的防御行为有多种选择,假死是其选择之一。猪鼻蛇栖息于沙地,是一种比较大的无毒蛇,当最初受到干扰时它会采取威吓姿态,即头部和身体的前三分之一变扁向两侧扩张使它看起来很大,接着便蜷曲成夸张的S形姿态并发出嘶嘶声响,但当受到进一步刺激时,它便会放弃威吓并开始剧烈地扭动身体和排粪,接着便张着口吐着舌盘曲成一团装死,一旦捕食者对这具"僵尸"失去了兴趣,它便慢慢恢复原态并逃之夭夭。

5. 转移攻击者的攻击部位

很多动物是通过诱导捕食动物攻击自己身体的非要害部位而逃生的。环鸻(*Charadrius hiaticula*)常常靠分散捕食者注意力的炫耀行为来保卫自己的巢和雏鸟,当捕食者接近鸟巢时,亲鸟会装作受伤的样子垂翅奔走,待到把捕食动物吸引到远离鸟巢时便会突然腾空飞走。有些动物的身体上生有许多小眼斑,其功能与上面谈到的大眼斑完全不同。例如:有些蝶类的翅上,生有一个或多个小眼斑,其作用是吸引捕食动物的攻击,从而使身体的要害部位(如头部)免受攻击。有人曾在黄粉甲幼虫的头部或尾部画上眼斑,结果大大增加了黄胸鹀对头和尾端的攻击率(与只涂棕色不画眼斑的对照相比,头端啄食率从61.9%增加到78.4%,尾端啄食率从52.5%增加到65.4%),这一实验证实了小眼斑确实有转移捕食者攻击部位的功能。但是,生有眼斑的不利之处是,它可能更吸引捕食者的注意。例如:在眼蝶(*Hipparchia semele*)每一前翅的顶部生有一个眼斑,当眼蝶停下来时,除眼斑外的其他部位都是隐蔽的,眼蝶停下来几秒钟后才把前翅降低,置于具有隐蔽色的两后翅之间,以达到完全隐蔽的效果。假设有一捕食者一直在注意着眼蝶的行动,当眼蝶停下来时,捕食者将首先攻击它的眼斑,此时眼蝶就会逃脱,只是留下了一个残翅。如果眼蝶停下来后的几秒钟内未遇到攻击,则说明附近没有捕食者,于是它就会把眼斑藏了起来。

很多捕食动物都把攻击目标指向猎物的头部,因此有些猎物常在离头部最远的身体后端生有一个假头以便把捕食者的注意力从最敏感的真正头部引开。鳞翅目灰蝶科(Lycaenidae)的灰蝶(*Thecla togarna*),其颜色、形态和行为都有利于把捕食者的攻击部位转移到假头处(图8-29)。假头和假触角位于后翅的最后端,灰蝶的行为表现更是增强了假头和假触角的吸引效果,首先,灰蝶在停歇时假触角是上下不断颤动的而真触角则保持不动;其次,灰蝶在停落下来的瞬间会迅速地转体180°以便使假头对准原来飞行的方向,这可使捕食者确信它就是真正的头。试验表明,灰蝶的假头标志的确能够误导食虫鸟类的啄击方位,特别是在一旦遭到攻击后能够大大增加逃生的机会。

另一种转移攻击的方法是诱使捕食者攻击那些可牺牲的和有刺激性的部位。例如:海蛞蝓(*Catriona aurantia*)生有鲜红的乳突(papullae),如果它受到骚扰,这些乳突就会到处摆动,鱼类便会叮咬它们。乳突被咬掉后还会再生,但是因为乳突含有刺细胞和腺体分泌物,所以捕食者会把它们丢弃,以后就不会再去攻击它。很多蜥蜴在受到攻击时就会主动把尾巴脱掉,但蜥蜴的尾巴是可食的,即使蜥蜴逃跑了,并重新长出尾巴,捕食者还是从攻击中获得了一定的报偿。

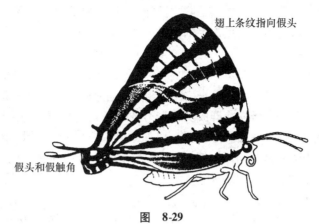

图 8-29

灰蝶(*Thecla togarna*)的假头和假触角位于后翅末端,后翅斑纹均指向假头,有助于误导食虫鸟的攻击方位

6. 反击

一个动物在受到捕食者或同种个体攻击时的最后防御方法,就是利用一切可用的武器(牙、角、爪等)进行反击。当一只鼠(*Rattus norvegicus*)被一只狗逼得走投无路时,攻击就很难获得成功。大部分动物在被捕捉后都会进行反击。也许你会说,雄鹿可用角反击捕食者,但大部分雌鹿更需要武器保卫幼鹿,而它们却没有角。这是因为鹿角主要是用于种内竞争的,只偶尔用于反击捕食者。但是在有些动物中,角和棘刺是反击捕食者的主要武器。三刺鱼的背刺和侧刺在正常情况下是平放的,这样不会妨碍它游泳,但它一被捕食者抓住,刺就会直立起来,扎伤捕食者的口部,迫使捕食者不得不把它放弃(图 8-30)。

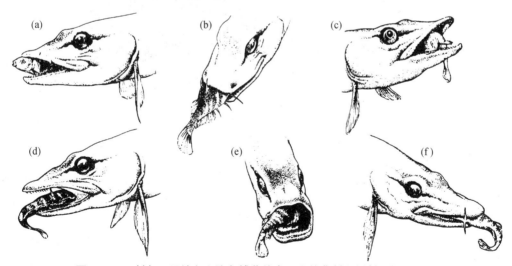

图 8-30 三刺鱼一旦被白斑狗鱼捕获就会用它的背刺和侧刺进行反击

动物也可以用化学武器进行反击。侧鳃科(Pleurobranchidae)的软体动物在被捕捉后,常分泌出强刺激物——硫酸;绿蝗(*Phymateus*)则从胸部分泌出难闻的黄色泡沫;蛛形纲的鞭蝎(*Mastigoproctus*)防御腺体开口于腹部,可对准攻击方向喷射分泌物。

很多鳞翅目幼虫都生有刺激性的毛,可用于防御蚂蚁的攻击。棕尾毒蛾(*Euproctis chrysorrhoea*)的幼虫在化蛹时,会把它们身上的毒毛织入茧壁内,雌蛾则把毒毛集中放在茧的一端,成蛾羽化后,用腹部末端重新将这些毒毛收集起来,产卵时把它们盖在卵上。可见,棕尾毒蛾生活史的每一个阶段,都受到了幼虫毒毛的保护。

7. 臀斑和尾斑信号

善于奔跑的群居性哺乳动物常常具有鲜明的白色臀斑或尾斑。显然,这些信号的主要功能是防御,它是发送给种内同伴的一种报警信号,目的是把捕食者出现的信息告诉其他个体。此外,臀斑或尾斑信号还具有增强社群成员凝聚力的效果,有利于种群成员进行集体防御。臀斑信号还常常伴随着一种特定的姿势或动作,以便增强信号的效果,例如瞪羚(*Gazella thompsoni*)的腾跃运动,这种腾跃是与闪尾同时发生的,其功能是吸引捕食者的注意(图8-31)。腾跃和闪尾动作实际上是在向捕食者传达这样一个信息,即"我是一个特别健壮的个体(看我跳得多高!),如果你追逐我,我将很容易逃脱",该信息将会使捕食者去追逐那些没有腾跃或腾跃不高的个体。捕食者要想从这样一个白色臀斑不断闪现和移动的群体中捕到一只猎物也是非常困难的。红脚鹬(*Tringa totanus*)的白色尾斑可能也有同样的作用。

图 8-31　瞪羚在猎豹追逐下的腾跃和闪尾行为

8. 激怒反应

激怒反应(mobbing reaction)是指捕食动物出现时猎物群体的激动情绪及其所表现出的行为反应,这种反应可以导致对捕食者发动直接攻击,但在更多情况下是向附近的同种或不同种其他个体传递捕食者到来的信息,鸟类常常靠叫声把其他个体的注意力吸引到危险所在地并能诱发种内和种间的激怒反应。一个具有激怒反应的动物群体常常能够成功地驱逐和击退捕食者的进攻,从而减少它们自身及其后代所面临的风险。例如灰喜鹊和喜鹊等很多集体营巢的鸟类就是靠激怒反应而获得安全的。也有人认为,成鸟的激怒反应可使幼鸟保持安静和不动,从而减少它们遭到捕食的机会。

1975年,E. curio曾对斑鹟(*Fidecula hypoleuca*)的防御行为作过深入研究,他认为具有领域行为的雀形目鸟类其激怒反应具有明显的适应意义,他把猎物对捕食者的反应区分为两类:一类是当卵和幼鸟受到捕食者威胁时,成年鸟会大吵大叫地扑向捕食者并对其进行攻击;另一类是当捕食者非常危险和凶猛时,成年鸟会在远离捕食的地方长时间地大吵大叫。在整个营巢和育雏期,一对斑鹟成鸟的激怒反应会变得越来越强烈,越来越频繁。在幼鸟出巢后极易遭猛禽捕食期间,双亲的激怒反应会继续保持下去。

9. 报警信号

当捕食者接近一个猎物群体时,群体中的一个或多个个体往往会向其他个体发出报警信号(alarm signals),报警信号可以是视觉信号、听觉信号或化学信号。报警信号有在面对攻击者时召唤同伴的作用,也有警告同伴躲入安全场所的作用。在有些情况下报警行为对信号发送者及其亲属都有利;在另一些情况下则对群体中所有的信号接受者有利,使它们能及时避开捕食者的攻击。下面我们有选择性地重点介绍一些鱼类和两栖动物的化学报警信号。

有些鱼类对受伤的同种个体所释放出的化学物质具有逃避反应,例如:鳑鱼的皮肤破裂后就会从皮肤细胞中释放出一种称为"Schreckstoff"的报警物质。嗅到这种化学物质的鳑就会迅速跑开,接着便躲了起来或减少活动。一度认为化学报警物质是鳑鱼所特有的,但后来发现镖鲈和鰕虎鱼等其他鱼类也能释放报警化学物质。在多数情况下,只有结群生活的鱼类才有这种防御方式。

栖息在北美西部池塘和湖泊中的美洲蟾蜍(*Bufo boreas*)蝌蚪受伤后也会分泌报警化学物质,这些蝌蚪呈密集的集团分布。1988年,Diana Hews 在试验中测定了蟾蜍蝌蚪对这种报警物质的反应并发现在有报警物质作用的情况下蝌蚪的存活率比没有报警物质存在的情况下高。大水蝽(*Lethocerus americanus*)和蜻蜓稚虫(*Aeshna umbrosa*)是蝌蚪的两种自然天敌,D. Hews 把它们与蟾蜍蝌蚪一起养在水族箱中,当大水蝽正在吃一只蝌蚪时,同种的其他蝌蚪就会增加活动并躲到水族箱的另一侧去,但当大水蝽吃的是另一种蟾蜍蝌蚪时,它们就没有这种行为反应(水族箱两侧存在视觉隔离但水是相连通的)。特别重要的是,受到同种蝌蚪报警物质作用的个体遭捕食的可能较少。用蜻蜓稚虫所做的捕食试验结果也是一样,对接触过报警物质的蝌蚪来说,蜻蜓稚虫每次攻击的成功率较低,而对未受报警物质作用的蝌蚪,每次攻击的捕获率较高。美洲蟾蜍蝌蚪的报警物质除了可向同伴传递危险来临的信息外,还有直接阻吓捕食者的功能。很多种成年蟾蜍及其蝌蚪对捕食者来说都是不好吃的,因为它们的皮肤有毒,而且这种毒素也是报警物质的一种组成成分。

10. 迷惑捕食者

当捕食者攻击猎物群体中的一个个体时有可能产生犹豫或是在有几头猎物同时奔跑时而受到迷惑。捕食者的犹豫不定哪怕只是瞬间都对猎物的逃生有利。这种所谓的迷惑效应最早是1922年 R. C. Miller 在研究小鸟群对猛禽的反应时发现的,当猛禽接近时,鸟群中的个体会在树丛中保持不动并全都发出尖声鸣叫。对这种特殊的尖声鸣叫是很难定位的,Miller 认为它的功能是迷惑或分散猛禽对鸟群中任一特定个体的注意力,使猛禽很难选中一个攻击对象。显然猛禽对这样一个鸟群的攻击成功率要低于对一只独居鸟的攻击成功率。Miller 在描述猛禽面对一个猎物群体时的两难处境时写道"注意力越是分散,捕食失败的可能性也越大"。

迷惑效应也是鱼群经常采取的一种防御策略。1974年,S. R. Neill 和 J. M. Cullen 研究了鱼群大小对两种头足类捕食者和两种肉食性鱼类捕食成功率的影响,前两种捕食者是乌贼(*Sepia officinalis*)和枪乌鲗(*Loligo vulgaris*),后两种肉食性鱼类是狗鱼(*Esox lucius*)和金鲈(*Perca fluviatilis*)。前三种捕食者靠伏击猎食,而金鲈靠追逐猎食。在大多数情况下都用三种不同大小的猎物群体(分别含有1,6和20个个体)对这些捕食者进行测试。对上述所有四种捕食者来说,每次与猎物相遇时的攻击成功率都会随着猎物群体大小的增加而下降。对前三种靠伏击猎食的捕食者来说,猎物群体大小的增加会使它们产生犹豫和举棋不定的行为表现。

但对金鲈来说，猎物群体大小的增加常会促使它改变追逐对象，而每一次改变都会是狩猎的一次重新起步。在自然条件下，捕食者狩猎的成功往往是靠攻击离群的个体，或者是靠攻击群体中有醒目标志和显著特征的个体。在这两种情况下，捕食者都特别注意猎物群体中那些与众不同的个体。

四、蝶类的拟态

1. 拟态的概念及其进化

在热带地区，属于不同种类或不同科的蝴蝶往往在外形和色彩斑纹上彼此极为相似，有时甚至连分类学家都难以区分它们，蝶类之间的这种拟态现象（mimicry）曾引起了生物学家的极大兴趣并进行了大量研究。拟态的概念是基于下述事实，即有些蝴蝶对捕食天敌（如鸟类和其他脊椎动物）来说是味道不好或有毒而不可食的，这些蝴蝶通常都具有色彩鲜艳的警戒色，以使捕食者易于识别和回避；另一个事实是，一些对捕食者无毒而可食的蝴蝶，往往会因在形态和色彩斑纹上模拟前者而获得安全上的好处，使捕食者把它们误认为也是有毒的而不去吃它们。在蝶类的这种种间关系中，前者就被称为被模拟种（即"模型"），后者就称为模拟种。

拟态有 3 种基本类型，即贝次拟态（Batesian mimicry）、缪勒拟态（Mullerian mimicry）和拟态集团（mimicry rings）。贝次拟态是以 19 世纪英国博物学家 Henry W. Bates 的名字命名的。贝次拟态中的被模拟种是有毒的和不可食的，而模拟种则是无毒的和可食的（图 8-32）。缪勒拟态是以德国动物学家 Fritz Müller 的名字命名的，其中的 2 个或更多物种都是有毒和不可食的，它们彼此之间互相模拟，可以分担在取食探索取样期间所造成的死亡率，因此对双方物种都有利（图 8-33）。拟态集团是模拟物种之间最为复杂的一种组合，详见后面的专门介绍。

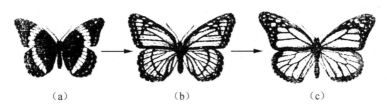

图 8-32 贝次拟态

（a）副王蛱蝶的原始型（*Limenitis arthemis*）；（b）经模拟进化后的副王蛱蝶现代型（*Limenitis archippus*）（无毒）；（c）被模拟的普累克西普斑蝶（*Danaus plexippus*）（有毒）

图 8-33 缪勒拟态

透翅蝶科（Ithomiidae）的一种透翅蝶（*Hirsutis megara*）模拟斑蝶科（Danaidae）中的一种斑蝶（*Lycorea ceres*），两种蝶毫无亲缘关系，但都有毒和不可食，彼此互相模拟

有毒动物常常具有警戒色的一个最好实例就是生有黑色和黄色相间条纹的胡蜂（膜翅目）。食蚜蝇（双翅目）和蜂形天牛（鞘翅目）与胡蜂毫无亲缘关系，它们虽然是无毒的和可食

的,但身上也都生有黑黄相间的条纹,与胡蜂极为相似。这种形态和颜色上的拟态常常还伴随着行为上的拟态,如发出的声音也与胡蜂发出的嗡嗡声相似,可以说,模拟者物种是货真价实以假乱真的欺骗者。有些蝴蝶不可食可能是因为味道不好,也可能是因为体内含有有毒物质,这些有毒物质是幼虫从它们的食料植物吃进的,例如:虎斑蝶(*Danaus chrysippus*)体内所含有的毒物强心苷(心脏毒剂)就是幼虫阶段从所吃植物马利筋获得的。这些幼虫具有黑、红、橙、黄和白各种颜色构成的警戒色,行动迟缓,当遇到惊扰时不是逃避,而是向捕食者展示其存在。

一般说来,对这些有毒和不可食的物种,捕食动物能很快认出它们并避而远之。没有经验的小鸟可能会攻击和试图啄食,但这些鸟很快就能学会它们是不能吃和味道极差的,此后就再也不会去吃了。模拟者物种就是以这样的方式获得安全上的好处的。

不难想象,自然选择是如何促使模拟者物种长得越来越像它们的模拟对象的,直到两者无法用肉眼区分,只能靠仔细研究翅脉才能识别它们为止。模拟者长得与模型种越相似,捕食者就越容易把它们错认为是有毒的而不去吃它们。相反,如果模拟得不太完美,模拟者被捕食者吃掉的可能性就越大,因此模拟得不太好的个体将会逐渐被淘汰,而留下来的则是那些模拟得越来越好的个体。

2. 贝次拟态

在蝶类中,有些科含有大量的不可食物种,它们为贝次拟态提供了极好的模型。例如斑蝶科(Danaidae)的虎斑蝶(*Danaus chrysippus*)就是一个被模拟者,它的模拟者是蛱蝶科(Nymphalidae)的马齿苋蛱蝶(*Hypolimnas misippus*)。有趣的是,马齿苋蛱蝶只有雌蝶是模拟者,而雄蝶不是。这两种极为相似的远缘蝶种共同分布于亚洲、非洲和澳大利亚。另一个著名实例是普累克西普斑蝶(*Danaus plexippus*)和副王蛱蝶(*Limenitis archippus*),前者是被模拟种,后者是模拟种,与前一对贝次拟态不同的是,副王蛱蝶的雌雄两性都是模拟者(见图8-32)。

显而易见的是,贝次拟态进化的条件是:被模拟种和模拟种必须分布在同一地区,而且必须生活在同一栖息地内。被模拟种的个体数量应当更多一些。如果在贝次拟态的蝴蝶群体中,可食个体(模拟者)所占的比例太大,捕食者吃到它们的可能性就会大大增加,这样就很难在短时间内学会回避它们,于是贝次拟态的保护价值就会丧失。不过这种情况在自然界是不会发生的,通常模拟者的数量都明显地比被模拟者少,而且较难遇到。

在贝次拟态中最引人注目和最巧妙的一例是产于巴布亚岛的斑纹凤蝶(*Papilio laglaizei*)。它模拟的对象不是另一种蝴蝶,而是一种白天活动的凤蛾(*Alcidis agarthyrsus*),从背面上看去这两种鳞翅目昆虫极为相似,独有的特征只能从腹面看到:凤蛾的腹部及下表面呈明亮的橙黄色,它与任何种类的凤蝶都不一样,但这种颜色与斑纹凤蝶后翅肛褶上的一个斑块的颜色完全一样,当凤蛾停落下来时,这个斑块刚好能盖住整个腹部。

非洲绒毛凤蝶(*Papilio dardanus*)的雌蝶具有多态性,它为我们提供了一个多贝次拟态(multiple Batesian mimicry)的有趣实例。这种凤蝶的雄蝶后翅有尾,但雌蝶后翅无尾,其他方面也与雄蝶有很大不同。雌蝶可模拟其他科很多很多种有毒而不可食的蝴蝶,现已发现绒毛凤蝶的雌蝶有100多个不同的型,其中有的模拟斑蝶科的舟形斑蝶(*Amauris niavius*),有的模拟斑蛱蝶科(Acaraeidae)的白斑蛱蝶(*Bematistes poggei*)。可以说,在蝶类中凤蝶科是含有模拟物种最多的一个科,贝次拟态也最常见。除了富含模拟种外,凤蝶科还有一些被模拟种,如在欧亚大陆和美洲大陆凡是以马兜铃为食的凤蝶,体内都含有来自食料植物的毒素,其警戒色通常是身体和翅上具有红色斑点,它们的模拟者往往与它们极为相似,常常能骗过很多缺乏经验的昆虫学家。

动物是如何知道哪些是可食哪些是不可食的呢？以丛鸦(*Aphelocoma coerulescens*)为例，它首先是借助于吃下有毒蝴蝶后的呕吐反应将有毒猎物排出体外，显然，这么做使丛鸦所付出的代价最大，因为它不仅会中毒生病，而且还会损失掉嗉囊和胃中的全部食物[图8-34(a)]。但鸟类一旦有了这种经历，就能学会不去吃具有特殊味道的猎物，也不去吃与其味道相同或相似的猎物。要想知道不能吃先得捕来尝，而捕捉猎物是要花费很多时间的[图8-34(b)]。显然，最有效的是把有毒猎物的形态和颜色特征与它的不可食性联系起来，一见到这种猎物就远远避开，这样鸟类就既不会生病也不会浪费时间了[图8-34(c)]。食虫鸟与有毒蝴蝶之间的相互关系为理解蝶类拟态现象的进化奠定了基础。

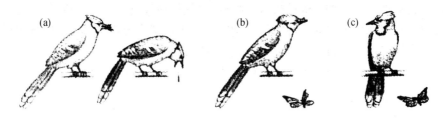

图 8-34　丛鸦拒食有毒蝴蝶的 3 个阶段
(a) 吃下有毒蝴蝶后发生呕吐反应；(b) 捕到有毒蝴蝶后尝尝味道不好就不吃；(c) 把蝴蝶的形态与不可食性联系起来，一见到这种蝴蝶就远远避开

3. 缪勒拟态和自我拟态

缪勒拟态是指两个有毒而不可食物种彼此互相模拟，从而对双方都有好处。一般说来，捕食者在因吃了有毒猎物而尝到苦头之后，才能学会不去吃某一特定的警戒色物种，因此在某一地区内的蝶类在当地捕食者学会不去吃它们之前，必须付出一定的死亡代价。如果两种有毒的蝴蝶或物种能够互相模拟，它们为此而付出的代价就会减半。可见，捕食压力常常能使两个具有相似色型的有毒物种发生趋同进化(convergent evolution)，使它们变得越来越相似。在某些情况下，模拟者最初可能是因一个偶然突变而发生的，这个突变因与一个不可食物种长得非常相似而存活了下来。

在纯蛱蝶科(Heliconiidae)中有很多缪勒拟态的实例，该科蝴蝶具有很多共同的不可食特征和外形，其中特别有趣的一对互相模拟种是展足纯蛱蝶(*Heliconius numata*)和白树纯蛱蝶(*Podotricha telesiphe*)，这两种蝴蝶都分布在南美洲的秘鲁，生活在同一栖息地内的个体后翅上都有难以区分的黄色带纹。

对研究缪勒拟态做出过很大贡献的专家 R. C. Punnett 曾指出：在一个缪勒拟态系统中，个体数量较少的物种将获得较多的好处，但个体数量较多的物种也能从共有的警戒色型中得到一定的好处，这种情况与贝次拟态是一致的。

有时在同一种蝴蝶中有些个体是有毒不可食的，而另一些个体则是无毒和可食的，在这种情况下，可食个体常常因模拟不可食个体而获得安全上的好处，这种拟态现象就称为自我拟态(automimicry)，即同一物种内部个体之间的模拟，如普累克西普斑蝶和王蝶。

4. 拟态集团

拟态集团是模拟物种之间一种最为复杂的组合，包括很多彼此毫无亲缘关系的物种，它们的形态都很相似并具有共同的色型。在南美大陆有很多拟态集团的实例，在其中一个非常有趣的拟态集团中,所有的蝴蝶都生有长而窄的翅,颜色则以橙黄色和黑色为主,这个拟态集团已知包括 10 多种蝴蝶和蛾,它们分别来自不同的科,其中既有贝次拟态又有缪勒拟态,所涉及的种类有展足纯蛱蝶、木犀蛱蝶(*Melinaea mothone*)等多种蝴蝶以及至少 2 种蛾,即蝶蛾(*Castnia strindi*)和缘带蛾(*Pericopis hydra*)。上面提到的两种蝴蝶虽然毫无亲缘关系,但形态和色型却极为相似,只有仔细研究过它们的结构后才能将它们区别开来。

还有一个拟态集团包括两种蝴蝶和一种蛾子,它们都生活在同一栖息地内,体内都含有不可食的有毒物质,显然它们是属于缪勒拟态组合。最有趣的是,以紫脉凤蝶(*Buttum philenor*)为中心形成的一个拟态集团,这种凤蝶提供了一个模型,至少有好几种蝴蝶是它的模拟者,其中有乌樟凤蝶(*Papilio troilus*)、虎凤蝶(*P. glaucus*)、红斑蛱蝶(*Limenitis astyanax*)和史培蝶(*Speyeria diana*)的雌性个体等。

第七节 动物的战斗行为

动物社会与人类社会一样,解决个体与个体、群体与群体之间矛盾和冲突的最终办法就是进行战斗或战争,即靠身体的直接接触和靠使用专门的战斗器官迫使对方屈服和败退。当矛盾与冲突无法用和平方式加以解决的时候就会诉诸武力,这一规律可说是放之四海而皆准的。纵观人类历史,冲突和战争从未终止过,即使是拥有最新科学技术的现代社会也是如此,而动物之间的战斗也是时时处处地在发生,从最低等的动物到最高等的动物都是如此。战斗行为是动物行为学(ethology)研究的一个重要方面,下面作一简要介绍。

一、会导致严重受伤和死亡的战斗

在这个严酷而充满危险的世界里,生命所必需的东西往往是短缺的。对动物的生存和繁殖来说,不能没有食物和领地,也不能没有配偶。为了得到这些资源,动物常常会与自己的同类或异类发生冲突,直到诉诸武力。当非洲草原的一匹斑马被一头狮子杀死后,各种秃鹫就会蜂拥而至争抢兽尸,常常会为了能分享一点食物而大吵大叫并与其他个体进行争夺。即使是同一窝小鸟,也常为了争抢食物而进行你死我活的战斗,甚至不惜杀死自己的同胞兄弟姐妹。一些最低级最简单的动物有时也会表现出暴力行为。海葵可以说是一类最温和的腔肠动物,它固着在岩石上,轻柔的触手在海水中摆来摆去,但在它们之间也存在争夺食物和地盘的竞争。除非它们固着的地点有丰富的食物供应,否则个体之间就会发生争斗。那些获得了充足食物的海葵常靠出芽的方法产生姐妹个体,因此常会看到有几个在遗传上完全一样的个体肩并肩地生活在一起并轻轻地晃动着它们的触手。但是丰富的食物往往也会吸引同种其他个体前来争抢地盘。海葵虽然是营固着生活,但靠基盘缓慢的波状运动也能使身体一毫米一毫米地向前"行走",每小时可行走 20～30 cm。当两个海葵缓慢走到一起触手发生接触时,领地主人很快就能知道与它发生接触的海葵是不是自己的同胞,如果不是,那么为了保卫自己的领地,它就会选择战斗,它的战斗武器就是触手上有毒的微丝,微丝不用时盘绕在胞腔内。在正常情况下微丝是用于捕捉和麻醉小鱼的,现在则用于对付入侵者,把微丝射向竞争对手并刺入对手的皮肤释放毒液,而入侵者也可用毒丝进行反击,但最终总有一个个体战败,战败者会将整个触手盘都缩入体内并慢慢离去。

动物之间的战斗有时是很残酷和激烈的,并常常引起负伤和死亡,像鹿角、羊角和长牙这样的战斗武器就是在残酷的战斗中进化来的,它有助于提高动物的进攻和防御效率。据研究,每年约有5%~10%的麝牛(*Ovibos moschatus*)死于激烈的争偶战斗,而年龄在1.5岁以上的雄性黑尾鹿中,每年约有10%的个体在战斗中负伤。一角鲸(*Monodon monoceros*)在战斗中常常使用它们的长牙,据调查,60%以上的雄鲸其长牙是折断的,而大多数雄鲸身上都带有伤痕。在比较小的动物中有时也会发生恶性战斗,例如雄性榕小蜂生有巨大的大颚,它可把另一只雄蜂斩成两半;当有几只雄性榕小蜂出现在同一个无花果中时,它们之间常常为争夺与雌蜂的交配权而进行致命的战斗。汉密尔顿(W. D. Hamilton)曾在一个无花果内发现了15只雌蜂、12只未受伤的雄蜂和42只因在战斗中负伤而死亡的雄蜂。死伤者常常表现为断肢、断须和断头,有的则胸部有洞和内脏被掏空。

当两只雄性罗非鱼(*Tilapia natalensis*)在领域边界相遇时常常是兵戎相见,先是互相张开大口进行威吓,接着便是口对口地互相撕咬,直到一方屈服或败下阵来。雄性热带树棘蛙(*Dendrobates galindoi*)在争夺领域的冲突中常常是两只雄蛙站立起来互相扭抱在一起,进行一场摔跤式的战斗,直到分出胜负。

二、分阶段和逐步升级的战斗

显然,可导致严重负伤和死亡的战斗并不是解决个体利益冲突的最好办法,如果解决纷争不是靠攻击而是靠其他方式,那对双方都会有好处。例如:领域争端的解决通常会经历几个不同的阶段,而对抗性的直接攻击则是其他方式都不能解决时方才采用的最后选择。首先是领域主人用叫声宣布自己的领域所有权,一对灰林鸮(*Strix aluco*)一旦建立起一个家庭领域,就会全年从领域的不同地点发出叫声,目的是告诫其他个体不要进入自己的领域。云雀(*Alauda arvensis*)在高空飞行中发出清脆响亮的叫声,同样具有阻止潜在入侵者进入自己领域的效果。哺乳动物也靠吼叫宣告自己的领域,马达加斯加热带雨林中的大狐猴,经常坐在树枝上高昂着头发出长啸,实际是在向其他个体宣告自己的主人身份。一对长臂猿(*Hylobates*)用真假嗓音交替发出的长啸响彻整个树冠层,任何旅行者都会在婆罗洲的热带雨林中听到这种令人记忆深刻和终生难忘的叫声,但对其他长臂猿来说,这种叫声却是一种明显的警告,警告其他个体不要误入和穿越自己的领域。

蝉的鸣唱也有同样的目的,蝉的鸣唱声调之高在昆虫中是绝无仅有的,相对说来,蟋蟀和螽斯的叫声要柔和得多,因为蝉是靠前腹部两侧的一对专门发声器发声的(靠鼓膜的高频振动),而蟋蟀和螽斯则是靠双翅摩擦发声。甚至少数蝴蝶也能在战斗中使用声音,例如南美洲扁颈蝶的雄蝶喜欢在大石上或树干上占有一块光斑,并在那里向雌蝶进行求偶炫耀。它停在那里用两翅摆出一种特定的姿态,但如果有另一只雄蝶出现,它就会拍翅飞起并利用翅上的微结构发出一种响亮的声音,于是两只蝶会在空中进行格斗并发出一种类似玩具枪发出的声音,直到其中一只蝶败退为止。蝶类的视觉不是很好,即使是一只不同种类的雄蝶(对它没有威胁)来到它所占有的光斑附近,它也会向它发出挑战,甚至有时会错误地向一只小鸟发动攻击。

有时,利用气味比利用声音能更有效地保卫自己的领域,因为气味能存留较长的时间,例如:獾常用自己的粪便标记领域,狗则喜欢利用尿,有几种鹿常常把从尾下腺和颊腺所分泌的气味物质涂抹在树干上或树叶上,以宣告自己是领域的主人。马达加斯加的环尾狐猴(*Lemur catta*)不仅能从尾下腺产出气味物质,而且也能从腕部的其他腺体产出,当它们巡视领域的时候常对特定树木进行气味标记。当两群狐猴在它们共同的边界相遇时,双方(指雄性)就会开始进行一场气味大战,即用臭气驱赶各自对手。先是逼近对方,然后再用黑白相间染上了臭气的长尾巴上下拍动,把一股股臭气扇向对手。气味虽然是极其难闻的,但却不会使对手受到伤害。

三、靠威吓战胜对手

在有些情况下,入侵者在生存的压力下会不顾声音和气味的警告而试图强行进入领域,于是就会使战斗进一步升级,即借助于威吓战胜对手。通常在真正的战斗开始之前,双方都会向对方充分展示自己的实力,以表明自己是多么强大。猫常常把背拱起来,毛也尽可能蓬松起来并用趾尖着地抬高身体;鼠也会把它们的体毛竖立起来,然后转身让对手能充分看到自己的身长;发怒的蟾蜍和避役会吸足了空气使自己身体膨胀起来并以此阻吓对手;鹦鹉也会尽可能把胸羽和冠毛竖立起来以显示自己的威武。愤怒的大象会逼近对手,猛烈地点头并将两个大耳朵尽量外展,这样可使自己的头看上去更大。动物靠显示在必要时才会使用的武器,就能更加增强威吓的效果,例如:招潮蟹举起它们的大螯不停地摆动;羚羊和马在与自己的同类(有蹄动物)战斗时常常会不停地跺脚和踩踏;鸥通常是用喙啄击对手和用翅击打对手,因此鸥在威吓时所摆出的姿势是头向下喙对准攻击对象,而翅则稍稍离开身体。

灵长动物在战斗时往往是互相撕咬,因此它们在进行威吓时通常是张开口向对方展示自己的利齿(龇牙咧嘴)并配合狰狞的面部表情;猫和狗是靠嗥叫和狂吠暴露出牙齿的;被激怒的豚鼠(*Cavia*)在展示巨大门齿的同时还发出刺耳的叫声;骆驼不仅因愤怒而磨牙,口中还分泌出大量唾液形成泡沫;河马有时会跃出水面张开大嘴,为的是展示它那巨大的长牙,以阻吓危险的对手。

以上种种富有攻击性的威吓行为,虽然有时会达到不战而胜的目的,但有时也难以吓退对手。只有双方为之争夺的资源价值不太大或者为战斗所付出的代价太高时,入侵者才有可能在威吓面前不战而退。但如果动物为之战斗的资源价值极高,甚至比动物因战斗负伤所付出的代价还要大,那么动物就会甘冒受伤甚至死亡的风险去战斗。可以想象的是,如果放弃战斗或战斗失败,就意味着不能传递后代,那么动物一定会拼死战斗。在要么选择传递后代要么选择死亡面前,每一个个体都会进行真正的战斗。

长颈鹿在受到敌人攻击时(如狮子)会用踢蹄进行反击。当有外来雄斑马接近自己所带领的几头雌斑马时,领头雄斑马先是用眼紧盯住入侵者并将上唇皱起露出牙齿以示威吓,如果外来雄斑马继续挑战,双方就会展开一场多回合的较量。首先,双方会小心翼翼地转圈,都试图咬对方的后腿,当彼此靠得更近时,这种咬腿动作就会变得更加执着。为了避免后腿受到攻击,其中一只斑马可能先蹲坐下来,最后是双方肩并肩地蹲坐在一起。进入第二回合较量后,双方蹲坐在地上一步一拖地走,一有机会仍试图咬对方的腿,最终会有一匹斑马先站起来疾跑。如果双方都不服输,就会进入第三回合较量,即进行颈部的角力。一方的颈猛击另一方的颈,双方都多次将身体前部纵起后猛然下压,如果挑战者还不退却,双方就会用牙和蹄猛烈地攻击对方,通常是前身跃起用前足踢打并用牙咬对手的颈和腿,战斗常会导致马鬃脱落,耳被撕裂穿孔,这种残酷的战斗将一直持续到一方认输败退为止,胜者还会追逐败者一段距离。

四、仪式化战斗

在具有致命战斗武器的动物中,对战斗行为加以约束是十分重要的。响尾蛇(*Crotalinae*)的毒液是最致命的,可在几秒钟内使一只小啮齿动物死亡。随着秋天生殖季节的到来,响尾蛇会因彼此的利益冲突而发生争斗,但斗争双方都十分小心,决不使用毒牙和毒液。双方靠近后先是面对面地互相凝视,然后颈部互相侧贴并向上抬升,于是身体前部就会越升越高,当头部升到离地面约1 m高的时候,其中一方便会突然向上窜起,然后再重重地落下并把对手压向地面。此后双方会再次进行这种仪式化的战斗,通常要持续进行半小时才能分出胜负。从进化角度看,这种不使用毒牙和毒液的战斗方式对双方都是有利的。

有些动物专门发展了用于战斗的武器,通常是雄性动物才有而雌性动物没有,这说明这些武器不是用于对付种间天敌的,而是用于对付种内竞争对手的。至今所知最大的战斗武器莫过于北美麋鹿巨大的鹿角了。北美麋鹿本身就是地球上最大的鹿了,肩高可达2 m以上,其鹿角也是世界上最大的,角的主体呈平板状并向外伸出很多坚硬锐利的枝叉,一对鹿角外展宽可达2 m多,它既可用于进攻又可用于防御。如果两强相遇,它们会近距离地面对面停留一会儿,然后低下头开始用角推顶并突然发力向前冲,发生刺耳的撞击声。随着巨大身躯的进进退退,角又常常被折断,当双方都筋疲力尽时它们便会暂时分开,但几秒钟后就又会低下头重新投入战斗。就这样,一个回合接一个回合直到有一方败下阵来和退出战斗为止。北美麋鹿的战斗期大约要持续一个月时间,生殖季节一过鹿角就脱落了,但4、5个月之后它就又会开始生长起来。动物在战斗中获胜常常是因为其战斗器官比对方更大更强,于是在经历多个世代之后,角等战斗器官就会变得越来越大。鹿和其他动物都通过战斗器官非同寻常的大小来体现自身的强壮。雄性动物不仅想给竞争对手留下深刻印象,更希望吸引雌性动物的注意。雌性动物则希望与最强壮的雄性交配,从而让后代获得优质基因,提高后代的生存率。据计算,鹿角、羊角等战斗器官的生长速度明显超过了动物躯体的生长速度,当动物体长增加1倍时,战斗器官差不多已经长到当初的4倍了。曾生活在北欧的一种鹿,其鹿角外展可达3 m,体重是北美麋鹿的1倍半,但这种鹿早在二三千年前就灭绝了,灭绝原因很可能就是鹿角长得太大了。

羚羊、山羊、绵羊和牛的头上也都长有角,它们是头骨的隆起物,表层的物质与形成指甲和蹄的物质相似。与鹿角不同的是,它们并不年年脱落而是终生都缓慢生长。欧洲山区的巨角塔尔羊(又称北山羊,*Capra*),其角呈弧形,用于同种个体之间的格斗。北美落基山脉的大角山羊,其格斗的激烈程度已发展到极端,格斗时双方头对头全力进行冲顶,发出的撞击声回荡在整个山谷,可以传播到几公里以外的地方。它们的头骨厚而坚硬,角也质密而厚重,两者是协同进化(coevolution)的结果,可保证在猛烈的撞击中不致使头骨破碎。

与羊相比,羚羊则采取了温和的仪式化的战斗策略,羚羊角细长且呈优雅的弯曲状,战斗时双方先低下头使角相互交叉在一起,然后便忽而前进忽而后退地比试力量,其格斗过程比斑马更优雅更精巧。瞪羚(*Gazella granti*)是东非大平原最常见的一种小羚羊,它的仪式化战斗很有趣,先是小心谨慎地走近对方,然后高昂起头,双耳指向前方,角越过肩斜向后方。它们格斗时不会互相冲撞,头与头也不接触,而是在密切靠近后互相把头转向身体的一侧,当它们彼此并肩处于同一水平时,头便再次扭向前方并开始点头,目的是向对方展示和炫耀自己优美的角,接着便向上伸展自己的颈部,头转向对方,眼睛互相对视以让对方看到自己喉部和颏部

(下巴)显眼的白斑。上述过程一再重复,其中一方最终就会选择离去。这种没有身体接触的典型的仪式化战斗是动物在进化中形成的避免在战斗中受伤或死亡的适应行为。长角羚(Oryx gazella)战斗是角对角互相推顶比试力量,但决不会攻击对手最易受伤的腹侧,这是战斗行为的一种进化稳定对策(ESS)。

鞘翅目昆虫中的甲虫也有长角的进化趋势,大力士甲虫和象鼻甲是世界上最大的甲虫,其体长可达13 cm,头上生有专门的战斗器官。甲虫在战斗中不是向前冲和互相推顶,而总是试图把对方从它的立脚处撬起并猛力将它掷向一边,为此它们常常使用角、钳状体(尾铗)和大颚。锹形甲(Lucanus cervus)的两个角伸向前方,这些所谓的角实际上不是头部的突出物,而是两个巨大的大颚,它可开可合,当两只锹形甲相遇后就会扭打在一起并用巨大的颚紧紧夹住对方,往往是一方把另一方高高举起,使其6足悬空并重重地把它摔向地面。双翅目的角蝇,其雄蝇的大小有很大差异,但它们的颊部都生有类似角的突起,故名角蝇。当两只大小不同的雄蝇相遇时,个体小的蝇就会马上撤退,但如果两只雄蝇大小相似,它们就会角对角地进行推顶。由于双方彼此互相猛推,使得身体越抬越高,直至后腿完全直立起来,前腿则整个离开了地面,最终较小较轻的角蝇将会支持不住向后倒下,然后便会悻悻离去,双方在这种仪式化较量中都不会受伤。

五、决定战斗胜负的心理因素

其实,专门的战斗器官和强劲的实力并不是决定战斗胜负的唯一因素。有些动物是为保卫自己的领域而战,它们往往比入侵者占有更大的心理优势,战斗意志也更顽强,因此在发生领域之争时往往是领域主人胜,领域入侵者败。这种情况无论对哺乳动物、鸟类、蛙类和昆虫来说都是一样。著名动物行为学家、诺贝尔奖获得者廷伯根(Niko Tinbergen)曾在一个经典试验中用三刺鱼(Gasterosteus acuteatus)说明了这一原理。当生殖季节到来时,雄性三刺鱼的肚皮和胸部会变成鲜红色,并在它用水草建成的巢周围进行巡游,一旦有其他雄鱼接近,它就会头向下对准入侵者用鳍猛力扇水,此时背上的刺也会直立起来,这预示着即将发生一场小规模的战斗。在战斗中双方都试图叮咬对方,但通常都是入侵者败退。战败者肚皮的红颜色会渐渐消退。Tinbergen在一个大水族箱中放养了两对三刺鱼,这两对三刺鱼都建造了自己的巢并在巢周围拥有了自己的领域。此后,他将两条雄鱼取出分别放置在玻璃试管中,然后将并排放置的两个试管放入水族箱中的一个三刺鱼领域中,结果正如他所预料的那样,原是该领域主人的那条雄鱼头向下用鳍猛力扇水,而作为"入侵者"的另一雄鱼也正如他预料的那样,其表现与败者无异,肚皮的红颜色逐渐消退。当把这两个试管放入另一个领域时,刚才的败者此时就像回到自己家一样成了该领域的主人,体色重新变得鲜亮起来,也恢复了自信,而另一条雄鱼此时却成了入侵者,犹如打了败仗一样打不起精神。由于它们是被分隔在两个试管中,两条雄鱼既不会发生身体接触互相叮咬,也不会有进攻性的击水效应,因此唯一的变化是它们所看到的周围环境的不同,仅此一点就足以能够决定战斗的胜负了。

仪式化战斗发展了多种和平解决矛盾冲突的方式,失败者常常会发出表示认输和屈服的信号,接受到信号后胜利者就会停止攻击,从而避免了战斗的进一步伤亡,这与人类举起双臂和举白旗投降没有什么区别。前者只要摆出一幅与威吓姿态完全相反的姿势,就会达到这一目的。强者和胜利者的毛羽通常是直立起来的,而战败者的毛羽则紧贴身体表面。鸥在威吓对手时总是张开口并将喙自上而下指向对方,但当表示认输和屈服时,则是将口闭上,喙指向天空。安乐蜥盛怒时的体色变暗,屈服时的体色变浅。动物战败后往往不是尽力保护自己身体的敏感部位,而是把这些部位暴露给对方以示屈服,这样做反倒会得到对手的宽容,免受攻击。例如,战败的狼会躺在地上把喉部和肚皮暴露在对手的利齿下;刺鼠会闭着眼侧躺在地上,四肢外展;而野生的天竺鼠会将自己的臀部转向对手,还可能突然暴露出自己最容易受到攻击的部位。

战败者发出的所有这些信号都有助于抑制对手发动进一步的攻击,所有这些战斗的准则和仪式化都具有重要的适应意义,但也并不总是有效的。例如,雄狮在战斗中偶尔会因受伤而死亡;战斗中的雄鹿有时鹿角会纠缠在一起而无法分开,最终导致双双饿死;象在战斗中也会偶尔将对方杀死;在战斗中败下阵来的鼠有时表面看来并未明显受伤,但最终也可能死去。但就大多数情况来说,战斗行为对动物的生存和生殖还是具有重要的正面意义,它可确保参与生殖的雄性动物具有优质基因,其后代有较高的存活率和较强的生命力,也可保证种内个体在该物种所占有的领域内得到广泛散布并充分利用当地资源。战斗虽然有时很残酷和激烈,但在长期进化过程中所形成的各种准则和规范将能使受伤和死亡的概率降至最小。

第九章 动物的生殖行为

动物在保卫领域、寻找食物和回避天敌方面是非常有效的,这些生存能力只有在个体成功地传递自身基因的情况下才能得到进化,因此生殖行为是自然选择的焦点。在有性生殖物种中,物种成员分化为雌雄两性。雄性个体和雌性个体的生殖行为有时是极不相同的,以至于很难认为它们属于同一个物种。为什么雄性动物在寻找配偶和向异性求偶时常常采取主动?为什么雌性动物常常拒绝它们的求婚者?为什么雄性动物之间常为争夺雌性动物而进行战斗?为什么雌性动物总是喜欢那些具有稀奇古怪装饰和奇特行为的雄性个体?在生殖行为研究领域中有很多饶有趣味和有教益的问题。要想回答这些问题必须首先认识和了解性选择,它属于自然选择或个体选择的范畴,这种选择作用是建立在个体生殖成功率存在差异基础上的,差异或者是因为同性个体间存在着争夺配偶的竞争,或者是因为一性个体总是喜欢与具有某种特征的异性个体进行交配。有很多假说都是关于竞争配偶的性选择是如何影响群聚行为和雄性动物交配对策的进化的。性选择的一个令人感兴趣的研究领域是雌性动物的主动选择性是怎样影响雄性动物特征的进化的。本章对上述问题都将做出回答。

第一节 两性生殖对策

一、两性差异和亲代投资

生活在澳大利亚的园丁鸟(*Ptilonorhynchus violaceus*)常用细树枝编织一个巨大而漂亮的林荫道,其入口处还点缀有鲜艳的鹦鹉羽毛、黄色花朵和从各处收集来的装饰物件。雄性园丁鸟就是以自己杰出的建筑和独特的求偶鸣叫以及模仿其他各种鸟的叫声来吸引和等待着雌鸟到来的(图9-1)。但即使是有如此精心设计的视觉和声音炫耀,其求偶也常遭到雌鸟的拒绝。1989年,G. Borgia 等人发现,雌鸟在最终进入林荫道并允许雄鸟与自己交配之前都会对雄鸟及其建筑进行长时间的审察。交配之后,雄鸟将会离去并回到自己的巢中。在雌鸟单独孵卵、育雏和小鸟出巢后的带飞期间,雄鸟不提供任何帮助。相反,雄鸟将会继续改进和装饰自己的建筑并等待其他雌鸟的来访,它有可能成功地与另一只雌鸟进行交配。虽然曾观察到有极个别的雄鸟与多达33只雌鸟进行了交配,但还是有很多雄鸟在整个生殖季节连一次交配机会都得不到。

图 9-1
澳大利亚雄性园丁鸟正在用细树枝编织一个林荫道并摆放各种醒目的装饰品以便吸引雌鸟

值得注意的是园丁鸟的雌雄两性在行为上的巨大差异,为什么园丁鸟和很多其他动物都必须靠两性间的这种差异去获取生殖的成功呢?多数进化生物学家都相信,在两性生殖行为差异和两性配子大小差异之间存在着某种联系。在所有进行有性生殖的物种中,雄性个体都能产生极小的配子,即精子。而精子的大小仅够容纳一套基因和把雄性DNA送达卵子所需的能量。雄性园丁鸟和大多数有性生殖物种的雄性个体总是试图把大量的时间和精力用于与尽可能多的雌性个体进行交配。雌性个体都能产生较大的配子即卵子,鸟类和大多数其他动物的卵子与精子相比要大得多。拿鸟类来说,卵重占雌鸟体重15%的事例并非少见,有些甚至可达到雌鸟体重的30%。雄鸟若把同样多的资源用于生产精子就能产出数万亿的精子。

在哺乳动物中,在配子大小和所生产配子数量之间也存在着同样的相关性。拿人来说,一个女人只能使几百个细胞发育为大的卵子,而一个男人所生产的精子从理论上讲可以让世界上所有的女人受精,因为男人一生所生产的精子数量可达数十亿个。另一方面,无论是人还是任何其他动物,雄性个体的这种巨大生殖潜力都是很难实现的,原因将在后面讨论。G. Parker及其同事(1972)认为,两种配子以及两性个体的进化是由于歧化选择(divergent selection)的作用,这种选择有利于使一些个体善于为其他配子授精或有利于使一些个体产生的配子能够在受精后有极强的发育力。小而活动性极强的精子一旦被雄性个体释放后便能迅速地向卵子游动。大而富含营养的卵子能为受精后的合子(zygote)发育提供所需的养分。没有一种配子能够同时具备这两方面的特性,因此便导致了特化者的进化,使一些配子最善于受精(雄性个体的精子),使另一些配子最善于受精后的发育(雌性个体的卵子)。

两性个体在配子大小方面的差异就其对后代的影响来说可以表述为亲代投资(parental investment)的差异。所谓亲代投资是指亲代靠牺牲再次生育的机会所做的可使更多现存子女发育到成熟期的任何事情。亲代为子代投资的方式很多。就合子来说,雌性个体所作的投资是很大的,因为它提供了一个富含营养的大卵,大大增加了卵在受精以后的发育机会。当雄性个体提供一个使卵受精的精子时,其亲代投资等于零,因为精子中只含有雄性个体的基因,而不含有能增加合子存活机会的任何资源。亲代投资的概念还可扩展到除配子以外的其他事件,如有些动物的雄性个体担负了照管后代的责任,为后代的生存投入了很多时间和能量。但雌性个体的投资更是多得多,例如:雄性哺乳动物通常使雌性个体受孕后就会离开,而雌性个体则要长时间怀胎并在幼子出生后照看它和喂奶。这些活动增加了雌性个体的生理压力,并使其更容易遭到捕食动物的捕食。但雌性个体通过对受精后现存后代的投资(而不是生产更多的配子)也能获得补偿性的适合度收益,因为这种投资将有助于后代发育到生殖年龄并把双亲基因传递到其后的一代。

二、性选择、性二型和两性作用的逆转

在一个雌性个体的投资大而雄性个体不投资的典型物种中,雌性个体的生殖成功率将主要受限于它的产卵能力和受精后的亲代投资能力。与此相反,雄性个体的生殖成功率将主要受限于接近和获得雌性个体的能力(与雄性具有大量的精子相比,雌性只有少量的卵)。在两性的潜在生殖力存在差异的情况下,其中一性就会成为另一性追求的稀缺资源。一般说来,雌性个体的潜在生殖率比较低,因为它必须为大配子的生产和卵受精之后的子代发育获取资源,而获取资源的时间又是有限的。结果,在任一特定时间内,有性接受能力的雌性个体总是比性活跃的雄性个体少,这就引起了雄性个体之间的争偶竞争,并为雌性个体主动选择配偶提供了机会。

一般说来,成年雄性个体若能保持强烈的交配欲望就有利于使尽可能多的卵子受精,例如:雄性象海豹总是急于进行交配,因此常轻易地去追逐一只雌性象海豹模型,当它这样做的时候便可把它引诱到一个磅秤上为它称量体重。雌性个体的行为通常与雄性个体有很大不同,这是因为雌性个体的适合度很难靠与尽可能多的雄性个体交配而得到提高。在很多情况下,用一个雄性个体提供的精子就可使其全部卵受精,此后再次交配对它只能付出代价而不会带来好处。当有很多雄性个体在寻找相对数量比较少的雌性个体的时候,雄性个体之间争夺配偶的竞争就不可避免了。然而,雌性个体将会面对很多雄性个体供其选择,这两个过程(即雄性争偶和雌性选择)结合起来就为性选择(sexual selection)的作用创造了条件。

像进化论中所有重要发现一样,达尔文也发现了性选择,他为性选择所下的定义是"在生殖的排他性关系中,同性或同种内某些个体对其他个体所占有的优势"。在一般物种中,雄性个体之间的竞争将会决定哪些个体将会享有这种优势。此外,雄性个体的生殖成功率也会受到雌性个体是否喜欢它的某些特征的影响。性选择所选择下来的特征通常都能提高雄性个体的竞争技能和增加性吸引力,虽然有时这些特征会降低存活机会,但却能提高交配成功率。

自然选择所选择的特征通常是对生存有利的,而性选择所选择的特征则是用于竞争配偶和吸引异性,如华丽的装饰和奇特的结构,它们对动物的生存不一定是有利的,这就是说,两种选择的结果有时是相反的。园丁鸟奇特的性行为曾启发达尔文提出了性选择理论,达尔文把性选择看成是一种不同寻常的进化压力。园丁鸟在建筑林荫道和收集装饰品上的巨大投资和它针对其他雄鸟的炫耀和战斗行为,看来对它的生存是不利的,但是以降低生存机会为代价却换来了交配成功率的提高。应当注意的是,自然选择和性选择的作用方式是基本相同的,两种选择类型都需要个体特征存在差异,而且这些差异将会影响它们所产后代的数量。只要个体在竞争异性的能力方面或在对异性的吸引力方面存在差异,性选择就会发挥作用。如果这些差异是可遗传的,性选择就会使这些特征得到散布,从而提高生殖成功率。性选择的作用往往会使雌雄两性个体的形态特征出现明显差异,这就是性二型(sexual dimorphism)现象(图9-2)。

虽然性选择只是自然选择的一个亚层次,但是达尔文还是把这两个过程明确地划分开来,这有助于使人们更加注意同一物种内由于性的相互作用而导致的选择结果。性选择还有助于说明动物的一些特征,这些特征只有联系到环境的其他方面(如捕食者、疾病、觅食困难等)才能了解其进化意义。达尔文以后,性选择一度受到忽视,直到1972年,R. L. Trivers才使人们重新注意到这个问题。依据A. J. Bateman(1948)对果蝇的研究,Trivers指出:对于获得异常的生殖成功来说,雄性个体的机遇要比雌性个体的机遇多,因为前者有极多的精子,而后者只有少量的卵。

对果蝇和其他动物所进行的经验性研究表明,雄性动物的最大生殖成功次数要超过雌性动物,拿园丁鸟来说,雄性园丁鸟在一个生殖季节中可获得0~33次交配机会(G. Borgia, 1985),但是由于所有的雌性园丁鸟都只能产两个蛋,所以它们每个生殖季节的生殖成功次数要少得多,只有0~2次。两性在生殖成功次数上变化幅度的不同可以用统计学上的方差(variance)作定量测定。因为竞争配偶或者因为异性选择而导致的生殖成功次数的变化幅度,有时可以用来定量地测定性选择对一个物种的作用强度。对园丁鸟来说,雄鸟生殖成功次数的变异幅度要比雌鸟大得多,这表明:选择对雄鸟的作用更强。另外,在单配制鸟类中,性选择的作用较弱,因为在这种交配体制中雄鸟在每个生殖季节中很难与2个或更多的雌鸟配对。

最后我们要谈及在亲代投资方面两性作用的逆转。把生殖成功次数变异幅度作为性选择

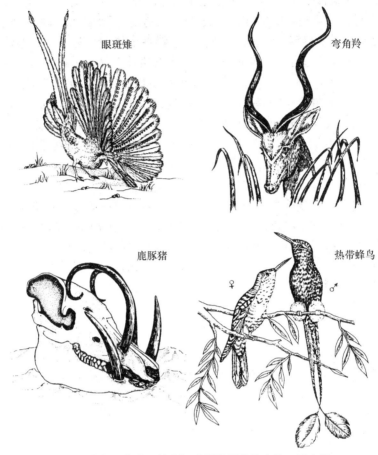

图 9-2　达尔文在说明性选择时所使用的几个性二型实例

作用强度的定量测定标准,首先需要证明这种变异是来自于配偶竞争(或来自对异性吸引力的差异)。配偶竞争的证据处处皆是,这表明性选择对雄性个体的作用通常都比对雌性个体的作用强。如果配偶竞争真是由于两性在亲代投资方面的不等量,那么我们就可以寻找反常事例来检验这一理论,反常事例是指雄性个体的亲代投资大于雌性。在这样的物种中,竞争配偶的应当是雌性个体而不是雄性,而且雄性个体应当表现出对异性的选择性。这样就使两性的作用发生了逆转。

在一些鱼类中,亲代投资主要是靠雄鱼提供的,它们的投资之大常使它们的潜在生殖能力受到限制(与雌鱼相比)。例如:虹海龙($Syngnathus\ typhle$)的雄鱼从雌鱼那里接受卵,是雌鱼把卵放在雄鱼育儿袋中的。在雄鱼"妊娠"期间,它要在长达几周的时间内为受精卵提供营养和氧气。一条大雌鱼在一个排卵周期所产下的卵足够装满附近 3 条大雄鱼的育儿袋。由于性比率是 1∶1,所以育儿袋总是不够用,由此推想,雄鱼一定会对雌鱼配偶有很强的选择性,事实正是如此,雄鱼总是排斥那些小而平淡的雌鱼,喜欢大而鲜艳的雌鱼,后者很快便能用卵装满雄鱼的育儿袋。

雌性个体的生殖力大于雄性个体的另一个实例是摩门螽蟖(无飞翔能力),雄螽蟖把精子连同巨大的精包(spermatophore)一起传递给雌螽蟖,当精子输送任务完成后,雌螽蟖便把有营养的精包吃掉。由于精包的重量相当于雄螽蟖体重的 25%,因此雄螽蟖肯定不能很快再生产一个新精包,而且在它的一生中也很难与一个以上的雌蝎蟒配对。与此相反,雌蝎蟒却能够产出好几个卵块并可诱使很多雄蝎蟒与其交配。有时雄蝎蟒拒绝给某些雌蝎蟒输送精包,这是又一个两性作用逆转的表现。为了交配,雌蝎蟒必须爬到雄蝎蟒的背上,而雄蝎蟒可能与它交配并把精子和精包输送给它,但也可能不交配。雄蝎蟒不愿与体重较小的雌蝎蟒交配,而愿选择与体重较大的雌蝎蟒交配,这样它就可以把精子传递给生育力较强的雌蝎蟒,平均可使 18 个额外的卵受精。一个拒绝与体重 3.2 g 的雌蝎蟒交配而选择与体重 3.5 g 雌蝎蟒交配的雄蝎蟒大约可多得 50% 的卵量。摩门蝎蟒的行为表明:在两性中通常是生殖潜力较大的一性为获得配偶而展开竞争,而被争夺的一方则表现有选择性。但是如果条件发生了变化,使得两性的相对生殖能力发生了逆转,那它们在获得配偶中所扮演的角色也会相应地发生逆转。

三、性选择的两种表现形式——性内选择和性间选择

达尔文是最早提出性选择概念的人,他认为,导致生殖成功率存在差异的因素是为争夺配偶所发生的竞争,即性内选择(intrasexual selection)。所谓性内选择,是指同性个体彼此间为争夺异性个体所进行的战斗或竞争。在动物界争夺配偶的现象是普遍存在的。大多数物种是雄性个体争夺雌性个体,也有少数物种是雌性个体争夺雄性个体。

动物两性之间的基本差异是由多种因素决定的,但动物行为学家和进化生物学家都认为,主要因素是两性个体所产生的配子(精子和卵子)的类型和数量不同。显然,雌性个体所产生的配子(卵)数量少但个体大,所以每个卵的价值就更大。另一方面,雄性个体所产生的精子只需消耗很少的能量,这使得精子的产量可以极多。雄性个性的生殖成功率主要是受到雌配子产量很低的限制。可见,当雄性个体产出成千上万的精子,使其有可能达到极大的生殖成功率的时候,雌性个体却常常只产出少量的卵子,这将导致对卵子这一稀缺资源的激烈竞争(Trivers,1985)。A. T. Bateman 依据其对果蝇性选择的研究曾提出过贝特曼原理(Bateman's principles),该原理有两个层面的含义:① 雌性个体因生产卵时耗能高和生殖成功受到更多限制,因此在选择配偶方面常表现得更为挑剔和具有更强的选择性;② 上述情况将会使得雄性个体的生殖成功率具有更大的波动性和不稳定性。

达尔文认为,雄性个体的任何一个特征只要能有利于它的交配和使卵受精,这个特征就能一代代传下去,使其在种群中存在的频率有所增加,这是因为具有这一特征的个体能比它的竞争对手产出更多的后代。达尔文关于雄性个体彼此竞争交配机会的思想构成了我们现在了解性选择的基础。当然,在性选择过程中,激素、神经生物学、发育、环境和很多其他因素都会发挥重要的作用。

动物争夺配偶可以采取很多不同的形式,主要取决于诸如生态学、种群统计和识别能力等因素,例如:雄性个体有时靠直接的战斗争夺配偶,偶尔还会造成伤亡,但通常不会,常常是靠仪式化的战斗争夺与雌性个体的交配权,如赤鹿(*Cervus elaphus*)和雄性甲虫。

直到大约 40 年前,有关性选择的大部分工作几乎都集中在性内选择上,而不是性间选择(intersexual selection)(Anderssor 和 Simmons,2006),原因可能是在自然界雄性个体之间的竞争和战斗(雄-雄竞争)很容易被观察到。此外,20 世纪 80 年代的一些进化生物学家大都忽视了配偶选择(即性间选择)的研究,认为它是不重要的,而把精力都放在了雄-雄竞争的研究上。与雄-雄竞争的性内选择相比,性间选择实际上是性选择的更为重要的选择形式。性内选择所涉及的是一性个体之间借助于战斗或竞争争夺对异性的占有和交配权,争夺者是雄性

(常见),也可以是雌性(罕见),而性间选择(或配偶选择)所涉及的是一性个体对另一性个体的选择性(主动选择),可以是雄性选择雌性(罕见),也可以是雌性选择雄性(常见),但雌性个体选择雄性个体在自然界最为常见。这是因为雌性个体一旦选择了低质量的或劣质配偶,其损失就会比雄性个体大得多。因为雌性个体对每个配子的能量投资要比雄性个体多得多,因此雌性个体对配偶质量的要求和选择性就应当表现得更强。此外,对体内妊娠的动物来说,雌性个体在孕育后代时要付出巨大的能量代价,因此在强大的自然选择压力下,它必须选择一个优质配偶,以保证使自己的后代能够健康成长。

雄性动物除了具有交配所必需的外生殖器以外,还必须具有其他一些在吸引异性方面有着重要作用的特征,这些特征就是所谓的第二性征,如华丽的羽毛、鲜艳的体色和复杂的求偶炫耀动作等,所有这些都是在性选择的压力下形成的,它们都会影响雌性动物(偶尔是雄性动物)对配偶的选择和喜好程度。众所周知的是,雄性果蝇在向雌蝇求偶时会靠振动双翅发出鸣叫声,这种求偶鸣叫不仅会影响雌蝇对配偶的选择,而且对果蝇新物种的形成也发挥着重要作用(Tomaru 和 Oguma,1994)。果蝇的一种特殊鸣叫形式被称为"脉冲鸣叫"(pulse song),这种鸣叫在求偶期间表现得非常明显。两次脉冲鸣叫之间的间隔时间对雌果蝇的配偶选择起着关键作用(Ritchie 等,1999)。关于果蝇求偶鸣叫遗传机理的研究表明:脉冲鸣叫受着大量不同基因的调控,但其中的每一个基因对鸣叫的表达都只起很小的作用。然而近期的研究表明:果蝇求偶鸣叫的遗传机理只涉及 3 个基因座(loci),它们决定着鸣叫声的大量变体。

性内选择和性间选择在动物的所有婚配体制中都起作用,不管是单配偶制(monogamous)、多配偶制(polygamous),还是一雌多雄制(polyandrous)。一般说来,在多配偶制和一雌多雄制的婚配体制中,性选择的作用更为明显,因为在这两种婚配体制中,往往是有些个体能获得很多的交配机会,而另一些个体则会完全失去交配的机会。在单配偶制中,不同个体的生殖成功率往往是大体相等,至少是相差不大,这就是说,性选择的作用不是很强。

四、优质基因与配偶选择

雌性个体从它们所选择的配偶那里不仅可以得到一些直接的资源(如食物和隐蔽场所),而且还可以得到更多的东西,如含有优质基因的精子,并能将这些基因传给自己的后代。目前大部分理论和经验性试验都认为,雌性个体如能选择具有优质基因的雄性个体作配偶,将会得到很大好处(Kokko 等,2003;May 和 Hill,2004)。优质基因就是那些对一些好的特征或特性进行了编码的基因,这些基因可以通过遗传被雌性个体的后代继承下来。在优质基因模型中,如果雌性个体所选择的配偶体内含有能极好适应其特定环境的基因,那它就会间接受益(Cameron 等,2003),其子女就会继承很多优质基因,使其能具有极高的觅食技巧并能抵挡和击退天敌和寄生物。

性选择中的优质基因模型也可应用于不同的婚配体制中,其中雌性个体的受益物是寓于精子中的基因,例如:雄性长角羚(*Antilocapra americana*)不会带给雌羚什么直接的好处,即使是这样,雌羚还是要用很多时间和能量去寻找和发现具有优质基因的雄羚,为此雌羚必须去接触和拜访很多占有不同大小妻妾群的雄羚,以评估它们的实力。早期的研究工作表明:雌羚选择雄羚主要是依据雄羚保卫妻妾群能力的大小。最终,大多数雌羚都只与种群中的少数雄羚交配,这将导致雄羚的妻妾群大小有很大变化。一般说来,占有一个大妻妾群的雄羚此前一些年一定繁育过大量后代。Byers 和 Waits(2006)认为,这样的雄羚就是雌羚所要选择的具有优质基因的配偶,与这样的配偶生育出的后代,其存活和生育能力总是比较高。

为了验证他们的理论,Byers 和 Waits 选用生活在蒙大拿西北部的一个长角羚种群,对其中的每一个个体都作了标记,他们在长角羚的交配季节跟踪每一只雌羚并记录哪一只雄羚是它们所选中的配偶。当后代出生时也要对新生的幼羚进行标记(通常是在出生的第一天)并测算它们的生存期,以此表示它们的适合度(fitness)大小。Byers 和 Waits 发现,雌羚与最有吸引力的雄羚交配所生育的后代与一般雄羚的后代相比,其生长速度较快,存活率也比较高。

雄性动物的很多体外特征都能可靠地表明其体内具有优质基因,那雌性动物应当利用哪一特征作为判断雄性个体具有优质基因的可靠指标呢?显而易见的是,动物对寄生物的抵抗和免疫能力是由基因决定的,雌性个体选择具有很强抗寄生能力的雄性个体作配偶,可以得到很多间接的好处。Hamilton 和 Zuk (1982)是最早将优质基因的理念应用到抗寄生能力上的人。寄生物通常寄生在寄主的体内,从外面是无法看到的,那么雌性个体是怎么知道它们所选择的配偶具有抗寄生能力强的优质基因呢?这个问题的答案是,雌性个体必须具有利用雄性个体其他一些特征的能力,而这些特征又是与雄性个体抗寄生能力相关联的。如果具有 X 特征意味着雄性个体善于与寄生物作斗争,那么雌性个体就可以利用 X 特征作为它们所需要知道的东西的替代物,这就是说,如果得不到关于内寄生物的信息,就可以利用某些其他与寄生物信息相关联的特征(X)。应当说,动物的体色就是这样的一个特征,此外,诸如身体的强壮魁梧,叫声的响亮婉转动听以及鹿角、牛角等战斗武器的硕大都可以作为体内具有优质基因的标志或替代物。关于体色这一替代物,已经在很多动物中进行过研究,特别是鸟类和鱼类。健康的雄性个体通常都具有很鲜亮的体色,而病态的个体其体色要灰暗得多(Milinski 和 Bakker,1990)。对鸟类和鱼类所进行的大量研究都已表明:雌性个体通常会选择体色最明亮的雄性个体作配偶,因为在它们体内很少有寄生物寄生,例如三刺鱼就是这样,体色最鲜红的雄鱼最容易被雌鱼选中。

五、学习与配偶选择

雌性个体配偶选择的进化模型已大大增加了我们对性选择的理解。为了更全面地了解动物的配偶选择,动物行为学家和心理学家们已经进行了很多试验,为的是检验学习在选择配偶中的作用(Domjan,2006)。有些关于学习与配偶选择的试验是在田间进行的,但也有很多试验是在实验室内的可控条件下进行的,在这种情况下虽然动物离开了它们正常的生存环境,但在室内进行的这些可控的刺激-反应试验对于全面了解动物的配偶选择则是非常有益的。例如:对很多动物所进行的条件刺激和交配行为的试验都发现,当施加条件刺激时,雄性动物能迅速做出交配的反应,这将使其能在与其他雄性个体的竞争中成为强有力的竞争者,表现出较高水平的求偶动作,最终能产生更多的精子和后代(Domjan,2006)。

鸟类的鸣叫学习则可提供另一个极好的关于性选择和文化传承的实例。几乎在所有鸣禽中都存在着学习鸣叫的问题,学习鸣叫的过程总是会涉及向其他个体学习的问题,这就是说,学习鸣叫也是一种文化传承。Freeberg (2004)用牛鸟(*Molothrus ater*)做了一系列试验,以验证其叫声的文化传承和对配偶选择所带来的长期后果。他从两个不同的牛鸟种群中采集了幼鸟和成鸟,一个种群采自南达科他(South Dacota,简称 SD),另一个种群来自印第安纳(Indiana,简称 IN)。Freeberg 之所以选用这些种群,是因为来自不同种群的牛鸟表现出不同的社会行为,其鸣叫声也有所不同。Freeberg 用来自 SD 和 IN 的牛鸟进行交叉养育试验,以便了解它们的文化传承和配偶选择。他用 SD 的成鸟或 IN 的成鸟养育 SD 的幼鸟,在试验中,如果牛鸟的行为很像它们养父养母的行为,那么不管它们是不是来自本地种群,都能说明存在着一定的行为可塑性,而且文化传承也起了作用。

当牛鸟的幼鸟性成熟时,将它们置于一个大鸟舍中,鸟舍中还有它们所不熟悉的来自 SD 和 IN 种群的成鸟。结果发现,当它们被放入大鸟舍后很快便开始配对并与其他个体进行交配,而它们所选择的配偶都是来自它们的养父母所在的 SD 或 IN 种群,这就是说,由 SD 成鸟养育的 IN 幼鸟长大成熟后将选择来自 SD 种群的鸟作配偶,而由 IN 成鸟养育的 SD 幼鸟长大成熟后将选择来自 IN 种群的鸟作配偶。这表明,SD 鸟的配偶选择受着它们在其中长大的那个社会环境的极大影响。

Freeberg 及其同事还探讨了在 SD 鸟发育期间影响其配偶选择的社会环境,正是这样的社会环境决定了 SD 鸟所选择的配偶总是极像培养了它们的养父母,不管养父母是来自 SD 还是来自 IN。雄性幼鸟学唱时总是模仿成年养父的叫声,也不管它们的养父是来自 SD 还是来自 IN,而对雌鸟最有吸引力的叫声也总是与其养父发出的叫声最为相似(West 等,1998)。这是一个很好的实例,说明雌鸟在成长发育期间对雄鸟的叫声(不管是 SD 的还是 IN 的)已经形成了不可磨灭的印记(imprinting),也可能雌鸟对雄鸟叫声的偏爱和选择是文化传承下来的,是在生长发育期间模仿其他成年雌鸟的结果。

六、竞争交配权

对摩门螽蟖的研究表明:在性选择中参与竞争配偶的不光是雄性,有时在雌性间也有配偶竞争(M. Daly 等,1983)。但是大多数物种都和园丁鸟一样,雄性参与竞争,而雌性进行挑选。这里我们要特别注意研究雄性个体行为中那些与竞争配偶有关的行为,可以从观察雄性个体为争取较高社会地位而进行的战斗开始。如果竞争较高的社会地位的确与性选择的结果有关,那么个体的优势程度便应当与交配成功次数存在正相关关系。很多研究都已证明:高顺位雄性个体的交配次数的确比低顺位雄性个体多(M. C. Appleby, 1981)。有代表性的工作是 T. S. McCann(1981)对大西洋南乔治岛上象海豹的研究,他根据 10 只雄性象海豹在繁殖海滩上的战斗结果,把它们按优势大小排了顺序,1 号象海豹在与其他 9 只象海豹的第 14~157 次遭遇中获得全胜,2 号象海豹除 1 号外也无敌手,它们的优势就是这样依次呈线性排列的。McCann 记录了整个生殖季节每只雄性象海豹的交配次数。这些数据支持了这样的假说,即优势度(和战斗力)决定着生殖的成功,其衡量指标是交配次数而不是后代存活数。

个体大,战斗力就强,从极小的昆虫(如蚜虫和蓟马)到象海豹,恐怕都是这样。同样明显的事实是,在很多物种中都是雄性个体大于雌性个体。但并不是所有物种都有性二型现象,当两性个体的重量存在差异的时候,其差异大小也是很不相同的,如象海豹两性大小差异极大,而港海豹两性大小基本相同。性二型的一个极端例子是鮟鱇,其雌鱼极大而雄鱼极小且寄生在雌鱼身上(图 9-3)。R. Alexander(1990)认为,在身体大小方面的性二型差异程度可作为衡量雄性个体在战斗力上投资大小的一个尺度,如果在身体大小上的巨大投资是由性选择决定的话,那么我们就可以预测:战斗的胜利者(个体大)一定能在生殖上得到可观的回报。如果真是这样的话,那么在那些雄性个体独占很多配偶的物种中,性二型的差异程度一定最大,而在那些雄性个体只能有 1 或 2 个配偶的物种中,性二型的分化程度一定最小。在几个哺乳动物类群中(如海豹和其他鳍脚类动物),雄兽体长与雌兽体长的比值也是测定性二型分化程度的一个标测尺度,这方面的数据也支持了上述预测。一只雄象海豹可以同多达 100 只雌象海豹进行交配,它的体长大约比雌象海豹长 60%,而体重则更是大得多。与此相反,单配制的鳍脚类动物,其体长和体重几乎没有表现出性二型现象。

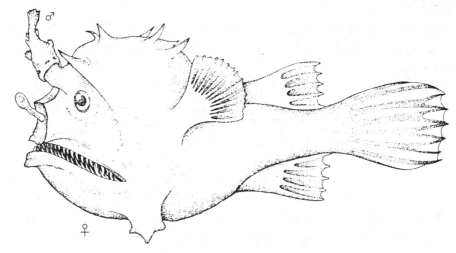

图 9-3　性二型的一个极端实例——一种深海鱼的雌鱼极大而雄鱼极小且寄生在雌鱼身上

1. 社会优势与个体适合度

狒狒是另一个实例,在这个物种中需要竞争社会优势的雄狒狒体型比雌狒狒大得多,同时也伴随着它们在生殖上的成功。你可能会以为在狒狒的个体大小、社会优势和获得配偶之间一定会存在着明显的关系,但很多研究人员发现其相关性很小,甚至没有(T. B. Bercovitch, 1991)。例如:在一个具有明显的优势等级的狒狒群中,G. Hausfater(1975)曾统计过交配次数,他发现:低顺位雄猴和高顺位雄猴与雌猴的交配次数差不多是相等的。Hausfater 猜想,与顺位高的雄猴交配的雌猴,它们的卵是最有可能受精的,优势雄猴在其生殖周期内经常是独占很多处于发情期的雌猴,据 Hausfater 判断,这些雌猴几乎都能受精怀孕。虽然雄狒狒的优势等级与其有效交配之间存在着相关性,但是统计学上的显著相关却是因为刚开始交配的年轻雄猴优势度太低和有效交配次数太少的缘故。在成年雄猴的战斗力及其所生后代数量之间充其量也只存在着很弱的相关性,这一情况经常导致对如下问题的争论,即雄猴争夺社会优势地位到底有什么适应价值? 根据 32 项研究对灵长动物的优势和交配成功所作的一个评论承认在社会地位和生殖成功之间存在着明显的关系(G. Cowlishaw 等,1991),但毫无疑问的是,对所有雄性灵长动物来说,社会地位高并不能自动地赋予其高的生殖成功率。处于从属地位的个体也可以靠采用其他交配对策在一定程度上弥补身体对抗能力的不足。

例如,在狒狒中雄狒狒除了靠获得优势地位外,还有几种获得生殖成功的途径。首先,雄猴可以与某一特定雌猴建立和发展友谊关系,这种关系的建立不是靠身体优势,而是靠心甘情愿地为某一雌猴的后代提供保护,虽然这些后代并不是它自己的。雄猴一旦显示它愿意并有能力为一雌猴及其后代提供保护,那么当这只雌猴进入动情期时就有可能选择它,即使它并不是猴群中社会地位最高的那只雄猴。此外,雄猴也可以与其他雄猴建立友谊关系,借助这一联盟,有时它们就能集体对抗一只更强的雄猴,迫使它放弃已经占为己有的雌猴,虽然在一对一的对抗中它总是胜利者。例如,在一个含有 8 只成年雄狒狒的黄狒狒群中,社会地位低的 3 只雄猴（排位第 5~7）可以两只或三只联合起来对抗一只地位更高且已拥有配偶的雄猴。在总共 28 例这样的对抗中，有 18 例迫使地位高的雄猴把雌猴让给了从属个体，这要归功于它们的联合（R. Noë 等，1990）。

2. 交配方法的抉择

为了回避面对面地与较强的或较有经验的对手进行较量，从属个体往往会采取不同的交配方法（W. J. Dominey，1980）。例如：在哥斯达黎加隐翅甲中，雄甲经常为争夺交配领域而进行战斗，当小雄甲遇到大雄甲时其处境就会极为不利，大雄甲为了竞争潜在的配偶，常靠攻击行为把小雄甲赶走。当大雄甲接近时，小雄甲做出的反应是在附近旋转，如果来的是一只雌甲虫，它就向对方展示腹部的末端。有时大雄甲会追逐它并向它求偶，触碰其腹部末端和试图爬到它的背上，但此时它不会静止不动地让对方爬上来，而会一直在这个地区缓慢地爬行。有时在迂回曲折的爬行途中会遇到一只雌甲虫，它便立即向雌甲虫求偶并在受骗大甲虫的领域内完成与雌甲虫的交配。

另一个可供选择的交配方法是在某些蟾蜍、青蛙和蟋蟀中所见到的所谓"卫星"行为，就是安静地等待机会，伺机中途拦截雌性个体强行交配（W. Cade，1980）。大角羊中也有这种交配方法，占有优势的雄性大角羊总是试图控制某些传统交配领域内的雌羊群（J. T. Hogg，1984）。其他雄羊则聚集在同一地区潜伏在优势雄羊及其雌羊群附近，这些卫星羊时时都在准备着冲过优势雄羊，骑到雌羊背上在奔跑中与其交配，交配时间只持续大约几秒钟。

如果在一个物种内存在着两种或三种竞争配偶的方法，那我们就可以问了，为什么性选择不保留一种最成功的方法而把其他方法都淘汰呢？在很多情况下使自己成为一个占有领域的优势雄性个体显然比其他个体所采取的其他方法都更能获得生殖的成功。要想了解为什么在一个物种内会存在多种交配方法就必须懂得博弈论（game theory）。在一个博弈论模型中，一个行为对策对一个个体的好坏将取决于种群内其他个体怎样行动。因此在生殖竞争的博弈中，社会相互作用将决定是哪种生殖选择对参与竞争者最为有利。一种行为对策如果在整个进化期间不能被任何其他对策所取代或侵蚀，那么这种对策就是进化稳定对策（即 ESS）。

在博弈论中，对策（strategy）一词并不意味着是有意识的行动计划，而是一个能够影响一个个体采取什么行动去达到最终生殖目的的可遗传的行为程序（W. J. Dominey，1984）。如前所述，隐翅甲种群中有两种交配方法，一种是遇到大雄甲时便伪装为雌甲引诱对手上当，一种是靠战斗实力独占一个领域。如果在整个进化过程中一种对策完全优于另一种对策，使这一对策能对个体带来更大的生殖成功，那么这一对策最终就会完全取代另一对策。因此为了保持两种对策共存，就必须有频率制约选择（frequency-dependent selection）。这就是说，只有当两种不同对策的实践者在种群中各自占有一定比例的时候，它们所获得的好处才能完全相等，如果一方所占的比例逐渐增加，那么其个体所获得的好处就会逐渐减少，这样就会对另一方有利，这将迫使种群重新回到原来的平衡状态，仍维持两种对策的共存。

一个个体在不同的情况下采取不同的行为方式，这也可认为是一种对策。例如：隐翅甲的行为准则可以是"遇到强于自己的大雄甲时就伪装为雌甲，否则其行为就像是一个领域独占者"，一个个体所采取的行为方式将取决于可变化的环境条件。所有的雄性大角羊都采取一样的对策，这完全是可能的，之所以会产生别的交配方法只是因为有些雄羊无法打败比自己更大更有优势的雄羊，于是这些从属个体便不得不采取在奔跑中偷袭交配的方法，而不是去参加注定会失败的战斗。

3. 海洋等足目甲壳动物的交配对策

海绵等足虫(*Paracerceis sculpta*)栖息在海生海绵的中央腔内,如果把海绵一个个剥开,肯定能够找到这种等足虫,雌虫外观都一样,而雄虫则分为大、中、小三种形态型(图9-4)。三种形态型的雄虫不仅外观不同,而且获得配偶的方法也各不相同。大雄虫(α雄虫)总是试图把其他雄虫赶出海绵的中央腔(腔内生活着一只或一只以上的雌虫)。如α雄虫遇到的是另一只试图进入海绵的α雄虫就会发生战斗,在一方做出让步之前,战斗可能持续24小时。α雄虫若遇到的是一只小雄虫(γ雄虫),就会把它抓住扔出去,而γ雄虫做出的反应是尽量回避α雄虫并埋伏在附近,伺机与和α雄虫生活在一起的雌虫交配(S. M. Shuster,

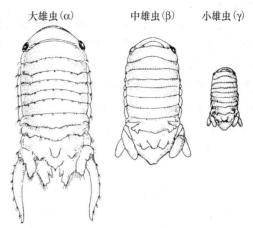

图9-4 海绵等足虫的三种不同形态型

1989)。当α和β雄虫在海绵中央腔相遇时,β雄虫就会假装成像是一只雌虫一样,借助于模拟雌虫,大小与雌虫完全一样的β雄虫就能与比自己强大得多的α雄虫实行共存并能得到α雄虫试图独占的雌虫。

在海绵等足虫中,大小和行为完全不同的三种类型的雄虫在整个进化期间如何能实现共存呢?为了回答这个问题,先来看看根据两种假说所做出的极不相同的预测吧!根据"三个纯对策假说"(是说三种类型代表三个完全不同的对策)可以做出两点预测:① 它们之间的差异可以追溯到遗传差异;② 三种类型的平均生殖成功率应当是相同的。但是,如果α,β和γ雄虫的交配行为是由一个有先决条件的对策所控制的三种交配方法,那么根据"一个有先决条件的对策假说"就应当做出以下预测:① 行为差异是由不同的环境条件诱发的,而不是由不同基因引起的;② 采取不同交配方法的雄虫的平均生殖成功率不一定相等。在一个有先决条件的对策中,预期雄性个体会做出最有利于生殖成功的选择,如果使它无法做出这种选择,它也能依赖另一种方法。

S. Shuster 和 M. Wade(1991)已经收集了检验这两个假说所需要的资料。首先,三种类型雄虫的差异主要是来自一个单一基因的3个等位基因,这个基因对雄虫的大小和行为有重要影响。β雄虫至少具有一个主基因的优势β等位基因拷贝,而α雄虫具有2个隐性α等位基因的拷贝,γ雄虫则具有2个该基因的γ等位基因的拷贝。该基因的3个不同等位基因能够长期保存下来,其必需的条件是三种雄虫享有相同的适合度。Shuster 在实验中测定了α,β和γ三种雄虫的生殖成功率,方法是把不同数量和类型的雄虫共同放入人工海绵中,而海绵中含有不同数量的雌虫。他在实验中所用的海绵等足虫都有特殊的遗传标记,传递到后代的特征也很分明,这使他能够鉴定它们的亲子关系,知道每个雌虫最终所产后代的父亲是谁。在实验结束时,Shuster 发现:一只雄虫的生殖成功率取决于共同生活在海绵中央腔内的雌虫数量和作为它竞争对手的雄虫数量。例如:当只有一只雌虫、一只α雄虫和一只β雄虫生活在一起时,这只α雄虫就是雌虫所生大部分后代的父亲。但是当海绵中含有几只雌虫、一只α雄虫和一只β雄虫时,β雄虫的实际成绩要超过它的对手,大约是雌虫60%后代的父亲。当把三类雄虫和很多雌虫组合在一起时,γ雄虫的成绩也会高于α雄虫。一般说来,当有很多雌虫与几个雄虫生活在一起时,较富攻击性的大 α 雄虫就难以控制所有的雌虫,其中很多雌虫都愿与 β 和 γ 雄虫交配。

此后,Shuster 和 Wade 又重返海边对海绵进行随机取样并检查每一个海绵内所含有的雌虫数与 α,β 和 γ 雄虫数,利用这一群体构成资料他们就能计算 555 只雄虫的生殖成功率(利用实验室不同组合下的雄虫生殖成功率资料)。计算结果表明:α 雄虫是 1.51 个雌虫所产后代的父亲(平均值),β 雄虫平均有 1.35 个配偶,而 γ 雄虫平均有 1.37 个配偶。这些数字在统计学上没有显著差异,这表明:三种在遗传上不同的雄虫类型实际上所享有的适合度是相同的。这样,对海绵等足虫来说,"三个不同对策假说"所需要的条件已经得到了满足。

4. 蝎蛉竞争交配权的三种方法

雄性蝎蛉(Panorpa)与海绵等足虫很相似,也有三种获得配偶的方法:① 雄蝎蛉保卫一只死昆虫,用它吸引有性接受能力的雌蝎蛉;② 雄蝎蛉把唾液分泌到树叶上,等待雌蝎蛉来吃这种富有营养的礼品;③ 不向配偶提供任何东西,而是强行交配(图9-5)。为了确定这三个表现型是代表三个不同的对策呢还是代表一个有先决条件对策中的三种方法,R. Thornhill(1981)测定了这三类雄蝎蛉(保卫死昆虫的、提供唾液礼物的和强行交配的)的生殖成功率,他发现,用笼养蝎蛉作测定是最方便的,他把 10 只雄蝎蛉和 10 只雌蝎蛉放入内有 2 只死蟋蟀的笼中。有些雄蝎蛉是大的,有些属中等大小,还有一些很小。在竞争蟋蟀时,大雄蝎蛉总是赢,结果每只大雄蝎蛉平均有 6 次交配机会。中雄蝎蛉通常总是用唾液礼物引诱雌蝎蛉,但成功率较低,平均每只蝎蛉只有 2 次交配机会。小雄蝎蛉无法占有蟋蟀,也不能生产足够的唾液引诱雌虫,它们只能采取强行交配的方法,成功率最低,平均每只雄蝎蛉只有 1 次交配机会。这些结果表明,采用不同方法所得到的适合度是不相等的,至少在这种实验条件下是这样的。

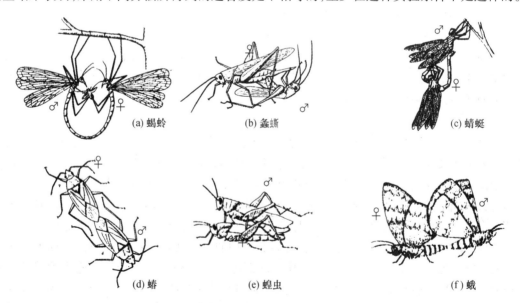

图 9-5　蝎蛉和其他几种昆虫的交配姿势

据此,Thornhill 作了这样的预测:采用低适合度方法的雄蝎蛉,只要有可能,它们就会转而采用适合度收益较高的方法。为了检验这一预测,他从笼中拿走了保卫死蟋蟀的雄蝎蛉,其他雄蝎蛉立刻放弃了它们的唾液堆,转而去占有蟋蟀。那些既不能占有蟋蟀也不能分泌足够唾液作礼物的雄蝎蛉,就只能守候在其他雄蝎蛉所放弃的唾液堆旁了。可见,为了使交配率尽可能达到最高,雄蝎蛉可以采取三种方法中的任何一种。至于具体采取哪一种方法,则取决于它们所面临的竞争形势。看来,"一个有先决条件的对策假说"能够很好地解释在蝎蛉种群中同时存在三种竞争配偶的方法这一事实。

七、精子竞争

在混交制的婚配体制中,不同个体的生殖成功率相差极大。就雄性个体而言,通常大多数交配机会只被少数个体所占有,有些个体则完全没有交配机会。以下将介绍精子竞争这一新概念及其对交配成功率和对交配体制进化的影响。所谓精子竞争,是指不同雄性个体的精子为谁能使卵受精所进行的直接竞争。

在某些混交制的交配体制中,雄性个体不仅要竞争与雌性个体的交配机会,而且还要竞争其精子最终使卵受精的机会。在这些婚配体制中,竞争是发生在雌性个体已与很多雄性个体交配之后。如果雌性个体内贮存的精子是来自很多不同的雄性个体,那么这些精子就会为谁能使卵受精而进行竞争。在这种情况下,自然选择就会直接对精子的形态和大小等各种特征发挥作用,使精子竞争处于强大的自然选择压力下。如果一个雄性个体在争偶战争中战胜了对手,就会获得与发情的雌性个体的交配机会,此后其精子如果也能在精子竞争中获胜,就能使整个个体的适合度增加。

1. 粪蝇的精子竞争

动物行为学家曾对很多种动物的精子竞争进行过研究,实际上植物也存在着类似于精子竞争的"花粉竞争"。目前涉及精子竞争及其与性选择和婚配体制关系的著作已出版了不少,在这一领域的重要开创者之一无疑是 Geoff Parker,他无论是在实验工作方面还是在理论工作方面都有杰出贡献,他早期对粪蝇精子竞争所做的研究堪称这一领域研究的一个典范。

粪蝇选择大型家养动物的粪便作为它们的繁殖场所,昆虫的交配时间通常只有几秒钟,而粪蝇的交配持续时间可长达 30 秒或更长。在详细研究了英国牧场上粪蝇的交配自然史之后,Parker 面临着很多关于粪蝇交配的未解课题,其中之一是粪蝇为什么要交配那么长时间。Parker 是最早提出精子竞争理论的人,对这个问题和其他很多问题他都提供了自己的答案。

当一个新的粪堆产生后,雌蝇就会到来,而雄蝇也会接踵而至,为的是寻找交配机会。有幸与雌蝇交配的雄蝇总是会受到其他雄蝇的干扰,或是受到攻击,或是有其他雄蝇企图拆散它与雌蝇的配对关系。为了验证精子竞争在该婚配体制中的作用,Parker 采用射线照射的方法使一些雄蝇的精子失去活力,造成其受精卵不能孵化。例如,就一对雄蝇来说,只对其中一只雄蝇进行照射,然后通过简单的计算受精卵未孵化的比例来确定每只雄蝇的相对成功率,也可以计算未照射雄蝇受精卵孵化的比例。

Parker 发现,最后与雌蝇交配的雄蝇所产生的受精卵量是与交配的持续时间成正比例的,所以交配的持续时间越长其生殖成功率也就越大。更值得注意的是,交配持续时间越长,其精子取代此前交配雄蝇所排放精子的可能性就越大。这种后交配雄性个体占优势的现象是很常见的,但也不是绝对的。在某些婚配体制中,精子竞争似乎更有利于先交配者而不是后交配者。

就粪蝇来说,最后与雌蝇交配的雄蝇持续交配时间是 36 分钟,这将保证雌蝇产下的卵孵出的后代大约有 80% 是这只雄性的后代。如果交配时间越长,取代竞争对手精子的机会就越大,那么雄蝇为什么不交配更长时间,以便百分之百地取代对手的精子呢? 答案是:增加与一个雌性个体的交配时间虽然可以提供精子竞争的优势,但却减少了与另一个雌性个体的交配机会,因此在这两者之间存在着一个最佳权衡。如果精子占优的速率随着时间而急剧下降的话,那就不如放弃交配去寻找另一个雌蝇更为有利。

2. 蜻蜓、岩鹨和鲨鱼的精子竞争

众所周知,性选择有利于雄性个体形成以各种方式竞争交配权的能力,但完成交配之后,为提高适合度而展开的竞争并不会停止。在一些动物中,已交配过的雌性动物有可能再次交配,例如属于蜻蜓类的黑翅豆娘,其雌性个体经常有意与一个以上的雄豆娘交配。当一只孕卵雌豆娘飞到溪流水面产卵时,它可能被一只等候在溪边草丛中没有领域的雄豆娘拦截,与这只雄豆娘交配后还可能遇到一只有领域的雄豆娘并在它的领域内与其交配,即使此时它已经从第一只雄豆娘那里得到了足够的精子(存放在贮精囊中)。在不同的雄性个体为同一雌性个体卵受精的竞争中,谁能使自己的精子在受精竞赛中占有优势,谁就是精子竞争的胜利者。为达此目的,黑翅豆娘进化出了极其特殊的形态结构。

黑翅豆娘及其他所有蜻蜓的交配行为是非常奇特的,交配时雄豆娘先用其腹部末端的抱握器将雌豆娘胸部前端夹住,然后雌豆娘的腹部弯向雄豆娘的身体下面,使自己的外生殖器与雄豆娘的交接器相连接,此后雄豆娘腹部便做有节奏的上下抽吸动作,在此期间,交接器会像一把丛刷一样把雌豆娘贮精囊中的精子抽吸出来。

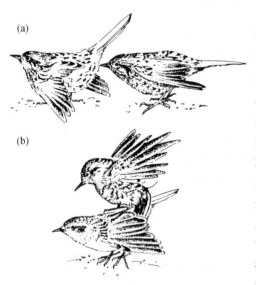

图 9-6　岩鹨的精子竞争

(a)雄鹨正在反复啄配偶的泄殖腔,使其排出竞争对手的精子;(b)然后自己与雌鹨交配,把精子送入泄殖腔

这是一种极为特殊的精子竞争机制,一只正在交配的雄豆娘可以把雌豆娘贮精囊中 90%~100% 的精子抽吸出来,然后才把自己的精子释放到雌豆娘体内,这些精子将会贮存在此前已被彻底腾空了的贮精囊内,供雌豆娘为其卵受精之用。如果这只雌豆娘在产卵之前又与另一只雄豆娘发生了交配,那么此前交配的那只雄豆娘精子的命运就和最早的那个竞争对手一样了。雄黑翅豆娘为了排除竞争对手留在雌豆娘贮精囊中的精子,采用了极为有效的机制,但采用这种办法的远不止蜻蜓目昆虫。雀形目鹨科的岩鹨是一种小型鸣禽,但雄鹨发现自己的伴侣与另一只雄鹨有密切接触后便诱使雌鹨将泄殖腔中的精子全部排出,方法是用喙反复啄击雌鹨的泄殖腔(图 9-6)。有些雄鲨鱼在输送自己的精子之前先冲洗其配偶的生殖道,通常雄鲨鱼的交接器有两个管道,其中一个管道可强力喷射海水,冲洗雌鲨鱼的生殖道,然后再用另一个管道把精子输送到雌鲨体内。

3. 体外受精动物——海胆的精子竞争

精子竞争不仅存在于体内受精的物种中,而且对体外受精的物种也起着重要的作用。为了阐明精子竞争对体外受精物种的重要性,可以参考 Levitan 关于海胆精子游动速度与受精之间关系的研究。起初,Levitan 为自己提出的一个问题是精子游动速度的变化是否与受精率相关,用海胆的精子进行这一问题的研究比用鸟类和哺乳动物的精子具有更大的便利,因为海胆的精子和卵是排放到海水中的,因此利用摄像机就可以跟踪精子的游动,利用显微镜就能观察到哪些卵子受精了,同时还能测定精子的游动速度和生殖成功率。

Levitan 发现,为使同等数量的卵受精,精子游动缓慢的雄海胆大约要比精子游动快速的雄海胆多释放 100 倍的精子。接着 Levitan 注意到了精子随着存活时间的增加所发生的一些情况,即精子在其游动速度和存活时间之间所作的权衡。从自然选择的角度看,精子的游动速度和游动持续时间都需要消耗能量,而每个精子的能量又是有限的,因此游动快速的精子肯定要比游动缓慢的精子寿命短,也就是说,它游动持续的时间要短。Levitan 发现,在精子游动速度与游动持续时间之间进行权衡时,所有精子的游动速度都会随着年龄的增长而慢下来。事情还不仅如此,随着年龄的增加,即使在遇到卵子的有利情况下,使卵受精的概率也会大大降低。例如,新释放出的精子其使卵受精的概率要比年龄已达 1 小时的精子大 100 倍,而年龄在 2 小时以上的精子则完全失去了使卵受精的能力。显然,要实现使海胆的卵受精,时间是很关键的因素。由于在精子游动速度与游动持续时间之间存在着微妙的权衡关系,所以能产生快速游动精子的个体会比其他个体更快地丧失使卵受精的能力。快速游动所耗费的能量将会导致精子游动时间的缩短和寿命的减少(早亡)。

4. 精子竞争的其他效应

精子竞争不仅会影响精子游动的速度,而且也会影响精子的形态结构和功能。例如,Baker和Bellis 的神风精子假说(kamikaze sperm hypothesis)认为,自然选择有利于某种精子类型的产生,这些精子类型是专门用于杀死其他雄性个体的精子,而不是用于使卵受精的。现已经证实,在昆虫、蛙类、鸟类、哺乳动物、鱼类和蠕虫中,精子竞争对精子的形态具有显著影响。例如,对澳大利亚 100 种青蛙所作的系统发生分析发现,在具有精子竞争的物种中,雄蛙所产生的精子尾巴往往比较长。这对青蛙有何意义,目前尚不清楚,但其他研究发现,长尾精子的游动速度比短尾精子快,因而有利于提高卵的受精率。

精子竞争也会影响雄性个体每次射精所排出的精子数量,根据精子竞争理论所作的预测之一是,每次射精所排出的精子数量应与雌性个体近期与其他雄性个体的交配概率相关联。假如有 M1 和 M2 两个雄性个体,如果 M1 正准备与一个雌性个体交配,而这个雌性个体近期已与 M2 交配过并贮存有它的精子。在这种情况下,M1 和 M2 的精子必然要面临直接的竞争,以便决定谁能使卵受精。根据精子竞争理论预测,为了对抗 M2 精子的存在,M1 必将排放更多的精子,以便试图增加使卵受精的机会。Baker 和 Bellis 通过试验验证了这一预测。

谈到精子竞争还必须记住,雌性个体不只是简单地扮演一个只能接受雄性个体精子的不重要的角色,它实际上通过配偶选择行为而发挥着积极的作用。例如,配偶选择可影响雌性个体所能接受的精子数量,能影响雌性个体如何将这些精子转运到贮存精子的器官中去,以及它将选择哪些精子真正用来使卵受精等等。至于雌性个体如何在现存精子中进行准确的选择,目前还不十分清楚,但这正是目前动物行为学中一个十分活跃的研究领域。

5. 精子竞争和保护配偶

克服精子竞争风险的办法之一就是从自己伴侣的生殖道内把竞争对手的精子清除出去。另一个可能的办法是减少配偶从别的雄性个体那里获得精子的可能性。在很多动物中,雄性个体在交配并输送精子后,都会紧密伴随在自己配偶身边,以防配偶与其他雄性个体再进行交配,这种行为就叫保护配偶(图 9-7)。当然,保护一个已与其交配过的配偶是要付出代价的,代价就是减少了找到其他雌性个体的机会,这其中就有一个得失权衡问题。当不受保护的配偶与其他个体发生交配的可能性越大,从保护配偶中所获得的好处也就越大。保护配偶的代价将会随着有性接受能力雌性个体的稀少程度而下降,因为雌性个体越是短缺,一个保护配偶的雄性个体就越难有机会再找到一个雌性个体与之交配。例如:虽然 Idaho 地松鼠和 Belding 地松鼠的雌鼠都与一个以上的雄鼠交配,但 Idaho 地松鼠的雌鼠主要是用最后一个与自己交配的雄鼠精子使卵受精,而 Belding 地松鼠的雌鼠则主要利用第一个与自己交配的雄鼠的精子。此外,在 Idaho 地松鼠中,雌鼠洞穴彼此间的距离要比 Belding 地松鼠远得多。由此事实你一定不难猜到,在这两种亲缘关系很近的地松鼠中,究竟是哪一种雄鼠具有更发达的保护配偶行为(P. W. Sherman, 1989)。

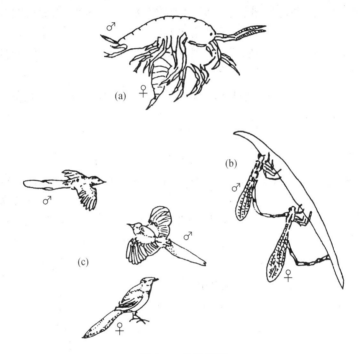

图 9-7 保护配偶

(a) 端足类甲壳动物;(b) 豆娘:雄豆娘正在保护雌豆娘产卵;(c) 喜鹊:保护配偶免受其他雄喜鹊干扰

通过对保护配偶行为的得失分析,T. Birkhead 认为,群居物种应比独居物种表现出更发达的保护配偶行为,因为雌性动物周围有很多雄性动物,发生多次交配的可能性很大。预期只有当雌性个体已进入可交配期和怀有可受精卵时,雄性个体才会表现出强烈的保护配偶行为。白额蜂虎提供了检验这一预测的好例子,在这种鸟类和很多其他鸟类中,雄鸟和雌鸟将建立一种合作关系,至少会维持到幼鸟能独立生活之后。在配对之后,雌鸟将产 4~5 个卵,每天产 1 个,直到产完为止。能使每个卵受精的时间很短,对雄鸟来说只有 4 或 5 天的时间能够得到这样的机会,在此期间,雌鸟的原配雄鸟会经常伴随在身边,不管雌鸟何时飞离巢区,原配雄鸟总是紧紧相随,这样就能大大减少雌鸟受到干扰和与另一只雄鸟发生交配的机会(S. T. Emlen 等,1986)。但是,配对之后对配偶严加保护却无法防范在此之前所发生的事,那时雌性个体可能已经有了受精卵。事实上,雄性蜂虎在其原配雌鸟产完卵后常常放弃对配偶的保护而去追逐其他雄鸟的配偶。

很多其他动物也有保护配偶的行为,通常只有在雌性动物具有可受精的卵时,雄性动物才会在保护配偶上作大量投资(M. D. Beecher 等,1979)。例如:在非洲象中,较老的优势公象只有当母象处于发情期时(此时有可受精的卵),才会独占和保护母象。在发情初期当卵尚未成熟时或是在发情末期当卵已受精时,母象可能会与一个社会优势较差的年轻公象交配,这对优势公象来说不会有任何精子竞争的风险(J. H. Poole,1989)。从保护配偶行为的得失分析所做出的另一个预测是:保护配偶行为的加强与获得额外配偶的可能性下降有关。这一预测已经在大苇莺中得到了证实。有时,大苇莺的雄鸟试图与一个以上的雌鸟配对,为此,已配对的雄鸟就必须终止只和一个雌鸟相伴并开始唱一首"长歌"以吸引一只新伴侣。吸引一只尚无配偶的雌鸟,这在生殖季节的初期比晚期要容易得多。在生殖季节初期,一只雄鸟在其配偶的生育期结束以前,可以连续几天地长时间鸣唱。但随着季节的推移,雄鸟花在保护配偶上的时间就会越来越多,因为此时已经有了待受精的卵(A. Arak,1983)。

八、雌性动物的配偶选择

1. 配偶选择是性选择的一种作用方式

雄性动物总是试图争夺社会优势地位并保护自己的配偶,这些行为之所以能够存在是因为它们有助于雄性动物在与其他个体竞争为卵受精权时得到成功。下面我们将要谈的是配偶选择(mate choice)作为性选择的一种形式将会带来什么进化后果。显然,雌性动物对雄性动物有很强的性选择作用,正如前面我们已谈过的那样,雌性动物的生殖成功率并不决定于它有多少配偶,而是决定于它能产多少卵以及这些卵受精后的命运。如果不同的雄性动物对后代的质量和生存有不同影响的话,那么雌性动物就应当特别偏爱那些对后代贡献最大的雄性动物,正是由于这种偏爱才能使性选择发挥作用。

问题是雌性动物所选择的是什么? 是选择谁为自己的卵受精吗? 毫无疑问,如果雌性动物能够抵制雄性动物与它们强行交配的话,它们就有一定的决定权。从很少观察到自然杂交来判断,雌性动物是能够很容易地把本种和他种异性个体区分开来的(图9-8)。在本种内也已证明雌性个体对某些雄性个体是有所偏爱的,但这种偏爱还不足以说明为什么某些雄性个体比另一些个体享有更高的生殖成功率,因为正像我们已经看到的那样,这种结果可能是来自

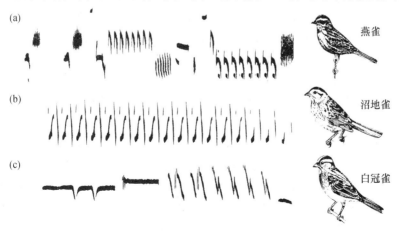

图9-8 三种鸣禽(雄)叫声的频谱分析

其叫声的物种特异性使雌鸟很容易辨认自己物种的雄鸟

于雄性之间的竞争,而不是来自雌性的偏爱。在一头未阉割的公马从另一头公马接管了一群母马后,任何怀了孕的母马只要和新来的公马发生交配就可能流产。在一些鼠类中也是一样,雌鼠被接管后,只要嗅到新来雄鼠尿的气味,怀孕雌鼠就会把腹中的胎儿重新吸收掉。

从最终结果看,这些效应可能是来自雄性个体之间的竞争,也可能是来自雌性个体的选择,有时要想判明性选择的这两个方面是很困难的。很可能新来的雄性个体为了自己的遗传利益而迫使雌性个体终止怀孕。也可能,流了产或终止怀孕的雌性个体愿意与新来者繁殖后代,这样就使后代能得到亲生父亲的抚育。如果真是这样的话,那么终止怀孕很可能就是雌性动物积极进行配偶选择的一种形式。

2. 配偶选择与结婚礼品

在有些物种中,雄性个体必须向其配偶提供一些物质上的好处(如食物)才能与其交配,这是雌性个体发挥配偶选择作用的一个明显证据(S. K. Sakaluk, 1986)。因为这些礼品可以提高雌性个体的适合度(如产更多或更大的卵),所以雌性个体就喜欢选择那些能够提供较好礼品(好于平均值)的雄性个体与之交配。这样就使性选择更有利于那些"慷慨大方"的雄性个体。例如:蚊蝎蛉的雌性个体要在那些提供结婚礼品的雄蝎蛉中挑选自己的配偶,如果对方提供的是一个不好吃的瓢虫就会很快拒绝它。即使食物是可食的,开始交配了,交配时间的长短也要视食物的大小而定,如果食物很小,不到5分钟就能吃完,雌蝎蛉就会在接受精子之前离去。如果食物很大,在20分钟内都吃不完,那么雌蝎蛉就会接受食物奉献者大量的精子。

交配时间不仅决定着雌蝎蛉从雄蝎蛉那里所接受的精子数量,而且也决定着雌蝎蛉能不能得到精子和能不能开始产卵。如果雄蝎蛉奉献的食物只够吃12分钟,雌蝎蛉就会过早离开它的配偶并去寻找另一个雄蝎蛉,吃新配偶提供给它的食物和利用新配偶的精子使卵受精。雌蝎蛉就是以这样的方式积极参与配偶选择的,这将使性选择有利于那些能够提供大而营养丰富的结婚礼品的雄性个体。

在有些种类的螽斯中,雄螽斯常把大而富含高蛋白的精包(spermatophore)传递给它的配偶,供后者在交配之后食用。问题是,雌螽斯真的能从这种婚宴中得到生殖上的好处吗?为了回答这个问题,D. T. Gwynne(1984)在实验室中通过把精包从一个雌螽斯那里拿走递给另一个雌螽斯的办法证明:雌螽斯接受的精包越多生育力就越强,卵的重量也越大,如接受7个精包的雌螽斯的平均产卵量是70.7粒,每粒平均重10.6 mg;接受3个精包的平均产卵量是59.8粒,每粒平均重10.3 mg;接受1个精包的相应数据是45.8粒和10.0 mg;接受0个精包为31.9粒和9.7 mg。在自然状态下,雄螽斯如果不提供精包,雌螽斯就不会让它的精子进入自己的贮精囊。

在有些蟋蟀中,雌蟋蟀也以同样的办法拒绝接纳某些雄蟋蟀的精子,如果这些雄蟋蟀所提供的精包重量小于平均值的话(S. K. Sakaluk, 1984)。雄蟋蟀在交配期间常把精包的两个部分粘附在雌蟋蟀的生殖孔上,雌蟋蟀与雄蟋蟀分开不久就会把精包的第1部分拿掉,而把含有精子的第2部分(精囊)留在原地,当雌蟋蟀吃精包的第1部分时,精子就会从精囊迁入雌蟋蟀体内贮存起来。结婚礼品越大,吃完它花的时间就越长,同时也就有更多的时间使精子从精囊迁入雌蟋蟀体内。通常,雌蟋蟀吃完精包的第1部分,接着就会吃第2部分(即精囊)并把未来得及从精囊中迁出的精子统统吃光。因此,那些只奉献一个小精包的雄蟋蟀就只能传递少量精子使很少的卵受精。

3. 配偶选择与资源独占

一些蝎蛉、蟊蟖和蟋蟀的雄性个体常常把收集和加工过的食物直接奉献给自己的伴侣,以诱使对方接受自己的精子。然而,奉献结婚礼品只是雄性动物用物质利益换取交配权的几种方法之一。一种更常见的方法是雄性动物占有和保卫一个领域,引诱雌性动物前来利用领域内的资源并与其交配。占有领域对很多鸟类来说都是很重要的,这些鸟类常常是在一个食物资源丰富的地区配对和建巢。如果雌鸟总是回避那些没有领域的雄鸟,而主动接受那些拥有领域的雄鸟,那么这将是配偶选择的又一种形式,这会给有选择能力的雌鸟带来明显的利益。

其实,配偶选择的这种形式不光是鸟类有,雄性牛蛙大声鼓噪也是为了互相竞争池塘中的某些地点,那里的水温和植物特点都最适宜于卵的发育。雌蛙听到那里雄蛙发出的叫声就会朝雄蛙所在地点移动,直到雌蛙实际接触到雄蛙后才会发生雌雄蛙抱合现象。观察表明,雌蛙是能够与它所选择的雄蛙配对的(R. D. Howard,1980)。雌蛙喜欢与大个雄蛙配对并在它的领域内产卵,这是因为大牛蛙往往拥有最好的产卵地点。与小个雄蛙的领域相比,在大个雄蛙的领域内,因水温过热和水蛭吸血所造成的蝌蚪和幼蛙死亡率较低。因此,通过选择大个雄蛙作配偶,雌蛙不仅可以获得物质利益,而且也可提高自己的适合度。

4. 配偶选择与雄性的亲代抚育

在蟊蟖和牛蛙中,雄性个体对其后代是不提供亲代抚育的,虽然它们能以各种其他方式帮助自己的配偶。但在有些种类中,雄性个体却积极地为后代作准备,在这些物种中,父方对后代投资的大小可能是与雌性配偶选择有关的一个因素。问题是雌性个体如何能知道当其后代需要帮助的时候,作为父亲的雄性个体将能做些什么呢?雄性个体外貌和行为的很多特征都能表明作为父方抚育后代能力的大小(K. J. Norris,1990)。例如:有些鱼类的雌鱼显然更喜欢那些在巢中已经有了卵的雄鱼,因为卵的存在表明雄鱼正在尽做父亲的责任。雌鱼也能利用能表明雄鱼亲代抚育能力的其他标志来挑选一个高质量的配偶,以便能够照看好自己的后代。如它们可能挑选大个雄鱼,因为个体大意味着攻击能力强,对后代有较强的保护能力。为了用丽鱼(丽鱼科,Cichlidae;丽鱼属,*Cichla*)检验这一想法,K. Noonan(1983)把雌鱼放在一个有 3 个隔室水族箱的中间隔室中,从这里雌鱼可以看到两端隔室的一个大雄鱼和一个小雄鱼,但设在中央隔室中的两个不透明障碍使两条雄鱼彼此不能看到。雌鱼可以看到两条雄鱼的求偶炫耀,在它总共 20 次的产卵尝试中有 16 次选在大雄鱼附近的巢中。

雌性根据雄性个体大小进行配偶选择的另一个实例是由 M. Petrie(1983)提供的,他的研究表明:水鸡喜欢选择小个雄水鸡作配偶,在这种鸟类中是由雄水鸡承担大部分孵卵任务。相对于身体大小,脂肪贮存所占比例越大,持续孵卵天数就会越多,也就能使雌鸟有更多的时间去觅食和产另一窝卵。Petrie 发现:雄水鸡身体越小,其体内脂肪所占的比例就越大。雌水鸡经常为争夺雄水鸡而发生战斗,胜者(大个雌水鸡)总是选择体小但脂肪多的小个雄水鸡作配偶。

显然,雌水鸡是靠视觉来选择配偶的,但在有些蛾子中,雌蛾是靠嗅觉选择配偶的。在这些蛾类中,雄蛾在交配期间传递一些具有保护功能的物质,雌蛾便把这些物质填加到卵中使其免受捕食者捕食。拿美丽灯蛾(*Utetheisa ornatrix*)来说,其幼虫可从其食料植物分离出吡咯双烷类生物碱(PA),这些生物碱虽然对蛾子无毒但却能影响其行为。雄蛾可利用体内贮备的 PA 制造性信息素,然后再用它去吸引雌蛾。雄蛾在幼虫期吃进的 PA 越多,其成蛾体内的贮备量就越大,它是用于生产信息素中类似 PA 的一种物质(hydroxydanaidal)。因此,美丽灯蛾的雌蛾能够依据雄性信息素的成分识别雄蛾,特别是因为信息素中类似PA物质的浓度是与雄蛾传递给雌蛾用于卵化学防护的PA的数量有关的。

其他动物的雌性个体是靠听叫声而不是靠嗅闻信息素来判断雄性个体的亲代抚育能力的。一只雄鸟叫声的复杂程度或持续性能够表明它的大小和生理状态(A. P. Moller,1991)。通常,苇莺属(*Acrocephalus*)的雌莺能够很快与叫声复杂的雄莺配对,而稍后到来的雌莺则只能与余下的叫声较少变化的雄莺配对了。

九、雄性只提供精子时的配偶选择

1. 实例:园丁鸟、丽鱼和蟋蟀

在很多物种中,雄性个体除了提供精子外,对其配偶和后代没有任何帮助,雌性动物要完全依靠自己,它们收不到结婚礼品,从雄性个体领域中得不到任何资源,后代没有来自父亲的保护。总之,除了从雄性个体精子中得到基因外什么都得不到。在这样的物种中,雌性动物还有配偶选择吗?如果有,那它是根据什么进行选择的呢?正如前面讲过的,雄性园丁鸟不提供亲代抚育,对其配偶也没有任何物质奉献,但它们却建设和装饰自己的林荫道,雌性园丁鸟是不是根据这些装饰物来评估雄性园丁鸟呢?G. Borgia(1985)曾预测,如果不断地把各种装饰物拿掉,雌鸟一定很少来拜访林荫道和与雄鸟交配。为了检验这一预测,他在11个拿掉了装饰物的林荫道和11个正常林荫道(对照)中各安放一架照相机。只要有移动的物体(园丁鸟)进入林荫道就会阻断不可见的红外线而引起照相机自动拍照。如果有雄鸟与雌鸟交配,也能如实地记录在胶片上。结果正如预测的那样,与对照相比,被拿掉了装饰物的林荫道所记录下的交配次数显著减少。

一个类似的实例是非洲丽鱼(*Cyrtocara eucinostomus*),雄鱼在马拉维湖湖底建起一座精致的炫耀场所,很像是一座火山或沙质城堡。雌鱼到这里来只是为了接受雄鱼的精子为卵受精,而这些卵是在雌鱼口中孵化的(俗称口孵鱼)。雄鱼根本不提供亲代抚育,它的交配成功率主要取决于所建城堡的高度,在相邻的一群雄鱼中,谁建筑的城堡较高谁就能吸引来较多的雌鱼。显然,园丁鸟和丽鱼都是利用雄性个体的视觉求偶信号来达到交配目的的,孔雀和很多其他动物也是这样,雌孔雀就特别喜欢巨大尾羽上有较多眼斑的雄孔雀。但是也有一些种类,雄性个体是靠发出声音信号求偶的,而雌性个体能够根据这些声音信号区分不同的雄性个体吗?A. V. Hedrick(1986)发现:在一种蟋蟀油葫芦(*Gryllus testaceus*)中,雌性个体比较喜欢能够长时间发出颤音的雄性个体。验证听觉信号对雌蟋蟀影响的关键是要把全部雄蟋蟀从播放蟋蟀叫声录音带的实验区拿走。这类实验的传统做法是让一个扬声器播放一种类型的叫声,而让另一个扬声器播放另一种类型的叫声,雌蟋蟀则放在两个扬声器之间,观察它最终走向哪一个扬声器。就Hedrick所研究的雌性油葫芦来说,在25次实验中有23次是走向了发出不间断颤音叫声的扬声器,而另一个扬声器发出的颤音叫声是间断的,每次叫声持续时间很短。

这一实验技术也常用于青蛙和蟾蜍依据听觉所进行的配偶选择。B. K. Sullivan(1983)指出:在自然状况下,渥后蟾(*Bufo woodhousii*)的雌蟾更喜欢与每分钟发出很多次叫声的雄蟾配对,而不喜欢那些叫声速率较慢的雄蟾。这种蟾蜍的雄蟾常聚集在池塘或河流静水处进行集体合唱,雌蟾先是听它们唱,然后从其中选择一只雄蟾与其配对。为了检验雌蟾在自然条件下所作的选择是不是受到了雄蟾叫声的影响,Sullivan把雌蟾带回实验室放在一个有两个扬声器的活动场所,两个扬声器所播放的雄蟾叫声是一样的,只是速度不同。在总共36次实验中,雌蟾总是跳向播放高速叫声的那个扬声器。

在涩后蟾种群中,在身体大小与每分钟叫声次数之间并没有相关性,因此雌蟾并没有给予大雄蟾交配上的好处。然而巴拿马蛙的雌蛙却喜欢大雄蛙,这种青蛙的雄蛙常漂浮在池塘表面进行集体大合唱。雌蛙进入雄蛙集聚地后先是到处移动,最终将接受一只雄蛙的抱握。大雄蛙交配的机会要比小雄蛙多得多。据 M. J. Ryan(1985)研究,大雄蛙总是把更多的能量用于发出低频音,而且在声音选择试验中雌蛙也总是走向发出低频音的扬声器。

2. 优质基因假说

有很多证据证明,即使在雄性个体对其配偶不提供任何帮助的情况下,雌性个体也表现有对配偶的选择性,并能影响不同雄性个体的交配成功率。但雌性个体能从这种选择中得到生殖上的好处吗？如果雄性个体只能为其配偶提供精子,那么,雌性个体就无法根据雄性个体的求偶行为和体质特征来判断它能从对方得到什么物质利益,在这种情况下,选择装饰华丽、求偶行为复杂的雄性个体又能得到什么好处呢？

对此,优质基因假说提供了一种可能的解释,该假说的主要含义是：① 雄性个体在其存活技能方面存在着多方面的遗传差异；② 雄性个体的行为和装饰提供着自身基因实用价值的精确信息；③ 雌性个体利用这些信息选择配偶,其配偶基因将有助于它产生特别有活力的后代(P. F. Nicoletto, 1991)。

W. D. Hamilton 和 M. Zuk(1982)曾对优质基因假说作过检验,他们认为：雄性个体之间在遭遇寄生方面如果存在着明显差异时,雌性个体若能选择一个对寄生物有较强抗性的雄性作配偶就会得到好处,因为它的后代也可能通过遗传获得这种抗性。如果未遭寄生的个体总是能保持羽衣的鲜艳华丽,而遭寄生的个体则不能这样,那么,鲜艳的色彩很可能就标志着对寄生物有较强的抗性,事实证明,很多种类的雌鸟都喜欢选择个体较大或生有鲜艳羽毛和装饰物的雄鸟作配偶,这与优质基因假说是一致的。

由于不同种类的鸟受寄生物感染的程度是不同的,所以根据优质基因假说推测,在寄生风险越大的鸟类中,雄鸟的鲜艳性应当越明显,而在缺乏寄生压力的鸟类中,雄鸟的鲜艳性将得不到发展。为了检验这一推测正确与否,Hamilton 和 Zuk 利用大量的寄生生物学文献资料确定某一特定物种成员被寄生物感染的风险。他们让一个不熟悉寄生物资料的人把各种鸟类按 1~6 的顺序排位,1 代表羽色极为单调,6 代表羽色极为鲜艳。结果发现,在物种鲜艳与该物种个体遭寄生风险之间存在着极显著的相关性。虽然也有一些类似工作否定了两者之间存在显著相关性,从而降低了 Hamilton-Zuk 假说的可信程度,但还是有人继续从其他预测出发对这一假说进行了检验,其中的一个预测是：同一物种内鲜艳的雄性个体的变异应与寄生物感染和雌性个体的选择相关。1990 年 A. P. Møller 用家燕(*Hirundo rustica*)对这一预测作了检验。虽然家燕是单配制鸟类,雄鸟也参与喂雏工作,但雄燕仍具有精巧的装饰即长长的尾羽,这使它在配对和交配前的飞行求偶中极为醒目。如果 Hamilton-Zuk 假说是正确的话,那么,① 家燕必定会受到寄生物的困扰,使被寄生鸟类的适合度下降；② 雄鸟之间在对某些寄生物的抵抗力方面必然会存在着可遗传变异；③ 寄生物感染程度的不同必然会明显地表现在雄鸟的装饰性特征上；④ 雌鸟所选择的雄鸟必然会有一些特征能表明它对寄生物有较强的抗性。

Møller 发现了支持所有这四点预测的证据,第一,吸血螨常常攻击家燕并可导致雏燕体重下降。在产卵期间往家燕巢中接种 50 只吸血螨,可导致出巢幼鸟体重减少 20%(与不接种吸血螨相比)。家燕幼鸟的体重越轻,存活到生育年龄的可能性就越小。第二,当成年雄燕飞抵繁殖地时，身上的寄生螨数量是各不相同的（依据所捕雄燕头部寄生螨的统计数估算）。在接种了吸血螨的试验巢中，被严重寄生雄鸟的后代往往也会遭到严重寄生，哪怕它们不是和自己的父亲生活在一个巢中，而是生活在养父母的巢中。在试验中，每一对家燕的一窝雏鸟都要分出一半送入另一个巢中，以便了解雏鸟家系对其螨寄生易感性的影响。第三，雄性家燕的尾长可反映吸血螨的寄生史，在喷洒过杀螨剂的巢中养育出的雄性幼鸟，其尾长要比接种了吸血螨的巢中养育出的幼鸟长得多。第四，雌燕喜欢有较长尾羽的雄燕，在每年飞抵营巢区后，雌燕总是较早地与这些雄燕配对。因此，长尾雄燕能够较早开始繁殖，这使它们更有可能在短暂的生殖季节育成两窝小鸟。这些结论是 Møller 根据一项试验获得的，在试验中他把捕获的雄燕的尾羽剪短或续长，所用方法是 M. Andersson 在研究另一种长尾鸟时首先采用的方法，即把一只鸟的一段尾羽用胶粘物移接到另一只鸟的尾羽上。就家燕来说，被人为接长了尾羽的雄鸟大大地增加了对雌鸟的吸引力。

第二节 婚配体制

两性个体在亲代投资方面的差异常常会导致雄性个体为争夺雌性个体而展开竞争，同时也伴随着雌性个体对雄性个体的选择。两性个体所采取的婚配策略将决定着一个动物在一个生殖季节内所能占有的配偶数量。有些动物如园丁鸟（*Ptilonorhynchus violaceus*），雄鸟可以得到好几个配偶（虽然也有只能得到一个或完全得不到配偶的）。有些动物几乎所有的雄性个体都只有一个配偶，而在少数动物中则是几只雄性个体共同占有一个配偶。在雌性婚配体制中也有很多不同的类型，有些种类是一雌配多雄，有些种类在整个生殖季节都是一雌配一雄，还有的种类是多个雌性个体竞争或争夺同一个雄性个体。我们将在本节中讨论为什么在不同种类的动物中配偶的数量会有所不同，还要讨论为什么会存在着这么多不同的婚配形式，例如在一雄多雌的交配体制中，有的是雄性个体到处跑动试图遇到尽可能多的发情的雌性个体并将其占为己有；有的则是很多雄性个体聚集在一个传统地点（求偶场）向雌性个体展示各种复杂的，甚至是奇特和滑稽可笑的炫耀动作，以吸引雌性对自己的注意。解释交配体制多样性的一种理论是：一些重要的生态因素决定着雌性个体的不同分布状况，后者又会促使雄性个体采取不同的交配策略。我们将主要依据这一理论说明动物为什么会有这么多的交配体制。

一、雄性动物婚配体制的多样性

虽然雄性婚配体制存在着多样性，但大多数雄性个体都是一雄多雌的（polygamous），即每个雄性个体都试图为很多雌性个体受精，如前面我们曾提到过的园丁鸟、黑翅豆娘、象海豹、牛蛙和蓝鳃太阳鱼等。为什么在动物界一雄多雌现象会如此普遍呢？性选择理论对此提供了一个可能的解释。正如以前所说过的那样，在通常情况下，雄性个体对后代是不作亲代投资的，而雌性个体则是亲代投资的主要参与者。因此，雄性个体的生殖成功率是靠与很多雌性个体交配来获得的，这就导致了雄性彼此争夺配偶的现象，胜者便可占有多个雌性个体，生下较多的后代并能把有利于一雄多雌获得成功的基因传给下一代。

因此在正常情况下，雄性个体总是试图与很多雌性个体交配，这不足为奇。真正需要弄清楚的倒是另一种现象，即为什么有些雄性个体在每个生殖季节只与一个雌性个体配对或是与其他几个雄性个体共同占有一个配偶。这种情况的发生可能仅仅是因为雄性个体难以获得很多配偶,虽然这对它是有利的。

1. 关于雄性个体采取单配制的各种假说

雄性动物为什么要采取单配制(monogamy)呢?有利于雄性动物单配制进化的假说有很多,其中之一是配偶保卫假说(mate-guarding hypothesis)。有些生态条件有利于配偶保卫行为的发展,即使这将意味着放弃追求其他异性的努力。在最好的情况下,雄性动物在每个生殖季节只保卫一个配偶有可能比试图追求更多的异性留下更多的后代,如在雌性个体分布范围很广和数量极少的情况下。

另一个假说是配偶帮助假说(mate-assistance hypothesis),即雄性动物之所以只有一个配偶是因为需要帮助配偶喂养共同的后代,因为在特定的环境条件下只有雄性动物提供帮助才能大大促进后代的存活。提供帮助将能增加后代的存活数量,这就弥补了单配雄鸟因失去婚外交配的机会而受到的损失。

第三个假说是雌性个体强制假说(female-enforced hypothesis),该假说是说单配制虽然对雄性个体不利,但在雌性个体行为的强制下而不得不采取单配制,如雌性个体为了增加自身的适合度,常常拒绝与那些已有配偶的雄性个体进行交配,这无疑就会形成一雄一雌的婚配体制。另外,已有配偶的雌性个体会设法阻止自己的配偶获得婚外的交配机会,攻击那些试图与自己的配偶进行交配的雌性个体。

我们可以应用上述的各种假说对每一个现实的一雄一雌婚配体制的实例进行检查和分析。以小丑虾(*Hymenocera picta*)为例,这是一种非常漂亮的虾,雄虾在长达几周的时期内总是密切地与一只雌虾呆在一起,从不离开自己的配偶去寻找其他雌虾,但雄虾对自己的后代也不提供任何亲代抚育和关照。显然,在这个实例中,配偶帮助假说是不能成立的。那么,配偶保卫假说呢?根据这一假说应当预测:寻找配偶的雄虾的数量应当大大多于雌虾的数量,这将使得雄虾一旦找到一个雌虾后就不会再轻易离开它并长时间与它保持密切的配对关系。小丑虾的实际行为表现与这一预测是一致的。雌虾每3周只有几个小时处于可接受交配的状态,蜕皮后只有很短的交配时间。雌虾分散于广阔的海洋环境中,雄虾要想找到一个有性接受能力的雌虾是很不容易的,而且要付出较大能量消耗。因此,雄虾一旦找到一个雌虾就会等待它达到可接受交配的生理状态,在此期间如有其他雄虾出现就会将其驱逐。

2. 哺乳动物的单配制

除了小丑虾外,很多其他动物也有一雄一雌的交配体制,但在哺乳动物中却很少见。哺乳动物的一个重要特点是雌兽对其后代的投资巨大,不仅要在体内滋养孕育胎儿,而且要为出生幼兽哺乳。由于这些特点的存在,从性选择理论考虑,哺乳动物的雄性个体通常会倾向于采取一雄多雌的交配体制,实际上也正是这样。当然也会有例外,特殊事例常会有助于我们了解这一现象的进化过程。

根据单配制的配偶帮助假说,可以想象到,在大多数哺乳动物采取多配偶制的情况少,个别或少数采取单配偶制的种类一定是食肉目的动物,如狐狸、狼和其他一些狩猎动物,因为这些动物的雄兽对其配偶和后代具有很大的帮助潜力,它们通过保卫取食领域、为幼兽提供猎物和驱赶入侵者而能提高其配偶及其子女的适合度。但是,根据雌性个体强制假说也可做出这一预测,即单配制在食肉类哺乳动物中应比在食草类哺乳动物中更为常见,因为当雄性个体提供好处的时候,雌性个体可以借助于独占这些好处而不是与其他配偶共享这些好处而获益。例如:在一个狼群中通常只含有一只可进行生殖的优势雌狼,它常常是其他非生殖雌狼的母亲、姐妹或姨母。有趣的是,非生殖雌狼也能排卵和向雄狼示爱,但只有把优势雌狼从群中拿走时,非生殖雌狼才能交配和产生后代。在优势雌狼存在的情况下,它们的生殖是难以成功的,它们的后代要么会被优势雌狼杀死(像在其他一些犬科动物那样),要么会在与优势雌狼后代的食物竞争中饿死。在各种食肉类哺乳动物中,对从属个体的生殖抑制是与怀胎的高能量消耗和出生后需要亲代的大量投资相关的(S. R. Creel 和 N. M. Creel, 1991),这也是食肉类哺乳动物常常采取单配制的一个重要原因。

因此,在解释狼的单配性时,我们既不能排除配偶帮助假说,也不能排除雌性个体强制假说。在狼群中从属雌狼保持非生殖状态也有助于防止优势雌狼走向多配制。

3. 鸟类的单配制

虽然单配制在哺乳动物中很少见,但在鸟类中却普遍存在,大约有90%的鸟类在生殖季节都是一雄一雌配对的。为什么哺乳动物和鸟类会有这种差别呢?雄鸟与雄性哺乳动物的不同之处在于:它们在亲代抚育方面所发挥的作用可以与雌鸟一样好。虽然雄鸟不能产卵,但它们能够孵卵,照顾、喂养和保护雏鸟。因此,一只单配性的雄鸟借助它的父爱很容易增加所养育后代的数量。从理论上讲,它的遗传收益将会超过那些追逐很多雌鸟但不提供任何父爱的雄鸟。

在那些雌鸟生殖同步化的鸟类中,因配偶帮助而形成的单配制最为常见,因为在这些鸟类中单配制的好处最有可能超过它的不利方面。当雄鸟完成向一只雌鸟求偶时,对那些总是试图建立多配制的雄鸟来说,尚未配对的雌鸟恐怕就很难再找到了。在这种情况下,留在单配制家庭中的雄鸟是不会有什么损失的。配偶帮助假说对鸟类单配制的预测是:雄鸟的亲代抚育一定会对雌鸟所养活的幼鸟数量有很大影响。在那些双亲每次只养育一只幼鸟的物种中,雄鸟的帮助对生殖的成功也是必不可少的,如果雄鸟把它的帮助分配给两只或更多的雌鸟,那它很可能一个后代也养不活。

在一窝能养很多幼鸟的一些鸟类中,雄鸟对生殖成功所起的作用可借助于试验进行验证,在试验中如果把雄鸟拿走,变成"寡妇"的雌鸟与对照雌鸟相比通常只能养活较少数量的幼鸟。可见,在某些情况下单配制对雄鸟和雌鸟都有好处。但是这里我们应当再次提到鸟类单配制中的雌性个体强制假说。如果雄鸟经常为其配偶提供有用的帮助,那么雌鸟与单配性雄鸟交配就会比与多配性雄鸟交配获得更大的适合度,因为后者对其子女只能贡献一部分父爱而不是全部。如果是这样的话,雌鸟就不应当与已有配偶的雄鸟配对,而且应当对那些试图引诱其配偶和共享其配偶的领域和资源的雌鸟加以攻击,这些行为显然对自己是有利的。

M. Björklund 和 B. Westman (1986) 曾用移走雄鸟的方法检验了雄鸟对大山雀(*Parus major*)生殖成功率的影响。大山雀是单配性鸟类,它所栖息的生境质量是有很大差别的,在优质生境(阔叶林)中,一对亲鸟在一个生殖季节内平均可以养活 8 只幼鸟,每只出巢幼鸟的平均体重为 18.5 g;但在劣质生境(针叶林)中,一对亲鸟平均只能养活 7 只幼鸟,每只幼鸟的平均体重为 17.5 g。但是如果在试验中当卵孵化之后把雄鸟拿走几天,剩下单独的一只雌鸟则只能养活不到 6 只幼鸟,而且每只幼鸟的平均体重只有 16.5 g。这个试验除了验证了雄鸟的作用外,还表明在没有雄鸟帮助的情况下,雌鸟也能把相当数量的幼鸟(平均 5.5 只)养育到独立生活的年龄。这个事实说明:一只多配性雄鸟如果在自己的领域中与两只雌鸟配对,而且对它们不提供任何帮助,那最终也能使 11 只幼鸟(5.5 + 5.5)成活。由此看来,大山雀的雄鸟采取一雄二雌的多配制对自己更为有利。但问题是,雌性大山雀对雄性大山雀有选择性,这

将能防止自己的配偶成为多配制雄鸟。虽然在优质生境中生殖比在劣质环境中生殖要好得多,但也无法弥补雌鸟与多配性雄鸟配对所受到的损失。

1992年,S. J. Hannon在柳雷鸟中发现了有利于雌性个体强制假说的证据。雌性柳雷鸟一旦配了对就总是攻击接近自己配偶的其他雌雷鸟。雄雷鸟对其配偶所提供的帮助是当雌雷鸟觅食和孵卵时对捕食天敌保持高度的警觉性,以免受到攻击,同时为巢中的幼鸟提供保护。虽然在自然条件下柳雷鸟是单配性鸟类,但是Hannon却能靠人为减少(移走)种群中雄性雷鸟的数量而诱使其产生一雄多雌的交配体制(即多配性)。其结果是有些雌鸟将共占一只雄鸟,而其他雌鸟则仍保持单配制。如果雄鸟的帮助确实能影响柳雷鸟的生殖成功率,那么单配雌鸟和多配雌鸟所能养活的幼鸟数就应有所不同。事实证明:单配雌鸟平均能把5.1只幼鸟养育到独立生活年龄,而一雄多雌制中的雌鸟平均能养活4.7只幼鸟,两者在统计学上并无显著差异。另外,两类雌鸟所育幼鸟的平均体重也相差不大,因此它们的存活机会也是大体相等的。

很可能,Hannon忽略了雄鸟的帮助对雌鸟带来的另一种好处,即长期存活方面的好处。如果这一好处确实存在的话,单配性雌鸟与多配性雌鸟相比,应当有更多的数量于第二年重新回到繁殖地来。有一项研究表明:单配性雌鸟约有一半于来年重返繁殖地,而多配性雌鸟只有四分之一。原因可能是在单配性雌鸟身边总是有警戒性很高的雄鸟相随,这可使雌鸟能把更多的时间用于取食而把较少的时间用于警戒,这种取食优势可大大减少单配性雌鸟冬季的死亡率。

4. 单配性鸟类的婚外交配

虽然大多数鸟类的婚配体制是单配性的,但近年来有越来越多的研究者发现:单配性鸟类的婚外交配现象非常普遍,尤其是在群居生活的鸟类中。在很多鸟类中,雄鸟都有一个主要配偶并对其提供各种帮助,但同时它又会去寻求第二配偶但不会为其提供任何帮助。从雄性个体的角度看,如果寻求婚外交配的代价不会超过婚外交配所得的话,那么婚外交配就具有一定的适应价值。这里所说的代价是指寻求婚外交配的时间和能量付出以及当它不在时其主要配偶与其他雄鸟进行交配的风险,其后果是失去一些卵的授精权。有趣的是,白额蜂虎(*Merops bulockoides*)寻求婚外交配的时间总是选择在能使这一风险降至最小的时候,而在雌鸟产卵前和产卵期的几天内,雄鸟总是寸步不离地伴随在雌鸟身边,因为这是精子竞争的关键时期。

婚外交配会不会给雄鸟带来好处主要是看这种交配能不能使卵受精。近些年来,越来越多地利用DNA指纹图谱鉴定亲子关系,这一技术为雄鸟的父权认定提供了可靠的证据。DNA指纹法是利用在蛋白质编码基因之间发现的DNA小区进行鉴定,这些小区是由一再重复的某些基本序列构成的,但重复单位的数量在不同个体之间存在着很大差异。人类DNA的一个高变区(hypervariable region)就至少存在77个不同形式。研究人员可把DNA破碎成很多小的片段,然后找出那些来自特定高变区的片段,这些片段可用放射性物质标记并根据它们的大小加以分离,最终就能得到一张指纹图谱照片。

DNA的一个特定高变区将能产生一组特定大小的片段,可显示出一个独特的DNA指纹带,把两个个体的DNA指纹图谱加以比较就可知道这两个个体是不是有亲缘关系,即两者是否有从共同祖先那里继承下来的相同的DNA部分,如果有就会从DNA指纹图谱上看到相同的高变区,它是由DNA片段构成的。DNA指纹图谱将为雄鸟婚外交配所产生的父子关系鉴别和亲权认定提供极有力的证据。例如：对靛蓝鹀 DNA 指纹图谱的研究（D. F. Westneat, 1990）表明，巢中有 35% 的幼鸟与喂养它们的雄鸟没有父子关系，这就是说，雌鸟不仅仅是与不是它主要配偶的雄鸟交配，而且还利用它们的精子使自己的卵受精。这种现象也可能发生在一雄多雌制的鸟类如红翅乌鸫中，生活在一个雄鸟领域中的雌性红翅乌鸫常常与相邻领域中的雄鸟进行交配，因此，巢中幼鸟的血缘是混杂的。由此便产生了一个问题，即雌鸟能从婚外交配中得到什么好处呢？

5. 关于雌性动物婚外交配的几种假说

一只雄鸟靠其他雄鸟的配偶为自己生育后代，其好处是不言而喻的，但比较难理解的是雌性动物能从婚外交配中获得什么好处呢？在很多鸟类中，雌鸟并不能从婚外交配中得到什么好处，因此可以想到，这些雌鸟对那些"不专"雄鸟的追求一定是严加抵制的。但在有些动物中，雌性动物常常接受，甚至引诱婚外的异性个体与其交配（D. F. Westneat, 1990），在这种情况下，可用致育保险假说（fertility insurance hypothesis）加以解释。偶尔，雄性动物的精子是发育不全或是不育的，在这种情况下若能与两个或更多的雄性动物交配，就能增加雌性动物全部卵都得到受精的可能性（T. R. Birkhead 等，1992）。

解释这一现象的另一个假说是精子择优假说，即雌性个体从多个雄性个体接受精子是为了让这些精子竞争它的卵子，优胜者必是那些善于使卵受精且能提供优质遗传信息的精子。用来验证这一假说的动物不是鸟而是蛇。据观察（T. R. Madsen 等，1992），欧洲蝰蛇（*Vipera*）的雌蛇在春天的生殖季节总是同好几条雄蛇交配，Madsen 认为，与很多雄蛇交配的雌蛇所产出的后代将会比那些只与一条或少数几条雄蛇交配的雌蛇后代更占优势，他发现：雌蛇的配偶数量越少，其后代死产的比例就越高。有些雌性动物是有选择地与那些能为它提供特优基因的雄性个体进行交配。例如：仙鹩莺（*Malurus splendens*）的雌鸟经常与近亲雄鸟配对，但它常与相邻领域中的雄鸟进行婚外交配，这无疑会增加其后代的遗传多样性并能抵消近亲繁殖的不利影响。仙鹩莺的繁殖单位通常是由一对生殖鸟和几只从属个体（通常是雄鸟）组成的，侵入领域试图进行婚外交配的雄鸟一般是群体中的优势雄鸟，如果它具有优质基因的话，雌鸟就会通过与它交配而增加自己的适合度（I. Rowley 等，1990）。

第三个假说是"更多或更好物质利益假说"（the more or better material benefits hypothesis），该假说是说，在有些情况下，从婚外交配中可以获得更多或更好的物质利益。例如：在鸟类以外的其他动物中，一雌多雄制（polyandry）的雌性个体显然可以从雄性动物那里获得多得多的营养方面的好处。有些蜜蜂的雌蜂每次进入一个领域都要与那个领域中的雄蜂进行交配，此后它才被允许在那个领域中采集花粉和花蜜。与此相似的是，蚊蝎蛉和苜蓿粉蝶（*Colias eurytheme*）的婚外交配是为了获得雄性个体提供的婚宴食品或宝贵的精包，这有利于这些昆虫一雌多雄制的发展。

在鸟类中，雌鸟在生殖季节诱使更多的雄鸟与其交配，是为了得到多个雄鸟提供的亲代抚育。岩鹨（*Prunella modularis*）就是这样的，这种鸟有多种婚配体制，有时在一个领域中有两只雄鸟与一只雌鸟生活在一起。虽然占优势的 α 雄鸟很细心地保卫自己的配偶，但当雌鸟听到领域中另一只 β 雄鸟鸣叫时还是可能溜走。只要有可能，雌鸟就会接受 β 雄鸟与自己交配。当播放 α 和 β 雄鸟的鸣叫录音时，雌鸟都有接近反应，但当播放相邻领域雄鸟的鸣叫录音时，雌鸟却毫无反应，这说明雌鸟是能够识别每一只雄鸟的，它只追求自己领域中的 α 和 β 雄鸟。β 雄鸟有时会为雌鸟的后代提供亲代抚育，但只有在雌鸟产卵期间与它交配后才会这样做。

α和β雄鸟可依据各自与雌鸟的性关系而调整它们的亲代投资,如果在产卵期把α雄鸟或β雄鸟从领域中拿走一段时间,然后再放回领域,那么被拿走的雄鸟喂幼的积极性就没有一直留在雌鸟身边的雄鸟的积极性高(N. B. Davies 等,1992)。由于雄鸟亲代投资的多少是取决于它与雌鸟的交配频度(即交配频度越高,亲代投资也就越大),所以,一雌多雄制中的雌鸟就可以靠有策略的交配而得到两只雄鸟的帮助。

二、一雌多雄的婚配体制

当岩鹨的雌鸟与两个雄鸟交配时,它的幼鸟就能得到两只雄鸟提供的亲代抚育,这就是雌性个体从一雌多雄制中得到的好处。但一雌多雄制的主要不解之处是:为什么雄性个体会接受这种婚配体制,这将会使两个或多个雄性个体共占一个雌性个体的生殖产出而不是独占。一雌多雄不一定就排斥一雄多雌,在很多情况下这两种婚配体制是共存的,如在由雄鱼提供亲代抚育的很多鱼类中就有不少实例。鸟类中的实例是䳍(䳍形目 Tinamiformes,䳍科 Tinamidae),这是一种热带地区在地面营巢的鸟,雄鸟孵卵时不需要配偶提供帮助,但当雄鸟拥有一窝卵时常常会吸引好几只雌鸟到它的巢中产卵。雌鸟在产下一窝卵后,接着就会开始产另一窝卵。雌鸟有可能把第二窝卵交给它的第一配偶去孵,如果第一窝卵已遭到破坏的话。但雌鸟也可能去寻找另一只雄鸟孵第二窝卵。

负子蝽科(Belostomatidae)中的负子蝽(*Abedus herberti*)是雄虫把卵背负在自己的背上待其孵化。雌虫常把一批批产下的卵交付给几个不同的雄虫背在背上,直到卵孵化为止。如果一只雌虫产下的卵不能占满雄虫的背部,雄虫就会去接受另一只雌虫产下的卵。在这些情况下,无论是一雌多雄还是一雄多雌,在进化上都是可以理解的,就雌性来说,得到了雄性为其后代提供的亲代抚育,而就雄性来说,它们吸引了较多的配偶。然而,确实有少数物种的一雌多雄制对性选择理论提出了挑战,在这些物种中,生殖期间总是有几个雄性个体与一个雌性个体进行婚配,而且两性的作用常常颠倒,即由雄性个体承担全部或大部分亲代抚育任务,而雌性个体则为占有配偶而互相竞争。例如:矶鹬(*Tringa hypoleucos*)的雌鸟,其行为在很多方面都像是雄鸟,它们不仅个体较雄鸟大,而且比雄鸟更富有攻击性,每年都是雌鸟先飞抵繁殖地,而在大多数鸟类中都是雄鸟先于雌鸟。一旦到达繁殖地,雌鸟就会互相争夺领域并对领域加以保卫,以防被同性个体侵占。此后,雌鸟的领域会吸引2或3只雄鸟在自己的领域内建立它们自己的较小的领域。每只雄鸟都可与雌鸟交配并能得到一窝卵由自己来孵和喂养幼鸟。而雌鸟则继续保卫它的领域,并为后来的配偶产下一窝一窝的卵。其结果是,少数雌鸟所达到的生殖成功率都比大多数成功的雄鸟要高,而这在鸟类中是很反常的。

要想理解矶鹬雌雄鸟作用的颠倒,就必须认识对这个物种所存在的进化压力。矶鹬的所有雌鸟都是每窝不多不少只产4个卵,即使在食物非常丰富的条件下,它们也不能调整自己的产卵数量,因为这是从它们的远祖那里遗传下来的一个固有特征,因此,它们只能靠多产几窝的办法来达到充分利用食物资源的目的,但每一窝仍然是4枚卵。为此它们就需要不止1只雄鸟来孵它们一批批产下的卵并喂养出壳的幼鸟。在矶鹬每窝固定产4枚卵的情况下,一雌多雄制之所以具有适应性是与几个生态特点有关的。首先,在矶鹬的营巢区滋生着大量的可食性昆虫蜉蝣,这为雌鸟及其幼鸟提供了极为丰富的食物;其次,单亲完全能把一窝小鸟喂养好,部分原因是它的幼鸟是早成性的,出壳后就能到处跑动觅食,而且孵化后不久就具有体温调节功能;再次,成年性比率的特点是雄性多于雌性。这几个生态因素都有利于雌鸟与多个雄鸟交配,即把第一窝卵留给最初的配偶去孵和喂养,而自己则去追逐另一只雄鸟。雄鸟一旦被雌鸟遗弃,它的选择是很有限的,要么是遗弃一窝卵,要么是单独去孵。如果所有雌鸟都表现有遗弃行为的话,显然第一种选择是极为不利的,只有第二种选择才能获得较大的生殖成功率,即使此时雌鸟已离它而去,去追求另一只雄鸟为其孵第二窝卵。

矶鹬的雌鸟通过遗弃自己的配偶可把更多的时间和能量花在资源的保卫和优质营巢地的占有上,从而可增加它对雄鸟的吸引力。一雌多雄制的另一个实例是雉鸻(*Jacana spinosa*),这是一种热带水鸟,它和矶鹬一样,雌鸟体形更大且攻击性更强,经常互相争夺一个足够吸引好几只雄鸟的大领域,而每只雄鸟则负责照看和养育一窝小鸟。令人惊异的是,雉鸻的雌鸟甚至具有杀卵行为,它常把相邻领域中雄鸟所孵的卵破坏掉,以便让这些雄鸟重获自由并能进到自己的领域孵自己产的一窝卵。在这个实例中我们再一次看到了雌鸟产下好几窝卵,但自己并不去孵,而是留给单亲雄鸟去照料,在这些特定条件下,从生殖上讲,雄鸟可能做得更好。

从以上不难看出,一雌多雄制存在着几种不同的情况,有些雌鸟是为了从不同雄鸟那里获得精子;另一些雌鸟是为了从多个雄鸟那里得到婚宴食品;还有的则是为了得到几只雄鸟的亲代抚育。即使是为了达到最后一个目的,雌鸟所采取的行为策略也是不一样的,例如:红颈瓣蹼鹬(*Phalaropus lobatus*)的雌鸟是采取直接占有和保卫配偶的策略,而不像矶鹬和雉鸻那样去占有和保卫一个能吸引雄鸟的领域。雄瓣蹼鹬一飞抵繁殖地,雌鸟就开始追逐它并向它求偶,同时用尖利的喙攻击其他雌鸟使其保持一定距离。一旦配了对,雌鸟就会在其配偶的巢中产下一窝卵让雄鸟去孵。此后雌鸟就会去寻找并保卫另一只雄鸟,并为它产下第二窝卵让它单独去孵和照看。

三、一雄多雌的婚配体制

1. 一雄多雌制的多样性

正如一雌多雄制中雌性个体的行为策略具有多样性一样,在一雄多雌制中,雄性个体也常采取不同的行为策略,如大角羊、黑翅豆娘和园丁鸟都有各不相同的交配对策,虽然这些动物的雄性个体都保卫一个交配领域,但这些领域却完全不同。雄性大角羊是到一个有潜在配偶的地方,为了独占雌羊而同其他雄羊进行战斗,这一点很像红颈瓣蹼鹬;雄性黑翅豆娘是在自己资源丰富的领域中等待雌豆娘的到来,雌豆娘与其交配后便在雄豆娘所控制的水生植物上产卵;雄性园丁鸟则是在一个受到保护的地点构建一个林荫道并等待雌鸟的到来,雌鸟一到雄鸟就会向它展示各种复杂的求偶动作,为交配提供一次机会。在一雄多雌制中我们该如何解释雄鸟所采取的不同行为对策呢?

S. T. Emlen 和 L. W. Oring(1977)认为,雄性动物垄断交配权的程度将取决于能影响雌性个体分布的社会因素和生态因素,而雌性个体在环境中的聚集程度又与捕食压力和食物分布有关。雌性动物的聚集使雄性动物独占很多配偶成为可能,而分散的雌性动物是不可能被一个雄性动物所控制的,因为这需要花费极多的时间和精力。需要保卫的领域面积越大,领域占有者所付出的代价也就越大。根据 Emlen-Oring 的这一理论可以预见:只要可保卫的群体中存在着有生殖能力的雌性个体,雄性动物就会为占有这一群体而互相竞争。对这一理论进行检验的方法之一就是作物种普查,普查发现,不管物种之间有无亲缘关系都有一种趋同倾向,即只要雌性动物是生活在一个永久性的群体中,雄性个体就会独占和保卫一个妻妾群,这就是保卫妻妾的一雄多雌制(female defense polygyny)。例如:雌性大角羊和雌性大猩猩都是结群移动的,可能是为了增强防御力;雌狮也总是形成一个紧密的群体,可能是为了保护一个集体领域或是为了狩猎成功。另一方面,雄大角羊、雄大猩猩和雄狮则总是为了争夺妻妾群而进行战斗,胜者总是千方百计防止其他雄性个体与自己的妻妾进行交配。

有一种热带蝙蝠(*Phylostomus hastatus*),雌蝙蝠总是形成群体,而且夜晚一起飞出山洞觅食,白天则飞回同一个山洞同一个地点栖息,这些栖群的存在特别有利于保卫妻妾群的一雄多雌制的产生和发展,因为一只雄蝙蝠很容易就能占有和保卫一群雌蝙蝠。电泳分析表明:对一个成功的领域占有者来说,在领域内雌蝙蝠所生的小蝙蝠中有60%~90%是它的后代,在其领域占有期内,一只雄蝙蝠可以亲生多达50只小蝙蝠。除了哺乳动物,还有一些动物也是生活在一个比较小的可以保卫的区域内,这些动物的雄性个体也表现有趋同的进化反应,即有保卫妻妾群的行为。栖息在Sonoran荒漠中的树蜥就是一个实例,雌蜥虽然并不形成紧密的群体,但常常是3~4只共同栖息在一棵牧豆树上。一只雄性树蜥如能成功地把其他雄蜥排斥在1或2株牧豆树之外,它就能够独占3个或更多个配偶。假如雄性树蜥占有领域就是为了这一目的的话,那么如果人为地把雌性树蜥拿走,雄蜥就应当放弃它所保卫的牧豆树,试验结果正是如此。

在有些动物中,雄性动物实际是在"制造"并控制一个异性群体,即靠自己的行为把雌性动物聚集在一起。例如:在浅海湾的细沙砾层中生活着大量的端足类甲壳动物(端足目Amphipoda)。它们常用细小的砾石和贝壳碎片建造非常精致的"住房",雄性个体则带着它们的房子到处跑动以便寻觅雌性个体,当找到后就把雌性个体的房子粘附在自己的房子上,这样它就建成了一个包含有好几个房子的大公寓,自己则控制着公寓中所有雌性个体的生殖活动(图9-9)。

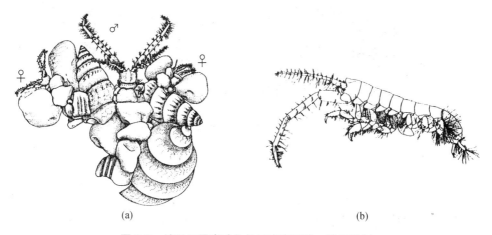

图9-9 端足目甲壳动物保卫妻妾群的一雄多雌制
(a)一个雄性个体把几个雌性个体的房子粘附在自己的房子上;(b)一个失去了房子的甲壳动物

2. 保卫妻妾群的一雄多雌制

在一雄多雌的婚配体制(polygynous mating system)中,雄性个体和雌性个体都各有其生殖适合度。以黄腹旱獭为例,雌旱獭终生都留在出生地附近,因此常常会形成母旱獭群和姐妹群等,它们彼此间的亲缘关系很近,这有利于共同防御天敌(狼和猛禽)。雄旱獭性成熟后便外迁寻找新的栖息地,通常新栖息地(如一片草地)会生活着2只或更多只雌旱獭,这样就形成了保卫妻妾群的一雄多雌制,雄旱獭的生殖成功率将会随着它领域中雌旱獭数量的增加而增加。

那么,雌旱獭的生殖成功率又是怎样一种情况呢?研究表明:雌性群体越小,生活在群体中每个雌性个体每年所生育的后代数目就越多。这一结果表明:对雌旱獭来,一雄一雌制比一雄多雌制更为有利。

既然是这样,那么雌旱獭为什么不从大群体中迁出加入到小群体中去呢?有一种假说认为,在一雄多雌的婚配体制下,雌旱獭整个一生的生殖成功率要比在一雄一雌的婚配体制下高,这是因为群体越大越能有效地防御天敌的捕食,这将使雌旱獭的寿命更长,生殖年限也更长,这足以弥补每年生殖率较低的情况。还有一种假说认为:一个个体的行为选择是不是具有适应性将取决于还有无其他选择、都是些什么选择。雌旱獭在一雄一雌体制下整个一生的生殖成功率有可能比在一雄多雌体制下高,但要做到这一点,它就必须驱逐所有其他的雌性旱獭,而这是要付出高昂代价的,特别是当栖息地已全部被占有、一些雌旱獭已无处可去时。

不管是什么原因,只要雌性动物聚集在一起,就为雄性动物排他性地独占很多雌性动物创造了条件。在很多种类的海豹中,雌海豹都要到岸上来生育和产仔,但由于适合于繁殖的地点有限,所以雌海豹总是聚集成群,这使得雄海豹在生殖期很容易占有一个妻妾群并不让其他同性个体接近。雄海豹之间激烈的竞争导致了明显的性二型现象(图 9-10)和雄性个体生殖成功率的巨大差异。

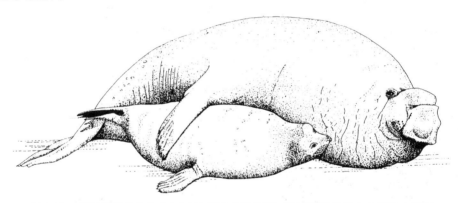

图 9-10　象海豹的雄性个体(上)和雌性个体(下),显示两者身体大小的巨大差异

3. 保卫资源的一雄多雌制

在很多动物中,雌性个体是不聚群的,在这种情况下,雄性个体也可以借助于保卫一个领域而实现一雄多雌制,条件是领域中必须含有雌性个体所必需的资源并因此对雌性个体有很强的吸引力。黑翅豆娘就属于保卫资源的一雄多雌制,因为领域中一小片浮在水面上的植物就能陆续吸引很多雌性豆娘前来产卵,孕卵雌豆娘常成为雄豆娘的争夺对象,但这种争夺是通过保卫适于产卵的资源和地点进行的。在有些动物中,雌性个体所需要的食物是呈离散的斑块状分布的,雄性个体通过保卫这些食物斑块就可以与前来觅食的很多雌性个体进行交配。例如:雄性长角天牛总是试图独占树形仙人掌的几个果实而不让同性竞争对手接近,其目的就是要独占前来吃果实的雌性天牛。

在很多食草类哺乳动物(如高角羚和很多驼科动物如骆马等)中,常常是雄性个体互相争夺特别丰美的一片草场,以便吸引到处游荡的雌性动物群。在鸟类中,响蜜䴕(*Indicator indicator*)的食性是很特殊的,它专以蜂蜡为食,这种食物只有从南亚大挂蜂的悬挂蜂巢中才能得到。这种鸟对蜜蜂的蜂毒具有免疫力,因此可以安全地以蜂巢为食。雄鸟之间为能占有一个大蜂群而互相竞争,它们只允许雌鸟前来取食而不允许成年雄鸟靠近,而前来取食的雌鸟则常与领域的占有者进行交配(图9-11)。

图9-11 保卫资源的一雄多雌制

响蜜䴕的一只雄鸟正在保卫着大排蜂的一个蜂巢,它只允许雌鸟前来取食蜂蜡而不让其他雄鸟靠近

在这种类型的一雄多雌制中,正是资源的存在才使得雄性个体愿意在占领和保卫一个领域上进行投资,有人曾在试验中用黑翅豆娘检验过这一预测。方法是在一段未被雄性黑翅豆娘占为领域的河段中,人为放置一些适于产卵的漂浮植物,此后不久就会有雄性黑翅豆娘来到这里,并把这段河流作为自己的领域加以保卫。一般说来,产卵资源的数量越多,被吸引到这里的雌性黑翅豆娘的数量也就越多,同时领域占有者所得到的交配次数也就越多。

前面我们曾说过,鸟类的单配制可能是由于雌鸟独占雄鸟所提供的亲代抚育。根据这一假说,下面的事实似乎就难以理解了,即有些鸟类的雌鸟常与多个为其后代提供亲代抚育的雄鸟建立一雄多雌的婚配关系。显然,与一个已有配偶的雄鸟配对的雌鸟就不得不与雄鸟的第一个配偶分享雄鸟所提供的亲代抚育。对这种行为我们该如何解释呢?有一个经典假说叫一雄多雌阈值模型,该模型是说,在有些条件下,雌鸟与已有配偶的雄鸟配对比与尚无配偶的雄鸟配对可有更大的收益。例如:在有些鸟类中,雄鸟的领域内不仅含有雌鸟所需要的资源,而且也含有雌鸟的后代。如果领域内资源的数量和质量依不同个体而有很大差异的话,那么就有可能在一个高质量的领域内与一个已有配偶的雄鸟配对,其生殖产出要比在一个低质量领域内与一个光棍雄鸟配对高。虽然在前一种情况下,雌鸟要与一个或更多其他雌鸟分享一只雄鸟所拥有的资源和所提供的亲代抚育,但它的所得仍会高于低质量领域中的单配制雌鸟。

有人曾用靛蓝鹀(*Passerina cyanea*)对这一模型作过检验。靛蓝鹀是一种小型鸣禽,雄鸟在簇叶丛生的田野中建立起自己的领域后可吸引0,1或2只雌鸟作配偶。一雄一雌体制下的雌鸟,其生殖成功率只比一雄二雌体制下雌鸟的生殖成功率稍高一些,前者可育成1.6只出巢幼鸟,而后者是1.3只。由于在一雄二雌体制中的第二只雌鸟通常都是在大多数雄鸟的领域已有雌鸟进入后才到达繁殖地的,所以要找到一只尚无配偶的雄鸟是很困难的,最终只好进入一个较大的领域与一只已有配偶的雄鸟配对。

但是,当用斑鹟(*Ficedula hypoleuca*)对同一模型进行检验的时候,人们发现:一雄多雌制中雌鸟的生殖成功率平均只有一雄一雌制中雌鸟的大约三分之二。单配性雌鸟可得到雄鸟全部的亲代抚育,而在一雄多雌制中,雄鸟的第二配偶只能得到很少或完全得不到雄鸟的帮助,那么雌斑鹟为什么还要选择已有配偶的雄鸟作配偶呢? R. V. Alatalo 等人(1984)认为:雌斑鹟并不是心甘情愿地去做第二配偶,而是受到了雄鸟的欺骗,雄鸟总是设法占有两个彼此分离的领域,每个领域都含有一棵有树洞的树,而树洞则是雌斑鹟所需要的关键资源。根据这一"受骗假说",雄鸟所吸引的这两个配偶,它们彼此之间并不知道对方的存在,因为雄鸟有两个领域而不是一个。每只雌鸟都缺乏能使它避免做出不利选择的信息,因此就使得它在雄鸟的一个领域中安了家,其后果是在繁育幼鸟方面只能得到雄鸟的一部分帮助。虽然每只雌鸟的平均生殖成功率要低于单配制中的雌鸟,但两雌鸟生殖产出的总和却使一雄多雌制中的雄鸟大大受益,显然,这些好处是靠牺牲每只雌鸟的利益而获得的。

对于"受骗假说",还有人用一种猫头鹰进行了验证。对这种猫头鹰来说,稍晚到达繁殖地的雌鸟将会面临两种选择,要么选择一只尚无配偶的雄鸟,要么选择一个正从自己的第二领域发出呼叫的雄鸟,此前这只雄鸟已建立了一个领域并已有了配偶。多配性雄鸟的第一配偶,其生殖成功率与单配性雌鸟相比并无明显差异,这可能是因为多配性雄鸟把亲代投资的大部分都投给了第一配偶,使其平均能育成 3.8 只出巢幼鸟,而第二配偶平均只能育成 1.6 只。这一事实说明:第二配偶的适合度明显下降,这与"受骗假说"所预测的结果是相符的。

除此之外,还有一些别的假说,如有的假说认为,雌鸟之所以会接受一只已婚雄鸟作配偶是因为寻找一只未婚雄鸟所付出的代价太高;还有的假说认为,余下的尚未婚配的雄鸟,它们领域的质量都太低(H. Temrin, 1989)。按照前一种假说,晚来的雌鸟在它们到达生殖地时,生殖机会就已经减少了,如果接着再为寻找未婚雄鸟花费时间(哪怕只花费 1~2 天时间)则将使它们的生殖机会进一步下降。下面的事实是与这一假说一致的,即斑鹟雌鸟的适合度是随着开始生殖时间的推迟而下降的。

4. 争夺竞争式的一雄多雌制

当雌性个体或资源在一个可保卫的有限范围内呈集团分布的时候,雄性个体之间的配偶竞争往往是采取保卫妻妾群和保卫资源的策略。但对很多其他动物来说并不具备这些条件。雌性个体有时是在大范围内呈分散分布,有时在一个有限的小范围内同时会有很多雄性动物在寻找配偶。在这种情况下,保卫一个交配领域的做法就很不合算,其收益-投资比会降得很低。因此,雄性动物所采取的策略常常是试图比其竞争对手更快更早地找到和接近有性接受能力的雌性动物。这就是所谓的争夺竞争式的一雄多雌制(scramb competition polygyny)。

有生育力的雌萤火虫(*Photinus* 属)数量很少而且分散分布在广大林区的各处,它们没有飞翔能力,因此,雄萤并不是靠占有一个巨大领域去吸引雌萤,而是靠到各处去寻找、寻找,再寻找。J. E. Lloyd(1986)曾跟踪发光的雄萤去寻找雌萤,他总共跟踪 199 只发光的雄萤走了近 20 km 路,看到了两次交配现象。每次当他从找到一只雌萤到观察到这只雌萤交配,平均只经历 6 分钟时间。能够成功进行交配的雄萤总是属于那些有持久性和耐性并有着敏锐感觉能力的雄萤,而不是那些有着较强攻击能力的雄萤。地松鼠(*Cittellus* 属)争夺配偶的策略与萤火虫完全一样。雄鼠在每年很短的一段时间内(不足 2 周)在广大的范围内到处跑动去寻找发情的雌鼠,只有在这段时间内雌鼠才接受交配。在交配期内,雄鼠的搜寻面积可高达每小时

5000 m², 而在交配前期和交配后期, 雄鼠的活动面积只有大约每小时 1000 m²。有些雄鼠的搜寻范围比其他雄鼠更广, 因此它们的交配成功率也在平均值以上。即使是两只雄鼠都来到了同一只雌鼠所在的地点, 也总是谁先到谁获得交配权。在自然条件下, 第一个与雌鼠交配的雄鼠大约能使雌鼠 75% 的卵受精, 这个结论是在雌鼠与两只雄鼠交配后对其所产下的后代进行遗传上的父权分析得出的。

肢口纲的鲎(*Limulus polyphemus*)在生殖季节往往发生爆炸性的聚集现象, 雌鲎只在每年春季和夏季的几个晚上来到某些海滩上产卵, 因为此时的潮汐条件最适宜于掘沙产卵。在这短短的几天内, 雄鲎大量聚集在产卵海滩附近监视着雌鲎的到来。当雄鲎找到了一只雌鲎, 便用爪将其抓住, 双双来到海岸上当雌鲎产卵时为卵受精。雄性林蛙(*Rana sylvatica*)的交配策略很有趣, 由于在某些种群中所有的雌蛙都只在每年的一个晚上才有性接受能力, 所以雄蛙获得配偶的机会极为短暂, 在每年的这个晚上, 雄蛙都会大量聚集到池塘中来。与前面谈过的鲎一样, 雄性个体的高密度使得它们不可能独占一个领域, 因为驱赶竞争对手所付出的代价太大。因此林蛙没有领域行为, 而总是抓住时机在这个短暂的夜晚消逝之前尽可能多地与高生育力的雌蛙相遇和配对。

5. 求偶场式的一雄多雌制

求偶场(lek)是每年生殖季节雄性动物求偶的传统场地, 在这个场地上每个雄性动物都占有一个领域, 但领域很小, 其中既容纳不下妻妾群也容纳不下任何潜在配偶所需的资源。雌性个体前来拜访这些领域只是为了挑选配偶, 交配之后便走开, 可能此后就再也看不到其配偶了。侏儒鸟(*Manacus manacus*)就属于这种求偶场式的一雄多雌制(lek polygyny), 每只雄鸟的领域只不过是树林中的 1 或 2 棵幼树及树下的一小块裸地, 这块裸地是雄鸟清除出来专供炫耀求偶用的(图 9-12), 其中不含有任何对雌鸟有价值的东西。在这个只有 150~200 m² 的求偶场上可以容纳多达 70 个炫耀求偶领域。雌鸟来到求偶场会遇到很多雄鸟同时向它炫耀求偶并发出从远处便能听到的喧嚣声。如果雌鸟选中了一只雄鸟便会飞到它停栖的树枝上, 彼

图 9-12 侏儒鸟(*Manacus manacus*)求偶场式的一雄多雌制

雄鸟保卫一个极小的求偶领域, 雌鸟(左上)来到求偶场从几只雄鸟中选择自己的配偶

此进行一系列的行为炫耀,接着便进行交配。此后雌鸟便离去并开始筑巢,而雄鸟则留下来向新来的雌鸟求偶。

有人发现,在一个有 10 只侏儒鸟的求偶场上总共记录到 438 次交配,其中一只雄鸟的交配次数几乎占到了总交配次数的 75%,另一只雄鸟交配了 56 次(占 13%),其他 6 只雄鸟总共才交配了 10 次。这种交配次数分配的极端不均匀性在求偶场鸟类中还有很多其他实例,而且与前面讲过的园丁鸟(*Ptilonorhynchus violaceus*)也很相似。求偶场式的一雄多雌制决不限于鸟类才有,例如:在生殖季节,雄性锤头果蝠总是在傍晚沿着河边聚集在一个传统的炫耀场地,每只雄蝠都从一个高枝上挂下并保卫一个方圆直径约 10 m 大小的领域。雄蝠不断发出响亮的叫声,而雌蝠则飞到求偶场上来拜访好几个雄蝠,雄蝠则做出突发性的拍翅反应并发出怪异的叫声。在 1974 年对锤头果蝠的一个求偶场所作的研究表明:求偶场中的大多数雄蝠都未得到交配的机会,而 80% 的交配机会都为 6% 的雄蝠所瓜分。

显然,采取求偶场交配策略的物种,其雌性个体都是呈广泛地分散分布的,但在这同样的分布条件下,为什么在有些情况下是求偶场式的一雄多雌制,而在另一些情况下是争夺竞争式的一雄多雌制呢?此问题的答案目前还不十分清楚,很可能在后一种情况下雌性个体是真正的均匀分布,而在前一种情况下有性接受能力的雌性个体在其生活环境中常常会通过某些地点,这种行为倾向有利于求偶场式一雄多雌制的进化。侏儒鸟和锤头果蝠的雌性个体都不生活在永久性的群体中,而是在极为广大的区域内觅食呈分散分布的食物,特别是无花果和热带树木的其他果实。松鸡也是这样,有求偶场行为的松鸡(*Centrocercus urophasianus*),其雌性个体的活动范围大约是 1000 公顷,而无求偶场行为的松鸡(*Lagopus lagopus*),其巢域面积只有 1~10 公顷。

再说,在树上果实的产量不可预测和无规律的情况下,雄性个体要想保卫食物资源是很困难的。试图在一株果树周围占有一个领域的雄性个体,往往需要等待很长时间树上才能结出吸引异性的果实来,而且当热带无花果树开始结果时,它的产量又非常高,以致会吸引很多种类的动物群前来取食,在这种情况下,一个动物是不可能保卫这些食物资源的。可见,这些种类雌性动物的取食特点使雄性动物很难直接或间接地独占它们,因此便只能靠炫耀自己的长处给喜欢挑剔的异性个体看,以便博得对方的好感,而雌性个体来到求偶场就是为了从众多雄性个体中挑选自己满意的配偶的。

一个重要和有趣的问题是:雄性个体应把自己的求偶领域建立在求偶场的什么地方呢?一种可能是,所有雄性个体都知道什么地点最好并彼此为占有这个最好地点进行竞争,根据这个中心位置假说(central position hypothesis),胜者将占有最好的地点,而败者则会在尽量靠近中心位置的地方建立自己的领域。关于求偶场上雄性个体之间关系的另一种假说是能者-追随者假说,所谓能者是指那些对异性最有吸引力的雄性个体,无论它们把领域建立在哪儿都是最好的,而追随者总是把自己的领域建立在能者领域周围,它们本身对异性的吸引力很小。根据这一假说,作为追随者的雄性个体之所以要靠近能者是因为这样能让雌性个体看到自己。此外,当雌性个体被最有吸引力的雄性个体(即能者)吸引过去的时候,追随者有可能中途把雌性个体拦截下来。

上述两个假说可以用试验进行检验,在试验中可以把占有中心位置的雄性个体拿走,在这种情况下,如果中心位置假说是正确的话,这个中心位置一定会很快被其他雄性个体所占有。但如果能者-追随者假说是正确的话,追随者群体一定会散伙并去寻找另一个能者。在对矶鹞

(*Gallinago media*)的试验研究中发现,当把中心位置中的优势雄鸟拿走时,周围的从属雄鸟便纷纷离开了自己的领域。相反,如果把一只从属雄鸟拿走则不会影响中心优势雄鸟的存在,只是它空出来的位置很快就会被其他从属雄鸟填补。可见,对异性最有吸引力的优势雄鸟所在的位置就是中心位置,其他从属雄鸟都是围绕着这个中心位置建立自己的领域的。至少矶鹬这种鸻形目(Charadriiformes)鸟类是这样的。

根据能者-追随者假说,雌性个体应当主要是受雄性个体本身的魅力所吸引,而不是受雄性个体所在位置的吸引。特别有吸引力的一些雄性个体真的是与它们领域的位置无关吗?就黇鹿来说,有人曾在最有吸引力的优势雄鹿领域中放置一个使它害怕的东西,从而迫使它放弃原来的领域进入一个新的地点,结果发现,尽管它的求偶地点已经改变了,但还和以前一样仍然能够吸引大量的雌鹿(T. H. Clutton-Brock, 1989)。

下面重点介绍近期所进行的两方面的研究:① 雌性个体将能从这种求偶场式的一雄多雌制中得到什么好处;② 雄性个体能从中得到什么好处。第一个方面曾是动物行为学中存在争议的课题,部分原因是雌性个体似乎只能从雄性个体那里得到精子,而无法直接得到任何物质上的好处。有一种可能是,雌性个体依据雄性个体的外在(如身体大小、寄生物的数量和其他健康指标等)对它们进行选择,这种选择将会导致其后代具有较大的生存机会,因为它们具有"优质基因"(称优质基因假说)。而另一种解释是,雌性个体利用同样的指标去选择雄性个体,是因为这种选择将会导致其雄性后代对异性个体具有更强的吸引力(称魅力子代假说)。有趣的是,Jones 等(1998)利用一种双翅目昆虫白蛉(*Lutzomyia longpalpi*)做了一系列试验,试图对这两种假说进行比较和分析。雄性白蛉所占有和保卫的求偶场很小,直径大约只有 4 cm,雌蛉可以自由地选择向它们求偶的雄蛉。这些雄蛉不断释放出被称为信息素(pheromone)的化学引诱物质。正如很多其他有求偶场的物种一样,一个求偶场中的一个雄性个体往往会占有与来访的大多数雌蛉的交配机会。在这种双翅目昆虫中,无论是雄蛉还是雌蛉,都不为它们的后代提供任何亲代抚育,如食物和保护。

Jones 等人在实验室内建立了白蛉求偶场并进行了两部分试验。在第一部分试验中,随机选择 5 只雄蛉置于同一场地,一旦它们建立了求偶场,便让一只处女雌蛉对这些雄蛉进行选择,在雌蛉与雄蛉配对后便将雌蛉移出求偶场。接着重复上述试验,让第二只雌蛉选择配偶,这个过程一直进行到 10 只雌蛉都选择了配偶并在一个特定的求偶场中受精为止。下面在第二部分试验中,研究人员把在第一部分试验中未被雌蛉选择的雄蛉置于新的求偶场中,然后让 10 只雌蛉在新求偶场对它们进行选择。显然,这些雌蛉是不得不对这些缺乏吸引力的雄蛉进行选择的。通过比较上述两部分试验所获得的结果,研究人员就能够破解雌蛉能从自主选择雄蛉中得到什么好处了。

为了分析和比较优质基因假说和魅力子代假说,研究者首先比较了两类子代的存活率,一类是在第一部分试验中雌蛉在自主选择雄蛉时所产下的子代,另一类是在第二部分试验中雌蛉在不得不选择缺乏魅力的雄蛉时所产下的后代。结果表明:优质基因假说没有得到证实,因为两类子代的存活概率几乎相等,但 Jones 等人却发现了支持魅力子代假说的证据。当两类子代被放入一个求偶场中时,雌蛉强烈地倾向于选择第一类子代作配偶。这表明:亲代雌蛉从求偶场中自主选择配偶所获得的好处是能产下具有更强性吸引力的子代。

为了能知道雄性个体能从求偶场式的一雄多雌制中获得什么好处,可以以一种鸟类孔雀(*Pavo cristatus*)为研究对象。孔雀通常有很多不同的求偶场可供雌孔雀前来拜访,而且雌孔雀更喜欢拜访含有较多雄孔雀的求偶场(Kokko,1998)。如果在一个求偶场上只有一只或少数几只雄孔雀能得到交配的机会,而其他大多数未获得交配机会的雄孔雀都与获得交配机会的个体有亲缘关系(属同一家族),那么前者也可能得到间接的遗传上的好处,这是因为在它们体内总有一部分基因是相同的。例如在亲子之间和兄弟姐妹之间有50%的基因是相同的,在隔代亲属之间有25%的基因是相同的,因此,帮助自己的亲属传递基因也等于把自己体内的一部分基因传递了下去。

Petrie等(1999)曾研究了生活在英国whipsnad公园一个含有200个个体的孔雀群体,这些孔雀分成了很多不同的求偶场,在生殖季节内,雄孔雀全天都在求偶场守卫自己的一块领地。Petrie等人借助于分子遗传学分析确认同一求偶场内的个体是不是存在遗传学上的亲缘关系,结论是肯定的,而且发现同群内个体间的亲缘系数相当于半同胞关系(即有25%的基因是相同的)。此后,研究人员把从其他地方培养的一群孔雀放养到whipsnad公园内,这些孔雀是以一种特殊的方式养大的,即在它们的发育期间,彼此都像陌生个体那样相处,虽然它们彼此有一定的亲缘关系。Petrie等人发现,这些彼此有亲缘关系但未曾像同一家族那样相处过的雄孔雀在建立自己的求偶场时比随机分布时要靠近得多。这就是说,这些雄孔雀在它们生长发育期间即使没有机会学会认识谁是自己的亲属、谁不是,但在建立求偶场时却能够判定亲缘关系,因而在建立求偶场时会彼此靠得更近一些。这再次表明:在这些个体间彼此有亲缘关系的求偶场中,没有获得交配机会的个体也能从获得了交配机会并与自己有亲缘关系的个体那里得到好处。

6. 莺科鸟类一雄多雌制的系统发生史

从事一雄多雌制研究的动物行为学家同时也对这种婚配体制的进化和系统发生感兴趣(Searcy,1999),例如,有人曾试图构建莺科鸟类婚配体制的系统发生史。为此必须认识很多种类的莺以及它们所占有的领域,首先要知道莺的交配体制既有单配制又有多配制,而且两者有一定的转换关系。其次要知道,一雄一雌制的莺与一雄多雌制的莺相比,雄鸟所承担的亲代抚育任务要多得多,也就是说,它们要为巢中的幼鸟运送更多的食物并担负更重的保卫任务。再次,各种莺科鸟类所生存的栖息地在质量上是有很大差异的,质量低的栖息地含有很少的食物,而质量高的栖息地则含有极为丰富的食物。

为了研究各种莺科鸟类婚配体制的进化,Leisler等(2002)利用分子遗传学资料构建了一个包括17种莺的系统树。他们同时也收集了各种莺关于栖息地质量、亲代抚育和婚配体制(单配制或多配制)的资料。栖息地质量可区分为好、中、差三个等级,所谓好是指食物资源生产力高而且再生能力强,所谓差是指食物贫乏和质量低下,所谓中是指介于上述两个等级之间。亲代抚育也可区分为三个等级,即"全面的亲代抚育"、"部分的亲代抚育"和"无亲代抚育"。总之,栖息地的质量、亲代抚育状况以及婚配体制的类型都被用来作为构建系统树时的重要依据。

从生态学和动物行为学的角度,Leisler等人发现,在莺科鸟类的婚配体制与栖息地质量之间存在着很强的相关性。大多数一雄一雌制的莺都生活在质量差的栖息地中,而大多数一雄多雌制的莺都生活在质量好的栖息地中。此外,生活在质量差的栖息地中的莺,其雄鸟对正在发育中的幼鸟所投入的时间和能量要多得多。这表明,一雄一雌制与质量差的栖息地密切相关,这是因为在这样的栖息地中食物缺乏,幼鸟必须靠父母双亲共同努力喂养才能得到正常发育。

Leisler 等人对莺科鸟类所作的系统发生分析也涉及哪一种类型的婚配体制更原始,哪一种婚配体制是后来演变来的。为此,他们利用了最大似然分析(maximum likelihood analysis)的统计技术,这种技术使他们从系统树中获得了必要的信息并计算了各种特征可能的原始状态。他们还找到了证据证明:莺科鸟类婚配体制的原始状态是一雄一雌制,在食物贫乏的栖息地中,雄鸟会表现出很强的亲代抚育行为。而雄鸟亲代抚育行为不发达的一雄多雌制就是从这种原始状态进化来的。对莺科鸟类来说,有些物种在整个进化过程中逐渐进入较高质量的栖息地,这种情况一旦发生,幼鸟就有可能只靠单亲喂养便发育得很好,于是雄鸟便从繁重的喂幼工作中解放了出来,于是便进化出了一雄多雌的婚配体制。

四、社会性昆虫的一雌多雄制

一雌多雄制是指在一个生殖季节内,一个雌虫总是与 2 个或更多雄虫进行交配的体制。这种婚配体制曾在社会性昆虫中进行过深入的研究,在那里,一个雌性个体(如蜂后或蚁后)总是与很多雄性个体(如雄蜂或雄蚁)交配。当把一雄一雌的蜂巢或蚁巢与一雌多雄的巢进行比较时就会发现,后者巢内的矛盾和冲突更为激烈,这是因为在一雌多雄的家族内存在着多个父系家族,也就是说,子代是来自不同的父亲(同母异父)。如果是一雄一雌制,那所有的职虫(工蜂和工蚁)都有同一个母亲和同一个父亲,因此它们的遗传利益是相同的。但随着多个父系家族的出现,群内个体间的遗传利益就会有所不同,它们之间就会彼此竞争,以争取本家族的基因在下一个世代能占有更大的比例(Seeley,1997)。群体内部因子代遗传利益的不同而发生的竞争对蜂后或蚁后至少会带来一个好处,那就是当种群受到病原菌感染时,它的后代作为一个群体更有可能存活下来,因为这个群体有着高度的遗传多样性,这种多样性可使一些个体产生独特的表型基因,可抵御病原菌的感染(Seeley 和 Tarpy,2007)。

Thornhill 和 Alcock(1983)曾列举了在昆虫的一雌多雄制中雌虫所能得到的各种好处,这些好处是多方面的,主要有:① 从雄虫那里接受的精包(sper-matophores)中含有多种营养物质,如蝶类和蛾类;② 雄虫在求偶时常常要向雌虫奉献一些可口的食物,这就是所谓的求偶喂食行为,如蝎蛉和舞虻等;③ 可得到和占有高质量的取食地点和产卵地点;④ 雄虫为其后代提供食物和保护;⑤ 增加后代的遗传多样性;⑥ 受到雄虫的保护,减少被捕食的风险等。

五、混交制

混交制(polygynandry)是包括多个雄性个体和多个雌性个体的一种交配体制,也可以说,在同一个动物种群内既有一雄多雌也有一雌多雄的交配体制就是混交制。实际上存在着两种不同类型的混交制,主要看交配的个体结不结成对。在一种混交制类型中,雄性个体和雌性个体都与很多异性个体交配,但从未发现结对现象,例如:一个雄性个体保卫和独占一个含有食物的领域,很多雌性个体不断来到这个领域获得食物并与领域主人交配,这一程序常常反复多次进行(Davies,1991)。

上述的混交类型并不限于发生在雄性动物的领域中,在很多灵长动物中,当雌猴处于发情期时,雄猴和雌猴常常与很多异性个体反复交配。就地中海猕猴(*Macaca sylvanus*)来说,处于发情期的雌猴在交配之后还会寻找新的异性个体进行交配,雌猴只与一只雄猴进行交配的现象极为少见。同时,雌猴的这种交配方式也会导致雄猴拥有不止一个性伴侣,这实际上就形成了多雄多雌的混交体制。

第二种形式的混交制是几个雄性和几个雌性个体同时形成配对关系,例如:对岩鹨(*Prunella modularis*)这种鸟类来说,其婚配体制是极其多样的,既包括一雄一雌制,又包括一雄多雌制、一雌多雄制和混交制。多个雄鸟常常参与多个雌鸟的领域保卫工作。Davies(1992)曾研究过岩鹨多样性的婚配体制和雄鸟对雌鸟所提供的帮助。在他所观察到的一个实例中,雌鸟的领域内经常会有一只或两只雄鸟常住,而且雌鸟会接受其中一只或两只雄鸟的帮助,也可能谁的也不接受。但总的说来,混交制中雌性个体从雄性那里所得到的帮助与一雄一雌制中的雌鸟相等。雌鸟所得到的帮助越多,巢中幼鸟平均体重就越重,幼鸟因饥饿所造成的死亡风险就越小。

六、一雄一雌制与多巴胺

动物行为学家在了解一雄一雌制的直接原因方面已经取得了很大进展(Young等,2005)。用于研究这一问题的一个非常好的物种就是草原田鼠(*Microtus ochrogaster*),这种田鼠的雌雄鼠在求偶时表现得非常友好和亲密,这是获得配偶的先决条件和必要行为,雌雄个体一旦婚配成功形成了牢固的夫妻关系,它们就会积极地攻击其他的异性个体。Aragona等(2006)重点研究了草原田鼠雄鼠脑部被称为伏隔核部位一种神经化学物质多巴胺(dopamine)的传递,因为早期的研究发现,伏隔核内多巴胺的传递是与草原田鼠的友好行为和攻击行为相关联的(Liu和Wang,2003)。这些研究人员最初是研究伏隔核内的什么部位与配对行为相关联。通过注射一种能刺激配对行为的化学物质,他们确认了伏隔核内被称为喙壳(rostral shell)的特殊部位是与友好的配对行为相关联的。在喙壳内分别被标记为D1和D2的两种与多巴胺有关的感受器对于一雄一雌制的形成和长久维持起着关键作用。当感受器D2被多巴胺激活时,一雄一雌的配对关系便很容易形成,但当感受器D1被多巴胺激活时,这种配对关系便会受到抑制。可见,感受器D1和D2对一雄一雌配对的形成起着很好的调节作用,而不友好和攻击行为的出现是与感受器D1的活动密切相关的。

七、婚配体制的研究实例——岩鹨

岩鹨(*Prunella modularis*)虽然是一种很普通的雀形目(Passeriformes)鸟类,但这种鸟类的交配策略(包括雄鸟和雌鸟)却是极其多种多样的。本章所讨论的很多婚配体制在岩鹨中都可见到(表9-1和9-2)。在岩鹨的一个种群内部可以存在各种不同的婚配体制,如有的雄鸟只和一只雌鸟配对,有的雄鸟则和两只雌鸟配对,此外还可能有其他情况如一只雌鸟与两只雄鸟配对,而其相邻领域则被几只雄鸟和雌鸟所占有,在它们之间常会发生婚外交配。

表9-1 雄岩鹨婚配体制的多样性

单配制:在一个生殖季节内一只雄鸟只和一只雌鸟配对
  (1)帮助配偶的单配制:已有配偶的雄性个体提供亲代抚育并靠提高后代的存活机会而受益
  (2)保卫配偶的单配制:雌鸟呈分散分布,雄鸟靠保卫一只雌鸟而增加自己的父权确定性
一雄多雌制:
  (3)保卫妻妾群的一雄多雌制:雄鸟占有和保卫多个雌鸟,垄断交配权
  (4)保卫资源的一雄多雌制:雄鸟保卫雌鸟所必需的资源以便吸引雌鸟进到自己的领域
  (5)求偶场式的一雄多雌制:雄鸟保卫一个很小的交配领域,雌鸟来访只是为了得到一个性配偶
  (6)争夺竞争式的一雄多雌制:每只雄鸟都试图抢在其他雄鸟之前找到一个呈分散分布的雌鸟

表 9-2 雌岩鹨婚配体制的多样性

单配制：在一个生殖季节内，雌鸟只和一只雄鸟配对
  （1）雌鸟强制式的单配制：雌鸟排斥其他雌鸟而独占其配偶为养育后代所提供的帮助
一雌多雄制：在一个生殖季节内，雌鸟与多个雄鸟配对（靠保卫雄鸟所必需的资源或直接保卫雄鸟）
  （2）致育保险式的一雌多雄制：雌鸟靠其卵有较高的受精率而受益
  （3）精子择优式的一雌多雄制：雌鸟因能获得遗传多样性的精子而获益
  （4）更多物质利益式的一雌多雄制：雌鸟从多个雄鸟那里接受婚配礼品或其他资源
  （5）更多亲代抚育式的一雌多雄制：雌鸟的后代可得到多个雄鸟提供的亲代抚育

有人认为，食物的分布及其变化影响着雌鸟的空间分布，而后者反过来又常导致婚配体制的变化。岩鹨以极小的植物种子和很小的无脊椎动物为食，食物数量各地有很大变化。在食物密度很低的区域内雌鸟的觅食范围很广，而在一个食物密度很高的区域内雌鸟只需在一个很小的范围内就能找到它所需要的全部食物，而在这样的区域内雄鸟很可能会占有一个领域并因此形成一雄一雌的婚配体制。但如果是在前一种情况下（即雌鸟的觅食范围很广），雄鸟就很难独占一只雌鸟而不让其他雄鸟接近；相反，其他雄鸟常会潜入或隐藏在领域内并试图与雌鸟交配，有时它们会如愿以偿。在岩鹨的雌雄鸟之间是存在着利益冲突的，雌鸟有时会从它的主要配偶（α 雄鸟）身边走开去和 β 雄鸟交配，尽管 α 雄鸟有保卫配偶的行为，但仍防不住有些雌鸟会与 2 只或更多雄鸟交配，从而在养育后代方面接受两只雄鸟的帮助，这样就形成了一雌多雄的交配体制。

一雄多雌制中的雄鸟往往是那些具有特殊优势的雄鸟，它们能够占有一个足够大的领域，其中能容纳两只雌鸟的觅食领地。能够做到这一点的雄鸟是很少的，特别是雌鸟会攻击领域中新来的同性个体，雌鸟会抵制雄鸟形成一雄多雌制，正如雄鸟会抵制雌鸟形成一雌多雄制一样。偶尔会发生这样的情况，即两个单配家庭将两个相邻和重叠的领域合而为一，从而形成了一雄多雌和一雌多雄相结合的有趣现象。

如果雌鸟的觅食范围影响婚配体制的假说是正确的话，那么人为压缩雌鸟的觅食范围就会减少形成一雌多雄制的可能性。有人借助于在几只雌鸟的巢域内投放燕麦和黄粉甲幼虫的办法成功地使这些雌鸟的觅食范围平均减少了 40%，与对照雌鸟相比，这些接受了投放食物的雌鸟形成一雄一雌制的可能性大为增加。这些观察和实验使我们更加确信：性选择、雌性个体的分布和两性利益冲突在动物婚配体制多样性的进化过程中都起着重要作用。

第三节　亲代抚育

动物一旦产了卵或产了仔就会面临着另一个问题，即要不要给自己的后代提供亲代抚育（parental care）的问题。在动物界，亲代抚育并不是一个普遍存在的现象，这表明：在很多动物中，亲代抚育所付出的代价往往会超过从中所获得的好处。亲代抚育的主要好处是可提高后代的存活机会，主要代价是要消耗资源，否则这些资源就可以用于其他活动如再去寻找一个配偶等，此外在保卫后代时还会增加自身遭到捕食的风险。所谓亲代投资（parental investment），就是指双亲为增加后代存活机会所做的一切事情。

一、亲代抚育行为的利弊分析

显而易见的是，亲鸟靠喂养幼鸟可以增加其后代的存活机会，但亲鸟在来回喂食的过程中

也会遭遇一定的风险。捕食动物可以利用亲鸟频繁的离巢和回巢发现鸟巢的位置并将幼鸟吃掉,或者潜伏在鸟巢附近伺机将回巢喂食的亲鸟吃掉,那么亲鸟在抚育行为的利和弊之间应当如何进行权衡呢?

根据 C. K. Ghalambor 和 T. E. Martin 预测:亲鸟应当根据两个主要因素调整它们的喂食行为,即捕食者的特性(如是否以成鸟和幼鸟为食)和生殖成鸟的年死亡率。对于成年死亡率比较低的鸟来说,双亲应当最大限度地减少自身被捕食动物杀死的风险,因为它们在未来有更多的机会进行生殖;而对于那些成年死亡率比较高的鸟来说,亲鸟则应当较少关注自身的安全,而应当较多关注并保护好自己的后代,使它们免受捕食动物的猎杀,这同样是因为自己未来的生殖机会已经不多了,所以保证有更多的子女存活才是对双亲最有利的。

在北美洲进行繁殖的鸟类与在南美洲进行繁殖的近亲物种相比,通常是寿命比较短但一窝的产卵量多。例如:在北美洲生活的歌鹐(短寿)和在南美洲生活的鹐(长寿)就是这样的一对近缘物种(属于同一个属的两种鸟)。当鸟类学家向北美洲的歌鹐播放捕食性樫鸟的叫声和向南美洲的鹐播放另一种捕食性樫鸟的叫声时,歌鹐和鹐的反应都是减少回巢的次数和时间,以便确保巢位不被捕食性鸟类发现,但北美歌鹐的反应比南美鹐的反应更为强烈,也更为明显地减少了在巢周围的活动时间。这显然是因为它们能从幼鸟的保护中获得更大的利益和适合度,特别是这些亲鸟未来的生殖机会与南美近亲物种相比已经不多了。鸟类学家还对 5 对生活在北美洲和南美洲的近亲鸟类进行过类似的研究,其结果都是一样的,这充分表明 Ghalambor 和 Martin 对亲代抚育行为所作的预测是正确的。

显然,北美鸟类和南美鸟类的亲代抚育行为在应对捕食压力的对策上是不同的,这是因为在这两大地理区域内对营巢成鸟的捕食压力是存在差异的。鸟类学家曾将成鸟杀手的猛禽标本置于鸟巢附近并播放这种猛禽的叫声,结果发现亲鸟的反应也是减少回巢次数和回巢时间,只是两地鸟类的反应强度不同而已。

二、亲代抚育通常是由雌性个体提供

综观整个动物界,如果亲代抚育只由双亲中的一方提供的话,那么提供亲代抚育的往往是雌性而不是雄性。为什么会这样呢?目前存在三种假说。

1. 父亲身份难认定假说

如果一个雌性动物产下了一个受精卵或是生下了一只幼崽,那亲子之间肯定是母子或母女关系,子女体内肯定有 50% 的基因是来自母亲,但它们的父亲是谁就没有这么大的把握了,特别是在体内受精的情况下,父子关系的认定就更困难一些,因为雌性动物有可能在此前和另一个雄性动物交配过。因此雄性个体亲代投资所冒的风险比较大,有可能错投给其他雄性个体的后代,这种情况将会导致父爱的进化比较弱而母爱的进化比较强。

2. 配子释放顺序假说

该假说认为,双亲中的哪一方提供亲代抚育是由卵子和精子的释放顺序决定的。在很多动物中,两性交配之后常有一性离去,留下另一性照料后代。在体内受精的情况下,经常是把雌性留下来照料后代,因为雄性在完成体内受精之后最有可能将配偶遗弃,因此提不提供亲代抚育就只是雌性个体的事了。在通常情况下,雌性个体提供亲代抚育是一个有利的选择。但在体外受精的情况下,雌性个体通常是在雄性个体排精之前先排卵,并在排卵之后离去,把护卵的任务留给雄性个体去完成。

表 9-3 中的数据说明了鱼类和两栖类受精方式与亲代抚育之间的关系,这些数据与配子释放顺序假说是完全一致的。但应当指出的是,也有一些事实是不利于配子释放假说的,例如在很多具有亲代抚育行为的鱼类中,雄鱼的排精和雌鱼的排卵是同时进行的,在这种情况下,雄鱼承担亲代抚育的概率应当与雌鱼相等,但在所研究的 46 种鱼类中,由雄鱼承担亲代抚育的占 36 种,明显超过了理论预测的 23 种。此外,有很多种类的蛙,表现有父爱的雄蛙是在雌蛙往巢中产卵之前先在巢中排精的。

表 9-3 鱼类和两栖类受精方式与亲代抚育的关系

提供抚育的性别	体内受精			体外受精		
	鱼类	两栖类	总计	鱼类	两栖类	总计
雄性	2	2	4	61	14	75
雌性	14	11	25	24	8	32

3. 幼体关联假说

简单说来,这一假说的要点是:由于雌性个体是携卵者,因此当后代出世后它便处在了最有利于为后代提供帮助的位置(图 9-13)。父亲不可能直接控制后代的出生,当后代出生时,它甚至还不知道在什么地方。即使它能够提供帮助而且能从这种帮助中得到遗传上的好处,但由于它不在后代身边,亲代抚育行为也就无从谈起。

图 9-13 母豹把幼豹带在身边并为其提供保护

体内受精与雌性提供亲代抚育之间的关系与幼体关联假说是一致的,与其他两个假说也是符合的,因此仅凭这一点就不能用来区分这三种假说。为了专门检验幼体关联假说,所选用的鱼类应当是体内受精的,但交配之后马上就产卵,在这种情况下,当其后代被释放出来的时候,雄鱼是在场的。据幼体关联假说预测,这些鱼类的雄鱼应当像体外受精的雄鱼一样表现出亲代抚育行为,事实也正像预测的那样。但应当指出的是,幼体关联假说还预测说,当雄鱼排精和雌鱼排卵是同时发生时,雄鱼和雌鱼提供亲代抚育的概率应当相等,但实际上在这些鱼类中,总是以雄鱼提供亲代抚育为主。这表明:在亲代抚育行为的进化中,必定还有其他的因素在起作用。

三、雄性个体提供亲代抚育的实例

1. 埋葬虫

雄性动物很少提供亲代抚育的常规在昆虫中有很多例外,其中埋葬虫(*Nicrophorus orbicollis*)就是一例,这是一种属于鞘翅目(Coleoptera)埋葬虫科(Silphidae)的甲虫,雄虫常常与雌虫合作在一个鼠尸或其他小动物尸体内进行钻埋并用尸肉建造一个"育儿球"。这个育儿球被埋葬虫用分泌物处理过之后就不再散发气味，这有助于防止被其他消费者发现和利用。通常雌虫会在育儿球附近产下一堆卵，幼虫一孵化出来便爬到已被处理过的育儿球上，在那里雌虫（有时还有雄虫）则用兽尸上的肉喂养幼虫。

Scott(1989)想知道为什么雄虫不去寻找其他雌虫交配却选择了为其后代提供亲代抚育，这样做的好处可能是能大大提高其后代的存活机会，而且这种好处会超过因失去新的交配机会所付出的代价。但是在实验室中，在一个小兽尸上由一个单一雌虫所喂养的幼虫产量（以总体重计算）实际要比雌雄两性共同喂养的幼虫产量高，前者为 3.7 ± 1.0 g，而后者只有 2.4 ± 1.4 g。如果增加食物供应量为其提供一个更大的兽尸，那雌雄两性共同喂养幼虫的效果（以老熟幼虫的重量计）也并不比单一雌虫喂养的效果好多少，前者为 6.8 ± 0.5 g，而后者为 6.6 ± 0.5 g。这一实验结果无疑是给上述观点泼了一盆冷水。

在实验室条件下，无论是雄虫和雌虫都不会遇到天敌，但在自然条件下，雄虫留在雌虫身边很可能是为了共同对付各种以它们的幼虫为食的天敌，但当 Scott 把这样的天敌（一种捕食性甲虫）引入实验室时，发现雌雄一对埋葬虫驱赶天敌并不比单一雌虫驱赶天敌更为成功。

接下来 Scott 便想到了另一种可能性，即对埋葬虫幼虫构成的威胁可能主要是来自种内，而不是来自其他物种。她预测说，入侵者很可能有杀婴行为(infanticide)，目的是把育儿球抢夺过来供自己的后代使用。当育儿球被抢几天之后，育儿球中幼虫的虫龄反而变小了，这表明原来的幼虫已被清除掉了，现在的幼虫是新主人的后代。1990 年，Trumbo 亲眼观察到了埋葬虫的杀婴行为，后来的雄虫利用现成的育婴球喂养自己的后代。单一雌虫虽然在一定程度上也能抵制其他埋葬虫对育儿球的抢夺和杀婴行为，但如果能与一只雄虫联手共同对付入侵者就会取得更大成功，这无论是在一个小兽尸上还是在一个大兽尸上都是这样。例如：在一个小兽尸(18~21 g)上，入侵者杀婴得手的概率前者（单一雌虫）为 0.45，而后者（雌雄联手）仅为 0.12。在一个大兽尸(30~35 g)上前者为 0.52，而后者仅为 0.18。因此，种内杀婴风险似乎是促使埋葬虫雄虫亲代抚育行为进化的一个关键因素。

2. 鱼类

在鱼类中有很多种类都是雄鱼参加亲代抚育而雌鱼不参加。为了弄清为什么只有雄鱼承担亲代抚育而雌鱼反而不承担，Gross 和 Sargent(1985)曾仔细分析了各种鱼类的亲代抚育，试图了解在什么条件下才会出现雄鱼单亲抚育的情况。他们注意到，亲代抚育的好处是能使后代的存活机会增加，但这种好处对参与亲代抚育的雄鱼或雌鱼是一样的，因此，他们推测，如果双亲中只有一方参加亲代抚育而另一方不参加的话，那亲代抚育的代价对双方可能是不同的。譬如参与亲代抚育可能会付出减少交配的代价，对雄鱼来说，这种代价要比雌鱼高，因为雄鱼的生殖成功率是随着与其交配的雌鱼数量而增加的，而雌鱼的生殖成功率则决定于产卵量而与它所得到的配偶数量无关。对雌鱼来说，在亲代抚育中投入时间和能量将会减少未来的产卵量。

承担亲代抚育的雄鱼几乎总是占有一个领域并吸引雌鱼前来与其交配和产卵。在这种类型的婚配体制中，雄鱼并不会因参与亲代抚育而减少交配次数，因为它保卫着一个领域和领域中的受精卵，这使得它比其他雌鱼更具有吸引力并可增加它的交配成功率。这种情况对雄鱼参加亲代抚育是非常有利的，因为它提高了亲代抚育的效益-投资比(benefit-cost ratio)。与此相反的是，雌鱼参加亲代抚育将会付出较大代价，不仅会使未来产卵量下降，而且还会因取食时间减少而降低其生长率。生长率的下降对鱼类是极其不利的,因为鱼类的生育力通常是随着体重的增加而呈指数增长的,这就是说,因亲代抚育每损失一单位体重,其后的产卵量就会有极明显的下降。虽然雄鱼也会因参加亲代抚育而使生长速度减缓,但它们主要是靠领域来吸引配偶,因此因参加亲代抚育而使生长率有所下降对它们的影响并不大。正是由于雄鱼参加亲代抚育所付出的代价要比雌鱼低,所以雄鱼的亲代抚育行为才得到了更明显的进化。换句话说就是,雄鱼亲代抚育行为得以进化并不是因为它们在改善后代存活率方面比雌鱼做得更好,而是它们付出的代价比雌鱼少。

四、亲代对子代的识别(亲子识别)

有一种假说认为亲子识别的功能是为了防止把亲代抚育错投给非亲幼体。由于在营群居生活的物种中,亲代抚育错投的风险最大,因此这些物种的亲子识别功能应当特别发达。这一假说可以通过对一个群居物种和一个独居物种的比较研究加以检验。一般说来,独居物种的双亲除了自己的子女之外是很难再遇到其他非亲幼体的,因此亲代抚育错投的可能性应当很小,换句话说就是其亲子识别的功能可能不太发达。有两种在河岸土洞中筑巢的燕子,一种是群居的岸燕(*Riparia riparia*),一种是独居毛燕(*Stelgidopteryx serripennis*),两种燕子虽不属于同一个属但却属于同一个科。两种燕子的亲子识别有着明显差异。

岸燕的幼燕发出的叫声都各有其特点,而毛燕的幼燕发出的叫声区别不明显。当岸燕的幼燕出巢时,双亲靠听叫声已能识别自己的后代并能毫无错误地把食物喂给它们,对于落在其洞口附近的陌生幼燕则加以驱逐,由于群居岸燕的洞口密集,幼燕是很容易飞错洞口的。毛燕在整个进化过程中都是独居的,它们把食物错喂给其他非亲幼燕的机会几乎没有,因此可以预测它们对亲生子代的识别能力一定不强。为了检验这一假说,Michael 和 Beecher(1992)曾把两窝毛燕中的幼燕互相调换了位置,结果两对双亲很容易就接受了外来的幼燕。甚至它们也能接受岸燕的幼燕,很容易成为岸燕幼燕的养父母。

另一个例子是在地面营巢的银鸥(*Clupea harenus*)和在悬崖峭壁上营巢的三趾鸥(*Rissa tridactyla*),这两种鸥有密切的亲缘关系而且都是群居的,但即使是这样,它们把亲代抚育错投给其他非亲幼体的风险也是不同的,因为银鸥是在地面营巢的,它们的幼鸥出壳几天后就能跑动,因此成年鸥很容易遇到和接触不是自己子女的幼鸥。有人在试验中把两窝出壳4或5天以后的幼鸥互换了位置,结果两窝幼鸥的双亲都不接受外来的幼鸥并对它们进行攻击。与此相反的是,三趾鸥把巢营造在悬崖陡壁的边缘上,巢中的幼鸥稍有不慎就落到海水中,所以它们的适应性本能行为就是呆在原地不动,一直蹲伏在巢中,就这样直到几周之后发育到羽翼丰满时为止,此后它们便会离开悬崖峭壁,靠滑翔落到海洋表面并开始下一阶段的发育。在两个巢中互换幼鸥的试验中,成年鸥对陌生的外来幼鸥都予以接受,哪怕外来幼鸥的年龄比自己的子女大得多或小得多也不在意。甚至把鸬鹚的幼鸟放到它的巢中,它也能像喂养自己的子女一样喂养它。

银鸥和三趾鸥的亲子识别方面的显著差异再一次说明,只要亲代抚育有错投的可能,亲子识别功能就会通过选择得到发展。不过这一结论尚需得到进一步验证,因为这毕竟只是对两个物种所作的比较研究,而且还有人在自然条件下曾偶尔观察到成年银鸥接受了 5 日龄以上的外来幼鸥。

谈到接受外来幼体的问题,在鱼类中有一个非常有趣的例子,这就是黑头鲹鱼(*Pimephales*

promelas)。这种鱼是雄鱼在自己的巢位看护着卵,而巢位通常是选择在溪流中岩石的侧下方。适宜的巢位供不应求,因此雄鱼将为此互相争夺,有时雄鱼会把另一只正在护卵的雄鱼(卵的生父)赶跑并把非亲生卵群接受下来加以看护。为此行为所付出的代价是要保护卵免受天敌攻击,而且要靠分泌抗真菌素保证卵的正常发育。据 Sargent(1989)猜想,这种行为在生殖上给雄鱼带来的好处一定会大于它们所付出的代价。事实上,护卵的雄鱼比不护卵的雄鱼对雌鱼更有吸引力,因此雄鱼在接管了一个非亲生卵群后就更有可能获得配偶。

Sargent 还发现,雄鱼在接管了一个非亲生卵群之后,常常靠减少卵群的大小来降低自己为护卵所付出的代价。在试验中发现,当一只雄鱼从另一只雄鱼那里接受一个巢位后,巢位中的卵量会在接受后的 24 小时内减少一半,而在正常情况下,护卵的雄鱼在为卵受精后的 24 小时内,卵量只减少 85%。有证据表明:雄鱼在接受了非亲生卵群之后会对卵量进行削减,剩余的卵量则刚好够吸引配偶之用。

五、不同类群动物的亲代抚育

通观整个动物界,大多数无脊椎动物和脊椎动物都是卵生的,胎生的种类只包括全部有胎盘哺乳动物和少数其他类群。亲代抚育行为可以表现在卵受精或产卵之前(体外受精时产卵和受精可以同时进行),也可能只表现在产卵或产仔之后。亲代抚育的任务可以由双亲共同承担,也可以只由其中一方承担。如果是由雌雄双方共同承担,往往是雌性一方所承担的任务更重,但在无脊椎动物、鱼类、两栖类和鸟类中也有少数例外,甚至在极个别的事例中,亲代抚育的任务完全是由雄性个体承担的,而雌性个体则专司产卵。

在水中进行生殖的大多数无脊椎动物和脊椎动物都是体外受精的,卵受精后便很少受到照看。当然,无论是水生动物还是陆生动物,都可能把卵产在一个隐蔽场所或结构精细的巢中。卵也可能在雌性动物的输卵管中得到孵化,这就是所说的卵胎生。在有些情况下,雄性或雌性个体身上生有专门的育儿袋和育儿室供卵或幼仔在其中发育。

真正胎生的雌性个体对正在发育的幼体的能量投资将是很大的。在这些表现有早期亲代抚育行为的物种中,一般说来,雄性个体只在幼体出生后才分担一部分亲代抚育工作。

从以上概述不难看出,亲代抚育工作通常是两性都参加的,但雌性承担的工作比雄性多。有时是完全由雌性承担,在极个别的情况下完全由雄性承担。

1. 无脊椎动物的亲代抚育行为

在动物界进行有性生殖的所有主要动物类群中,亲代抚育行为都是各自独立进化的。在无脊椎动物中,原始的亲代抚育形式只是简单地把卵产在安全隐蔽的地点,更进步的一种形式除了把卵安置在安全地点外,还要为新孵出的幼虫贮备必要的食物,以便幼虫一孵化出来就有东西吃。有些昆虫的亲代抚育行为就是处在这样的进化阶段上,如独居的沙蜂(*Bembex rostrata*)。雌沙蜂先猎取一只昆虫将其麻醉后带回事先已挖好的洞穴中,然后在猎物(鳞翅目幼虫)体内产一粒卵,最后用小石子把洞口封堵。再进一步就是当幼虫孵出之后,雌性个体要在一段时间内为幼虫喂食。

像蚂蚁、胡蜂和蜜蜂这些比较高等的社会性昆虫,其亲代抚育行为都超越了沙蜂的进化阶段。它们不仅直接喂养幼虫,而且能够抑制第一批幼虫的性发育,以便使它们能够帮助自己的母亲喂养第二批幼虫,这就导致了在社会中出现了永久性的非生育等级(即工蚁和工蜂等职虫)和昆虫社会的进一步演化。

2. 鱼类的亲代抚育行为

在鱼类中可以看到亲代抚育行为的一个完整演化系列,从没有亲代抚育到很高级很复杂的亲代抚育。首先让我们看看鱼类的各种生殖模式,鳕鱼(*Gadus*)常由雄鱼和雌鱼组成混合的生殖群,它们同时向开阔水域排卵和排精,卵和幼鱼得不到任何亲代抚育。稍复杂一点的是鳟鱼和鲑鱼,雄鱼和雌鱼在产卵和受精之前先配对,然后主要是由雌鱼在溪底挖一个含有沙砾的产卵穴,并在其中产卵和排精。有些鱼类是体内受精的,排出的是受精卵,这比那些体外受精排出未受精卵的鱼类要进步一些,如鲤形目中的很多种类就是这样,这些鱼类相应进化的结果是产卵量的减少。在很多硬骨鱼和鲨鱼中还有一些种类是胎生的,鲨鱼的胚胎是借助于各种不同的机制获得营养的,如营养可以贮存在卵自身的卵泡中,也可由雌鱼的子宫提供,如角鲨。一般说来,生殖负担的加重总是伴随着产卵量或产仔量的减少。

卵孵化之后或出生之后的亲代抚育可以表现为各种不同的形式,最简单的只是对卵加以保护,如锦鳚;或者挖一个产卵穴,如鲑鱼;或者用植物材料建一个比较复杂的巢,如三刺鱼(*Gasterosteus aculeatus*);或者建一个漂浮在水面的气泡巢,如斗鱼(*Betta splendens*)。携带和运送卵的方法也是各种各样的,在各科鱼类中都是独自进化的。罗非鱼中的一些种类把卵含在口中带来带去,故名口孵鱼。底栖鱼类蝌蚪鲇(*Aspredo*)属把卵滚成团附着在皮肤上,附着处的皮肤表皮膨胀将卵包起,故名皮孵鱼。雄性海马生有一个临时性的携卵袋,雌鱼则把卵产在袋内,直到孵出小海马为止。

鱼类亲代抚育行为的进化趋势有时从一个分类群内就可看得出来,如对镖鲈属中14种鱼所进行的研究表明:产卵量与亲代抚育行为的发达程度呈反相关关系,即亲代抚育行为越发达产卵量就越少。亲代抚育主要表现在对卵的照料和供氧上,而这几乎完全是由雄鱼承担的。

3. 两栖动物的亲代抚育行为

两栖动物的亲代抚育行为也是多种多样的和复杂的。两栖类的进化史主要是解决卵极易脱水干燥的问题,由于它们的卵没有坚硬的保护性外壳,所以必须经常保持湿润,因此对大多数两栖动物来说,生殖成功的必要条件就是要有永久性的水源。另一方面,在现在的两栖类的所有主要分类群(科)中都具有利用临时性水源的适应或使卵保持湿润的各种方法。小鲵属(*Hynobius*)和隐鳃鲵属(*Cryptobranchus*)的种类仍完全生活在水中,并在水中进行体外受精,但其他蝾螈和一些蛙类则发展了各种适应,使其能成功地在陆地上进行繁殖。

两栖动物对卵的照料是多种多样的。一些蝾螈和无足的蚓螈(*Gymnophiona*)在卵发育的早期对卵进行守卫。在小鲵和隐鳃鲵中是雄性个体看守卵,而在异颌螈(*Aneides lugubrus*)中则是雌性个体蜷卧在卵团上,以防卵受霉菌侵蚀。产婆蟾(*Alytes*)把卵产在陆地上,然后把卵挤压在自己用后足形成的三角形空间内,雄蟾使卵受精后便用后腿插入卵团将其置于自己腰部周围一直携带着,在卵发育期间,雄蟾将会选择最好的温度和湿度条件以确保卵团不会干掉,卵孵化之前,雄蟾会返回池塘将后足浸入水中直到孵出蝌蚪。负子蟾的携卵方式更为奇特,雄蟾把卵推入雌蟾背部的组织内,使卵一直在皮肤袋内发育。尖吻蟾(*Rhinoderma darwini*)也把卵产在陆地上并由雄蟾守护一定时间,孵化前雄蟾将每一粒卵都吞入口中,并靠适当的运动把卵送入声囊,卵呆在那里直到孵化。南非泳蟾属(*Nectophrynoides*)是真正的胎生两栖类,幼体完全是在雌蟾生殖道内发育的,在蝌蚪阶段,属部的血管可使母体输卵管血循环与蝌蚪血循环之间进行营养传递,这种安排很像是哺乳动物的胎盘,也是两栖类对胎生的一种极好适应。有些蝾螈(*Salamandra*)也是胎生的,但对母子循环系统之间的气体交换没有如此完美的适应。

4. 爬行动物的亲代抚育行为

爬行动物的几个主要特点是：雌雄个体之间很少成对生活在一起；除了蜥蜴科、鳄科外，领域行为不发达；通常是体内受精；卵滞留在雌性生殖道内的时间有长有短；虽然大多数爬行动物是卵生的，但也有卵胎生和胎生的种类。爬行动物在生殖上的最大进步是首次产出有壳卵，即卵外包有保护性的硬壳和几层膜，这样就能把卵产在陆地上而不会像鱼和两栖动物的卵那样容易干死。

鳄鱼的亲代抚育行为是很发达的，它能建很复杂的巢，而且巢的类型可因地点而有所不同。密河鳄(*Alligator missisippiensis*)的雌鳄用腐烂的植物筑巢，巢可把一窝卵抬升到水面以上，为卵提供了温暖湿润的环境。雌鳄守护在巢周围，当幼鳄出壳前发出唧唧叫声时，雌鳄会帮助打开蛋壳。尼罗鳄(*Crocodilus niloticus*)的行为更为复杂，卵被产在雌鳄在沙岸上挖的洞穴中，产卵后雌鳄一直守在巢的附近，直到蛋壳出现裂缝和小洞为止，此时小鳄用叫声把雌鳄吸引过来帮助打开巢洞，接着，雌鳄用嘴咬住小鳄把它们一个个带到水边，并在小鳄长达几周的早期发育期间守在它们附近。

在龟鳖目中，亲代抚育行为不发达，主要表现是选择巢位、挖掘巢洞和把已产下的卵覆盖起来。有鳞目中的蜥蜴和蛇发展了不同的亲代抚育方式。蛇类有两种主要的方式：① 卵在母蛇体内孵化，然后把小蛇产出，出生后的小蛇则很少受到照料；② 产大量的卵，除了选择巢位和覆盖卵之外，几乎不再有任何亲代抚育。但也有例外，如雌蟒蛇常蜷卧在卵上，实际上是在为卵的孵化加温，这一过程常伴随着雌蟒部分身体肌肉有节律的收缩。雌眼镜蛇守护卵的现象很普遍，它常蜷卧在卵上。

在蜥蜴中，蛇蜥和石龙子有守护卵的行为，雌性石龙子还常常把分散的卵收集起来使它们重新合为一窝。沙漠黄蜥(*Xantusia vigilus*)的卵是在雌蜥体内发育的，而且在卵膜和输卵管壁之间所建立的联系很像是一个原始形式的胎盘。这是爬行动物胎生的一个罕见实例。

5. 哺乳动物的亲代抚育行为

在哺乳动物中，由于雌性个体有专门为幼兽发育提供营养的乳腺，因此先天决定着母兽将会更多地参与亲代抚育工作。雄兽很少与雌兽一对一地组成单配制家庭，这样的种类只占整个哺乳动物的大约4%。

在现存哺乳动物中可以找到三种生殖对策。单孔目中的鸭嘴兽和针鼹是卵生的，针鼹把卵产在一个袋内，小针鼹长到一定大小后便被独自留在巢中，母兽则定期回来喂奶，而鸭嘴兽则在巢中产2个卵，幼兽孵出后母兽用乳汁喂养。全部亲代抚育工作都是由雌兽承担的。

大袋鼠科中的袋鼠产出的幼兽发育程度极差，它从尿生殖窦中爬出后便进入乳头区，遇到一个乳头后便开始一个长长的乳头附着期。全部有袋类动物都是由雌兽承担亲代抚育工作。真兽亚纲的兽类产出的幼兽，其发育程度要比有袋类好得多，它们没有乳头附着期，而是断断续续地吸奶，直到断奶为止。幼兽早期的营养完全是靠母亲供应。在很多哺乳动物中，幼兽的发育和生存完全靠母亲维持，但在不同类群中，雄兽和家庭成员也在不同程度上参与亲代抚育工作。

六、双亲偏爱

即使是双亲把自己的抚爱全部投给自己亲生的子女，也很难做到在子女之间完全均等地分配资源,其至在父母与子女之间的亲缘系数(coefficient of relatedness)都是 0.5 的情况下也是如此。所谓亲缘系数 0.5,是指所有子女体内都有父母体内 50% 的基因。再比如,爷孙之间和兄弟姐妹之间的亲缘系数是 0.25,说明它们体内有 1/4 的基因是完全相同的,而同一社会性蜜蜂群中工蜂与工蜂(同父同母)之间的亲缘系数是 0.75,而不是 0.5,这是因为蜜蜂是单倍双倍体动物,雌蜂是双倍体(由受精卵发育而来),雄蜂是单倍体(由未受精卵发育而来),子女从父亲那里继承了全套的基因,而从母亲那里继承了一半的基因,所以(1 + 0.5) ÷ 2 = 0.75。总之,亲缘关系越近,亲缘系数越大;亲缘关系越远,亲缘系数越小。以红切叶蜂(Osmia rufa)为例,这种蜜蜂的雌蜂在植物的空茎秆中筑巢,为茎秆中的许多巢室提供花粉和花蜜。起初,当雌蜂还年轻、环境条件还很好的时候,雌蜂通常会为早期的少数幼虫供应大量的食物。这些少数幼虫是由受精卵发育成的,所以它们将发育成雌性的红切叶蜂,但是随着季节的变化和母蜂渐渐变老,其生理条件开始衰退,其采食效率也会越来越低,在这种情况下,母蜂为每个巢室提供的食物就会明显减少,而且开始在巢室中产下未受精卵,这些未受精卵只能发育为雄性的红切叶蜂,雄红切叶蜂的体重要比其姐妹小得多。由于这种蜜蜂的雌蜂能够控制所产卵的性别和控制子代的供食量,所以它们就能够做到多投资给女儿和少投资给儿子,母蜂就是以这种方式把更多的资源投给女儿,以保证其女儿能为自己的后代采集更多花粉和花蜜。至于母蜂的雄性后代(儿子),身体通常都较小,因为它们的功能只是产生极小的精子和追逐异性个体进行交配,其所需的能量消耗远远少于雌性个体。

其他动物不像蜜蜂、蚂蚁和黄蜂那样具有精确地控制其后代性别的机制,但它们仍然能够有所区别地为其后代提供不同数量的资源。埋葬甲(Nicrophorus vespilloides)的成年甲虫通过个体间的合作把一只死鼠埋入地下并去除其身上的毛,用鲜肉制作成一个个肉球,然后在这些肉球附近产卵。当幼虫孵化时,它们便可用这些准备好的尸肉喂养自己的后代,或者双亲将初步加工过的腐肉反吐给自己的子女。埋葬甲的幼虫大小差异很大,因为它们是先后陆续孵化出来的,对于较早孵出的幼虫,父母会喂给更多的食物,越晚孵出的幼虫得到的食物越少。如果一只鼠尸所能供养的幼虫数量有限的话,那么对双亲来说最好的对策就是帮助那些最有希望发育到成年个体的幼虫完成发育全过程,这样才会使双亲获得最大的遗传收益。

埋葬甲的双亲有时会靠直接喂养某些幼虫并拒绝喂养另一些幼虫而不均等地把食物分配给后代,蠼螋也常常会采用同样的方法,雌蠼螋对食物供应充足的若虫所发出的化学信息会做出一种特殊的行为反应,即更积极主动地为那些有更大存活机会的若虫寻找食物。由此可以看出,幼体的状态和条件有时可以影响双亲对子代的食物供给。可以预测的是,双亲的状况和条件也会影响子代的食物供给。

七、同胞(兄弟姐妹)互残

乍一看来,有些动物对自己的后代是不偏不倚的,例如:当大白鹭将小鱼带回巢中放在一窝雏鸟面前时,它并不干预这些雏鸟互相争抢小鱼的行为。但发生在这些兄弟姐妹间的争抢行为常常会激化或升级,一只优势雏鸟的攻击有时会导致兄弟姐妹的死亡或将其推出巢外摔死。一窝雏鸟通常是由 3~4 个个体组成的,在这种情况下,双亲会不会为了挽救其中的一个后代而进行干预呢?可以想象的是,同胞自残行为的进化是有条件的,这就是必须能够增加或提高残害兄弟姐妹者的适合度(fitness)或广义适合度(inclusive fitness),而这些兄弟姐妹都是同一食物资源的竞争者。适合度是衡量一个个体存活和繁殖成功机会的一种尺度,适合度越大,个体存活的机会和繁殖成功的机会也越大,反之则相反。广义适合度不是以个体的存活和繁殖为尺度,而是指一个个体在后代中传布自身基因的能力有多大(注意:在任何亲属体内都有与自身体内完全相同的基因),能够最大限度地把自身基因传递给后代的个体则具有最大的广义适合度。但增加广义适合度,不一定是通过自身繁殖的方式,帮助自己的亲属(如父母和兄弟姐妹等)进行繁殖,也能增加自己的广义适合度。

在一些具有同胞互残的动物中,双亲显然具有抵制子女互残的能力,其证据主要来自对一种海鸟——鲣鸟的研究,这种鸟表现有早期的同胞互残行为,年龄较小的幼鸟 B 在其生命的前几天常常会受到年龄较大的幼鸟 A 的攻击并导致受伤或死亡。幼鸟 A 之所以能杀死其兄弟姐妹的一个重要原因是由鲣鸟的产卵和孵卵方式决定的。在这种鸟类中,雌鸟先产下一个卵(A)并立即开始孵卵,几天之后才产下第二个卵(B)。因为第一个卵比第二个卵孵化得早好几天,所以幼鸟 A 的身体就比幼鸟 B 更大更强壮,在这种情况下,幼鸟 B 常被幼鸟 A 排挤到巢的边缘或被挤出巢外导致早期死亡。

生命早期的同胞互残行为在花脸鲣鸟表现得很明显,但在蓝足鲣鸟中却不是这样。早期互残现象在蓝足鲣鸟中极为少见,有互残行为通常也是发生在巢期的晚期。如果把一对蓝足鲣鸟的幼鸟让花脸鲣鸟的双亲去喂养,结果幼鸟 B 通常很快就会被幼鸟 A 杀死,可见,蓝足鲣鸟的亲鸟在幼鸟发育的最初几天内有控制幼鸟 A 及其兄弟姐妹互残行为的能力。如果事实是这样的话,那么当把花脸鲣鸟的幼鸟让蓝足鲣鸟的双亲去喂养,幼鸟间的早期互残行为就理应能够得到控制。试验结果也正如人们所预料的那样,致命的同胞互残行为因受到亲鸟(养父母)的干扰而得以避免。

对白鹭来说,当两只幼鸟彼此发生冲突时,双亲并不进行干预。实际上,兄弟姐妹之间致命的战斗是由亲鸟开始孵卵的时间诱发的。雌白鹭产下第一枚卵后很快便开始孵卵,这一点与鲣鸟完全一样,以后每隔 1~2 天产一枚卵,直到 3 枚卵产完为止。由于卵产出的时间不同,孵出幼鸟的年龄和大小也就不同,其结果就是最先孵出的幼鸟就要比最后一个孵出的幼鸟大得多,于是便导致了先孵幼鸟独占双亲带回鸟巢的食物(小鱼),先孵幼鸟不仅个体大,而且也更富有攻击性,这是因为在产下的第一个卵中含有更多的雄激素,这是由它的母亲所给予的,至少在牛鹭中是这样。亲鸟不均等的喂食还会导致兄弟姐妹间身体大小的进一步拉大,使有些个体长得非常矮小,这些个体很容易因饥饿和受到攻击而死亡。

值得注意的是,白鹭双亲不仅对兄弟姐妹的互残行为熟视无睹,而且还会促使它的发生。为什么会这样呢? 这是因为在一窝幼鸟中通过互残行为可自行淘汰那些不太可能发育到生殖年龄的个体,而这对双亲是有利的。虽然在好的年份亲鸟可以提供大量的食物足以满足所有幼鸟的需求,但在大多数年份,由于食物的短缺,亲鸟却无法将 3 只幼鸟全部养大。当无法供应足够食物的时候,借助于同胞互残行为减少幼鸟的数量,就可以节省双亲用于喂食的时间并减少双亲的能量消耗。要知道有些后代即使没有挨饿和未受到兄弟姐妹的攻击,也很少有机会或根本不可能发育到成年期。

检验上述结论的一个方法就是人为组配牛鹭的一个同步鸟巢(指鸟巢中的幼鸟都是同一天孵化),即把几个鸟巢中同一天孵化的幼鸟组合在同一个鸟巢中。另外,再人为组配一个比正常非同步鸟巢(自然状态下的鸟巢,幼鸟孵化有时间间隔)更为夸张的非同步鸟巢(指幼鸟孵化的间隔时间更长)。前面曾提到过,正常非同步鸟巢的产卵间隔期通常是 1.5 天,而夸张的人为非同步鸟巢的产卵间隔期被安排为 3 天。如果说正常的孵化间隔期(1.5 天)对一窝幼鸟的减员是最有效和最适宜的话,那么对于正常的非同步鸟巢来说,每单位双亲投资所获得的出巢幼鸟数就应当是最多的。事实上,试验结果也正是如此。同步鸟巢中的成员不仅频频发生争斗,死亡率高,而且每天所需要的食物也会造成双亲喂食效率低下。利用蓝足鲣鸟所做的类似试验也得出了相同的结果。

当牛鹭的双亲操控它们所产卵的雄激素含量以及它们所采取的孵卵方式,将不可避免地导致幼鸟的大小和战斗力发生差异的时候,好像双亲知道它们正在做什么,以及这么做的后果。当然,如果是这样的,这也完全是无意识的或出自本能的。兄弟姐妹之间的争斗和互残在客观上有助于双亲把它们的关爱只传递给那些最有可能发育到生殖年龄的后代,并使它们的食物投送损耗降到最低。这是进化导致行为最优的又一个实例。

第十章 动物的时空行为

地球上的任何一种生物都会经受各种环境条件的周期变化,这种变化是由于地球、月亮和太阳之间的相对运动而引起的。当地球相对于太阳而自转的时候,地球上的生物就会经受在光照强度、温度、相对湿度、大气压、地磁、宇宙辐射和电场等方面有节律的变化。每个月球日(24.8 小时)地球都要相对于月球自转一周,月球的引力作用会引起地球表面海水有规律的涨落并形成潮汐现象。这种潮汐周期会使潮间带生物经受巨大的环境变化——涨潮时被海水淹没,退潮时则暴露在干燥的空气中,同时还伴随着海水盐度和温度的剧烈变动。地球、月球和太阳的相对位置将导致大潮和小潮之间有 14 天的间隔期。月球每月(29.5 天)绕地球运行一圈将会引起夜间照明强度的变化并可引发地球磁场的波动。此外,地球绕太阳运行将导致四季交替并伴随着光周期和温度的巨大变化。

虽然环境变化剧烈,但这种变化是有规律的和可预测的,这有利于生物的某些行为和活动总是在特定的时间发生,但行为的这种节律性是由环境的节律性引发的。所以生物钟(biological clock)应当是随着生物对环境的适应而逐渐进化产生的。

第一节 生物节律和生物钟

一、生物节律和生物钟的研究简史

早在二千四百年前(即亚里士多德以前 300 年),人们就观察和记录到了植物的睡眠运动,即白天叶抬起、晚上叶下垂的日节律。但自那时以来,人们一直没有注意到即使把植物置于人工光照下和不让植物获得外界环境信息,植物仍能保持这种节律运动。直到 20 世纪初,人们才发现即使把植物置于完全黑暗和恒温的实验室环境中,植物的叶子仍会按原来固有的节律抬起和下垂。

20 世纪第一个关于生物钟的报告是由 John Welsh 于 1934 年提出的,他首先研究了甲壳动物和昆虫的生物钟,但他的报告并未引起科学界的重视。当时他认为生物体内有一个独立的计时器(即生物钟),但这一观点限于当时的实验技术尚无充分的证据令人信服。后来到 1948 年,F. A. Brown 意识到这个问题是科学上的一个重要问题,他在分析了自己的工作以后宣布了自己的观点,他认为:生物自身借助于环境信息而具有时间觉,即生物能够感知时间,能够知道在什么时候应该干什么。这里所说的环境信息不是像光和温度这样明显的信息,而是指某些微妙的尚不清楚的环境影响,这种环境影响是科学家想方设法设计恒定的实验条件也难以排除的(如磁场的影响等)。Brown 的观点引起了广泛的讨论。目前对这一问题的普遍认识是:时间觉是生物的一种内在机制,不受环境影响,这就是人们现在常说的生物钟。

二、生物节律的概念和特征

每种生物的活动周期都是由许多重复单位所组成的,这些重复单位叫周期(cycles),完成一个完整周期所需要的时间就是节律期(rhythm's period 或 period),如一个日节律的节律期就是 24 小时。在一个周期内动物活动率(如取食频次)的变化范围就叫变幅(amplitude)。在一个周期内任何被指定的部分可称为相位或阶段(phase),图 10-1 就是生物节律的各个组成部分。

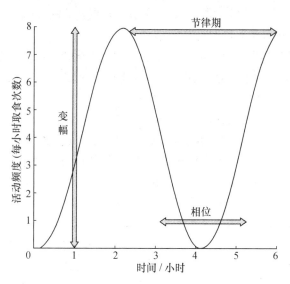

图 10-1 生物节律包括节律期、变幅和相位三个部分

生物的生存环境经常发生周期性变化如日周期、潮汐周期和年周期等,而动物大体有三种方法可以使其生理和行为与环境的周期变化保持同步:① 对环境的各种变化做出直接反应;② 靠体内的内在节律使行为与环境的周期变化保持同步;③ 同步机制靠上述两种方法相结合。很多动物在实验室内与环境相隔绝的条件下也能表现出 24 小时的日活动节律和 365 天的年活动节律,这表明它们的行为是受内在节律即生物钟控制的。为了证明节律的内在性通常有三个判断标准:① 内在节律有时并不完全与已知的环境周期因素保持密切同步;② 在恒定的实验室条件下内在节律周期通常会稍稍偏离自然节律;③ 当动物被从地球的一地移到另一地时,节律仍然保持。如果符合上述判断标准,其节律就是内在的,也就是说动物所表现出的行为节律是受体内生物钟支配的。

生物的内在节律或生物钟有以下几个特征:① 对环境温度变化极不敏感,不管环境温度如何变化,生物节律周期总能保持稳定。例如,招潮蟹无论是在 6、16 或 26℃的温度下,其 24 小时的活动节律都不会受影响——白天体色变暗,夜晚体色变浅。② 生物种通常不会受代谢毒物或抑制剂的影响,虽然这些物质阻断细胞内的生物化学通路,人们可能认为某些代谢毒物(如氰化钠)可以改变生物节律的节律期,但实际并非如此。③ 生物节律即使是在缺少环境诱因时也能自我保持正常的周期性。④ 生物节律可被环境中的定时因素(zeitgeber)所启动或重新启动,这是因为动物的内在节律常常逐渐偏离外在的周期性,所以动物必须借助环境中的某些因素来校正体内的生物钟(调时),使它的内在节律与环境周期变化保持同步。

三、生物节律的类型

动物行为和生理的节律现象极为常见,每个研究动物行为的人都必须加以重视。动物并非是固定不变的,其行为将不断变化以便适应日变化、季节变化、潮汐变化和月相变化。在行为周期的某一时刻对行为的描述总是与另一时刻完全不同。为了熟悉动物行为节律的多样性,首先必须了解生物节律(biological rhythms)的概念和类型。

1. 日节律

大多数动物都在每天的一定时段内活动,例如:仓鼠与蜚蠊、蝙蝠和家鼠一样是在夜晚活动,而其他动物如鸣禽和蝶类等则是在白天活动。

蜜蜂是最好的"定时器",在20世纪初期曾通过实验证实了蜜蜂具有时间觉(time sense),实验方法是先给蜜蜂作好标记,然后在每天上午10~12时在特定的喂食点为它们供应糖水。经过6~8天的训练后,大多数受过训练的蜜蜂都只在这个特定的时间内到喂食点去取食。但真实的实验是在其后的一些天内,喂食点并没供应糖水,但大多数蜜蜂还是在本该供应食物的时间内飞到那里去。在接下来进行的实验中发现蜜蜂的时间觉惊人地准确。当训练蜜蜂在一天的9个不同时间去9个不同的采食点取食时,它们能够区分这9个彼此相隔只有20分钟的采食时间。蜜蜂这种能力的适应性是很清楚的,因为花朵分泌花蜜是有节律的,总是在一天的某些时间比其他时间能分泌更多的花蜜。因此,生物钟会让蜜蜂在花朵分泌花蜜最多的时候去拜访花朵。这就意味着蜜蜂能用最小的付出采集最大的蜜量。

生物钟不仅对采食行为是重要的,对交配行为也同样重要,例如果蝇(*Tryoni tryoni*)只在傍晚昏暗的光线下交配,这种行为节律可确保同种成员之间的生殖同步,因而能增加找到适当配偶的机会。*Dacus*属的果蝇是在一天的不同时间交配的。因此交配时机有很大的选择性,可避免与近缘物种的杂交,也可避免把时间、能量和配子浪费在注定无效的生殖投入上。雌蛾是靠释放性信息素引诱雄蛾的,即使是这样,生物钟也能发挥重要作用。天蚕蛾属(*Hyalophora*)的雌蛾所释放的性信息素对两种天蚕蛾(*H. cecropia*和*H. promethea*)的雄蛾都有吸引作用,但由于这两种天蚕蛾是在一天的不同时间活动,所以就避免了种间杂交(图10-2)。

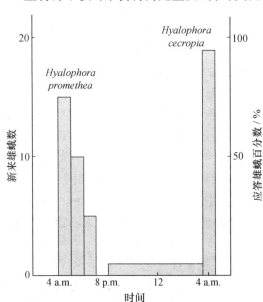

图10-2 两种天蚕蛾的飞行时间及对雌蛾的应答
因活动时间的不同而避免了种间杂交

一天的日夜交替对很多动物的行为都有着直接或间接的影响,一天内的温度和光强度变化可以引起食物量和捕食者数量的变化。白天和黑夜的光强度差异极大,所以便形成了日行性(diurnal)动物、夜行性(nocturnal)动物和晨昏性(crepuscular)动物,它们各自适应于在一天的一定时间内活动。日活动时间常可随季节而变化,如北温带的许多留鸟在春末和夏季时倾向于晨昏活动,而在冬季倾向于白天活动,以躲避早晨的严寒。小飞鼠(*Glaucomys volans*)1 月开始活动的时间是 16 时半,而 7 月是 19 时半。

动物行为的日节律(daily rhythms)是对各种环境条件(光照、温度、湿度、食物和天敌等)昼夜变化的一种综合性适应。因此各种动物的昼夜活动节律都具有各自对外界环境综合适应的特点,例如:林姬鼠(*Apodemus sylvaticus*)和普通田鼠(*Microtus arvalis*)都是小型鼠类,但它们的日活动节律完全不同。前者以种子为食,在夜间活动有利于躲避天敌;后者是草食性的全昼夜活动的种类,每天有 7~8 个活动高峰,每次活动代表一次充胃,这种活动方式被捕食的机会多,但食物到处都有,活动范围比林姬鼠小,且以复杂的地面跑道系统作为躲避天敌的防御体系。

果蝇(*Drosophila pseudoobscura*)在自然条件下总是在拂晓后几小时内羽化,此时湿度最大,对羽化最有利。羽化太早翅硬化时间会拖长,易遭捕食;羽化太晚,干燥空气会使翅变干。若在恒温和 L12∶D12 的光周期的条件下培养果蝇,其生活周期为 25 天,在第 17 天就有成虫羽化,时间恰是光期的开始,几小时内羽化便停止,下一个羽化高峰是在 24 小时后,如此下去连续 6 天羽化时间都是在黎明。

2. 潮汐节律

潮间带的主要特征是潮水的涨落,生活在潮间带的很多生物都具有与潮水涨落相一致的活动周期,这就是潮汐节律(tidal rhythms)。潮汐是因月球引力而引起的海水涨落现象,两次低潮间的时间间隔为 12.4 小时。

牡蛎在海水涨潮时开壳取食,退潮时闭壳以防干燥。招潮蟹(*Uca pugnax*)在低潮时从洞中出来觅食和求偶,高潮到来前则退回洞内等待被海水淹没,其活动与海水涨退保持同步。当把它移入实验室内使其远离潮汐变化时,其行为仍能保持原有的节律性(图 10-3),活动与不

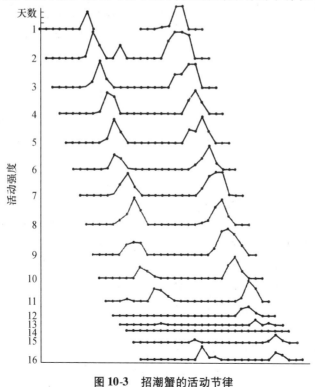

图 10-3 招潮蟹的活动节律

在持续黑暗和 20℃ 的条件下,仍然是在原栖地海滩低潮期开始活动

活动每隔12.4小时交替一次,这12.4小时正是两次高潮之间的间隔期。

滨蟹(*Carcinus maenas*)的行为节律刚好与招潮蟹相反,涨潮时出洞活动,退潮时躲入洞内。在室内恒定条件下这种行为节律可维持一周,此后若经过冷处理(置于0℃左右6小时)还可恢复其潮汐节律。对很多种蟹来说,潮水上涨所引起的温度下降是一种定时因素(zeitgeber),也称定时器,它决定着一个新活动周期的开始时间(起始点)。如果在一个有日夜交替但无潮汐影响的实验室内把滨蟹从卵饲养到成年,那么滨蟹就表现有昼夜活动节律,但只要给予一次冷处理(相当于海水涨潮刺激),潮汐节律就会表现出来。在冷处理之前,内在的潮汐节律似乎是处在休眠状态。

3. 半月节律

涨潮的高度同时还会受太阳引力场的影响,事实上,最高潮是由月球和太阳引力场的共同作用引起的。在新月(new moon)和满月(full moon)时,地球、月球和太阳的位置是处在一条直线上,此时太阳和月球的引力场彼此增强(图10-4),这就是为什么在新月和满月时,地球会出现最高的高潮和最低的低潮,这就是所谓的大潮(spring tides)。在弦月时,月球和太阳的引力场彼此成直角,其引力是起反作用的,所以潮汐比月内其他时间都小,这就是所谓的小潮(neap tides),它具有最低的高潮线和最高的低潮线。有些生物的生物钟能使其预知大潮和小潮到来的时间,因而使自己的活动与这些周期变化保持同步。

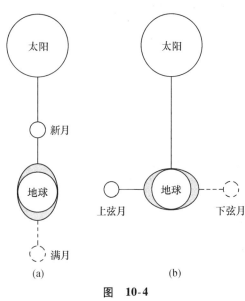

图 10-4

(a) 在新月和满月时,月球和太阳的引力场彼此增强,导致出现大潮;(b) 在上弦月和下弦月期间,月球和太阳的引力场彼此垂直,导致出现小潮

银汉鱼(*Leuresthes tenuis*)是生活在美国加利福尼亚近岸海水中的一种小鱼,其生殖活动的准确时间是在与大潮同步的14日间隔期,它是唯一一种在陆地上产卵的海鱼。从2月末到9月初在每次最大的大潮到来前的3或4个晚上,成年银汉鱼都聚集在近岸海水中等待涨潮高峰的到来,届时它们会被潮水送上海滩,交配狂热时海滩上满是抖动的鱼体,雌鱼挖沙先把尾部埋入沙中,鳃以上的头部露在外面,可能有几条雄鱼围绕在雌鱼周围并释放含有精子的鱼白,它可渗入沙中使雌鱼产下的卵受精。雌鱼把全部卵产下后便乘退潮的海水回到海洋中,留在沙中的卵则发育到下一个世代。

银汉鱼行为的时机掌握是很微妙的,由于大潮具有14日周期的最高的高潮,所以银汉鱼总是等待大潮到来时才交配,这样就可确保沙中的卵有大约10天的安全发育时间,免受拍岸浪的猛烈冲击。如果交配是发生在大潮高峰到来之前,那么接着到来的高潮就会把卵冲走。如果银汉鱼不是等到夜潮时上岸交配,那么卵也会遭受同样的命运,因为夜潮比日潮高,不仅可保护卵免受巨浪冲击,也可使成年鱼在交配时较少受到捕食。

另一个14日节律(即半月节律,semilunar rhythms)的实例是摇蚊(*Clunio marinus*),这种双翅目昆虫的羽化、交配和产卵总是与潮水变化保持一致,它总是生活在潮间带的最低处,这样每2周一次的大潮低潮期就只有几小时是暴露在空气中。在退潮时首先是雄蚊从蛹壳中羽化出来,然后每只雄蚊寻找一只雌蚊帮助它出壳。由于它们的栖地很快就会被海水再次淹没,所以它们抓紧时间迅速交配,然后雄蚊便携带着雌蚊飞到雌蚊的产卵地点。所有这些活动必须有准确的时间安排,以便能在短短的 2 小时内完成,因为它们的活动地点只有 2 个小时是暴露在空气中的。

D. Neumann(1976)发现,如果把摇蚊种群带入实验室置于 L12∶D12 的光照条件下,成虫的羽化就是随机的,但如果连续 4 夜模拟满月时的昏暗光照(0.4 lx),成虫的羽化就会保持同步,正如在自然状态下那样大约每 14 天出现一个羽化高蜂。

4. 月节律

从满月到满月的间隔时间是 29.5 天,相当于月球绕地球一圈的时间。有些生物所具有的生物钟可使它们的活动发生在这一周期的特定时间。月节律(monthly rhythms)的一个著名实例是一种海洋多毛类矶沙蚕(*Eunice viridis*),它和以前提到过的一些生物的生殖节律不同,这些生物的生殖总是极精确地与有利的环境条件保持同步,而矶沙蚕的生殖则总是发生在一个特定的时间,以便使种群中所有的个体能在同一时刻排放配子,这样便能增加在海水中受精的概率。

矶沙蚕生活在萨摩亚(Samoa)和斐济(Fiji)的珊瑚礁裂缝中,在准备进行生殖时,它的身体会因新体节的增加而加长,而这些新体节内则充满了配子。在 10 月和 11 月的下弦月(last quarter of moon)的黎明时分,这些满含精子或卵的新体节会同步脱离身体的其他部分并漂浮到海洋表面,使海水变混浊。此后这些新体节便同时爆裂,把配子释放到海水中完成受精。由于生殖同步,它们为鲨鱼和其他鱼类提供了丰富的食物,当地居民每年此时也像节日一样把它们当成美食驾船捕捞。在实验室内与外界隔绝的条件下,矶沙蚕也在相同的时刻进行生殖,这表明它的生殖活动是由内在的生物钟控制的。

月节律的另一个实例是蚁狮(*Myrmeleon obscurus*)。为了狩猎它在沙地上挖掘一个漏斗状沙穴,然后埋伏在沙穴的底部等待着各种小节肢动物(如蚂蚁)失足滑入沙穴中,先是用巨大的大颚将其捕获,然后将其体液吸干。对蚁狮行为所作的最有趣的观察是:在满月时与新月时相比,它的行为表现有所不同,满月时它所建的沙穴比较大。把蚁狮饲养在与外界隔绝具有固定条件的实验室中,每天对其所建沙穴的大小进行精确测量,结果发现:它的这种行为节律是受生物钟控制的,而不是简单地对某些环境条件(如月光强度)所做出的反应(图 10-5)。

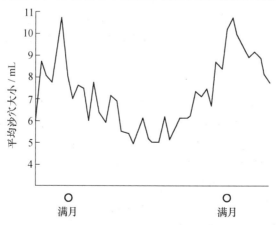

图 10-5　在实验室正常日照条件下,50 只蚁狮沙穴大小的月节律

每天给每只蚁狮喂一只蚂蚁,满月时蚁狮所建的沙穴比新月时大

月节律还有很多其他实例,如等足虫(*Excirolana*)的活动强度、丘脑受损的大白鼠以及蜜蜂行为每月有节律地变化等。虹鳟和人的色觉也是在每月期间有所波动的。

5. 年节律

环境的季节变化是很明显的,特别是在温带地区,随着白天的缩短和温度的下降,植物和动物都会对严酷和寒冷气候的到来作好准备。这种行为受年生物钟控制的一个实例就是金黄鼠(*Citellus lateralis*)的越冬。在温度不变和光周期不变(12小时光照和12小时黑暗相交替)的实验室条件下,金黄鼠无法知道冬天的开始或春天的到来,但它仍然会在与往年大约相同的时间进入冬眠,即使是在持续低温(3℃)和永久黑暗的实验室内出生的个体,仍然会表现出活动期与冬眠期相交替的年节律(annual rhythms),有些个体甚至会保持这种节律达3年之久(图10-6)。

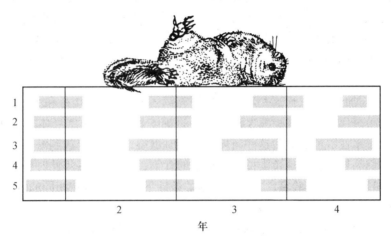

图10-6 5只金黄鼠年冬眠节律的4年记录

它们出生后便被隔离并生活在低温(3℃)和黑暗的条件下,虽然它们未感知到环境的变化,但仍与历年一样按时进行冬眠

与冬眠有关但又不同的一种情况是取食的季节周期。当把金黄鼠饲养在室内35℃持续高温的条件下,它虽然不再进入冬眠,但当室外真正的冬季到来时,它仍会减少食量和饮水量,而当室外真正的春天到来时,它也会再次进食并使体重增加。

很多由生物钟控制的年节律也曾在其他动物中发现过,其中包括柳莺(*Phyloscopus trochilus*)的迁飞躁动和换羽、梅花鹿(*Cervus nippon*)鹿角的生长、欧椋鸟(*Sturnus vulgaris*)精巢大小的变化、龙虾(*Orconectes pellucidus*)的蜕皮和生殖以及一种海洋腔肠动物钟螅(*Campanularia flexosa*)的生长和发育。

当你把一个年周期波动的行为或生理过程认为是受年生物钟控制的时候必须倍加小心谨慎,因为有很多行为的季节变化实际上是受光周期变化、冬季日照的缩短和春夏季日照的延长所控制的。由年生物钟所调控的节律与光周期所决定的行为反应不同的是,即使日照长度不变,它也会持续地保持其节律性。R. Holberton 和 K. Able 是少数在固定光照条件下而不是在固定光周期条件下研究过动物年节律的科学家,他们发现在恒定的微弱光照和恒定的温度下,灯心草雀(*Junco byemalis*)的生殖和迁飞节律至少可以维持3年。当环境保持固定不变时(连续光照或黑暗),日节律和年节律通常都有一个自运期(free-running period)。

6. 短周期节律

短周期节律(ultradian rhythms 或 epicycles)的特点是节律周期很短,通常是几分钟至几小时不等。如生活在潮间带沙滩洞穴中的沙蠋(*Aremicola marina*)每隔 6~8 分钟取食一次,还有一些白天活动的小哺乳动物如草原田鼠(*Microtus pennsylvanicus*),每次取食活动后接着便是一个休息期,每个取食-休息周期为 20~120 分钟不等,通常每次活动为 12~20 分钟,然后是休息期。虽然短周期节律与我们通常所说的生物节律的概念不太相符,但不可否认的是,它也是很多生物所具有的重要的活动节律。

7. 间歇节律

有些节律过程是属于间歇性的或间断性的,其发生周期没有特定的规律,例如:很多沙漠昆虫的生殖就是属于间歇节律(intermittent rhythms),它们生殖与否取决于下不下雨,有雨水就进行生殖,没有雨水就不生殖,而两次下雨之间的干旱期长短是没有规律的,有时会长达好几年。有些河流中的鱼类产卵也是这样,在河水泛滥年份就产卵,一般年份不产卵(如银鱼)。大型猫科动物(如狮子)的取食活动是由饥饿所控制的,每次取食几天后受饥饿驱使再一次进行取食。间歇节律期从几天至几年不等。

四、生物钟的调控

生物钟的调控有内源性的和外源性的,前者包括自运节律、隔离实验、移地实验和节律周期的变异性;后者则包括定时因素和其他诱因。下面分别介绍这些调控机制。

1. 自运节律

当把动物放在一个永久黑暗的环境中时,很多动物都会表现出一种称为自运节律(free-running rhythms)的活动节律,其节律期(period)可能与任何已知的环境周期都稍有不同,这就为这种节律的内源性提供了间接证据。如图 10-7 所示,把飞鼠(*Glaucomys volans*)置于全黑(DD)的环境中几周后,其正常的日活动节律仍很明显,这显然是一种内在的自运节律。

对大多数动物来说,自运节律期都遵循阿孝夫法则(Aschoff's rule),当动物生活在完全黑暗的环境中时,其活动节律近似于 24 小时的节律期但稍有偏离,不是缩短一些(如飞鼠)就是延长一些。至于向哪一个方向偏离和偏离的速率则不仅与光照强度有关,而且也同动物在正常情况是夜行性还是昼行性有关。对于像飞鼠这样的夜行性动物来说,持续的黑暗会使动物的自运节律期短于 24 小时,因此每天都会提前一会儿开始活动。与此相反,对于昼行性动物来说,持续黑暗会使动物的自运节律期比 24 小时稍长,因此每天推迟一会儿开始活动。当然对于这一法则也有一些例外,但总的说

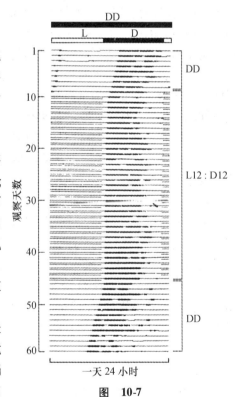

图 10-7

在完全黑暗(DD)条件下飞鼠的自运节律期与已知的周期环境变量有所不同,当由 DD 转变为 L12:D12 时,飞鼠总是在黑暗到来时开始活动

来可适用于大多数动物。

2. 隔离实验

实验方法是把鸟类或爬行动物的卵从孵化前到孵化后都放在恒定不变的环境条件下,如果在此条件下孵出的动物仍然表现出活动的日节律,那就可以证明其生物节律是遗传的和内源性的。1959年Hoffman曾经做过这样的实验,他把蜥蜴的卵分为三组进行孵化,第一组的光照条件是L9∶D9,即9小时光照和9小时黑暗互相交替,一天只有18个小时;第二组的光照条件是L12∶D12,一天有24个小时;第三组的光照条件是L18∶D18,一天有36个小时。待三组蜥蜴卵都孵化后,把孵出的全部幼蜥一起置于恒定的环境条件下饲养,结果发现其自运活动周期为23.4~23.9小时,均接近24小时的自然昼夜节律。由此可以得出如下结论:蜥蜴的生物钟机制是可遗传的和内源性的,它不受各种饲养条件的影响。

3. 移地实验

对生物节律内源性调控假说的另一支持证据是来自于移地实验。由于很多种植物的花朵都是在一天的固定时间开放,所以蜜蜂(*Apis* spp.)通常是在每天的相同时间飞到一个特定的地点采蜜。德国行为学家Renner(1960)在一个特殊设计的具有恒定条件的室内训练蜜蜂在每天的特定时间离开蜂箱去采食。他在法国巴黎训练蜜蜂,然后在夜晚把蜜蜂空运到美国纽约。到达纽约的第一天蜜蜂开始采食的时间刚好是它们上一次在巴黎采食之后的24小时,这说明到纽约之后它们的采食时间仍然是按照巴黎的时间,而没有受纽约当地时间的影响。

另一个类似的移地实验是在夜间把蜂箱从长岛运送到加利福尼亚,起初蜜蜂仍按长岛的时间于每天同一时间开始觅食,后来便一天天推迟外出觅食时间,逐渐调整到与加利福尼亚当地时间相符。这些实验表明:如果生物钟是内源性的,那么外在因素对生物钟就会具有校正时间的作用,以便使生物体内外的节律保持同步。对招潮蟹的颜色变化和牡蛎开壳时间所作的移地研究也表明:这些动物移地后最初的行为表现就如它们在原地时一样,此后它们的生物钟会逐渐校正到与当地时间相一致。

4. 节律周期的变异性

生物节律内源性的证据之一是来自于大多数生物的活动周期存在着变异。例如在恒定不变的实验室条件下测定两只鹿鼠(*Peromyscus*)的日节律周期,一只为23小时10分,另一只为24小时33分。小飞鼠在类似条件下的日节律周期是22时58分至24时21分。

如果日节律是外源性的,其周期应当是严格的24小时,不应存在变异。内源生物钟因个体间的生理差异导致日节律偏离24小时,而且个体与个体不同,这是完全正常和可以理解的,因此体内节律与环境周期性不完全一致是一个普遍现象,也是节律内源性的证据之一。

5. 定时因素

有人主张生物钟虽有内源性成分,但它主要还是靠外部因素启动和调节。所谓定时因素(zeitgebers或"time givers")就是为动物提供环境周期性信息的外部因素。定时因素可以起到使动物的活动节律与环境周期性节律同步的作用。通俗地说,定时因素是在起对时的作用,钟走慢了就往前拨一拨,钟走快了就往后调一调,所谓走慢了就是内在节律跟不上环境周期节律,走快了就是超过了环境节律。自然界最常见的定时因素是光和温度,例如鹿鼠在自然光照条件下总是黄昏时开始活动,白天则完全不活动。如果在实验室内给予L12∶D12的光照条件,而且黑暗是从中午开始,那么它们很快就能改变其行为,改为从中午开始活动,可见周期性的光刺激起止时间的变化就是一种定时因素,它能改变鹿鼠活动期的开始时间,使其与环境周期保持同步。又如：低温为滨蟹提供了涨潮的信息，提示滨蟹此时应出洞活动。

6. 其他诱因

1970 年 F. A. Brown 把牡蛎从甲地康涅狄格州移到乙地伊利诺斯州的 Evanston 实验室内，到达新栖息地的最初几周，牡蛎打开壳取食的时间与原地海岸的潮汐节律相一致。此后开壳时间便逐渐改为与乙地的涨潮时间相一致，但它们是处在与外界隔绝的实验室内，并没有受到当地海潮的直接影响，可见它们是利用一种不明的环境诱因来调整自己体内生物钟的，其中最重要的定时因素是光、温度和海潮，其他因素还可能有地磁、背景辐射和重力等，这些因素都有日周期或年周期。

事实证明，有些动物能对地磁做出反应，例如一种小涡虫（*Dugesia trigrina*）对磁场变化就有反应，其负趋光性的调转角度可因磁场的影响而发生变化。沙鼠的活动周期可把地磁信号作为定时因素，把这种沙漠啮齿动物安置在 L12:D12 的光周期和 26 小时人工磁场周期的条件下，结果在这种条件下所形成的日活动节律与只在 L12:D12 条件下所形成的日活动节律不同，显然是因为受到了 26 小时磁场节律的影响。

五、生物节律和生物钟的适应意义

环境中的物理因素（如光照、温度和湿度）对于一些生物具有特别重要的意义，特别是有些动物的表皮特别容易失水；有些动物还不能很好地调节自己的体温；有些动物生活在温带、寒带或沙漠，而这些地区的物理因素的季节波动和昼夜波动特别剧烈。环境中的光周期现象和其他物理因素如温度、湿度和化学物质等，对生物的作用性质有所不同。后者可以直接对生物产生有益或有害的影响，而前者则不是这样，它不对生物产生直接的益害影响，而是可以作为生物的一种定时因素或者作为生物判断环境条件发生变化的指示因素，这对生物的生存来说可能更为重要。

1. 木虱昼夜节律的生态适应

野外观察和室内实验都已证实：甲壳纲动物木虱的昼夜节律是受光周期调节的，这就是说它们晚上活动白天休息。晚上温度较低而湿度较高。白天木虱对光是负趋光性而对湿度是正趋湿性，因此它们白天常常呆在实验箱中的黑暗潮湿处。夜晚时它们表现出较强的负趋光性，而正趋湿性就表现得不那么明显。在相对湿度极低的条件下，它们甚至会表现出较弱的正趋光性。木虱的所有这些行为反应都是同保水和保持夜间活动习性有直接关系的适应性特征。由于木虱夜晚的趋湿性反应比较弱，所以它们就会进入白天从不会进入的地区。又由于木虱夜晚的负趋光性比较强，所以当白天到来时它就能及时进入隐蔽处。此外当相对湿度很低时表现出微弱的正趋光性反应有利于木虱走出原栖息地寻找一个更湿润的环境，如果继续留在干燥的环境中就可能导致失水死亡。

2. 哺乳动物冬眠的适应意义

无脊椎动物和脊椎动物的年节律都有着明显的生态适应意义。有些哺乳动物有冬眠习性，如黄鼠、金花鼠和跳鼠，它们从中秋一直冬眠到中春，在此期间它们的正常体温（37℃）会下降到与环境温度只相差几度。其实冬眠的准备工作早在冬季到来之前就开始了。有的冬眠动物（如旱獭）在夏末时便改变食性，在体内积蓄脂肪，脂肪层既可保暖又可为冬季提供能量供应。其他动物如金花鼠和仓鼠，在春季时居住在一个浅的洞道系统内，冬眠前则把它们的洞道挖深，或者挖一个具有冬眠室的特殊洞道系统，这些冬季的睡眠地点总是位于冻土层以下，以防冬季最冷时被冻死。冬眠节律最明显的适应价值是使冬眠动物不必再去面对冬季的生存问题,也不必再去寻找食物或与其他动物进行食物竞争,而且在严寒的冬季也免去了保持体温和适当巢位的难题。

但是应当注意的是,生活在同一地区的有些哺乳动物并不冬眠,这些动物所采取的是另一种生存对策。例如:有些啮齿动物在夏季时能繁殖更多的后代,以便确保种群中的一部分个体能够度过严寒的冬季并在次年春季进行繁殖;另一些啮齿动物则在冬季居住在公共巢穴中,彼此互相取暖;还有一些哺乳动物如浣熊,虽然不进行真正的冬眠,但在冬季最寒冷期间连续很多天呆在洞里处于不活动状态。

冬眠动物年节律最令人感兴趣的方面是它们能预先知道冬季的到来,因此早在夏末和秋天时它们的行为就发生了变化,如改变食性,开始挖掘冬眠用的洞道。如果这些动物直到食物减少或直到下了雪和土地冻结后再准备过冬,那就来不及了。凡是冬眠动物必定是在早春交配,以便能使其后代在下一个冬季到来之前得到充分发育。为此,当冬眠动物从冬眠洞穴中走出来时,雌雄个体差不多就已经处在了生殖状态,有关生理系统在冬眠结束前就已作好了生殖的准备,这些内在的生理变化显然是靠生物钟来调节的。

3. 鸟类和浮游生物迁移行为的适应性

鸟类迁移行为年节律的适应意义与哺乳动物冬眠行为年节律的适应意义是一样的。迁移鸟类冬季飞往南方可以避开冬季严酷的环境条件和食物不足,当它们在春季飞回北方时,与冬眠的哺乳动物一样必须马上进行生殖,以便保证幼鸟在秋天迁飞时能得到充分发育。鸟类体内的年生物钟机制可使鸟类预先知道秋季的到来,以便及时准备和开始向南迁飞。在南方越冬地,环境条件稳定,没有明显的季节波动,但鸟类体内的年生物钟同样可以告知鸟类春季何时会到来以便开始向北方迁飞。研究表明:鸟类迁飞是受光照周期诱导的,在有些情况下可能还受温度定时因素的影响,生物钟在鸟类的定向和迁飞中也发挥着重要作用。

海洋浮游生物的行为也有节律性,1976年,Longhurst曾研究过浮游生物的垂直分布和垂直迁移。他发现日垂直迁移是一种由体内生物钟所控制的节律现象,但是浮游生物垂直迁移的性质和时间安排将依物种、性别、年龄和地点而有所不同,光照是影响这种迁移节律的主要因素。

从生态学和进化的角度曾对浮游生物的垂直迁移提出过三种解释:首先,大多数浮游生物夜晚都向上迁移,这种迁移有利于避开捕食者,因为以浮游生物为食的鱼类白天喜欢在光线较好的水上层活动而夜晚则迁往水的下层,因此浮游生物夜晚迁往水的上层就可有效地避开一部分鱼类的捕食。但浮游生物白天所处的深度仍然有足够的阳光射入,使一些捕食者仍然能够捕食它们。其次,浮游生物在两个水层之间进行垂直迁移可能是利用洋流作为种群扩散的一种手段。再次,浮游生物从日垂直移动中可获得生物能量学和营养方面的好处。

生活在同一地区的两种生物在日节律方面保持差异有利于减少它们之间的竞争,例如在鹩和蝙蝠之间不存在直接竞争,因为它们每天外出取食的时间不重叠。同样,雨燕和蝙蝠也无竞争,因为蝙蝠是在黄昏后捕食,而雨燕是在黄昏前捕食。

4. 蜜蜂定时采食的适应性

利用生物钟调控动物行为的另一个好处是可使动物的行为与那些无法直接感知的环境因素保持同步,例如:蜜蜂总是限定在每天一定的时间内离开蜂箱去采蜜,但开花的蜜源地通常都离蜂箱很远,因此蜜蜂无法利用自己的视觉和嗅觉来判断植物是不是在开花,但生物钟却能告诉它们应该在什么时间到什么地方去采蜜。

5. 利用生物钟测时和定向

动物有时需要利用生物钟确定现在是什么时间,正如我们已经知道的那样,这种信息对于预测环境变化或保持行为与环境周期同步是非常必要的。但生物钟的另一个好处或功能是可以连续测定一段时间的长短。连续测定一段时间的长短对于动物的时间补偿定向(time-compensated orientation)是极为重要的。例如:当蜜蜂(*Apis* spp.)的一只侦察蜂飞回蜂箱借助于舞蹈动作把相对于太阳的正确飞行方位传递给其他工蜂时,由于太阳是一个移动的参照点,所以侦察蜂在找到花蜜时不仅应当知道是在什么时间,而且也必须知道自找到花蜜以来经历了多长时间,蜜蜂体内的生物钟将会提供这种时间信息,这对于利用太阳作为罗盘进行定向是很关键的。

六、生物钟的特性

虽然我们还不知道生物钟的分子机制,但却已经知道它的一些特性,任何有关节律如何进行调控的假说都必须与这些特性保持一致。

1. 生物钟在恒定条件下有自运节律

凡是受生物钟调控的节律,其特性之一就是在没有环境诱因的情况下其周期节律仍能继续下去,所谓环境诱因包括光暗交替和温度周期等。这就意味着光照或温度的外在昼夜周期并不能导致生物活动的节律性,因为这种节律性通常是由内在生物钟引起的。

但在实验室的恒定条件下,动物活动的节律期很难与环境周期变化完全保持一致,通常不是稍长一点就是稍短一点,所以动物内在节律期的这种变化常用前缀词 circa(大约,左右)加以描述,如将 daily rhythm(指环境的 24 小时节律)改为 circadian rhythm(指恒定条件下的 24 小时内在节律)(图 10-8);将 monthly rhythm 改为 circamonthly rhythm;将 annual rhythm 改为 circannual rhythm 等。

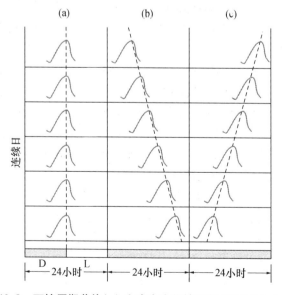

图 10-8 环境周期节律(a)和内在生物钟周期节律[(b),(c)]

(a) 有光照和黑暗交替;(b),(c) 为持续黑暗,(b) 表示节律期稍长于环境周期,(c) 表示节律期稍短于环境周期仓鼠在实验室恒定条件下的自运节律周期每晚都稍有延长,如果每个周期都延长10分钟的话,那么两周之后它的活动节律就会偏离实际昼夜周期大约两个半小时。

当动物处于恒定的环境条件时,其节律期的长度通常就会偏离在自然界所观察到的长度。有一种假说认为节律期的长度反映着生物钟自运的速度,行为学家在描述自运节律的节律期长度时,对这一假说就深有体会,在这种情况下就好像生物的活动已不再受到环境周期的操控。

2. 生物钟的自运节律期很稳定

生物钟的很多特性其实与生活中任何计时器(钟表)的特性是一样的,其中特性之一就是精确性,任何使用的钟表都必须是准确的,生物钟也不能例外。

如果把动物置于恒定不变的环境条件下,那么动物活动的自运节律期在连续多日的观察记录中确定下来,经多次测定所获得的数据通常都是极为一致的,对一些动物来说其生物钟的准确性是很惊人的。例如:飞鼠($Glaucomys\ volans$)的生物钟在没有外部时间信息的情况下,一日的误差只限于几分钟之内。实际上,大多数动物生物钟的准确性都超乎人们的想象。自运节律期的日变异量通常不会多于15分钟,绝不会超过1小时。

3. 生物钟靠环境周期校正

在生活中如果你的手表走慢了肯定是一件恼人的事情,在这种情况下如果不是每天拨针调时,你全天的工作安排就会被打乱。对于生物钟来说也是如此。正如我们已经知道的那样,生物钟本身的自运节律期不会刚好是24小时周期,但在自然条件下生物节律的节律期却是严格24小时的,这是因为在自然条件下生物钟是受着自然光-暗周期调节的。随着日升日落的光强度变化,生物钟每天都要拨针调时,例如:如果饲养在持久黑暗条件下的家鼠的自运节律期是24小时15分钟的话,那么它的生物钟就得每天调时一刻钟,以便使动物的活动或由生物钟所控制的任何活动能够在每天最适当的时间发生。

我们已经知道了生物钟的功能之一是使某些活动定时进行,以便使这些活动发生在环境周期的最好时段。为实用起见,生物钟必须调到与地方时间相一致,但有些动物在其生存期间常作远距离的迁移,因此必须要有一种方法能够使动物在长距离迁移期间对其生物钟进行校正,否则动物活动的发生时间就会对它不利。这就是说,生物钟同任何钟表一样,如果不能拨针调时校正就不能使用。如果你乘飞机从我国东部向西飞行3个时区,那么显然你要做的第一件事就是把你的手表校正到与当地时间相符。很明显,如果你的生物钟不能使你的活动与新到地区每天的适宜活动时间保持一致,那你就必须校正你的生物钟以便消除时差。

当你完成跨越时区的飞行走下飞机时,你的生物钟仍然保留着起飞地的时间,此后便会逐渐调整到与当地的日夜周期相一致,但这种转变不可能马上完成,通常要花几天时间。校正生物钟所需的时间长短将随着跨越时区数的增加而增加。对于昼夜节律来说最重要的调时因素是光-暗周期,虽然对植物和变温动物来说,温度也是很有效的调时因素。除了少数例外,据1991年Hastings等人研究,温度周期对于鸟类和哺乳动物生物钟的调时效果不好。当一种节律达到了与环境的某一周期(如光-暗交替)同步,就被认为是调节到了位。

在实验室内,生物钟可以靠操控光-暗周期随意进行校正。如果把仓鼠置于12小时光照与12小时黑暗互相交替的光-暗周期条件下,而且黑暗是从下午6点开始,那么仓鼠的活动就会从每晚6点以后很快开始。此后若将光-暗周期加以改变,让黑暗从午夜开始,那么在接下来的几天内仓鼠的生物钟就会逐渐得到调整,大约5天以后仓鼠的活动就会在午夜过后不久开始。几周之后当再把仓鼠置于固定不变的环境中时,它将会表现出一个接近24小时的活动节律,更重要的是这个活动节律开始时是同第二个光-暗周期安排相一致的。

4. 生物钟的温度补偿

在环境温度发生巨大变化的情况下生物钟仍能保持其精确性(图10-9),如在田间采食的蜜蜂,它们生物钟的走时从不会受温度变化的影响。如果告诉你这种定时机理是来源于细胞化学,你一定会感到惊奇。一般的规律是温度每增加10℃,化学反应速度就会增加一倍或两倍,但同样温度的增加对生物钟走时的影响却很小。这种效应可以用温度系数或 Q_{10} 来描述,Q_{10} 是 $T(℃)$ 时节律期与 $T+10$ 时节律期之比值。在表10-1中列举了温度对很多变温动物和植物生物钟影响的实例,从表中可以看出,Q_{10} 值通常是在 $0.8 \sim 1.04$ 之间,而对大多数化学反应来说 Q_{10} 值通常是 $2.0 \sim 4.0$。对温度效应的这种不敏感性表明生物钟会以某种方式补偿温度的影响。显然,如果生物钟也像大多数化学反应那样对温度的变化很敏感,那它的功能就会像温度计一样记录周围的温度,而不再是像钟表那样靠走时记录时间。

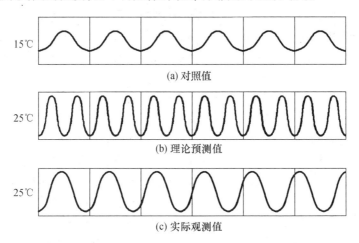

图10-9 当温度增加10℃时,一个生物钟节律期变化率的理论预测值(b)和实际观测值(c)

观测值只比对照值(a)稍微缩短了一点

表10-1 各种生物昼夜节律自运期的温度补偿

生物种类	节律现象	温度范围/℃	节律期范围/小时	Q_{10}
裸藻 (*Euglena gracilis*)	在黑暗中对实验光的趋光性	16.7~33	26.2~23.2	1.01~1.1
鞘藻 (*Oedogonium cardiacum*)	孢子形成	17.5~27.5	20~25	0.8
双鞭甲藻 (*Gonyaulax polyedra*)	生物发光	18~25	22.9~24.7	0.9
	细胞分裂	18.5~25	23.9~25.4	0.85
面包霉 (*Neurospora crassa*)	在暗红光下的生长带	24~31	22~21.7	1.03
菜豆 (*Phaseolus multiflorus*)	在持续黑暗中叶的运动	15~25	28.3~28.0	1.01
蜚蠊(蜚蠊目) (*Leucophaea maderae*)	运动器的活动	20~30	25.1~24.3	1.04
飞蝗(直翅目) (*Schistocerca gregaria*)	持续黑暗中表皮日生长层的沉积			1.04

（续表）

生物种类	节律现象	温度范围/℃	节律期范围/小时	Q_{10}
果蝇（双翅目） (*Drosophila pseudobscura*)	持续黑暗中蛹的羽化	16~26	24.5~24.0	1.02
壁虎（蜥蜴科） (*Lacerta sicula*)	运动器的活动	16~35	25.2~24.2	1.02

七、生物钟的作用机制

1. 化学调整

寻找生物钟作用机制的方法之一是试图用化学物干扰与生物定时有关的过程。用一些对细胞活动有明显影响的药物连续处理生活在不变条件下的生物,如果这种生物的活动节律期发生了改变,那就可以认为这种药物改变了生物钟的走时速度。有时所用药物在持续使用时毒性太大或需要了解这种药物对昼夜周期不同时刻的影响,为此就必须进行短时间的药物处理,如果这种脉冲式的药物处理能引起节律相位(phase)的改变(相对于未处理的对照),那么结论就是这种药物对生物钟起了作用而且影响了它的定时机制,也可认为是影响了生物钟的功能。

遗憾的是,对药物处理实验结果的解释远不像上述描述的那么简单。在有些实验中发现对生物钟有影响的一种药同时还对该生命系统具有多方面的影响,因此不能认为它是专门影响与定时有关的细胞过程的。即使药物只有一种主要影响,它也可能对其他细胞反应有多方面的次要影响。即使是有理由认为一种药物借助于改变细胞功能影响了生物钟,仍然难以知道这个过程是直接的呢还是只不过是间接地涉及定时机制。作为这个问题的一个实例是环己酰亚胺(cycloheximide),它是细胞质内蛋白质合成的一种抑制剂,由于它能影响一些生物的生物计时,所以认为蛋白质合成可能是计时机制必不可少的组成部分。另一方面,抑制剂也可以间接影响生物钟,可能是借助于阻断蛋白质合成而排除某个特定的蛋白质,而这个蛋白质对一些关键物质的透膜运输是极为重要的。在这种情况下,蛋白质合成就间接地参与了生物钟的功能。由于存在一些困难,至今我们仍不十分了解昼夜节律性的细胞学基础是什么,但药物处理实验已向我们提示了某些过程可能直接或间接与生物的计时机制有关(Hastings等,1991)。

由于有很多细胞过程都受基因信息的影响,所以人们开始注意到遗传物质作为生物钟机制重要成分的可能性。为了使基因信息影响细胞过程,构成基因的 DNA 必须首先转录为信使 RNA(mRNA),然后 mRNA 再从细胞核迁入细胞质并被转移到核糖体(ribosomes)上的蛋白质中(参看遗传学中的基因表达)。在这个过程中对生物节律特别重要的一些阶段可借助于药物处理实验加以确认。形成 mRNA 的转录可能与生物钟的机制无关,一般说来,影响转录的化合物对任何节律的期长或相位都没有固定的或可重现的影响,能抑制亚细胞结构内蛋白质合成的化合物通常对生物定时也没有影响。但是细胞质内的蛋白质合成似乎对生物钟的功能很重要,其根据是一些专门阻断细胞质内蛋白质合成的抑制剂对几种动物的昼夜节律期有明显影响。

膜是细胞组织的另一共同特性。药物处理实验已经证明,膜的结构和膜转运与产生昼夜节律振荡有关。通过改变其流动性让乙醇与膜中的脂类相互作用,显示其对生物钟有一定影响。缬氨霉素(valinomycin)是一种抗生素,它可促使钾离子更容易地在膜两侧移动。缬氨霉素或钾离子有节奏地脉动可导致一些生物节律的相位(phase)改变。在一些化学反应中可替代钾离子的锂有时可干扰生物的定时。

在细胞调节的某些方面很重要的钙离子和钙调蛋白(calmodulin)也与生物钟的机制有关。细胞钙离子浓度的增加是使很多动物化学信使(messengers)发挥影响的第一步,其中包括神经递质(neurotransmitter)、生长因素和激素等。钙离子可直接影响某些酶的活性或通过先与钙调蛋白结合而发挥作用。能改变钙在细胞内外移动的化合物通常都能引起生物节律相位的改变,这就是说,生物节律的节律周期是延长还是缩短将取决于钙是进入还是离开细胞。此外,能影响钙调蛋白活性的物质也能引起一些生物节律期的改变,如面包霉(*Neurospora crassa*)。

2. 遗传调控

有两类突变体(mutants)可为生物钟提供信息,一类是有代谢缺陷的,另一类是可改变生物钟特性的。具有代谢缺陷的突变体有时可提供一个操控细胞结构或功能的机会并可弄清其对生物钟的影响。例如:脉孢菌的一个突变品系不能合成自己的脂肪酸,因此必须从外界环境摄取它,利用这一突变品系所作的研究表明,细胞某些含脂肪酸的部分(如胞膜)可能与生物昼夜节律的定时机制有关。

具有已知生理缺陷的突变体还可以另一种方式用于探索生物钟机制,即寻找既有生理缺陷又可改变生物钟特性的突变体。目前已发现了脉孢菌的一个突变,它既能影响线粒体膜的功能或结构,同时又能影响生物节律期的长短,这项研究表明,线粒体膜对生物钟机制可能是很重要的。目前,最令人兴奋的关于生物钟遗传调控方面的研究主要集中在可改变生物钟性质的突变体方面。从果蝇(*Drosophila*)、面包霉(*Neurospora*)、衣藻(*Chlamydomonas*)和仓鼠(*Mesocricetus auratus*)中都已分离出了生物钟突变体,这些突变体的获得通常是用能引起遗传物质突变的因素进行处理,然后再找出那些生物钟已发生了改变的个体。

R. Konopka 和 S. Benzer(1971)分离出了无节律的果蝇突变体和具有 19 小时和 28 小时节律期的果蝇突变体。这些突变都发生在同一基因即 per 基因内,per 基因是最早得到描述的,其后又鉴定出了其他生物钟基因。由 per 基因产生的蛋白质通过作用于脑而能影响果蝇的昼夜节律。

1990 年据 J. C. Dunlap 研究,至少有 7 个不同的基因能影响面包霉(*Neurospora*)的生物钟,其中的一个基因是 frq,它有 8 个不同的突变。frq 基因最早是由 J. Feldman 等人分离出来的。大多数的 frq 突变都改变了节律期的长度,但有一个突变丧失了环境温度变化的补偿能力。对细胞内 frq 基因蛋白的数量进行人工操控,方法是制造含有多核的特殊细胞即异核体(heterokaryons),在这个过程中发现:面包霉生物钟的运行速度决定于该细胞所生产的 frq 基因蛋白的数量,可见这种蛋白质对于生物钟的组织起着重要作用。

3. 多生物钟

在单细胞动植物中存在着由生物钟调控的活动节律这一事实表明:复杂的神经系统和内分泌系统并不是生物钟必不可少的组成成分,单个细胞就可以含有生物钟计时所必需的装备。更令人难以置信的是,对于生物节律性来说,甚至连一个完整的细胞都不需要,例如:伞藻(*Acetabularia*)是一种大型单细胞藻,如果把它的核取出或把它切成许多小块,它的生物钟仍能继续走时。

由于生物钟可以存在于单个细胞中,这是不是就意味着在多细胞生物的每一个细胞内都有自己的钟呢?显然,虽然并不是动物的所有细胞都有自己的钟,但有些细胞是有的。表明一群细胞有自己生物钟的一种方法是把它们取出来让其在培养基中生长,然后看看还有无节律表现。例如:当让仓鼠的肾上腺在组织培养液中生长时,它仍然按每10天一个周期有节律地分泌激素皮质酮(corticosterone)。同样,在连续黑暗条件下培养鸡的松果体腺,它仍表现出生产褪黑素和N-乙酰转移酶的昼夜节律(图10-10),这种酶控制着褪黑素的分泌节律。事实上,如果把鸡松果体细胞彼此分离,它不仅能保持褪黑素的分泌节律,而且还能受光-暗周期的导引。假如不同的腺体或器官都有生物钟而且在离体时也能继续运行的话,那就意味着多细胞动物必定有不止一个生物钟。

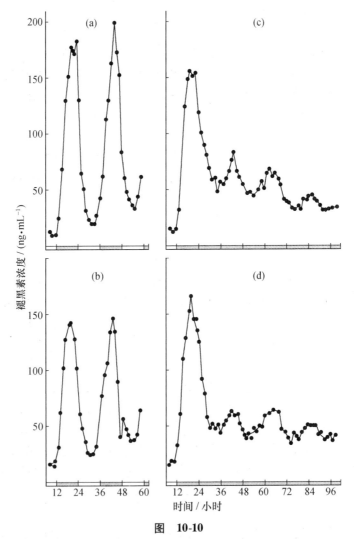

图 10-10

离体培养的鸡松果体在光-暗交替周期[(a),(b)]和恒定条件[(c),(d)]下褪黑素的释放节律,表明松果体是一个生物钟,它能在没有外部输入时产生节律性

另一种能够证明一个生物具有多个生物钟的方法是想办法弄清在一个生物体内有不同的生物钟在各自独立地运行,每个钟都有自己的运行速率。当动物处于恒定条件下时这种情况偶尔会发生。当人生活在没有时间提示的地下黑暗处时,大约15%的人有睡醒节律,其节律期的长短与体温节律期长短不同,前者是32.6小时,而后者是24.7小时。在恒定条件下松鼠

猴(*Saimiri sciureus*)的各种节律也表现有不同步现象。显然,在恒定条件下节律期的长短反映着生物钟的运行速度,这也能证明这些过程是被不同生物钟控制的。

一个动物体内的几个生物钟是怎样实现同步以便使所有的节律过程都与环境周期保持一致呢?似乎在动物脑中存在着一个由光-暗周期调控的主钟,主钟再借助于神经和(或)内分泌系统调节其他的钟。由此可提出以下三个问题:① 是什么感光器官在生物钟调节中发挥着重要作用? ② 主生物钟在什么地方? ③ 主生物钟是怎样调节其他生物钟的?这些问题将在下面研究蚕蛾、蟑螂、鸟类和啮齿动物的生物钟时得到解答。

4. 双重控制模型

F. A. Brown(1970)曾提出过一个模型,认为生物钟是受内在因素和外在因素双重控制的,这就是说生物体内的钟同时也受外部地球物理因素的控制。为什么生物钟的内在生理节律必须是可调的呢?因为大多数生物的环境都要求生物的活动节律必须有一定的可塑性或适应性,也就是说生物要想在不断变化的环境中生存,就必须能够调整自己体内的生物钟。对很多生物来说,体内生物钟的存在非常重要,没有生物钟往往会导致昼夜节律和年节律的混乱,冬眠哺乳动物更是需要生物钟于秋季作好冬眠的生理准备和在春季到来之前作好出蛰的准备。

5. 振荡器模型

J. W. Hastings 和 B. M. Sweeney 把生物钟或生物节律比做是一个振荡器。膝沟藻(*Gonyaulax*)是一种海洋单细胞藻,它具有明显的生物发光的昼夜节律,主要是靠体内的化学反应发光。如果给它一个机械或化学刺激,比如把它放入含有化学抑制剂嘌呤霉素(puromycin)的海水中,它就不再表现有发光的周期现象,但当抑制剂被洗掉后,发光的昼夜节律便又重新恢复,而且振荡的振幅并未发生变化(图 10-11)。这说明在生物体内的某处存在着一个生物钟或振荡器,化学物质可以暂时抑制它但不能改变它。

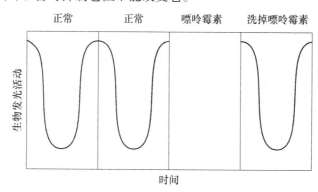

图 10-11 膝沟藻发光的昼夜节律可暂时被嘌呤霉素抑制但不能被改变

J. D. Polmer(1970)也提出了一个生物钟机制模型,该模型是由几个独立的振荡器构成的,每一个都是由一个连续的神经或生物化学活动周期所组成的。主振荡器(生物钟)起着控制作用并与许多周期性的生理和行为节律相联系(图 10-12)。Polmer 提出这个振荡器模型是为了说明生物活动节律的内在的和自动的控制机制,但如果主振荡器受环境变化周期影响的话,我们也可以用它来说明外在因素的影响。

八、各类动物昼夜节律生物钟的组织与调控

目前有两个问题尚未得到回答:① 构成生物钟的化学或神经过程是什么? ② 生物钟放

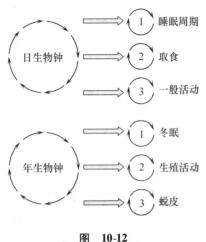

图 10-12
日生物钟和年生物钟的主振荡器都与几个明显的细胞和生理节律相联系并进而产生明显可见的行为活动节律

置在生物体内的什么地方？首先,生物钟不可能只涉及生物化学反应,因为大多数化学反应都受温度条件的影响,而生物钟的自运节律则基本不受温度变化的影响。1978年,M. Menaker 和 A. Eskin 等人全面总结了有关生物钟生理过程的研究工作,包括对一些组织和器官的研究工作,这些工作是在很多不同动物身上进行的。

1. 蜚蠊

J. E. Harker(1964)的研究表明：激素和神经内分泌产物对蜚蠊的生物钟机制起着关键作用,她把一只蜚蠊饲养在恒定条件下(持续光照)使其失掉节律性,然后再与一只正常蜚蠊(饲养在光-暗交替的正常环境下)互换血液(使双方循环系统相连通),结果又表现出了有规律的昼夜节律周期,也就是说无节律的受体蜚蠊表现出了供体蜚蠊的周期性。但 S. K. Roberts 重复 Harker 的实验总是失败,因此他认为 Harker 的受体蜚蠊只不过是简单地恢复了原来的节律。

J. Brady(1969)用横切实验证明了视叶对保持蜚蠊的昼夜节律起着重要作用(图 10-13)。在图中的 A 点横切不会影响昼夜节律,但在 B 点横切(切除视叶)则会使蜚蠊的昼夜节律丧失,这说明昼夜节律的起搏点(pacemaker)是在视叶内。估计视叶所获得的周期性信息是通过下面三种可能的通路与效应器官相联系的：① 血液激素；② 神经激素；③ 神经电脉冲。

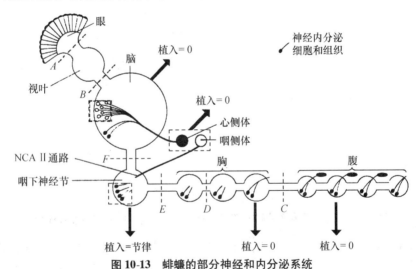

图 10-13 蜚蠊的部分神经和内分泌系统
A,B,C,D,E,F 代表切点；植入 =0 表示移植后无节律表现

如图 10-13 所示,切断 NCA Ⅱ 通路和移走心侧体不会影响蜚蠊的节律性,这说明不是借助于第 1 种通路而与效应器官相联系的。由于侧脑的神经分泌细胞轴突只通往心侧体,因此它们的分泌物只有在心侧体才能得到释放或沿着 NCA Ⅱ 通路输送到咽下神经节。由于切断 NCA Ⅱ 通路(即神经-咽侧体通路)不影响蜚蠊的节律性,所以剩下的唯一通路就是围咽神经环了,但现已证明在围咽神经环里没有神经分泌活动,所以第 2 种可能性也被排除了。

第三步实验是切断脑和腹神经索的联系,如果这样做能导致节律丧失就说明选择第3种通路是正确的。在胸部之后(C点)切断腹神经索不会影响节律,若在胸神经节之间的D点切断神经索则会对节律产生不同程度的影响,切点越是靠前,对节律活动的影响就越大。可见位于视叶内的节律起搏点是通过神经系统的电脉冲传递到胸部的腹神经索并与效应器组织(如肌肉和器官)相联系的。对蜚蠊视叶的进一步研究表明:节律起搏点的位置主要是在视叶内区的细胞体内;另一些实验表明:在每一个视叶内都有一些分离的起搏点,它们彼此相互作用。

总之,对蜚蠊(如 *Leucophaea maderae* 和 *Periplaneta americana*)来说,光信息是通过复眼到达生物钟的,而生物钟的位置已被精确地定位在脑的视叶区,更准确地说,蜚蠊有两个生物钟,这是因为它有两个视叶,每个视叶都能独立计时。生物钟是经由神经系统调节蜚蠊的活动而不像天蚕蛾那样是经由激素,因为如果切断由视叶发出的神经,蜚蠊的活动就会失去节律性。但如果在神经被切断后的40天内使这种神经联系重新建立,那蜚蠊活动就会恢复其节律性。

2. 天蚕蛾

天蚕蛾(*Hyalophora cecropia*)的节律光感器和控制羽化的生物钟是位于脑中,脑借助于分泌激素而控制羽化。很多实验都揭示了天蚕蛾羽化的昼夜节律是由神经内分泌系统调控的。天蚕蛾的羽化时间总是发生在太阳刚刚升起时,即使眼与脑之间的神经联系被切断和部分神经系统(如咽下神经节、心侧体、咽侧体)或正在发育的复眼被拿掉,也不会影响它的羽化时间,显然,这种处理不会使生物钟停摆。但当脑被从蛹中拿掉时,成虫羽化就会随机发生在一天的任何时刻。当把脑移植到一个失脑蛹的腹部时,成虫就又会在惯常的时间羽化。可见对于生物钟的正常运行来说,脑是必不可少的,但它是如何知道太阳是在什么时候升起和落下的呢?

为了找到节律光感器可把20个蛹的脑移走,然后再把脑植入10个失脑蛹的头端和10个失脑蛹的腹部。把这些蛹一一插在一个不透明纸板的孔中并使每个蛹的两端都处在 L12:D12 的光-暗周期条件下,但前端的光照期是从上午9时到晚上9时,而后端的光照期是从晚上9时到次日上午9时。羽化时间则决定于脑所感受到的光-暗周期,而脑已被植入了蛹的前端或后端(图10-14)。这一实验安排让我们看到了脑是生物钟的感光器官,而且由于已没有任何神经与蛹中的脑相连接,所以脑与羽化过程之间的联系必然是靠内分泌物。

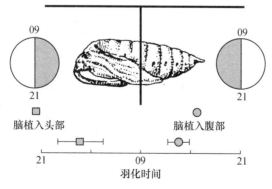

图10-14 两组失脑天蚕蛾的羽化

每蛹前端的受光时间是从上午9时到晚上9时,后端的受光时间是从晚上9时到次日上午9时。一组蛹的脑被移走再植入前端,另一组蛹的脑被移走再植入腹部,结果蛹的羽化时间都在脑受光的光周期内上述实验虽然说明了脑对节律活动来说是必不可少的,但并不能说脑本身就是生物钟。对实验结果的另一种解释是:脑是在靠释放诱发羽化的激素对来自生物钟的信号做出反应。脑本身就是生物钟的证据,是脑的移植改变了某些生物钟的性质,如固有的节律期或相位。

3. 鸟类

在鸟类的脑中有能为生物钟提供光照信息的光感受器。鸟类的昼夜节律系统含有3个相互作用的生物钟,即松果腺、下丘脑交叉上核和眼,它们各自的重要性将依物种而有所不同。这3个相互作用的生物钟借助于松果腺有节律地输出褪黑激素而控制着体内其他的生物钟。

虽然眼可为鸟的生物钟提供光信息,但鸟的脑内也有能调节节律的光感受器。光能够穿透皮肤、脑骨和脑组织而到达脑内的光感受器。在一次实验中,把一只盲麻雀(*Passer domesticus*)置于 12 小时微光(0.2 lx)和 12 小时黑暗相交替的光照条件下。微光使得大多数鸟类都无法形成这一周期,但如果把麻雀头部的羽毛剃掉,使进入脑的光量大量增加,在这种情况,秃头麻雀就会形成这一光-暗周期。随着头羽重新长出,这一周期就会消失。如果把墨汁注入秃头麻雀的头皮下,使进入脑的光量减少 90%,也能阻止光-暗周期的形成。切除部分染有墨汁的头皮会使麻雀重新恢复对光的敏感性。这一实验结果表明:直接照射脑可使鸟类的活动与环境的光-暗周期保持同步。

光感受器在脑的什么部位呢?我们知道,至少有些鸟类的松果腺对光是很敏感的,因为离体的松果腺在组织培养条件下,其褪黑激素的分泌节律仍能与环境的光-暗周期保持一致。当麻雀(*P. domesticus*)的松果腺和眼被摘除后,其体温与活动节律仍能保持与光-暗周期同步,因此在松果体以外必定还有光感受器。我们还不知道眼、松果腺和脑中其他的光感受器在传递光信息方面是起着相同的作用还是各自发挥着不同的功能。

目前我们只知道在鸟类的昼夜节律系统中存在着几个相互作用的生物钟,它们是松果腺、下丘脑交叉上核和眼。在一些鸟类中,松果腺是一个重要的主生物钟,如果把松果腺从麻雀或白冠雀(*Zonotrichia leucophrys*)的脑中摘除,它们在持续黑暗中的活动节律和体温节律就会消失,这表明松果腺对节律性来说是不可缺少的,但其后的实验表明,松果腺也是昼夜节律的起搏器(pacemaker)。让两组供体麻雀的活动形成一种光-暗周期,只是两者的时间相位相差 10 小时,此后将这些麻雀的松果腺移植到已摘除了松果体因而丧失了活动节律性的麻雀的眼前眶中,它们一直饲养在完全黑暗的环境中。在移置手术完成后的几天内,受体麻雀仍然饲养在完全黑暗的环境中,但却表现出了活动的节律性,而且节律的相位完全是由供体麻雀的相位决定的。这表明,麻雀的松果腺包含有一个生物钟。在没有外在时间诱因的条件下它对节律活动的存在是至关重要的。

松果腺在维持昼夜节律中的重要性依鸟的种类而有所不同,我们已经看到了一个主生物钟对麻雀的重要性,其实对欧椋鸟(*Sturnus vulgaris*)也是一样,但它对日本鹌鹑(*Coturnix coturnix japonica*)来说却不那么重要。在一些鸟类中,下丘脑交叉上核(SCN)也是一个重要的生物钟。文鸟(*Padda oryzivora*)和日本鹌鹑只要它们的下丘脑交叉上核受到破坏,其活动节律就会被打乱。

在另一些鸟类中,眼对昼夜节律的维持也是很重要的,对鹌鹑来说,单单摘除松果腺并不能使它们失去节律性,除非同时使它们的眼致盲。眼的失明也能影响鸽(*Columba livia*)的节律性,但却不会影响麻雀和鸡。眼主要是借助于有节律地分泌褪黑激素而影响昼夜节律。鸡、鹌鹑和麻雀的眼能够有节律地生产褪黑激素。鹌鹑眼所生产的褪黑激素大约占血液中褪黑激素的三分之一，其余则是松果腺分泌的。尽管如此，鹌鹑眼与昼夜节律系统其他部分之间的联系主要是靠神经通路而不是靠有节律地分泌褪黑激素。

松果腺在夜晚分泌褪黑激素的量比白天多，显然松果腺就是借助于分泌这种激素施加它的影响的。如果把一粒连续释放褪黑激素的胶囊植入一只完好的麻雀体内，麻雀就会连续不停地活动或者使节律周期的长度缩短，这就是说，当褪黑激素是连续释放而不是在通常情况下的周期性释放时，动物的昼夜活动节律性就会受到破坏。但褪黑激素的周期释放却能使鸟类的活动节律与环境保持同步。有人曾将一组欧椋鸟(Sturnus vulgaris)的松果腺切除并对其中一半的鸟每天注射褪黑激素，而对另一半的鸟每天只注射麻油以确保生物钟的任何影响都是因激素引起而不是因注射而引起。结果在22只注射褪黑激素的椋鸟中有21只保持了与环境周期的同步，而在10只对照鸟中只有1只。每天注射的做法模拟了松果腺有节律地释放褪黑激素的影响。

4. 啮齿动物

啮齿动物的昼夜节律组织与鸟类有两方面不同：首先，哺乳动物没有视网膜外的光感受器；其次，主生物钟施加影响靠的是神经而不是激素。眼是啮齿动物用于与环境保持同步的光感受器。关于光照条件的信息是通过视网膜下丘脑神经束到达生物钟的。有证据表明下丘脑交叉上核(SCN)是啮齿动物的主生物钟，它以适当的相位关系(phase relationship)控制着几个副生物钟。该区域受到破坏就会导致大白鼠和仓鼠活动节律的紊乱，而脑其他部位的破坏都不会如此严重地干扰动物的节律性。SCN是借助于输出神经而控制动物的昼夜节律的，其他实验也能证实SCN是一个独立的生物钟。对于一只完好的动物来说，大脑所有区域的神经活动都是有节律性的，如果在SCN周围做一个清除手术，使包括SCN在内的下丘脑组织成为孤岛，那么这个孤岛在完全黑暗的条件下仍能保持节律性而其他脑区的活动则是连续的，这表明SCN是一个自我维持的振荡器，它可借助于神经联系引发脑其他部位的节律性。

如果把SCN移入因交叉上核受到破坏而丧失了节律性的大白鼠或仓鼠脑中，其活动的节律性就会重新得到恢复。由于用于移植的组织是取自胎儿或新生个体，所以在受移植动物的脑中就有可能建立新的神经联系并能接受来自眼的信息输入和与脑的其他区域进行信息交流。重新得到恢复的活动节律的节律期长度是与植入的SCN相同而与受体本身的节律期长度不同。如果SCN的确是能够提供定时信息的生物钟，那么这种实验结果也正是人们所期望得到的。

九、蝶类的生命周期——从卵到成虫

蝶类是自然界最常见的动物类群之一，几乎人人都见到过凤蝶、粉蝶、蛱蝶、弄蝶和小灰蝶，其分布遍及世界各地。蝶类属于节肢动物门(Arthropoda)、昆虫纲(Insecta)、鳞翅目(Lepidoptera)。鳞翅目总共有14万种昆虫，其中2万种是蝶类，12万种是蛾类。蝶类与蛾类的主要区别是：蝶类色彩鲜艳，白天活动，触角锤棒状，体毛较少，静止时双翅像船帆一样直立在背上，而蛾类色彩单一暗淡，夜晚活动，触角丝状或羽状，体毛较多，静止时双翅平置在背上。蝶类与蛾类的以上区别不排除有少数例外。

蝶类是典型的全变态昆虫，一生要经历卵、幼虫、蛹和成虫(蝶)4个发育阶段(图10-15)。其幼虫在形态和行为习性上与成虫完全不同，蛹则是一个不活动也不取食的静止阶段，但其体内却发生着剧烈的生理变化和器官改造过程，一旦改造完成便蜕变为成虫(即蝶)。

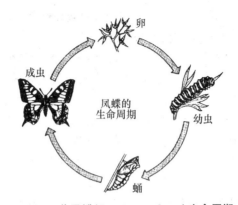

图 10-15　黄凤蝶(*Papilia machaon*)生命周期

卵期8~10天;幼虫期30天;蛹期约14天,也可能以蛹越冬;成虫期25~30天

1. 卵

雌蝶通常把卵产在作为幼虫食料的植物上或附近,产卵地点是雌蝶借助视觉、触觉、味觉和嗅觉精心选择的。大多数蝴蝶都产单粒卵并将其粘附在植物上,卵常常是产在植物的特定部位如叶、头状花序上和树皮缝隙里,但最常选择的部位是叶的下表面,产卵时雌蝶先停落在叶的上表面,然后再将腹部弯向叶的下表面寻找适合的产卵地点,这样产下的卵既不会受到雨淋也不会受阳光直射,并在一定程度上减少了天敌的捕食。大白粉蝶(*Pieris brassicae*)常把100多粒卵产在一起,形成卵团;而另类的雌蝶则只把5~15粒卵产在一起,卵的排列方式也各不相同。少数蝴蝶只是在飞过草地或其他植物时随机地把卵产下。

蝶类的卵一般是黄色或绿色,但在快孵化时往往会变深变暗。卵的形态依种类而有所不同,可能是圆形、椭圆形或扁圆形等,卵壳上常常有各种精细的花纹、脊和小坑。卵的顶端稍稍凹入,内有一个微孔。微孔是精子进入卵的入口(门户),卵一旦产出,空气和水分也会通过这个小孔进入卵内送达正在发育的胚胎,卵内还贮存着供胚胎发育的营养物——卵黄。

观察即将孵化的卵,可透过透明的卵壳看到蜷曲在壳内的幼虫,幼虫很快就会咬破卵壳而出,出壳后的第一件事就是把卵壳吃光。大白粉蝶的卵是聚集成团的,所以先孵出的幼虫常常会把其他尚未孵化卵的卵壳顶部吃掉。卵壳中含有的高营养物可供初孵幼虫食用,此后幼虫便开始吃身边的植物了。

蝶卵常常遭到赤眼蜂(*Trichogramma evanescens*)的寄生或受到其他天敌的捕食,因此雌蝶的产卵量较大,平均产卵量为200~300粒,有些蝶可产卵500粒以上。在人工饲养条件下,大林螺钿蛱蝶(*Argynnis paphia*)可产600多粒卵,云黄粉蝶(*Colias croceus*)可产500多粒卵。

2. 幼虫

鳞翅目的幼虫又称蠋(caterpillar)或蠋形幼虫,蝶类的幼虫虽然结构基本相同,但其外形和颜色却是多种多样的。幼虫由头部和头后的13个体节组成,其中前3个体节是胸部,其余的10个体节是腹部。幼虫的体表柔软而富有弹性,其上可生有鬃或棘刺。幼虫的头部是一圆头壳,头上器官的排列与成虫(蝶)完全不同。

蝶类幼虫以各种植物为食,它的口器适合于咬碎和咀嚼各种坚硬程度不同的植物。其上颚能将食物撕成碎片;下颚很小,用于把食物导入口中。口器的其他部分(如下唇)则演变成吐丝器。

蝶类的幼虫没有复眼,其主要的视觉器官是侧单眼,它们分成2组,每组6个,分别位于头的两侧,每个单眼都有一个透镜和接受光影的视网膜。单眼不能形成影像,但能区分光的明暗。因此在判断食物的位置时,触觉和味觉显得更为重要。幼虫头部还残留着一对短小的触角。

胸部的3个体节每节都有一对短而分节的足,末端生有单个的爪。腹部第3至第6节各生有一对柔软而不分节的假足(或称原足),最后一节生有一个抱握器,可牢牢握住一个小枝。假足末端呈扁平状,生有很多趾钩,有助于幼虫移动;假足不用时可缩入体内。

由于幼虫的表皮是柔软的,不能为肌肉提供附着点,因此只能靠体液的压力变化把身体绷紧或松弛,就如同蚯蚓那样是体壁肌肉与体液压力之间的协调关系促成了幼虫所特有的爬行运动。随着幼虫的生长,表皮就会绷得越来越紧,直到不得不把旧皮蜕掉换上新表皮,才能继续生长,这就是蜕皮。通常幼虫要蜕皮4或5次才能充分长大,每2次蜕皮之间的生长期就是一个龄期。幼虫的蜕皮是受激素调节和控制的,但环境条件和食物也能影响龄期的长短。

蝶类幼虫主要是吃显花植物和树木的叶子,从不吃蕨类和苔藓植物,它们的食谱极为特殊,通常都只吃亲缘关系很近的少数几种植物,如果得不到这些食物,就会饿死。如大白蝶只吃十字花科植物,普累克西普斑蝶(*Danaus chrysippus*)只吃萝藦科植物等。幼虫辨认食料植物是靠这些植物所含有的芳香植物油,它是幼虫的化学引诱剂,其他植物则含有幼虫的趋避剂。

幼虫是蝶类生命周期的主要取食阶段,一只幼虫可以把整个叶片吃掉再去吃另一个叶片,但更常见的是只吃掉叶片的一部分。幼虫吃叶的方法是有物种特异性的,有些种类的幼虫把叶片咬成小洞,而另一些幼虫则沿着叶的边缘啃食;有的幼虫在夜晚吃,有的幼虫在白天吃,通常取食和休息是交替进行的。幼虫蜕皮之前会停食1天,但蜕皮后很快就会恢复进食。幼虫所吃的食物由于含有大量纤维素,所以常常会排出大量粪便,在有很多幼虫的小树或灌丛下往往会看到成层的虫粪。

蝶类幼虫的内器官与成虫很相似,但两者唾液腺的功能却完全不同,成虫唾液腺的分泌物有促进消化的功能,而幼虫唾液腺的主要功能是产丝,已知一些能产丝的蝶类幼虫还可用丝结网和织茧,网和茧对幼虫都可起到保护作用,尤其是在化蛹时。蝶类幼虫行动相当迟缓,加之身体柔软,使其成了各种捕食动物的攻击对象。但幼虫在进化过程中也在形态和行为方面形成了很多适应,以使自己隐蔽或成为捕食者不喜食和不可食的猎物。

3. 蛹

幼虫经过最后一次蜕皮便演变为蛹,老熟幼虫常选择特定地点完成从幼虫到蛹的变态,如离开食料植物进入土壤。化蛹前幼虫的消化道会完全排空,表皮干枯皱缩,最终会裂开露出里面的蛹。在蛹期幼虫的大部分组织将会得到改造并产生成虫的器官结构,如翅、口器和生殖器官等。

蛹是静止不动的,既不吃也不喝,因为它的口和肛门是封闭的,唯一有功能的对外开口就是气门,可维持与外界的气体交换。翅、足和触角都紧贴在身上不能动。蛹通常是棕色或绿色,腹部有明显的节环,成虫的所有主要特征都能从蛹的外观上看到。在蛹的末端还可看到一个蛹所特有的结构,即由许多小钩所组成的臀钩,其功能是将蛹牢牢地附着在化蛹地点。

蛹的雌雄性别并不难辨认,雄蛹在第9腹节有1个生殖孔,而雌蛹则有2个孔,一个在腹部第8节,另一个在第9节。由于蛹不能动,特别容易受到捕食动物的攻击,所以很多蝶类的蛹化过程都是在茧内进行的。有些茧是土质的,内面视有一层丝线,还有些茧是用丝线将植物叶捆扎而成,如弄蝶科(Hesperiidae)和眼蝶科(Satyridae)中的一些种类。蝶类的丝茧要比蛾类的丝茧发达得多,有些蝶的蛹虽然是裸露的,但常生有保护色,裸露的蛹常借助臀钩把身体倒挂起来,如眼蝶科、蛱蝶科(Nymphalidae)的很多种类;或者是靠丝质缠绕物使身体保持头向上的姿势,如灰蝶科(Lycaenidae)、粉蝶科(Pieridae)和凤蝶科(Papilionidae)。

4. 成虫(蝶)

成虫羽化之前可以透过蛹壳看到其翅鳞上开始显现各种颜色。蛹皮从头后开始裂开,足和触角最早离体自由伸展开来。接着身体的其他部分也陆续离体展开。在茧内羽化的蝶必须首先摆脱蛹壳的束缚,然后再从茧内出来。这时它能分泌软化茧壁的液体,或是织茧的丝有特殊的排列方式,有助于成虫出茧。

成虫羽化时翅是软的,新羽化的蝶必须找一个合适的地点能使它的翅垂挂下来,以便迫使体液流入翅脉内使翅充分变平伸展开来,空心的翅脉支撑着薄薄的双翅。蝶翅一旦完全展开就会保持4翅分离状,以便尽快使其变干变硬。此时蛹期积累在封闭消化道内的排泄物将会通过肛门排出体外。成虫羽化的时间依物种而有所不同,有的在早晨,有的在傍晚,如果是在傍晚,它们羽化后会一直等到第二天白天才开始活动。蝶类的翅上常有很多大眼斑和小眼斑,具有明显的防御功能,大眼斑极像猛禽的眼睛,有吓退食虫小鸟的功能(图10-16)。

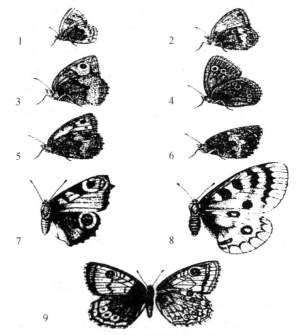

图 10-16 各种蝴蝶翅上的眼斑

1~6,眼蝶科(Satyridae);7~8,凤蝶科(Papilionidae);9,蛱蝶科(Nymphalidae)

成虫阶段的主要功能是求偶、交配、产卵和散布。时间对它们很重要,因为大部分蝶的寿命都不会超过6周。它们通常是在阳光充足的天气在空中飞舞,寻找配偶,有些蝶是聚集在一个特定的地点进行求偶和交配,雄蝶常聚集在一起形成可观的群体。已完成交配的雌蝶通常会将腹部高举,以便对雄蝶发出免交配信号。

大部分蝶都需摄取花蜜作为能源,经常可以看到它们在花丛间飞舞,从一朵花飞向另一朵花。成蝶的寿命是在2周至10个月之间。时间长短要看是否进行冬眠,非冬眠的蝶平均寿命为2~6周,例如:银豹纹蝶和黑豹纹蝶的平均寿命是5~6周。在人工饲养条件下,由于食物充足和没有天敌,蝶的寿命比自然条件下要长。绿灰蝶的寿命可达45天,而凤蝶的寿命是42天。冬眠蝶的存活时间通常要比非冬眠蝶长得多,因为冬眠蝶的代谢速率很慢,靠消耗体内贮存的脂肪维持生命。通常是雌雄蝶同时冬眠,到来年春天再交配,最常见的冬眠蝶有黄缘蛱蝶(*Nymphalis antiopa*)、狸白蛱蝶(*Polygonia calbm*)、山黄粉蝶、荨麻蝶(*Libythea celtis*)和龟早蝶(*Nymphalis polychloros*)等。北京地区最常见的冬眠蝶是白粉蝶和黄粉蝶。

蝶类1年发生1个世代或2个世代,当1年发生2个世代时通常是第2代的蝶进行冬眠。春天是观察和研究冬眠蝶的好时光,因为此时它们在空中飞行缓慢,不像夏天那么活跃,极易接近它们并进行近距离的观察和拍照。

5. 休眠期

蝶类的生命周期依种类而有所不同,对蝶类生活和生存不利的季节常常是温带地区的冬季和热带地区的旱季,因此在这些地区蝶类的生命周期中常常有一个休眠期。卵、幼虫和蛹等任何一个发育阶段都可能进入长时间的休眠状态,蝶类发育的这个停滞期是由环境因素诱发的(如日照长度的变化),这可确保昆虫不会因环境条件的一时有利而过早恢复发育。在休眠期卵和蛹可以受到卵壳和蛹皮的保护,而休眠幼虫则常隐藏在食料植物的根部而得到保护,或者躲藏在由叶和丝编织成的茧内。蝶类生命周期的哪一个发育阶段进入休眠期将依种类的不同而异,即使是同一种蝴蝶,也因其生活在不同地理区域而不同。

第二节 动物的迁移行为

一、什么是迁移

什么是迁移(migration)？这个问题看来很简单,但实际上很难给迁移下一个人人都能满意的定义,因为研究不同类群动物的生物学家往往是在不同的意义上来应用这一名词的。例如,燕子和白鹳在不同季节的长距离移动通常被人们称为迁移,所以有人认为:鸟类的迁移就是鸟类在一年的不同时间在两个居住地区之间有规律的移动,其中一个地区是它们的繁殖地,另一个地区则是在非生殖季节对它们的生存最为有利的地区。这个定义可以包括很多海鸟在繁殖季节后迁离繁殖地的扩散移动,但不包括交嘴雀偶然性地侵入某一地区或奎利亚雀游牧式地移动。像椋鸟和雁这样一些鸟类,它们每天都在夜宿地和取食地之间来回移动,这是不是也算一种迁移呢？但所有这些移动类型都有一些共同特征,即它们都与鸟类对食物、隐蔽地或繁殖场所的需要有关。

当我们研究其他类群的动物时,在鸟类研究中所使用的迁移的概念可能就不太适用了。例如,蚜虫和蝗虫的群体移动无疑是属于迁移,但它们的种群几乎是不回迁的,即它们不会再飞回它们原来飞离的地方,就每个个体来讲,它们肯定是不回迁的,因为个体的寿命比季节周期短。迁移一词也可应用于某些生物的日活动,如浮游甲壳动物在一天内的垂直迁移;寄生丝虫白天潜藏在寄主的深层组织,一到夜晚便移动到寄主的皮肤表层,等待蚊虫吸血时再进入蚊虫体内。

考虑到整个动物界的各种情况,有人主张将迁移一词理解得更广泛一些,认为迁移是动物群从一个区域或栖息地到另一个区域或栖息地的移动行为,尤其是指鸟类和鱼类在一年的特定季节离开一个区域,后来又回到这个区域的周期性的移动。

二、动物迁移的研究方法

要研究一种动物的迁移,首先应当弄清楚它迁移旅程的起点和终点,即它来自哪里?到什么地方去?研究这个问题的方法很多。

首先,动物种群密度的变化常常可以为动物的迁移提供线索。我国七星瓢虫的迁飞,就是根据麦收后七星瓢虫种群数量的突然减少而发现的。冬天,田鸫在英国的出现说明它们已从北欧的繁殖地迁到了那里。根据不同地点鱼捕捞量的变化也可以估计出各种经济鱼类的迁移路线。

在一个固定的地点,如果通过取样发现一种动物的成员在种内特征上发生了变化,有时也能判断出动物是不是在迁移。一些涉禽,不同种群可以根据喙的长度和颜色来加以区分。用灯光诱蛾器诱捕的粘虫蛾,如果它们的翅长和性比发生了突然的变化,就可以推断它们是从外地迁飞来的。

动物的迁移有时也可以靠肉眼直接观察,如家燕、白鹳、蚜虫和灰鲸。鸟类的夜间迁飞可以借助卫星来进行观察。雷达可以跟踪鸟类和昆虫的迁飞,声呐系统可以跟踪洄游的鱼群。

用标记释放,然后再用回收的方法可以研究动物个体的迁移。标记的方法很多,如剪掉一个鱼鳍、对鸟类和昆虫进行染色,或利用放射性现象如喂给幼虫铷等物质。这些方法所标记的是一个种群中的成员,而不是某一特定的个体。首次对个体标记取得成功的是 Mortensen,他在 1899 年用编了号的脚环标志了 164 只椋鸟,释放地点是丹麦,脚环上也写明了释放地,以便回收时参考。鸟类环志工作现在已在世界各国广泛开展,例如,英国每年大约环志 50 万只鸟,并可回收 12 000 只左右。我国也于 1982 年,成立了全国鸟类环志中心,并开始了鸟类的环志工作。除了鸟类以外,对蝙蝠、鱼类、鲸、海豹、龟、鳖、青蛙和王蝶(产于美洲的一种橙褐色的大蝴蝶)也都采用了个体标记的研究方法。

这些研究方法常常可以取得令人意想不到和兴奋的结果:在欧洲各地越冬的燕子会出现在非洲的许多地方;在英国越冬的野鸭春天可以飞回到西伯利亚去繁殖;年轻的灰海豹从北罗纳岛出发可以游到苏格兰、挪威、芬兰、冰岛和爱尔兰海岸;王蝶(*Danaus plexipus*)可以飞行约 3 200 km,从加拿大飞到墨西哥(图 10-17)。

在一些动物身上可以装上小型的无线电发送器用以精确地跟踪动物的移动路线,这种装置已广泛地应用于各种动物,包括海龟、北极熊和大熊猫等。

三、动物迁移的诱发因素

很多动物的迁移都表现出年周期现象,因此,这些动物的迁飞节律也与年周期因素相关。在非热带地区,日照的周期变化是一个最重要的因素,即使是在冬天,用增加日照长度的方法也可以诱发很多种鸟类的迁移行为(表现为夜间活动性增强),而日照长度的变化对在赤道地区越冬的迁飞动物则不起作用。现在已有证据证明:很多鸟类都有内源性的年节律现象,例如柳莺和花园莺,如果使白天的长日照保持不变,就会使这些小鸟在长达 3 个月的夜晚不得安宁,体内激素的变化支配着这些小鸟的迁移行为。

环境的变化有时会引起一些动物进行偶发性和无规律的迁移,例如,交嘴雀和生活在北方森林中的一些其他鸟类,在有些年份会成群地从它们正常的分布区内迁出,出现在一般年份难

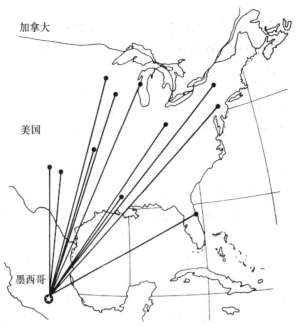

图 10-17　王蝶每年从加拿大迁往墨西哥城西部山区越冬
黑点标志重捕地点

得见到它们的地方,而这种迁移现象是不定期的,也没有周期性,可能与北方森林的树籽产量有关。

很多昆虫的迁移也同环境的变化有关。种群拥挤无疑是一个诱发迁移的重要因素,而且它在动物发育的较早阶段就开始起作用,以便产生特别适应迁移的个体。例如蝗虫,当种群拥挤时便产生群居型个体,这些个体比散居型个体具有更大的活动性。蚜虫也是这样,在种群密度很大或寄主植物营养价值下降时,有翅蚜便会从无翅蚜种群中产生出来,这意味着迁飞即将发生。

动物一旦处在适于迁移的条件下,只要再具备一些诱发迁移的环境因素,动物就会开始迁移。鸟类要等待良好的天气条件才能启程,至少是在恶劣的气候条件消失(如大雾或强风)以后;鱼类要等待合适的潮汐;而蚜虫的迁飞则必须等待温度达到一定的阈值。

四、动物迁移的利弊分析

动物为什么要不远千里或万里进行迁移?对于这个问题可能存在很多答案,但没有任何一个答案能够适用于所有的迁移动物,然而有一点很清楚,即动物之所以要迁移是因为它们通过迁移可以留下更多的后代。并不是所有动物都能借助迁移提高其生殖成功率,因此也不是所有动物都进行迁移。虽然动物迁移的实际代价和好处依物种而有所不同,但好处必定是能多繁殖一些后代。为了进一步探讨这一问题,下面对动物迁移行为的利与弊作一些分析。

1. 动物迁移的好处

现代生物学家是用生物通过自然选择而进化的观点来解释动物的各种行为的,对动物的迁移行为也是这样。由于动物的祖先其迁移的种类比不迁移的种类能够留下更多的后代,所以现在的很多动物都进行迁移。但是,我们要问,是什么情况促使迁移动物取得繁殖上的成功呢？

迁移可以使动物利用多种栖息地内的资源，而这些资源并不是在任何时期都存在的。例如，北极的夏天日照很长，无脊椎动物的数量在短期内十分丰富，这对于很多涉禽和其他鸟类的繁殖极为有利，但是一到冬天，这些鸟类就不能在北极生存了，因此，它们必须进行中距离或远距离的迁移。

另一个例子是燕子（燕科 Hirundinidae），据统计有 31 种燕子是非洲大陆的留鸟（虽然很多种类要在大陆内进行迁移），有 2 种燕子每年从地中海地区迁来非洲，有 3 种（欧洲燕、家燕和沙燕）从古北区的西部迁来。由于在北温带一到冬天天空中的飞虫就消失了，所以，可以有把握地推测，这 3 种迁飞燕的祖先以前一定是在非洲大陆进行繁殖的。后来，它们才迁到了北方去繁殖，在那里它们所遇到的食物竞争者较少，白天较长，可以增加捕虫时间，而且偷袭鸟蛋和雏鸟的捕食动物也较少。这些有利因素使得迁飞的燕子在繁殖上能够取得较大的成功，据 1972 年 R. E. Moreau 估计，每年秋天飞往非洲的家燕大约为 90 000 000 只，欧洲燕大约为 220 000 000 只，沙燕大约为 375 000 000 只。这 3 种迁飞燕的数量可能比非洲本地燕科鸟类中所有留鸟的数量还要多。

如果环境资源变化莫测，甚至比北温带资源的季节变化更难以预测的话，那么，我们就会看到，动物常常以无规律的迁移来适应这种状况。奎利亚雀和蝗虫每年迁飞的情况变化很大，比古北区燕子的迁飞要无规律得多。但是，具有迁移的能力会使动物更有可能利用那些变化无常和暂时性的食物资源，并成为动物寻找这些资源的一种方法。

对有些动物来说，迁移可使它们与大量的异性个体相遇和生活在一起，从而增加了交配和生殖成功的机会，例如：这是鲑鱼从海洋洄游到淡水溪流进行繁殖的原因之一。有些动物迁移的目的地能为它们提供必要的繁殖条件或比较安全，如灰鲸和座头鲸在海湾和海岸附近繁殖是因为那里的水温有利于幼鲸存活而且捕食风险较小。海豹、海狮和海象在海上生活数月后必须登上传统的海滩或海岸，它们的迁移是出于对占有岩礁的需要。

有些动物的迁移有助于避开种群高密度条件下激烈的竞争，而有蹄动物的迁移则可减轻被捕食的压力，如果捕食者不能紧跟迁移兽群的话，就会大大减少迁移动物被捕食的数量。这就是进行迁移的有蹄动物比不迁移的有蹄动物数量多得多的原因。

2. 动物迁移的代价

动物迁移一定的距离所消耗的能量与动物所采取的运动方式有关。一般说来，哺乳动物每奔跑 1 km，100 g 体重大约消耗 2400 J 能量；鸟类每飞行 1 km，100 g 体重大约消耗 680 J 能量；而鱼类每游泳 1 km，100 g 体重只需要消耗 240 J 就够了。因此，1 g 脂肪的能源（可供应 37 kJ 能量）可使哺乳动物迁移 15 km，使鸟类迁移 54 km，使鱼类迁移 154 km（以上都按 100 g 体重计算）。

很多鸟类在作飞越海洋和沙漠的长途迁飞前都在体内积存大量的脂肪，在某些雀形目的鸟类中，脂肪能源的贮存可多达体重的 50%。如果体重为 100 g 的一只鸟，体内有 30 g 脂肪的贮存，就可以使它飞行 1630 km，这足以飞越西撒哈拉大沙漠。

如果迁移的动物在旅途中能够补充到食物，那么它们在迁飞前就不需要在体内贮存能源物质。很多鱼类、食草兽和空中捕食的鸟类（如燕子）就是这样的。值得注意的是：燕子和大多数小型雀形目鸟类不同，它们是在白天飞行的，因而体内不需要贮存大量的脂肪。

有时，动物迁移所需的能量部分是由环境提供的（以气流或水流的形式）。在高空翱翔的鸟类可以利用上升气流,蚜虫和其他的小型昆虫可以乘风旅行,很多鱼类则可利用潮汐和洋流。

如果要想知道动物用于迁移的纯能量消耗,那就必须知道动物在不迁移时的能量消耗是多少。据猜想:雨燕的迁飞和不迁飞,其能量消耗大体上应当是相等的,因为这种鸟的大部分时间都是在飞行中度过的。类似的考虑也可应用于鱼类和鲸。但是对莺和鸣禽这样的鸟类来说,迁飞必定会大大增加它们的总能量消耗,因为它们在非迁飞时期,常常处于停歇状态。一般说来,鸟类迁飞时的能量消耗约相当休息时能量消耗的 6~8 倍。

很多迁移动物在迁移途中常因疲劳体弱而遭捕食者的捕食,例如:飞越地中海上空的鸣禽常因精疲力竭而不得不降落在鹰隼的营巢繁殖区,当这些迁飞小鸟到达这里时正是这些猛禽的孵化和育雏期,于是迁飞小鸟便成了猛禽的主要捕食对象。

动物迁移的代价在很多情况下都是很高的,因为迁移常常会穿过大面积的荒原和不熟悉的地区,不仅陆地鸟类要为飞越海洋付出很大代价,而且当经过一个不熟悉的陆地区域时,也会遇到觅食和饮水的困难。此外还会遇到各种障碍,鸟类常常会撞上高层建筑如灯塔、电视塔和摩天大楼等,据记载在伊利诺斯的 7 座高塔一夜就使 3200 只迁飞鸟撞塔而死。

动物的迁移通常是发生在春天和秋天,而此时不稳定的气候条件会大大提高迁移的代价,暴风雨和暴风雪会杀死成千上万只还在迁飞的王蝶。一群铁爪鹀在迁飞通过明尼苏达时遭遇暴风雪,次日清晨在 $1\ km^2$ 的地面上发现了多达 75 万只铁爪鹀的尸体。王蝶对严寒的天气更为敏感,虽然它们的墨西哥越冬地气温通常都在冰点以上,但一次寒夜竟然冻死了 200 万只以上的王蝶。

五、动物迁移的起源

动物迁移是怎样起源的呢?一个最普通的答案是:迁移最初是为了逃避不利的环境条件。例如,有人认为北方地区的一些鸟类,一直是在全年尚可忍受的气候条件下生活着,然而在冰河时期,冰川开始扩展,气候发生急剧变化,于是鸟类便开始向南方迁移,每年当气候变得较温和时,它们又重新返回北方的生殖地。有一种假说认为动物的迁移路线是因大陆漂移(continental drift)而形成的。起初动物的繁殖区与其他活动区可能相距很近,但由于陆块的分离和漂移,它们及其后代就不得不进行越来越长的两地移动,但是这一假说不太适用于鸟类迁飞的起源,因为能导致形成大多数鸟类迁飞路线的大陆漂移是发生在现代鸟类及其迁飞路线形成前的几百万年。这一假说更难于解释一些动物迁移环路的起源,如绿海龟。甚至有人曾提出,王蝶的迁移是起源于因大陆漂移而引起的北美陆块的变化。在这种情况下,引起王蝶迁移的因素并不是繁殖地与取食地的逐渐分离,而是王蝶幼虫专有食料植物马利筋分布区的改变。

也有人认为,有些动物的迁移是一种适应,使它们能更好地利用那些暂时性或移动性的资源,正如我们已看到的那样,王蝶幼虫只吃马利筋属植物,但在美国东部地区,马利筋属植物只生长在春夏两季。一些食虫蝙蝠可能因昆虫资源量的变化而进行迁移,例如松尾蝠(*Tadarida brasiliensis*)迁离美国西南部是因为严寒的冬季气候使昆虫数量锐减,它们迁移的目的地是墨西哥,那里整个冬季都能捕到昆虫。非洲 Serengeti 大草原的角马也因食料植物供应量的变化而进行迁移。在雨季它们在开阔的草原觅食,那里的矮草比别处的高草含有更多的钙和蛋白质,但角马必须饮水,一到旱季,开阔草原的水源就会干涸,此时角马就必须迁往有树有水源的草原地带。也有人认为,起源于热带的一些鸟会逐渐向北方扩散它们的分布区,但它们在冬季又不得不飞回南方地区,因为北方冬季的气候不适合它们生存。

六、动物迁移与人类的关系

从人类的需要出发,我们可以把迁移的动物分为有益的和有害的两大类,并希望增加有益的迁移动物和减少有害的迁移动物。例如,大多数人都认为燕子是有益的迁移动物(它可帮助人类消灭害虫并给人类带来欢乐),而蝗虫则是有害的迁移动物。但是这种区分并不是绝对的,例如,黑尾塍鹬与其他涉禽一起在西欧被列为保护鸟,但是在西非它却危害刚萌发的稻秧。

要想有效地保护或控制各种动物,就必须对有关动物的生物学进行深入的研究,并积累丰富的知识。对迁移动物的生物学进行研究比研究其他动物更困难,因为动物生活中的一些重要因素可能是在千里之外对这些动物发生影响的,而研究者对那里的情况可能一无所知,同时也难以控制。

动物的迁移不受国界或其他政治边界的限制,但人类的活动却不是这样。很多鸟类在一些国家是受到法律保护的,但在另一些国家却出于娱乐和经济上的需要而遭到射杀。

研究动物迁移的最重要的原因是为了对迁移动物进行科学管理,此外,动物的迁移行为还涉及动物学的许多基本问题。迁移动物是美丽动人的,群体迁移的场面是宏大壮观的,这些动物像是探险家不畏险途,以坚忍不拔的毅力一往无前。你看:大雁排成整齐的队形,缓慢而有节奏地划动着双翼,悠然自得地朝远方飞去;铺天盖地的寒鸦群,一边在高空回旋,一边发出清脆响亮的叫声,好像打着漩涡的河水朝着一个方向流去;在那银色的天空,结成楔形队列并发出吭鸣的鹤群,又是多么令人神往。秋天,无数迁移动物为了追求温暖和丰盛的食物而离开了它们出生长大的故土,迁往那遥远的异乡。它们年复一年地沿着一定的路线往返于相距遥远的两个地域,好像有一种神奇的力量,使它们能够跨越高山、海洋和大川。在千里长途中,尽管会遇到冰雹、暴风雨和冰冻等恶劣天气,但它们总是齐心协力,勇往直前,不达目的地决不罢休。动物的迁移不仅能给我们以美的享受,而且还能给我们以激励并激发我们的想象力。

七、哺乳动物的迁移

1. 陆生哺乳动物的迁移

大型有蹄动物可以迁移很远的距离。如生活在东非的角马(*Connochaetes taurinus*,也叫牛羚)和生活在北方的各种鹿类,特别是驯鹿(*Rangifer tarandus*)和麋鹿(*Cervus canadensis*)。角马在12月至次年4月的湿润季节生活在东非塞若盖特地区(Serengeti)东南部草类茂盛的大平原上,并在那里产仔。5~6月当干旱季节开始时,角马便形成大群向西北方向维多利亚湖附近比较湿润的灌丛地带移动。迁移时角马常常排成单行绵延数千米。到7月底或8月初,当干旱季节结束时,角马群又开始向东北方向迁移,并在塞若盖特地区的北部生活2~3个月,接着在11~12月份又迁回到东南部的大平原。角马的迁移范围,南北方向约200 km,东西方向约170 km。每年迁移的时间有较大的变化,这主要取决于每年的降雨量。

北方鹿类的迁移也主要是由食物引起的。驯鹿在最北部地区度过夏季,以低矮树木的树叶(柳树)和阔叶草本植物为食。夏天过后它们便迁往南部过冬,主要是吃草类和地衣。驯鹿的迁移距离可以长达480 km。其他大型鹿类如驼鹿、麋鹿和鹿常常进行垂直迁移,夏天向高海拔地区移动,冬天则进入邻近的低地过冬。这些鹿也和角马一样有特定的迁移行为,如迁移时期集结成群,并排成单行进行迁移。

一些大型食肉兽(如狮子和狼)也常常跟随着它们的猎物——有蹄动物进行迁移。

2. 海洋哺乳动物的迁移

所有大型鲸的迁移方式虽然存在着一些种间差异,但基本上都是相似的。生活在南半球的蓝鲸(*Balaenoptera musculus*)、露脊鲸(*B. physalus*)和座头鲸(*Megoptera novaeangliae*),每年12月至次年3月在南极水域中度过夏季,然后就北上迁往热带和亚热带水域过冬。这些鲸的繁殖季节是在冬季,座头鲸是在9月产仔,生物学家目前对座头鲸的繁殖周期已了如指掌,因为它是在近岸海域繁殖的,非常便于观察。蓝鲸和露脊鲸是在离海岸很远的远海繁殖,所以至今人们对它们的繁殖情况还不十分清楚。另一种在近岸海域繁殖的鲸是灰鲸(*Eschrichtius gibbosus*),它每年都从度夏的副北极海域迁移到下加利福尼亚沿岸的亚热带海域进行繁殖,并已形成了有规律的季节迁移。由于灰鲸的定期光临,已使下加利福尼亚海岸成了著名的旅游胜地,每年都吸引着大量旅游者前来观光。灰鲸从北极圈迁往繁殖地行程10 000 km,创下了哺乳动物迁移距离最长的纪录。

鲸在热带和亚热带海域过冬以后(过冬期间几乎不取食),春天便游回高纬度地区。对座头鲸来说,新怀胎的雌鲸最早迁离它们的繁殖海域游向取食海域,它们在那里停留最久,到下一个繁殖季节才最晚离开取食区游回繁殖区产仔。在鲸的取食海域,由于鲸的食物如鱼虾等十分丰富,所以吸引了大量的鲸。

鲸迁移行为的进化同取食和繁殖有密切的关系。北极和南极海域的冬天由于自然条件极端严酷,食物短缺,极不适于大型鲸的生存和繁殖。鲸在冬天迁往低纬度海域不是为了解决食物问题(事实上它们在冬天的繁殖季节里几乎是不取食的),而是为了在较温暖的海域中进行繁殖,这个时期是鲸的能量消耗期,繁殖期过后,雌鲸体内油脂的含量大约要减少一半。在温暖水域进行繁殖对小鲸也非常有利,可以大大减少它们体内热量的散失。

海狮、海豹的迁移似乎同保卫它们所栖息的多岩石的海岛有关。加州海狮(*Zalophus californianus*)和斯特勒海狮(*Eumetopias jubata*)于初夏在北美洲西海岸附近的小岛上进行繁殖。繁殖期过后,雌雄海狮带领小海狮常常要向北迁移很远的距离。生活在东大西洋的灰海豹和西大西洋的灰海豹(*Halicheorus grypus*)种群,其迁移在时间上是不同的(表10-2),但它们的迁移方式是一样的,都是在生殖期过后开始扩散迁移,以后再重新集结起来进行繁殖。

表10-2 东大西洋灰海豹和西大西洋灰海豹种群的季节迁移周期

种 群	生殖期	第一次迁移	换 毛	第二次迁移	集 结
东大西洋灰海豹	10~11月	11~12月	1~4月	5月	8月末~10月
西大西洋灰海豹	1~2月	2月末	3~7月	7月中	12月

影响鳍脚类哺乳动物迁移和繁殖周期的自然选择压力,目前还不太了解。但也有一些鳍脚类哺乳动物是固定在一定地点生活的,从进化的观点来研究这些种类是很有必要的。例如,港海豹(*Phoca vitullina*)和环斑海豹(*Phoca hispida*)是不迁移的,而与它们同一个属的近缘种——格陵兰海豹(*Phoca groenlandica*)却有迁移行为,显然,需要对它们进行比较行为学的研究。

3. 蝙蝠的迁移

在现存的脊椎动物中只有两个动物类群是真正的飞翔动物,翼手目哺乳动物蝙蝠就是其中之一。所以,人们通常都认为蝙蝠具有广泛的迁移能力。但事实上并非如此,原因之一是蝙蝠的翼肌系统虽然复杂(包括10种或更多种的肌肉),但显然只能适应低速而高度灵巧的飞行,以利于捕捉空中飞虫。复杂的肌肉配置还有助于保持扁平的胸骨和狭窄的胸部,这对于蝙蝠在早期进化期间到岩隙中寻求庇护所是很有必要的。第二,蝙蝠的翼剖面很薄,呈明显的中凸形,能在低速飞行时产生强大的升力,但在高速飞行时阻力却很大,因此不利于迁飞。第三,蝙蝠长距离飞行的效率很低,它们体内难以贮存足以完成长距离迁飞的脂肪,因为动物体内贮存的脂肪量终究是有限的。鉴于上述几种情况,蝙蝠常常以冬眠的形式而不是以迁移的形式来度过不良的环境。不管怎么说,缺乏强大的迁飞能力可能是造成蝙蝠主要局限在热带地区的一个重要原因,而很多鸟类却能迁飞到温带地区去。举例来说,在特立尼达的热带岛屿上有245个蝙蝠的繁殖地,而在墨西哥以北的整个北美洲,蝙蝠的繁殖地大约只有这个数字的一半。在特立尼达生活着60种以上的蝙蝠,而在北美洲只有39种,其中还有几种只生活在墨西哥的边界一带。

蝙蝠中确实也有迁移的种类,但蝙蝠的迁移大都是为了占有适宜的岩洞或其他隐蔽地作为冬眠的场所。生活在新英格兰南弗蒙特的鼠耳蝠(*Myotis lucifugus*)夏季的栖息地和冬季的越冬地相距可达320 km。有人发现,分布在荷兰的欧洲山蝠(*Nyctalus noctula*)迁移的距离可长达约900 km。有趣的是,这种山蝠的雌性个体每年都返回它们的出生和繁殖地,而雄性个体成熟后便离开故乡,迁移到更广泛的地区去。这种差异可能与雄山蝠的领域行为和一雄多雌的配偶方式有关。

给人印象最深刻的是飞行速度最快的红蝠(*Lasiurus cinereus*)和鬃尾蝠(*Tadarida brasiliensis*)的迁移。红蝠在北纬37°以南的地区过冬,过冬后便向北迁移,最远可到阿拉斯加去度过夏天,如果不受飞虫数量的限制,它们可能向北飞得更远。鬃尾蝠分布在美国的西南部,但不同种群的迁移存在着差异。生活在俄勒冈和加利福尼亚州的种群是不迁移的;而夏季生活在内华达东南部、亚利桑那西部和加利福尼亚东南部的鬃尾蝠种群,在冬季却不知去向,至今关于它们的迁移还是一个谜;分布在犹他州东南部、佛罗里达州西南部、亚利桑那州东部和新墨西哥州西部的种群,它们的迁移路线目前已经搞得十分清楚;分布在堪萨斯州大部、俄克拉荷马州西部和新墨西哥州东部的种群,冬季则迁往墨西哥东北部越冬。对这些种群的迁移非常值得作进一步的研究,尤其应当与气候以及影响其生理、生殖和迁移的其他因素联系起来加以研究。目前,生物学家对影响各种蝙蝠迁移的各种自然选择压力还了解得很少。

八、鸟类的迁移

大多数迁移的鸟类对于迁移都有着高度特化的行为和生理适应。鸟类在准备迁移时可以表现出超常的食量,可以比正常时期的取食量多40%,而且体内可以贮存超常数量的脂肪,以作为迁移旅途的"燃料"之用。鸟类迁移的诱发因素往往是光周期,在迁移本能被诱发之后,鸟类便能坚持并完成艰险的长途迁移飞行。此时,鸟儿如果是被禁锢在鸟笼之中,它就会被迁移的生理本能搅得日夜不宁。

生物学家对鸟类的迁移比对其他任何动物的迁移都研究得更多。地球上的迁移鸟类约占全部鸟类种数的三分之一,即将近3000种之多,每年进行迁移的鸟类决不会少于100亿只。

生活在北半球的鸟类,大多数是迁移的鸟类,它们在每年的定期迁移中可以越过赤道进入南半球过冬,但南半球的鸟类却很少向北半球方向迁移,只有少数种类向北半球作反方向的迁飞。

1. 鸟类迁移的多样性

鸟类的迁移类型是多种多样的。每年在夏天的栖息地和冬天的越冬地之间作定期的往返飞行只是鸟类迁移的一种类型,一个最著名的例子是北极燕鸥(Sterna paradisaea),它每年秋天从距离北极7°线的营巢区,沿着欧洲和非洲大陆的西岸飞向南极地区越冬,第二年春天又飞回营巢区,往返距离约40 000 km,相当于沿赤道绕地球一圈(图10-18)!另一个例子是热带的某些鸟类,它们在两个栖息地之间的迁移距离有时只有十几千米。长距离的迁移有时仅限于在温带地区之内,如椋鸟(Sturnus vulgaris)、欧洲歌鸲(Erithacus rubecula)、美洲歌鸫(Turdus migratorius)和灯心草雀(Junco hyemalis)等。长距离迁移有时也可能仅限于在热带地区之内,如绿鹃科的绿鹃(Vireo flavoviridis)和奎利亚雀(Quelea quelea)。鸟类的垂直迁移在温带地区和热带地区也都有发生。

图 10-18 北极燕鸥的迁移路线
幼鸥有时在南极生活两年后再飞回北方繁殖地

同一种鸟的不同种群有时会表现出从不迁移到明显迁移的广泛变异,生活在北美洲西海岸的狐色带鹀(Passerella iliaca)就是这方面的一个例子。狐色带鹀的阿拉斯加种群在加利福尼亚的最北部越冬;而生活在哥伦比亚北部的一个种群则在俄勒冈越冬;分布在华盛顿北部、哥伦比亚南海岸和范库弗岛上的种群则完全不迁移,它们是当地的留鸟。灯心草雀在向南方迁移时,雌鸟平均比雄鸟迁得更远。有人曾研究过鸟类迁移的年龄问题,发现迁移到一个新地区的兰松鸡(Dendragapus obscurus)几乎都是由一龄鸟组成的,在其他鸟类中也曾发现过一龄鸟的迁移现象。1970年 M. P. Harris 曾经做过一个非常有趣的交哺试验,他把非迁移鸟银鸥(Larus argentatus)的雏鸟让迁移鸟黑背鸥(Larus fuscus)的双亲抚养大,结果小银鸥长大后也随着黑背鸥一起进行迁移,虽然它们迁移的距离不像黑背鸥那么远,这说明两种鸥的基因和环境条件都起了作用。在做相反试验时,小黑背鸥在银鸥双亲的抚养下长大后仍然保持其迁移的习性,这说明基因对迁移的影响占有明显的优势。

虽然鸟类的迁移类型是多种多样的,而且具有一定的可塑性,但鸟类的迁移路线却是极其保守的,因此,只分布在一定地区(如岛屿)的鸟类种群其发展往往受到严重的限制,并有可能变为生物学上的残遗种,这是因为迁移路线的保守性使它们无法占领新的栖息地。现在还生活在北美洲的柯特兰莺(*Dendroica kirtlandii*)就是这样一个物种,这种莺只限于在密执根少数几个县的短叶松林中繁殖,每年迁往南美巴哈马群岛越冬,而且也只限于在少数几个岛上过冬。柯特兰莺总共大约只有400只了,是一种濒临灭绝的稀有鸟类。穗䳭(*Oenanthe oenanthe*)是古北区的鸟类,广泛分布于从格陵兰到阿拉斯加东部一带,每年都要飞越广阔的大西洋迁移到非洲去越冬,虽然亚洲也适合于它越冬而且要近得多,但它还是要飞往非洲。有时,在同一地区进行繁殖的种群,也可能飞往不同的地区去越冬,例如,在阿拉斯加进行繁殖的滨鹬(*Chalidris alpina*)却可区分为两个种群,一个种群迁往太平洋亚洲海岸越冬,另一个种群则迁往太平洋北美洲的海岸越冬。关于鸟类迁飞路线的形成,鸟类学家曾作过很多推测,但一直没有很好的解决。

2. 气候对鸟类迁移的影响

气候和鸟类迁移之间的关系是一个较复杂的问题。D. Lack 认为,春季的温暖和秋季的寒冷是影响鸟类迁移的主要气候因素。在瑞典的所有迁飞鸟类中普通雨燕(*Apus apus*)对气候变化是最敏感的,即使是在繁殖季节的中期,如果遇到不合时令的寒冷天气,也可能使它们向南迁移,这种行为常称为反向迁移。

A. M. Bagg 曾分析过气候对靛蓝鸫迁移的影响,据他观察,这种鸫于1954年4月17~18日曾连续不停地从尤卡特(Yucatan)向北飞到缅因和新斯科舍(Nova scotia),它们之所以能够坚持长达两天的连续飞行,主要是存在着极有利于迁飞的强热带气流。据估计,靛蓝鸫体内贮存的脂肪足够使它们连续在空中飞行大约36个小时。很多鸟类在迁飞时常常受风向的影响而偏离它们正常的飞行路线。有人认为,风对迁移鸟类所造成的威胁最大,难以预测的天气变化至少可以部分地解释为什么鸟类有时会出现在它们正常分布区以外很远的地方。例如,据报告至少已有100种鸟曾作为迷鸟偶然出现在夏威夷群岛,其中包括带纹翠鸟(*Megaceryle alcyon*)、家燕(*Hirundo rustica gutteralis*)和雪鹀(*Plectrophenax nivalis townsendi*)。

3. 鸟类的南北向迁移

很多鸟类都于春夏季在北方繁殖,而于秋冬季飞到南方过冬,它们每年都有规律地进行南北向迁移(图10-19和10-20)。1932年,van Tyne是第一个发现鸟类要飞回到热带固定地区越冬的鸟类学家,他曾在1931年的3~4月间在危地马拉环志了99只靛蓝鸫,并于第二年在同一森林的空旷地重捕到其中的几只。

1968年,W. P. Nickell 总结了从1932年至1966年所积累的鸟类连年飞回同一热带地区越冬的资料(共15种鸟,其中12种在中南美洲,2种在非洲,1种在亚洲),并报告了六次去洪都拉斯等地进行远征考察所获得的资料。他在六年期间总共环志过73种7178只迁飞的鸟,其中3种鸟占全部环志鸟数的80.1%(黄鹂占62.4%,靛蓝鸫占12%,猫鸟占5.7%)。在五年期间,这些被环志的鸟类返回同一栖息地的(往往是在第一次被捕并环志的地点)计有黄鹂108只(占2.5%)、靛蓝鸫27只(占3.1%)和猫鸟(产于北美洲的一种鸣禽,叫声似猫)5只(占1.5%)。两年后飞回同一栖息地的黄鹂有16只,三年后飞回的有18只,四年后飞回的有2只。

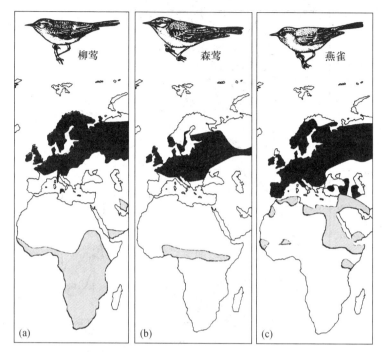

图10-19 三种鸣禽的繁殖区（黑色）和越冬区（灰色）
每年都在两区之间进行南北向迁飞

北美洲有几种水禽，它们夏天的栖息地和越冬地都很有限，并由一条狭窄的迁飞通道相连接。例如，罗氏雁（*Chenrossii*）在加拿大中部靠近北冰洋的佩里河（Perry river）区域筑巢繁殖，迁移时则沿着一条极狭长的路线向西，然后再向西南飞往加利福尼亚的大峡谷越冬。

有些鸟类因受到它们所需要的生态条件的限制，只能沿着一条极为狭窄的路线飞行，常常是沿着海岸飞行。例如，伊城麻雀（*Passerculus sandwichensis princeps*）从塞布尔岛（Sable island）、新斯科舍出发，沿着大西洋海岸南下飞往马萨诸塞州和乔治亚州一带越冬。它们迁移路线的宽度很少超过1.6 km，而在很多地方只有几百米宽。

很多鹬形目鸟类迁飞时都飞经我国或沿我国东部海岸线飞行。例如，在澳大利亚越冬的鹬形目候鸟迁飞时常常飞过南太平洋先飞到我国的广东省和福建省，再沿浙江省和江苏省海岸北上至西伯利亚的鞑靼海峡。还有一条路线是从澳大利亚经过菲律宾，飞到我国河北省，再沿海岸飞往黑龙江，最后到达西伯利亚。

亚洲候鸟的迁移路线大都从我国东北沿着海岸线南下，直达亚洲南部和南洋群岛。或者从内蒙古经青海、甘肃，再沿着横断山脉飞到缅甸、泰国、马来西亚和印度等地，少数种类经伊朗和伊拉克再飞往非洲。向北回迁时则从南洋群岛经过台湾和沿海诸省到达华北境内，或飞到吉林和黑龙江等省繁殖。

4. 鸟类的东西向迁移

即使是生活在高纬度地区的鸟类，也不全都是沿着南北方向迁移的。例如，在加拿大中部进行繁殖的白翅海番鸭（*Melanitta deglandi*）几乎是沿着正东和正西方向迁往大西洋海岸和太平洋海岸。1974年，H. E. McClure曾指出，锡嘴雀（*Coccothraustes coccothraustes*）每年从俄罗斯的繁殖地一直向东迁移到朝鲜和日本越冬，而蒙古沙鸻（*Charadrius mongolus*）则从日本自东向

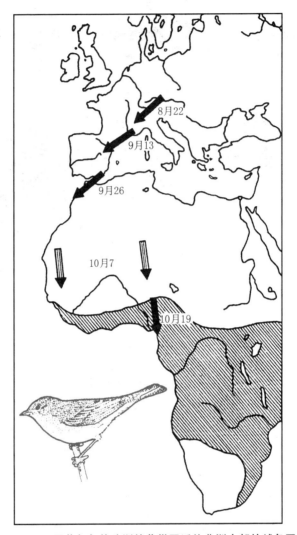

图 10-20　园莺每年从欧洲的营巢区迁往非洲南部的越冬区

西飞往我国辽宁。但生活在亚洲的大多数鸟类都是进行南北方向迁移的。

5. 鸟类的垂直迁移

生活在山区的很多种鸟类常常用垂直迁移的方法来适应环境的季节变化。当然，垂直迁移通常都是冬季向低海拔地区迁移，春季又迁回较高海拔地区并在那里进行繁殖。如在美国加利福尼亚的中部山区，山鹑(*Oreortyx pictus*)要迁移到海拔2900 km的高山上进行营巢繁殖，但到9月份，它们便离开积雪较深的高山区，下迁到海拔1520 km以下的地方越冬，第二年春季便又回到高山繁殖。有趣的是，它们无论是上山还是下山都是步行的，由10~30只山鹑排成一列纵队前进。

在少数情况下，垂直迁移是反方向的，即有少数鸟类冬季由低海拔地区向高海拔地区迁移。例如，蓝松鸡(*Dendragapus obscurus*)在多岩山地的枞松林中越冬，而它越冬地的海拔要比繁殖地高得多。这种反向的迁移显然与食物的供应和躲避捕食动物有关。

另一个例子是鹮嘴鹬(*Ibidorhyncha struthersii*)，这是一种长喙的滨水鸟类，分布在亚洲中部的高原地区。繁殖季节栖息在我国东北部的滨海低地,冬季当低地水域封冻时,便迁往亚洲中部的山区越冬,那里有温暖的泉水,山间溪流在整个冬季都不结冰。

6. 鸟类的日间迁移和夜间迁移

大多数小型鸟类(和一些活动较隐蔽的较大的鸟类)是在夜间迁移的,如秧鸡、杜鹃、啄木鸟、林莺、鸫鹟和绿鹃等。有些鸟类只在日间或主要在日间进行迁移,如鹰隼、蜂鸟、燕子、乌鸦、樫鸟、鹦和伯劳等。其他鸟类则在日间和夜间都能迁移,如潜鸟、野鸭、雁、海雀、海鸦和大多数鹬形目鸟类等。

在某些海角或突入海中的岩岬处最容易对日间迁飞的鸟类进行观察,因为这里常常聚集着大量的迁飞鸟类。日间迁飞的鸟类受着地形的强烈影响,它们在飞越广阔的水域以前决不轻易起飞。日间迁飞鸟类的著名聚集地有安大略的 Point Pelee、新泽西的梅角(Cape May)和瑞典的法尔斯特本等,我国的蛇岛和长岛也是日间鸟类迁飞的集散地。

1945 年,D. Lack 和 G. C. Varley 第一次提出了用雷达研究鸟类迁飞的可能性,自 1958 年以来,已经发表了大量用雷达研究鸟类迁飞的成果报告。这些报告表明:夜间迁飞的鸟类比人们想象的要多得多。而使用雷达最引人注意的表现是关于鸟类的迁移方向,纠正了人们关于鸟类迁移方向的很多错误见解。有趣的是,在澳大利亚东南部繁殖的细嘴鹱(*Puffinus tenuirostris*)每年要进行环太平洋沿岸的迁飞,先从繁殖地澳大利亚东南部出发经过日本到达阿拉斯加,然后再沿着北美洲的西海岸回到繁殖地(图 10-21)。

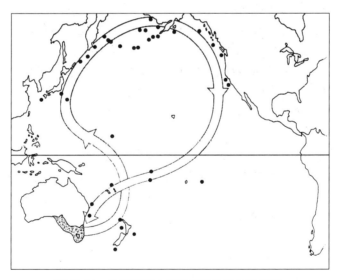

图 10-21　细嘴鹱环太平洋沿岸的迁飞路线图

黑点代表环志鸟的重捕地点,阴影区代表繁殖地

用雷达研究鸟类迁移还有一个优点,就是可以长期连续地使用雷达显示器并进行照相,因此可以提供大量的照相底片,供以后同卫星观测资料和白天的观察资料加以对比研究。为了最有效地研究鸟类的夜间迁移,必须全部采用这三项研究技术。S. A. Gauthreaux 曾运用这些技术研究了迁入路易斯安那州迁飞鸟类的数量,他发现,4 月初从墨西哥湾飞入路易斯安那州的迁飞鸟的数量是每天每千米 12 422～15 528 只,到 4 月底和 5 月初又增加到每天每千米 31 056 只。他还发现,雀形目鸟类一般是在日落后 30～45 分钟时从路易斯安那州的北部开始

它们的夜间迁移的。他认为,雀形目鸟类的夜间迁飞是在夜空中单个飞行的,而不是像其他人认为的那样是结群飞行。

目前,雷达遥测术已广泛应用于生物学的研究。1965 年,R. R. Graber 把一个微型发报机安置在一只灰面鸮的身体上,并乘坐一架小飞机跟踪鸟类飞行。这只灰面鸮从伊利诺斯的厄巴纳(Urbana)开始它的夜间迁飞,以每小时大约 80 km 的速度向北飞越密执根湖,它的迁飞路线表明,从下午 7 时 55 分起飞后的 8 小时期间共飞行了近 640 km。

7. 鸟类的迁移速度

鸟类的迁移速度包括鸟类个体的迁移速度和整个迁移鸟群的推进速度两个方面,这是两个有明显区别的概念。

虽然一般说来我们对鸟类个体的迁移速度还了解得很不够,但也有一些很著名的例子。1935 年 8 月 28 日在马萨诸塞州科德角北伊斯泽姆(North Eastham)给一只小黄脚鹬(*Totanus flavipes*)套上了脚环,六天以后这只小黄脚鹬在 3059 km 以外的西印度马第尼科(Martinique)被猎杀,这说明它平均每天飞行了 508 km。1940 年,M. T. Cooke 提供了另外一些记录:两只绿头鸭(*Anas platyrhynchos*)在两天之内都飞行了 800 km 以上;一种雨燕(*Chaetura pelagica*)一天飞行了 129 km,四天飞行了 966 km。1949 年 8 月 16 日在威尔士环志的一只穗鵖(*Oenanthe oenanthe*),43 小时以后在法国西南部被发现,它飞行了大约 966 km。1971 年据 A. B. Amerson 报道,在阿拉斯加圣·乔治亚岛环志的一只翻石鹬(*Arenaria interpres*),四天之后在夏威夷群岛被发现,它竟向南飞行了约 3542 km!

另一方面,作为整个迁飞的鸟群春天向北迁移的速度要缓慢得多。有人发现,早春向北迁移的鸟类要比晚春开始迁移的鸟类推进速度慢,歌鸫(*Turdus migratorius*)从它在衣阿华的越冬地飞往西北方向的阿拉斯加要花费 78 天的时间,总共飞行 4830 km,平均每天飞行大约 62 km。黑头森莺(*Dendroica striata*)的迁移十分有趣,它每年从晚春开始迁移,起初迁移速度较慢,以后越来越快,最慢为每天 48 km,最快可达每天 322 km 以上(图 10-22)。

8. 鸟类迁移的飞行高度

用雷达对鸟类迁飞所进行的研究表明,很多鸟类在迁飞时的飞行高度要比人们通常所说的高得多,而且远远高于人的视野所能达到的高度。根据用雷达对雀形目鸟类夜间迁飞高度所进行的研究可以看出,大约有 95% 的鸟类在距地面 2000 m 以下的高度迁飞,其中有 50% 的鸟类是在距地面 700 m 以下的高度迁飞。雷达所记录到的鸟类迁飞的最大高度是在 3000～6300 m 之间。

雀形目鸟类一般是在日落后 30～40 分钟时开始夜间迁飞的,迁飞高度很快便能增长到最大值。此后随着迁飞强度的减弱,飞行高度也慢慢降低。日间迁飞的飞行高度一般比夜间迁飞时稍低。

在特殊情况下,鸟类迁飞的高度可能变化很大。春天,飞越墨西哥湾到达路易斯安那州上空的迁移鸟群,飞行高度很高,大约有 75% 是在 1000～3000 m 的高度上飞行。秋天,从新斯科舍出发飞越大西洋的鹬形目鸟类,大都是在 1700 m 的高度飞行,10% 的鸟类是在 3900 m 以上的高空飞行,有一个鸟群的飞行高度达到了 6650 m。在百慕大、波多黎各和小安的列斯群岛设置雷达所进行的观测表明,飞越西大西洋的迁飞鸟群,其飞行高度大都是在 1000～5000 m 之间。特别是飞越波多黎各(主要是雀形目鸟类)及飞越安提瓜(Antigua)和巴巴多斯(主要是鹬形目鸟类)的鸟群,飞行高度比较高,一般都可以达到 4000～5000 m。有些迁飞鸟

图 10-22　黑头森莺横穿大西洋的迁飞路线
每年从北美繁殖地迁往南美越冬地

类曾被发现在 6800 m 的上空从波多黎各飞过。

一般说来,鸟类总是避免在云层中飞行。在多云的阴暗天气,迁飞的鸟类往往集中在云层下面飞行,如果云层较低,它们有时也在云层上面飞行。根据雷达对鸟类在云层中迁飞所作的观测,鸟类在云层中也能保持很强的定向能力,至少在短时期内是这样。鸟类在丧失定向能力的情况下就会朝各个方向飞行,而且飞行方向不时发生变化,这种变化是随机的和没有规律的。这种情况已被在特殊的气候条件下(大雾、多云和降雨)用雷达进行的观测所证实。

有几位鸟类学家在 1973 年和 1977 年做过一些非常出色的试验,说明了云雾天气对雨燕迁飞高度的影响。他们把微型高度计安置在鸟的背部,然后把它们带到离营巢地距离不等的各个地点放飞,当雨燕飞回营巢地后,从仪器记录中就可以获得很多宝贵的资料。高度计可以告诉我们鸟类飞行的最大高度,以及在不同高度上各飞行了多少距离。由此我们得知,在晴朗的天气条件下,雨燕飞行的平均最大高度是 2300 m,在 15 只雨燕中有 10 只的飞行高度在 3000 m 以上,最大的飞行高度是 3600 m。与此相反,在阴云的天气条件下,雨燕飞行的平均最大高度只有 700 m,在 19 只雨燕中,飞行最低的是 50 m,最高的是 1700 m。

低温看来不会影响鸟类在高空中迁飞。飞越波多黎各的最高迁飞鸟类要遇到约 −12℃ 的低温,而飞越瑞士的迁飞鸟类常常要经受 −10 ~ −15℃ 低温的考验。事实上,鸟类在低温和低气压条件下的飞行能力是难以令人相信的。1967 年 12 月 9 日,北爱尔兰的一个雷达操纵人员报告,他发现了一个雷达回波图像在赫布里底群岛(Hebrides)高空正在向南移动,雷达指示的高度是 8000 ~ 8500 m。地面人员通过无线电要求在该地航行的一个飞机驾驶员飞过图像发现地点,结果,驾驶员报告说他看到了一群天鹅,大约有 30 只,飞行高度是 8200 m。雷达操纵者一直监视着这个回波图像,直到它在北爱尔兰海岸消失为止,此时,天鹅群可能是下降到了雷达所能监视的高度以下。这次所发现的很可能是大天鹅,这种天鹅有时在隆冬季节由冰岛迁往英国。8200 m 已经是处在对流层的顶部或副平流层,这里的温度可以降到 -48℃,强风速可达 50 m/s。

1974 年 6 月 19 日,有一架从日内瓦飞往哥本哈根的飞机,乘客和机长都看到两小群很像是杓鹬的鸟,一群 5 只,一群 3 只,两群鸟彼此靠得很近。当时飞机的方位是在法兰克福以北,高度是海拔 10 000 m。这恐怕是迄今为止鸟类迁飞的最高纪录了。

1959 年,作者在参加珠穆朗玛峰科学考察队期间,曾在珠峰北坡不止一次地看到岩鸽(*Columba rupestris furkestanica*)飞越海拔 8300 m 的山脊。可见,鸟类在 8000 m 以上的高空飞翔并不是非常罕见的现象,特别是在我国的西藏高原和巨大的喜马拉雅山系,那里是研究高山动物生理和生态的宝地。

九、爬行动物的迁移

很多种蛇冬天都要迁往越冬场所,并在第二年春天从越冬场所迁出。例如,束带蛇(*Thamnophis sirtalis parietalis*)总是几百条挤在一起在石灰岩地区的岩洞中越冬,这些岩洞填满了雪,对蛇有良好的保护作用,很多蛇挤在一起也有利于保温。此外,束带蛇的繁殖是发生在春天出洞扩散以前,所以,容易找到配偶也是造成集体越冬的一个选择压力。游蛇(*Coluber constrictor mormon*)出洞后可以迁移 1.8 km 远,但平均迁移距离是 383 m。有人曾在离鞭蛇(*Masticophist taeniatus*)冬眠洞穴 3.6 km 的地方捕到过这种蛇。

有人曾经观察过澳洲蜥蜴(*Amphibolurus ornatus*)和生活在中美洲的鬣蜥(*Iguana iguana*)的繁殖迁移。鬣蜥在繁殖前要涉水游向一个小岛,因为在那里进行繁殖比较安全。澳洲蜥蜴的迁移则更为复杂,它们生活在沙漠中有花岗岩裸露的地区,较大的花岗岩裸露区是它们最适宜的繁殖地。春天一到,刚成年的蜥蜴便迁入这些区域建立领域并进行繁殖,前一年出生的年幼蜥蜴则被排挤到较小的花岗岩裸露地去生活。来年这些年幼蜥蜴便发育成熟并重返最适宜的繁殖地。因此,在最适宜的繁殖地便不断进行着有规律的迁入和迁出。

爬行动物中最著名的迁移动物就是各种海龟。生物学家对绿海龟(*Chelonia mydas*)的研究最为详尽。其他还有鳞龟(*Lepidochelys olivacea*)、橄榄棱皮龟(*Dermochelys coricea*)和玳瑁(*Eretmochelys imbricata*)等。已知橄榄棱皮龟横渡大西洋的迁移是最长的迁移,全程约 5900 km。根据海龟的标记重捕资料,各种海龟迁移 1000~1500 km 是很普通的现象。海龟的迁移一般同 2~4 年的繁殖周期有关,海龟需要到特定的海滩去产卵,还要到一个特定的靠近大陆的取食区度过一个相当长的时期。在同一个海滩产卵繁殖的海龟,往往是属于 2 个或更多的种群,而它们要分别迁移到相隔遥远的不同取食区去觅食。或者相反,在同一取食区觅食的海龟也分为不同的种群,它们要分别迁移到不同的海滩去繁殖。绿海龟在巴西外海温暖的海水中觅食,然后迁移到 1800 km 远的阿松森岛(Ascension island)的沙滩上产约 100 枚卵(图 10-23)。该岛是一个仅长 8 km 的小岛,极小的定向误差都会将它错过,但绿海龟从不会失误。

一般认为,洋流对海龟的迁移起着重要作用,从南大西洋阿松森岛流向巴西大陆的洋流有助于在该岛上繁殖的海龟进行定向和迁移。绿海龟总喜欢迁移到遥远的小岛上去繁殖,这很可能是逃避陆地捕食者的一种适应。

但是,这些因素并不能解释海龟为什么要迁移那么遥远的里程,实际上在它们的路途中要

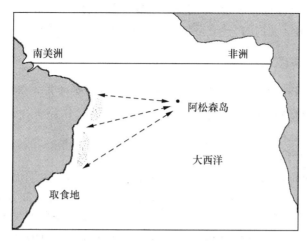

图 10-23 绿海龟的迁移路线

它从巴西外海的浅水取食地迁往大西洋中部小岛阿松森岛并在那里的沙滩上产大约 100 枚卵

经过很多极为适宜的海滩,但它们却从不去占有。显然,用现存的生态条件不能解释海龟的迁移路线,因此有人认为,海龟的迁移路线是在进化过程中形成的,在当时可能具有重要的存活价值,现在虽然不是这样了,但它们却一直沿袭着过去的迁移路线。还有人用大陆漂移学说来解释海龟的迁移路线,认为随着大陆的漂移,海龟往返两地的距离也越来越远,最后终于形成了现在这样漫长的迁移路线。

十、两栖动物的迁移

两栖动物的迁移是由它们要占有陆地和半陆地环境,但又必须返回到水中进行繁殖的情况而引起的。两栖动物的迁移有两种基本类型:一种是迁往有水的地方进行繁殖;另一种是刚完成变态发育的个体成群迁出水域去占有陆生栖息地。J. W. Dole 对豹蛙(*Rana pipiens*)全年的迁移周期研究得最为详尽。春天,越冬的成年豹蛙从冬眠状态下苏醒过来,并迁往池塘进行繁殖。年幼的豹蛙虽然并不繁殖,但它们也迁移到池塘里去,只是时间稍晚一些。Dole 认为,这些池塘的生态平衡可能有赖于这些豹蛙的迁入,成年豹蛙即使是在完成繁殖任务后也还要在池塘中生活一段时间。此后,成年豹蛙便迁回陆地栖息地,并在那里建立起自己的巢域,夏末又从陆地巢域迁回到越冬地。到夏季中期,池塘中的蝌蚪便发育成幼蛙,此时,幼蛙也离开池塘,它们或是朝各个方向扩散,或是沿着一定的路线迁移。幼蛙迁离池塘的场面往往是很壮观的,特别是在下雨的夜晚,它们成千上万地一起出走。Dole 曾在离池塘 5 km 远的地方发现了一些被标记过的豹蛙,这说明,这些豹蛙已经在新的地区定居下来了。

很多两栖动物在自然选择的作用下形成了极为有限的巢域,它们年复一年地在池塘或溪流的一小片地域内繁殖。为什么巢域会有这种极端的局限性和固定性,目前生物学家还不十分清楚,但是,由于很多两栖动物都是在暂时性的池塘和溪流中进行繁殖,所以巢域的专一性可能对保证繁殖的成功是重要的。无论如何,生物学家已经在很多两栖动物中发现了巢域的专一性,如钝口螈(*Ambystoma salamanders*)、*Taricha* 属和 *Notophthalmus* 属的蝾螈、各种蟾蜍(*Bufo*)和豹蛙等。大多数两栖动物向繁殖地迁移都是在晚上进行的,只有 *Notophthalmus* 属的蝾螈例外,它们是在白天进行迁移的。夜间迁移可能有利于减少捕食者的捕食。两栖动物的繁殖迁移目前已经研究得比较清楚,但其他类型的迁移,特别是繁殖后的扩散迁移还研究得很不够,为了充分了解两栖动物的全年迁移周期,还需要作进一步的研究。

十一、鱼类的迁移(洄游)

鱼类的迁移可以分为四种主要类型:① 海洋鱼类迁移到淡水水域中进行繁殖;② 淡水鱼类迁移到海洋中进行繁殖;③ 完全在淡水水域内进行迁移;④ 完全在海洋内进行迁移。下面我们分别介绍这四种迁移类型。

1. 鱼类的溯河性迁移

鲑科鱼类(Salmonidae)的溯河性迁移(anadromous)是最著名的,其中三个主要属是鲑属(Salmo)、大马哈鱼属(Oncorhynchus)和红点鲑属(Salvelinus)。这些鱼类都在淡水溪流或湖泊中产卵,幼鱼孵化后便迁移到海洋中去(有的要在淡水中生活一段时期),而成年鱼则主要是在海洋中生活的,到生殖时便洄溯到它们出生长大的江湖中去产卵(图10-24)。鲑属和大马哈鱼属的主要区别是前者是多次产卵性鱼类,而后者是一次产卵性鱼类,因此大马哈鱼产卵后就要死亡。

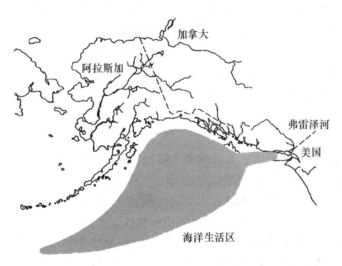

图 10-24 鲑鱼的溯河性洄游
鲑鱼出生在弗雷泽河,然后游入太平洋东北部的生活区,发育成熟后又洄游到弗雷泽河上游产卵

鲑科鱼类是喜冷性的鱼类,适应在冰冷和营养贫乏的淡水中生活。鲑科鱼类的行为可塑性使它们能够生活在北半球其他鱼类所难以到达的溪流和冷水湖泊中。归家的强烈本能和地理隔离常使它们在进化过程中形成不同的种群和不同的物种,但如果靠自然或人为的帮助来打破隔离,它们也很容易相互杂交。

鲑科鱼类的不同迁移对策往往与它们特化行为的进化有关。有人曾研究过四种大马哈鱼的迁移行为,其中大马哈鱼(Oncorhynchus keta)和细鳞大马哈鱼(O. gorbuscha)幼鱼一孵化就马上迁往大海;银大马哈鱼(O. kisutch)要在溪流中生活1~2年后才迁往海洋;而红大马哈鱼(O. nerka)则完全是内陆性的鱼类,但它在迁移到溪流中产卵前要在湖泊中生活,因此湖泊就相当于其他鱼类在海洋中的生活期。在海洋(或湖泊)生活期间,所有四种大马哈鱼都属于浮游带的鱼类。细鳞大马哈鱼是最典型的溯河性鱼类,鱼卵孵化后小鱼马上就本能地直朝河流下游游去,然后就进入大海。其次是大马哈鱼,它同细鳞大马哈鱼相似,只是夜晚向河流下游游动的速度较慢,鱼群较小,而且受到惊扰时有隐藏行为。生活在湖泊中的红大马哈鱼(只分布在北美洲)也有群居性和向下游迁移的习性,但迁移时的年龄较大,而且一龄以下的鱼苗有时还能溯河而上。最后,银大马哈鱼更喜欢生活在溪流之中,没有夜晚向下游动的习性,具有强烈的隐藏反应,对水流的变化反应迅速,而且具有隐蔽色。表 10-3 是四种大马哈鱼幼鱼的行为和发育的比较。

表 10-3　四种大马哈鱼幼鱼的行为和发育的比较

种　类	银大马哈鱼	红大马哈鱼	大马哈鱼	细鳞大马哈鱼
迁移情况	栖河流中	栖湖泊中	幼鲑迁往大海	幼鲑迁往大海
有无隐藏行为	有明显的隐藏行为	有隐藏行为	稍有隐藏行为	无隐藏行为
领域与结群	领域行为明显	有领域行为	结群	强烈结群
二龄鱼形态	二龄鲑变形	二龄鲑变形	二龄鲑不变形	二龄鲑不变形
有无夜行性	无夜行性	有夜行性	有夜行性	有夜行性

溯河性鱼类除了鲑科外,还有鲱科(Clupeidae)鱼类如美洲西鲱(*Alosa sapidissima*)、七鳃鳗科(Petromyzonidae)如七鳃鳗(*Lampetra fluviatilis*)和刺鱼科(Gasterosteidae)的刺鱼(*Gasterosteus aculeatus*)等。

2. 鱼类向海洋的繁殖迁移

淡水鱼类向海洋的繁殖迁移(catadromous)的最著名例子是鳗鲡属(*Anguilla*)的鱼类,其中最重要的是欧洲鳗鲡(*A. anguilla*)和美洲鳗鲡(*A. rostrata*)。鳗鲡成熟后总要迁移到大海中去进行繁殖,但它们在海洋中的繁殖地点还不清楚(有人认为是在马尾藻海的深海中,但尚未得到证实)。鳗鲡在淡水中生活的时间很长,一般要生活好几年,这在进化生物学上仍然是一个迷人的问题。生活在不同河流中的鳗鲡种群的确存在着遗传上的差异,但在海洋中成长的幼鳗鲡是不是游回它们双亲曾经生活过的河流,现在还不为人所知。看来,鳗鲡的迁移问题至今仍是一个难解之谜。

3. 鱼类在淡水中的迁移

无论是在热带还是在温带,鱼类在淡水中的迁移(potomadromous)通常都是属于季节性迁移。在威斯康星湖中,白鲈(*Roccus chrysops*)在每年 5～6 月迁往水温为 16～24℃ 的水域中产卵,它们集中到这些产卵地显然是与它们在筑巢期间对一定的水深和底质的特定需要有关。据观察,鲌鱼(*Semotilus atromaculatus*)和白亚口鱼(*Catostomus commersonii*)春天向河流的上游迁移,而白斑狗鱼(*Esox lucius*)则游到河流的小支流中去产卵。这种迁移类型对生活在河流中的鱼类是很典型的,因为河流的上游或支流有特殊的基质和水流特征,对鱼卵的孵化最为有利;上游水浅,鱼卵和幼鱼的天敌较少;幼鱼的饵料丰富。

在南美洲、非洲和亚洲的季节性河流中,鱼类的迁移也与上述情况大体相似,在雨季开始河水上涨期间,鱼类是向上游迁移的,直到洪水泛滥把平原淹没为止,此时,鱼类便生活在泛水的平原上。在这里,鱼类的繁殖是发生在水位达到高峰以前,因为水位高峰期也是饵料最丰富的时期,因此也是成鱼和幼鱼的主要索饵期和迅速生长期。鱼类在繁殖期迁移到泛水平原可能有利于减少凶猛鱼类的捕食,因为较大的捕食性鱼类常留在较深的水域中。生活在热带森林河流中的鱼类,其迁移情况也与此相类似,只是生殖迁移周期表现得不太明显,因为在它们生活的河流中水位波动往往比较小。

在热带地区的湖泊中,很多鱼类也进行繁殖迁移,或是游向滨湖区或是游向湖泊的支流。在非洲的湖泊中,幼鱼常常迁到有掩蔽物的水域中去,以逃避其他鱼类的捕食,特别是逃避大虎鱼(*Hydrocymus vittatus*)。例如,生活在湖泊中的罗非鱼(*Tilapia macrochir*)要迁移到植物丛生的沼泽地去繁殖,在那里,小鱼可以较为安全地成长,待长到一定大小时再回到湖泊中去,这时大虎鱼对它们已不再构成威胁。实际上,向湖泊支流进行迁移就相当于向滨湖地区进行迁移的延伸,也是为了逃避捕食者和使幼鱼得到更好的保护,当然,这里也存在着其他有利于繁殖的因素。

4. 鱼类在海洋中的迁移

生物学家已经研究过很多鱼类在海洋中的迁移(oceanodromous)活动,如大西洋鲱(*Clupea harengus*)、大西洋鳕(*Gadus morhua*)和鲽(*Pleuronectes platessa*)等。图10-25是鱼类在海洋中迁移类型的总结。同一种鱼类的不同种群在产卵时间和产卵地点上往往有很大的不同。例如,大西洋鲱有的种群于春季在挪威海岸附近产卵,但有的种群于秋季在Dogger Bank产卵。产卵区、育幼区和索饵区互相分离有利于鱼类利用更多的资源,并能大大增加这些迁移鱼类的数量。这些鱼类数量众多,使它们具有极重要的经济价值,并且也大大丰富了人们对它们迁移活动的了解。由于资源数量和海水温度的差异,自然选择将有利于这些鱼类形成彼此分离的索饵区和越冬区。至于产卵区则必须选择在适宜的地点和适宜的时间,以便使鱼卵和幼鱼能够进入最适宜的育幼区。根据这些条件,产卵区通常应当位于育幼区的上流,这样,借助洋流就可以把卵和幼鱼带入育幼区。对大洋鱼类进行取样、标记、数量调查和详细研究它们的生态都是比较困难的工作,这意味着我们对海洋鱼类迁移适应性的了解还是极为肤浅的,对重要的经济鱼类尚且如此,对非经济性鱼类就更加无知了。在生物学家和生物学爱好者面前,有着无止境的课题和自然之谜等待着他(她)们去研究。

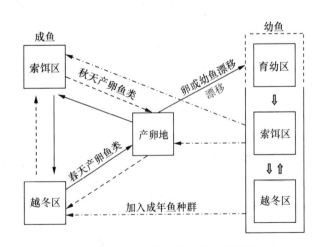

图 10-25　鱼类在海洋中的迁移类型

左面表示成年鱼的迁移,顺时针方向代表秋天产卵鱼类的迁移。逆时针方向代表春天产卵鱼类的迁移。右面表示幼鱼的迁移,幼鱼可以从育幼区迁入索饵区和越冬区,也可以在不同的时间从这些区加入成年鱼的种群

十二、昆虫的迁移

关于昆虫的迁移行为,生物学家对豆卫矛蚜(*Aphis fabae*)研究得最为详尽。由于昆虫存在着拮抗反射,昆虫的飞行和降落是相互作用的。在迁飞期间,降落行为会受到强烈的抑制,以致使昆虫对那些平时对它起作用的刺激不再发生反应,在迁飞期间,昆虫的取食、生长和生殖活动也都受到抑制。大马利筋长蝽(*Oncopeltus fasciatus*)在迁飞期间表现出对取食和生殖活动的抑制。在飞行的时候,迁飞昆虫对最终将导致停止飞行的刺激会变得越来越敏感,这一点在蚜虫方面已经得到了证实,它们在飞行中对于黄色光和不适宜的寄主植物会越来越敏感。

昆虫的年龄和生殖条件对迁飞也有影响。迁飞一般总是发生在表皮硬化以后,雌虫则发生在产卵之前。而有些昆虫的迁飞则发生在两次生殖活动的间歇期。在迁飞前,适当的肌肉和酶系统会经历一个成熟期。能量在迁飞和生殖之间的分配将取决于体内保幼激素的含量,对大马利筋长蝽来说,当保幼激素含量适中时将会促进昆虫迁飞,当含量很高时将有利于昆虫的繁殖。对其他昆虫,保幼激素可能会促使翅肌组织溶解而抑制迁飞。

因此,昆虫的迁飞不仅涉及行为问题,而且也涉及生理问题。昆虫的迁飞无论是在种间还是在种内都有很大的变化,而且受到各种环境因素和遗传因素的影响。

由于昆虫的身体很小,又很容易在实验室内饲养,所以特别适合用来研究迁飞问题,并有可能对飞行行为和有关生活史现象进行试验分析。在实验室内研究迁飞的标准技术是系绳飞行,在这种情况下可对飞行持续时间和飞行强度进行测定,并以此作为昆虫迁飞能力的一个指数。目前已对好几种昆虫(从较小的蚜虫到较大的蝗虫)进行过这方面的研究。例如,如果用一根小棍粘住一只长蝽(*Lygaeus* 属或 *Oncopeltus* 属)的前胸,并使它离地悬空,那么在不施加任何刺激的情况下它常常会连续飞行几个小时。

影响系绳飞行持续时间的一个重要内在因素是年龄。大马利筋长蝽(在长日照条件下)和小野参长蝽(*Lygaeus kalmii*)在成虫羽化后的 8～10 天(此时表皮沉积作用已经完成),其飞行持续时间最长。瑞典麦秆蝇(*Oscinella frit*)和埃及伊蚊(*Aedes aegypti*)达到最大飞行能力的年龄还要早一点。有人曾研究过三种蝗虫,即透翅土蝗(*Camnula pellucida*)、迁徙蚱蜢(*Melanoplus sanguinipes*)和双带蚱蜢(*M. bilituratus*),发现它们的最大飞行能力是在羽化后的 7～21 天,在此之前或之后,它们几乎不飞行。飞蝗(*Locusta migratoria*)在成虫羽化后的大约一个月内,其振翅频率不断增加,这表明它们的飞行系统正在逐渐成熟。

昆虫的飞行活动可因各种因素的影响而改变,如光照期、温度、性活动和食物等。生活在温带地区的大马利筋长蝽在短日照的条件下会进入滞育,而且能坚持长时间飞行的年龄也将延长。温度可以直接影响昆虫的飞行,也可以通过影响代谢率而间接影响飞行。例如,在越冬地捕捉到的瓢虫(*Coleomegilla maculata*)比在较高温度处捕捉到的瓢虫能够较早地表现出长时间迁飞的能力。在 23～27℃ 的温度条件下饲养出来的大马利筋长蝽,其迁飞个体占整个种群的比例将下降到 10% 以下,温度较高将使该种昆虫提早繁殖,所以,一旦找到最适宜的温度环境,它们就会停留在那里。如果食物在几天之内被耗尽,种群中迁飞个体所占的比例就会增加。长期饥饿也有抑制迁飞的作用。食物质量低劣(如吃的是植物的茎和花而不是种子)则有促进该种昆虫迁飞的作用,春天是促使大马利筋长蝽向北方迁飞的一个重要因素。含有赤霉酸 A_3(gibberellin A_3)的新鲜叶子(是一种植物生长激素)可以促进蝗虫(*Schistocerca*)的繁殖并抑制它们的迁飞。对大马利筋长蝽来说,性比失调也能促进飞行活动,并能延长迁飞期。迁离食物不足和缺少配偶的地区对昆虫的好处是很明显的。

对生活在澳大利亚的一种卷叶蛾(*Epiphyas postvittana*)来说，食物的质量和温度是影响迁飞的主要决定因素。在寒冷潮湿的月份，卷叶蛾的大型个体占优势，而在温暖干燥的季节，卷叶蛾的小型个体占优势。卷叶蛾的体长与翅长之比值，表明小型个体翅的负载量较小，这使它们能够更有效地进行迁飞。有人认为，身体较小是昆虫在面临不利环境时进行扩散迁移的一种适应。这种情况与群居型的迁飞蝗虫是很相似的。

种群拥挤对于迁飞蝗虫(*Locusta* 属、*Nomadacris* 属和 *Schistocerca* 属)的迁飞具有深刻的影响。密度对蝗虫的形态、生殖和迁飞行为都有影响，对形态的影响则包括体形和体色两个方面。例如：散居型荒地蚱蜢(*Schistocerca gregaria*)翅长与后股节长之比为2，而群居型荒地蚱蜢的比为2.3。群居型蝗虫翅相对较长与翅负载量较小相关，因而有更大的飞行效率。蝗虫身体各部分比例的两性差异，散居型蝗虫也比群居型蝗虫更明显。

散居型蝗虫和群居型蝗虫之间的差异还明显地表现在行为方面：首先，群居型蝗虫有强烈的聚群性，彼此挤在一起；其次，群居型蝗虫在其生活史的各个时期都有极强的迁移倾向，蝗蝻结成大群进行跳跃迁移，成虫则大群大群地靠风传带。蝗群的内聚力主要是靠蝗虫个体强烈的聚群倾向来维持的。散居型蝗虫也进行迁移，但不结群，迁移时间是在晚上而不是在白天。群居型蝗虫是靠风力把它们携带到降雨区，它们在那里可以吃到新鲜嫩绿的植物并在那里产卵繁殖。J. S. Kennedy 曾评论说，蝗虫的多型现象使它们能够最有效地利用两种栖息地内的资源，一种栖息地的食物丰富而集中(适于高生殖力的散居型蝗虫)，另一种栖息地的食物不稳定而且极为分散(适于群居的迁飞蝗虫)。

昆虫的迁飞能力也有很强的地理变异。有人对采自衣阿华州、佛罗里达州、波多黎各和瓜德罗普岛的四个大马利筋长蝽种群进行了系绳飞行测定，并根据四项指标对它们进行分析，这四项指标是：平均飞行持续时间、种群中能坚持长时间飞行个体所占的比例(以持续飞行30分钟以上为准)、每个个体的最长一次飞行时间和飞行阈值。测定比较的结果，这四个地理种群的飞行能力可依次排列如下：衣阿华种群＞佛罗里达种群＞波多黎各种群＞瓜德罗普岛种群。因此，随着种群隔离的进一步加强，昆虫的迁移飞行也就会越来越少。

现有的资料表明，昆虫的飞行有着很明显的遗传变异性。1968年，H. Dingle 对大马利筋长蝽中飞行时间较长的个体进行广泛的选择，只经过一代的选择就把种群内能持续飞行30分钟以上的个体从25%提高到了60%以上。1978年，M. A. Rankin 通过选择较晚才开始飞行的长蝽，使长蝽最活跃的飞行年龄推迟了好几天。有人曾计算过，在子代与父本回交的情况下，小野参长蝽飞行持续时间的遗传率为0.2，但是在子代与母本回交的情况下，遗传率为0.4，这表明母本对飞行持续时间的遗传性有更大的影响。在云杉卷叶蛾(*Choristoneura fumiferana*)的各个种群中，我们可以看到，无论是在虫体大小、生殖力、飞行和对环境压力的忍受能力方面都存在着多型现象，而通过对森林天幕毛虫(*Malacosoma disstria*)的研究，使我们认识到，这些特性都是通过 X 染色体传递的。研究表明：在昆虫的飞行和其他相应特征之间存在着遗传上的协同变异(covariance)，这种协同变异对于理解昆虫迁移行为的进化显然是十分重要的。

最后我们要说明的是：要想了解昆虫迁飞的进化和适应意义，就必须对一些近缘物种进行比较研究。1978年，Dingle 研究了几种生活在热带地区和温带地区的长蝽(都是 *Oncopeltus* 属的近缘物种)，发现生活在热带地区的长蝽(那里没有明显的季节变化)飞行的持续时间都很短，这同生活在温带地区(有明显的季节变化)的大马利筋长蝽形成了明显的对照。另一个例子是普累克西普斑蝶(*Danaus plexippus*)和与它近缘的另一种斑蝶(*D. gilippus*)。前者向温带地区迁飞,生活在温带地区的个体也能进行迁飞,而后者生活在热带地区,则没有迁飞行为。生活在欧洲的欧洲长蝽(*Lygaeus equestris*)和生活在北美洲的小野参长蝽(*L. kalmii*)是两个近缘种,它们表现出相似的短距离迁移型,即秋季迁往滞育地点,春季迁出滞育地点。其他的既包含有迁移种又包含有非迁移种的属还有菜粉蝶属(*Pieris*)和几个蝗虫属。这些属的大部分无疑都值得对它们作进一步的研究。

第三节　动物的定向和导航机制

动物的迁移能力是十分惊人的。例如北极燕鸥每年要在南北极之间进行长达数万千米的环球飞行;王蝶每年从数千千米以外的加拿大飞往墨西哥越冬;鲑鱼在开阔大洋生活几年之后还能游回它出生的淡水溪流产卵。这些动物是如何做到这些的呢?对于这个问题不存在一个简单而普遍适用的答案。不同的动物可能利用不同的定向(orientation)和导航(navigation)机制,而且任何一种动物都可能具有几种不同的导航机制,当其中一种机制一时失灵时就会启用其他的备用机制。通常动物的导航系统与多种感觉系统相关,而这些感觉系统的相互关系又是十分复杂的,本节我们将分别简要介绍每一种感觉系统与定向和导航的关系。

一、利用地标定向和导航

很多动物都能利用地标(landmark)找到它们回巢的道路,有很多方法可以表明地标在动物定向中的重要性,方法之一是移动地标看看能不能改变动物的定向。泥蜂(*Philanthus triangullus*)在狩猎后就是依靠地标找到回巢之路的。Niko Tinbergen 乘雌蜂在巢内工作时在它巢口周围摆上一圈松塔(含 20 个松塔),雌蜂离巢时要在巢上方飞行一阵,显然是为了熟悉地标。如果在雌蜂外出狩猎时把这圈松塔移动一个短距离(0.3 m),泥蜂回来时总是在这圈松塔的中央去寻找洞口(13 次观察无一例外),只有当松塔又重新放回原位时,它才能找到洞的位置(参看图 3-22)。蜜蜂也会利用地形地物返巢,如图 10-26 所示,训练蜜蜂沿着一排树在蜂箱和采食点之间飞行,之后进行移位,移位后蜜蜂仍会沿着这排树飞行但其飞行方向已经变了,这说明这排树已成为蜜蜂定向的地标。

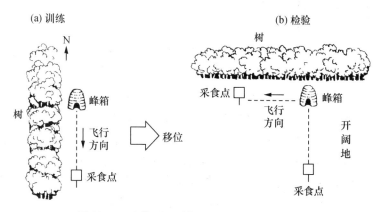

图 10-26　蜜蜂利用地标(一排树)的返巢试验

二、利用太阳定向和导航

有些动物在离巢和返巢时可把太阳作为一个参考点,使自己的移动路线与太阳保持一定的角度。在一个经典的镜反射试验中,发现黑蚁(*Lasius niger*)就是利用太阳进行觅食定向的,如果不让蚂蚁看到真实的太阳,而是用一面镜子从不同的方向把太阳反射给它,那么它的移动路线就会发生改变,使其移动路线与镜中的太阳保持的角度和与真实太阳一样。

很多动物都把太阳当成天体罗盘使用,这些动物从太阳的位置就能确定罗盘的方向。由于地球的自转,太阳平均以每小时15°的速度从天空划过,例如在北半球温带地区,太阳从东方升起,划过天空后落到西方地平线以下。太阳所特有的移动轨迹将随观察者所在的纬度和季节而有所不同,但它却是可以预测的(图10-27),因此如果太阳移动的路径和一天的时间是已知的,那么太阳就可以作为罗盘使用。

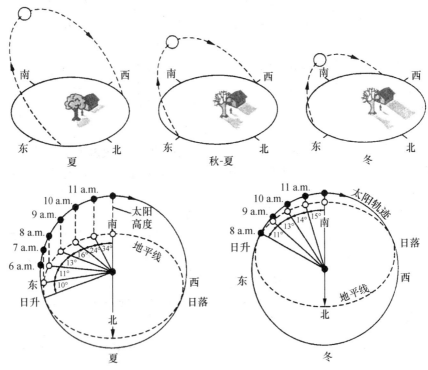

图10-27　太阳以可预测的路径划过天空,但随纬度和季节而有所不同
如果把太阳用做长时间旅行的罗盘,动物就必须能对太阳的移位做出补偿

利用太阳定向会因太阳在天空的明显位移而变得复杂起来,太阳的平均移动速度是每小时15°,因此对于那些靠移动路线与太阳保持固定角度来导航的动物来说,每过1小时其移动路线就应当校正15°,有些动物只作短途旅行,因太阳运行所造成的误差极小,因此这些动物就不需要调整它们移动路线的方位。但如果在长时间移动中利用太阳定向和导航,那动物就必须补偿太阳的移位。为了做到这一点,动物就必须能够测知时间的长短并能准确调整它与太阳方位的角度。例如于上午9时向南飞行的鸟需与太阳方位保持左45°角,但到下午3时太阳已移动了大约90°,此时动物要保持飞行方向不变,就必须与太阳方位保持右45°角,而时间则是靠生物钟测量的。

1. 利用太阳定向的时间补偿

关于太阳罗盘定向的工作最早是由 Gustav Kramer(1950)和 Karl von Frisch(1950)分别在实验中用鸟和蜜蜂进行的。Kramer 将迁飞鸟捕来后进行笼养,注意到这些鸟在其正常的迁飞季节总是躁动不安,而且大部分活动都发生在笼中迁飞方向的那一侧(图 10-28)。这些活动曾被命名为迁飞躁动(migratory restlessness)。此后 Kramer 还进行了一系列试验,获得了非常有价值的关于鸟类导航机制的证据。

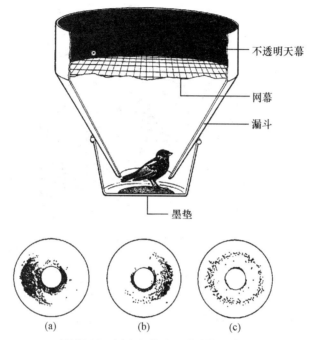

图 10-28　测定鸟类迁飞躁动的实验笼

当鸟想飞离笼时就会在飞行方向一侧的笼底铺垫的白纸上留下墨印。(a)和(b)代表定向活动,(c)代表看不到太阳或非迁飞季节的不定向活动

试验表明:利用太阳导航的白日迁飞鸟在太阳被遮蔽时,它的迁飞躁动就会失去方向性。Kramer(1951)曾对白天迁飞的笼养椋鸟(*Sturnus vulgaris*)进行过田间观察,发现它们在笼中的活动集中在正常迁飞方向的一侧,但当不让它们看到太阳时,其活动就失去了定向能力,取而代之的是在笼中各处随机活动。当太阳重新出现时,它们就又恢复了定向活动。这表明,它们把太阳当做罗盘在使用。

由于迁飞只发生在春秋季的一段时期内,这使利用迁飞躁动研究定向机制的工作受到了限制,为了解决这一问题,Kramer 设计了一个定向笼,其中有 11 个同样的食物盒围绕在一个中央鸟笼周围(图 10-29)。Kramer 训练鸟总是到位于一定罗盘方位的食物盒中取食,但这一圈食物盒是可以旋转的,这使得总是到一定罗盘方位去取食的鸟每次所取食的盒子并不是同一个食物盒,这样就排除了鸟借助某些特征学会识别某个食物盒的可能性。只要鸟可以看到太阳,它们就会到适当方位的食物盒去取食,但如果是阴天,鸟的取食活动就失去了方向性。

试验证明,鸟类能够补偿太阳的移位,为此鸟类必须具有某种独立的计时机制。正如前面已讲过的那样,可使鸟类补偿太阳移位的生物钟是可以靠人为改变的光-暗周期而拨时的。起初可把鸟安放在与室外自然光照条件相一致的人为光-暗周期中,即光照期从上午 6 时到下午

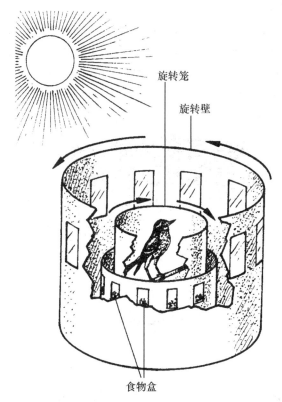

图 10-29　Kramer 设计的定向笼

鸟透过玻璃顶可以看到天空,但看不到周围的景观。可训练鸟到位于一定罗盘方位的食物盒中去取食

6 时。此后再作一些改变,使天亮的时间提前或推后。例如使光照期从中午开始而不是从上午 6 时开始,在这种情况下动物生物钟就会逐渐调拨,直到体内时间比实际时间晚 6 小时为止。因此,如果是利用生物钟补偿太阳的移位,那么就应当依据太阳移动的度数修正自己的定向方位。在这个具体实例中鸟的飞行方向应当偏离原定向方位 $90°(6 \times 15°)$。Kramer 的学生之一 Klaus Hoffmann(1954)是最早利用生物钟调时实验揭示了生物钟与太阳罗盘定向关系的学者,他靠让椋鸟生活在人为光-暗周期条件下好几天的方法对椋鸟的生物钟进行了重拨,此后发现椋鸟的定向方位也发生了预期大小的改变。

2. 环境对动物选择定向机制的影响

虽然目前已知有大量的无脊椎动物和脊椎动物采用太阳罗盘定向,但不应当依此就认为这是所有动物的主要定向方法。对于每一种动物的太阳罗盘定向都应当进行单独具体的分析,因为即使是亲缘关系很近的物种也可能使用完全不同的定向机制。定向机制通常会受动物所在环境的影响。下面我们看看环境对两种海岸等足动物(*Tylos latreillii* 和 *Tylos punctatus*)定向机制进化选择的影响。

这两种等足目甲壳动物都是在白天在它们的洞穴和取食地之间进行垂直迁移,但它们的移动是相反的。*T. latreillii* 的洞穴是在潮湿的地方,它要迁往较干燥的沙地去取食,如果把它移送到一个完全干燥的地方,它就朝着有水的方向奔逃,它们的移动是受太阳罗盘导航的。与此相反的是 *T. punctatus* 没有太阳罗盘定向机制,当对它进行同样的移送时,它们就会朝自己的洞穴奔逃,但它们的移动方向是沿斜坡向上,坡度大约是 3°。*T. punctatus* 栖息在海岸较低处,那里的海浪和潮汐可确保形成一个连贯一致的坡度。而 T. latreillii 活动的海岸较高处,地形是凹凸不平的,其总体斜率是难以觉察的,因此太阳就成了更为可靠的定向参照物。

3. 太阳与夜间定向

动物在白天利用太阳定向,但有些夜间迁移的动物却根据落日点选择它们的飞行方向,此后它们便把落日点与其他可以得到的信号联系起来以便指引它们整个夜晚的飞行,这些信号包括风向、星星和地球磁场等。

虽然 Kramer 已经注意到了如果在落日前把夜间迁飞的鸟放入笼中,它们的定向就会更加精确,但是第一个借助实验证实落日重要性的还是 Frank Moore(1980)用一种雀鸟(*Passerculus sandwichensis*)所做的工作。他发现这种雀鸟在让它们能够看到落日(即使看不到星星)的情况下,其夜晚的迁飞躁动会有更强的方向性。如果只能看到星星而不能看到落日,它们的定向性就会大大减弱。其他几种夜间迁飞鸟类的活动在它们能够看到落日时就会变得更有方向性,这些鸟类包括白喉雀(*Zonotrichia albicollis*)、树麻雀(*Spizella arborea*)和欧鸲(*Erithacus rubecula*)。

三、利用星星和星空定向和导航

有很多种类的鸟是在夜晚进行迁飞的,虽然它们可以根据落日的位置决定自己的航向,但它们是如何掌握整个夜晚航程的呢? 其中一个重要的提示就是星星,这最早是由 Franz 和 Eleonore Sauer(1957,1961)发现的,他们在德国让笼中的几种莺科鸣禽在夜晚看到秋天的星空,而此前这些鸟一直饲养在室内,还从未见到过星空。但在看到星星以后它们便执著地向南飞。当在春天重复这一试验时它们改为了向北飞。这一试验表明:夜晚的星空具有导航作用,接着 Franz Sauer 做了一系列试验,目的是要发现夜空中的什么东西在为迁飞鸟导航。他把笼养鸟带入不来梅天文馆,为的是可以人为操控夜空,他首先让天文馆的夜空与外面的自然夜空保持一致,结果鸟的定向方位与当年当季的自然迁飞方向是一致的。接着让天文馆的整个星空旋转,此时鸟则不断按照天文馆星空的新方向定向。当天文馆的穹顶被灯光照亮,星空消失时,鸟的活动也失去了方向性而开始到处随机移动。在有些试验中,即使月亮和其他行星未被投射,鸟也能准确定向,显然它们的航向是由星星和星座决定的。

我们关于利用星星定向的知识主要是来自 Stephen Emlen 在天文馆内对一种雀科小鸟靛蓝鹀(*Passerina cyanea*)的研究(图10-30)。由于北极星是一颗极地星,它的位置是不变的,所以它在北方天空中提供了一个最稳定的参考点,其他星座则沿着这个参考点旋转,迁飞鸟能够知道星星的旋转中心是正北方,从而指导它们向北或向南飞行。这部分天空中的主要星座是北斗七星(大熊座)、小熊座、天龙座(Draco)、天王座和仙后座。试验表明,对于定向来说,所有这些星座不必同时都看到,如果一个星座被云层遮挡,鸟类还可靠另一个星座定向。

幼鸟可以学会懂得星星旋转的中心是北方,因此旋转轴就赋予了星座形状的方向含意,星星罗盘一旦以这种方式确立,迁飞鸟就不必再看到星座旋转,只要简单地看到某个星座就足可以定向了。曾把一群年轻的靛蓝鹀置于天文馆正常的星空下,让其中一组鸟看到的是正常的星星旋转,即围绕着北极星转,而另一组鸟看到的也是正常的星星旋转,但不是围绕北极星而是围绕猎户座 α 星,这是一颗靠近赤道的明亮星星。当鸟具备迁飞条件的时候,在不变的天空下测定它们的定向,虽然每组鸟都有自己特定的定向方向,但显然这些方向都各自与它们所经历过的旋转中心有关(北极星中心或猎户座 α 星中心)。也就是说,当秋天鸟开始飞往南方

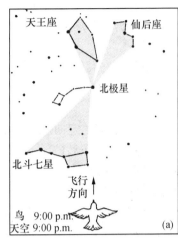 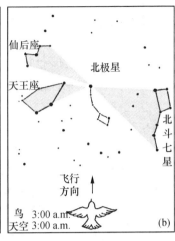 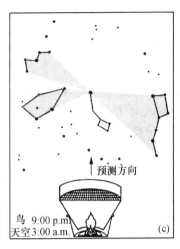

图 10-30　靛蓝鹀利用北极星定向

天上大多数星星的位置是不断变化的,但只有北极星不变。只要北极星及其周围主要星座之间的关系不变,即使星星的位置发生了改变,天文馆中的笼养靛蓝鹀在春天时仍然是向北方飞行

越冬的时候,曾经历过猎户座 α 星作为旋转中心的那些鸟,总是把猎户座 α 星认做是北并朝其相反方向定向。

除了靛蓝鹀以外只对少数其他种鸟进行过利用星星定向和导航的研究,园莺(*Sylvia borin*)和斑鹟(*Ficedula hypoleuca*)也能学会把星空旋转中心当做北方。

四、利用月亮定向和导航

由于月亮比星星在夜空中占有更为显要的位置,所以它是夜晚定向最明显的参照物,但利用月亮定向也会产生一些问题。首先,每月只有一半的天数能够看到月亮;其次,它是一个移动的发光体,因此需要对其移动进行补偿;再次,它的移动速度比太阳更慢,每个月日周期是 24 小时 50 分,因此对于同时利用太阳定向的任何动物来说就必须具有两个生物钟。目前已知只有少数动物可以靠月亮定向和导航,其中最著名的例子是击钩虾(*Talitrus saltator*)、跳钩虾(*Orchestoidea corniculata*)和 *Talorchestia martensii* 等属于端足目的小甲壳动物。它们都生活在海岸线附近,为躲避中午干热的阳光常钻入潮湿的沙中,在下午湿度较高时又会钻出来在沙滩上到处活动并能深入内陆数百米远(约相当于足球场的长度)。在早晨的阳光还来不及把它们晒干之前就必须退回到海岸线附近的潮湿沙滩上,这种定向移动白天是靠太阳导航的,而夜晚则靠月亮。

捕获这些已深入内陆的端足虫并把它们放入不透明的玻璃杯内,使它们只能看到天空但看不到周围的景物。玻璃杯内的干燥可激发它们的逃避活动,在有月光的夜晚它们逃避的方向总是指向大海。但如果是在没有月光的夜晚或者把月光遮挡住,它们就会随机地四处散开而没有方向性。目前已知能利用月亮罗盘定向的动物还有陆生等足目甲壳动物(*Tylos latreillii*)、黄翼下蛾(*Noctua pronuba*)、蟋蛙(*Acris gryllus*)、狼蛛(*Arctosa variana*)和红大马哈鱼(*Oncorbynchus nerka*)。能把月亮当罗盘使用的鸟类是很少的。

五、利用地球磁场定向和导航

1. 利用地球磁场定向的一般原理

地球就像是一块巨大的磁石,又像是一个自北向南穿过地球核心的巨大磁棒,但这个磁棒稍稍偏离地球的南北轴,而磁极则稍稍偏离地理极(图10-31)。磁极与地理极之间的差就称为地球磁场的偏差或偏角(declination)。由于偏角通常小于20°,所以磁北可作为地理北的一个好指标,当然偏角在极地附近最大。地球磁场在几个方面以可预测的方式发生变化,因此可提供定向信息,一个方面是极性(polarity),磁北极是正极,磁南极是负极。第二个方面是磁力线的走向,这些磁力线垂直地离开磁北极,沿地球表面呈弧线运行,在磁赤道处与地表面保持平行,此后便直接下行进入磁南极,其结果是使磁力线形成了水平线和垂直线两部分,前者在磁北极和磁南极之间运行,而后者则是在磁力线与重力所保持的角度(等于偏角)方向运行。垂直线在两极偏角最大而在赤道接近于零。第三个方面是地球磁场的强度,它在两极最大,在赤道最小。

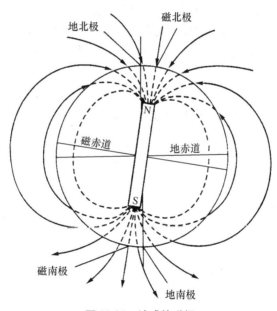

图 10-31 地球的磁场

由此我们知道了地球磁场的极性、偏角和强度是随着地球的纬度而变化的,这就为动物定向提供了三种可能的线索,那么动物利用的是哪一种线索呢?虽然有些动物如蝾螈、鲑鱼幼体和芦雀对磁场的极性有一定反应,但它们只是少数动物。更为常见的是动物利用磁场的偏角,它们能感知向南北极移动和向赤道移动之间的差异,因为前者磁力线的偏角最大,而后者磁力线与地球表面平行。虽然水平磁力线能使动物感知南北轴的存在,但垂直磁力线(或偏角)却能使动物感知它是在向南北极移动还是向赤道移动。

一些经典试验说明鸟类能够利用偏角罗盘(inclination compass)定向,例如欧鸲(*Erithacus rubecula*)的迁飞躁动即使在没有任何视觉信息的情况下也能保持一定的方向性,当欧鸲所在的人工磁场的南北极发生逆转时,对它们的定向并无影响。但如果磁力线的偏角被改变,鸟就会重新定向。有趣的是,这些鸟并不能依据在赤道周围发生的水平磁力线定向,在一个水平磁力场,鸟能确知南北轴,但如果没有偏角,它就不知道哪一个方向是朝向赤道的,飞行在赤道区的迁飞鸟如何解决这一难题目前还不知道。

对自由飞行的返巢鸽所做的试验也能证实鸟类的磁罗盘是依据磁力线的偏角。可把一个亥姆霍兹(Helmholtz)线圈帽戴在返巢鸽的头上,当线圈有电流通过时便会产生磁场,借助于逆转电流方向可使鸟感受到磁场的变化。阴天当鸽是依靠磁场定向而不是依靠太阳罗盘定向时,它们就会把磁力线下降进入地球的方向看做是北并依此进行返巢定向。也有一些证据表明,动物对地球磁场强度的微小差异有反应,如果磁场强度的变化能被感知的话,那么赤道与两极之间磁场强度的逐渐增加就可能成为动物定向的一个罗盘。

2. 磁场对动物定向有广泛影响

磁场对各种各样动物的定向都有明显影响,泥栖细菌(*Aquaspirillum*)是沿着磁力线下潜到它们所栖居水域的底泥中。很多无脊椎动物对磁场都很敏感,其中包括海洋中的梭尾螺(*Tritonia* 属),在实验室中这种软体动物在正常的地球磁场中是朝西定向的,但如果磁场消失它就会表现为随机移动。在无脊椎动物中人们最熟知的例子是蜜蜂,磁力影响着蜜蜂借助舞蹈所传达的蜜源方位信息,而且采食蜂在取食现场对磁刺激也十分关注。

鱼类和哺乳动物在穿过开阔水域时常利用磁信号进行导航,例如红大马哈马就具有磁罗盘。当大海龟(*Caretta caretta*)从佛罗里达海岸出发穿过茫茫大西洋游向马尾藻海并返回时就是受磁场导航的。实验室内的试验也已证实大海龟的初孵幼龟是利用地球磁场定向的,在正常的地球磁场中,这些幼龟是朝着磁东北方向游;如将磁场方向人为逆转,它们仍然是朝磁东北方向游(图10-32),实际上已是地理东北方向的反方向。

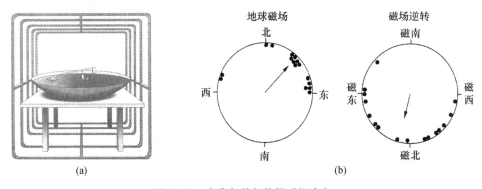

图10-32　大海龟幼龟依据磁场定向

(a) 小容器中的海龟被套上一个挽具以便确定它的游泳方向,容器周围的线圈可以改变磁场的方向。(b) 在地球磁场中,大海龟是朝着东北方向定向;当磁场逆转后,仍朝磁东北方向定向,是实际的地理东北方向的反方向

3. 鸟类利用磁场定向和导航

试验证明,笼养欧鸲在迁飞期得不到任何视觉信息的情况下也能很好地定向,但当把它移入坚固的地下室使磁场大大减弱时,它的定向就会消失。当用亥姆霍兹线圈包在鸟笼外使磁场发生人为逆转时,欧鸲的定向就会发生可预测的改变。William T. Keeton(1971)曾认为磁铁能干扰鸽的返巢,他发现背上绑有磁棒的鸽在阴天释放时常常不能定向,但背上绑有等重铜棒的鸽却不是这样。晴天时磁铁对鸟的定向毫无影响,只对初次飞行的鸽具有轻微和不稳定的影响。可见当鸽看不到太阳时,它是把地球磁场当做一个备用罗盘使用。Keeton注意到除了太阳以外,其他因素如鸟的返巢经验、对释放地的熟悉程度以及离释放点的距离等都在一定程

度上影响着磁对鸽的定向。很可能动物在不同情况下有很多定向线索可以利用,这些线索是按等级排列的,而且以各种方式相互作用,对此我们只有初步了解(Able, 1991)。

鸟类在很年轻的时候便能利用磁罗盘定向了,事实上鸽子在第一次飞行时完全是依靠磁罗盘定向,但随飞行经验的不断增加,它们会学会利用其他线索或信息。大约3月龄的鸽子就开始利用太阳罗盘了,此后太阳罗盘就会成为主要的定向机制,而磁罗盘则会成为阴天看不到太阳时的备用定向机制。但即使是晴天磁罗盘也不是完全弃而不用。对一些鸟类来说,有磁罗盘或旋转的星空作为定向线索就足够了。园莺(*Sylvia borin*)、斑鹟(*Ficedula hypoleuca*)和丛雀(*Passerculus sandwichesis*)在迁飞期间都可利用磁罗盘定向,但其中的园莺和斑鹟两种鸟在发育早期只要能看到旋转的星空,即使没有磁信息也能很好定向。可见,鸟类是依据两种线索(磁场和旋转的星空)来辨别南北的。

这两种定向线索在大部分时间内都保持一致,但在有些地方,特别是在南北极附近,那里的偏角很大,所以地理北和磁北并不一致。由于地理北和磁北并不在一起,所以鸟类的两个主要罗盘就会指向不同的方位。鸟类如何能知道哪一个方位是真正的北呢?显然必须利用来自白天或夜空的视觉信息对磁罗盘重新进行拨针。有趣的是,鸟类磁罗盘的敏感性是与地球磁场的强度相适应的。对于一个比地球磁场强得多或弱得多的磁场,鸟类通常是没有反应的,能使它们做出反应的磁场强度范围通常要比它们在迁飞期间所经历的磁场强度范围窄一些。

六、利用嗅觉定向和导航

在鱼类的迁移活动中最令人感到惊奇的是鲑鱼的洄游。鲑鱼孵化于清凉的淡水河流或湖泊中,然后从它们出生的溪流中游向大海并呈扇形朝各个方向散开。它们一旦进入海洋就会在那里生活1~5年(依种类而不同),直到性成熟。从此便开始了从大海游回它们出生的那条河流的漫长旅途。它们一旦进入河流就会逆流而上,总能准确地选择它们所要进入的支流,最终还能回到它们出生和度过幼龄期的那条小溪流。

虽然在开阔海洋中的导航是依赖于几种感觉信息的综合如磁场、太阳罗盘、极光和气味等,但进入河流后的导航则主要是依赖于嗅觉。在鲑鱼逆流而上的迁移途中主要是追寻着化学物质的气味回到它们的出生地的。当它们游到河流的叉口处时便会在两条溪流的汇合处前后游动,如果游入一条错误的支流,家乡溪流的气味就会消失,于是便顺水而下直到气味重新出现,此后便能走上正确之路。剥夺感觉的实验已证实了嗅觉在鲑鱼返乡洄游中的重要性。将鲑鱼致盲对其返乡毫无影响,但如果堵塞鼻腔就会损害它们准确返乡的能力。在一个Y形溪流的岔口处将刚刚作了路径选择的银大马哈鱼(*Oncorbynchus kisutch*)捕获,在每个支流中捕获的鱼,其中一半将鼻腔堵塞而另一半不作处理,然后将它们全部放回岔口的下游让其重新开始逆流而上的迁移,结果89%的未处理鱼又重新回到了刚才捕获它们的支流,而鼻腔被堵塞的鱼只有60%做出了正确选择。在另一项研究中,鼻腔被堵塞的一条鱼与同种其他个体一起游到了家乡池塘的入口处,但因嗅不到家乡池塘水的特有气味而未能进入这个池塘。

虽然现已确知鲑鱼逆溪而上进行迁移时靠的是嗅觉定向,但特定溪流气味的来源仍是一个有争议的问题,对此曾提出过两个假说。第一,引导鲑鱼游进它们出生溪流的是岩石、土壤和植物的特定气味,这种独一无二的综合气味在鱼苗期就给它们留下了深刻的印记,它们就是追寻着这种气味找到故乡溪流的,这就是气味印记假说;第二,气味是来自于同种其他个体所分泌或排出的粘液或粪便,这些都是用于通讯的信息化学物质,这就是信息物假说。曾设计过一系列试验检验气味印记假说,试验表明,鲑鱼能对天然水体中所不曾有的化学物质产生印记并依此找到它们出生的溪流。试验方法是先让两组幼鲑分别生活在含有吗啉(morpholine)和苯乙基醇(phenethyl alcohol,PEA)的水中,设第三组幼鲑作对照。对这三组幼鲑进行个体标记后释放到一个湖泊中,该湖泊与两个后来含有试验化学物质的溪流保持等距离。18个月后当成熟的鲑鱼开始逆溪流而上进行迁移的时候,将吗啉注入一个溪流而将PEA注入另一个溪流。然后对长达200 km湖岸线的所有19条溪流进行监测看看其中有没有被标记过的鲑鱼。结果发现,游回到含有吗啉或PEA溪流中的鲑鱼,90%以上都是曾在含有这两种化学物质的水中生活过的受标记鱼,而对照组的鱼游进气味溪流的从不会超过31%,通常要低得多。

但另一些研究则支持了信息物假说,银大马哈鱼可以根据气味识别自己的种群和亲族,只要水中含有同种种群或个体的气味,鲑鱼就会被这些水所吸引,特别是同种产卵个体留在水中的气味则更具有吸引力,因此,处于繁殖期的大西洋成年鲑有时会突然出现在一个以前从未到过的贫瘠的溪流中,因为不久前曾在这个小溪中放入了鲑鱼苗。这些研究表明:来自同种个体的气味可能是出生溪流所特有的综合气味的一部分,但这并不能说明来自其他种类鱼的气味对于指导鲑鱼的洄游也是重要或必要的。

当这两种定向机制同时起作用时,鲑鱼常常是游到它们童年生活过的地方,而不是游到含有同伴气味的地方。在一个试验中,将银大马哈鱼的几群幼鱼释放,当这些幼鱼发育到成鱼时又重新游回到了释放地点,为了到达目的地,它们必须穿过一个约100 m长的孵卵场,那里的水中含有自己同胞和同种其他个体的气味,但它们并没有因这些气味而停滞不前,而是穿过孵卵场游到了它们的释放地。可见,对于返乡迁移的鲑鱼来说,特定地点的气味比同种其他个体的气味更重要。

七、利用电和电场定向和导航

对于那些能感受电场的动物来说,电信号具有多种潜在的利用价值,捕食动物可利用其他动物发出的电信号发现猎物。此外,由非生物源产生的电场(如洋流、海浪、潮汐和河流)也能提供导航信息。虽然目前尚无证据表明,像鲑鱼、鲟鱼和金枪鱼等一类的鱼具有电感受能力,但却有一些证据表明海底的电特征有助于指引底栖取食鱼类(如角鲨)的活动。虽然水中的大多数动物都能产生一个弱电场,但只有极少数的种类具有能产生电脉冲的电器官,它所制造的电场可用于通讯和定向。弱电鱼(如长颌鱼)的电器官位于尾部附近,它可产生一个连续的电脉冲流并在鱼体周围制造一个电场,头是正极,尾是负极。电场的任何改变都能被鱼体侧线中大量的感受器所感受到,弱电鱼保持身体坚挺的姿势有助于对电信号进行分析。这些鱼对电的感受可使它们知道什么是上什么是下(水底),这些信息有助于保持与环境的正确体位关系。

电鱼也能利用电感觉能力探测周围的环境,由于电鱼是生活在视觉不太起作用的混浊水体中,所以电定位(electrolocation)就显得非常有用。一个不同于水的导电性的良导体可干扰鱼体周围的电场。一个比水的导电性更强的导体(如另一个动物)会使电流汇聚到自己身上,而一个比水的导电性弱的导体(如石块)则会使电力线偏斜离去(图10-33),至于偏斜程度则取决于不良导体与鱼的相对位置。电鱼就是以这种方式知道该物体是在什么地方的。指吻鱼属(*Gnathonemus*)中的电鱼就是靠交替启动身体两侧的电器官而感知外部环境的。

电感觉力是非常精确的,例如裸臀鱼属(*Gymnarchus*)中的电鱼靠电感觉能力可区分直径 4 mm 或 6 mm 的玻璃棒,但与视觉能力相比,电感觉也有一些不足之处。首先,它只能感知近处的物体,这是因为电场强度会随着与鱼体距离的增加而迅速减弱;其次,电感觉没有视觉的透镜聚焦功能,因此使得电图像模糊不清,但有些电鱼可以靠在一个新奇物体周围前后移动并弯曲其身体和尾部的动作使电图像变得更清晰。

八、利用声音定向和导航

世界充满各种嘈杂的声响,对大多数动物的定向来说,这些声音都是可被利用的。有很多动物是有意发出声音以便帮助其他个体确认自己所在的位置。还有很多动物是在到处活动时无意中发出声音,这些声音同样能泄漏自己所在的位置,如鼠在奔跑时所发出的声响常会引来草鸮的致命攻击。最令人感兴趣的声音定向莫过于动物的回声定位(echolocation)了,这是一个动物发出声音并靠分析声音回波而了解周围环境的过程(图 10-34)。

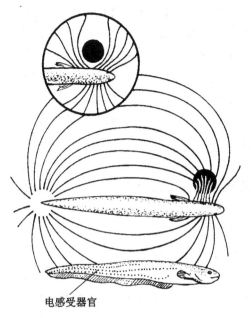

图 10-33 电鱼的电感知过程

电鱼制造的电场会因周围存在的物体而改变,良导体会使电力线汇聚在一起,绝缘体会造成电力线发散,电鱼靠感知电场的变化而了解它周围的环境状况

图 10-34 回声定位

蝙蝠靠发出脉冲声波和分析回波而获得周围环境的声学图像

大多数蝙蝠(不是所有种类)都能利用回声定位搜寻猎物,蝙蝠在飞行中搜寻猎物时不断发出一系列的高频声(超声)脉冲,人耳无法听到如此高音调的声响,因此寻食的蝙蝠对人来说是安静无声的。蝙蝠的叫声频率通常是在 10~200 kHz,这种极短的波长最适宜于发现中小型昆虫。这种高频声的利用可以说是进化上的一种权衡(trade-off),因为它一方面能使蝙蝠发现小的猎物,另一方面又限制了可以发现猎物的范围,因为高频声的传播没有低频声好。

虽然人耳听不到蝙蝠发出的高频音,但大多数蝙蝠发出的声音都是强音(intensely loud),多数人所能听到的最低音大约是 20 Hz。最低音蝙蝠的叫声大约是 10 kHz,大体上相当于 10 cm 距离的人的低语。另一方面,其他蝙蝠的叫声可以高达 200 kHz,接近于喷气发动机发出的声响。因此对我们来说是一个安静的夜晚,对其他动物来说却可能充满着刺耳的声音。

蝙蝠在猎捕昆虫时常常改变它的鸣叫频率,它在寻找猎物时每秒大约发出 20 个声脉冲,这种脉冲频率可使蝙蝠对环境获得一个一般性的声学图像,一旦发现了一个物体,脉冲频率就会增加到大约每秒 50~80 次,而且每个脉冲都将缩短。蝙蝠就是靠增加脉冲频率来获得猎物的更多信息的,也可使它更准确有效地追踪猎物(N. Suga, 1990)。最后,当猎物即将被捕获时,脉冲频率会增加到每秒 100 次,甚至 200 次,不同种类有所不同(图 10-35)。

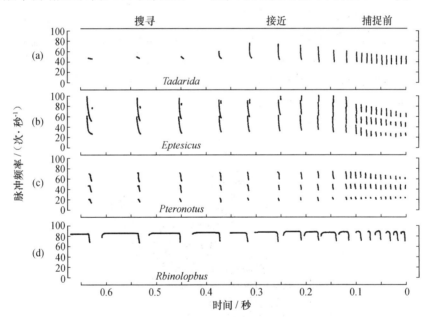

图 10-35　蝙蝠在飞行捕食的不同阶段所发出的回声定位的脉冲频率不断增加
可区分为搜寻、接近和捕捉前三个阶段

除了我们最熟悉的蝙蝠具有回声定位的定向机制外,还有几类动物也具有这种能力,其中包括齿鲸类、海豚、几种鼩鼱和几种鸟类。

第四节 动物的领域行为

一、巢域、核域和领域

巢域(home range)是动物进行正常活动的整个区域,在巢域中往往还含有一个动物集中的活动区,大多数活动都发生在这里,这个集中的活动区就叫核域(core area)。在有些情况下,巢域就是营巢地周围的一个区域或者是食物和水源的所在地。虽然不同动物的巢域可以重叠,但核域却很少重叠。领域(territory)是动物竞争资源的方式之一,是动物(个体、家庭或群体)排他性地占有并积极保卫的一个区域,这个区域不允许其他动物侵入,其内则含有占有者所需要的各种资源。

领域的主要特征有三点:第一,领域是一个固定的区域(可随时间而有所变动);第二,领域是受到占有者积极保卫的;第三,领域的利用是排他性的,即它是被某一或某些个体所独占的。不同的领域一般说来是不重叠的,如果重叠也是少量的和暂时性的,重叠区可以被两个领域的占有者所利用,但是利用的时间不同。

领域行为在脊椎动物中是很普遍的,包括硬骨鱼、蛙类、蝾螈、蜥蜴、鳄鱼、鸟类和哺乳动物。其中,鸟类的领域行为最发达,分布也最普遍。在啮齿动物和猿猴中,群体领域比较常见。

很多无脊椎动物也有领域,如昆虫中的蜻蜓(图10-36)、蟋蟀、各种膜翅目昆虫、蝇类和蝶类,甲壳动物中的蝲蛄、招潮蟹、端足类,软体动物中的笠欠、石鳖和章鱼,以及帚虫等。显然,领域行为在无脊椎动物中也很普遍,很重要。

图 10-36　一只雄蜻蜓的领域
它正停在一个小枝上,下面是产卵区,它定期沿领域边界按同一路线飞行或者在领域之内绕圈

动物占有和保卫一个领域,主要的好处是可以得到充足的食物,安全更有保证,减少对生殖的外来干扰。领域并不总是同动物的生殖活动有关,例如,迁飞鸟类的越冬领域就与生殖没有直接关系。但是对于留鸟来说(如山雀),冬天占有一个领域对于在下一个生殖季节取得生

殖的成功可能是很关键的。

另一方面,动物为占有和保卫一个领域所付出的代价也是很大的,要花费不少时间并消耗不少能量。有时,占有领域的动物更容易遭到捕食,如雄性的非洲羚羊在建立了生殖领域以后,使捕食动物更加敏感。但是在一般情况下并非如此,因为动物对领域内的情况比较熟悉,可以选择比较安全的隐蔽所。

二、动物保卫领域的方法

动物保卫领域的方法是多种多样的,主要是依靠声音显示、行为显示和化学显示。很少发生直接的接触和战斗,除非是在第一次建立领域的时候。例如,有一种莺(Dendroica spp.)的雄鸟在争夺领域的时候,常常发生直接冲突,但是领域一旦建立起来便不再依靠直接战斗来保卫领域。其他鸟类和鼠兔(Ochotona princeps)也是这样。这些动物在保卫领域时有三部曲:第一,是靠鸣叫声对可能的入侵者发出信号和警告;第二,当来犯者不顾警告非法侵入领域或进犯到领域边界时,它便采取各种特定的行为显示来维护自己的领域;第三,当鸣叫和行为显示都无效时,便采取驱赶和攻击行动(图10-37)。

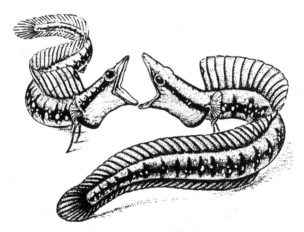

图10-37 两条雄尖头鳚(Chaenopsis ocellata)因领域侵犯而发生直接冲突——战斗

行为学家曾做过这样一些有趣的试验,即用人为的方法把领域的主人移走,并在该领域内播放这种动物的叫声录音,试验证明:动物的叫声的确具有保卫领域的功能。如果把大山雀从它们的领域中取走,一般在8~10小时以后,领域就会被别的大山雀占有,但是如果取走鸟类后播放它的鸣声录音,那么虽然20~30小时(夜晚不算)过去了,它的领域仍无其他鸟占领。采用这种播放鸟叫录音的方法,可以在整整一个季节内阻止鸫歌鸲(Luscinia luscinia)在某一地区建立它的领域。这些研究清楚地表明,鸟类的歌声具有真正的排斥作用。

一般说来,领域的占有者要比入侵者占有竞争优势,因为在领域内,占有者比入侵者更熟悉情况(如知道最好的觅食地和隐蔽场在哪儿),并已经同邻近的生物建立了一种稳定的相互关系。对入侵者来说,它不熟悉入侵领域的情况,也很难精确地了解领域的价值,因此就缺乏战斗的意志。领域的主人为经营自己的领域已经付出了不少的代价(时间和能量),如果轻易放弃自己的领域,它就不得不花费同样多的代价去建立另一个领域,因此它除了坚决捍卫自己的领域外别无选择余地。

有人认为:鸟类如果能够唱很多歌曲比只能唱少数几种歌曲,更有利于保卫自己的领域,因为多种多样的鸣声可以使入侵者产生一种错觉,好像那里已经有几只鸟而不是一只,因此不敢轻易侵入。还有人认为,鸟类鸣声的多变性是衡量它作为配偶和领域保卫者质量高低的一个标志(图 10-38)。

一般说来,领域的占有者只能驱赶同种的其他个体(不包括配偶、幼年个体或同群伙伴)。但是有时也会驱赶和排斥不同物种的潜在竞争者。目前,从种间关系角度研究领域现象的事例还不很多。显然在某些情况下,领域的占有者对生态特性同自己十分相似并有可能成为自己有力竞争对手的其他物种,也会做出保卫领域的反应。

在生殖领域中,雌性动物主要从事生殖活动,而雄性动物则承担着保卫领域的任务。但是在很多一雌一雄为配偶的动物中,雌性动物也参加保卫领域的工作,如卡罗来纳鹪鹩(*Thryothorus ludovicianus*)和几种 *Dendroica* 属的莺。有趣的是:雌性动物的攻击目标大都只限于其他的雌性动物,至少在鸣禽中是如此,因为鸣禽的雌鸟和雄鸟在生态上有明显分化。在个体领域中,雌

图 10-38
雄钟鸣鸟在雌鸟耳边大声鸣叫,以炫耀自己作为一个配偶和领域保卫者的质量

性动物自然要靠自己的力量来保卫领域,如红松鼠(*Tamiasciurus hudsonicus*)。在一雄多雌为配偶的动物中,雌性动物承担着保卫领域的主要任务,以防其他雌性动物入侵,如红翅乌鸫。在群体领域中,所有成员都参加保卫领域的工作,如某些种类的樫鸟。但是在狒狒群中,主要是体型较大的雄狒狒来保卫领域。

三、领域的类型

动物领域的大小因使用方法的不同而存在极大的差别,行为学家常常把领域区分为下面几种类型:

类型 A——生殖和取食领域:动物要在领域内求偶、交配、营巢和取食,领域面积大。

类型 B——生殖领域:动物只在领域内进行生殖活动,而取食活动主要不在领域内,领域面积大。

类型 C——群体营巢领域。

类型 D——求偶和交配领域:这种领域只供求偶和交配用,如求偶场。

以上四种类型的领域虽然不能截然分开,但是这种划分还是很有参考价值的。海鸟喜欢群体营巢,取食是在营巢区以外的地方,有时还拥有专门的取食领域。这些鸟类一般只保卫它们的营巢区,如银鸥无论是在生殖季节内还是在生殖季节后都表现有保卫营巢区的行为。

有时个体之间靠得很近,彼此挤在一起,形成了极为密集的领域群。例如,在王燕鸥(*Thalasseus maximus*)的营巢区就可以看到这种情景,巢和巢紧紧挤在一起,每个巢都呈六角形,这是一种最经济的排列方式,可使邻居之间的平均距离最大。这是属于极小的领域,但是领域也可以大到几平方千米,如生活在北美洲西部的一些猛禽。

显然,为动物提供全部所需资源的领域要比只为满足动物生殖需要的领域面积更大。此

外,领域的大小也同资源状况有关,食物密度越大,所需领域的面积也就越小。有人曾对专吃花蜜的太阳鸟、夏威夷蜜鸟和各种蜂鸟的领域进行过研究,研究结果全都表明:在可供采蜜的花朵数目和领域大小之间存在着密切的关系。这种情况在很多其他动物中也能看到,例如,红松鸡(*Lagopus lagopus scoticus*)领域的大小同它所喜吃的食物——嫩绿枝条的密度呈反比,还有人发现它还与石楠营养成分的含量呈反比关系。在刺蜥属(*Sceloporus*)的蜥蜴中,领域大小和食物数量之间也存在着一种相似的反比关系,而且可以通过给食的方法来控制领域的大小。更有趣的是:刺蜥领域的大小还同性别有关,雄刺蜥所能保卫的领域面积约比同等大小的雌刺蜥大一倍。大个体比小个体所需要的资源更多,所以就需要有较大的领域。与此类似的是:食肉动物的领域比同等大小的食草动物的领域更大。

甚至在同一个动物种群中,领域的大小和结构也会因资源状况的不同而有明显的差别,例如,生活在海边盐性草地的一种雀(*Ammospiza maritima*),其领域面积为 $8781 \pm 2435 \text{ m}^2$,而生活在非盐性草地的同一种雀,其领域面积只有 $1203 \pm 240 \text{ m}^2$,两者相差竟有 7 倍之多!

种内和种间竞争对领域的大小也有很大的影响,例如,生活在北美洲西北海岸一些小岛上的一种燕雀(*Melospiza melodia*),其领域大小可以相差 13 倍之多,主要决定于其他小型营巢鸟类的数量即决定于种间压力。生活在缅因海岸附近岛屿上的一些鸟类即有类似的现象。其他鸟类如森莺(*Parula americana*)和黄尾莺(*Dendroica coronata*),如果生活在这些岛屿时,其领域也会因当地鸟类太多而大大缩小。

有些行为学家认为,动物占有领域的最初目的是为了吸引配偶,所以,领域的大小不一定和食物的数量有明显的关系。有人研究过生活在热带稀树草原的一种雀(*Passerculus sandwichensis*),认为雄雀占有领域的最大好处是可以增加交配的机会。事实上,很多鸟类都是在领域以外寻找食物的。非社会性昆虫和雄虫也常常利用领域来增加与雌虫接近的机会,例如,一种雄性的蝗虫(*Ligurotettix coquilletti*)从它所占据的一个灌丛中发出鸣叫来吸引异性,但不允许其他雄蝗虫接近这个灌丛。又如,雄性的泥蜂常常占有并积极地保卫一个最有利的位置,其附近就有雌蜂在取食和营巢。

动物占领的领域如果太大,当然对其他的竞争者不利,但对领域的占有者则可能更加不利,因为保卫领域所付出的代价会急剧增加。所以,动物所占有和保卫的领域的大小,一般是以能够充分满足它们对各种资源的需要为准的。但是,领域的占有者并不能精确地知道在它们领域内的资源量究竟有多大,可是它们又必须在生殖季节开始时就占有拥有足够资源量的领域面积,而这些资源又都是在很久以后的关键时刻才得到利用的。在这种情况下,动物往往是依据历年最坏的年份来决定占有领域的大小,这样,在一般年份就不会发生资源短缺,后代便能顺利成长起来。

四、领域的标记

一个领域的占有者自己必须知道领域的边界在哪里,同时也必须让其他个体知道自己所占有的领域,这就要依靠几种标记行为并涉及几种感觉形式。

1. 领域的视觉标记

领域的占有者常常借助一些明显的炫耀行为来让其他动物认清自己的领域。动物的一些特定姿态、特有的运动以及身体上一些醒目的标志都可以作为向其他动物发出的信号。色彩鲜艳的一种雄蜻蜓总是从几个固定的停歇地点起飞,然后沿着它的领域边界作引人注目的巡视飞行。而雄性的狷羚常常站立在自己领域最容易被看到的最高点或其他高地,以表明自己是领域的主人。

2. 领域的声音标记

会鸣叫的动物常常用声音来标记自己的领域。其中最好的例子是鸟类的鸣叫。鸟类建立领域后,鸣叫的频率显著增加,并可把其他鸟类拒于领域之外。海豹、吼猴、长臂猿和猩猩的叫声可以传播得很远;青蛙和蜥蜴也能凭声音认出各自的领域;即使是鱼类,也有用声音标记领域的。

动物除了用声带、鸣囊和其他发声器官发声外,也可以利用别的发声方法来标记领域,如啄木鸟用喙敲击树木,很多种鹬可以利用外侧尾羽发出特殊的响声。此外,一些螃蟹的敲击和振动行为也有标记领域的功能。

3. 领域的气味标记

嗅觉发达的哺乳动物经常用有气味的物质来标记它们的领域,这些物质可以是尿、粪便和唾液等,它们标记领域的功能是附带的。但也有一些专门用来标记领域的气味物质是由特定的腺体所分泌的。河马用排放粪便的方法标记领域;几种有袋类动物和啮齿动物用唾液标记;一些犬科和猫科动物、犀牛、原猴亚目的猴和一些啮齿动物则用尿标记领域。特殊的腺体常常位于动物的肛门附近(如鼬科动物的肛腺)或头部,如很多有蹄动物的眶前腺,图 10-39 和图 10-40 是印度黑羚(*Antilope cervicapra*)和奥羚正在用眶前腺所分泌的气味物质来标记它们的领域。但这些腺体也有长在动物其他部位的。有些动物具有好几种气味腺体。气味腺体在有些动物中,两性都有,另一些动物则只有雄性才有,这要看它们是不是参与领域保卫工作。一般说来,这些腺体只有在生殖季节才能充分发挥作用,腺体的分泌物被有选择地涂抹在一些外露的物体上,如树枝和草叶的顶端(图 10-39 和 10-40)。有些哺乳动物的气味标记物具有双重功能,除了标记领域外,还具有建立路标的作用,给动物指示方向,以防迷路。在面积很大的领域中,这种功能就显得更为重要。

图 10-39 印度黑羚正在用眶前腺的分泌物标记树枝

图 10-40 奥羚正在用眶前腺所分泌的气味物质标记草叶的顶部

除了哺乳动物，其他动物只有很少的种类用气味来标记领域。雄性的熊蜂从上颚腺中分泌一种气味物质，用来标记它们的求偶领域。一种类似熊蜂的独居性蜜蜂(Euglossini)也用气味作标记，但它们所使用的气味物质是从植物花上收集来的。

4. 领域的电标记

很多鱼类都具有由特殊的肌肉组织所组成的发电器官，因此能够放电。它们所产生的电流一般是用于捕食、防卫和定向(可改变周围电场)，特别是在混浊的水中。但其中至少有一个类群的鱼(即貘鱼)能够用放电来标志它们的领域，不让同种的其他鱼侵入。

5. 各种标记方法的比较

领域标记的每一种方法都有自己的优点。气味标记的最大好处是领域的占有者可以不出场而达到保卫领域的目的，这样就避免了和入侵者的直接战斗，而且，气味标记所冒的风险比其他任何视觉和听觉标记都少。具有类似优点的唯一视觉标记法是沙蟹(Ocypode saratan)的领域标记，沙蟹的领域是沙蟹居住、求爱和交配的场所，它用建筑醒目的沙丘的方法来标记自己的领域，而沙蟹本身则不出场。

气味标记的有效期比其他任何标记法都长，这种标记法特别适应于暂时重叠领域的标记。听觉信号的优点是个体间存在着广泛的差异，因此有利于相邻个体间的相互识别，这可大大减少在已建立领域的邻里之间发生战斗，以便把主要精力用来对付那些更有威胁的新来者。利用视觉信号标记领域的优点是可以马上显示领域的位置，这在短距离内最为有效。

在有些情况下，标志行为可以同时完成两种功能：驱逐其他雄性个体和吸引同种雌性个体。很多鸟类在春天占有领域后便频频地鸣叫并持续很长一段时期，直到找到配偶为止。此后它们的叫声便显著减少。一些青蛙和蟾蜍的鸣叫声也具有吸引异性和驱赶其他雄性个体的作用。

五、种间领域

一般说来，同一物种的个体会利用相同的资源，因此常用建立领域的方法排斥其他个体对资源的利用。此外，有些资源可能对一个性别特别重要而对另一个性别则不那么重要，这种情况将会导致在物种内形成特定性别个体的领域，例如雌性灰色鼯为了独占食物资源常排他性地占有一个领域而不允许其他个体进入，但雌鼠与雄鼠的巢域却常常发生重叠。有时不同物种也利用同一资源，这种情况将会导致形成种间领域(interspecific territoriality)。

白眼雀鲷(Eupomacentris leucostictus)是一种占有领域的珊瑚鱼，通常生活在西印度洋的浅水水域，生性好斗，雌雄鱼全年都占有并保卫一个领域，既不允许同种其他个体侵入也不允许其他种类的鱼侵入。试验证明：白眼雀鲷对其他种类鱼的攻击强度是与它们在食谱上的重叠程度密切相关的。领域占有者对那些在食性上与自己最相似的入侵种表现出最强烈的攻击行为。由此可以看出，种间领域的确是与不同物种利用同一资源这一事实相关联的。

第五节 动物的栖息地选择

一、栖息地选择与理想自由分布理论

一种动物总是生活在一个特定的地方或有限的区域内,这一法则对所有的物种(包括动物和植物)都是适用的。原因是自然栖息地(habitat)的类型和质量是多种多样和差异极大的,因此就某一个物种来说,生活在栖息地 A 其生殖成功的机会可能比生活在栖息地 B 大得多,可见选择一个适宜的栖息地生存是多么重要。栖息地破坏和种群数量下降之间的明显相关性也说明了这一点。例如雪鸻和侏燕鸥栖息在开阔的海岸沙滩和小沙岛上,这些栖息地一旦有人和狗进入,这些鸟的种群数量就会下降,但这些栖息地一旦得到保护,不允许人和狗进入,这两种鸟就会重新在这里定居并成功地进行繁殖。可见,栖息地的恢复有助于重建雪鸻和侏燕鸥的种群。

可以想象的是,动物最喜欢的栖息地应当是那些能使其生殖成功率达到最大的栖息地,例如黑顶莺喜欢选择在落叶森林中的溪流岸边栖息,这是它的最佳选择。当在这里定居的个体数量达到一定水平后,栖息地的质量就会有所下降,于是稍后到来的雄鸟就会开始选择在无溪流的混杂的针叶林中栖息,但生活在这两种栖息地中的黑顶莺所繁殖出的后代数量平均是一样的。为什么会是这样呢? 也就是说,为什么在首选栖息地中定居的黑顶莺并不比后来在次选栖息地中定居的黑顶莺繁殖得更好呢? Fretwell 及其同事对这一问题的回答很有道理,他们利用博弈论(game theory)提出了理想自由分布理论(ideal free distribution theory)。所谓博弈论是处理动物行为决策的一种最好方法,参与博弈的个体都试图使自己的生殖成功率达到最大。而理想自由分布理论可使行为学家能够预测,当动物面临空间和食物竞争而必须在两个质量不同的栖息地之间进行选择的时候应该怎么做。Fretwell 和 Lucas 在数学上证明了,如果个体在空间上是自由分布的话,那么随着最佳栖息地内定居个体数量的增加,最终将会达到这样一个时刻,此后选择在质量较差栖息内定居也会获得较大的生殖成功率。因为随着定居个体数量的增加,最佳栖息地内的资源量和竞争强度也会随之发生不利变化,而在质量较差的栖息地,资源虽少,但相对稳定,竞争者也少,竞争强度较弱。由此可见,理想自由分布可以导致在质量不同的栖息地内定居的个体,其适合度是大体相同的。鸟类学家 Neidinger 发现,黑顶莺在其首选栖息地内的营巢密度是次选栖息地的 4 倍,可见这些鸟在作栖息地选择的决策时所依据的不仅仅是植被的性质和昆虫资源的数量,而且也会依据种内竞争的强度,即同种鸟巢的密度。

理想自由分布理论的必要前提是动物个体为了评价不同栖息地的质量而能到处自由移动,该理论最重要的预测是,动物会定居在那些能使它们的生殖成功率达到最大的栖息地中。Gordon Orians 曾利用这一方法研究过红翅乌鸫,这是一种多配制的鸟类,雄鸟可把 10 多只雌鸟吸引到自己的领域内定居。Orians 曾预测,当具有安全筑巢地点的优质栖息地已被很多其他雌鸟占有时,后来雌鸟就会选择质量比较差的栖息地定居。因为与其进入一个已拥有大量竞争者的优质栖息地,还不如进入一个质量虽差但只有少数竞争者的栖息地更为有利,这样的栖息地反而能为其提供较多的食物资源,并在育雏时会得到更多雄鸟的帮助。

理想自由分布理论也曾被用于确认越冬的红滨鹬每个个体所吃的食物量是大体相等的。

红滨鹬是一种中等大小的滨岸涉水鸟类,它们常在英国、荷兰和法国的7个大潮间区之间自由移动进行取食活动。它们的食物是海岸泥滩中的小泥螺,其密度因地点而有所不同。根据7个潮间区越冬地红滨鹬数量的资料,以及5年期间小泥螺密度的信息,研究人员已经搞清楚的是:红滨鹬在7个潮间区的分布是不均匀的。正如根据理想自由分布理论所预测的那样,每个红滨鹬所摄取的食物量是相等的,因为随着小泥螺种群密度的变化,红滨鹬也不断变换着取食地点。

二、散布和迁移

当动物选择它们所定居的地点或者当动物为保卫这些地点而抵御入侵者时,采用利弊分析的方法有助于了解动物所表现出的行为多样性。我们也可以采用同样的方法去分析动物为什么常常要离开它们曾经生活过的地方(散布 dispersal),有时是在离开几个月之后又回到同一个地方(迁移 migration)。虽然有些动物如小丑鱼、澳大利亚睡蜥和陆生蝾螈终生都生活在一个地点,但更为常见的情况是动物在年轻时会离开它们的出生地去别的地方生活,成年动物也常常是到处移动,如红滨鹬在冬季总是在欧洲的各个潮间区之间移动,春季则迁往高纬度的北极繁殖地进行繁殖。Yoder 及其同事在研究披肩榛鸡时发现,动物在进行散布和迁移时不仅要消耗额外的能量,而且在途经陌生的区域时更容易遭到捕食动物的猎杀。他们捕获活的披肩榛鸡并给它们戴上无线电发报颈圈,这样他们就能够准确地把研究对象的活动路线标明在地图上,如果白天连续8小时未见其活动,就说明它已经死亡。研究发现,有些个体连续几个月都在捕获它们的地方附近活动,而另一些个体则会从一地到另一地移动很远的距离,它们在陌生的新区域被猛禽和其他捕食动物猎杀的风险至少要比留在它们熟悉的区域高3倍。

既然是这样,那么为什么还会有那么多动物愿意离开它们所熟悉的生活区域呢?这是因为在动物散布行为的有利和不利之间存在着一种平衡关系。动物行为学家在考虑动物的社会行为和生态特点是如何影响这一平衡时,常常会使用利弊分析的方法。以地松鼠的研究为例,年轻的雄性地松鼠在迁入自己的新洞穴之前通常是在母亲洞穴的150 m 范围内活动,而年轻的雌鼠却只在离它们的出生地50 m 的范围内活动。为什么年轻的雄松鼠散布的距离比它们的姐妹更远呢?有一种说法是,很多动物年轻个体的散布可以减少近亲交配(inbreeding)的机会,而近亲交配通常会对适合度产生负面影响。当两个近缘个体交配时,它们所产生的后代更有可能带有有害的隐性等位基因(recessive alleles),这常常会导致近缘交配者的后代适合度明显下降。草原田鼠的雌鼠似乎在进化过程中形成了对不熟悉雄鼠的偏爱,这种偏爱避免了它可能与同窝雄鼠的交配,从而增加了远缘杂交的可能性。在斑鬣狗中大多数年轻的雄性个体总是要离开它们的出生群,因为雌性斑鬣狗喜欢选择近期从外群迁入的雄性斑鬣狗作配偶,而不太可能与近亲的异性个体交配。其结果是,雌性斑鬣狗总是回避与自己出生在同一个群体中的异性个体,而对雄性斑鬣狗来说,最具适应性的行为就是离开自己的出生群到其他斑鬣狗群中寻找自己的伴侣。

如果避免近亲交配是散布行为的主要好处的话,那么雌性个体外迁不是也能获得和雄性个体外迁一样的效果吗?那么为什么雌性个体(指斑鬣狗和地松鼠)不离开自己出生的洞穴外迁呢?有专家指出,这可能是因为留在自己出生群中的雌斑鬣狗和雌地松鼠可以得到母亲的支持和帮助而最终能够达到比较高的社会等级和地位,同时还可得到所有其他附加的好处。可见,对雌性个体来说,留在自己所熟悉的栖息地生活所得到的好处要比雄性个体大,这种差异通过进化最终导致了两性个体在散布行为上的差异,至少对斑鬣狗、地松鼠和很多其他哺乳动物是这样。

在哺乳动物中常常都是雄性个体比雌性个体散布的距离更远,通常的法则是雄性个体互相打斗争夺配偶,对打斗失败者来说,最好的选择就是远离自己无法打败的对手。虽然这种情况并不适用于地松鼠,因为在地松鼠雄性个体之间不存在打斗行为,但在其他哺乳动物(如狮子)中却是适用的。当一只年龄较大的外来雄狮进入狮群并借助于暴力取代了原来的狮王时,一些年轻的雄狮就会被迫离开狮群,包括亚成年雄狮也会被驱离。如果年轻雄狮在狮群被接管后不被驱逐,它们也会自动离开,而且绝对不会试图与本群有血缘关系的雌狮交配,因此,回避近亲交配是亚成年雄狮自愿散布的一个重要原因。

三、迁移行为的进化史

迁移行为通常是指在一年之内离开一个地方,其后又回到同一个地方的移动模式,这种移动模式常常与生活在温带地区的鸣禽关系密切。但迁移行为也表现在某些已灭绝的恐龙身上,甚至很多哺乳动物、鱼类、海龟和昆虫也有迁移行为。著名的普累克西普斑蝶可以从加拿大北部飞到墨西哥,飞行距离长达数千公里。虽然它们不再飞回原地,但它们的下一代还是会飞回加拿大。有些蜻蜓在秋天也能做出令人印象深刻的长途旅行,它们要飞越整个印度洋,从印度飞往非洲。

在著名的迁飞鸟类中有一种极小的红玉喉北蜂鸟,其体重只有一个便士货币的重量,但每年都要两次飞越墨西哥湾,从加拿大北部飞到巴拿马南部,每次都是不停顿地连续飞行 850 km。身体比蜂鸟大得多的滕鹬每年秋天也要不停顿地从阿拉斯加飞往新西兰,全程 11 000 km,整整 8 天无需睡眠。最令人惊奇的是剪水䴘,它是迁飞鸟类中的佼佼者和名副其实的冠军,每年秋天要在整个太平洋作 8 字形的旅行,行程总长度多达 80 000 km!它首先是在新西兰进行繁殖,接着便飞往日本、阿拉斯加或加利福尼亚沿岸的取食地,直到下一个繁殖季节到来时,再回到它们的繁殖地新西兰。

人们会问,动物的迁移行为是怎样起源和形成的呢?这是达尔文进化论需要回答的又一个历史难题。如果我们假定不迁移的物种是那些迁移物种的祖先,那我们就必须说明不迁移行为是如何能借助于渐变的方式一步步最终演变为每年在两地之间作长达数千公里的移动的。在这个演变过程的开始阶段,一种可能是,有些生活在热带地区的鸟类只从事几十到几百公里的短途移动,它们只涉及在一座高山的高海拔和低海拔之间或在两个相邻地区之间移动。例如:钟鸣鸟就有一个这样的年迁移周期,它每年都要从哥斯达黎加中北部山脉的中海拔繁殖地迁往尼加拉瓜太平洋沿岸的低地森林,然后再迁往哥斯达黎加西南部太平洋沿岸的森林带,最终又回到它们繁殖的山区。其中任何两地之间的距离都只有大约 200 km。

Levey 和 Stiles 曾指出,起源于热带地区的鸣禽,其中有 9 个科包含有进行短距离或小范围迁移的物种,在这 9 个科中的 7 个科也包含有长距离迁移的物种,它们从热带地区迁往温带地区,迁飞距离可长达数千公里。在这 7 个科中既有短距离迁飞物种,也有长距离迁飞物种,这说明短距离迁飞是先于长距离迁飞的,也就是说,长距离迁飞鸟类很可能是起源于那些每年迁飞距离比较短的鸟类,对此尚需作更深入更细致的研究。

鸫属(*Catharus*)鸟类也为鸟类迁飞行为的起源和进化研究提供了有价值的信息。该属含有 12 种鸫,其中 7 种是不迁飞的留鸟,它们全年都栖息在从墨西哥到南美洲的区域内,其他 5

种则属于迁飞鸟类,它们在北美洲的北部繁殖,而在北美洲的南部,特别是在南美洲越冬,这5种鸫每年都在它们的繁殖地和越冬地之间进行往反迁飞。这些事实表明,迁飞物种的祖先是生活在墨西哥或中美洲。对鸫属鸟类系统发生的一种解释就是,这些鸟类迁飞行为的进化已经发生过3次,而每一次都是由亚热带和热带地区的本地物种通过演变产生出了一些具有迁飞行为的后代。可见,鸫属鸟类的进化史支持了下述的一种假说,即迁飞物种起源于热带地区的非迁飞祖先。

另一方面,森莺(属于森莺科 Parulidae)的系统发生也表明,该科鸟类的祖先是往返飞行于北美洲北部和新热带区之间的一种迁飞鸟。该科鸟类的进化系统树显示,森莺在其辐射进化期间,其迁飞行为曾多次丧失过,可见,迁飞物种也会演变为非迁飞的留居物种。当然,森莺科最早的迁飞物种也是由热带地区的留鸟进化来的,如果是这样的话,那么上述关于迁飞物种起源于非迁飞物种的论述无疑是正确的。

第十一章 动物的社会生活与通讯

第一节 动物的社会生活

心理生物学(psychobiology)和社会生物学(sociobiology)是动物行为研究领域中最热门和研究进展最快的两个分支学科。前者的主要目的是要了解中枢神经系统的性质,而后者则主要是研究动物社会行为的生物学基础。到20世纪60年代,关于动物社会行为的研究越来越注重野外工作,特别是昆虫、鸟类和灵长类动物社会结构与生态学关系的研究。最近有人把社会性(society)看成是在个体或基因水平上自然选择的产物。所谓社会性实际上就是指同一物种由很多个体所组成的群体并在这些个体之间实行一定程度的合作,这些合作比性行为和亲代抚育行为更为广泛。在从无脊椎动物到灵长动物的各种动物分类单元中,动物的社会性都是独立进化的产物。人们通常会认为,随着动物类群从低等到高等,其社会行为会越来越复杂,但根据某些标准判断,情况却刚好与此相反,一些结构最简单的无脊椎动物,其社会性比鸟类或哺乳动物更复杂。下面我们先简要地介绍一下各主要动物类群的社会行为。

一、群体无脊椎动物

在很多无脊椎动物中,个体群居在一起形成相互依存的关系,有时个体与群体的界限都很难划分,如腔肠动物门(Cnidaria)水螅虫纲(Hydrozoans)的群体水螅就是这方面一个很好的实例,所有个体都密切联通为一个整体,有些个体是生殖体,有些个体是营养体。群体水螅的基本单位是由两层细胞所形成的管状体,口的周围有柔软的触手。虽然水螅属(*Hydra*)所代表的是单个独立生活的水螅,但大部分属都是营群体生活的水螅,其中每个个体又称个员(zooid),个员之间存在着分工,例如在薮枝螅属(*Obelia*)中,有些个员进行摄食并借助于刺丝胞(nematocyst)进行防御,而另一些个员则专门进行生殖。还有一种生活在寄居蟹壳上的薮枝螅含有三种类型的个员,它们分别负责摄食、生殖和防御。僧帽水母属(*Physalia*)则含有四种类型的个员,它可产生一个充气的漂浮体。

在确认一个生物是营群体生活还是单体生活时必须知道,整个群体都是来自于一个受精卵即合子(zygote),不同个员是靠无性出芽产生的,由于所有个员均无遗传差异,因此可把僧帽水母看成是具有几个器官系统的单一个体。但是当对表现出不同程度群居性的各种水螅虫进行比较研究时发现,有些复杂的群体是很多单个的个员群聚而形成的。在有些种类中,形成群体的个员并无亲缘关系。

从个体角度看,为什么有些个员在进化中产生了摄食和防御的形态结构而失去了生殖能力呢?很多海洋无脊椎动物都从群体生活获得了诸多好处。首先,很多群体无脊椎动物都生活在近岸浅海海域,在这里单体水螅虫是经受不住海浪冲击的,但像珊瑚一类的群体腔肠动物则具有钙质的基盘,能使其牢牢地固定在海底并可逐渐抬升。其次,像僧帽水母这样的腔肠动物是海洋漂浮种类,如果是单体水螅虫就只限制在水下基质表面生活,但如果能与可充气的漂浮水螅体形成群体共同生活,它就可以浮上水面远游海洋各处。再次,固着生活的大型群体无脊椎动物可将与其发生竞争的物种完全覆盖致死,从而取得竞争优势。最后,在有些种类(如僧帽水母)中,具有刺丝胞的个员聚集程度是很高的,这将大大增强动物的防御和攻击能力。

二、社会性昆虫

昆虫社会的复杂性并不逊于群体腔肠动物。所谓社会性昆虫主要有三个特征:① 成虫合作育幼;② 非生殖个体为生殖个体提供照顾、保护和服务;③ 因世代重叠而使子代能帮助双亲喂养同胞弟妹。但在社会性昆虫中存在着一系列中间类型,准社会性(quasi-social)昆虫只具有第1个特征,如蜜蜂科(Apidae)的兰蜂(orchid bee)有5~20只雌蜂把卵产在一个公共的蜂巢中。半社会性(semisocial)昆虫具有第1和第2个特征,如泥蜂(*Microstigmus comes*)建筑一个公共的巢但只有一只产卵雌蜂。全社会性(eusocial)昆虫则包括白蚁、蚂蚁(图11-1)、胡蜂和蜜蜂等。

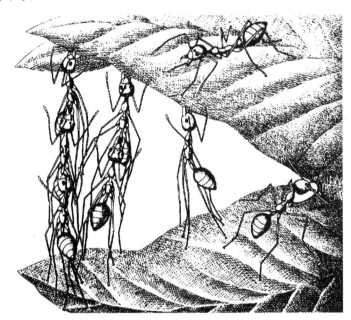

图 11-1
缝叶蚁(*Oecophylla smaragdina*)的工蚁正在用幼蚁吐出的丝将树叶缝合在一起建筑一个封闭的巢。
右侧一只工蚁正咬住一只幼蚁做缝织工作

大多数全社会性昆虫都归属于膜翅目(Hymenoptera)(包括胡蜂、蜜蜂和蚂蚁等)。其中的蚂蚁在地球上的分布非常广泛,个体数量极多,蚁群的大小由几百只到几万只不等。蚁后从蛹中一羽化出来就生有翅,工蚁是生殖腺不发育的雌蚁,个体比较小且没有翅。有翅的雄蚁和蚁后总是远离蚁巢进行群体婚飞,它们会云集在突出的标记物上,雄蚁试图与蚁后交配。蚁后一旦受精双翅就会脱落并在土中挖穴,繁育第一批工蚁。在较为高级的蚂蚁中,一个巢中通常只有一只蚁后,而工蚁则有大小不同的几种类型,有的专门采食,有的专门喂养幼蚁,此外还有保卫蚁巢的兵蚁(图11-2)。有很多种蚂蚁的工蚁专门产所谓的营养卵(trophic eggs)用来喂养蚁后、幼蚁和其他工蚁。雄蚁是由未受精卵发育成的,离巢后与蚁后交配,然后死去。

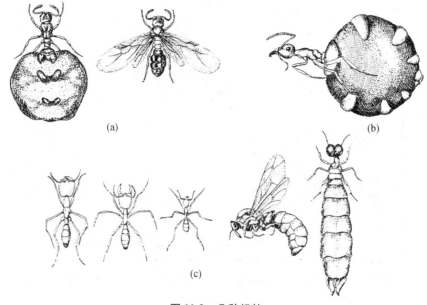

图 11-2　几种蚂蚁

(a) 一种没有工蚁的社会寄生蚁(*Anergates atralulus*),右为处女蚁后,左为产卵蚁后;(b) 一只体内装满了蜜的贮蜜蚁(*Myrmecosystus melliger*);(c) 啮根蚁(*Dorylus nigricans*),自左至右分别是三种不同大小的盲工蚁、有翅雄蚁和无翅的盲蚁后

　　全社会性动物并不完全限于膜翅目昆虫,等翅目(Isoptera)的白蚁也是一类全社会性昆虫,不过它们的祖先与膜翅目昆虫完全不同。大多数全社会性的白蚁都归属于白蚁科(Termitidae),它们的能量来源是其他动物难以利用的木质纤维素,在白蚁的肠道内生活着很多鞭毛类原生动物和其他共生物,白蚁就是靠这些多鞭毛虫和其他共生物来消化纤维素的。有翅型白蚁成群结队地离巢外飞,雄白蚁和雌白蚁组成一对一对后便一起建筑一个新巢,新巢随着白蚁群的发展而一年一年扩大(图11-3)。在早期繁殖的后代中完全是雄性工蚁和雌性工蚁,晚些时候才会出现兵蚁,有翅生殖蚁是最后出现的,有时是在建巢多年之后才出现。虽然白蚁不产营养卵,但它们却常常通过口和肛门交换液体食物,吃其他工蚁从肛门排出的东西对白蚁来说是非常重要的,因为这是传递肠道内共生原生动物的主要途径。与膜翅目昆虫一样,白蚁也是靠分泌信息素(pheromones)来保持群体内的协调稳定和领域行为。

　　另一方面,白蚁与膜翅目昆虫又有很多不同,主要不同是:① 白蚁是半变态昆虫,其未成年个体也参与活动,而膜翅目昆虫是全变态;② 雄白蚁在白蚁群中起着积极作用并始终生活在白蚁群中,而膜翅目的雄蚁和雄蜂唯一的功能是交配和生殖;③ 白蚁的工蚁和兵蚁可以是雌性也可以是雄性,而膜翅目昆虫的工蚁和兵蚁都只能是雌性;④ 白蚁的两性都是双倍体,而膜翅目昆虫的雌虫(王虫和职虫)是双倍体,雄虫是单倍体。在原始种类的白蚁中,未成年蚁承担着蚁群中的大部分工作,它们不断进行蜕皮和生长,直到最后几龄时才开始分化为几种类型的成年蚁,包括有翅的生殖蚁、头和颚特别发达的兵蚁及形态较少变化的工蚁。但在高等种类的白蚁中,蚁巢内的工作大都是由成年工蚁承担的,未成年工蚁几乎不干什么事(图11-4)。

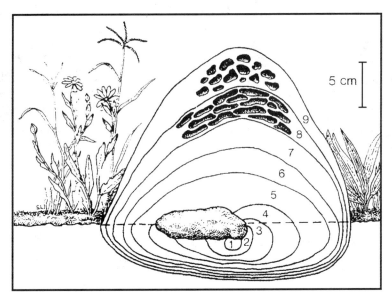

图 11-3　一个南非白蚁（*Amitermes hastatus*）巢在 9 年期间的扩大过程
数字表示年。巢顶部是典型的外层巢室和内层巢室,没有王室

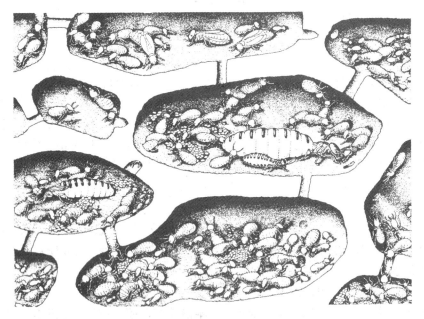

图 11-4　一个较高等白蚁巢的内部状况
中央巢室中是奠基蚁后,身边是奠基雄蚁;在其左下方巢室中是次级蚁后;上方巢室中是生殖若蚁,生有不完全发育的翅;在右下方巢室中是兵蚁和准兵蚁;此外在所有巢室中都有很多处于不同发育阶段的工蚁,它们把食物反吐给蚁后并照料着大量的蚁卵

三、蜜蜂的社会生活

蜜蜂群体中几乎全部成员都是雌性的,蜂后每天可产卵 2000 粒,蜂群中成千上万只工蜂也都是雌性的,它们的卵巢极不发育,而且不能交配。蜂群只在每年的一定时期内才培育少数

雄蜂，雄蜂的存在只是为了交配，它们不做任何事情，也没有螫针。蜂巢内外的全部工作如筑巢、喂幼、清扫卫生、培育蜂后和雄蜂、保卫蜂巢以及采集花粉和花蜜等，都是由工蜂承担和完成的。在这个神秘和善长舞蹈的动物群体中，每只工蜂都为整个群体的利益而竭尽全力辛勤工作，必要时还会献出自己的生命。每只工蜂离开了这个群体和其他工蜂，都无法生存。蜜蜂的繁殖也是以群体形式进行的。

1. 蜜蜂蜂群的生活周期

温带地区的蜜蜂在冬季要进入半休眠状态，此时蜂巢内已经贮存了大量的花粉和蜂蜜。最冷时会有成千上万只蜜蜂形成密集的蜂团，每只蜜蜂都靠消耗蜂蜜和振翅产生热量，而蜂后则被包围在蜂团的中心。一个蜂群一冬大约要消耗 25 kg 蜂蜜，相当于一个 40 W 灯泡一冬所消耗的能量。冬至过后，随着白日的延长，工蜂便开始用大颚腺所分泌的王浆饲喂蜂后，王浆为蜂后提供了产卵所必需的蛋白质。冬天即将过去时，蜂后便开始在空出的巢室中产卵。这些巢室通常是位于蜂箱中最温暖的部位，几周前还装满着蜂蜜和花粉，现在则用于产卵。

幼虫从卵中孵出 3 天后便开始由工蜂喂食，前 3 天是喂给王浆，此后便以花粉和花蜜为食。大约 10 天后，幼虫便长得和巢室一样大了，此时便结茧并在其中化蛹，最终发育为成虫。当幼虫发育到蛹期时，工蜂便用蜂蜡把巢室封住，大约经过 1 周完成变态后，新的工蜂便咬破蜡盖破室而出。

大多数新蜂都是工蜂，但在正常情况下也会培育出少量雄蜂。至于是什么决定着雄蜂的数量，目前还不十分清楚，因为有很多因素都与整个蜂群的调节有关。雄蜂是由未受精卵发育成的，从遗传上讲，这一生物学特性在 10 万种膜翅目昆虫中（包括蚂蚁、蜜蜂、胡蜂和各种其他蜂等）是非常独特的。起初认为，蜂后可借助于简单的方法控制卵的性别。决定是否用贮存在体内的精子使卵受精，而这些精子是在几个月或几年前在婚飞时贮存下来的。但是事情并不是这么简单，因为培育雄蜂需要更大的巢室，而这些巢室都是由工蜂建造的，蜂后只有在较大巢室中产卵才能发育为雄蜂。由于巢室是工蜂建造的，这说明正是工蜂控制着大巢室的数量。另一方面，能够育出雄蜂的大巢室一般只建在蜂巢的边缘，因为如果是建在中央，就会破坏整个巢室正六角形的几何结构。工蜂既能让蜂后远离培育雄蜂的大巢室，也能把蜂后引导到那里去产卵，此外，工蜂还常常把大巢室用蜂蜜填满，以便有效地阻止蜂后在里面产卵。即使蜂后在里面产了卵，工蜂也可以把卵吃掉或把从卵中孵化出的雄蜂幼虫吃掉。以上都是工蜂控制蜂群中雄蜂数量的有效方法。

当春天花朵盛开的时候，工蜂便开始采集花粉和花蜜并培育越来越多的新蜂，此时喂养的幼虫数量可多达 30 000 头，几乎占全部巢室的 1/3。到春末时节，由于蜂群发展得太大而开始分群。为此工蜂首先要建造特殊的王室，它的室口向下悬挂在蜂房的底部。王室的数量大约是一二十个，从王室中孵化出来的幼虫在整个发育阶段都喂给王浆。自始至终以王浆为食的幼虫将会发育为蜂后。由于蜂后体大笨重而难以飞翔，为了准备未来的婚飞，蜂后的体重在婚飞前必须借助于减少喂食量而减少 30%。

当新的蜂后开始化蛹并将巢室封闭的时候，老蜂后和大约一半的工蜂就会在吃饱蜂蜜后飞离蜂巢并暂时在附近的树枝上聚集成团。此后的数天内，它们会从这里起飞去寻找并占有一个尚未被利用的洞穴。对于新蜂群来说，选择一个新的建巢地点是很重要的。另一方面，当老蜂群的种群发展得很大时，新蜂后也会带领一部分工蜂离开老蜂巢去寻找并建立一个新蜂巢。有些老蜂群甚至会分裂为 4 个新蜂群，但总是第一个分化出去的蜂群有最大的存活机会。

当最后一个蜂群分裂出去以后,老蜂群中再次孵化出的新蜂后就绝不允许再有新蜂后出现,使蜂群中只保留一个未交配过的处女蜂后,这个处女蜂后会在1周左右的时间内完成婚飞和交配。通常婚飞和交配是于中午过后在10~30 m高空中的传统聚集区进行的,并且年年都在这里完成交配,至于它们是如何找到这个聚集区域的,目前还是一个谜。

雄蜂是不能越冬的,处女蜂后也不能越冬,它们按前辈所遵循的法则来决定去什么地方进行婚飞和交配,这些适合交配的地方彼此相隔约1.5 km,每个地点的雄蜂都是来自很多不同的蜂群,这是由于每个蜂群中的雄蜂都会分散到多个不同的交配地点去进行婚飞。处女蜂后在找到一个正在婚飞的雄蜂群后,便与那里的多个雄蜂进行交配,然后便回到原来的蜂群,完成它的产卵使命。

总之,蜂群的生活周期是从培育工蜂和雄蜂开始的,这是蜜蜂分群的必要准备。当工蜂数量越来越多的时候,便开始外出采集花粉和花蜜并将它们贮存起来,以便应对冬天寒冷季节的到来。分群季节结束之后,工蜂对雄蜂的容忍度便开始下降,因为此时雄蜂存在的价值变得越来越小。但即使是在分群季节结束之后,雄蜂的价值也并未完全丧失,因为此时蜂群中仍可能生活着有待交配的蜂后,例如当产卵蜂后意外死亡或储备精子用尽的时候就会出现这种情况。所以,蜂群中必须有一部分幼虫保持以纯王浆为食,以备以后随时能转化为蜂后。但是当秋天到来的时候,即使对雄蜂的这种少量需求也会消失,此时雄蜂便会毫不留情地被工蜂驱赶出蜂群直至冻饿而死。至此,蜂群的一个生活周期便完成了,并重新开始一个新的生活周期。

2. 工蜂的生活周期

每只工蜂都有自己的行为周期,羽化之后首先是梳理自己的身体,然后便开始清理巢室准备用于存卵或贮存食物。蜂后会检查每一个巢室,决不会在不清洁不光滑的巢室中产卵,以避免疾病蔓延。建造一个巢室大约需15~30只工蜂参与,费时约40分钟以上。随着工蜂年龄的增长,其大颚腺开始成熟,此时它便开始喂养幼虫和用王浆喂养蜂后。工蜂投入此项工作的时间是惊人的!每只幼虫平均每天要被工蜂前来查看或喂食1300次之多,在幼虫1周的发育期间平均要有1700只不同的工蜂前来查看或喂食。

随着时间的推移,工蜂的大颚腺开始萎缩而位于腹部的8个蜡腺开始成熟,此后的几天内,工蜂的工作便转变为用蜡构建蜜蜂所特有的悬垂巢室的室壁和用蜡把已装满蜂蜜或有蛹的巢室封闭起来。蜂蜡是类脂肪物质,生产60 g蜂蜡大约要消耗1 kg蜂蜜和一定数量的花粉,这样算来,建造一个巢室就要消耗大约7 kg蜂蜜,所以巢室总是按照最省蜡的原则建造,巢室呈六角形,每个巢室都与相邻的6个巢室共用一个壁。

蜡腺萎缩后,工蜂便开始帮助满载食物回巢的采食蜂把花粉花蜜贮存起来,同时用触角碰撞触角和把舌探入采食蜂口中的方式向采食蜂乞得一点食物,此后采食蜂就又飞离蜂群去采集更多的花粉和花蜜。蜜蜂之间的这种食物交换行为是蜂群中极为常见的现象,几乎没有哪一只蜜蜂是没有向其他工蜂乞过食或喂过食物的。如果把带有放射示踪物质的花蜜喂给1只工蜂,那么1天之内,蜂群中的大部分蜜蜂体内就都会检测出这种放射物质,从这个意义上可以说,整个蜂群具有一个公共的胃。

工蜂发育到2周龄以后便开始担负保卫蜂群的工作,它们站在蜂箱的入口处,头和前足高举,摆出一副报警的姿态,有时会进行短距离的巡飞。保卫工作有2个任务,第一是反击黄蜂、蚂蚁、鸟类和哺乳动物的入侵;第二是防御来自其他蜂群的所谓盗蜂的威胁。有些蜂群中的采食蜂特别善于寻找其他蜂群并偷偷潜入其中盗采浓缩的蜂蜜。对盗蜂来说,采收浓缩的蜂蜜要比采集自然界花朵中花蜜的效率高得多。弱势蜂群冬季的贮蜜常被盗蜂掠夺一空。执行保卫任务的工蜂有2种方法可以识别盗蜂,首先,劫掠者的飞行方式很特别,它常常是在蜂箱入口处上方不停地盘旋,以便寻机潜入蜂箱盗取蜂蜜;其次是每个蜂群都有自己特有的气味,这种气味差异部分是来自遗传,部分是来自蜂群中贮存食物的不同。保卫蜂通常要检查每一只返回蜂群的外勤蜂,看看它的气味是否对头,如果不对就会受到驱逐和攻击。

蜜蜂保卫蜂群主要是靠它腹部末端的有毒螫针,它的螫针生有倒刺,这一特点在膜翅目昆虫中是很独特的,虽然它在攻击其他天敌昆虫时本身不会受损,但当螫刺哺乳动物的皮肤时,由于倒刺的存在会使螫针、毒囊和大部分内部器官留在攻击对象体内,造成蜜蜂死亡。正是由于这种情况,蜜蜂的性情通常是比较温和的,它不会轻易发动攻击。与蜜蜂相比,黄蜂、胡蜂和熊蜂则有所不同,它们的螫针是平滑无倒刺的,所以可以多次发动攻击而不会有任何风险。值得注意的是,蜂后的螫针是没有倒刺的,所以在老蜂后与新蜂后之间的战斗中不会有死亡风险。雄蜂则根本没有螫针。

当工蜂的年龄达到3周时,便开始转化为外勤蜂,一次次地外出采集花粉和花蜜。采粉和采蜜是需要有一定的体力和智力的。采食蜂要在蜂箱周围10 km的范围内熟悉各种花朵的时空分布并不断地去识别和拜访这些花朵。对人来说,这相当于作一次约1300 km远的旅行!由于蜜蜂的视力很差,只有在非常靠近目标时才能识别它,所以蜜蜂具有非常精确的导航能力,以便能够找到它所熟悉的蜜源地并从蜜源地安全返巢。一只工蜂体长约1 cm,体重只有60 mg,但飞行时却能携带比自身体重还要大的花粉和花蜜。工蜂在每次采食飞行中要拜访上百朵花,但所收集的花蜜是很稀释的,经水分蒸发后只能得到很少的一点蜂蜜,据计算,要想酿造35 g的蜂蜜,就必须进行2000次的采食飞行。

工蜂从事采食工作9~21天后就会死亡,繁重的采食工作下只能活9天,轻松的工作可活到21天。在总飞行距离达到大约800 km后飞行肌就会被耗尽,通常会死在去采食的路上或归巢的途中。采食蜂一生外出采食的次数约为400次,所采回的花蜜大约可酿造7 g蜂蜜,如果蜜源不足或还要花一定的时间采集花粉,那所酿造的蜂蜜还会减少。但在一个强势蜂群中可能有1~2万只采食蜂,所以它们所酿造的总的蜂蜜数量还是很多的。

四、蚂蚁的社会生活

全球的9500种蚂蚁全都属于全社会性昆虫,而且都是最高等的社会性昆虫。社会性昆虫主要有3个特征:① 很多成虫生活在一起并实行合作育幼;② 存在生殖个体和非生殖个体的分化,后者为前者提供照顾、保护和服务;③ 两个或更多世代重叠使子代能帮助双亲喂养同胞弟妹。但在社会性昆虫中存在着一系列的中间类型,准社会性(quasi-social)昆虫只具有第一个特征,如蜜蜂科(Apidae)的兰蜂(orchid bee)常常是5~20只雌蜂把卵产在一个公共的蜂巢中。半社会性(semi-social)昆虫具有第一和第二个特征,如泥蜂(*Microstigmus comes*)的很多雌蜂建筑一个公共的巢,但只有一只雌蜂产卵。全社会性(eusocial)昆虫则包括白蚁、蚂蚁、胡蜂和一些蜜蜂等。在全部13 500种全社会性昆虫中,蚂蚁就占了其中的70%。

蚂蚁在自然界的重要性及其优势是极其明显的,一只工蚁的体重不足一个人体重的百万分之一,但全部蚂蚁的总重量却大大超过了全部人口的总重量。由于它们被分散成了一个个极其微小的个体而使它们充斥于地球陆地的各个角落。通过形态和行为的特化,它们又占有了各种各样极不相同的生态位,除了南北两极和极遥远的一些岛屿外,蚂蚁的分布遍及世界五大洲。蚂蚁的群体和个体数量更是多得惊人,例如:在象牙海岸的稀树草原,每公顷土地上约有 7000 个蚁群和 2000 万只蚂蚁,仅一种大黑蚁(*Camponotus acvapimensis*)的工蚁数量就超过了 200 万只。更令人惊奇的是,非洲啮根蚁(*Dorylus* spp.)的一个蚁群就包含有 2000 万只工蚁,而大红褐蚁(*Formica yessensis*)的一个"超级蚁群"竟包含有 3.06 亿只工蚁和 108 万只蚁后,它们生活在 4.5 万个彼此相通的蚁巢中,共占地 2.7 km^2。

  蚂蚁社会具有明显的等级分化和个体分工,最主要的几个等级是蚁后、雄蚁和工蚁(图 11-5)。在大多数蚂蚁中,工蚁又可按其大小区分为几个亚等级。雄蚁是由未受精卵发育成的生殖蚁,在蚁群中除了生殖不做任何事情,雄蚁和生殖腺充分发育并有生殖能力的雌蚁(蚁后)总是远离蚁巢进行群体婚飞,它们常常云集在突出的标记物上,雄蚁与蚁后交配后便会死去。蚁后从蛹中羽化出来就生有翅,一旦与雄蚁交配受精,双翅就会脱落并在土壤中掘穴建巢。在建巢期间蚁后会从事各种工作,包括喂养幼蚁。第一批工蚁一旦出现,蚁后的活动便只限于产卵了。工蚁是生殖腺不发育的雌蚁,个体比较小且没有翅。在较高等的蚂蚁中,一个蚁巢中通常只有一只产卵的蚁后,而工蚁等级比较复杂,可包括大小不同的几个亚等级,个体分工也不同,有的专门外出采食,有的留在巢中喂养幼蚁,此外还有专门保卫蚁巢的兵蚁,兵蚁通常是体型最大的工蚁,头和大颚特别发达。还有很多种蚂蚁的工蚁专门产所谓的营养卵(trophic eggs),用来喂养蚁后、幼蚁和其他工蚁。工蚁的类型及其数量依蚁种的不同而有很大差别,如大头蚁(*Pheidole tepicana*)的工蚁可分为 6 个亚等级,但不同类型工蚁之间的劳动分工都表现得很明显。最奇特的工蚁类型要算是蜜蚁(*Myrmecocystus*)中充当贮蜜罐的工蚁了,这些工蚁作为专门的贮蜜容器,存放由觅食工蚁带回巢的花蜜,当消化道内填满了花蜜时,整个

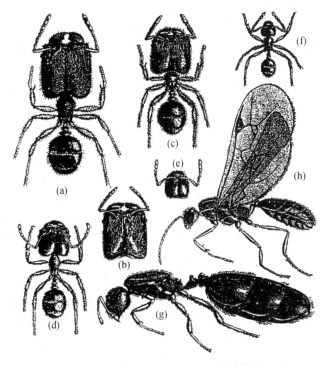

图 11-5 大头蚁(*Pheidole tepicana*)的等级分化

工蚁包括 6 个大小不同的亚等级。(a) 大工蚁;(b)~(e) 4 个大小不同的中工蚁;(f) 小工蚁;(g) 蚁后;(h) 雄蚁

腹部就膨胀成了一个大球,终生都吊挂在巢顶上。显然,这些工蚁是为了全群的利益而牺牲了自己的自由和个性。

蚂蚁的食性是极其多种多样的,虽然大多数蚂蚁都是杂食性的,但也有一些蚂蚁是植食性的或肉食性的。在肉食性的蚂蚁中最特殊的觅食方式要算是热带雨林中的军蚁了,这些蚂蚁不建巢,而是在倒木树干下的隐蔽处或半裸露的场所,由数十万只工蚁腿和腿勾连在一起,层层叠叠地形成一个直径可达1 m的球体,这就是它们的临时宿营地,位于蚁球中心部位的是蚁后、成千上万的幼蚁和蛹,如果是在夏季还可能有上千只的雄蚁和几只处女后。

夜晚过后宿营便结束了,此时蚁球开始解体,大团蚁群平铺于地面并开始向四面八方流动,移动速度可达20 m/h,接着便会形成一个或多个掠食纵队开始掠食活动。头很大且生有镰刀状大颚的兵蚁行进在纵队的两侧负责保卫工作,工蚁则一边行进一边排放踪迹信息素以指导后进工蚁的前进方向。小工蚁和中工蚁负责劫掠和携带猎物,如蜘蛛、蝎类、甲虫、蟑螂、蝗虫、胡蜂和很多其他昆虫,甚至蛇、蜥蜴和幼鸟也会成为它们攻击劫掠的对象,它们会把这些猎物撕成碎片,迅速传递给后面的工蚁,军蚁群体所到之处常会把当地动物扫荡一空。有些种类的军蚁采取纵队出击的觅食策略,而另一些种类的军蚁则采取大群工蚁蜂拥而上的觅食策略(图11-6)。不管采取哪一种策略,在正在向前推进的蚁群之后都会形成很多条随时都在变化的工蚁队列。军蚁把掠得的食物撕碎后喂给正在发育的幼蚁,每天的掠食活动结束后就会以前述的方式就地宿营。

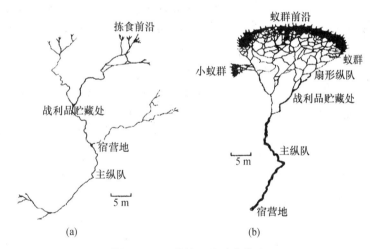

图11-6 军蚁的两种觅食策略

(a) 林军蚁(*Eciton hamatus*)纵队推进式的觅食策略;(b) 褐军蚁(*E. burchelli*)群体推进式的觅食策略

当蚁群的活动造成宿营地附近的食物资源迅速减少时,它们就必须迁往新的地点去觅食,但至少有一种军蚁,其宿营地的改变是由蚁群的生殖周期决定的,因为后者影响着蚁群对食物的需求。蚁后卵巢周期性地快速发育会使它的腹部极度膨胀,几天之内就会产下100 000~300 000粒卵,这些卵大约3周后就会孵化。在蚁群的这个相对稳定期,从前次产卵孵化出的幼虫已完成了蛹期发育并变成了年轻的工蚁,这些新工蚁将会刺激蚁群增加每天的掠食强度,使蚁群不得不每天晚上都改变其宿营地点。可见,军蚁的游猎期正是有大量幼蚁需要喂养的时期,一旦这些幼蚁完成发育化为蛹,游猎行为就会明显减少并开始进入另一个相对稳定的生殖期,此时军蚁就会在一个宿营地较长时间地驻扎下来。

军蚁不会筑巢而是过着居无定所的游猎生活，但生活在温带地区的人一定会非常熟悉会掘地筑巢的蚂蚁，如切叶蚁属(*Myrmica*)的很多种蚂蚁都是在大石块下掘穴筑巢，而冢蚁属(*Formica*)的蚂蚁则用小树枝和其他植物碎屑建造人们所熟知的蚁冢。这些蚂蚁的特点是在夏季和初秋产生大量的有翅生殖蚁，这些生殖蚁常常密集成群在空中进行婚飞并完成交配。婚飞后不久，新交配过的蚁后就会脱下双翅开始新巢的挖掘奠基工作，从此以后，蚁后就会把自己永久性地幽闭在地下的巢中了。开始时(春季)新蚁后只产少量的卵并亲自照料幼蚁，直到这些幼蚁发育成巢中的第一批工蚁为止。这第一批后代可能需要一年多的时间才能完成发育，在此期间，蚁后及其子女的营养就完全依赖于蚁后体内的营养贮存和它失去功能的飞行肌了。

在其后几年，蚁群会缓慢增长，直到使工蚁达到一定数量后，才会使蚁群进入一个加速增长期。在寒冷地区，蚁群会经历几个月的不产卵休眠期，直到温暖的春季到来。对大多数蚂蚁来说，通常都要经过几年的时间才能产生有翅的雄蚁和雌蚁，然后这些生殖蚁才会飞离旧巢去创建新的群体。

尽管筑巢的蚂蚁在蚁群的建立和发展方面有基本相似之处，但它们在行为的其他方面却显示出了很强的适应辐射。大多数蚂蚁在选择猎物时都有很大的灵活性和可变性，像军蚁一样，几乎可以任何一种小动物为食，特别是节肢动物。一个褐冢蚁(*Formica polyctena*)的巢每天大约要收集 1 kg 这样的猎物。据此计算，生活在意大利阿尔卑斯山的总共 3×10^6 亿只蚂蚁每年大约要捕捉和吃掉 15 000 t 昆虫。但并不是所有种类的蚂蚁都像褐冢蚁那样具有如此广泛的食谱，有些蚂蚁专门以特定种类的节肢动物和它们的卵为食，还有些被称为收割蚁或农蚁的蚂蚁完全以植物的种子为食，它们有时会成为一些产粮区和牧场的害虫。在不需要用高蛋白食物喂养幼蚁期间，很多蚂蚁都以花蜜为食。

美洲的很多种切叶蚁堪称是培养真菌的专家，它们用外出采集的绿色叶片或花瓣建造地下苗圃，用于培养各种可食用的真菌。*Atta* 属的很多种切叶蚁由于它们要采集大量的绿色叶片，而成了南美热带地区农业的严重害虫。外出采集叶片的工蚁通常都是中等大小的工蚁(即中工蚁)，它们用大颚把叶片切割下来高举在头上排成长队回巢，活像是一队举着战旗凯旋回营的士兵，然后它们把叶片嚼碎，掺进唾液，施放在地下专门培育真菌的苗圃内，由于唾液中含有抗生素，而这种抗生素除了对它们培养的真菌无害外，对其他所有杂菌都有抑制作用，所以它们的苗圃从来不会"杂草丛生"，这比人类的除草剂要高明得多。苗圃建成后，切叶蚁会把从旧苗圃中采集的真菌菌丝移植在新苗圃中，此后真菌会迅速生长并能很快在其顶部结出小的球状体，工蚁便用它们喂养幼蚁，也为工蚁提供了美味的食物。

苗圃通常是由小工蚁进行看护和收获的，它们从不外出参加叶片的采集工作，但在一种切叶蚁(*Atta cephalotes*)中，这些小工蚁常常伴随着切叶的中工蚁出征，但它们的任务不是帮助切叶，而是在回巢时始终在被搬运的叶片上爬上爬下，用它们的大颚和后足积极保卫搬运叶片的中工蚁，使其免受蚤蝇的寄生(图 11-7)。最重要的一点是，每只奠基雌蚁都不会忘记把旧巢中培养的真菌菌丝带入自己的新巢中，处女蚁后早在进行婚飞之前便把一小团菌丝放入了自己下唇基部的一个小腔中，婚飞之后便把它们带入自己挖掘的新巢中。起初是由蚁后自己照料真菌苗圃，但蚁后并不以这种真菌为食，第一批羽化出的工蚁才会以这种真菌结出的球状体为食，并用自己的粪便为真菌施肥。

有些蚂蚁专门取食蚜虫、甲壳虫和其他同翅目昆虫分泌的蜜露，这种分泌物富含糖和各种氨基酸,只要这些同翅目昆虫是处在积极的活动期,它们就会给蚂蚁提供几乎是取之不尽的食物资源,有时可以看到蚂蚁用触角触摸蚜虫的蜜管诱使蚜虫大量排出蜜露(图11-8)。蚂蚁和蚜虫的关系是物种之间一种典型的互惠关系,蚜虫为蚂蚁提供食物,而蚂蚁则为蚜虫提供保护。蚂蚁为了保护蚜虫等同翅目昆虫,常常积极地驱赶或杀死蚜虫的寄生物和捕食者,它们的这种行为有时会严重干扰人类实施的生物防治计划。秋天到来时,蚂蚁还常常把蚜虫或蚜虫卵带入地下的蚁巢中加以看护和照料,春天再把它们送回到寄主植物上。

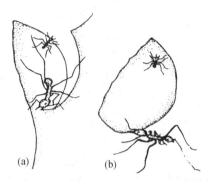

图 11-7 工蚁正在切割叶片(a)和往巢中搬运叶片(b),而小工蚁正在保卫中工蚁使其免受蚤蝇的寄生

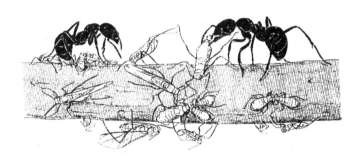

图 11-8 蚂蚁正在取食蚜虫排出的富含营养物的蜜露

五、白蚁的社会生活

全世界的白蚁总共有 7 科 2750 种,全部分布在南北纬度 50°以内的地区。我国约有 100 多种白蚁,主要分布在长江以南,包括 23 个省、市、自治区,北京和辽宁丹东也有发现。典型的白蚁呈白色、浅黄色,身体柔软,有咀嚼式口器和短小的触角。蚁后和蚁王是生殖蚁,生有两对长翅和一对短小的尾须,头圆形或卵圆形。工蚁和兵蚁是非生殖蚁,兵蚁的头部比工蚁大,复眼常因栖居在地下黑暗中而退化或消失。变态属不完全变态中的渐变态。所有白蚁都能以其他动物难以消化的纤维素为食,大多数种类都取食死的或腐烂的树木或木质建筑材料以及纤维加工产品,如纸张、布匹、塑料等,还有的种类能建立苗圃,培养真菌并以真菌的菌丝为食。

白蚁社会组织和社会行为的复杂程度几乎与蚂蚁完全一样,这两类动物有很多相似之处,主要表现在以下一些方面:① 社会等级的种类和数量极为相似,都可区分为蚁后、雄蚁、工蚁和兵蚁;② 都有交哺现象(trophallaxis),它是社会调节的一个重要机制;③ 都利用踪迹信息素进行个体招募;④ 都具有调节和控制等级的信息物质;⑤ 个体间相互的梳理行为有传递信息素的功能;⑥ 都有占域行为,领域性极强;⑦ 巢的结构都很复杂,巢内的温度和湿度调节都同样精确。

白蚁和蚂蚁虽然有很多相似之处,但这是趋同进化的结果,而不是具有共同祖先,两者之间的亲缘关系相距甚远,白蚁是等翅目(Isoptera)昆虫,而蚂蚁则属于膜翅目(Hymenoptera),因此它们之间有着很多重大差异:① 白蚁是渐变态昆虫,个体发育经历卵、若虫和成虫3个阶段,蚂蚁是全变态昆虫,个体发育经历卵、幼虫、蛹和成虫4个阶段;② 白蚁的若蚁参与巢内的各种活动和工作,而蚂蚁的幼蚁则完全不工作;③ 雄白蚁在蚁群中起着积极作用并始终生活在蚁群中,而蚂蚁雄蚁的唯一功能是交配和生殖,交配后便死去;④ 白蚁的工蚁和兵蚁可以是雌性也可以是雄性,而蚂蚁的工蚁和兵蚁都只能是雌性;⑤ 白蚁的两性都是双倍体,而蚂蚁的雌虫(蚁后、工蚁和兵蚁)是双倍体,而雄虫是单倍体,蚂蚁的这种单倍双倍性对其不育等级的形成具有重要意义;⑥ 白蚁的等级决定主要靠信息物质,而蚂蚁的等级决定主要靠营养,虽然在有些情况下信息物质也起一定作用;⑦ 白蚁在个体间常常通过肛门交换液体食物(称肛门交哺现象),这有助于把肠内的共生鞭毛类原生动物传递下去,而蚂蚁则没有肛门交哺现象;⑧ 白蚁不产营养卵,而很多种蚂蚁都产营养卵;⑨ 婚飞之后白蚁的雄蚁仍与蚁后生活在一起并帮助蚁后筑巢,授精不是发生在婚飞期间而是发生在蚁群发展期间,雄蚁是断断续续地为蚁后授精,蚂蚁的雄蚁是在婚飞期间为蚁后授精,婚飞后便死去,不参与筑巢活动。

现存最原始的白蚁是澳白蚁科(Mastotermitidae)的达尔文澳白蚁(*Mastotermes darwiniensis*),它被发现于澳大利亚的北部,是中生代的孑遗种,其行为在很多方面都很奇特。这种白蚁在土壤中筑巢,属于土栖性白蚁,白蚁的群体很大,可由几百万个个体组成,它的食性在任何已知的白蚁中是最广泛的,几乎无所不吃。据观察,工蚁的攻击对象包括电线杆、木栅栏、木质建筑、树木、各种作物和植物、羊毛、象牙、动物角、干草、皮革、橡胶、糖、人与动物的分泌物和排泄物以及电缆的外包塑料线等。一所木质家宅如不加以保护和护理,可在2~3年内因白蚁的活动而变为一堆粉尘。这种澳白蚁可在各种生境内的很多地点筑巢,能快速地在土壤和木头中挖掘洞穴,它们的地下巢穴常常被分散成很多部分,各部分由在地面修建的掩蔽通道相连,很难被人发现。修在地下的廊道可长达100 m或更长,大部分廊道都位于土壤的浅层,通常不会超过地表以下40 cm深处。

由于澳白蚁(*Mastotermes*)在系统发生中的位置和在经济上的极端重要性,人们对它的社会生物学和生活史的各个方面都极为关注。令人奇怪的是,澳白蚁原生蚁后的生殖过程是很难见到的,最常见到的是多次发生的次生蚁后的生殖。蚁群的增殖往往是靠分群,当一部分若蚁从主群体中分离出来时,其中一些就会发育为生殖蚁,生殖蚁把卵产在卵袋内,每个卵袋内约有20粒卵。婚飞是按规律和定期进行的,但婚飞与新巢形成的关系目前还不清楚。

木白蚁科(Kalotermitidae)的白蚁通常是栖息在干木质中,属于木栖性白蚁,其形态结构虽然比澳白蚁科有很大进步,但仍属于比较原始的种类,它们的社会生物学既有原始特征的一面又有进步特征的一面。木白蚁的群体比较小,个体数量能达到几百只就很少见了。它们生活在木质中并以木纤维为食,木白蚁依靠肠道内共生的鞭毛类原生动物消化木质纤维素。当原生蚁后和生殖雄蚁被从蚁群中移走后,蚁群中很快就会产生一只次生的新蚁后,它是由类似工蚁的一种叫伪工蚁(pseudergate)的特殊等级经过一次蜕皮演变来的。一只白蚁可以滞留在若蚁阶段,它继续蜕皮但不生长,这就是伪工蚁。若蚁一旦分化为成年蚁的一个等级,它也可能退回到伪工蚁阶段。当蚁群中有伪工蚁存在时,原生蚁后就会借助于一种从肛门排出的信息物质抑制伪工蚁转变为生殖蚁。蚁群中也存在对兵蚁的抑制作用,但其生理机制尚不清楚。在蚁群所有成员之间,经常借助于口和肛门进行液体食物的交换,同时也彼此进行皮肤溢泌物的交换,其中肛门液体食物的交换对把肠道共生鞭毛虫传给低龄若虫和各年龄新蜕皮的若虫是至关重要的。木白蚁科在我国有5个属,即木白蚁属(Kalotermes)、新白蚁属(Neotermes)、树白蚁属(Glyptotermes)、叶白蚁属(Lobitermes)和堆砂白蚁属(Gryptotermes),其中以堆砂白蚁属最为常见。堆砂白蚁专害干燥木材,常在蛀孔外积集干燥如砂粒状粪便,极易辨认。

大多数木白蚁科的种类以及大多数较原始的白蚁都分布在温带地区,白蚁科(Termitidae)则是比较高等的分类类群,它们主要分布在热带地区,大多数种类都在土壤中掘穴筑巢并在地表面形成巨大的蚁冢,其蚁冢的精致和巨大构成了热带地区的典型景观。这些白蚁专门以各种可利用的纤维素为食,为了能得到食物,工蚁在土壤中挖掘廊道或者在地表面构建隐蔽的气味通道,它们也可能沿着此前工蚁留在地面的气味踪迹列队前进。斯卡夫(S. H. Skaife)曾详细研究过一种相对来说尚未特化的白蚁(Amitermes hastatus),它栖息在南非开普省西南部海拔100~1000 m的地区,它筑巢于天然草地的沙质土壤中,蚁冢呈黑色半球形或圆锥形,由土壤和粪便混合而成。在二三月的夏末季节在较大的蚁巢中会产生大量生有翅柄的白色若蚁,到了3月底或4月份,这些若蚁就会发育成有翅的生殖蚁。这些生殖蚁大约要在巢内停留几周时间,直到秋天雨季到来时它们才开始进行婚飞。婚飞前它们先要破巢而出,通常是在上午11时和下午4时之间,当地面被雨水浸湿和温度适宜时,工蚁便会在巢壁上挖掘出大量外出的小洞,洞口的直径大约是2 mm,密密麻麻地挤在一起使整个巢壁看上去像是一个筛网。与大多数白蚁一样,打破巢壁进入巢外的空间是工蚁一生中唯一的一次外出游荡的机会。此时,工蚁、兵蚁和有翅蚁以极其兴奋的状态急不可耐地从小洞中冲出蚁巢,有翅蚁几乎会立即飞走,其他白蚁在3~4分钟内就又会重新回到巢内修补和堵塞巢壁上的小洞。大部分有翅蚁(但不是全部)在这第一次飞行后就会离巢而去,少数有翅蚁将留下来暂不离巢。

有翅蚁是自由飞行者,从飞出巢外到回落地面,其飞行距离一般不会超过50~60 m,它们一旦落地就会很快脱掉双翅,即借助于翅尖压碰地面使翅从翅基部的折裂线处折断,此后配成对的生殖蚁便会一起建筑一个新巢,新巢随着白蚁群的发展而一年一年扩大。起初,这对生殖蚁整个冬季都呆在这初建的蚁巢中,直到天气转暖后才进行交配,待到春季到来时蚁后才会产下第一批卵,在早期繁殖的后代中完全是雄性工蚁和雌性工蚁,晚些时候才会出现兵蚁,而新的有翅生殖蚁的出现则是4年以后的事了。

据S. H. Skaife估算,有些白蚁例如Amitermes hastatus冢的年龄已经超过15年了,但根据蚁冢大小判断,蚁冢的年龄很少有超过25年的,这就是说,一个蚁群的寿命通常是在25年以内,在此期间当原生蚁后变得衰老并失去生殖和控制蚁群的能力时,工蚁便会将它杀死,方法是一群工蚁把它团团围住,连续3~4天用口器舐它的身体,使它的身体慢慢皱缩直至干枯死亡。在原生蚁后死亡后,次生蚁后和三级蚁后就有可能出现。但在实验室内喂养的蚁群中,在人为移走原生蚁后的条件下,Skaife并未能培育出次生蚁后,而且他发现在天然蚁冢中大约只有20%含有次生蚁后,显然,巢中次生蚁后的存在是在特定条件下才有的少见现象,而且含有次生生殖蚁的蚁群都比较短命。

在我国白蚁科有13个属,其中以土白蚁属(Odontotermes)、大白蚁属(Macrotermes)、球白蚁属(Globitermes)、象白蚁属(Nasutitermes)、歪白蚁属(Capritermes)和锯白蚁属(Microcerot-

ermes)较为常见。其中的黑翅土白蚁(*Odontotermes formosanus*)在地下构筑大而复杂的巢,以多种农林作物和树木为食并能危害堤岸和水库,有时也危害人的房屋居室。土垄大白蚁(*Macrotermes annandalei*)体形较大,工蚁和兵蚁都有大、小2种类型,如大兵蚁体长13~14 mm,小兵蚁体长8~9 mm。巢筑于地下但隆起于地面之上,似坟墓状,可高出地面1 m以上,危害树木及经济作物的根和芽等。

六、昆虫社会行为的进化和生态适应

昆虫社会行为的进化涉及两大问题:① 社会行为的起源和进化过程;② 社会行为的适应意义。这两个问题都曾使达尔文感到困惑。达尔文曾详尽地描述过蜜蜂复杂的造巢行为,并对这种行为能借助自然选择而达到如此完美无缺的程度感到惊异。限于当时的生物学水平,达尔文的确难以解释昆虫社会行为的进化过程和适应意义,因为不育性职虫(工蜂工蚁)的形态和行为往往与生殖个体极不相同,既然这些职虫没有生育能力,那它们的适应性特征又是如何获得和传递的呢?自达尔文时代以来,对这些问题的研究已有很大进展,并已积累了大量的文献资料。本书的研究重点将放在膜翅目昆虫,因为膜翅目昆虫的社会行为最发达并具有最多种多样的类型。

1. 社会性昆虫的一般特征

社会性昆虫具有4个最明显的特征:① 众多成虫生活在一起形成一个社会;② 成虫在建巢和喂养幼虫的工作中密切合作;③ 世代重叠;④ 社会中存在明显的生殖优势和等级。极端发达的社会行为并不多见,只存在于膜翅目和等翅目。但总的说来,社会性昆虫的行为和生活史类型是极其多种多样的。

在社会性膜翅目昆虫中存在着两种不同的建群方式:① 从一个或多个生殖雌虫开始,雌虫亲自参与建巢、产卵和育幼工作,待第一批幼虫羽化为成虫后,它们便接替母亲承担起社会的全部工作,而母亲则专司产卵;② 从一个(或多个)雌虫和一群职虫开始,雌虫一开始就专司产卵。在这两种情况下,虫群都是来源于一只雌虫(单雌性)或是来源于同一世代的几只雌虫(多雌性)。如果是来源于几只雌虫,虫群将会保持多雌制或者借助于雌虫间的战斗(也可能职虫只选留一个雌虫而把其他统统杀死)而转变为次生单雌制。白蚁的巢通常是来源于一对生殖蚁,偶尔也可源于几只生殖蚁,但后来往往都会演变为次生单雌制。

当虫群(蜂群或蚁群)成员发展到足够数量和环境特别适宜时,虫群中就会产生出具有生殖能力的雄虫和雌虫。有些种类在生长季节结束时,所有虫群会同时释放出大量的雄虫和雌虫,它们在婚飞中完成交配,受精雌虫便开始寻找隐蔽场所单独越冬或与一群职虫一起越冬,这些职虫将于翌年春天参与建群工作。

虫群的最典型特征是存在等级分化。一个虫群通常只有一个或少数几个个体能进行生殖,其他多数个体则不能生殖或生殖力大大减退。虫群中的非生殖个体常依其形态和年龄而有所分工。例如:在蜜蜂中年轻的工蜂通常是留在巢内喂养幼虫和蜂王,而年老的工蜂则负责保卫蜂巢和外出觅食。在一些种类的蚂蚁和白蚁中,蚁王常因孕卵而身体膨大得失去移动能力,在蜜蜂和胡蜂中虽然不常有这种情况,但有些胡蜂和无螫针蜜蜂(Meliponinae)的蜂王有时也会因卵巢的异常发育和体重的增加而失去运动能力。最令人感到惊异的是,社会性膜翅目昆虫的等级分化几乎完全取决于外因的影响,一个个体将来是发育为王虫(蜂王或蚁王)还是发育为职虫,主要决定于食物的数量和质量、它在发育期间所接触到的化学物质以及蜂巢(或

蚁巢)内部的条件等。在少数蚂蚁和无螫针蜜蜂中,一个雌虫将来能否发育为蚁王(或蜂王),显然受着一个特定基因的影响。

等翅目昆虫(即白蚁)在很多重要方面与膜翅目不同:① 白蚁是半变态昆虫,未成年个体也有活动能力;② 雄蚁在蚁群中起着积极作用,并始终生活在蚁群之中;③ 工蚁和兵蚁可以是雄性,也可以是雌性(决定于是哪个属),而膜翅目的职虫总是雌性;④ 白蚁的两性都是双倍体,而膜翅目的雌虫是双倍体,雄虫是单倍体。在原始种类的白蚁中,未成年蚁承担着蚁群内的大部分工作,它们不断进行蜕皮和生长,直到末几龄时也开始分化为几种类型的成年蚁:有翅的生殖蚁、头和颚特别大的兵蚁和形态较少变化的工蚁。但在高等种类的白蚁中,蚁巢内的工作大都是由成年工蚁承担的,未成年蚁几乎不干什么事。

2. 通向社会性的两条进化路线

近缘物种营巢方式的多样性为研究膜翅目昆虫社会性的起源提供了极大的方便。在现存物种中,从完全独居到高度的社会性可以找到一个完整的连续序列,这个序列大体上可以代表社会行为进化的各个阶段。目前已能分辨出两条不同的进化路线,一条路线(即 subsocial 路线,亚社会性路线)起源于母女共巢行为,另一条路线(即 parasocial 路线,类社会性路线)则起源于姐妹共巢行为。在营巢行为中,从母女偶然的短期合作到形成持久的长期合作关系存在一个连续体,这个连续体就代表着通向社会性的一条进化路线(亚社会性路线)。在大多数独居的胡蜂和蜜蜂中,雌蜂要为自己的巢贮备食物、产卵和封巢,然后再去建另一个巢。但有些种类产卵较早,因此当幼虫孵出后需不断喂给食物,在这种情况下,亲代就会同子代发生接触。有时,新羽化出来的蜂会利用母体的巢,此时如果母体还活着,它们就会在巢的修补、扩建和保卫方面实行合作,虽然它们仍然各产各的卵。不过在大多数这类物种中,亲代和雌性后代的生育力总是存在着明显差异,雌性后代更善于喂养幼虫,而亲代的产卵力较强。这条进化路线很像是前面已经谈到的那种建群方式,即从一只雌虫开始建群。

通向社会性的第二条进化路线(即亚社会性路线)是不断地提高同一世代雌虫之间(姐妹关系)在营巢中的合作水平,使个体间的联合不断得到巩固和加强。在很多独居性的种类中,两个生殖雌虫有时会共同占有一个巢,但这种组合往往带有明显的寄生性,彼此之间有很强的侵犯性。不过在某些种类中,两个或更多的雌虫常把巢无纷争地紧靠在一起,虽然每只雌虫都忙于为自己的巢贮备食物,但在巢的修补和安全方面却存在着共同利益。在少数种类中,这种联合又得到了进一步发展,即很多雌虫共同建一个大巢,并一起为同一巢室贮备食物(蜜蜂最为常见)。有时,公共巢中的少数几只雌虫比其他雌虫具有更强的生殖能力,这很像某些多雌制蜂群(或蚁群)建群初期所观察到的行为。

白蚁与蜚蠊有较密切的亲缘关系,特别是与隐尾蠊科(Cryptocercidae)。隐尾蠊与白蚁一样也生活在倒木中,在倒木中穿凿隧道并借助于肠内的原生动物消化木纤维。这些原生动物几乎与白蚁肠内的完全一样。Nalepa 在研究一种隐尾蠊(*Cryptocercus*)时发现,隐尾蠊是以家族群为单位生活的,家族群由一对成年生殖个体和许多若虫组成,年幼个体与成年个体至少要在一起生活3年,在此期间双亲不再生育后代。亲代借助于将后肠液和副腺分泌物喂给年幼个体而把肠内的原生动物传给后代。这些事实说明,白蚁的社会性很可能就是起源于类似的生活方式(即亲子共巢和延长双亲抚育期)。

3. 影响昆虫社会行为进化的因素

(1)巢、猎物大小和寄生。很多膜翅目昆虫都营寄生生活,成虫只能为子代提供一个大的猎物(寄主)。但也有一些膜翅目昆虫,雌蜂需建筑一个固定的巢穴并需反复往返为子代供应食物。据观察,社会行为只发生在后一种生活方式的类群中,因为只有这种生活方式才有可能提供个体间合作和互利的机会。很难想象在寄生蜂之间会产生合作行为,但如果一只雌蜂需不断离巢外出时(像黄蜂和蜜蜂那样),巢内若能有一个守巢者则对它非常有利,实际上帮手也可以帮助它贮备食物。有固定的巢穴就意味着在雌虫之间可能为争夺筑巢地点、筑巢材料而发生竞争,这将会导致利用旧巢、留在亲代巢内(或附近)以及发展护巢行为以防同种个体侵入,而在特别适宜的地点往往会聚集较多的个体(常常是亲缘关系密切的),个体的聚集又不可避免地会增加寄生物和捕食者的活动,事实上现存的社会性昆虫的确受着各种寄生物和捕食者的骚扰。高寄生率和强捕食现象有利于个体间在保卫巢穴方面实行合作。

(2) 供食行为和亲代操纵。膜翅目昆虫幼虫的存活完全依赖于成虫的供食行为,这一事实为社会行为的进化提供了新的可能性。在大多数昆虫中,成虫个体的大小和生育力在很大程度上取决于幼虫时的营养积累,对于膜翅目昆虫尤其是这样,因为膜翅目昆虫的成虫蛋白质摄入量极少,雌蜂几乎把得到的全部食物都供给了幼虫。这一事实表明:个体的大小和生育力不仅与基因和环境有关,而且在很大程度上决定于亲体(或职虫)的投资决策。小个雌虫所面临的生殖选择可能与大个雌虫完全不同,有时,它们留在亲体巢内当帮手(而不是自己单独去建巢)反而能获得更大的内在适合度。这种情况必将导致生殖上的分工和等级的出现。如果雌性后代的帮手作用可以提高亲代的适合度,那么自然选择将会有利于亲代发展操纵其后代的能力。

(3) 单倍二倍性和性比率控制。所有膜翅目昆虫都有一种单倍二倍体的性决定方式,即由未受精卵发育为单倍体的雄虫,由受精卵发育为双倍体的雌虫。与双倍体生物相比,单倍二倍性(haplodiploidy)种类的亲缘系数(r)计算方法有所不同。一只雌虫与其亲姐妹之间的亲缘系数($r=0.75$)要比与母亲之间的亲缘系数($r=0.50$)大,也就是说,姐妹间的亲缘关系比母女间的亲缘关系更密切。但这并不是说,雌性后代注定应当放弃自己生殖而去帮助它的亲代。根据亲缘系数的计算,如果它自己生殖的后代数目能够超过由于它提供帮助使亲代额外生殖的姐妹数量的 1.5 倍,那么自然选择就有利于它自己单独去生殖。如果雌性后代帮助亲代生殖的不是自己的亲姐妹(异父同母),那么它从这种帮助中所得到的遗传利益就会大大下降。雌性胡蜂和蜜蜂常常不止一次交配,这就意味着雌性后代帮母亲生殖出的姐妹不一定是亲姐妹,因此彼此的亲缘系数要小于 0.75。另外,有很多种类在生殖时会产生大量的雄性后代,这也会大大降低雌性后代从帮助母亲中所获得的遗传利益,因为在单倍二倍性的物种中,姐妹间的亲缘系数与姐弟间的亲缘系数并不相等,前者为 0.75,而后者只有 0.50。因此,帮助母亲生殖姐妹比帮助母亲生殖兄弟能获得更大的好处。如果雌性后代能够左右母亲所生后代的性比率,或者雌性后代取代母亲靠自己产卵来产生雄虫,或者当母亲在生殖女儿而不是生殖儿子时才提供帮助,那么这种帮助无疑就会得到更大的遗传利益。

(4) 亲属识别。在各种蜜蜂和长足胡蜂属(*Polistes*)中,个体对于自己的近亲往往具有识别能力,对于亲属和非亲属能够区别对待。独居的膜翅目昆虫是不是也有这种能力还不十分清楚,但这是极有可能的。亲属识别能力可能是来自动物对自己的巢、卵和幼虫的识别(能区别于其他个体的巢、卵和幼虫)。在一些独居性蜜蜂中,确已发现它们具有这种能力(依靠化学信息)。人所共知的是,独居胡蜂和蜜蜂都普遍存在着种内寄生现象,这说明,自然选择一定会有利于雌蜂发展某种识别能力,以便能够识别出是不是自己的巢受到了其他个体的劫掠和寄生。如果亲属识别能力在独居蜂中是普遍存在的话,那这将是昆虫社会行为进化的一个重要的前适应,因为这意味着已有一种机制在起着作用,正是借助于这种机制,使亲缘关系较为密切的个体可以相互识别,并且可以有选择地在个体之间实行联合与合作,如果这种联合与合作对双方都有利的话。

4. 昆虫社会中的合作与冲突

前面我们着重谈了昆虫社会中个体间的联合与合作,但切勿忘记,个体间和两性间同时也存在着激烈的生殖竞争和冲突。实际上,互利和寄生之间的界限往往是很难划清楚的,例如:泥蜂(*Trigonopsis cameronii*)通常是由 4 只雌蜂合作共建一个泥巢,在这个公共泥巢中,它们各为自己的巢室贮备食物,但当猎物比较难得时,邻里之间常常会发生互偷猎物的事件。如果一个社会的各成员之间是一种始终如一的互利关系,那一定会产生一些特殊的适应,以便增进每个成员的利益。通过互利、亲缘选择和回报行为可以提高个体间的合作水平。在一个群体中,个体之间反复地相遇和存在于它们之间的密切亲缘关系也有利于合作行为的发生和发展。但是,群体内总是存在着由遗传所决定的冲突或斗争,另一方面,为了使社会能够正常运转,这些冲突又必须受到抑制。昆虫社会内部所存在的冲突总体来说有以下几个方面:

(1) 群体与群体之间。昆虫群体之间为了争夺筑巢地点、觅食区和职虫总是表现出强烈的竞争。例如:蜜蚁(*Myrmecocystus mimicus*)的一个群体通常起始于几个小群,每一个小群约有 2~4 只奠基雌蚁。单个雌蚁是难以单独建群的,因为它的巢和后代常遭邻近同种蚁群的袭击和劫掠。

(2) 王虫与王虫之间。在群体的早期发展阶段,蜂王(或蚁王)常为巢穴的控制权而展开激烈的竞争。当长足胡蜂(*Polistes metricus*)的巢穴较密集时,单个雌蜂所建的巢常常遭到侵占,因此通常我们所见到的都是由多个雌蜂共同建巢。巢被强占了的雌蜂要么作为一个从属个体与优势雌蜂生活在一起,要么离开自己的巢试图去接管另一个巢,也可能它会被工蜂杀死(像在小胡蜂属 *Vespula* 中那样)。

(3) 职虫与过量王虫之间。社会性昆虫群体内存在冲突的一个最经常的原因是存在多个王虫。多个王虫的存在比一个王虫多次交配更能降低职虫与其喂养幼虫之间的亲缘系数。一般说来,在多王的群体中,王虫死后将由其姐妹取代其位置,但是在单王的群体中,王虫死后是由职虫的姐妹取代其位置。前者将会使职虫的内在适合度受到更大损失。群体多王现象虽然很常见,但它几乎从不会形成稳定的多雌制,原因也正在于此。由多个雌虫共建的巢穴,在第一批后代成长起来以后,这些奠基雌蜂往往被无情的职虫杀死,王位将由一只有生殖能力的职虫接替(通常是在婚飞以后)。在很多种类的社会性胡蜂中,从属雌蜂也常被工蜂杀死或赶出蜂巢。这些观察表明:在抑制多雌性的发展方面,职虫起着重要的作用。

(4) 职虫与王虫之间。在很多种类的社会性昆虫中,王虫和有产卵潜力的职虫之间也存在着明显冲突,特别是当群体很大,职虫难以接触到王虫时。外貌似蜂王的工蜂往往比其他工蜂占有优势,并能与蜂王竞争产卵机会。在很多蜂类中,外貌似蜂王的工蜂往往受到蜂王的猛烈攻击,而由它产的卵常被蜂王或其他工蜂吃掉,但也会有一些幸存者。由于职虫通常是未交配过的,所以它们产下的卵是未受精卵,只能发育为雄虫。但是在少数几种蚂蚁和蜜蜂的一个亚种中,失去王虫的职虫能以孤雌生殖的方式产出双倍体的卵,从这些卵中将能孵化出雌虫。但有时职虫也能进行交配,戕螱蚁的工蚁具有能吸引雄蚁的特殊腺体,它一旦完成交配后便回到自己的出生巢中产卵。在由多雌共建的巢穴中,已受精的从属王虫往往继续留在巢中,其行为相似于职虫,但偶尔能够产卵。有很多种类简直让人难以分辨出哪些个体是王虫,哪些个体是职虫。

(5) 职虫与职虫之间。职虫之间也常常为竞争产卵机会或为争夺一个更有利于继承王位的位置而发生冲突。有一种小家蚁(*Leptothorax*),工蚁中往往存在着一个永久性的优势等级,优势个体比从属个体能得到更多的食物,因此卵巢也发育得更好,甚至在有蚁王存在的情况下,它们产的卵也能占到22%的比例。在职虫通常是不育的高等社会性昆虫中(如蜜蜂和蚂蚁),职虫产卵现象也时有发生。在一个蜜蜂亚种(*Apis mellifera capensis*)中,产卵工蜂的大颚腺能生产蜂王信息素,这会使它得到蜂王的待遇,并有抑制其他工蜂产卵的作用。

不同种类的社会性昆虫,其群体的组织结构与合作程度是不同的。在蜜蜂中,工蜂负责为蜂王、雄蜂和工蜂建造大小不等的巢室,并控制着蜂群资源的使用,整个蜂群的日常生活运转似乎完全不需蜂王干预。但是在比较原始的种类中(如在地下建巢的集蜂 *Lasioglossum*),蜂王需直接参与蜂群的日常管理,如不断激励工蜂去工作,把工蜂带进一个需要贮备食物的巢室等。如果蜂王不在,工蜂就几乎什么事也不干。长足胡蜂(*Polistes*)的蜂王常常攻击那些不积极工作的工蜂并迫使它们离巢去觅食。在所有的社会性昆虫中,移走王虫都会引起群体内的迅速变化,并导致从职虫中产生出少量王虫。如果把东方胡蜂(*Vespa orientalis*)的蜂王从蜂群中拿走,工蜂就不再去照料幼虫,并能引起工蜂间发生战斗和工蜂产卵。这说明,蜂王的地位是靠抑制周围工蜂的生殖来维持的。蜂王抑制工蜂的方法在有些种类中是靠化学物质,在另一些种类中则是靠侵犯行为。在一些多雌制的胡蜂中(如长足胡蜂),较大雌蜂的优势度是按直线排列的,一旦蜂王死亡或消失,接替其王位的将是优势度排在第二位的雌蜂。在所有的社会性昆虫中,王虫的存在及其所分泌的化学物质对社会生活都起着重要的控制和协调作用。

七、鱼类

在变温脊椎动物中,没有任何种类的社会行为能像腔肠动物的群体和全社会性昆虫那样复杂,鱼群可能是最明显的一种社会行为了。生活在开阔水域的一些鱼类的结群行为有助于减少每条鱼遭到捕食者攻击的风险,因为鱼单个活动时很容易被捕食者捕食。鱼类结群活动的其他好处还包括:可增加寻觅呈斑块状食物资源的能力;因有领头者而能节省运动的能量消耗;还能增加找到配偶的机会(图11-9)。鱼类的其他社会行为还有亲代保卫营巢区域和仔

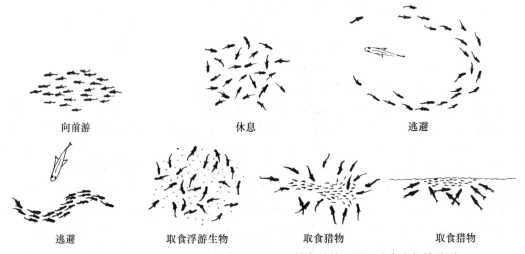

图11-9 在开阔水域鱼群中的成员将依据环境条件的不同而改变它们的队列

一般说来,在鱼群休息或摄食时,鱼群的组织就会变得较为松散,行为也会变得更为个性化

鱼。有些种类的鱼还独占一个领域并表现出一系列的领域行为,其中雄鱼对巢区和卵的保卫起着关键作用。南极海有一种鱼表现有非亲合作行为,即提供合作与帮助的个体不是受益者的双亲,例如,如果雌鱼死亡或消失,一条非父本雄鱼就会担当起护卵的工作,显然这是一种利他行为,因为这条雄鱼刚好是这些卵子生父的可能性微乎其微。

八、两栖动物和爬行动物

两栖动物和爬行动物虽然尚无证据证明它们具有复杂的、个体间有分工的社会组织,但它们却表现出很多复杂的社会相互关系,这些关系大都与保卫领域和获得配偶有关。少数两栖动物表现有亲代抚育行为。在青蛙和蟾蜍的越冬期和生殖鸣唱期往往会形成很大的群体。牛蛙(*Rana catesbeiana*)的雄蛙在生殖鸣唱期常常在池塘中建立并保卫一个个体领域,而怀卵的雌蛙会进入这个领域并被雄蛙抱握进行体外受精,于是雌蛙产出的卵就留在了这一领域中。交配大都是由少数个体较大的雄蛙完成的,因为产在大雄蛙领域中的卵有更大的孵化成功率(图11-10)。在大雄蛙领域中,水深、水温和基底性质往往最适合于卵的发育,而且可以避开天敌水蛭的攻击,后者主要是取食产在小雄蛙领域中的卵。有些雄蛙是采取偷袭的交配策略,它们不是靠鸣唱吸引雌蛙,而是呆在一个大雄蛙的领域内,待雌蛙进入大雄蛙领域尚来不及与大雄蛙交配时便突然将其拦劫强行交配。其他雄蛙则依赖机遇,它们从一个特定的地点发出鸣叫声,其行为与占有领域的雄蛙无异,但当受到挑战和干扰时就会逃到另一个地点重新开始鸣叫。

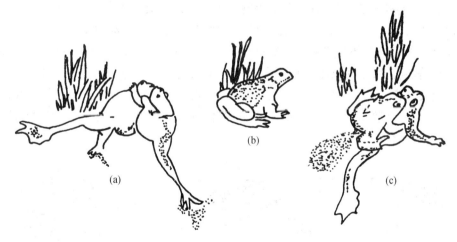

图 11-10

雄牛蛙靠战斗(a)和鸣叫(b)争夺优质领域,而雌牛蛙喜欢在优质领域内产卵(c),因为卵在优质领域内的孵化率较高

很多种类的蜥蜴在生殖季节也占有和保卫一个领域,在种群密度很大时,领域现象可能会消失,但优势等级将得到发展。在安乐蜥(*Anolis aeneus*)的一个雄蜥领域中常常生活着几只雌蜥,而这些雌蜥至少会在三个层次的优势等级中进行排位。爬行动物的亲代抚育行为不太发达,但鳄类和眼镜王蛇除外,雌鳄在生殖育幼期间通常会建立和保卫一个巨大的巢穴。幼鳄出壳后不久就会被雌鳄带到水边。鳄目(Crocodilia)是爬行动物中亲代抚育最发达的类群,如普通鳄、钝吻鳄、凯门鳄及其他鳄,共有21种鳄都把卵产在巢内并对其后代加以保护,其中的7种鳄营造较为原始的洞穴巢,而其余的鳄(包括马来鳄、凯门鳄和钝吻鳄)则利用树叶和其他

植物残屑建筑冢巢。冢巢不仅可把卵抬升到水面以上,而且还可以借助于腐败作用产生的热量加速卵的孵化。眼镜王蛇(*Ophiophagus hannah*)的雌蛇在生殖期间不仅筑巢,而且对一切入侵其巢区的动物都加以攻击,所以对人也特别危险。由于在爬行动物中蛇类的社会行为是最不发达的,所以眼镜王蛇的这种独一无二的行为是非常引人注目的,也使眼镜王蛇成为未来最有价值的研究物种之一。

九、鸟类

很多种鸟类在取食和夜宿时都形成很大的群体,鸟类的生殖群体也组织得很完善,但大多数鸟类在生殖期间都是单独占有领域,即使是那些在群体中生殖的鸟类也不像社会性昆虫那样有明确的分工。鸟类最复杂的社会行为主要表现在生殖合作中,而生殖合作的两种类型是公共巢(communal nesting)和在巢中当帮手(helper-at-the-nest)。

1. 公共巢

杜鹃科(Cuculidae)鸟类,是最知名的巢寄生(nest parasitism)鸟类,它们把卵产在其他鸟类的鸟巢中并让其他鸟类养育自己的后代,寡妇鸟(*Tetraenura regia*)也是一种巢寄生鸟,图11-11是一对寡妇鸟正在观察寄主鸟(*Granatina granatina*)的筑巢过程,雄鸟(长尾)正在将雌鸟的注意力引向寄主鸟的巢位,不久之后寡妇鸟的雌鸟就会把卵产在寄主鸟的巢中。但严格说来,巢寄生鸟与其寄主鸟共用一巢并不属于真正的公共巢(communal nesting)。只有极少数鸟类是集体营巢的,即同时有几只雌鸟在同一个巢中养育幼鸟。分布在南美洲热带地区一些种类的犀鹃(杜鹃科犀鹃亚科)在进化上表现出了一系的过渡类型,有一种犀鹃(*Guira guira*)是集体营巢的或者是分成一对对地营巢,而另一种较大的犀鹃(*Crotophaga major*)则总是集体营巢。以上两种犀鹃的鸟群都是由一对对的个体组成的。另一种细嘴犀鹃(*Grotophaga ani*)的交配体制是混交制,由几只雌鸟共同养育一窝小鸟,这种犀鹃的领域行为已由一对成鸟保卫一小片领地发展为由一群成鸟保卫一片公共的取食地和筑巢区。群体防御与斑块状的环境条件有关,如在草原上散布着一片片相互隔离的树林。此外,小种群繁殖和遗传隔离也与这种生殖合作类型的进化有关。

图11-11 一对巢寄生的寡妇鸟(左,上雄下雌)正在注视着寄主鸟(右)筑巢

1988年，S. L. Vehrencamp研究了哥斯达黎加的沟嘴犀鹃(*Crotophaga sulcirostris*)，她发现在成鸟之间存在着激烈竞争，大多数的繁殖群是由两对成鸟组成的，与优势雄鸟配对的雌鸟通常是到最后才把它的卵产在公共巢内(图11-12)并常常把在此之前雌鸟产的卵扔出巢外，而这些雌鸟通常是与从属雄鸟(subordinate male)配对的。大多数的孵卵工作和全部夜间的孵卵工作都是由优势雄鸟完成的。虽然优势雄鸟留下的后代最多，但它也付出了较多的代价，因为夜间孵卵时遭受天敌捕食的风险最大。

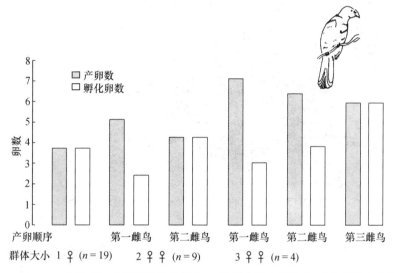

图11-12 由1~3只雌鸟组成的犀鹃公共巢中，不同雌鸟的产卵顺序、产卵量和卵的孵化率

2. 在巢中当帮手

鸟类中最常见的一种生殖合作形式是非双亲个体帮助一对生殖鸟喂养它们的后代。松鸦(又称樫鸟)是美洲鸦科(Corvidae)鸟类中的一个类群，其社会性的表现程度各不相同。加州丛林松鸦(*Aphelocoma coerulescens*)是比较典型的一种，由双亲共同占有并保卫一个领域和喂养幼鸟，没有帮手鸟。另一种叫松果松鸦(*Gymnorhinus cyanocephalus*)，它具有集体营巢的行为，但个体领域行为不发达，这可能与食物供应的不可预测性有关。参与集体营巢的成鸟甚至可多达200对，每一对生殖鸟只在自己巢的周围保卫一个很小的空间，群体成员都在密集的鸟群中取食。而斯泰勒松鸦(*Cyanocitta stelleri*)和蓝松鸦(*C. cristata*)则属于中间类型，它们不属于集体营巢的鸟类，但具有广泛重叠的和不加保卫的巢域(home ranges)。与典型的丛林松鸦的另一个不同之处是虽然每对成鸟都占有一个家庭领域，但喂养幼鸟和保卫领域除了双亲之外还有帮手鸟(图11-13)。

佛罗里达松鸦(*Aphelocoma coerulescens*)的帮手鸟在帮助喂养后代和保卫领域方面确实发挥了很大的作用。据研究，具有一个或多个帮手的一对亲鸟所养育的幼鸟数明显多于那些没有帮手的亲鸟(表11-1)。据分析，带回巢的食物总量在有帮手和无帮手时差异并不大，由帮手鸟带回的食物大约占带回食物总量的30%，因此帮手鸟的主要作用是减轻雏鸟双亲的劳累和生殖投资并能提高它们的存活机会使其未来能产生更多的后代。帮手鸟的另一种作用是增强警惕性并借助于激怒反应(mobbing)保卫鸟巢免受蛇类的侵害。

图 11-13　蓝松鸦的一只帮手鸟正在喂食巢中的雏鸟

它还帮助雏鸟的双亲保卫雏鸟，使其免受蛇的侵害

表 11-1　佛罗里达松鸦的帮手鸟对一对亲鸟生殖成功率的影响

年份	松鸦对数		每对出巢幼鸟平均数($\bar{x}$)		每对成活幼鸟平均数($\bar{x}$)	
	无帮手	有帮手	无帮手	有帮手	无帮手	有帮手
1969	2	5	0	2.6	0	2.0
1970	8	8	2.0	3.5	1.3	1.8
1971	6	19	1.3	2.1	1.0	1.2
1972	13	17	0.3	1.6	0.1	1.1
1973	18	10	1.3	1.8	0.4	1.1

墨西哥松鸦(*Aphelocoma ultramarina*)生活在由 8~20 只个体组成的鸟群中，其中有 2 对或更多对的生殖鸟，它们的雏鸟由群体中所有成员喂养，雏鸟的双亲大约只提供雏鸟所需食物的一半。J. L. Brown (1981)通过长期连续观察发现，群体中除了双亲及其子女外还有祖父母、叔叔、婶和表兄妹等，还曾在一个群体中发现孙子在帮助其祖父喂养后代。

其实在很多鸟类中都有帮手鸟的存在，如阿拉伯鹛(*Turdoides squamicaps*)和灰冠鹛(*Pomatostomus temporalis*)等。为了验证灰冠鹛的帮手鸟是不是真的能起帮助作用，J. L. Brown 及其同事曾把帮手鸟从灰冠鹛的生殖群体中全部移走，结果发现未移走帮手鸟的自然对照群平均能养育出 2.8 只幼鸟，而移走了帮手鸟的实验群平均只能养育出 0.8 只幼鸟(图 11-14)。但帮手鸟的确能提供帮助的证据并不能说明帮手鸟从中会获得什么好处以及为什么它们不去繁殖自己的后代而是留在巢中当帮手。这些问题后面将会讨论。

十、哺乳动物

鸟类主要是一雄一雌的交配体制，而哺乳动物大都是一雄多雌制或母兽与其子女共同生活在一起。在哺乳动物的几乎所有目中都有一些种类发展出了复杂的社会组织,尤其是在有袋类、食肉类、有蹄类和灵长类动物中,它们大都属于母系社会组织,母兽常常是同子女中的雌性后代(即女儿)生活在一起。以母兽为核心,群体中除了有其女儿外,常常还有其姐妹和侄女等。由于是一雄多雌制,而且雄性个体在达到性成熟时就会离群外迁,因此群体中的成年雄兽往往与同群的其他成年个体没有亲缘关系。

栖息在相对开阔生境中的哺乳动物往往具有最复杂的社会关系,它们结合成群体主要是有利于防御捕食者的攻击并借助于群体领域保有生存所必需的各种资源。虽然非双亲个体带回食物帮助喂养幼兽的现

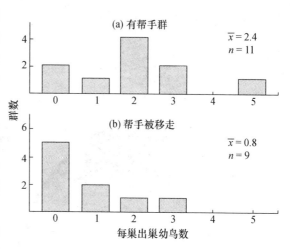

图 11-14 从灰冠鸦生殖群中人为移走帮手鸟对其生殖成功率的影响

(n 为鸟群总数,$\bar{x}$ 为每巢出巢幼鸟平均数)

象不是很常见,但在社会性食肉类哺乳动物中是存在的,例如狮群中的雌狮是共同喂养幼狮的;从属个体的狼常常把食物反吐给优势个体的狼及其幼崽。非洲的条纹獴(*Mungos mungos*)通常是几只雌獴同时把幼崽产在一个公共巢穴中并共同喂养它们的后代。虽然倭獴(*Helogale parvula*)是一雄一雌制的,但它们也生活在由大约 10 只个体组成的群体中,其中属于从属雌獴的生殖往往受到抑制,这与狼群很相似。这些非生殖雌獴的主要工作是保卫巢穴、将捕到的昆虫喂给幼獴,甚至为优势雌獴的后代哺乳(J. P. Rood, 1980)。

家鼠和白足鼠等啮齿动物也可能建立公用巢穴,巢穴中包含几窝不同年龄的幼鼠。裸鼹鼠(*Heterocephalus glaber*)是所报告的第一例全社会性(eusocial)哺乳动物。J. U. M. Jarvis(1981)从裸鼹鼠的洞穴系统中活捉了 40 只裸鼹鼠,然后在实验室的人工洞穴系统中对它们进行了长达 6 年的研究。裸鼹鼠的群体中存在不能繁殖的成年雄兽和成年雌兽,它们就是所谓的工兽等级(worker caste)(对应于工蚁而言),其工作职责是喂养群体中唯一的生殖母兽及其所产后代。另一个非工兽等级有助于维持幼兽的体温,该等级的雄兽与生殖雌兽交配繁殖后代。裸鼹鼠属于全社会性哺乳动物的标志是成年个体合作育幼;存在生殖等级,而非生殖个体喂养和服侍生殖个体;子代协助双亲养育自己的同胞弟妹。

亚洲的很多种灵长类动物都形成很大的多雄群,在护幼方面虽然实行合作,但不会给其他个体的后代喂食和哺乳,喂养后代完全由双亲承担。群体无脊椎动物和全社会性昆虫所特有的分工现象,至今尚未在任何灵长类动物中观察到(图 11-15)。但在很多灵长类动物中都有明显的社会行为,例如在猕猴(*Macaca mulatta*)中最高顺位的雄猴控制着整个猴群,由于它的保护可使猴群免受外来猴群的挑战,同时它还通过介入猴群内部成员之间的争斗而减弱群内冲突。由于学习和早期经历对决定灵长动物的社会结构起着很大作用,所以灵活性或易适应性是灵长动物与其他哺乳动物群体的一个主要不同之处。虽然亲缘关系对灵长类动物社会关系的建成是很重要的,但是非亲缘个体之间的结盟和友谊关系也十分重要。

图 11-15　多种多样的灵长类动物

(a) 食虫目的树鼩,灵长类起源于类似树鼩的食虫目动物;(b) 菲律宾的跗猴;(c) 马达加斯加的环尾狐猴;(d) 南美洲的卷尾猴;(e) 亚洲的猪尾猕猴;(f) 长臂猿;(g) 黑猩猩

第二节 社会生活的好处和代价

一、问题的提出

华盖蛛(*Holocnemus pluchei*)的母蛛在抱卵一定时间以后,幼蛛就会从卵壳中孵出,在此后的4或5天,幼蛛会呆在母蛛的网上,但过了这几天,每只幼蛛都会面临两种可能的选择,即要么织一张自己的网,要么移到另一只较大蜘蛛的网上去生活。虽然一张网上可以有多达15只蜘蛛共同生活,但在大多数网上都只有两只蜘蛛。幼蛛所面临的这种选择绝不是一件容易的事情,因为它涉及群体生活的好处和代价的问题。移到其他蜘蛛网上生活的幼蛛,由于网的主人个体大、竞争力较强,因此移入者所能得到的猎物要比独立建网的幼蛛少。甚至有些选择群居的幼蛛还存在被网主人吃掉的风险。既然如此,那么为什么有些幼蛛还要选择与其他个体共用一张网而不去织造一张自己的网呢?首先,织网要付出很大的代价,据估计,幼蛛必须用5天捕捉的食物才能补偿建网的能量消耗,而在幼蛛的生活中5天并不是一个无足轻重的短时间。当幼蛛选择在其他蜘蛛的网上营群体生活时,它们就不需要抽丝织网了,实际上是免除了建网所付出的代价。简言之,华盖蛛营群体生活的好处是节省了蛛丝,代价是减少了食物收益。

从上面对华盖蛛的简要介绍中不难看出,动物从社会生活中既能得到好处,又要付出代价。下面我们将从更广的整个动物界的情况出发概括地谈一谈动物的社会生活都有哪些方面的好处,同时又要付出什么代价,这实际上是属于动物行为的利弊分析研究法。

二、社会生活的好处

我们将动物社会生活的好处概括为以下几个方面。

1. 减少环境或气候因素造成的损害

白喉鹑(*Colimus virginianus*)在严寒条件下群居个体的存活概率比独居个体的存活概率高,这种好处将会导致白喉鹑群体的形成,但不一定会形成有组织的社会群。

2. 防御捕食者

先觉个体能较早地发现捕食者并发出报警鸣叫,另外可借助于激怒反应和集体防御使捕食者难以得手。实例包括岸燕(*Riparia riparia*)、地松鼠(*Spermophilus beldingi*)和草原犬(*Cynomys* spp.)。在捕食动物发动的每一次攻击中,生活在群体中的个体比单独生活的个体沦为攻击牺牲品的可能性较小。

3. 群居动物比独居动物更容易找到配偶

例如:生殖群体在昆虫和一些脊椎动物中是很常见的,在生殖群体中很容易找到配偶。

4. 群体动物的觅食成功率较高

集体狩猎能使捕食者杀死或捕获比自己更大的猎物。哈氏隼(*Parabuteo unicinctus*)是以家族群的形式狩猎的,每天清晨,家族成员先是聚集在一个地点,然后分成几个由1~3个个体组成的比较小的亚群,每个亚群轮流在家族巢域上空作短时间的巡视飞行。一旦发现一只野兔或其他啮齿动物,哈氏隼就会采用一种或同时采用三种狩猎方法。最常采用的一种方法是惊吓袭击,此时常常是几只哈氏隼从不同方向扑向野兔,将其驱赶到开阔地,即使野兔逃到了植物丛中,安全也是暂时的,因为此时哈氏隼会采取驱赶和伏击的狩猎对策,即由 1 或 2 只隼把野兔从植物丛中驱赶出来,然后靠等在附近的其他家族成员将其捕获。最少采用的一种狩猎方法是轮班追击,即对野兔进行持续追逐,但领头隼是不断轮换的,直到将野兔捕获或杀死。捕获的猎物将由家庭全体成员共享。哈氏隼靠群体狩猎可以捕获比自身重量大 2~3 倍的长耳大野兔(图 11-16)。

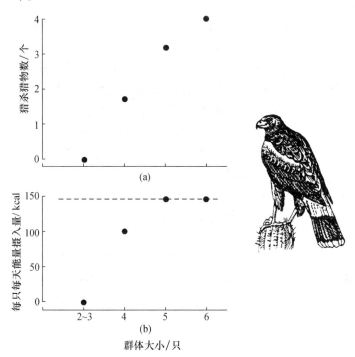

图 11-16　哈氏隼家族群的合作狩猎
(a) 5 或 6 只隼合作狩猎时最为成功;(b) 在由 5 或 6 只隼组成的群体中每只隼的平均能量摄入最多

　　试验表明,较大的鱼群比较小的鱼群能更快地找到食物。鸟类的集体夜宿地实际上是一个信息交流中心,当日觅食失败的鸟靠次日跟随觅食成功的鸟去寻食就常常可以找到食物。目前尚不十分清楚的是,觅食成功的鸟是如何被识别出来的,有可能是根据它们饱胀和塞满食物的嗉囊。

　　5. 保卫资源和抵制来自同种或异种个体的资源竞争

　　动物群体占有领域的现象是很常见的,在无脊椎动物中大群体比小群体有更强的竞争力。例如:苔藓动物门的一种苔藓虫(*Bugula turrita*)常在浅海带的岩石表面形成密集的群体,一旦群体形成就会强烈抑制和排挤另一种裂孔苔藓虫(*Schizoporella errata*)在这里的定居和生长,前者被后者取代的可能性很小。

　　6. 社会分工形成的竞争优势

　　在群体无脊椎动物和社会性昆虫中个体间存在着等级和明显的分工,它们与没有个体分工的群体相比总是占有一定的竞争优势。互惠共生(mutualism)也可说是两个物种之间的分工合作,如蚜虫为蚂蚁提供食物,而蚂蚁则保护蚜虫免受天敌攻击或寄生物的寄生。

　　7. 为后代创造一个更好的学习环境

　　这一好处对发育相对较慢的哺乳动物来说是很重要的,尤其是灵长类动物。对学习的依赖性给动物的行为提供了很大的变通性或可适应性,但学习也使得年轻个体在生理和心理方面对其他个体形成了长期的依赖性。

三、社会生活的代价

关于动物为社会生活所付出代价的研究并不多,最明显的代价有下面几个。

1. 资源竞争随群体大小的增加而增加

动物所竞争的资源包括食物、隐蔽场所和配偶等。在草原野犬(*Cynomys* spp.)中,每只犬与其他个体发生争斗的次数是随着群体大小的增加而增加的。在群体较大的黑尾野犬中发生攻击的频率比在群体较小的白尾野犬中更高。

宅泥鱼(*Dascyllus aruanus*)是一种小鱼,其群体相当稳定,大约由5~35条鱼组成,生活在澳大利亚大堡礁泻湖中的鹿角珊瑚之间(图11-17)。群体有严格的等级,每条鱼都有一定的排位,等级是按一条简单的规则划分的,即大鱼总是比小鱼占优势。这种等级分化影响着群体内的觅食方式。这种鱼总是迎着流过珊瑚的海水流截获漂浮在水中的浮游生物,个体较大的优势鱼通常是在水流的上游取食,所以食物刚一进入水流就首先被截获,而小的低质量的食物最终会落入小鱼之口。鱼群中的这种取食方法使小鱼和幼鱼的生长受到了限制,这也是群体生活加剧个体间食物竞争所造成的后果。

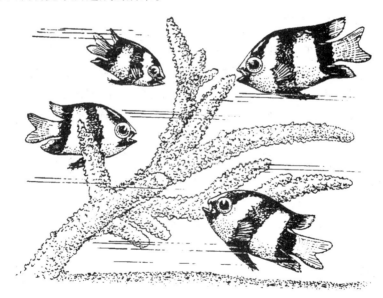

图 11-17　宅泥鱼的群体生活加剧了个体间的食物竞争
优势个体可优先获得漂浮在水中的优质食物,从而抑制着较小个体鱼的生长

2. 增加疾病和寄生物传播的机会

就草原野犬(*Cynomys* spp.)来说,群体越大其外寄生物(跳蚤、虱子)的密度也越大,跳蚤可传播腺鼠疫,而鼠疫的流行可造成草原野犬周期性地衰减,群体密度越大,群体成员死亡的风险也越大。同样,随着崖燕(*Hirundo pyrrhonota*)巢群的扩大,每巢吸血蠓的数量会增加,这将会导致雏鸟体重的减轻,而在被跳蚤寄生的巢中雏鸟的死亡率较高。

3. 容易发生错配

墨西哥蝙蝠(*Tadarida brasiliensis*)营群体生活,一群蝙蝠有时会多达几百万只,所以哺乳母蝠与其子女之间有时会发生错配(mismatche),据调查,大约有17%的母蝠哺乳的不是自己的子女。可以想象的是,当母蝙蝠捕到昆虫飞回洞内时一个最主要的任务就是试图在密集的幼蝠群体中找到自己的子女。

当群体很大时,雄性动物很难保护好自己的配偶或妻妾群不受其他雄性个体染指,因此它所养育的某些后代有可能不是自己的而是别人的,而雌性个体所养育的后代也有可能不是自己的。在营巢鸟群繁忙杂乱的活动中,一只雌鸟有可能没有注意到另一只雌鸟已来到自己的巢中并很快产下了一枚卵,这种错配实际上是属于种内巢寄生现象(intraspecific brood parasitism)。

4. 对生殖的干扰

例如非双亲个体的杀婴行为和亲代抚育中的欺骗行为。携幼的雌性白足鼠(*Peromyscus leucopus*)常常会攻击陌生的成年鼠,因为当母鼠不在时其幼鼠常常会被入侵的成年鼠杀死。影响雄狮外迁的原因之一就是保护它们的后代以免被新结盟的雄狮杀害。当新的雄狮接管一个狮群时,狮群中原有的幼狮几乎会被全部杀害。

第三节　动物的通讯及通讯方式

一、什么是通讯

狗难得会与狼一起生活,原因之一是狼通常是把狗看做是它们的猎物予以杀之,还有一个原因是,即使狗被狼群接受为自己社会的成员,不久之后就会发生通讯上的混乱,受害的仍然是狗。狼有各种行为能使它们彼此以复杂的方式进行通讯,在这样一种残忍而危险的动物群体中,必须保证信号不被错读,否则后果不堪设想,而狗却可能错误理解狼群发出的信号或者自己发出一个不适当的信号,导致自己无法在狼群中立足。

狼利用多种方法进行通讯并借助于各种感觉形式传递信息。竖尾是优势个体自信的标志,舔对方的口鼻突出部可能是从属个体发出的一种信号或幼狼的乞食动作。狼用尿的气味标记领域,发出嗥叫是一种威吓炫耀,嚎叫是对入侵者发出的警告。正如我们将会看到的那样,通讯现象是多种多样的,而且在动物界普遍存在。下面我们首先谈谈动物为什么要通讯以及通讯的各种方式。

二、动物为什么要通讯

通讯(communication)是指动物个体之间的信息传递并能导致信息共享,这种信息共享具有生存的适应意义。动物借助于通讯可把一个个体的内在生理状态等信息传递给另一个个体并引起后者做出适当反应。从蜘蛛的求偶活动中就可以看出通讯有多么重要了,黄金蛛科(Argiopidae)的雄蛛在求偶时总是在雌蛛的网上以特定的节律扯动蛛网,以此把自己的身份和意图告知雌蛛,否则雌蛛就有可能把它当成猎物吃掉,因为这种黄金蛛的雌蛛比雄蛛大,而且它所捕食的小节肢动物大小与雄蛛相似。如果求偶的雄蛛不能发出证明自己身份和求偶意图的信号就可能造成自身的死亡,因为雌蛛就是凭着求偶雄蛛发出的信号来区分求偶者和猎物的。

信息共享也能靠协调群体的活动而增加存活的机会,例如工蜂把蜜源方位和距离的信息传递给其他工蜂就可增加整个蜂群赖以生存的贮蜜量,从而能维持蜂群有较长时间的存活。

动物靠发送信号进行通讯,这些信号包括特定的姿态、动作、声音或化学物质等,它们都有一定的含义。信号的一个重要特征就是其陈规老套或不变的刻板性(stereotype),动物种群中的每一个成员都以极相似的方式发出同样的信号。人类的语言则不是这样,相同的意思在不同的人可以用极不相同的语言来表达,而动物的"语言"则经济得多,每一种动物都只有少量的信号和信息。一般说来,一种动物大约能发出15~45种信号或做出相同数量的炫耀(display),其中包括姿态炫耀、动作炫耀、声音炫耀和气味炫耀等。这些信号或炫耀大约可传递几十种信息。

动物的信号可以是离散的(discrete)也可以是渐进的(graded)。离散的信号或炫耀只涉及有或无,而与刺激的强或弱无关,例如不管呼叫是不是急迫的,电话的音量都是一样的。又如雄性克氏雀(Amadina fasciata)竖起羽毛并摆出一幅特有的求偶姿态,其表现无论何时都是很相似的,正如图11-18所展示的那样:低强度和高强度的求偶炫耀差异很小。

图 11-18 离散炫耀
雄克氏雀的低强度求偶(a)和高强度求偶(b),两者差异不大。(b)左是非求偶雄鸟,(a)右和(b)右是雌鸟

与离散炫耀不同的是,渐进炫耀(graded display)的强度是多变的,一般说来,一个特定信号的强度和持续时间是随着动物动机强度的增加而增加的。以猕猴(Macaca mulatta)的攻击炫耀为例,低强度的炫耀只是盯视对方;强度升级后便开始站立起来,但仍盯视着对方;最强的攻击炫耀是在盯视对方的同时张开口露出牙齿进行威吓,同时头上下摆动并用双手拍打地面(图11-19)。

图 11-19 猕猴的攻击炫耀是渐进的
(a)盯视;(b)继续盯视,但站了起来;(c)站立着盯视对方,同时张口露齿进行恫吓,头上下摆动,双手拍打地面

有时两个或多个信号组合起来可以表达一个新的意思,例如:母斑马面部的威吓表情是在与敌手相遇时出现的,但当这种面部表情出现时刚好它身体后半部贴近了一头公马并把马尾移向了一侧,此时母马面部威吓表情的含意就发生了变化,表达的意思是我已准备好了交配。

还有时某一特定信号在不同场合下会有完全不同的含意。例如蜜蜂(Apis spp.)蜂后所分泌的化学物质(trans-9-keto-2-decenoic acid)被护理它的工蜂带到蜂箱各处,其功能是抑制所有工蜂生殖腺的发育,以防蜂群中出现新的蜂后。但当蜂后在高空进行婚飞时,也分泌这种化学物质,在这种场合下,这种化合物的功能已经改变为促使雄蜂聚集在自己周围,也就是说,它已不再是一种蜂后抑制剂而成了一种性引诱剂了。

三、动物的通讯方式

通讯可涉及动物的任何一种感觉通道,包括视觉、听觉、嗅觉、触觉和电场等。每一种感觉通道都有其优点和局限性,正如我们将会看到的那样,某一特定信号所采用的感觉通道将决定于该种动物的生物学特点和所在生境以及该信号的功能。

1. 视觉通讯

视觉信号有两个明显的特性,第一是容易定位,如果可以看到信号,那信号发送者的位置就能确定。例如当雄性个体进行求偶炫耀以吸引配偶时,它所在的位置肯定是准确无误的,它的求偶对象不仅能够看到它,而且还能根据它所在的位置做出反应。第二是呈直线传递,速度与光一样快,炫耀一停止信号就会消失。

此外,视觉系统可以提供极为多种多样的信号,这些信号可被大多数动物所感受,其中包括光感信号、色感信号以及空间和时间格局信号等,这些信号都可因动物的运动和姿态而发生变化。

当然,视觉信号也有其缺陷或局限性,最明显的非常简单,如果看不到信号发送者,信号自然就会失效;视觉很容易受到障碍物如山脉和大雾等的阻挡,视觉信号在夜晚和黑暗处也无法起作用,当然陆地和深海的发光动物例外。此外,视觉效果会随着距离的增加而减弱,因此不能用于远距离通讯。雄性安乐蜥(Anolis auratus)在两种行为炫耀中都采取上下快速摆头的动作,其中一种炫耀叫挑战炫耀,用于领域的防御,领域主人会走到离入侵者几厘米处,然后侧身上下摆头,在这么近的距离内它的炫耀动作是很容易被入侵者看到的。另一种炫耀类型叫吸引炫耀,为的是吸引异性,炫耀时选择领域中最显眼的位置做上下摆头的动作,而雌蜥可能是在几米之外的地方。因此吸引炫耀与挑战炫耀不同的是,前者不仅摆头的速度更快而且有加速趋势,此外,前者的动作比后者也更为夸张,以便使雌蜥能在更远的地方看到它。

有些视觉信号实际是动物有标志意义的某些形态特征,如蜻蜓目蟌科(Coenagrionidae)的雄性黑翅豆娘,其翅的末端生有醒目的白斑,这是一种永久性的视觉标志,也是一种通讯信号,表明自己是雄性(雌豆娘翅上没有白斑)。还有一些动物在静止时极不醒目,但会突然把鲜艳的色彩展示出来以便传递信息。例如:雄性变色蜥的喉部有一块垂皮(dewlap),实际是从喉部垂下的皮肤皱,平时这个垂皮是看不到的,但当雄蜥求偶或保卫领域时,垂皮就会扩展为宽阔的平板状,非常引人注目。还有的信号标志(如动物的颜色)可随动物生理状态的改变而改变或是作为动物炫耀行为的一种形式。例如:裸鼻雀的雄鸟只有在生殖季节才会长出红色的羽毛。乌贼、章鱼以及很多鱼类在进行炫耀时常常会改变身体的颜色。

2. 听觉通讯

声音信号有很多优点,它可以传播很远的距离,特别是在水中。虽然它的传播速度比光慢,但仍然能较快地传递信息。声音的传递性质使信息的迅速交流和即时改变成为可能。信息发出后,信号就会消失,不留任何痕迹。声音信号还有一个优点就是当视觉不灵或受到限制时也能传递信息,如在黑暗中、在水中和在稠密的植被中。

每一个音乐爱好者都知道声音是极其多种多样的,它决定于音频(frequency)和音幅(amplitude)这两个变量的组合。动物在通讯中所使用的声音类型取决于动物的发声方法,有些声音是从呼吸器官发出的,呼吸系统的一些结构是专门用于发声的,如哺乳动物的喉和鸟类的鸣管。青蛙和蟾蜍把气囊或气室当共鸣器(resonator)使用,类似的结构常被各种鸟类和灵长动物所利用,如军舰鸟(*Fregata*)、天鹅(*Cygnus*)、吼猴(*Alouata*)和猩猩(*Pongo Pygmaeus*)等。环境也可被用来发出声音信号,如有些动物用脚踏地就是一种信号,野兔、鸟类和有蹄动物也把用脚踏地当做一种通讯手段。河狸用尾击水和啄木鸟用喙敲打树干也是在利用环境中的物体向同类发送信息。节肢动物身体各部分相互摩擦是发送听觉信号最常用的方法,例如蟋蟀就是利用双翅相互开合发声,其鸣叫就像音乐一样好听,这种发声方法就叫摩擦发声(stridulation)。

听觉通讯也有不足之处,声音容易受到干扰或容易因距离而失真,所以在远距离内只能传递最简单的信息。干扰不仅来自回声,也来自其他声音和环境共鸣。听觉通讯的主要缺点是发送信号需消耗很多能量,必须不断地发送,而且声音信号容易被天敌窃听,如蟋蟀的鸣叫会引来寄生蝇,青蛙的鸣叫会引来食蛙蝙蝠(图11-20)。采用听觉通讯的动物种类很多,除鸟类外还包括哺乳动物、爬行动物、两栖动物、很多鱼类、很多昆虫和大量海洋节肢动物等。

图 11-20 食蛙蝙蝠靠听青蛙的鸣唱来到雄蛙所在的池塘并将其捕获

声音可借助于空气、水和基质(substrate)进行传播。很多蜘蛛都是靠蛛网或其他基质的振动进行通讯的。鼹鼠(*Saplax ehrenbergi*)可利用地震信号进行通讯,它们用头撞击地下的基质以便产生震动信号。水黾的通讯也是靠在水面制造震动波。

3. 化学通讯

化学通讯是借助于动物的嗅觉和味觉进行的,用于通讯的化学物质通常叫信息素(pheromone)。信息素可能是原始生物最早利用的信号,它们可能是内激素的祖先或后裔物质,至少两者在生产方式和功能上很相似,主要差异是内激素是在动物体内传递信息,而信息素则是把信息从一个动物传递给另一个动物。同一种化学物质可以被不同的生物用于体内或体外。化学物质可能是最为常用的通讯信号了,即使是那些主要依赖其他方法进行通讯的动物也常常会利用分子信息。

化学通讯的好处是可在黑暗中进行并可绕过障碍物,它所传递的范围很大,在空气中至少可传递好几千米远。化学信号比较稳定,可维持很长时间,如鹿、狼和啮齿动物用于领域边界标记的各种信息素(图11-21)。化学通讯有比较长远的作用,即使信息素释放者长期不在现场也会起作用。化学通讯的另一个好处是信息素有较强的物种特异性,只有同种个体才能感受并做出反应,而其自然天敌则无法感受。

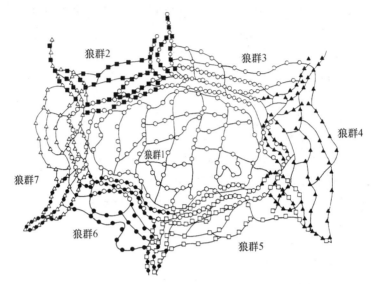

图 11-21　狼群的移动路线(线条)和气味标记点及其 6 个相邻的狼群领域
7 个狼群各用不同的标记符号表示,领域边界可被明显看出

化学通讯的缺点(依具体情况而定)是传递速度比较慢,分子越大扩散速度越慢,用于通讯的化学物质有可能很快消退,如未消退则有可能干扰后续信息。化学通讯还有一些特点值得注意,但与优缺点无关。例如:用于信息传递的各种化学物质(即信号)是分别由不同腺体生产和释放的,如黑尾鹿就有 6 种腺体分泌不同的信息素(图 11-22),而社会性昆虫分泌信息素的腺体就更多(图 11-23)。信息素的浓度不仅决定于腺体生产和释放量的多少,而且也决定于信息素随时间而发生的衰减,因为信息素分子逐渐分散到环境中去,而且其分子构型也可能发生变化。化学信号的持续时间、传送距离以及动物对其定位的能力部分地决定于所谓的 Q/K 比值,其中 Q 是释放速率,K 是动物对其做出反应的阈值浓度,性信息素的 Q/K 比值较高,而踪迹信息素的 Q/K 比值较低。

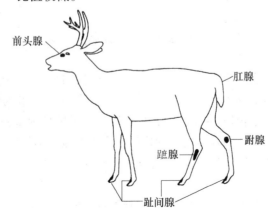

图 11-22　黑尾鹿生产信息素的腺体:包括蹠腺、肛腺和趾间腺等
来自蹠腺的气味可摩擦到身体其他部位如头前部,然后再摩擦到小树枝上,其气味也会留在地面或扩散到空气中

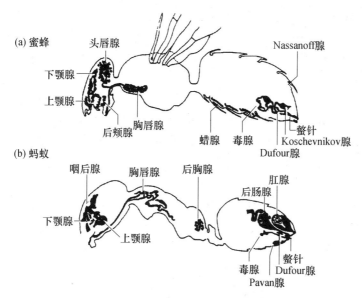

图 11-23　蜜蜂和蚂蚁生产信息素的腺体

有些腺体是不同种类所共有的,而另一些腺体则为一种昆虫所独有。Dufour 腺对踪迹的标记是很重要的

信息素的特性取决于它们的分子构成,主要构成元素是碳、氢和氧三种元素,例如昆虫的信息素通常含有 5~20 个碳原子(图 11-24)。报警信息素是属于相对分子质量比较低的信息素,其相对分子质量在 100~200 之间,这种信息素扩散的速度很快,但缺乏物种特异性,只能传递少量信息,其信息量只是简单地报告"危险!",这种低信息含量只需小分子就够了。另一方面,昆虫的性信息素需要传递较多的信息,有较强的物种特异性,所以其相对分子质量较大,一般是在 200~300 之间。相对分子质量较高的性信息素能更有效地吸引异性,至少昆虫是如此。但分子大小的发展也是受到限制的,因为分子越大,生产和贮存所消耗的能量也越多,而且大分子传播的有效距离比较短。用于领域标记的信息素往往也是大分子,这样可维持较长的存留时间。

最著名的性信息素是由雌性蚕蛾(*Bombyx mori*)分泌的,0.01 μg 的分泌量就有很强的性吸引功能,这种信息素靠风传送到雄蛾那里,当雄蛾触角上的感觉毛感受到这种信息物质后就会逆风飞行找到释放性信息素的雌蛾。

启动信息素(primer pheromone)是靠改变受体的生态状况和其后的行为而缓慢起作用的,在社会性昆虫中,蜂后就是借助于启动信息素控制蜂群中其他雌蜂的生殖活动的。例如:蜜蜂(*Apis mellifera*)的蜂后就是靠从上颚腺中分泌的几种化合物来确保它是蜂群中唯一有生殖能力的个体。这种信息物覆盖于蜂后整个身体表面,但在头部和足部浓度最大。信息素在蜂群中的散布大都是借助于伺候蜂后的工蜂的活动进行的。这种信息素可防止工蜂把能发育为蜂后的食物喂给幼虫,从而防止了新蜂后的产生,同时这种信息素还能抑制工蜂卵巢的发育使其不能产卵。蜂后一旦死亡,这种抑制物质便不再生产,于是新蜂后就会产生。蚂蚁也和蜜蜂一样,蚁后可抑制工蚁的生殖过程,而且是利用启动信息素实现这种控制的。

脊椎动物也能生产启动信息素并以各种方式影响生殖活动。在存在合作育幼的脊椎动物群体中,启动信息素有助于雌性个体产仔同步化。在另一些群体中,优势个体往往是优先占有

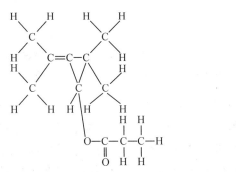

图 11-24 三种昆虫的性信息素分子结构
其中碳原子含量分别为 16,18 和 11 个

和利用育幼所需要的资源,因此从属个体如果能在资源竞争最弱的时候产仔就能养育较多的后代。在很多哺乳动物中,启动信息素对于调节青春期的开始时间、排卵时间和动情期是很重要的。如果把几只雌鼠养在一起,那么雌鼠发出的气味就会对生殖周期产生干扰。4 只雌鼠养在一起就比单独饲养更容易出现类似妊娠的激素条件。如果把更多的雌鼠养在一起,它们的动情周期就会发生紊乱,甚至停止。在摘除嗅球使其闻不到其他雌鼠气味的情况下,上述效应就不会发生。雄鼠尿的气味对全雌群的这些效应也有压制作用,例如:雄鼠气味可诱发雌鼠的动情周期并使其保持同步,并使其在闻到雄鼠气味的几天内终止排卵。一只陌生雄鼠的气味对雌鼠妊娠的影响甚至更大,它可终止雌鼠的妊娠使胚胎流产。产生这些影响的雄鼠尿的气味是具有物种特异性的并决定于雄性激素的存在。

4. 触觉通讯

很多动物的通讯是靠身体接触,显然,触觉信号只在短距离内才起作用,有时所传递的信息很简单,只是表达自己的优势,如一只处于优势地位的狗常常把它的前足搭在一只从属个体的背上。但接触通讯也能传递复杂的信息,如蜜蜂的侦察蜂可借助于舞蹈把蜜源地的方位和距离告诉蜂箱中的同伴,这些同伴在黑暗的蜂箱中虽然看不到侦察蜂的舞蹈动作,但它们可用触角触摸侦察蜂并跟随它移动。

灵长动物的梳理行为(grooming)属于一种特殊形式的接触通讯,如猕猴(*M. mulatta*)等。通常认为自我梳理(self-grooming)的最初功能是护理皮肤,但个体之间的相互梳理即社会梳理

(social grooming)的功能又是什么呢？Maria Boccia 曾比较了自我梳理和社会梳理的几个方面，包括梳理部位的选择、梳理持续时间和梳理方法（如抚摸或挑拣）等。她认为，如果自我梳理和社会梳理的功能都是讲卫生的话，那它们在这些方面的表现就应该是一样的，但实际两者在每一个方面的表现都不相同。所以她得出的结论是：对社会梳理来说，护理皮肤不是最重要的功能。梳理行为所传递的信息是随着梳理部位的不同而不同的，被梳理猴所做出的行为反应也决定于它身体的哪个部位受到梳理，如果是身体的后部受到梳理，它的反应很可能是离开梳理者。总之，在身体的 5 个部位每个部位受到梳理时都会引起特定的行为反应，靠近和离去是这一连续反应的两个极端。

一般说来，触觉通讯有以下三个重要功能：① 相互喂食，即把食物从一个个体传递给另一个个体，常常是口对口。在很多社会性昆虫、一些鸟类和少数哺乳动物中有相互喂食现象。这种相互喂食都是由接触信号引发的，例如有些昆虫是靠口器的互相碰撞，鸥类则是靠幼鸥啄击双亲的喙。② 引发梳理行为，当然梳理行为本身也是靠接触传达多种信息。③ 靠紧密接触被其他个体携带和运送，有些动物尤其是社会性昆虫常常靠咬住另一个体的颈部而被携带和传送。

触觉通讯的优缺点很难同其他通讯方式进行比较，显然，它的主要制约因素是需要个体间的直接接触。触觉通讯可以被看成是一种震动觉（vibration sense），有点类似于零距离的听觉。由于触觉通讯是身体的直接接触，所以不像听觉那样需要专门的发送和接受信息的器官，动物身体表面的任何部位几乎都可用于与其他个体进行接触或碰撞。大多数动物的身体表面都有大量的触觉感受器，所需要的只是让这种接触具有传递信息的功能并不断得以进化，换句话说就是，触觉信号必须具有能被解读的特定含意。

5. 电场及电通讯

在热带淡水中有两类亲缘关系相距很远的鱼类能够发出电信号用于定向和交流信息，这就是南美洲裸背鳗科（Gymnotidae）的裸背鳗和非洲长颌鱼科（Mormyridae）的长颌鱼。电信号是由专门的发电器官产生的，而在大多数种类电器官均由肌肉衍生而来，只有一些裸背鳗的电器官是来自于神经。当正常肌肉细胞收缩时或当神经细胞产生脉冲时就会产生弱电流。在电器官中经过改造的肌肉细胞或神经细胞也能产生弱电流，但因为它们是成堆排列的，所以产生的电流比较强。当电器官发电时，电器官所在的鱼的尾端相对于头端就会瞬时转变为负极，这样在鱼的周围就会产生一个电场（图 11-25）。该电场是电信号的基础，借助于电场形状、放电波形和放电频率的改变以及信号从发送者到接受者之间的时间格局就可以产生多种多样的信号，甚至停止放电也是一种信号。

电鱼发出的电信号大体可分为两类。长颌鱼和一些裸背鳗发出低频短暂的脉冲，另一些电鱼则发出高频持续的电信号（图 11-25 中 B）。电信号可被鱼皮肤内专门的电感受器所接受。那么电信号有些什么特征呢？当电器官放电的时候电场的产生是瞬时的，一旦放电终止，电场就会消失，因此电信号所传递的信息往往可以快速转变如攻击意向。电信号一旦离开了发送者便不再能增殖（propagate），但它可以以电场的形式存在于发送者周围。由于电信号不能再增殖，所以它的波形（waveform）就不会在传播过程中变形失真，因此电信号的波形是识别发送者的一个可靠线索，而且不同的波形可以用于不同的信号。据研究，虽然对一个特定个体来说电信号的波形通常是固定不变的，但在雌雄个体之间和不同物种之间常常是不同的。在电鱼的生活环境中极适合用电信号进行通讯，因为这两类电鱼通常是在晚上活动并生活在混

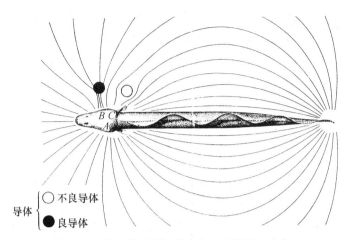

图 11-25　电鱼借助尾端发电在身体周围形成电场

鱼体周围物体会使电场发生变化,这种变化可被皮肤内的电感受器所感知,在 A 处的电感受器的活动正常,
在 B 处活动增强,在 C 处活动受抑制

浊和可视性极差的热带河流和溪流中。电信号可以绕过障碍物并能不受引起水体混浊的悬浮物的干扰。但电信号只有在短距离内才能起作用,起作用的距离大约是 1～2 m,具体要视水的深度和通讯双方的相对位置而定。电信号的有效作用距离短实际上是一个优点,因为这些鱼常常结群生活,而群体有时由几种鱼组成,一旦有很多个体同时发出电信号,那么较短的作用距离就会有助于减少电"杂音"。

电鱼利用电信号可以传递其他生物利用其他通讯方式所传递的相同信息,例如电鱼通过放电可以相互威吓或表示屈服。有些电鱼的雄鱼不仅可以借助于电信号向对方表明自己的性别和种别,而且还可借助于"唱"电求偶歌向雌鱼求偶。有一种电鱼(*Eigenmannia virescens*)的雄鱼还可利用放电的间歇保卫它们的领域和向雌鱼求偶。此外,电信号还是促使鱼类形成集群的机制之一,至少在一种长颌鱼(*Marcusenius cyprinoides*)中是如此。

6. 震动通讯

动物的有些通讯信号是借助于环境基质的震动形成的,如地面和水面的震动,这样的信号就叫震动信号,例如:生活在茂密的热带雨林中的细趾蟾(*Leptodactylus albilabris*),其雄蟾是用足捶击地面或其他固体基质从而引起震动,并以此向雌蟾发出求偶信号的,而雌蟾则可感受到这种地动。鼹鼠(*Georychus capensis*)通常是单独生活在地下洞道中,雄鼠常在与雌鼠相邻的洞道内用后足捶击洞壁发出特殊的震动并以此向雌鼹鼠求偶。

震动信号可比声音信号传播得更远,因此非常适合于进行长距离通讯,特别是在视觉通讯受到障碍物影响的地区。在上述的细趾蟾和鼹鼠两个实例中,它们所生活的地方视觉通讯都难以发挥作用。

击打水面也能产生略有不同的震动信号,它引起的是水面的涟漪和细浪。例如:雌性水黾只有在接受到雄水黾发出的击水求偶信号后才会与雄水黾进行交配。水黾通常是用足击打水面产生一个特殊的涟漪,当雌水黾靠近一只向它发出召唤的雄水黾时,后者就会转而发出求偶震动信号,此信号可激发雌水黾进行交配和排卵。雄水黾还常常靠制造另一种形式的水面震动来保卫它的信号发送地点,当这种警告并不能使入侵者撤退时就会向它发起直接攻击。还有其他种类的一些水黾如 *Limnoporus* spp. 和 *Gerris* spp. 也是靠发出水面波动信号进行求偶和保卫领域的。

四、动物通讯的代价

迄今为止人们对动物通讯所付出的能量代价研究甚少,动物为视觉通讯所付出的能量代价尤其不清楚,而且也难以测定,但听觉通讯是大家公认便于研究的一种通讯方式,因为它很容易记录下来以供分析和测定。可让动物在特殊的装置中进行鸣叫,同时借助于测定其耗氧量推算其能量消耗。动物鸣叫除了会付出生理的和能量的代价之外,还很容易使自己暴露在各种天敌(捕食者、竞争者或寄生物)面前。动物发声从能量利用的角度看其效率是很低的。

最近对昆虫鸣叫和青蛙鸣叫的能量效率所作的测算表明,其能量利用率约为1‰~2‰,最多为3‰。动物发声的这种低效率显然是由声音的传播性质决定的,而且声音信号还必须不断发出和重复进行,此外发声器官的摩擦也会损失一部分能量。

尽管动物发声的能量效率很低,但它们仍能发出令人难以置信的强音,例如小蛙、蟋蟀、蝉和螽斯在距其1~50 cm的范围内,其叫声强度可达到90~120 dB,保持这种声强的持续发声甚至可损伤人的听力。显然这种效率不高的声音输出就必须有极大的能量输入,各种研究都表明:正在鸣叫的青蛙和昆虫其代谢率比静止时要高4~20倍,有些雄蛙在鸣叫时所消耗的能量约占其同化能量的86%,每天可使体重减少1%以上。有些昆虫鸣叫1~2小时体重就会下降2%~3%,昆虫鸣叫的能量消耗与飞行的能量消耗很接近。

动物发声器官及有关肌肉的发育、代谢和运行都会消耗很多能量,例如:专门支配雄蛙发声的肌肉可占到身体总重量的15%,而同种雌蛙相应的这些肌肉只占总体重的3%。

动物听觉通讯(鸣叫发声)的非生理代价也很大,例如:某些青蛙鸣叫个体因吸引捕食者而造成的死亡率估计为每小时1%或更多,而有些昆虫约为每个季节90%。

是什么原因致使动物花费这么大的代价去进行鸣叫呢? T. Burk(1988)认为是强烈的性选择所致,很多动物都是雌性个体选择雄性个体,蛙类也是这样,雌蛙通常会选择那些叫声最响、频率最高和叫声持续时间最长的雄蛙作配偶,这种选择显然会形成一种螺旋式的协同进化"军备竞赛",这种竞赛直到达到了生理和非生理消耗的极限时才会中止。

五、对动物通讯方式的选择压力

1. 形态和生理特征对通讯方式的影响

动物的通讯方式是由很多因素决定的,其中包括动物的形态特征、生理特点、行为特性以及动物所处环境的特征。这些因素决定着动物在通讯中使用什么信号以及什么信号能够最有效地传递信息。

根据信号发送者和信号接受者的解剖学和生理学就可判断出是什么感觉器官最可能用于通讯,因为动物发送信号必须要有相应的形态结构作基础。例如:蚂蚁为什么不利用声音进行通讯? 这无疑是与蚂蚁的形态学特征有关,因为蚂蚁没有相应的形态结构能够发出足够强大的声音让它们能在觅食范围内进行信息交流。同样,鲸类的形态结构也决定了它们不能像鸟类和陆地哺乳动物那样采用起毛或蓬松羽毛的方式进行炫耀。即使是身体大小这样一个简单的形态特征也能影响动物所采取的炫耀方式。首先,身体太小会限制动物对视觉信号的使用并有利于动物利用其他的感觉渠道。身体小在一定距离外就不再能看到东西,也难以被其他个体看到。正是蚂蚁的解剖学特征决定着蚂蚁在通讯中不太可能使用听觉和视觉信号,而

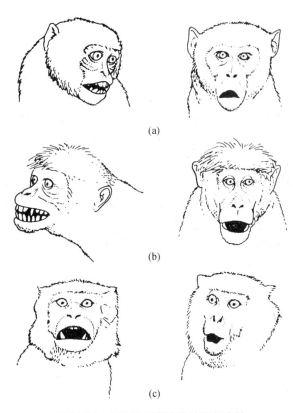

图 11-26　几种灵长类动物的面部表情
左为露牙威吓，右为张口威吓。(a) 恒河猴 (*Macaca mulatta*);
(b) 猕猴 (*M. radiata*); (c) 叶猴 (*Presbytis entellus*)

自然选择则有利于蚂蚁利用其他信号，如化学信号。其次，动物在通讯中一旦采用了视觉信号，其身体大小就会影响视觉信号的类型，例如：对灵长动物来说除了整个身体的动作和姿势以外，最常采用的两种视觉炫耀形式是面部表情（图 11-26）和身体一些部位的起毛。这两种炫耀形式的功能是相同的，但对这两种炫耀形式的进化选择作用将决定于身体大小，因为对小体型猴来说，竖起长毛比一个小型脸面的表情变化更容易在较远的距离被看到。因此中南美洲的小型灵长动物大都采用起毛进行炫耀，而面部表情则很少变化。大型猴类则刚好与此相反。小绢猴和小长尾猴的身体大小与松鼠差不多，它们的面部表情在一定距离以外就很难分辨了，但它们头顶和颈部簇毛的竖起却很容易被看到，所以这两种猴都生有丝状的长毛，使它们的起毛炫耀更为有效。虽然中南美洲猴与亚洲猴相比更加面无表情和一脸严肃，但中南美洲的大型猴（如卷尾猴 *Cebus*、蜘蛛猴 *Ateles* 和兔猴 *Lagothrix*）与小型猴（如小绢猴和小长尾猴）相比，面部表情还是比较丰富的，因为它们的脸面对于发送信号来说已经足够大了。

身体大小也能影响视觉炫耀的类型，这些炫耀大都与整个身体的动作有关，例如：小型个体往往比大型个体更为敏捷灵活，身体较小的物种与身体较大的物种相比也是这样。例如在鹭类和鸥类中，小型种类往往能在空中作非常灵巧的飞翔炫耀，而大型种类则往往不能。

信号接受一方的形态和生理特点对信号的设计也有非常重要的作用，自然选择将有利于那些容易被接受一方察觉和识别的信号，而且还与动物的感觉能力有关。例如：由于听觉感受器的不同，鸟类的鸣唱通常要比昆虫的求偶叫声更加旋律优美和婉转多变。与鸟类和哺乳动物的耳不同的是，昆虫的鼓膜不能区分音调（pitch）的差异，因此一只求偶的昆虫不是靠音调鉴别自己而是靠发声的节律，因此在由动物组成的交响乐团中，昆虫只能是打击乐器的弹奏者。此外，雄蛙（*physalaemus pustulosus*）发出的低频声常被用于吸引异性，因为雌蛙的感觉器官对这种低频叫声最为敏感。

有些信号更容易被信号接受者所识别，即识别出它们属于哪一类信号，如警戒色可帮助捕食动物识别出有毒的不可食猎物。此外，信号还应该容易被接受者记忆，尤其是当信号被用于评估信号发送者质量的时候，这是因为必须记住来自不同个体信号的质量并对它们进行比较才能从中选出一个质量最好的。

2. 行为对通讯方式的影响

动物的行为也能影响动物对通讯信号的选择,有些行为实在是太重要了,以致不得不中断通讯。显然,善于从一个树枝荡向另一个树枝的长臂猿不可能发展像大猩猩那样的捶胸炫耀。虽然在少数情况下通讯的重要性会迫使动物终止其他活动,但在大多数情况下动物在发送信号的同时仍不中断另一行为更为有利。有些感觉通道(如视觉)会使动物从事其他活动的自由度降至最小,信号发送者必须调动身体的主要运动器官进行炫耀,而信号接受者又必须专注于这些信号的接收而无法顾及其他活动。对于声音信号和化学信号来说则无此问题,这些信号对动物其他活动的干扰要小得多。

蚂蚁觅食类型与其招募信号性质之间的关系提供了一个很好的实例,说明一个物种的行为特征是如何影响信号类型的。招募信号极好地适应着每种蚂蚁所利用的食物,有些种类的家蚁(*Leptothorax*)专门搜食单一的大猎物如一只死甲虫,对于这样的猎物来说只需一个同伴的帮助就足够了,召唤这个同伴靠的是"tandem calling"。有些种类蚂蚁的侦察蚁在找到食物后便回巢,把采集到的食物反吐给几个同伴,然后从腹部的毒腺排出一滴召唤信息素(calling pheromone),受召唤者则用触角触摸召唤者的后足或腹部并被带领到食物所在地。

其他种类的蚂蚁(包括火蚁 *Solenopsis*)喜欢猎食比自己大得多的活昆虫,由于猎物很大,所以必须招募很多同窝蚂蚁,又由于猎物到处移动,所以必须指明猎物的新位置。已成功找到了食物的火蚁侦察蚁在回巢的路上不断排放踪迹信息素,其他工蚁则被其气味所吸引并沿着被标记的路线找到食物。找到食物后,它们在回巢的路上也会留下气味物质。这种招募方法非常适合于它们所利用的食物类型,首先,工蚁只有在发现食物时才会留下臭迹,因此化学物质的强度可作为食物丰盛度的一个指数。此外,在食物消失后的 2 分钟内,踪迹信息素就会消失掉,臭迹随即也会消失。又由于臭迹是自我挥发的,因此新老臭迹混淆的现象就不会发生。臭迹位置的这种变化有利于跟踪移动的猎物。

切叶蚁(*Atta*)和食种子的蚂蚁(*Pogonomyrmex*)通常是利用永久性的和可更新的食物资源,因此它们对通向食源的路线就需要作较为持久的标记,而它们所利用的招募信号也能很好地适应这种情况,例如:这些蚂蚁所排放的气味臭迹是属于长效的化学物质。此外,借助于切叶行为也能在它们行进的路线上留下持久的视觉信号。

3. 环境特征对通讯方式的影响

首先,作为环境因素的光对于动物的通讯方式有着明显影响,光线不足严重影响着动物的视觉炫耀,除非动物能够自己发光。在发光生物中,所发光的光色可能是增加光信号效率的一种适应,例如在北美萤火虫中。在 23 种于晨昏活动的种类中有 21 种发出的是黄色光,而在 32 种全黑暗的深夜活动的萤火虫中有 23 种发出的是绿光。因为在晨昏时绿色植被仍能反射出绿光,在这一背景下发出黄光更容易得到辨认。当然,夜晚并不是造成黑暗的唯一原因,在水环境中视觉通讯也会受到很大限制,因此在水环境中借助其他感觉通道进行通讯更为有利。在深海中,低频声的传播速度比光更快,因此鳁鲸怪异的叫声非常适合于进行长距离通讯,其叫声频率只局限在 20 Hz 上下的 3~4 Hz 的范围内,远在 1000~6500 km 处就能被听到,因此在巨大的海盆内,鲸可靠尖啸声与同伴保持联系。

在黑暗的水环境中,动物除了靠听觉进行通讯外还可利用化学信号和电信号进行通讯,例如鲇鱼生活在混浊的水体中,对个体的识别和个体状态的了解所依靠的完全是化学信息,这一点在后面讲通讯功能时还会详细介绍。此外,在混浊水体中进行通讯的另一种方法就是使用电信号,但利用电信号进行通讯只限于少数动物如南美洲的裸背鳗科(Gymnotiday)和非洲的长颌鱼科(Mormyridae)。

影响视觉通讯的除了黑暗以外还有障碍物,稠密的植被、高草,甚至浓雾和山顶的云都有可能使配了对的动物彼此看不到对方,但这种情况对某些鸟类影响不大,因为这些鸟类是靠相互交替的应答鸣唱保持联系的,可以想象的是这些鸟类的生活环境会使它们的视觉通讯受到限制。虽然在这种应答鸣叫或交替炫耀的进化过程中还可能会有其他的选择因素,但环境的特征和性质肯定是一个重要因素。

环境特征不仅能影响动物的通讯方式,而且能影响在特定通讯方式下所利用的信号类型,这可用来解释在蜜蜂的舞蹈语言中所存在的地方差异(图 11-27),或蜜蜂语言的方言土语。当侦察蜂发现了优质蜜源后就会飞回蜂巢把信息传递给其他工蜂,只要蜜源地与蜂巢的距离超过一定限度,侦察蜂就会跳 8 字摆尾舞(waggle),这种舞蹈可传递蜜源地方位和距离的信息。距离信息是被编码在侦察蜂走直线时的摆尾次数上,但在不同种类或不同品系的蜜蜂中,每次摆尾所代表的飞行距离是不一样的,那么为什么不同种类的蜜蜂语言会存在这些差异呢?

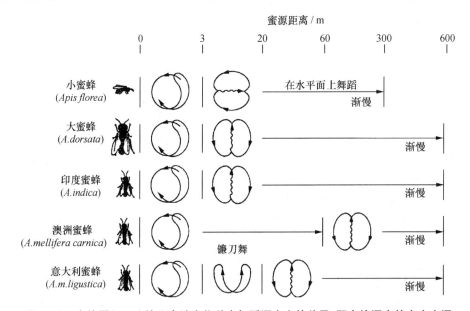

图 11-27 蜜蜂属(Apis)的几个地方物种在舞蹈语言上的差异,即蜜蜂语言的方言土语

原因之一可能是气候对蜜蜂觅食距离的影响,而觅食距离反过来又影响了蜜蜂语言的歧化。众所周知的是,严寒是决定蜜蜂群体冬季存活的关键因素,首先,工蜂是靠贮存蜂蜜的代谢产热来抵御寒冷的,同时靠牺牲群体外层的工蜂为整个蜂群提供隔热层。因此在越是寒冷的气候条件下蜂群就会越大,因为工蜂越多越有利于增加蜜的贮藏量,而且增大的蜂群会有更多的工蜂构筑较厚的隔热层。但蜂群越大对食物的需求也就越多,这就迫使工蜂不得不到离蜂群更远的地方去觅食,即不得不增加平均觅食距离。为了降低工蜂跳摆尾舞时的时间和能量消耗,自然选择将会有利于一次摆尾能表示更远的距离,虽然这样会降低蜜蜂语言的一些精密度。这就是说,工蜂每次摆尾所表示的距离是受平均觅食距离影响的,下面的观察支持了这一观点,即饲养在严寒地区德国的蜜蜂(Apis mellifera carnica)与饲养在温暖地区意大利的蜜蜂(A. m. ligustica)相比有较远的觅食距离和较大的蜂群,它们常常要选择较大的蜂箱定居。

六、蜜蜂的通讯行为

蜜蜂通讯涉及信号的发送和接收,也涉及信息的编码(encode)和解码(decode)。蜜蜂可以利用嗅觉、触觉、听觉和视觉感受器接收信息并进行通讯。在无脊椎动物中最为常见的通讯介质就是化学物质,即借助于嗅觉获得信息,但最为奥妙和奇特并为蜜蜂所独有的通讯方式就是借助于舞蹈传递蜜源地距离和方位的信息。这在整个动物界也是独一无二的。

1. 化学通讯

蜜蜂的嗅觉感受器可以使它们至少能区分和识别700种花朵的气味,并能识别很多种人工气味。每个蜂群都有自己独特的气味,当保卫蜂检查每一只返巢的采食蜂时即以这种气味作为是否放行的依据。蜜蜂除几种信息素外,还有至少3种专门感受水蒸气、二氧化碳和油酸的感受器。油酸是由死亡蜜蜂所发出的一种腐败的气味,工蜂嗅到这种气味后就会将死亡个体从蜂巢中移走并抛弃。死在蜂巢内的蜜蜂并不会被马上运出蜂巢,而是待它开始散发出油酸气味时才会被工蜂搬运走。搬运尸体的行为是工蜂嗅到油酸气味的一种本能反应。如果人为把油酸涂抹在一只工蜂身上,哪怕是一只蜂后,它也会被毫不留情地强行搬运到蜂巢外丢弃。当气味挥发完以后,它会再次被蜂群所接受。

同物种成员所发出的用于通讯的气味物质称为信息素(pheromones),蜂后可以发出很多种气味,其中至少有2种是信息素,人们最熟知的是(E)-9-氧代-2-癸酸(以下简称癸酸),它是由蜂后的大颚腺分泌挥发到空气中并涂抹在身上,待工蜂喂食和梳理它的身体时便被传递。与大多数化学信息不同的是,癸酸具有很多不同的效应:首先它可抑制工蜂卵巢的发育,防止工蜂产卵;其次是可吸引工蜂前来喂食和照料自己;再次,可抑制新蜂后的产生;最后是在婚飞期间对雄蜂有吸引作用。蜂后靠释放信息素把蜂群中大量的随机行为整合成井然有序的社会生活,当工蜂所接受到的癸酸数量明显减少时,它们便开始建造王室,以便培养新的蜂后。这种情况经常发生在蜂群发展得太大,使蜂后的信息素不足以到达和控制整个蜂群的时候,也可能发生在蜂群过度拥挤,以致在蜂后身边照料和喂养蜂后的工蜂不能将信息素传递到蜂群各处与所有工蜂共享时。在过度拥挤的蜂群中,王室的建造者很难有机会与蜂后身边的工蜂交换食物或嗅到它们的气味,这种情况将会诱发它们建造王室的行为,最终将会导致蜜蜂的分群。如果把蜂后从蜂群中拿走,使这种信息素的供应中止,那就会有更多的工蜂参与王室的建造工作。

工蜂至少有2种报警信息素,其中最有活力的是异戊乙酸(isopentyl acetate)。当蜜蜂被激怒的时候,这种信息素便会从螯刺腔中释放出来,异戊乙酸具有熟香蕉的气味,能招引其他工蜂前来一起发动攻击。经验表明,只有在蜂箱入口处附近的不当行为才能招致工蜂的攻击。工蜂一旦发动攻击,逃跑是无济于事的,因为蜜蜂的飞行速度是24 km/h,远比人的奔跑速度快。

工蜂分泌的另一种信息素是招募信息素,它是由腹部末端的Nasinov腺释放出的,当Nasinov腺外翻时就会释放出香叶醇(geranol)和其他化学物质。对其他工蜂来说,香叶醇是一种强有力的引诱剂。Nasinov腺只在下列情况下才会得到利用:当侦察蜂发现了优质蜜源地、水、蜂胶原料或一个极好的洞穴时,它就会让Nasinov腺外翻释放香叶醇。如果发现的是优质蜜源地,信息素就能把位于下风处的其他工蜂招引过来,这些工蜂通常在侦察蜂离开新蜜源地之前就能收到它发送来的信息并成功地到达那里。如果发现的是一个理想的洞穴,发现者就会在这个潜在的居住地内释放香叶醇,待发现者离去后,信息素就会缓慢地向外扩散,对其他工蜂具有较持久的吸引效应。

由 Nasinov 腺分泌的香叶醇信息素的其他功能还包括:当蜂巢受到干扰后对其进行气味标记。例如:当强风暴雨突然来临时,它们会贴近地面或落到地面,以便能找到一个避难场所等待暴风雨结束。在这种受干扰的情况下,外勤蜂就很难按时返回蜂巢。当干扰过去外勤蜂回巢后,它们常常会停留在蜂巢的出入口将 Nasinov 腺外翻并扇动翅膀,显然是借释放信息素引导那些仍在野外的同伴尽快回来。此外,当蜂后已完成婚飞交配返巢时,成群的工蜂会聚集在蜂巢入口处,将它们的气味腺外翻出来,以便引导已完成交配的蜂后安全返回。

蜜蜂还有一种用于在特殊情况下指导近距离定向的气味物质。有人发现,在改变一个蜂群的蜂巢入口位置后,最早采食回来的蜜蜂必须搜寻一会儿才能找到新的入口处,但当有几只蜜蜂成功地走完从原来入口到新入口的全路程后,后来的蜜蜂就能够不再搜寻,而是直接踏着它们的"足印"来到新入口处。目前这种"足印信息素"的化学成分还没有得到鉴定,它很可能是来自蜜蜂跗节内的安哈德腺。这种信息物质与蜜蜂通常存留在蜂巢及其附近和食物上的物质是相同的,它使得蜂巢和食物都具有吸引同巢伙伴的作用。

2. 声音通讯

蜜蜂能借助于摩擦翅肌而发出声音,如果双翅是处于折叠状态,所发出的声音是嗡嗡声,与飞行时发出的声音不同。蜜蜂在分群之前的声音通讯是人们所最熟悉和最典型的。王室一开始建造,蜂后便开始减食以准备即将到来的婚飞,期间有一个等待新蜂后成熟的时期。在正常情况下,蜂群在新蜂后开始化蛹后不久就开始分群。但是遇到坏天气时,分群就可能被推迟,以致会使新蜂后发育到了接近羽化的年龄。当新蜂后已发育成熟而分群又被坏天气延误时,老蜂后就会多次停下来,不断用胸部挤压蜂巢发出特定的声响,先是一个持续 2 秒的长音,接着是一个约 1/4 秒的尾音,这种声响可以引起整个蜂群的共鸣,所有的工蜂都会停在原地不动并振动双翅。养蜂人常靠人为地制造这种声响,来精确地统计工蜂的数量。

如果新蜂后已经发育到可以做出声音应答的年龄,它的应答声就会被整个蜂群感知到。这种应答是由大约 10 个短脉冲音组成的,意在告诉工蜂们:新蜂后必须被强制性地留在巢室中。工蜂的表现则是停在巢室上强烈地上下摆动腹部,这种信号有助于使老蜂后暂时先不离开蜂巢并抑制老蜂后产卵。

首次分群后,蜂后与蜂后之间的信息传递就显得更加重要,如果蜂群发展得足够大,最早出现的处女蜂后就会导致再次分群,此时其他的新蜂后可能即将羽化而出。工蜂发出的嘟嘟声和尖音有助于使尚未羽化的蜂后滞留在它们的巢室中,直到避开蜂后与蜂后相遇的危险。当再次分群完成后,下一个处女蜂后就会利用同样的机制找到蜂群中潜在的篡位者,并把它们一一杀死在巢室中,或与它们进行一场生死之战。

蜂后与蜂后之间借助于声音信息的传递,可使分群在最恰当的时间进行。但这些声音信号并不能直接引发分群。实际上,分群是由侦察蜂促成的,它们在蜂箱中到处猛撞,发出一种特有的嗞嗞声。除此之外,蜜蜂还能发出 2 种其他的声音,但它们都与下面将要谈到的舞蹈语言有关。

3. 蜜蜂的舞蹈通讯

蜜蜂的舞蹈是动物界独一无二和最令人感到惊奇的行为表现和通讯手段。Karl von Frisch 因终生研究蜜蜂的舞蹈语言而获得了诺贝尔奖(1973 年),他在从事蜜蜂舞蹈研究 20

年后所得出的结论是:蜜蜂的舞蹈动作包含着蜜源地距离和所在方位的符号信息,而其他被招募的工蜂就是利用这种信息去寻找新发现的花粉和花蜜产地的。

舞蹈是在蜂箱内蜂房的垂直面上进行的,当一只侦察蜂发现了新的高质量的蜜源地后,就会飞回蜂箱在蜂房的垂直面上跳一种舞蹈。如果蜜源地是在距离蜂箱 60 m 以内的短距离内(指澳洲蜜蜂 Apis mellifera carnica),它所跳的舞蹈就是圆圈舞(round dance)。由于蜂箱内是完全黑暗的,所以其他工蜂靠跟随侦察蜂和触摸侦察蜂而感受舞蹈所传递的信息。此外,侦察蜂所发出的振翅声对信息的传递也是不可缺少的。当被招募的工蜂领会了侦察蜂舞蹈的意图后,便会飞出蜂箱去寻找新的优质蜜源地,这种寻找并不完全是随机的,因为它们尝过了由侦察蜂反吐出来的花蜜,而且也嗅到了附着在侦察蜂身体上的气味,这种气味和味道能使它们识别和找到它们所要寻找的花朵。

如果侦察蜂所发现的高质量蜜源地离蜂箱的距离超过 60 m,侦察蜂回蜂箱后就会改跳一种摆尾舞(waggle dance),又称 8 字舞,这种舞蹈所传递的信息之一是蜜源地与蜂箱之间的距离大约在 60～600 m 之间。这一信息将被编码为:① 单位时间跳完一个完整 8 字舞的次数,即能完成几个 8 字舞周期;② 在 8 字舞 2 个半圈之间走直线时的摆尾频次;③ 舞蹈时的振翅发声频率。一般说来,蜜源地离蜂箱越近,舞蹈时(走直线阶段)的摆尾频次就越高,单位时间转圈次数就越多以及振翅发声频率也越高。飞往蜜源地所消耗能量的多少也决定着舞蹈的特点,当逆风飞行或沿山坡向上飞行时,舞蹈时的摆尾频次将会下降,舞蹈速率也会放慢。当飞到一个特定地点所消耗的能量较少时,侦察蜂回巢后的舞蹈就会变得更积极和更有活力。

对侦察蜂的招募能力所做的试验表明,虽然侦察蜂可以向其他工蜂传递蜜源地距离的信息,但这个蜜源地不是指一个很小的具体地点,而是一个分散着很多花朵的大的区域,被招募的工蜂飞到这个区域比飞到一个小的具体地点可以获得更大的收益,而且还可能发现侦察蜂尚未发现的新的食物资源。

蜜蜂的舞蹈不仅可以传递蜂箱与蜜源地之间距离的信息,而且还可以传递蜜源地所在方位的信息。当侦察蜂飞行在去蜜源地的路上时,它会记下蜜源地、蜂箱和太阳三者之间的相对位置(处于一条直线上或形成夹角),然后飞回蜂巢跳 8 字舞。跳 8 字舞时先走一条短的直线,一边走一边摆尾,然后向左绕半圈,回到原点后再重复走一次直线,接着又向右绕半圈,从而完成一个舞蹈周期。侦察蜂在跳 8 字舞走直线时,就会将蜜源地方位的信息表达出来。如果侦察蜂在跳 8 字舞时是垂直向上走直线(边走边摆尾),就表明只有直接朝太阳方位飞行才能找到新蜜源地;相反,如果侦察蜂是垂直向下走直线,就表明只有完全背着太阳飞行才能找到新蜜源地。在这两种情况下,蜂箱、蜜源地和太阳三者都处于一条直线上,前者是蜜源地位于蜂箱和太阳之间,后者是蜂箱位于蜜源地和太阳之间。如果蜜源地的位置向左偏离蜂箱与太阳连线 80°,则 8 字舞走直线的方向也会向左偏离垂直线 80°。随着蜜源地的位置向左(或向右)偏离蜂箱与太阳连线角度的变化,8 字舞走直线的方向也会向左(或向右)发生相应的变化。以上就是蜜蜂舞蹈的 2 种类型和它们所要传递的主要信息。总之,蜜蜂的舞蹈语言可以传递蜜源地方位和距离的信息,这是 20 世纪中期的重大科学发现,也是著名动物行为学家 Frisch 一生最重要的研究成果。

七、蚂蚁的化学通讯

信息素对蚂蚁社会的组织和正常运作起着关键作用。蚂蚁群体为了个体间交流信息,通常要使用 10~20 种通讯信号,其中大多数都是化学信号。在这方面研究得最好的是火蚁(*Solenopsis invacta*)。已知火蚁在总共利用的 16 种通讯信号中有 14 种是化学信号,它们主要是借助于化学感受器进行通讯。有人把工蚁比喻为一个到处移动的容器,其内包含着很多具有通讯功能的外分泌器官,这种形象的比喻很生动地说明了各种外分泌腺体及其所分泌的化学信息物质(信息素)在蚂蚁社会生活中的重要意义(图 11-28)。到目前为止,已经发现有 10 种以上的器官与化学信息物质的生产有关,其中有 6 种最重要的外分泌腺广泛存在于各种蚂蚁之中,其功能也是多种多样的,它们是杜氏腺(Dufour's gland)、毒腺(poison gland)、臀腺(pygidial gland)、腹板腺(sternal gland)、大颚腺(mandibular gland)和后胸侧腺(metapleural gland)。

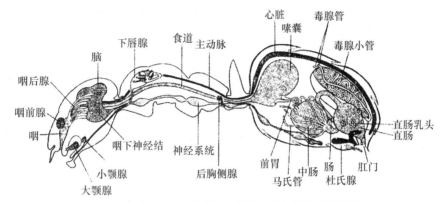

图 11-28 蚂蚁工蚁的主要内部器官及各种外分泌腺体

杜氏腺是一个小腺体,开口于螯针基部靠近毒腺出口处,它所分泌的化学信息物质至少与很多种蚂蚁的报警、招募和性吸引有关,这些通讯功能显然是膜翅目昆虫(包括蜂类)得以生存和进化的基本条件,尤其是蚁科(Formicidae)。毒腺通常是由成对的丝状腺体组成的,并盘绕成一个薄壁囊状体。蚁科的毒腺最发达,位于毒囊的背面,毒腺毒囊作为一个整体是相当大的,能分泌大量蚁酸。蚁酸是最简单的一种有机酸,是蚂蚁所特有的一种分泌物,是 1670 年从 *Formica* 属工蚁中分离出来的。毒腺的主要功能是生产蚁酸和生产用于捕食和防御的毒液。毒液的主要成分是蛋白质,它也是一种神经毒素和组织溶解剂或两种作用兼而有之。它能杀死小型无脊椎动物,对人也有刺疼作用,这种毒液在较为低等的蚂蚁类群中较为常见,如猛蚁亚科(Ponerinae)、蚁亚科(Myrmeciinae)、伪蚁亚科(Pseudomyrmecinae)、啮根蚁亚科(Dorylinae)和军蚁亚科(Ecitoninae)等。还广泛存在于切叶蚁亚科(Myrmicinae)的各个属中。在很多种类的蚂蚁中,毒腺中的一些成分都具有招募和报警的功能。至少在蚁属(*Monomorium*)和水蚁属(*Soltnopsis*)的蚂蚁中毒腺具有驱赶蚂蚁和其他节肢动物天敌的作用。

长颈蚁亚科(Dolichoderinae)种类的毒腺极其退化,由臀腺分泌的毒物部分地取代了毒腺的功能。臀腺位于腹部第 7 节的背板下,开口于第 7、第 8 背片的节间膜,臀腺能生产和释放报警信息素。例如:收获蚁(*Aphaenogaster albisetosus*)在凶猛的军蚁接近时会释放出具有强烈气味的报警物质,以促使蚁群成员进行转移和疏散。南美大头蚁(*Pheidole biconstricta*)的小工蚁的臀腺能分泌大量化学信息物质,用于化学防御和攻击报警。巴西蚁(*Pheidole embolopyx*)的大工蚁则能从臀腺排放报警信息素。

蚂蚁的腹板腺位于腹部后 3 节的节间膜下,在形态和功能上有着极大的多样性,有一种专门猎食白蚁(等翅目)的蚂蚁(*Paltothyreus tarsatus*),其腹板腺分泌的信息素既有招募功能,又有标记道路的作用。澳蚁(Onychomyrmex spp.)的腹板腺是一个单一的大腺体,开口于第5、第6腹板之间,其分泌物在其捕食期间和蚁群迁移期间有强力的"踪迹信息素"和"招募信息素"功能。切叶蚁亚科的腹板腺是最特别的,它是由一系列单个细胞构成的,这些细胞有小管通到腹板的外表面,其原始功能可能是为第7腹节分泌润滑剂,因为当蚂蚁抬起腹部向天敌喷射蚁酸时,其第7腹节必须转动。另一功能则是作为短距离的招募信号。

大颚腺是一对薄壁的囊状体,内有乙醇、醛和酮的混合物,腺管开口于口前腔的前缘。大颚腺的分泌物是多种多样的,包括有机硫化物、酮、吡嗪和水杨酸酯等,其功能主要是防卫和报警通讯。大多数蚂蚁同时具有这两种功能,但每种功能的相对重要性却因种类而有很大不同。少数蚂蚁的大颚腺很大,能产生大量有毒物质,但对其他蚂蚁的行为几乎没什么影响。另一些蚂蚁的大颚腺很小,但其分泌物中的一些成分能有效激活其他蚂蚁的行为。

后胸侧腺是蚂蚁独有的特征,依此可以把蚂蚁与其他所有的膜翅目昆虫区别开来。后胸侧腺是一个复杂的结构,位于并腹胸节的侧后角,每个腺体都是由一群腺细胞组成的,而每个细胞都有小管通入一个共同的膜质囊中,膜质囊再直接通向一个贮液腔并开口于体侧。后胸侧腺生产的信息素可用于识别同类和鉴别外来物种。水蚁(Solenopsis geminata)后胸侧腺的分泌物可用于标记领域。还有很多蚂蚁后胸侧腺的分泌物具有很强的杀菌功能,可防止微生物对身体表面和蚁巢的侵袭。例如:切叶蚁(Atta sexdens)后胸侧腺分泌物的一个活性成分是苯乙酸,具有强杀菌功能。举尾蚁(Crematogaster deformis)后胸侧腺的分泌物含有苯酚的混合物,包括蜂曲菌素,工蜂有节奏地释放少量这种混合物时有抗菌作用,但当它受到天敌攻击时会突然释放出大量分泌物,有强烈的趋避作用。

化学信息物质作为通讯信号的主要优点是它的制造和传递极为经济有效,在某些情况下化学感受器通过进化可对极小量的化学信息物质做出反应,甚至少数几个分子就能激活蚂蚁触角上的感受器,而且同一分子在构型上的微小差异(即同分异构现象)都能产生蚂蚁所能感受到的新的物理或化学特性。最值得注意的是所谓的旋光同分异构现象,即同一个分子可以有右旋(+)和左旋(-)两种类型,例如:4-甲基-3-庚酮是一种报警信息素,切叶蚁属(Atta)蚂蚁的工蚁对其天然的右旋异构体的感受性要比左旋敏感100~200倍。同样,收获蚁(Pogonomyxmex)也是对右旋的异构体更为敏感。

如此敏锐的感受性使得蚂蚁在任一特定时刻都只需要极小量的信息素,便能有效地完成通讯任务,这一点在踪迹信息素上表现得尤为明显,例如:在 Acromyxmex 属和 Atta 属切叶蚁的每只工蚁体内所含的踪迹信息素(4-甲基吡咯啉-2-羧酸盐)只有 $0.3 \sim 3.3$ ng(即 10^{-9} g),而另一种切叶蚁(Myrmica rubra)的工蚁体内信息素(3-乙酸-2,5-二甲基吡嗪)的含量也只有 5.8 ± 1.7 ng。人对如此微量的化学物质如不借助于精密仪器是绝对感受不到的,但对蚂蚁来说,就足以在个体之间准确无误地传递特定信息了。有人发现,美国德克萨斯州切叶蚁(Atta texana)的踪迹信息素用量极少,据估算,引导一个长可绕地球3圈的蚂蚁队列,只需要1 mg这种物质就足够了,真可谓效率惊人!

化学信息物质的主要缺点是消失缓慢。它与声音信号和视觉信号不同的是,蚂蚁在使用信息素时不能连续不断地和快速地传递许多信号。为了更换信号,蚂蚁就必须等待信息素完全消散或被风吹走。不过这种特性在一定情况下也会转变为优点。例如:当蚂蚁在利用群体气味、等级识别物质、报警信息素和踪迹信息素时,就需要化学信息物质能有较长时间的滞留。当蚂蚁在树干或地面川流不息地搬运食物的时候,它们总是沿着一条从蚁巢到食源地的固定路线来回走动,原来这是杜氏腺所分泌的踪迹信息素标记的道路。蚂蚁在外出觅食的时候,总是走一小段路就把一小滴踪迹信息素留在路上,这样,不管走出多远都不会迷路。一旦找到食物,便沿着原路回巢招募其他工蚁前去搬运。沿着这条道路来回走动的工蚁多了,踪迹信息素的小滴就会越来越多,渐渐便形成了一条宽达几厘米的气味"大道"。但是这条无形的道路只有蚂蚁才能辨识,人是无法辨别的。如果用新鲜泥土把这条道路覆盖,蚂蚁就迷失方向不知所措了;如果再用人工提取的踪迹信息素标记一条道路,那么蚂蚁就会沿着人工标记的道路前进。

蜜蜂和其他社会性昆虫也会用同样的方法"修筑"道路。无刺蜂在从新发现的蜜源地飞回家的途中,每飞行几米便从大颚腺中分泌出一滴信息素,这种分泌物迅速挥发,弥散在空中,这样就在新蜜源地和蜂巢之间架起一条空中的气味走廊,其他蜜蜂便会沿着这条无形的空中走廊直飞目的地,在无风的天气,这条空中走廊可以维持很长时间,直到逐渐弥散或被风吹走。

值得注意的是,蚂蚁的一个外分泌腺体常常可以分泌和释放出不止一种信息素,这些信息素的复合体及其各组成成分之间的比例变化常会使其功能变得更为复杂。最典型的例子就是小黄蚁(*Acanthomyops claviger*),虽然这种小黄蚁的毒腺只能产生用于防御的蚁酸,但肥大的大颚腺却能分泌多种信息物质(如萜类、醛和醇等),这些信息物质可同时用于防御和报警。在杜氏腺所分泌的烃类和酮类物质中,十一烷(undecane)是一种报警信息素,而其余成分则主要是发挥防御功能。

八、蚂蚁的视觉、听觉和触觉通讯

1. 蚂蚁的视觉通讯

很多蚂蚁都生有很大的复眼,不仅能看到东西,而且对移动着的物体特别敏感。美洲黑蚁(*Gigantiops destructor*)和非洲红蚁(*Santschiella kohli*)的眼覆盖着头部两侧的大部分。美洲黑蚁的工蚁远在几米以外就能看到人在走近它,并会迅速逃走。具有大眼的蚂蚁往往对于静止不动的猎物毫无反应,但猎物一旦移动,它就会马上追上去捕而食之。当褐蚁(*Formica lugubris*)的单个工蚁遇到一只猎物昆虫时,它会在猎物周围兜圈子,并释放信息物质招引同窝工蚁前去帮忙。

2. 蚂蚁的听觉通讯

蚂蚁有两种发声方法,即靠叩击或敲打物体发声和摩擦发声(stridulation),后者起通讯作用。蚂蚁发声主要有3种生物学功能:报警、召唤同伴以及蚁后为终止交配而发出的声音信号。栖息在树上的长颈蚁属(*Dolichoderus*)蚂蚁最常采用敲击发声,因为敲打木头比敲打土质地面能发出更大的声音。当木工蚁(*Camponotus herculeanus*)的巢受到惊扰时,工蚁就会剧烈地摆动身体并用大颚和腹部撞击身边的物体发出声音,声音能穿透木质的巢壁传播到几分米远处,声频最大值可达 4~5 kHz 并以每厘米 2 dB 的速率衰减。震动也是一个有效的信号,接到报警信号的工蚁会加快步伐迅速奔向震源所在地并攻击附近任何移动的物体。

摩擦发声是比敲击其他物体发声更高级、更进化、更专门的一种发声方式,为使发出的声音更加响亮,甚至专门形成了摩擦发声效果极好的发声器官,如蝉、蟋蟀和螽斯的发声器,它是由音锉(file)和刮器(scraper)两部分组成的。几乎所有的蚂蚁都能靠腹部上下运动,让锉与刮器相摩擦发出声响。有一种收获蚁(*Pogonomyrmex occidentalis*),其腹部向下摆动时会发出一种相对较弱的声音,可持续大约 100 ms,声频为 1~4 kHz。但当腹部向上抬升时又会发出另一种类似的声音,也可持续大约 100 ms,其声音更为响亮,声频约为 7~9 kHz。这些声频都处在人耳所能感受的范围之内。马克尔(H. Markl)的研究发现,切叶蚁(*Atta cephalotes*)发出的声音比收获蚁要响亮得多,在离收获蚁的大工蚁 0.5 cm 处可达到 75 dB。

蚂蚁的摩擦发声大体有 3 种功能:① 至少对切叶蚁来说,摩擦发声是一种地下报警系统,当蚁群的一部分被坍塌的蚁巢埋没的时候,切叶蚁常采用这种报警方法。接到报警后,不同等级的工蚁所做出的反应有很大不同,大工蚁(兵蚁)无动于衷,就像什么事都没发生一样,而中工蚁则积极前去参加挖掘抢救工作。当收获蚁(*P. badius*)被镊子夹住或被压在一个物体下面的时候,也会发出报警鸣叫声,声音信号通常会与大颚腺分泌的报警信息素一起发挥作用。② 年轻的蚁后在交配期间常利用摩擦发声作为结束交配的信号。当贮精囊已被注满精子的时候,会尽力摆脱雄蚁的追逐,有利于及早结束婚飞并开始新蚁巢的奠基工作。这种声音信号是绝不会在求偶期间发出的,因为它不利于雄蚁发现和选择配偶。③ 有些种类的蚂蚁,如黑长蚁(*Messor* spp.)、*Aphaenogaster* 属和 *Leptogenys* 属的蚂蚁等,摩擦发声有助于增强信息素的效力,这些信息素的作用是把同窝工蚁召唤到食物所在地和新的营巢地。

通常在植物、朽木、枯枝落叶中和松软的地面物质中营巢的蚂蚁没有摩擦发声器官,因为在这些地方声音传送的效果不好。

3. 蚂蚁的触觉通讯

触角主要是接收信息而不是发送信息,蚂蚁用触角触摸同伴的身体主要是嗅闻对方的气味,而不是向对方传递消息。

用触角和前足探摸其他工蚁的身体通常是一种邀请或招引行为,探摸后会马上转身沿着事先排放的信息素踪迹一前一后地列队行进,把同伴引领到食物所在地或新巢址。

两个个体口对口的交哺现象(trophallaxis)也是一种触觉通讯。所谓交哺,是指液体食物从一只蚂蚁的嗉囊传送到另一只蚂蚁消化道的交换过程。寄生在蚁巢中的隐翅甲(*Atemeles pubicollis*)和其他巢寄生昆虫能诱使工蚁把食物反吐给它们,尽管这些巢寄生物的长相与蚂蚁完全不同,这表明一定存在某种简单的技巧能诱使工蚁把体内的食物反吐出来。有趣的是,赫尔多布勒(B. Hildobler)在试验中用头发尖触碰 *Myrmica* 属和 *Formica* 属工蚁身体的某些部位,结果也取得了让工蚁把食物反吐出来的效果。对这些刺激最敏感的工蚁正是那些刚吃完食物并急于寻找同伴与其分享嗉囊中食物的工蚁。为了能得到反吐的食物,受饿工蚁常常用触角或前足轻轻敲击饱食工蚁的身体,这样就会使后者转过身来面对发出求食信号的同伴并把食物反吐出来。轻轻地和反复地触碰工蚁的下唇也会促使工蚁把食物反吐出来。

4. 蚂蚁的报警通讯

蚂蚁的大多数报警信号都是多元性的,常常涉及两种或多种信息物质,这些物质还可能同时有报警、招引和诱发攻击行为的作用。同一种信息物质常常是既有驱赶天敌的作用,又有向同伴报警的功能,这就是大多数蚂蚁所具有的报警-防御系统。属于此类的信息物质包括香茅醛(citronellal)、框素(dendrolasin)、硫酸二甲酯(dimethyl sulfate)和十一烷(undecane)。有些外分泌物质可能是纯防御性的,如有些蚂蚁所分泌的蚁酸(formic acid),也有些分泌物可能只具有通讯功能,尤其是那些极微量的分泌物。用于报警通讯的大量信息物质很可能也具有防御功能,同样,用于防御的很多信息物质也可能同时具有报警功能。

各种各样的外部刺激都会引发蚂蚁的报警通讯。震动、气流都可能对蚁群形成干扰,如果刺激足够强烈,甚至会诱发整个蚁群的搬迁,这些刺激还会诱发蚂蚁突然释放出大量报警信息素。当蚂蚁的天敌接近蚁洞的时候,就更可能引发蚂蚁的报警通讯。观察证实,只要有一只火蚁接近大头蚁(*Pheidole dentata*)的巢穴,大头蚁的小工蚁就会发出报警信号,并召唤兵蚁前来迎敌。黑大头蚁(*P. desertorum*)和褐大头蚁(*P. hyatti*)也有类似反应,当凶猛的军蚁接近巢穴时,工蚁便会发出紧急报警,以便使蚁群及时撤离。

相对说来,攻击报警(aggressive alarm)是较为简单的一种报警通讯行为。当地中海蚁(*Acanthomyops claviger*)受到严重威胁时,它会做出强烈反应,把大颚腺和杜氏腺贮液囊中的分泌物释放出来。附近的其他工蚁也会很快做出反应:触角上下摆动好像是在探索什么东西,同时把大颚张开并到处走动,接着便朝报警方向迅速跑去。处在几毫米以内的工蚁在接到报警的几秒钟内就会做出反应,而处在几厘米远的工蚁则需1分钟或更长的时间才能做出反应。试验证实,这种蚂蚁所释放的报警信息素是萜烯、烃和酮。十一烷和大颚腺分泌物(全是萜烯)在分子浓度为 $10^9 \sim 10^{12}$ 个/cm^3 时就会引起工蚁的行为反应。每种信息素在每只工蚁体内的含量都在 44 ng(44×10^{-9}g) ~ 4.3 μg(4.3×10^{-6}g)之间。在试验中,释放同等数量的人工合成信息素也能引发工蚁做出同样的反应。显然,地中海蚁的报警通讯完全依赖于这些信息素,该报警系统有助于工蚁快速去救援 10 cm 以内的一个受难的同伴。工蚁发出的求救信号(信息物质)在无后续发送的情况下,通常会在几分钟内消散。

与地中海蚁血缘关系很近的田蚁(*Lasius alienus*),其蚁群比较小,通常是把巢建在石块下或地面上的一块朽木中,这样的筑巢地点能使它们在受到严重干扰时很容易从巢中逃出来,因此它们也和地中海蚁一样能产生易挥发的信息物质,其中主要成分是十一烷。当田蚁的工蚁嗅闻到这种信息物质时,就会急匆匆地四散而逃。与地中海蚁相比,田蚁对十一烷更为敏感,十一烷的分子浓度只要达到 $10^7 \sim 10^8$ 个/cm^3,田蚁就会做出行为反应。因此,田蚁具有早期报警系统,常采用疏散和撤离的方式应对外敌入侵。

第四节 动物通讯的功能

一、识别物种

动物的有些行为,特别是侵犯行为和生殖行为,只有针对的是本种个体才有意义,如通过交配不能产出有活力的正常后代就是一种时间和能量的浪费,否则这些时间和能量就可用于保卫一个领域,防止其他个体与自己争夺资源和配偶,这种竞争通常在同种个体之间表现最为强烈,因为只有同种个体的资源需求最相似。因此对一个动物来说能够识别出与自己同种的个体就显得十分重要。当有很多近缘物种共同生活在同一地区时,物种识别就会变得十分重要,例如在只有大约 56 m^2 的一小片海滩上(相当于 1/4 网球场大小)就可能有 12 种招潮蟹(*Uca*)在求偶。尽管有这么多种招潮蟹拥挤在一起,但雌蟹总能准确无误地选择本种雄蟹作配偶,这是因为虽然所有招潮蟹的雄蟹都是用挥动大螯的方式向雌蟹求偶的,但每一种雄蟹挥动大螯的细节都有本种的特点,各不相同(图 11-29 和 11-30)。招潮蟹求偶炫耀的这些种间差异很容易被辨认出来。

青蛙和蟾蜍的性行为与物种辨认之间的关系也很明显,雄蛙靠发出本种所特有的叫声吸引雌蛙,这种叫声有宣告自己所属的种别、性别、生殖状态和所处位置的多重功能,相当于在说"我在这里,请过来与我相会"。几种青蛙的雄蛙往往一起鸣叫形成所谓的合唱,而雌蛙则必

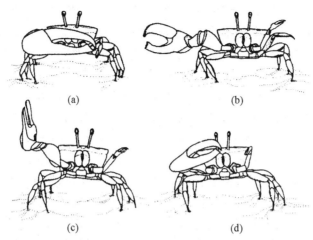

图 11-29　招潮蟹(*Uca rhizophorae*)靠挥动大螯向雌蟹求偶

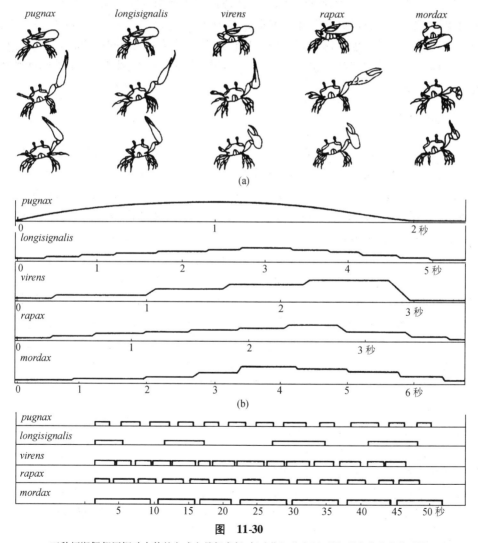

图 11-30

五种招潮蟹都用挥动大螯的方式向雌蟹求偶,但动作细节有所不同,具有物种的特异性

须从它们中间选择一只与自己属于同一物种的雄蛙。雌蛙的选择通常是在夜间进行的,这样就更为困难一些,因此自然选择就会有利于那些能将物种更明确区分出来的叫声。这种选择作用对于生活在同一地区的近缘物种来说最为明显,例如在澳大利亚东南部有两种雨蛙(*Hyla ewingi* 和 *H. verreaux*)生活在同一地区的一些地方,虽然这两种雨蛙发出的都是一种颤音(trill),即一系列快速重复的声脉冲,但在它们的异域分布区两种雄蛙的叫声极相似,雌蛙难以辨认它们,但在两种雨蛙共同存在的同域分布区内,两种雄蛙的叫声就有了明显差异,与各自在异域分布区的叫声相比,*Hyla ewingi* 的叫声偏慢而 *Hyla verreaux* 的叫声偏快,因此在同域分布区内雌蛙很容易觉察出两种雄蛙在叫声速度上的差异并准确地走向本种雄蛙的所在地。

鸟类也是把叫声作为判断是不是本种成员的一个重要依据,例如:鹟就靠听叫声识别是不是本种成员的,因为它们要保卫自己的领域不允许同种个体侵入。有人曾在一种鹟(*Myiarchus crinitus*)的领域内安放各种鸟类的标本并借助于安放在其下的扬声器播放每种鸟类的叫声,这些鸟类包括黄腹鹟、鹪鹩、黄鹂和赤眼绿鹃等。结果发现,这种鹟除了不能忍受本种鹟的叫声外,其他鸟类的叫声甚至入侵都能忍受。任何标本或模型只要发出本种雄鸟的叫声,它就会受到攻击,不管它们的长相如何,外貌像不像本种鸟。这表明,这种鹟对同种鸟的识别靠的不是外貌而是叫声。活鸟也好,标本鸟也好,只要它们的叫声不属于同一物种它们就能和平共处。当一只标本鸟发出的鸣声与领域主人的叫声相同时它就会受到攻击,直到扬声器播放的叫声发生改变为止。

二、识别社会等级

在社会性昆虫中,等级(caste)是指在形态和行为上专门适应于完成某一特定工作的个体群。社会中的每一个成员都会亮明自己所属的等级,以便能使其他个体对自己做出适当的反应,例如蜜蜂的蜂后是靠分泌信息素表明自己的王虫身份。这些信息素除了可抑制其他雌蜂发育为蜂后外,还可诱使工蜂给它喂食和清洁身体。蜂后的特殊优势是由三种化学物质所赋予的,即由上颚腺所分泌的两种有机酸(trans-9-keto-2-decenoic acid 和 trans-9-hydroxy-2-decenoic acid)和由螫针基部腺体所分泌的另一种物质。这些信息物质是借助于喂食工蜂接触蜂后身体时传递的,并通过工蜂间相互交换食物时而迅速传遍整个蜂群。

在社会性膜翅目(Hymenoptera)昆虫中,雄虫(如雄蚁和雄蜂)也是一个等级,如在蜜蜂(*Apis* spp.)中,雄蜂对蜂群唯一的贡献就是在婚飞(nuptial flight)中与蜂后交配,并为蜂后提供终生受用的精子。在雄蜂为后代做出这一遗传贡献之前一直是靠工蜂喂养的,因为它们什么都不会做,甚至连取食都不会,这有助于工蜂辨认它们。当食物在秋天发生短缺时,工蜂就会把雄蜂从蜂箱中驱逐出去或干脆把它们饿死,这样就可把节省下来的食物贮藏用于对蜂群有积极贡献的个体。

有些社会性昆虫能够识别处在不同发育阶段的个体,这一点很重要,因为有些发育阶段需要提供适当的照料。几乎所有种类的蚂蚁,其群体成员都组织得井井有条严格有序,卵、幼虫和蛹每一种虫态都被分开单独放在一起(图11-31)。火蚁(*Solenopsis saevissma*)幼蚁所分泌的化学物质可以表明它们的发育阶段,如果将这种物质从幼蚁身上提走并涂抹在切成小块的玉米棒上,这些小块玉米棒就会被工蚁带走放到幼蚁堆中并用触角触摸、照料和"喂养"它们。当蚁巢遭遇危险时,工蚁也会和对待其他幼蚁一样把它们转移到安全地点。

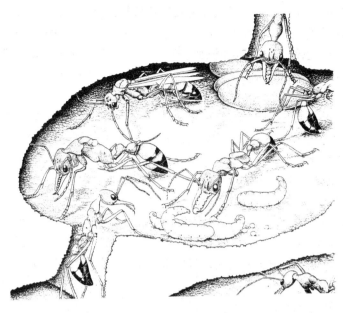

图 11-31　蜜蚁(*Myrmecia gulosa*)的地下巢
左为蚁后,其上方的有翅者为雄蚁,其他为工蚁。中下方一工蚁正在用营养卵喂幼虫,右上方有 3 个较大的蚁茧,茧内是蛹

三、识别种群

动物不仅仅能够识别自己所属的物种,而且常常也能识别这一物种内自己所属的种群或群体,这种能力虽然并不普遍,但在社会性动物中却很常见。很多社会性昆虫都能从入侵的同种个体中辨认出自己的同巢伙伴,对非同巢个体往往会做出激烈反应,如进行攻击、杀死对方或把入侵者从巢中驱逐出去。入侵者总是不受欢迎的,因为它们是掠夺者,例如蜜蜂中被称为"盗蜂"的工蜂常常侵入其他蜂箱偷取食物。其他动物如伪蚁(*Pseudomyrmex ferruginea*)的入侵者往往会被伪蚁群当成敌人对待,因为伪蚁的蚁后常常会被入侵蚁杀死。

群体成员的身份主要是靠气味识别的,在社会性昆虫中不同群体有不同的气味,这种气味差异主要是来自:① 食物或营巢环境,如蜜蜂;② 群体识别信息素,如伪蚁(*Pseudomyrmex* spp.)。

有些脊椎动物,尤其是那些占有群体领域的物种往往会去回避相邻种群。动物占有领域有多种功能,其中之一就是保卫资源,例如:狼群所占有的领域就刚好能为整个狼群提供足够的食物。虽然领域的大小通常是稳定的,但有时也会依猎物密度的大小而发生波动。然而,一个狼群的领域面积可能大至 $125 \sim 555 \text{ km}^2$,因此仅仅靠狼群的出现是无法抵御领域入侵的。实际上狼群常常靠发出叫声和气味标记宣告自己是领域的主人,这也是狼经常要嗥叫的原因之一。人在几千米之外就能听到狼群的嗥叫,而狼耳可以听得更远。据估计,狼的嗥叫可以宣告大约 127 km^2 范围内一个狼群的存在。当入侵者在狼群领域内的任何一个地方发出叫声时,狼群成员通常都会发出警告性的嗥叫。此外,狼群还会利用更加长效和局域性的气味标记来增强大范围内的通讯效果。这些标记物质所传递的信息是领域边界的位置和狼群何时来过这里,而嗥叫则不含有这些信息。嗥叫和化学物质标记相结合则有助于相邻狼群彼此回避和减少因相遇而造成的伤害。当一个狼群在自己的领域内遇到一只或更多陌生狼时,后者就会受到追逐和攻击,其中多数能够逃脱,但也会有不少将被杀死。

种群识别还有助于选择一个对局域环境具有适应性的配偶,这一点可以用来解释为什么在有些鸟类种群的叫声中会存在地方性的方言土语。如果你对鸟类的识别感兴趣,你就会听各种鸟类叫声的录音,以便学会在野外识别它们。这一点之所以能够做到是因为每种雄鸟的叫声都有其物种特异性。但有时一个与近邻鸟的叫声很相似的种群却与另一种群雄鸟的叫声明显不同。同种鸟类鸣叫的这种地方差异不仅可以使训练有素的鸟类学家靠叫声识别物种,也可靠叫声识别同一种鸟的不同种群。白冠雀(*Zonotrichia leucophrys*)雄鸟的叫声有明显的地方差异,雌鸟能够依据雄鸟的叫声选择与自己属于同一种群的雄鸟作配偶,这样它的后代就同样具有了对同一地方环境的适应性。此外,雌鸟还可利用雄鸟叫声的方言土语判断向它求偶的雄鸟是否适应于地方环境。由于雌鸟能依据雄鸟叫声的方言土语选择携带有适应地方环境基因的雄鸟作配偶,所以有人预测在不同方言土语的种群之间一定存在着遗传差异,因为方言土语限制着个体的散布,同时还防止了相邻种群的混杂。研究表明:在 6 个白冠雀地方种群中,雄鸟的叫声都有各自的方言土语,在这 6 个地方种群之间的确存在着遗传差异。但不是所有人都同意这些遗传差异是由于雌鸟对雄鸟的选择引起的。至于是不是方言土语在影响着配偶选择也有待进一步证实。

四、吸引异性

用于吸引异性的信号除了具有物种特异性之外还必须能在远距离起作用,因为只有这样雌雄个体才能在物种成员广泛分布的情况下彼此发现和找到对方。因此吸引异性常常采用化学信号和声音信号,如雌性蚕蛾(*Bombyx mori*)的性信息素。如果风向有利于性信息素的传播,远在几千米外的雄蚕蛾就会受到吸引。柳天蚕蛾(*Actias selene*)的性信息素对雄蛾也有极强的吸引力,在一次试验中把雄蛾带到 46 km 以外的地方,它们仍能飞回新羽化的雌蛾身边。

声音信号也能传播得很远,特别是借助于集体鸣叫或专门的形态结构更能大大加强吸引异性的效果。蟋蟀的求偶鸣叫以及蛙类和蟾蜍的"大合唱"都有吸引雌性的强烈效果。如果用扬声器播放同种雄蟋蟀的求偶叫声,各处的雌蟋蟀就会被吸引过来聚集在扬声器周围。

五、求偶

动物在交配之前往往有一个求偶(courtship)过程,求偶有多种功能,包括确认求偶者自身所属的物种和性别、减少求偶对象的攻击倾向、协调双方的行为和生理状态以及评估潜在配偶的质量等。

在求偶炫耀中,求偶者要告知对方自己所属的物种、性别、生殖状态和位置。把自己所属的物种告之对方之所以非常重要是因为绝不能把生殖投资浪费在其他物种成员身上。借助求偶告知自己的性别也很重要,虽然有些动物雌雄两性很容易识别,但还有很多动物(如麻雀)雌雄两性极为相似,清楚表明自己的性别是得到对方应答反应的先决条件。雄性动物在求偶中有时也必须表明自己所处的位置,有些动物如高视阔步色彩斑斓的孔雀其位置是明显可见的,但还有一些动物如在黑暗夜晚鸣叫的蟾蜍其位置就无法靠视觉找到了。

当雌雄个体相遇时,有时异性个体并不总是持友好态度,因此求偶的另一个功能就是减弱对方的攻击倾向,以便能安全交配。在肉食性无脊椎动物中(如园蛛)通常是雄性求偶者要冒一定的风险,就园蛛来说,雌蛛个体大,而雄蛛的大小与雌蛛猎物的大小相似,很容易被雌蛛误认为是猎物吃掉,因此雄蛛在接近雌蛛之前总要轻轻触动蛛网向雌蛛发出明确的身份信号,以确保万无一失。雄性蟹蛛(*Xysticus cristatus*)在交配前先用丝线把雌蛛捆绑起来以防受到攻击。在某些脊椎动物中,雌性个体在生殖前必须进入雄性个体的领域,为此必须首先抑制对方的攻击倾向。例如:当三刺鱼(*Gasterosteus aculeatus*)的雌鱼进入雄鱼领域时是靠采取头向上的姿势减少受到攻击的可能性,因为这种姿势可把因怀卵而膨胀的腹部显示给雄鱼看并让对方知道自己不是入侵的雄鱼。此后雄鱼便会开始其 Z 字形的求偶舞蹈,实际是雌雄鱼相互应答的一个求偶反应链,最终雄鱼将把雌鱼带到自己事先建好的巢中产卵。

求偶的第三个功能是协调雌雄双方的行为和生理状态,在一些鸟类中,雄鸟的鸣叫可激发雌鸟进入生殖状态,而雄性蝾螈的求偶信息素则可增强雌蝾螈的性接受程度。如带颚蝾螈(*Desmognathus ochrophaeus*)在求偶期间雄螈会咬破雌螈的背部将求偶信息素注入雌螈的循环系统,此后雌螈将以叉尾姿态显示其性接受性并导致雄螈排放精包(spermatophore)。

求偶还有一个功能就是可使雌性个体判断求偶者的质量,以便选择一个能最大限度增加自身生殖成功率的配偶。在养育后代方面通常是雌性个体在时间和能量上的投入要比雄性个体多,因此最重要的是要选择一个携带有优质基因的个体作配偶。这就意味着雄性个体必须尽力展示自己,而雌性个体则必须有分辨和挑选能力。例如鹰和隼在空中的求偶特技飞行可使雌性个体对它们的飞行速度、协调性做出判断,这些特技表演直接反映着它们的狩猎熟练程度和为后代提供食物的能力。普通燕鸥(*Sterna birundo*)的求偶很特别,就是雄燕鸥去捕鱼并把捕到的鱼喂给雌燕鸥,而雌燕鸥则对不同雄鸟送来的鱼的质量进行比较并选择一个最好的"渔夫"。据研究雄燕鸥在求偶期间喂给雌燕鸥的鱼的数量是与其后它提供给后代的食物数量和出巢幼鸟数显著相关的,可见雄鸟求偶喂食的质量是它能否成功喂养后代的一个可靠指标。

六、使卵的孵化同步

雁鸭类的早成性鸟类通常一窝能产很多卵,如果这些卵隔离放置,卵将在几天之内陆陆续续孵化,但如果把它们放在一起,它们就会在一个很短的时间内几乎同时孵化。问题是处在壳内的同胞兄弟姐妹是如何知道彼此是在什么时候孵化呢?答案其实很简单,那就是彼此互相呼叫。其实在孵化的前几天就开始呼叫了,而在即将出壳的时候这种呼叫才达到最高潮。壳内雏鸟听着同伴日益强烈的呼叫声随时准备着破壳而出。雁鸭类鸟类的孵化同步化是一种适应性,因为在第一只雏鸭出壳后的几小时内,母鸭就会把整窝小鸭带离巢穴,以便减少遭捕食的风险。晚孵化的落伍者死亡概率最高。

七、乞食和喂食

很多社会性昆虫都有乞食行为,在特定场合下接受到乞食信号的个体会把食物反吐给社会中的其他成员,这一过程常被称为交哺现象(trophallaxis)。血红牧蚁(*Formica sanguinea*)和红火蚁(*Solenopsis invicta*)的幼蚁靠前后摆头和收缩大颚的动作乞食,而红褐林蚁(*Formica rufo*)则是靠用触角和前足触摸另一只工蚁的头来诱发后者的交哺行为。最有趣的是,寄生在蚂蚁巢中的隐翅甲(巢寄生昆虫)也会靠特定的动作向工蚁乞求食物,它先是用触角轻敲工蚁的身体,然后用前足触碰工蚁的口器,最后才能吃到工蚁反吐给它的食物(图11-32)。

很多脊椎动物的双亲常常要参与抚养后代的工作,亲代与子代之间的通讯通常都会涉及一些能够促使亲代喂食的信号。雏鸟常常张开大口向亲鸟乞食,同时还发出特有的乞食鸣叫。

图 11-32 巢寄生昆虫隐翅甲向工蚁进行乞食的过程

雏鸟的口形和颜色实际上作为释放者(releasers)可引发亲鸟向它们口中投放食物或把食物反吐给它们。随着雏鸟的长大,乞食动作就会逐渐转变为振动翅膀,例如秃头鹮(*Geronticus eremita*)的幼鸟就是靠缓慢扇动翅膀向成鸟乞食的,或者像大多数鸣禽那样靠抖动翅膀乞食。

哺乳动物常用特有的站立姿态吸引幼兽吃奶,像鹿和羚羊一类的有蹄动物通常只有1~2个后代,喂奶时总是叉开双腿以便让幼兽能够找到奶头。猪则有很多后代需要喂养,因此母猪通常是采取侧卧的方式吸引大量猪仔前来吸奶。

八、报警

动物通讯的重要功能之一就是报警(alarms),即一个动物将危险告之另一个或另一些动物。自然界的危险源很多,其中最主要的危险是来自捕食者。动物甚至有时需要防备来自同种其他成员的侵害,如阻止杀婴行为(infanticide)和领域被接管等。在一个动物群体中最早觉察到危险的个体常常向群体的其他个体发出报警信号。有时报警信号有招募支持者的作用,以便共同应对危险,如蚂蚁。在雀形目鸟类中,报警鸣叫可促使其他个体尽快逃离危险区,如果已经处在了隐蔽之处则会促使其不再鸣叫和停止活动,以便等待危险解除。

动物有多种方法传递报警信号,很多有蹄动物都生有明显可见的臀斑(rump patch),当鹿群或羚羊群中的一个个体感觉到危险时,它就会抬起尾巴和直立起臀斑处的毛而使臀斑暴露得更加醒目。利用化学物质报警在动物中也很普遍,特别是社会性昆虫。蜜蜂进行攻击后总是把螯刺留在攻击对象体内并释放出一种叫乙酸异戊酯(isoamyl acetate)的报警物质,这种物质可吸引其他工蜂前来助战。实践表明涂有乙酸异戊酯的棉球对工蜂具有同样的吸引力。有些脊椎动物也能释放化学报警物质,如骨鳔上目(Ostariophysi)的鲦鱼和其他种鱼如果皮肤受伤就会从受损的上皮细胞中释放出一种化学物质,它将会导致其他鱼(尤其是同种鱼)四散逃离,几小时甚至几天之内都不会回来。从蟾蜍蝌蚪皮肤中释放的一种化学物质也能诱发逃避反应。

黑尾鹿(*Odocoileus bemionus*)的报警物质是从位于后腿外侧的蹠腺(metatarsal gland)分泌出来的,其气味与大蒜很相似。通常这些化学物质的释放都伴随着视觉和听觉报警信号,因此很难单独分析这些化学物质的效应。在实验中证实,受到报警信息素作用的鹿会变得非常警觉,似乎是在寻找什么危险。

很多动物是用声音发出危险警告,当我们看到沙鼠用后足不断地捶击地面或河狸用尾反复击水的时候,就应当想到它们是在报警。还有的动物用极不寻常的声音报警,例如:叉角羚(*Antilocapra americana*)在遇到可疑的危险时发出的声音好像是在吹气并以此向附近的同伴报警。

大多数动物对任何性质的危险都使用同一报警信号,但也有一些动物对不同性质的危险都有其特有的报警鸣叫声,例如:绿长尾猴(*Cercopihecus aethiops*)至少把它的天敌区分为三类,即蛇类(如蟒)、哺乳类(如豹)和鸟类(如苍鹰)。当遇到蛇时它会发出低振幅(low-amplitude)的报警鸣叫声,这种叫声既能引起附近同伴的注意又不会吸引其他天敌。其他个体对这种叫声所做出的反应是向地面张望,寻找蛇所在的位置。但当遇到的是豹时则会突然发出不连续的高强度的叫声,这种叫声可传播得很远,其他个体对这种叫声做出的反应是四散而逃,躲入树上浓密的树丛中,因为豹的狩猎方式是在地面伏击,因此这种行为反应最为安全。当遇到猛禽时就会发出高调的尖叫声,这种叫声容易定位和远播,因此有助于指明捕食者的位置,听到这种叫声的同伴会四处探望或躲入树下浓密的草丛中,鹰隼是很难对身处浓密草丛中的猎物发动猝然攻击的。上面描述的这些反应都是对特定的报警鸣叫声所做出的行为反应,而不是对特定天敌出现所做出的反应(图11-33)。

图11-33 绿长尾猴对不同报警鸣叫声所做出的不同反应
(a)豹的存在会使它们逃到树上;(b)鹰隼的威胁会使它们逃到树下躲入浓密的草丛中

生活在同一地区某些不同种类动物所发出的报警鸣叫声往往非常相似,例如:一些雀形目鸟类如芦鹀、乌鸫、燕雀、大山雀和蓝山雀等都发出极为相似的报警鸣叫声。原因可能是当这些鸟类具有共同天敌时,不管谁发出报警鸣叫对大家都是有利的,因此自然选择将有利于这些叫声向趋同(convergence)方向进化,如果是向趋异(divergence)方向发展就只会对它们共同的天敌有利,因为这可减少天敌被发现的机会。有趣的是,有些小鸟能够利用种间报警鸣叫的相似性排除竞争者为自己谋取好处,例如在一项研究中发现,在大山雀(*Parus major*)所发出的报警鸣叫中有63%是假的,是在没有天敌存在或看不到天敌时所发出的报警鸣叫,假报警鸣叫可把竞争者吓跑而使自己独享食物资源或不受干扰地进行取食。

九、求救呼叫

报警鸣叫是在动物感到有危险但尚未受到攻击时发出的叫声,但有些动物在即将受伤的危急时刻会发出另一种叫声即求救呼叫(distress),这种叫声非常急切响亮,即有惊吓天敌又有报警的作用。在一些物种中求救呼叫还有聚集同种个体的功能。寒鸦、乌鸦和歌鸫在听到求救呼叫时会飞向呼叫源并对捕食者发动集体攻击(又称激怒反应)。当一头麋鹿掉入壕沟并发出求救呼叫时,其他麋鹿就会聚集到壕沟周围来。

在有些情况下(如绿长尾猴 *Cercopithecus aethiops*)主要是双亲对其子女的求救呼叫做出反

应。在灵长类动物中求救呼叫常常采取尖声喊叫(尖叫)的形式。Dorothy Cheney (1980)在试验中先把绿长尾猴的3只母猴与它们的仔猴分离,然后播放这些仔猴的尖叫声,结果发现,最可能走近扬声器的就是这3只母猴,其他母猴在听到扬声器播放的仔猴尖叫声后,通常的反应是看着这3个母亲,似乎是在期望它们做出适当反应。

十、招募

招募(recruitment)是一种特殊类型的集合,即群体成员直接汇集到一个特定地点去完成一项特定的任务如搬运食物、筑巢、防卫或迁移等。招募行为在社会性昆虫中最常见,有些种类具有多种招募系统,它们各有不同的目的。例如:非洲织蚁(*Oecophylla longinoda*)分别采用不同的信号招募其他工蚁去取食、移居、攻击近距离的入侵者和远距离的入侵者。

蚂蚁利用气味进行招募是人们最熟悉的,白蚁也是这样,甚至从不离开巢穴的一种原始白蚁(*Zootermopsis nevadensis*)也利用气味进行招募。当若蚁因巢壁破损而感到光强度和气流发生变化的时候,它就会从第5腹节的腹板腺(sternal gland)分泌一种物质,招募其他成员到巢壁破损处进行修补。此外,蜜蜂(*Apis* spp.)的舞蹈语言也是动物进行招募通讯的一个最好实例。

十一、靠身体接触保持社会联系

有些动物个体之间的社会联系是靠身体接触而保持和加固的,这些种类常被称为是接触动物(contact animals)。还有一些群体动物,个体之间总是要保持一定的距离,所以常被称为间隔动物(distance animals)。在接触动物中,搂抱、依偎和接触都能增强个体间的社会联系。有些动物在相遇时要彼此交换致意信号(greeting signals)以消除敌意确保不会受到攻击。黑猩猩的致意是靠手的接触或把一只手放在对方的腿上,海狮则是摩擦鼻子,而狮子则是摩擦面颊。非洲野犬彼此致意的方式是将吻部伸入对方的嘴角内。

无论无脊椎动物还是脊椎动物都有各自所特有的接触行为,即梳理行为(grooming)。大多数社会性昆虫的职虫(工蜂或工蚁)都对自己的同巢伙伴进行梳理,通常的动作是舔,舔既有清洁身体的功能又有散布群体气味和信息素的功能。蜜蜂蜂后所分泌的信息素就是靠这种方式散布到整个蜂群的,它能抑制工蜂生殖腺的发育以保持蜂群的单后制。

各种脊椎动物也有梳理行为,很多鸟类都喜欢进行身体接触并相互梳理羽毛如蜡嘴雀(*Estrididae*)、画眉(*Timalidae*)、绣眼鸟(*Zosteropidae*)和鹦鹉(*Psittacidae*)等。啮齿动物的梳理是靠彼此轻咬对方的毛皮。灵长类动物的梳理行为是最发达的,它们白天常常把很多时间用于彼此的梳理。

梳理行为最初可能是清洁身体的一种手段,至少在脊椎动物是这样,但后来就逐渐发展成了一种信号,用于安抚对方和维持彼此的密切联系。虽然梳理行为对身体保洁仍有重要作用,但它的社会功能已变得比身体保洁更加重要。

梳理行为的社会功能之一是抑制攻击,例如当一只鸟受到威胁的时候,如果能摆出一副要求梳理的架势,它往往就会免受攻击。在啮齿动物中也常常利用单方面的梳理动作减弱对方的攻击欲望。欧洲野羊(*Ovis ammon*)梳理行为的方式是舔,这种动物在仪式化的抚慰行为中常常利用这种梳理方式。对灵长类动物来说,梳理是习以为常频频发生的行为,它有助于舒缓紧张度和修好个体间的关系。灵长动物梳理行为的第二个社会功能是形成和加固个体间的社会联系。大多数梳理都发生在有密切关系的成员之间。在那些很少发生梳理行为的物种中，梳理行为主要是发生在母幼之间，但当雌性个体进入动情期(estrus)时，雌雄之间的梳理行为就会增加，这种增加反映着配偶之间联系的增强。

灵长类动物社会梳理行为的第三个功能与前两个功能密切相关，Robert Seyfarth曾建立了一个模型用于预测哪些个体最有可能进行互相梳理，他列出的一个最重要因素是被梳理者对梳理者在未来的遭遇战中能够提供多大程度的支持。显然，每一个个体都将试图为群体中最占优势的个体进行梳理，因此在它们之间就会存在竞争。优势很小的个体在这种竞争中就会失去为优势很强个体进行梳理的机会。由此可以想到的是，大多数的梳理行为都会发生在优势排位相差不多的个体之间，这一点在黑猩猩的群体中已经得到了证实。

第五节 通讯信号的进化

Julian Huxley早在1923年便注意到了在动物通讯信号的进化过程中，某些行为会失去它们的可塑性和最初的功能并演变为一种刻板不变的行为模式，他当时把这一进化过程称为仪式化(ritualization)。仪式化是一个很有吸引力的概念，它直接同能改变行为模式的进化原理相关。在本节中我们首先讲讲动物为什么要在行为炫耀中采取刻板不变(stereotypy)的模式，然后介绍作为通讯信号进行起点的一些行为类型，最后是介绍炫耀行为仪式化的性质。

一、为什么炫耀行为总是刻板不变的

一般认为，炫耀行为借助于仪式化过程而会变得越来越刻板保守。炫耀行为刻板不变的好处之一就是减弱信息传递的模棱两可或含混不清，同时还能比较容易地与传递不同信息的炫耀行为相区别。最好的实例就是动物求偶仪式，因为不同物种成员之间的交配通常会产出生活力很弱或完全不育的后代，因此这种交配对双亲基因在未来世代中的延续非常不利。可见，雌性动物必须小心地选择属于本物种的异性个体作配偶。只要雄性个体能够提供鉴定本物种的明确信号，就会使雌性动物的选择变得更加容易。如果雄性动物的求偶动作不是刻板不变而是次次不同或者每个个体的动作都有差异，那么雌性动物就可能把它们同其他炫耀行为相混淆而不会被吸引。由于密切生活在一起的近缘物种在求偶动作上都会存在差异，这就在很大程度上防止了同异种个体发生交配的错误，但如果这些物种求偶者的求偶动作有所变通，那所有雄性个体在雌性动物看来都很相似，其结果是雌性动物可能把自己的基因浪费在与异种雄性动物的交配上。而刻板不变的求偶动作则可减少这种代价昂贵的错误发生的概率，因为正如Desmond Morris所说的，"刻板不变的信号是不可能被误判的"。有些人相信，刻板不变的信号虽然有时会损失一些信息，但信号清晰度的增加会补偿这一损失。

还有一些人认为，信号因刻板不变而损失一些信息不但无害，反而是有利的，这一观点同下述假说是一致的，即通讯的发生是为了操纵其他个体的行为，因此对于信号发送者来说，尽可能减少有关自己内在状态的信息常常是有利的，例如在威吓信号中，攻击或逃跑的内在动机通常是隐而不露的，让对方猜不透自己的行为倾向。

刻板不变的炫耀行为还有利于让信号接受者准确地评估行为炫耀者的质量。信号接受者常常把对方的炫耀行为看做是某些方面质量的可靠标志，例如对方的实力、大小、攻击力和育幼能力等。如果所有信号发送者的炫耀动作都一样，那么就很容易对它们进行比较。就拿滑

冰运动作个比喻吧,只有要求每个运动员都完成同样的动作,才有可能确定谁滑得最好。同样,如果携带某种信息的炫耀动作是刻板不变的,那么所有雄性动物就必须完成同一动作,在这种情况下最有利于雌性动物对其求偶者的质量做出判断,也最有利于雄性动物对其竞争者的质量做出判断。

二、仪式化的炫耀行为是怎样进化来的

尽人皆知的是,动物复杂而精妙的炫耀行为是被自然选择雕塑而成的,但这种行为是怎样开始进化的呢? 一般认为,自然界现存的通讯炫耀行为最初是起源于意向动作(intention movement)、替换活动(displacement activity)和自发反应(autonomic response)。

1. 意向动作

动物的一些行为最初可能是来自于某些特有的动作,但这些动作本身可能还没有什么适应价值,因为从这些动作往往就能判知动物打算干什么,因此常把这些动作称为意向动作。借助于进化过程,意向动作可以演变为具有完善通讯功能的炫耀行为。例如:环嘴鸥(*Larus delawarensis*)在攻击期间有啄击动作,但它在威吓炫耀中通常只是大张其口。虽然啄击是鸥在进行攻击时常用的动作,但它在威吓炫耀中并不试图与它的对手发生接触。可见鸥的威吓炫耀可能是起源于张口的意向动作,张口显然是啄击的先决条件。起初,一个观察到这一意向动作的对手可能会预感到会受到攻击而逃跑,由于这种反应可避免受伤,所以自然选择就有利于对张口做出这种反应。接着,自然选择就会对攻击者的信号传递起作用并促使张口动作演变为具有通讯功能的刻板不变的炫耀行为。环嘴鸥的威吓炫耀也是由一个意向动作借助于仪式化过程而演变来的,即张开口向对手暴露出口腔内的砖红色,这实际上是由一个解剖学特征发育成的炫耀信号。

很多鸟类的炫耀行为都是从飞行或行走的一个意向动作演化来的,鸟类起飞前通常都有一系列的预备动作,一般是从下蹲开始,然后是喙指向天空、抬尾并稍稍展翅。在不同种类的鸟类中,起飞的一个或多个动作都已经过仪式化而演变成了通讯信号,例如蓝足鲣鸟(*Sula nebouxii*)喙指向天空的求偶行为就是由起飞的一个意向动作经仪式化演变来的。值得注意的是,此时它的翅外展,喙和尾同时向上指。虽然这种炫耀行为是起源于起飞的意向动作,但现在已很难看到一只鸟是如何能够从这一仪式化了的姿势起飞的,显然,鸟类最初的意向动作已经在仪式化的过程中发生了变化。在麻鸦和绿鹭等鸟类中,行走和跳跃的一些意向动作也已经过仪式化演变成了保护炫耀(protective display)。跳跃之前的意向动作先是下蹲,然后伸长身体,以便使头和身体前部抬起而后部下压。这些意向动作(即伸长身体)对麻鸦来说已经仪式化了,成为其保护炫耀行为的一部分,在保护炫耀期间,麻鸦将昂起头伸长脖颈保持不动,这种姿势可使它在其栖息地中与芦苇丛混为一体,很难被天敌发现(图11-34)。

图 11-34 麻鸦的保护炫耀
这种隐蔽姿势是起源于行走的意向动作,它已在仪式化过程中发生了变化并"冻结"成一种姿势

2. 替换活动

当动物处于矛盾冲突状态时常会表现出替换活动,而这种活动却与相互矛盾的两种行为倾向都不相关。例如:当一个动物不能决定是选择战斗还是逃跑这两种相互矛盾的行为时,它的行为表现往往既不是战斗也不是逃跑,而是其他的一些活动,如梳理羽毛、筑巢或吃东西等,这些活动就是所谓的替换活动。替换活动与意向动作相似的是,它们都属于尚不完善的行为动作。

动物的求偶行为常常具有相互矛盾的行为倾向,雌雄两个个体为了交配必须走到一起,但攻击倾向的存在又常常会使它们彼此保持一定的距离,正是因为在求偶时存在着这两种相互矛盾的行为倾向,所以很容易发生替换行为。例如:很多种类的雄鸭在求偶炫耀时常表现出假梳理现象(mock preening)(图 11-35)。大鸊鷉(*Podiceps cristatus*)的求偶炫耀也是由作为替换活动的筑巢行为进化来的,在这种求偶炫耀期间,雌雄鸊鷉先是以刻板不变的方式摇头,然后潜入水下拔草,就像它们真的要筑巢那样,但这些水草并不是真的用来筑巢,而是在这种仪式化的行为中彼此用来展示给对方(图 11-36)。

(a) 绿头鸭　　(b) 白眉鸭　　(c) 麻鸭　　(d) 鸳鸯

图 11-35　各种雄鸭的假梳理

这种求偶炫耀是从梳理羽毛的替换活动演变来的,其喙都指向翅上最鲜亮的部分

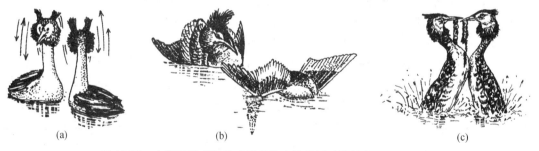

(a)　　　　　　　　(b)　　　　　　　　(c)

图 11-36　大鸊鷉的求偶仪式是从作为替换活动的筑巢行为进化来的

3. 自发反应

自主神经系统可以调节很多自发的身体功能如心率、激素浓度、血管舒张和热调节等消化和循环功能。动物的很多炫耀行为都是来自于这些自发的身体功能,包括排尿排粪、血管舒张、呼吸变化和热调节反应等。

排尿和排粪——养过狗的人都知道狗常常为标记领域而排尿,因此带着狗走路的人常会因此而放慢速度。这种为标记领域而排尿的行为是怎样进化来的呢?Desmond Morris 认为,动物在受到环境胁迫时常常会导致膀胱和排便功能失控,而排尿标记领域的行为便起源于这种生理功能的自发反应。如果你饲养过幼小动物的话,一定会知道这些小动物每当受到刺激或处于兴奋状态时就会不由自主地进行排泄,因此你就不得不为它清除污物。受到领域入侵者的威吓,领域主人常常会诱发出类似的生理反应,这种自发的反应在进化过程中就可能逐渐演变为仪式化的领域标记行为。

血管舒张——特定血管的舒张可引发某些器官结构扩大,或者体表血管的舒张可以加深特定身体部位的颜色。动物在冲突或压力下,自主神经系统常常会使血液的分布状况发生变化,例如:一个处境尴尬和局促不安的人往往会脸红,另一方面,当一个人感到恐惧害怕时就会变得脸色苍白,这也是血液循环系统的一种自发改变。据动物行为学家分析,类似循环系统的这种反应在一些动物中已经借助于仪式化演变成了通讯信号。在诸如火鸡、原鸡和短尾秃鹫一类的鸟类中,其裸露头颈部的变红以及肉质器官的膨胀也常常是因血管舒张而引起的。现时在动物求偶和战斗期间,这些变化都已具有了信号价值。

呼吸变化——动物的信号来自于呼吸变化的最好实例是鸟类的充气膨胀炫耀,在这一炫耀过程中,雄鸟将囊袋中填满空气以便吸引雌鸟,例如:军舰鸟(*Fregata minor*)的咽喉部有一个囊,它在未充气时是看不见的,一旦充了气就会膨胀得很大,而且颜色鲜亮,对过往的雌鸟有很强的吸引作用。暹罗斗鱼(*Betta splendens*)的气泡巢也是起源于呼吸运动。雄鱼先是到水面含满一口空气,然后制成外包唾液的气泡,这些气泡在水面聚集成团,受精卵就放在这些气泡中,这种气泡巢会为正在发育的胚胎提供充足的氧气。据分析,这种行为是起源于斗鱼的一种习性,即当水中氧气不足时斗鱼会游到水面吸足一口空气,当口中含满空气时就会有少数气泡从口中逸出并漂浮在水面上。

热调节反应——鸟类和哺乳动物经常会将毛或羽毛直立起来以便调节体温,当一只鸟竖起身体羽毛的时候,每根羽毛的竖起高度及重叠状态总是能最大限度地增加整个羽被隔热层的厚度,但当羽毛进一步竖起而呈蓬松状态时,羽毛彼此间便不再重叠也不再包含空气,因此便有利于加快散热。另外,鸟类也可将羽毛紧紧地贴在身体表面,使鸟体变得光洁平整,通常鸟类处于积极活动状态时就是这样的,因为这可使鸟类飞行活动时的阻力减少。具有热调节功能的羽毛位置的改变常与鸟类的社会行为有关,首先它可作为个体内在生理状况的指标,后来在进化过程中则慢慢经过仪式化而演变为复杂的信号。

大量鸟类的很多炫耀行为都是建立在羽毛位置变化的基础上的,在攻击和屈服等炫耀行为中最为常见的羽毛状态是蓬松、平滑和竖毛等,例如:斑马雀(*Poephila gutata*)在一个优势个体面前常常用蓬松羽毛的方式表示屈服,这样就可免受攻击,也不必逃跑。在求偶炫耀中羽毛的位置也很重要,如另一种斑马雀(*Poephila bichenovi*)的雄雀在求偶时总是靠蓬松起羽毛突现其本种所特有的黑白斑点。有时,鸟类竖毛只限于身体特定的部位,人们最熟悉的例子就是孔雀和火鸡的求偶炫耀,它们将漂亮的尾羽竖起并展开呈扇形。在其他鸟类中,是身体其他部位的羽毛竖立起来作为求偶信号,如葵花鹦鹉(*Kakatoe galerita*)的羽冠、几种猫头鹰的耳羽簇、雷鸟(*Tetrao urogallus*)的颏下毛束、几种鹭的胸羽蓬起以及雄性极乐鸟(*Lophorina superba*)两腿之间鲜艳闪亮的绿毛斑等。

在哺乳动物中,起毛也和鸟类竖羽一样能产生隔热层,同时也能经由仪式化而演变为通讯信号。类似松鼠大小的南美小绢猴(*Saguinus geoffroyi*),随着身体起毛部位的不同,它所表达的意思也不同,当全身的毛都竖起时就意味着要发起攻击,但当只有尾部的毛竖起时则预示着要逃跑。很多哺乳动物的自主神经系统是靠出汗调节体温的,但在环境胁迫下或处于紧张状态时也会出汗,这种反应在日常生活中也是很常见的,例如当考生等待考试成绩公布时就会有这种反应。这种自发的神经反应为很多动物信号的进化提供了素材,据研究,很多哺乳动物的气味腺体就是从汗腺进化来的,而且动物的领域标记行为很可能是起源于动物在受到挫折或遭到失败时的出汗。

E. D. Wilson 认为,仪式化是一个高度机遇性的进化过程,它几乎可以起源自任何适合的行为、形态结构或生理改变。例如:雄性灰鹭(*Ardea cinerea*)与捕食有关的各种行为都已经仪式化了,求偶时它会竖起羽冠和身体其他部位的羽毛,头向下指就好像要啄击一个物体,其动作极像是在捕鱼。食物交换也已经仪式化了,喙的相互接触是源自于双亲喂幼行为并在不同鸟类中有不同的含意,这种动作在求偶和屈服炫耀中最为常见,其功能是建立或保持联系。成对的爱情鹦鹉(*Agapornis personata*)在彼此致意和发生争吵后都会进行喙的碰撞活动以示友好或表明自己的非侵犯意图。

用于通讯的另一个比较常见的仪式化行为就是飞行,黄头乌鸫(*Xanthocephalus xanthocephalus*)和红翅乌鸫(*Agelaius phoeniceus*)常在空中展示各种仪式化的飞行动作以便吸引雌鸟的注意(图 11-37)。仪式化的飞行具有更强的物种特异性,因为它更加夸张了某些动作并能展示出本物种所特有的一些色型。据研究,雄招潮蟹(*Uca beebei*)的求偶炫耀是起源于它进洞时的动作,当雌蟹接近雄蟹及其洞穴时,雄蟹会将身体及弯曲的螯肢抬高到几乎垂直的位置,这正是求偶末期最为刻板保守的一个动作,这一动作能展示出它较为灰暗的身体下侧面,可能具有引导雌蟹进洞的功能。

图 11-37 两种乌鸫的仪式化飞行动作

任何行为一经仪式化后就会变得刻板保守

三、仪式化的实际过程

仪式化的通讯信号与其仪式化前的原初行为是可以区分出来的,如果能够确认一个社会信号是起源于某一个行为动作,那么将这一动作的原初版本和现在版本加以比较就能知道这一行为在进化过程中经历了哪些变化。涉及这一行为演变的一些特定变化可以按多种方式加以分类,这里我们采用 Niko Tinbergen 的分类法,但在一些细节和实例方面也参考了 A. D. Blest(1961),A. Daanje(1950)和 Eibl-Eibes-feldt(1975)等人的工作。应当记住的是,原初的一个动作或行为的定型(formalization)往往会导致该动作或行为的刻板性和不变性。

下面介绍仪式化的五个实际过程:

行为强度的变化——所谓行为强度是指这样一些特征,如一个动作或行为的持续时间或该动作或行为完成期间的移动范围,这些特征发生变化的结果常常是该动作或行为的一部分得到突显或夸大。

行为完成速率的变化——有时一个动作或行为的完成速率会发生变化,从而使这一行为更加引人注目。哑剧演员常常会把一个动作放慢,这样就能使它表达的意思更容易被观众接受。电影胶片的放映速度也可比正常速度更快一些,这样就能增加刺激性和混乱状态。在动物界也是这样,当一个行为经过仪式化演变为通讯功能以后,其行为速率的变化是很常见的。例如:某些天蚕蛾的节律性保护炫耀行为与飞行时翅的拍动没有两样,所不同的只是拍动频率减慢了。

行为速率发生变化的一个极端实例就是将行为"冻结"成一个固定的姿势,前面讲到过的麻鸦就是靠保持一个固定不变的姿势逃过捕食者的眼睛。虽然动物的炫耀行为是起源于一系列的运动方式如步行、跳跃和飞翔等,但这些运动方式经过仪式化后却可转化为一些固定不动的炫耀行为,如麻鸦脖颈伸直,喙指向天空身体保持不动;又如天蚕蛾的一种炫耀方式也是身体保持不动但将后翅上的大眼斑暴露出来用以惊吓食虫小鸟。据分析,天蚕蛾翅的所有炫耀动作都是起源于飞行运动,而这些不动的炫耀姿势已演变得与原初的行为动作相去甚远,可以说已经走到了极端。

动作有节律地重复发生——有些炫耀行为是起源于单独分离的动作,但这些动作在进化过程中可以演变为重复发生,例如雄性招潮蟹有节律地挥动大螯吸引雌蟹进洞,最初大螯的动作只是在遇到对手时用于一次性地攻击对方,并无节律性。现存萤火虫雄萤有节律地闪光可告知雌萤自己的性别、生殖状态和所属物种,但这种有节律重复进行的闪光可能是起源于一次性闪光,功能是照亮一个区域以便能找到适宜的着陆点。很可能当雄萤降落在雌萤附近时偶尔发生了闪光,于是这种发光便逐渐演化成了现在的通讯信号。啄木鸟觅食时用喙敲击树干所发出的声音是有很大变化的,但当它用喙击木求偶时所发出的声音却具有明显的物种特异性。

原初行为组成成分的变化——原初行为的某些成分可能被删除并加入新动作或者会按新程序展现。例如:一些鸟类仪式化的抹嘴动作几乎与弯腰欠身动作没有什么差别,而在正常情况下清洁喙的行为总是先弯腰欠身,接着是抹嘴清除喙上的污物,而仪式化的抹嘴则省略了后者。绿鹭在进行身体前伸炫耀时,通常身体会向前蹲伏,尾急速地前后摆动,这些行为都是起源于飞行的意向动作,但在绿鹭飞行前的实际动作中当它向前蹲伏时从来也没有前后摆尾的动作,这就是说这个动作是在仪式化过程新添加的。

定向的变化——有时炫耀动作并不是直接指向仪式化前诱发它的那个刺激,例如:一些种类的鸭具有激励行为(inciting behavior),即雌鸭激励其配偶对入侵者发动攻击。这一行为的原始形式是当雌鸭感受到有威胁时便跑到雄鸭那里寻求保护,它会停在雄鸭身旁扭头向后观望正在靠近的威胁,此时雄鸭便会为了保卫领域和雌鸭而向入侵者发起攻击。在仪式化了的激励行为中,雌鸭仍会走向其配偶并扭头越肩向后看,但它举颈的角度却总是一样的。有时这将导致它正好看到入侵者,但在其他时间它所看到的东西却与这一场合完全无关。

以上仪式化的五个实际过程都涉及动作或运动的定型(formalization of the movements)过程,除此之外,仪式化过程还有其他途径,例如:在仪式化过程中其行为会逐渐失去一些内外因素的控制,而原初的行为是受控于这些因素的。换句话说就是原来能有效诱发这一行为的刺激,现在已不再能起诱发作用了,如渴(想喝水)能诱发动物的饮水行为,但在求偶中的饮水炫耀已不再需要渴去诱发了。有时动物的炫耀行为会因为形态结构上的一些特征而变得更加明显和醒目,这些形态特征包括身体一些部位的鲜艳色彩、巨大的螯爪、鹿角、马鬃或狮鬣、帆状鳍和身体的肿胀部分等。

第十二章 动物的学习行为

一、什么是学习

在行为学中,学习(learning)的概念包括能够使动物的行为对特定的环境条件发生适应性变化的所有过程,也可以说学习是动物借助于个体生活经历和经验使自身的行为发生适应性变化的过程,这种变化应当是与感觉适应(疲劳现象)和神经系统的发育无关的。学习需要借助于感觉器官获得信息,并将这些信息贮存在记忆中,当需要时可重新忆起。在动物界所有的类群中,从单细胞动物到脊椎动物都存在学习过程。一般说来,动物的行为如果在特定的刺激场合下发生了变化(与以前在同一刺激场合下的行为表现相比),就可以认为是一种学习。

显然并不是所有的行为变化都是因学习而引起的,例如一个马拉松运动员后半程速度的减慢首先是因为肌肉疲劳而不是由于学习。一个刚进入电影放映厅的人会觉得漆黑一片什么都看不到,但几分钟之后就能看清东西了,这种变化也不是学习引起的而是视觉感受器的适应过程。因此,在学习的定义中是指那些在个体发育中因生活经历和经验而引起的行为变化,不包括那些因疲劳、感觉适应和神经系统成熟而造成的行为改变。学得的经验必须是可以重复的,虽然有些类型的学习是在一次尝试中发生的,但多数学习都是在多次尝试中逐渐发生的。

因学习而引起的行为变化不可能马上得到表达,例如一个人在一次测验中记住了一件事,但这种记忆直到检测日那天才会表达出来。所以,学习过程与其所引起的行为变化之间的时间延滞迫使我们不得不再一次修正关于学习的定义,即把学习定义为:因学习而导致的行为变化,更精确地说是特定行为发生概率的变化。

二、学习与适应

当我们观察自然界中的动物时,通常会发现动物的行为总是能够增加它存活和生殖的机会。自然选择是使动物的行为适应环境条件的一种机制。学习是动物从经历中获益使它的行为能更好适应环境条件的过程,这里我们把学习看成是一种适应并介绍几种能使动物的行为增强个体存活和生殖能力的学习方式。由于学习能力是自然选择的产物,所以不同物种在学习机制和过程方面必定存在差异,物种的特定学习类型在一定程度上将受该物种所处环境和生活史的影响。

下面分析一下星鸦(*Nucifraga columbiana*)、松果松鸦(*Gymnorbinus cyanocephalus*)和蓝松鸦(*Cyanocitta stilleri*)三种鸦科鸟类在空间学习和记忆能力方面的物种差异,说明生态与进化是如何影响这些鸟类的学习能力的。这些鸟都有贮藏种子的行为,其后当种子更难于找到时再找出来吃。为了防止种子被其他动物偷吃,它们总是把种子贮藏在它们在地面挖的小洞中并把种子覆盖起来。这些种子就是以这种方式在秋天时贮藏起来以备冬天和春天需要时利用。星鸦甚至在夏季时利用贮藏的种子喂养它们的幼鸟。这就要求鸟类在贮藏种子数月之后还能重新回到贮藏地点,对所有这三种鸟来说,能重新找到种子是令人惊叹的一种能力,特别是星鸦,它要在几平方千米的范围内贮藏大约9000粒种子。

它们是如何找到埋藏了这么长时间的种子呢? 有越来越多的证据表明,鸟类找到它们所埋藏的种子仅仅是因为它们能准确记住种子埋藏的地点。如果动物的学习能力是由自然选择决定的,那我们就可以预期,那些对贮藏食物依赖性较大的物种一定比那些对贮藏食物依赖性较小的物种能够更好地找到贮藏地点。星鸦、松果松鸦和蓝松鸦都是属于同一科(鸦科)的近缘鸟,但它们对贮藏食物的依赖程度不同。星鸦生活在高海拔地区,冬天和春天它们几乎完全依赖贮藏的种子为生,冬天的食物几乎完全由贮藏的松子组成。这种鸟为了过冬大约要贮藏33 000粒种子。松果松鸦生活在海拔稍微低一些的地方,那里冬天的食物比较容易找到,所以它们为了越冬大约只贮藏20 000粒种子,约构成它们冬天食物的70%~90%。与此不同的是,冬天对蓝松鸦的压力较小,它们身体最小,所需能量不多,又生活在低海拔地区,那里的食物更容易找到,所以它们一年只贮藏大约6000粒种子,约占冬季食物的60%。

借助于比较行为学研究发现,这三种鸦科鸟类重新找到贮藏食物的能力是与它们对这些种子的依赖程度直接相关的。试验中让这些鸟生活在大鸟舍中,它们可以在地面填满沙子的小洞中贮藏种子,鸟舍地面共有90个小洞,任何一个小洞都可用沙子填满或用木塞堵住,这种安排可使试验人员随意操纵可用于贮藏种子小洞的位置和数量。可用两种方法检验每只鸟重新找到贮藏种子的能力。其一,只有15个小洞可以贮藏种子;其二,全部90个小洞都可以贮藏种子。在一只鸟贮藏了8粒种子后将它从鸟舍中取出,一周后再将它放回鸟舍并把90个小洞全部用沙子填满,因此鸟就不得不靠记忆辨别它埋藏种子的地点。在它所探察的小洞中含有种子小洞所占百分数就代表重新找到埋藏食物的能力。试验表明:全部三种鸦科鸟类在重新找回贮藏食物方面的行为表现都比随机搜寻所预测的要好。但松果松鸦和星鸦在冬天对贮藏的种子有更大的依赖性,因此在上述的两种试验条件下,它们重新找回埋藏种子的能力都明显地强于蓝松鸦。松果松鸦的表现实际上比星鸦更好,在只有15个小洞可用于贮藏种子的条件下,它的表现只比星鸦稍好一些,但在有90个小洞可用于贮藏种子的条件下,它的表现就会比星鸦好得多。据分析这可能是因为,松果松鸦通常是把贮藏的种子靠得很近,而星鸦则采取分散贮藏的对策,所以松果松鸦只需在比较小的区域内搜寻即可。这可能是社会结构差异所导致的进化结果。在这三种鸟类中,松果松鸦是唯一全年都营群体生活的种类,种子的贮藏和再寻找都是在其他个体存在的情况下进行的,这使得它们不太可能把贮藏的种子分散到很大的区域内。为了验证这一点,可以对营群体生活的近缘物种进行比较行为学研究,看看它们是不是也把食物集中贮藏。总之,在任何情况下这些试验都已表明了进化和生态对动物的学习能力所施加的影响。

三、学习敏感期

一定的学习过程只发生在动物的一定年龄,而不是发生在生命历程的任意阶段。学习敏感期就是指学习发生的特定年龄时期。这个时期通常是在动物发育的早期,即出生后的几天或几周之内,就动物的寿命来说,这个时期是很短暂的(图12-1)。

为什么动物发育的早期学习能力最强呢? 这是因为动物幼年时期是与同种的其他成员密切生活在一起的(如双亲、同胞姐妹、其他家庭或群体成员等),因此更容易学到知识和经验,而这些知识和经验对它未来的生活是很需要的。不难看出,在这个时期提高学习的敏感性对动物将具有重要的适应意义。

迄今为止,我们对于在动物生活的一个短暂时期内具有最强的学习能力这一现象,还没有从生理学上给以满意的解释,很可能是中枢神经系统的发育过程起着重要作用。

最近,行为学家对很多鸟类在出壳前的一个发育期予以特别的注意。现在人们已经知道,当雏鸟还在卵壳内时(尚未孵出)就能够从外界获得信息,甚至能与母鸟和它的兄弟姐妹互通信息(图12-2)。鹌鹑胚胎彼此隔着卵壳就能互相传递叫声,这样可使孵卵同步化。发育较早的胚胎,其叫声对发育较晚胚胎的发育有促进作用,而后者的叫声比较弱,对发育较早胚胎的发育有抑制或延缓作用。这种同步发育是非常巧妙的,它可使所有的雏鸟同时跟着母鸟离巢。

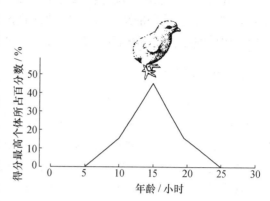

图 12-1 试验检测不同年龄雏鸡跟随反应最高得分个体所占百分数

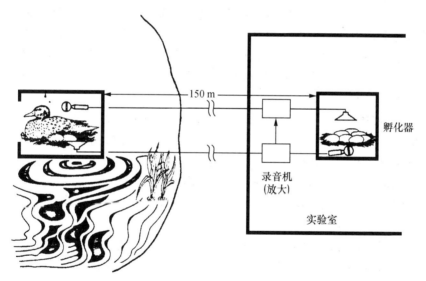

图 12-2 研究孵蛋的绿头鸭与蛋中雏鸭听觉通讯的实验装置

绿头鸭的雏鸭在出壳之前与正在孵卵的母鸭有着非常活跃的声音交流,如果人为地对一方播放另一方的声音录音,其所达到的效果是一样的。在上面所列举的这些例子中,还不知道雏鸟在出壳前是不是已经具有学习能力了,但雏鸡的胚胎肯定是有学习能力的。如果在孵卵期间向孵卵箱中播放某种声音,那么孵出的小鸡就更喜欢听这种熟悉的声音,而不太喜欢听它们在卵壳内没有听到过的声音。在自然条件下,我们已知海雀的雏鸟在出壳前是具有学习能力的,海雀是一种海鸟,在岩岸和海岛的陡峭岩壁上筑巢。成鸟对来自卵壳内雏鸟的叫声能够做出反应,因而雏鸟在出壳前就能辨识双亲的叫声,并能区分自己双亲和邻鸟的叫声。这样,小海雀一出壳就同自己的双亲有着某种声音联系,这对于海雀育雏的成功是必不可少的先决条件,因为海雀是集体营巢的鸟类,鸟巢总是密密地挤在一起。

哺乳动物的胚胎与环境有着更大程度的隔离,因此不可能期望它们的学习过程像鸟类那样明显,但是在较局限的意义上,哺乳动物的胚胎也可能具有学习能力。在灵长类动物中,胚胎能够感受到母体的心跳节律,这一信号对未来的母子联系将起一定的作用。

四、学习的类型

我们首先介绍一个关于学习类型的分类系统,该分类系统虽然已被大多数行为学家所接受,但应当记住:对学习类型进行分类只是为了研究和交流的方便,在自然界实际上并不存在这种明确的区分。当动物的行为发生适应性变化的时候,可能会涉及不止一种学习类型,而不同的学习类型也有可能最终证明是出自同一种神经学原理。

现将最常见的几种学习类型列举如下:

(1) 习惯化(habituation):动物学会对特定刺激不发生反应,因为这些刺激经常遇到而且无害。反应衰减甚至消失可能是由于感觉适应,也可能是由于肌肉疲劳。习惯化的适应意义在于它有助于把更多的能量和时间用于其他重要活动。

(2) 经典条件反射(classical conditioning):当条件刺激与无条件刺激一起重复发生时,动物能学会对一个新的条件刺激做出反应。条件刺激(CS)必须先于无条件刺激(US)。如果 CS 多次出现而没有 US 出现,动物对新刺激的反应就会逐渐消失,这就叫消退(extinction)。

(3) 操作条件反射(operant conditioning):有些行为因受到强化而使其发生的频率不断增加。通过塑造(shaping)可将新的行为引入动物的行为谱。在行为塑造期间,报偿的利用会越来越接近于形成人们所期望的行为。有时并不是每一个反应都要强化,报偿出现的频度就叫强化安排(reinforcement schedule)。

(4) 试-错学习(trial-and-error learning):两种条件反射共同起作用的一种学习类型。

(5) 潜在学习(latent learning):是指在没有任何明显强化情况下的学习,直到以后生活的某个时间才会表现出来。在探究活动中获得信息就是潜在学习的一个实例。

(6) 模仿(imitation):从其他个体那里学得知识或技能,模仿是靠观察其他个体的行为,但也可能采用更简单的方式。有些行为可以靠模仿很快就会在整个种群中散布开来,但有些行为则是靠个体的学习获得的。

(7) 玩耍(play):玩耍可表现为多种方式,如假装战斗和追逐、演练和玩玩具等。关于玩耍的生物学功能存在各种假说,如改善身体条件,发展社会技能和加强社会联系以及帮助动物学会并完善一些特定的技能等。

(8) 印记(imprinting):印记是指初生幼小动物对首先看到的移动体所形成的依附性和跟随反应,动物生命早期的印记学习对于其后的社会行为具有长期影响。

(9) 学习集(learning sets):动物在一个学习集的形成期间要学习如何去学。由于动物此前已具有了解决类似问题的经验,所以能够更快地解决眼前的问题。

(10) 顿悟学习(insight learning):这种类型的学习能很快发生而无需任何明显的试-错反应(trial-and-error response)过程。动物似乎是在利用过去类似场合下所获得的信息而使问题得到解决。

五、习惯化

习惯化是最简单的一种学习类型,它在动物界也最为常见,因此具有很大的适应意义。由于这种学习类型存在于从原生动物到灵长动物(包括人)多种多样的动物类群之中,所以它的机理也可能是多种多样的。

所谓习惯化,就是当刺激连续或重复发生时(不给以任何强化),动物反应所发生的持久性衰减。这里所说的持久性就是指习惯化一旦发生就会持续一段相当长的时间。就广义来说,习惯化就是动物学会对特定的刺激不发生反应(这种刺激常常是无害的和毫无意义的)。一只鸟必须学会在风摇动树叶时不飞走,所以,习惯化只不过是反应衰减而不是反应本身发生变化(图12-3)。

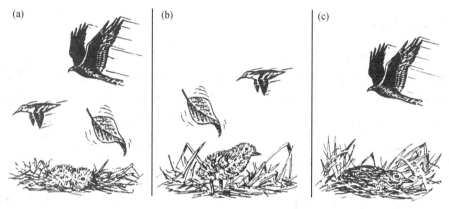

图 12-3 习惯化图解

(a)幼小动物对很多东西都有本能的逃避反应;(b)这些东西和生物大都是无害的,因此幼小动物会渐渐习惯于它们的存在;(c)捕食者少且很少遇到,仍能引起逃避反应

习惯化在动物界处处可见。当敲打玻璃杯时,生活在水杯中的水螅会马上缩回它的触手,身体也迅速缩短,但敲打几次以后,它的反应就会减慢,并可能不再发生反应。鸟类起初会被安放在田间的稻草人吓跑,渐渐地它们就不再害怕了,甚至会在吃饱了之后停在稻草人的手臂上自鸣得意地梳理它们的羽毛。

对习惯化来说,时间性是很关键的。沙蚕(*Nereis*)对很多刺激的反应都是缩回到自己的洞穴中去(如触动、遮住光线和电击等)。对于强烈的闪光,如果每隔30秒闪一次,那么最多40次沙蚕就会习惯于这种刺激而不再缩回洞中。但是如果每隔5分钟才出现一次闪光,那么形成习惯化就需要多达80次的闪光刺激。现在已知,沙蚕对于每一种刺激(如光、电、遮光、触动等)都有其特定的习惯化形成的速度(在任何特定的训练频率下)。

习惯化的适应意义是很容易理解的,如果一个动物对某些无害的刺激总是重复地做出反应,那它就会浪费很多时间和能量,从而减少花在一些重要活动上的时间,如取食等。在集体营巢的鸟群中(如生活在悬崖峭壁上的鸟类),每只鸟和每个家庭只能占有一小块地盘,它们彼此之间如果不互相习惯化就会发生无休无止的争吵。在种间关系方面,动物总是习惯于同时对自己无害的其他动物相处,而绝不会对有害于自己的凶猛动物产生习惯化。此外,习惯化对于栖息地选择也是很重要的,当把一只动物放入一个陌生环境中时,它就会非常警惕和害怕。只有在它所熟悉的环境中它才感到自在,因为那里很少有新的或不寻常的刺激。如果新的环境能够使动物得到某种好处(如提供食物和温暖),那么动物就会对这一环境做出积极的反应并喜欢在那里定居。

习惯化不仅表现在逃避行为上,也会表现在攻击行为上,攻击行为的习惯化也是一种适应,因为这种行为通常会消耗大量能量,而且还会冒受伤的风险。例如在三刺鱼(*Gasterosteus aculeatus*)刚建立领域时,攻击炫耀频频发生在领域边界,但随着时间的推移,相邻领域的三刺鱼彼此都习惯化了,于是攻击炫耀明显减少。丽体鱼(*Cichlasoma nigrofasciatum*)也是占有领域的一种鱼,它的攻击行为也同样表现出习惯化。在实验室内,雄性博鱼(*Betta splendens*)的攻击反应可以靠在它侧面放一面镜子加以诱发,博鱼在镜子中看到自己后就会做出攻击反应,此时它会显得个体更大更鲜艳。如果镜子被固定放在左边,而且镜子中的影像并不因它的攻击而消失,那么它很快就会失去攻击的兴趣。

六、经典条件反射

1. 经典条件反射的特征

经典条件反射的原理最早是被俄国生理学家 Ivan Pavlov 阐明的,他的主要兴趣是狗的消化活动,最初是对狗在渴望得到食物时大量分泌唾液进行观察。Pavlov 认为,狗在实际得到食物之前分泌唾液不太可能是一种先天反应。他有足够的理由认为,动物已经学会了把某种信号或食物的气味与食物本身联系了起来,分泌唾液正是由于这种学习引起的。因此在渴望得到食物时,狗就会对一个预示着食物即将到来的新刺激做出流唾液的反应,这是在旧反应和新刺激之间形成的一种联系。此后,Pavlov 便开始研究这种联系,为了能对反应作定量分析而在狗面颊上开一小孔把唾液引流到体外的漏斗中,然后收集起来进行测定。试验方法是先把一条饥饿的狗固定在实验台上并给予各种刺激(图 12-4),其中一个刺激是食物,当把食物送入口中时它就会分泌唾液。接着在给食之前先提供一个原初不会引起流涎的刺激如灯光或铃声,相隔数日后再给予这两种刺激,先给灯光再给食物,然后在只给灯光时看看狗还流不流唾液,结果如图 12-5 所示。虽然灯光起初不会引起流涎,但经过 30 次与食物结合后,只有灯光刺激而没有食物时也会引发流唾液。随着试验次数的增加,唾液分泌量也会增加,但使狗做出反应的时间却会缩短。

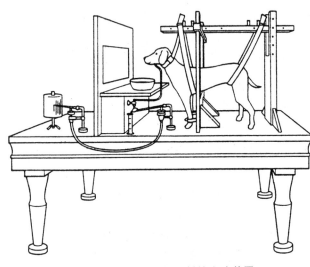

图 12-4 研究狗条件反射的实验装置

一般说来,如果开始时动物对某个刺激具有一个特定的先天反应,那么这个刺激就叫无条件刺激(US),因为动物不必经过学习就会对它做出反应。第二个刺激原本是不会引起动物做出反应的,但它在 US 之前多次重复出现后便能引起动物做出反应了,这个新刺激就叫条件刺激(CS)。这整个过程就叫条件反射,甚至八腕目的头足纲动物章鱼也能形成条件反射(图 12-6)。在条件反射的形成过程中,US 和 CS 的出现顺序非常重要,CS 必须先于 US 出现,CS 是作为 US 将要出现的信号,如果 CS 出现在 US 之后就会变得毫无价值。通常在 CS 和 US 之间还存在着一个最佳间隔时间,试验表明,这个最佳间隔时间是 0.5 秒,即 CS 比 US 早出现 0.5 秒最为有效。条件反射的建立是靠把一个陌生刺激与一种报偿(reward)结合在一起,因

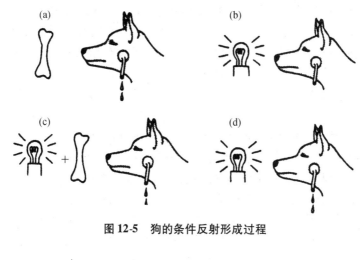

图 12-5 狗的条件反射形成过程

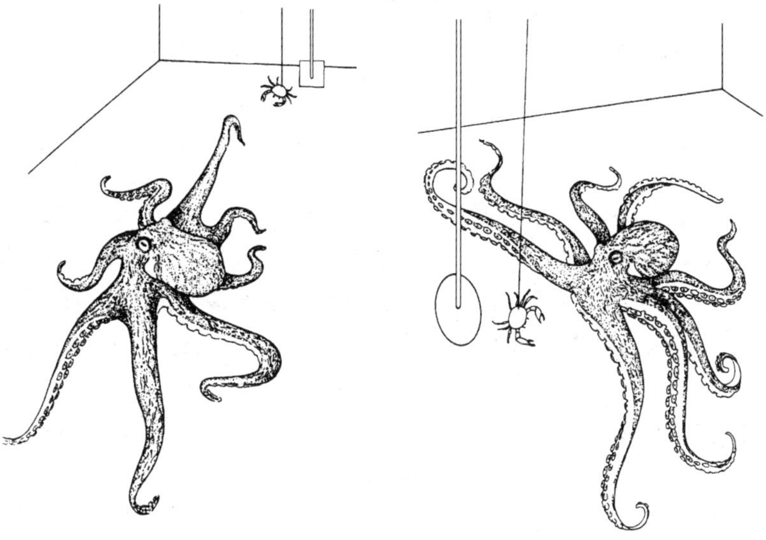

图 12-6 章鱼能够学会把一个条件刺激(方的或圆的图形)与食物联系起来形成条件反射

此可以说这是一种正强化作用。如果使一个刺激同一个痛苦的或不愉快的事件相结合,那就是一种负强化作用。例如:可以把某种声音同电击狗的左爪垫联系起来,此后狗一听到这种声音就会抬起左脚;鸟类在尝吃了1~2次味道不好的有毒昆虫之后就能学会躲避它们。

如果 CS(如灯光或铃声)频频出现而其后没有 US(如食物)出现,那么这两种刺激之间的联系就会逐渐消失。例如:狗看到灯光就分泌唾液这一条件反射,如果不是不断地同时给予食物刺激它就会慢慢衰退,这种现象就叫消退(extinction)。

2. 经典条件反射的适应意义

Karen Hollis 用试验检验了这样一种假说,即经典条件反射的适应功能是可使动物对一些重要事件作好准备。她主要是研究毛腹鱼(*Trichogaster trichopterus*)的领域行为和生殖行为,这里只介绍她关于毛腹鱼条件攻击反应(conditioned aggressive responses)的试验。当面对一条企图入侵领域的外来鱼时,雄毛腹鱼会将全部的鳍直立起来迅速接近入侵者,如果入侵者不做出屈服的姿态或者不后退的话,它就会使冲突升级为可能导致严重受伤的战斗,它会撕咬对方并用尾击水冲击对手敏感的侧线器官。根据博弈论(game theory)预测,当双方争夺的资源价值很高时最有可能发生会导致严重受伤的战斗。这一预测在毛腹鱼得到了证实,对毛腹鱼来说,成功地保卫领域是极为重要的,因为雌鱼不会与一条没有领域的雄鱼配对,因此任何一个能够增加保卫领域成功率的机制都会被自然选择所保存。对那些能预知竞争对手入侵的信号形成条件反应就能使领域主人提早作好战斗准备,随时可以迎击对手。在自然界,随着入侵者逼近领域边界,它会无意中发出视觉、化学或机械信号显示领域入侵已迫在眉睫。

Hollis 的研究表明,一条雄性毛腹鱼如果能对一个暗示即将发生入侵的信号形成经典条件反射,那么它在攻击战斗中就更有可能取胜。Hollis 选择两条身体大小和战斗力大体相等的雄鱼作为一个研究对象饲养在水族箱的两端,中间用隔离物把它们分开。然后训练其中一条雄鱼在观察对方 15 秒(US)之前先给予 10 秒钟的灯光刺激(CS)。对另一条雄鱼也作同样的 US 和 CS 处理但两者并不耦联。在作此训练后将水族箱的隔离物拿掉使它们相遇,但拿掉前先给予灯光信号。结果发现对灯光已形成了条件反射的雄鱼在保卫领域时总是占优,它的摆尾击水和攻击次数明显多于对手。由于灯光(CS)有助于提高体内雄激素的浓度,所以已形成条件反射的鱼总能赢得战斗的胜利。攻击能力越强就越有机会在保卫领域和战斗中取胜并能增加交配的机会。

七、操作条件反射

1938 年,B. F. Skinner 发表了一部重要著作《生物行为》。构成他研究学习行为基础的就是操作条件反射(又称 II 型条件反射,而经典条件反射则称 I 型条件反射)。操作条件反射(operant conditioning)同经典条件反射有几点重要区别,前者是动物的一种随意活动(voluntary action),而且是欲求行为的结果。另外,在操作条件反射的建立过程中,刺激和反应都必须先于报偿。

在操作条件反射的早期研究中,行为学家常常使用所谓的"问题箱"(problem boxes)。如果把一只猫放到一个问题箱里,它就会想方设法逃出去,它将到处推撞试图找到出口。最后,它可能因某一个偶然的动作而踩踏了一块木板,门便自动打开了,它便逃出了箱外。如果使这一过程一再重复,猫便能学会把踏板和开门联系起来。此时如果再把猫放入箱中,它就会为了开门而去踏板(图 12-7)。

操作条件反射建立的基本过程是让动物依据某一信号(无条件刺激)必须做一件事才能得到报偿。例如:行为学家想训练动物在听到蜂音器发出声响的时候去压杆,起初,一只饥饿的动物是随机运动的,也许当蜂音器发出声响的时候它偶

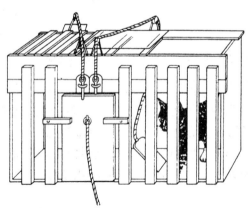

图 12-7 研究操作条件反射的"问题箱"

尔压了一次杆,此时食物立刻出现(得到报偿)。以后,食物的出现每次都是在这一特定的场合下。这种情况有助于增加这一特定场合出现的概率,直到最后建立起一个可靠的刺激-反应链。操作条件反射也能训练动物为了取得食物而去压一个杆。

操作条件反射的训练主要是在迷宫和斯金纳箱(Skinner boxes)中进行的(图 12-8)。迷宫

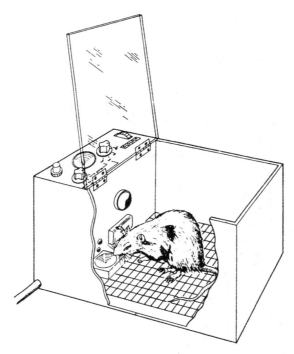

图 12-8　训练鼠压杆取食的斯金纳箱
压杆后一粒食物自动掉入杯中

实际是一个道路系统,在每一个岔路口都只有一个正确的选择可以通向最终的目标,其他所有选择都会把动物引向一个盲端(图 12-9)。起初,动物是随机选择道路的,但只有到达最终的目标才能得到食物(报偿)。检验动物学习能力的一个重要标准是看动物需要经过多少次训练才能毫无错误地(即不会走进死胡同)达到最终目标。迷宫的难度取决于岔路口的多少,即动物需要选择道路的次数。最简单的迷宫是 T 字形迷宫,动物只面临一次选择。斯金纳箱是美国心理学家斯金纳设计的,箱内可放置实验动物,并含有一个操纵装置(如可供鸽子啄击的圆盘或可供鼠去压的杆)和一个自动供食装置(提供报偿以鼓励学习)。利用操作条件反射可以训练动物学会各种新的甚至是很复杂的技能,如小兔弹钢琴、鸭子套圈和鸽子打乒乓球等(图 12-10)。行为学家最喜欢用鼠类进行操作条件反射试验,因为鼠类终生都怀有好奇心。长期以来,操作条件反射是行为学家和心理学家的主要研究工具。心理学派曾对动物的行为和学习能力提出过很多新的见解,但他们的研究对象只限于少数几种驯养动物,而且完全脱离了动物的自然环境,因此有很大局限性。

八、试-错学习

动物在自然条件下的学习,很少只涉及一种条件反射类型,往往是两种类型(Ⅰ和Ⅱ型)的条件反射一起发生,并以操作条件反射为主。W. H. Thorpe 就把这种学习过程称为尝试-错误学习(简称试-错学习)。这种学习是在动物的欲求行为期间由于得到报偿而在一种刺激(或场合)和一种活动(指某种形式的运动)之间所建立的联系,刺激和活动都发生在得到报偿之前,而且这种活动并不是对报偿的一种遗传反应。由此可见,在试-错学习开始之前,动物必须先有某种欲求动机。

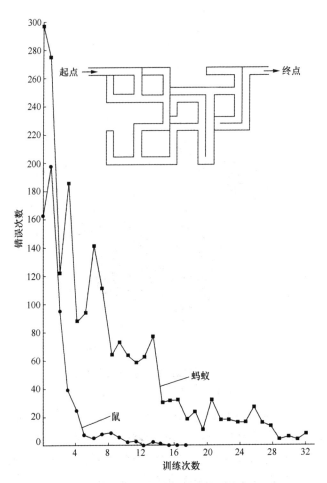

图 12-9　训练鼠和蚂蚁走迷宫

鼠比蚂蚁（*Formica incerta*）能更快地学会走迷宫

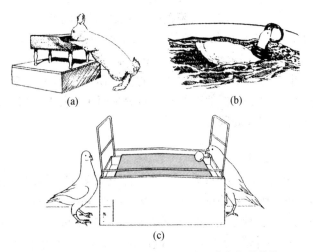

图 12-10　用操作条件反射训练动物学会各种技能

基本方法是让动物按特定指令完成一定动作，然后给予报偿

动物学会啄食的过程就是一种试-错学习,一只刚孵出壳的鹌鹑起初是什么都啄的,但总会啄到一些可食的东西,逐渐它就能学会把看到的某些物体与食物联系起来,直到一找到这些东西就啄食起来。在这个过程中,刺激(饥饿)在先,啄食反应在后,最后才得到报偿,这是试-错学习的一种固定程序。借助于这种学习,再加上对不可食物体的习惯化过程,动物的取食效率就会越来越高。

下面我们将按动物的不同类群介绍动物的这种学习行为。

1. 涡虫

在对无脊椎动物的习性形成所做的很多试验中,都是以食物作为无条件刺激(报偿)。关于涡虫(*Turbellaria*)能不能学会辨认通向食物的路线曾经引起过很多争论,有证据表明:涡虫是能够认识道路的。图 12-11 是 P. H. Wells(1967)所做的一个试验,他的方法非常成功。(a)是用绳吊着的一块肉(食物),涡虫主要是在缸底到处爬行,这是训练开始前的一个引诱工作;(b)和(c)则分别代表涡虫训练的几个阶段。首先把食物吊在水面,涡虫很容易接近并得到它。然后逐渐把食物向下放,直到距离水面 32 mm 处为止。当食物置于这一位置时,涡虫便很快沿着缸壁向上爬行,再沿水面移动,最后沿绳下行走向食物。如果把肉汁放入水中,即使绳端不挂有食物,它们也会沿这一路线爬行。这说明,涡虫的行为不完全是对食物做出的反应。经过训练的涡虫也可以对光做出类似反应。在自然条件下,涡虫是如何利用这种学习能力的,目前还不太清楚。

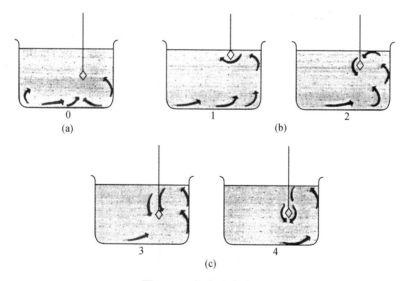

图 12-11 涡虫认路试验

(a)训练前找不到送到水面下的食物;(b)训练过程;(c)训练后能沿训练时的路线找到食物

2. 蚯蚓

R. M. Yerkes 曾对异唇蚓(*Eisenia foetida*)的学习能力作过研究,他把蚯蚓放入一个最简单的迷宫中(只有一个选择点),迷宫的一条臂通向一个黑暗潮湿的小室,另一条臂则把蚯蚓引向一个地点,在那里它会受到电击或接触到浓盐水。当在蚯蚓的后端给予强光刺激时,它就会沿着迷宫的主干向前爬行,当爬到选择点时,它就会对两条臂做出选择。经过 20~100 次训练之后,蚯蚓每次都向左(或右)走向潮湿黑暗的小室。

L. C. Aranda 曾用 19 只带丝蚓(*Lumbricus terrestris*)重复了 Yerkes 的实验,他在大约七周之内经过 200 多次训练,使带丝蚓学会了回避电击。

有趣的是,Yerkes 曾把经过训练的蚯蚓的前 4 个半体节切除,结果失去了脑的蚯蚓仍未丧失在训练期间所获得的习性,这一发现使人们对蚯蚓脑的功能产生了疑问。

蚯蚓的学习速度虽然很慢,但它们的记忆力似乎很好。L. G. Datta 曾在一个 T 形迷宫中训练带丝蚓,通过训练所获得的习性至少可以保持 5 天。

3. 蚂蚁

T. C. Schneirla(1952)曾把蚂蚁(*Formica incerta*)放入一个含有 6 个选择点和许多弯道的迷宫中,迷宫的尽头是蚁窝,因此该迷宫的报偿是返巢(参见图 12-9)。经过 28 次训练后,有 8 只蚂蚁几乎可以毫无错误地返回蚁巢。8 只大白鼠经过训练也能学会走同一类型的迷宫,但报偿是食物。实验数据表明:大白鼠的学习行为与蚂蚁很相似,但学习速度比蚂蚁快。此外还有更重要的区别,当蚂蚁学会了在一个复杂的迷宫中认路后,再让它反过来走这个迷宫时,它就只能从头学起,就好像这是一个新的迷宫一样。相反,大白鼠在同样情况下则能从以前的经验中获得一些教益。

蚁科是一个很大的科,但迄今只对少数种类进行过研究,1973 年 L. O. Stratton 和 W. P. Coleman 曾对里氏火蚁(*Solenopsis saevissima*)的学习行为进行了研究。火蚁是肉食性的蚂蚁,当它找到食物以后单独回巢时是依据太阳定向的,并一路排放气味物质作路线标记。Stratton 和 Coleman 让火蚁从巢里出来后便走进一个迷宫(图 12-12),迷宫的终点是一只刚被杀死的蝇幼虫。由于气味对蚂蚁认路非常重要,所以迷宫每隔一天便冲洗一次,如果不冲洗,蚂蚁就

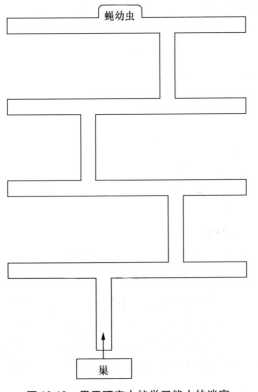

图 12-12 用于研究火蚁学习能力的迷宫

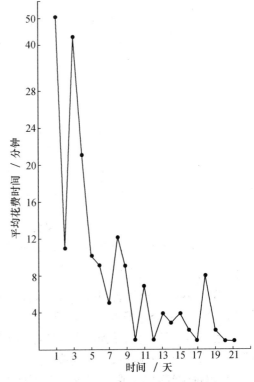

图 12-13 火蚁的认路能力逐日提高

能较快地走到终点。最重要的问题是蚂蚁如果完全不依靠气味能不能学会认路。为此,在另一些试验中,迷宫在每次用过后就冲洗一次,结果如图12-13所示,在这种情况下,火蚁的认路本领仍能逐日有所改善,图中的时间是指从第一只蚂蚁进入迷宫到前三只蚂蚁到达终点所花费的时间。

显然,蚂蚁需要形成新的活动习性,以便对它们的巢和食物的位置变化做出反应。它们能够使自己的行为适应各种不同的情况。

4. 蜜蜂

1974年,R. Menzel 及其同事利用蜜蜂的色觉特性研究了蜜蜂的学习和记忆能力。他们在离蜂箱40 m 的地方摆一张桌子,桌上放三个圆玻璃盘,每个盘下都可用有色灯泡照亮。训练时先把中间盘子用黄灯光照亮,蜜蜂来采食时可吸饱 2 mol/L 浓度的蔗糖液,每只受训的蜜蜂都作好标记,以便辨认。训练一只蜜蜂到黄色玻璃盘采食以后,当它下次再来采食时,把中间玻璃盘下的黄色灯泡关掉,而把两边玻璃盘下的灯泡点亮,其中一个是黄色一个是蓝色。以前的试验已经表明,蜜蜂对这两种颜色都没有偏爱,如果让一只未受过训练的蜜蜂在这两种颜色之间进行选择,那么每种颜色被选中的概率各为一半。但是,一只受过上述训练的蜜蜂则到黄色玻璃盘中采食的概率较高。经过 5 次训练后蜜蜂选择黄盘的概率可达到 90%。

Menzel 及其同事还就这一试验作了以下几点分析:

(1) 不同报偿对蜜蜂习性形成的影响:显然,蜜蜂所吸食的糖液量对所形成的习性的强度没有影响,但每次吸食的持续时间却很重要。如果每次只让蜜蜂吸食 2 秒钟,那么它们只在得到报偿后的前 4 分钟内保持较高的正确反应率,此后,新习性便明显消退。如果每次的吸食时间为 15～30 分钟,那么在得到报偿 4 分钟以后,正确反应率仍可增加,尽管此后已经不再训练。这就是下面我们将要谈到的延迟增强效应(delayed improvement)。

(2) 蜜蜂的记忆力:如果在两种颜色中选一种颜色给予 3 次报偿,那么两周后再进行测验,蜜蜂仍能记得这种颜色,其正确反应率大约为 80%。

(3) 信息存贮期(period of information storage):在训练蜜蜂时发现,要想使刺激(颜色)生效,该刺激必须在蜜蜂得到报偿前至少 2 秒钟被看到,否则,蜜蜂一旦降落在食物盘上再给予刺激,训练就会毫无成效。可见,在蜜蜂得到报偿以前有一个短暂的信息存贮期,行为学家称之为"感觉记忆"(sensory memory)。

(4) 延迟增强效应:在给予蜜蜂一次报偿(吸食蔗糖液 10 秒钟)以后 1 分钟,测其正确反应率为 80%,此后便开始下降,到 2 分钟时便下降到大约 65%,据此人们可能会想,它很快就会下降到 50%,即完全失去训练成果。然而事实并非如此,在此后的 10 分钟里,正确反应率又开始回升,经测定,在得到报偿后 3 分钟时稍微回升接近 70%,但到 12 分钟时又恢复到 80%(图12-14)。这些数据是根据数百次的观察总结出来的,显然,在蜜蜂的神经系统中至少有两个过程影响着蜜蜂的行为表现:一个过程会导致正确反应率的早期下降;另一个过程具有相反的趋势,但进展比较缓慢。

5. 鱼类

鱼类的迷宫训练与通常的迷宫不同:食物(报偿)被放在玻璃的后面,可以被鱼看到,但必须绕过玻璃才能得到食物(走弯路)。用这种方法训练隆头鱼(*Ctenolabris rupestris*),只需要经过几次训练,它们就能学会绕过障碍物取食。

在用热带淡水丽鱼(*Cichlidae*)做试验时,丽鱼必须从玻璃板上面越过去才能得到食物。

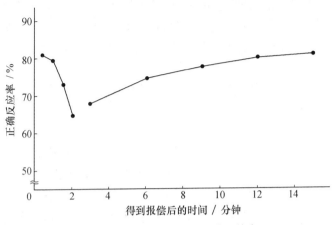

图 12-14　蜜蜂学习的延迟增强效应

因为玻璃板的上缘离水面太近,所以,丽鱼必须侧着身子才能越过玻璃板或者从玻璃板上方跳过去。这两种方法都经常被采用。有些丽鱼甚至隔着毛玻璃看不见食物时也能完成绕路取食。

一种家养的热带斗鱼可以学会穿过障碍物上的小洞去获取食物,起初这种行为完全是随机的,当穿过小洞就能看到食物时,它便直奔食物游去,如果穿过小洞看不到食物,它便继续做随机运动,直到找到食物为止。一旦找到食物后,在第二次训练时,它们便会缩短游向食物的路程,往往是采取最短的路线。如果重新安排一下障碍物和食物的位置,斗鱼也能学会一条新的路线。在另一些试验中,把障碍物的位置逐渐提高使其顶部达到水面,在这种情况下,斗鱼能够学会走一条垂直的弯路,最后它能够像飞鱼一样,从障碍物的上面跳跃过去。

这些试验表明:鱼类不仅能够学会辨认地形地物,而且能够灵活地采用不同的运动方式,以便达到目的。

鱼类不仅能够学会趋近某一事物,也能学会回避某一事物。如果给金鱼创造一个既有流水又有静水的环境,它们常常喜欢在一个静水深坑中逗留,因此可以把进入静水深坑看做是一种报偿。但如果当金鱼进入静水后给以电击,这种电击只需一次,在此后的一段时间里它们就表现出对静水深坑的回避行为。

下面我们再谈谈鱼的辨识能力。J. V. Haralson 和 M. E. Bitterman 曾成功地设计过一种适合于训练鱼类的斯金纳箱,他们用一种丽鱼(*Tilapia macrocephala*)做试验(是一种口孵鱼)。鱼在箱中必须用头撞击一个物体(靶标)才能得到报偿,报偿是自动释放到水中的一条小蠕虫。如果装置两个不同颜色的靶标,而且只有撞击其中一个靶标才能得到报偿时,我们就可以研究鱼类的辨识能力了。这些试验的一般结果分析如下:

(1)假如一个靶标是红色,另一个靶标是绿色,只有用头顶撞红色的靶标才能得到报偿。当鱼已经养成几乎总是去顶撞红色靶标时,再作相反的安排:只有顶撞绿色靶标时才能得到报偿。对类似的安排,鱼和大白鼠可以学习得同样好(当然,鼠是在传统的斯金纳箱里压杆,而不是顶撞靶标)。如果连续作一系列的反安排,则鼠能够表现出一定的学习能力,而鱼则不能。

(2)训练金鱼为了获得报偿而去顶撞靶标,并记录它们从看到靶标到做出顶撞反应之间的时间。如果让一些金鱼每顶撞一次靶标得到 4 条蠕虫,而让另一些金鱼每顶撞一次靶标得到40条蠕虫,那么,获得较多报偿的金鱼就会更快地做出顶撞反应。此后,如果再让这些金鱼恢复到每次只得到4条蠕虫,它们并不因此而感到失望,而是继续以同以前同样的速度做出反应,这和大白鼠在类似情况下的表现明显不同,对大白鼠来说,报偿减少会产生明显的消极影响(当穿过一个通道奔向食物时,其速度会减慢)。

(3)在测定动物辨识能力的装置中,有可能做出这样的安排:在总尝试次数中,有70%的尝试让报偿与某一特定刺激相联系,有30%的尝试让报偿与其他刺激相联系。如果让这一过程随机化,那么对每一次尝试来说,接近这一特定刺激的报偿率就是70%。在这种情况下,最优对策就是每次尝试都接近这一特定刺激。事实上,大白鼠就是采取这一对策的(猴和人也是如此),但鱼类却不是这样,它们只有70%的尝试接近这报偿率最高的刺激。

6. 鸟类

鸟类的觅食行为有很强的适应能力,如果它们通过觅食活动找到了食物的隐蔽场所,那么以后它们就会经常到那里去。它们也能很快地学会回避有毒的食物,而且在很长的一个时期内都不去吃这种食物(如有毒昆虫)。鸟类的辨识能力也很强,鸟类回巢需要辨认地形地物,鸟类迁飞则依赖于星空信息的贮存。

行为学家曾用家鸽(*Columba livia*)做过许多试验,家鸽在斯金纳箱中为了得到报偿可以学会去啄一个机关,就像大白鼠为了得到报偿去压杆一样。斯金纳箱只要求动物完成一个简单的动作(压杆或啄机关),因此,难以测定各种动物所特有的学习能力。

在早期设计的问题箱中,动物可以用各种不同的方法来解决同一问题。例如:可以把鸟关在一个笼子里,让它取食盒子中的食物,然后把食物盒关闭,但是如果去拉或者去压一根绷紧在两个支持物之间的绳子,食物盒就会打开。有几种鸟能够学会自己开盒子,但方法不同,有的是用喙或爪拉绳子,有的是用头压绳子,还有的鸟能学会飞落在绳子上,靠身体的重量压绳开盒。这些行为都是典型的试-错学习。起初,为了打开盒子,它们需要做很多不适当的活动,但是只有在碰巧取得几次成功之后,它们才能逐渐学会较快和较省力的开盒方法。家麻雀(*Passer domesticus*)也很善于应付和解决各种问题,它们时而大胆地接近人,时而又害怕地躲避人,它们是少数能够成功地与人类共处的野生动物之一。

鸟类的活动范围很大,用迷宫做试验似乎不太适宜,但是训练鸽子走迷宫却很容易,在某些方面,它们的表现比大白鼠还要好,不过它们一旦学会了走一种迷宫,当情况发生变化时,它们就很难适应。

一般认为,鸦科(Corvidae)鸟类的智力最发达,这些鸟类能够解决很多困难的问题。例如:让它们隔着一个屏障看到两个盒子,其中一个盒子里有食物,另一个没有,并且让两个盒子朝相反的方向移动。在这种情况下,每一只鸟为了得到食物就必须从适当的方向绕过屏障,鸦科鸟类都做得很好,但鸽子和公鸡却不能解决这一难题。不过,在其他一些测验中,鸽子和公鸡也有良好表现(如辨识颠倒物试验)。

九、潜在学习

现已知道,报偿可以增加一种行为重复出现的概率,按照一些行为学家的意见,在没有报偿的情况下行为频率就不应当发生变化,但在没有任何明显报偿时动物仍会有学习。如果把一只又饿又渴的鼠放在一个没有报偿的迷宫中,它仍会不断到处探路,走进死胡同后又顺原路返回。对于已经探索过这个迷宫的鼠来说,只需经过少数几次尝试就能走出这个迷宫,比那些给予食物报偿第一次走迷宫的鼠还要快。这表明：鼠在无报偿的探索期间已经学会了这个迷宫的一些特征，虽然没有马上被利用，也就是说这是一种潜在的学习。

潜在学习与试-错学习之间的重要差异在于前者是在没有报偿情况下的学习,虽然这一差异经过多年争论才被普遍承认,这是因为有些行为学家并不把强化作为试-错学习的重要特征,因此就从根本上抹掉了这两种学习类型之间的这一差异。但 R. A. Hinde 在讨论这一问题时更强调潜在学习的非表达性质,他认为这两种学习类型都涉及对一种场合特性的记忆,但只有试-错学习能将所学得的知识和技能马上加以表达和利用。

通过探究活动进行学习是完全可能的,而且也是动物对其生存环境的适应,例如：幼狼冒险走出洞穴在双亲的注视下进行探究活动,在活动中它们将会熟悉周围的地形地物,知道哪里可以找到食物,哪里是比较安全的隐蔽场所。当它们在各处走动、观望和嗅闻的时候无形中就获得了环境的详尽知识,这对于以后增加存活机会非常重要。潜在学习的价值是很明显的,实验室内的研究也已证明了熟悉一个地域的地形地物对动物存活是多么重要。把成对的白足鼠（*Peromyscus leucopus*）放到一个有角鸮（*Otus asio*）的房间中,每对白足鼠中让其中一只在试验前有机会对房间进行几天探究活动,另一只则不给以这样的机会。在此后的 17 次试验中有 13 次角鸮抓到了白足鼠,但在这 13 只被抓到的白足鼠中有 11 只是未对房间进行过探究活动的,这表明对环境的熟悉与了解可提高动物逃避捕食者的能力。

探究活动对于动物的定向也有重要作用,例如：细腰蜂（*Philanthus triangulum*）在地下挖好洞穴准备外出狩猎前先要在洞口上空巡视飞行大约 6 秒钟,待熟悉了洞口周围的地形地物后再飞走,狩猎归来后就是依据当地的景观找到洞口的,这一点已经通过试验得到了证实。

十、模仿学习

是指动物通过观察其他个体的行为而改进自身的技能和学会新的技能,这种学习类型在社会性动物中出现的频次要比非社会性动物多得多,所以又叫社会性学习（social learning）,例如黑猩猩可以模仿照片中自己的表情和动作（图 12-15）。模仿学习的适应意义是很清楚的,

图 12-15　黑猩猩 Viki 正在模仿照片中自己的表情和动作

这就是动物借助其他方法学到的东西通过模仿可以更快地学会,因此可节省时间和能量。有些动物的个体如挪威鼠(*Macaca mulatta*)通过模仿同种其他个体可以学会吃什么和去哪里找食物,其他动物通过观察它们的同伴可以学会如何躲避危险,猕猴通过观察其他猴对蛇所表现出的畏惧可以学会害怕蛇和躲避蛇。虽然种群中的每一个个体都有能力学会对其他成员做出适当反应,但模仿常常是更加有效和风险较小的一种学习形式。幼小动物的很多重要行为都是通过与成年动物的接触和相互作用学会的,例如:鹪鹩(*Thryomanes bewickii*)幼鸟保卫领域的鸣唱技巧常常是在与相邻成鸟的应答鸣唱中学会的。

对自然界鸟类和哺乳动物所进行的很多观察都涉及模仿学习,其中最常引用的一些例子就是所谓的习俗行为,这种习俗行为往往只出现在同一物种几个群体中的一个群体。例如:大约是1921年在英国先是有少数大山雀学会了撕开奶瓶盖偷吃奶油,后来由于其他鸟也学会了这种技巧,使得这种习俗很快便传遍了整个大陆(图12-16)。还有很多实例可以说明一些习俗是如何在灵长动物的群体中散播的。Jane van Lawick-Goodall 曾观察过小黑猩猩学习用草茎和小棍从蚁洞中取食白蚁,这完全是对母亲和其他成体行为的模仿。

图 12-16　一只蓝山雀正在撕开奶瓶盖以便取食浮在牛奶上层的奶油

日本猕猴冲洗食物的习俗也有着同样的起源,最早是一只名叫 Imo 的年轻母猴发现了土豆在海水中浸泡后不仅变得洁净而且因少量着盐而味道更好。Imo 的一个同伴通过观察 Imo 的行为也学会了这种处理食物的技巧,接着是 Imo 的妈妈也学会了。新的习俗行为通常是由年轻个体传给母亲和兄弟姐妹,待年轻个体当上母亲后又传给自己的后代。几年以后,Imo 又学会了一种处理食物的新技能,原来研究人员总是把麦粒扔在沙地上,猕猴不得不一粒一粒地把麦粒捡起来吃,但有一天 Imo 把抓起的一把麦粒和沙子扔到了海水中,沙子沉到了海底而麦粒却浮在了海面,于是 Imo 就能够把麦粒从海面捞起来大把大把地吃,这种新的取食习俗很快就被猴群中的大多数猕猴学会了。

动物常常是靠观察别人怎么做,然后自己才学会去做某一种事,例如:鹦鹉靠观察能够学会拿掉食物盘上的盖子。在试验中先让一只鹦鹉观察示范鹦鹉用下面三种方法中的一种方法拿掉盖子,即用爪抓、用喙啄和用喙推。试验证实:观察者总是采用它所看到的示范鹦鹉拿掉盖子的方法去拿食物盘上的盖子。但有时模仿学习不是靠观察其他个体怎么做然后再跟着做,而是靠嗅闻气味。例如在一次试验中让一只示范大白鼠吃含有可可粉或肉桂的食物,然后把它麻醉放在离观察鼠笼 0.6 m 的地方,虽然在整个示范期间示范鼠一直是睡着的,但观察鼠后来仍然偏爱吃示范鼠所吃过的食物。

十一、玩耍学习

1. 玩耍行为的类型

玩耍是一种高兴和愉快的活动,人和动物都需要玩耍并经常进行玩耍,尤其是小孩和幼小动物。玩耍行为很容易识别,在动物园中可以看到各种各样动物的玩耍,实际上很多类型的活动都可以归属于玩耍,当没有障碍物需要克服、没有天敌需要逃避、没有猎物需要追捕时的跑跳、撒欢、追捕、打斗以及弓背跃起等动作都属于典型的玩耍。越是高等动物玩耍行为也越常见,玩耍类型也越多种多样,其类型之一就是打斗和追逐,小猫、小狗和小猴等幼小动物进行自娱的方式之一就是互相扭斗、抱握和攻击。玩耍的第二种类型是演练玩耍,有些动物的行为在出生时并未完善,需重复进行演练。小马驹需要演练跳跃和奔跑技能,年轻的灵长动物需要演练纵身跳跃、翻滚和滑行等基本动作。大猩猩的幼仔特别喜好滑行,先是在母亲的身上,以后又逐渐过渡到坡地和树干上;北极熊幼崽向岸上爬行只是为了重新跳回水中。第三种类型的玩耍是摆弄一件东西,常称为探索玩耍(exploration play)。一个新的刺激或新的物体常可吸引动物去接近、去触摸、去抓、去咬、去嗅并从不同角度观察它。但这种玩耍将会随着对陌生物体的熟悉程度而降温,探索玩耍有利于动物认识新的事物和发现有用之物。起初小猴会反复把玩一面小镜子,但时间一长就会丢弃一旁;猩猩对反复敲击一个薄铁片发出声响很是好奇;獾可以无止境地玩一把刷子和拖鞋;幼大熊猫喜欢戴着一个玩具环睡觉。第四种类型的玩耍是社会玩耍(social play),指亲代与子代之间和同龄个体之间的玩耍,母猩猩常与幼猩猩玩耍,吼猴、叶猴和狒狒的幼猴常主动与成年猴玩耍。更为常见的是幼小动物之间的玩耍,大都是战斗游戏(play-fighting),这种游戏最常发生在捕食动物中。战斗游戏开始前总会发出特定的信号,这在正式战斗中是没有的,如吼猴和长臂猿战斗前彼此发出吱吱叫声,表示紧接着开始的是一场友好的打斗游戏,在游戏中类似成年动物的各种动作一个接一个地迅速重演。

当前关于玩耍学习最合理的观点是:玩耍在某些情况下与发展和建立一些控制系统有关,这些系统可调节各种行为类型。这一观点有利于解释如下一些事实:① 出生时行为技能越是不完善的种类越需要玩耍;② 神经系统、感觉器官和行为机制越复杂的物种越需要玩耍;③ 虽然玩耍主要表现在幼小动物,但也不完全限于它们,因为成年动物也必须适应新情况和学习新技能。

2. 玩耍行为的主要特征

(1) 玩耍是动物自发自愿的随意行为,是自由意志的一种表现,而不是简单的反射。在任何外力强制下所表现出的行为不是玩耍,如马戏团中各种动物的表演(狮虎跳圈和熊骑自行车等)。

(2) 玩耍行为通常是与正常情况下该行为的顺序和目的相背离或相悖,如追逐、打斗、撕咬等攻击行为,其生物学功能是将对手击溃甚至弄伤,而玩耍则完全不是这样。

(3) 玩耍行为具有明显的随机顺序,其中很多行为都是来自成年动物的不同行为系统,它们迅速地相继交替出现,例如幼狐的玩耍行为可从探索咬食很快过渡到攻击打斗再转化为梳理。

(4) 玩耍行为常常重复进行,也可能形成仪式化,具有该游戏所特有的规则。

(5) 玩耍行为比正常的活动或动作表现得更为夸张。

(6) 由两个以上个体所参加的玩耍通常都伴随着特定的信号或以特定信号为先导,如前所述。

3. 玩耍行为的适应意义

动物为什么要玩耍? 也就是说动物的玩耍有什么生物学功能? 对于玩耍的长期适应意义,大体上存在三个方面的假说:第一是生理方面,玩耍有助于提高动物的力量、耐力和肌肉协调能力;第二是社会方面,玩耍是各种社会技能的演练如梳理行为和性行为,以及各方面社会关系的建立和维持；第三是认知方面的，如学会特殊的技能或改善整体感知能力。

动物通过玩一个玩具或玩一件东西往往可以学到很多知识，例如黑猩猩在耍弄几根棍子时可以学会把它们接起来并用于够取远处的香蕉或其他食物，这种学得的新技巧还可以用于以后够取高树上的树叶。关于玩耍适应意义的一个最公认的假说是能使动物有机会演练对未来非常重要的各种生存技能，如捕食游戏可完善各种捕食技巧（偷偷逼近猎物及咬住猎物摆头和摔打等）。年幼动物的打斗玩耍实际是在演练成年动物真正战斗中的各种动作，有利于发展和建立各方面的社会关系，及早确立个体在社群中的地位和优势。很多肉食动物的优势等级就是在幼兽打斗玩耍中确立的并一直维持到成年，那时它们还没有长出犬牙，因此不会造成伤害。在不管多么剧烈的打斗玩耍中都不会造成咬伤或其他伤害，也从不进行威吓。鸡貂在被其玩伴无意咬住的时候，它发出的叫声可抑制对方进一步的攻击。玩耍双方在身体大小、力量和技能方面往往是相匹配的，那些个体较大较老和具有较大优势的动物常常不屑与较小和较弱的同伴进行打斗游戏。有些动物喜欢演练保卫领域的技巧，例如有人曾驯养过一只鸡貂，它常常练习保卫一个废纸篓，有时它藏在毛毯下面只是为了突然扑向从此路过的一个玩伴；小鹿和小山羊在游戏中也常为占有一块地盘而进行争斗。

十二、印记学习

1. 跟随反应

K. Lorenz 对动物行为学的主要贡献之一就是对印记学习的研究。一般认为 Heinroth 是首先使用印记（imprinting）一词的人，其实早在 19 世纪 Spalding 就对印记进行过广泛研究，在 1872—1875 年期间，他发表了 6 篇论文专门研究家鸡的孵化和雏鸡出壳后最初几天的行为，他发现刚出壳 2~3 天的小鸡就会跟着任何一个移动的物体走并对这一物体产生依附性。Spalding 死于 1877 年，才活了 37 岁，他的工作一度被人们遗忘，直到死后 77 年的 1954 年 Haldane 才发现并重新发表了他的论文。

Lorenz 的老师 Heinroth 曾观察过初孵小鹅的行为，初孵小鹅若先与人接触后再把它送回到它父母身边，结果小鹅就不再把自己的父母当成双亲，总是从家庭中跑出来追逐和依附于当初与它接触过的人，显然它是把人当成了自己的双亲。为了成功地把小鹅送回它的家庭就必须把它从孵化箱取出后马上装在一个袋子里使它看不到人。Lorenz 继承了 Heinroth 的工作，发现印记与一般的学习类型不一样，它只发生在个体发育的一个特定阶段，似乎属于在进化上预先安排好的一种学习，而且是不可逆转的。除小鹅外，Lorenz 还研究了绿头鸭、鸽子、寒鸦和很多其他鸟类的印记行为。

Heinroth 曾观察到对人产生了印记的鸟在发育成熟后常常会向人求偶，例如斑马雀不仅会向人的手指求偶，而且还试图与人的手指交配（图 12-17）。Lorenz 认为：幼小动物在其发育的特定时期不仅会对它所遇到的任何移动着的物体产生印记，而且以后还会对这一物体表现出性行为和社会行为。

出生后便与父母隔离的小鸭和小鹅不仅会跟着人走，也会跟着一个粗糙的模型鸭，甚至跟着一个移动的纸盒子走（图 12-18）。一只小羔羊也会跟着一个用奶瓶喂养它的人走，不管它饥饿与否都这样，即使当小羔羊断奶归群后也会走近或跟随曾经喂养过它的人并把人当成自己的父母，小羊长大后也会对人保留一定的依附性。这表明印记对动物既有短期影响也有长期影响。

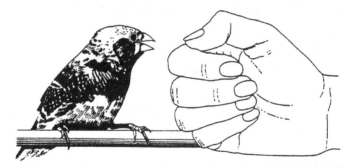

图 12-17　一只被人养大并对人产生了印记的斑马雀正在向饲养人的手求偶

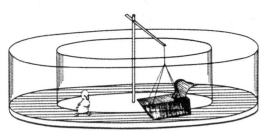

图 12-18　由 E. H. Hess 设计用于研究雏鸭跟随反应(印记学习)的实验装置

雏鸭试验前一直置于黑暗环境中,可用不同年龄的雏鸭进行试验以确定学习敏感期的开始与结束,模型鸭内也可安装扬声器以测定母鸭叫声对雏鸭跟随反应的影响

不同物种对所跟随的物体有不同的偏爱,如小鸡最喜欢跟随蓝色或橙色的物体,绿头鸭最喜欢跟随黄绿色的物体,如果被跟随的物体能够发出适当的声音就更具有吸引力。树鸭(*Aix sponsa*)栖息在树洞里,幼鸭是听到母鸭的呼唤叫声才从树洞里出来的,所以这些小树鸭在没有任何视觉刺激的情况下喜欢接近一个断断续续发出声音的物体。一般说来,一个动物越是依附于一个物体和熟悉一个物体,对其他物体的依恋性就会减弱。跟随反应会因得到食物报偿而增强,在自然条件下跟随反应所得到的报偿通常是能贴近双亲并从双亲那里得到食物和温暖。

2. 印记敏感期

绿头鸭在孵出的第 10～15 小时最容易形成对一个移动物体的依附性(图 12-19),形成后的前 2 个月幼鸭一直跟随着这一物体,此后依附性逐渐减弱。这 10～15 小时就是印记学习的

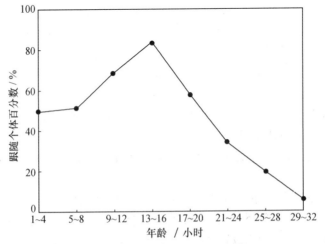

图 12-19　绿头鸭雏鸭印记学习的敏感期

孵出后 10～15 小时形成跟随反应的个体百分数最大

敏感期。鸡群中的小鸡孵出后3天便不再有跟随反应,而单独饲养的小鸡则能维持较长时间。幼鸟彼此之间也能形成印记。

印记学习的敏感性随年龄增长而下降可能是由于探索心理和害怕心理的发展。新孵出的雏鸟如家鸡、食火鸡、鸭、鹅和野鸡等对陌生物体本无回避行为而是接近和探求,但几天以后便变得胆怯起来,对任何陌生物体都感到害怕。对初孵幼鸟来说,没有任何东西是它们所熟悉的,也没有任何东西使它们感到陌生。只有当它们熟悉了某些刺激后才会对其他刺激产生陌生感,一旦对陌生物体产生了害怕心理就必然会影响印记学习。随着回避和害怕心理的增加,印记学习敏感期也就随之结束了。单独饲养的动物回避反应发展较慢,而社会群养的动物发展较快,这表明害怕心理的发展主要是取决于经验而不是取决于成熟程度。

3. 印记学习的长期影响

印记除了影响亲代与子代之间的关系外,还能明显影响成年动物之间的社会关系,也能影响行为的其他方面如食物选择和生境选择。很多哺乳动物的早期生活经历可影响未来的社会调整,如狗(*Canis lupus*)的印记敏感期是3～10周龄,此期的接触和交往可使正常的社会关系得到发展,如果将小狗单独饲养14周以上,它后来的社会行为就会变得不正常。狗也和鸟类一样,很容易把人认做是它的社会伙伴,在印记敏感高峰期只要短时间与人接触就足以让狗把人看成是它们社会的一员而长期相处并建立起永久性的亲密关系。灵长动物也是这样,母猴与仔猴的接触对于发展正常的社会关系极为重要。如果用两个模型妈妈养育小猕猴,一个是"软妈"(用细软绒布捆扎而成),一个是"硬妈"(用铁丝捆扎而成但前胸有一奶嘴可吸奶)(图12-20),观察表明:小猕猴大部分时间都呆在"软妈"身上以求得舒适,只在吸奶的短时间内才去拜访"硬妈"。这表明:小猴对食物的需求和对舒适的追求是彼此分开的,可以靠不同的物体加以满足,因此母子之间的联系不完全是靠食物进行强化的。

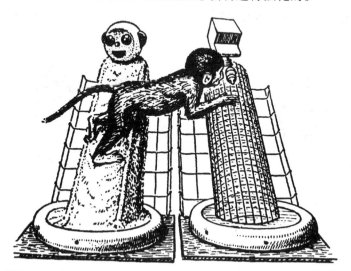

图12-20　小猕猴依恋于"软妈",只有吸奶时才去短时间拜访"硬妈"

鸟类的印记学习对未来的配偶选择也具有深远影响(性印记,sexual imprinting),行为学家曾用鸡、鸭、鸽做过很多交叉养育试验,如果一只白色的鸽子是被一对黑色鸽养大的,那么它长大后所选择的配偶往往是黑色的而不是与自己属于同一品种的白色鸽。Warriner等人用黑色鸽和白色鸽做了如下试验:把16只未交配过的鸽子放在一个大笼中使其自由配对,这些鸽子的养父母要么是纯黑色要么是纯白色,然后观察它们的配对和交配情况。该试验重复4次,每次都用不同的鸽子,共用鸽64只。结果在相配的32对鸽子中有26对中的雄鸽所选择的雌鸽,其颜色与雄鸽的养父母相同。在其余6对中有5对雌鸽所选择的配偶与雌鸽养父母的颜色相同。这不仅表明在配对时主要是雄鸽选择雌鸽,而且也清楚地表明了生活早期的印记对未来的配偶选择有深刻影响。类似的交叉养育试验还在亲缘关系很近但不同种类的鸟类之间进行过,如鸭与鹅、鸽与斑鸠、原鸡和家鸡、家麻雀和树麻雀、银鸥和黑背鸥等,其结果都很相似。

Schutz用不同种类的鸭做了一系列试验,他发现雄鸭长大后选择的配偶常常是养父母所属的那种鸭,而不是自己所属的那个物种,而雌鸭则刚好相反,尽管它们早期的经历与雄鸭完全一样。在34只被其他鸭种养大的雄绿头鸭中,有22只长大后选择了异种雌鸭作配偶,只有12只选择了同种雌鸭。然而在18只被其他鸭种养大的雌绿头鸭中除了3只外,其余15只全部选择了与自己同种的雄鸭作配偶。这种结果用其他鸭种做试验也是一样,但智利水鸭(*Anas flavirostris*)是个例外,在被绿头鸭养大的7只雌智利水鸭中,长大后全都选择了雄绿头鸭作配偶。这是因为Schutz所研究的其他鸭都有性二型现象,唯有智利水鸭没有性二型分化,两性羽色都很单调,在自然条件下幼鸭都是由雌性成鸭养育的,它们很难看到自己的父亲。此外,在自然界经常是很多种类的鸭混生在同一湖泊中,各种雌鸭羽色单一,区别不大,而各种雄鸭则羽色各异,区别明显。因此性二型物种的雌鸭很容易识别本种的雄鸭,但雄鸭却很难识别本种的雌鸭,所以它们不得不靠早期生活的印记来学会识别自己的物种。

由早期印记所决定的配偶选择往往可以持续很多年,例如:被其他种类的鸭或鹅养大的绿头鸭雄鸭总是向异种雌鸭或鹅求偶,即使受到对方的冷遇也一直坚持这样做。斑马雀在被另一种雀养大后再与养父母所属的雀种隔离许多年,它们大都能成功地与同种雌雀进行生殖,但当最终让它们在同种和养父母种之间进行选择时,它们仍然强烈地选择向异种雌雀求偶(图12-21)。

图 12-21

被另一种雀养大的斑马雀正在向养父母所属物种的雌雀标本求偶,虽然与它同种的雌雀标本也在它的身旁

4. 印记学习的适应意义

印记是识别同种成员的一种方法并可保证求偶交配是在同种个体之间进行和确保双亲所抚养的后代是自己的而不是别人的。无论是跟随反应还是性印记都涉及学会识别同种双亲的特征,这对于出于隐蔽的需要双亲颜色极不醒目的物种来说非常重要。为了使识别双亲更加可靠,获得明显的信号刺激是必不可少的。印记学习可使幼小动物能准确可靠地识别双亲和

同种其他个体。在性二型物种中,雄性比较鲜艳醒目且具有特定的体色和叫声,所以雌性个体就不太需要依赖印记,它们主要是依靠先天的本能反应来识别本种异性个体。

从进化观点来看,双亲只抚育自己亲生的后代和只同本种异性个体交配是极重要的。雁鸭类性印记的敏感期是密切地同双亲抚育期相一致的,因此只有当幼鸟作为家庭一员时才易受印记学习的影响。在多物种混杂的繁殖群中印记敏感期一般较短,例如:环嘴鸥(*Larus delawarensis*)的印记敏感期在幼鸥离巢同其他物种成员混合以前就结束了。很多动物都有着特殊的机制以确保外来幼鸟不被收养,因此很多雏鸥对双亲的鸣叫都具有特殊的识别能力,反过来也是一样。在鸥群受到惊扰时亲鸥常常会放弃它们的子女而逃走,小鸥则躲藏在附近的草丛中,当危险过去双亲返回时就用叫声把小鸥从草丛中呼唤出来,但有些小鸥会躲藏在父母领域以外的什么地方。所以很多种类的小鸥都发展了一种联络双亲的特殊叫声,双亲也发展了相应叫声以便互相呼唤。这些用于相互联系的呼叫有助于维持家庭单位的完整。母山羊产仔后的1小时内对仔羊的气味非常敏感,在此期间同任何羊羔只要有5分钟的接触就足以使母山羊把羊羔认做是自己的孩子。如果没有这种接触,羊羔就会被拒绝喂奶。

鸭类和鹅类的性印记敏感期是与亲代抚育期完全一致的,通常幼鸟的印记敏感期是在作为一个家庭成员的时候,一旦离开家庭进入群体生活,印记学习敏感期就结束了。所以Bateson认为性印记最重要的功能是识别亲属而不是识别物种。性印记能使一个动物学会识别近亲个体的特征,以便以后选择的配偶能与近亲(父母兄妹)有些差别但又不使这种差别太大。这样就既能防止近交也能防止远交,而是在两者之间保持一种平衡。远交的好处是增加有利的遗传变异和减少致命隐性基因的有害作用,而近交的好处则是有利于保持相互适应的基因复合体的完整性。为了在近交和远交之间取得平衡,动物所选择的配偶应当与自己保持一种不远不近的适当的亲缘关系。

为了能达到这一目的并准确地识别自己的亲属就必须推迟性印记学习敏感期的开始时间,通常应推迟到自己的兄弟姐妹等近亲个体发育到出现成年特征的时候。不同物种应有所不同,例如:绿头鸭的性印记敏感期大约是从第4周开始,持续约1个月,因为只有这时幼鸭才开始出现成鸭特征。鹌鹑的性印记则发生在孵化后的第3周,此时小鹌鹑的羽衣已经很像成鸟了。家鸡则需要很长时间才能长出成年鸡的特征,所以家鸡的性印记敏感期也推迟得最晚,大约是在第5~6周时。可见性印记的发生时间是与成鸟羽毛的发育密切相关的,这就为准确识别自己的兄弟姐妹等近亲个体提供了可能性。试验证明,鹌鹑所选择的配偶在羽毛的颜色上总是与它们的双亲稍有不同。此外,天鹅(*Cygnus columbianus*)总是回避与近亲个体交配,每只天鹅的面部斑纹都不一样而同一家庭成员常常有相似的面部斑纹,所以只要所选择配偶的面部斑纹与家庭成员不一样就避免了近亲交配。

十三、学习集

有时动物会因以前曾解决过类似问题而能较快解决一个现实问题,就好像动物已经学会了解决这类问题的原理。简单地讲,学习集(learning sets)就是"学习如何去学"。例如:当人在解决数学问题的时候,如果此前曾解决过同一类型的难题,那实际上就已经建立了学习集。为了说明学习集的形成,这里介绍一下Harry Harlow的试验工作。他给猕猴反复出示两个物体,每个物体上都有一个可藏食物的小坑,但其中只有一个物体的小坑中藏有食物,而且这两个物体的位置可以随机变换,观察发现猕猴能够很快学会哪一个物体藏有食物。接着向猕猴出示两个新物体,于是猕猴不得不再一次学习识别哪一个物体藏有食物。随着一对对新的物体被出示,猕猴每次都会面对新的但又类似的问题。面对每次新的挑战,猕猴在做出可靠的正确选择之前所花的时间越来越短,在经历了上百次的这类物体识别问题之后,其正确选择率(即选择有报偿的物体)可达到97%。猕猴所采取的策略是赢则坚持,输则变,即如果物体是有报偿的就坚持选它,但如果没有报偿则选择另一个并坚持选下去。可见,猕猴已经形成了一个学习集。

此类学习集试验的一个改进是使问题反复颠倒,例如:如果被识别的物体是一个方形和圆形,开始时是方形物体有报偿,但当动物学会了把方形与报偿相联系后,突然改为让圆形物体有报偿。一旦动物学会了选择圆形物体,再指定选择方形物体为"正确"。应付这类问题的策略将是赢则变,输则坚持。形成学习集的能力是动物的一种适应性,在现实世界中动物会遇到大量问题,动物必须学会去解决它,其中很多问题都与上述提到的学习集试验相似。形成学习集与孤立地解决每一个相似的问题会节省大量的时间。

十四、顿悟学习

有时你连续几天或几周都对一个问题迷惑不解,但突然间答案会在你的脑海中闪现,行为学家常把这种情况称为顿悟学习(insight learning),它的特点就是突然性,它比试-错学习过程要来得快得多。顿悟学习的最好实例是 Wolfgang Köhler 所研究的黑猩猩的行为,特别是一只名叫 Sultan 的黑猩猩。在一次试验中,Sultan 首先学会了把一根棍作为工具够取笼外地面上的苹果(图 12-22),在它已经学会使用这根棍之后,再给它提供两根可以接插在一起的棍,接插后其长度刚好能够够到水果。黑猩猩先试图用每根棍去够食物,但都不成功,它甚至设计用一根棍的顶端去推顶另一根棍,但因两根棍没有接好,所以还是无法取回水果。黑猩猩经过约1小时的尝试还是得不到水果,最后它好像要放弃了,开始玩这两根棍。后来它好像突然明白了,一只手拿着一根棍,一端对一端地将两根棍接在了一起。此时它已懂得了可将一根棍的一端插入另一根棍的一端,从而使工具加长,接着它便跑到笼边用加长的棍够取水果。黑猩猩的顿悟行为表现在它能从玩耍两根棍中获得信息并将其用于解决获取食物的问题。

Köhler 对黑猩猩解决问题能力所作的解释是,它能看出事物之间的新关系,而这些关系是以前未曾学到过的;它能从整体上考虑问题,而不是仅仅限于问题组分之间的刺激-反应联系。动物可借助于可能的反应"思考"问题并根据过去的经验对每种尝试的成功率做出评价。问题的解决常常是突然发生的。对突然解决问题这一点,有人认为是对以前学到的事物进行组合的结果,例如:

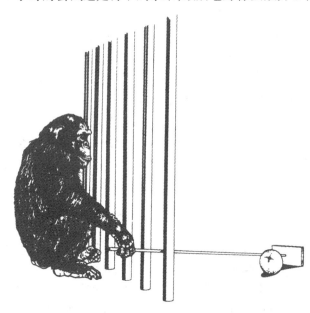

图 12-22 黑猩猩 Sultan 正使用一根棍够取笼外地面的一个苹果

对于已经学会了搬动箱子,然后再爬到箱子上面拿取吊在天花板上食物的黑猩猩来说,此前把箱子搬到靶标物下和爬上一个物体去接近另一个物体曾是两个单独的行为(图12-23)。这一观点曾用鸽子进行过验证,在通常情况下鸽子是没有这两种行为的,但它们可以学会。当为鸽子提供类似的顿悟学习机会时,只有那些已经学会了这两种动作的鸽子才能够解决拿取食物的问题。在一个试验中,训练鸽子把一只盒子推到地面上的绿点处,但如果地面上没有绿点就不推盒子。在另一个试验中训练鸽子学会站在一个盒子上去啄食悬在头顶上的香蕉。把学会了这两种动作的鸽子放置在一个地面没有绿点但有盒子和香蕉的屋子里。结果发现鸽子的行为表现与黑猩猩非常相似,虽然一开始它们在悬挂着的香蕉下面走动和转圈,但突然间它们会把一只盒子推到香蕉下面,然后爬到盒子上去啄食香蕉。但如果只训练鸽子啄香蕉而不训练它为了啄香蕉而爬盒子,那在同样的场合下它就只会重复地在香蕉下走动但却得不到香蕉。所以学会爬上盒子是这一行为的重要组成部分。还有一些鸽子所受到的训练是为了得到报偿而把盒子推向某一方向,但从未训练它们爬上盒子啄食香蕉。当这些鸽子被放置在同一场合下时,它们只会毫无目的地推盒子而从不会爬到盒的顶部啄食香蕉。这表明为了报偿而朝一定方向推盒子也是这一行为的重要组成成分。其结论是:顿悟行为似乎是由特定的刺激-反应关系构成的,虽然科学家一致同意在顿悟学习中过去的经验十分重要,但对关于过去经验的作用仍然存在争议。

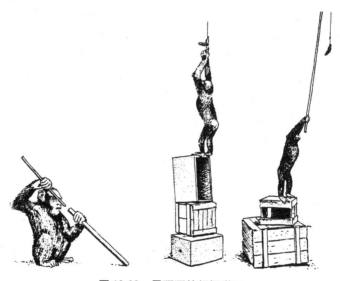

图12-23 黑猩猩的顿悟学习

有人认为顿悟是一种高级形式的学习行为,越是高等动物越发达,人类则最发达。顿悟过程包括了解问题、思考问题和解决问题,最简单的顿悟是绕路行为,即在食物和动物之间设一道障碍,动物只有先远离食物,绕过障碍才能接近食物(图12-24)。章鱼不能解决绕路问题,而鱼类、爬行类和鸟类都能解决这个问题,哺乳动物解决问题最快。

十五、动物的文化传承

1. 文化传承是动物行为研究的三大奠基石之一

大家知道,自然选择、个体学习和文化传承(cultural transmission)是动物行为研究的三大奠基石。所谓文化传承,是指动物通过复制其他个体的行为而学到某些东西,所以在有些场合

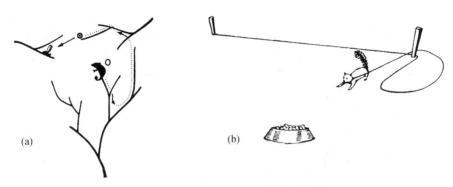

图 12-24 避役(a)和松鼠(b)的绕路行为

下也可称为社会学习(social learning)。通过文化传承可以使一些新获得的特性以极快的速度在种群中散布开来,也可以使各种信息在各世代间得到快速传递(Mesoudi 等,2006)。

Galef 等人(2005)关于挪威鼠觅食行为的研究充分说明了动物文化传承的重要性。挪威鼠是一种食腐啮齿动物,人们常常为其提供各种机会,使其对各种陌生食物进行取样和选择。在这种情况下,挪威鼠常常会在食物取舍方面面临困难的选择,一方面可能会遇到一些意想不到的和意外的新食物;另一方面,一些新的食物类型可能是有毒的或危险的。在这两种情况下,几乎都不可能靠嗅闻来判断食物能不能吃,其唯一的解决办法就要靠文化传承了。Galef 等人从事动物文化传承和食物偏爱的研究是从检验所谓信息中心假说开始的,该假说认为,觅食者是从刚刚寻食归来的其他个体那里获得食物所在地和食物质量的信息的。为了检验文化传承是不是借助于社会学习在挪威鼠的觅食活动中发挥了作用,他们先把挪威鼠分成两个组,即观察组和示范组。关键是,当示范鼠从取食地归来后,观察鼠是否能从与它们的简单接触中学到这一新食物的性质和所在地点的新知识。

具体试验是这样安排的:先让观察鼠和示范鼠同笼共同生活几天,然后把示范鼠取出放入另一实验室并喂以两种食物中的一种,即鼠粮加肉桂或鼠粮加可可粉(两种食物各喂 8 只示范鼠)。此后再将示范鼠带回原来的鼠笼,让其与观察鼠自由接触 16 分钟,然后再将示范鼠拿走。接下来的两天内,把这两种食物(鼠粮加肉桂的和鼠粮加可可粉的)提供给观察鼠任其选食。值得注意的是,观察鼠此前从未接触过这两种新食物,也未观察过示范鼠吃这些食物。最终的试验结果是,观察鼠借助于嗅觉会受到示范鼠所吃食物的影响,在选择食物时通常是选择它们所接触过的示范鼠所吃的那种食物,这就是说,示范鼠吃什么类型的食物,它们就跟着吃什么食物,而这样的选择通常是最安全、最无害的。

作为个体学习来讲,模仿其他个体对食物的选择,这在遗传上是一种编码行为,这种行为通过自然选择会使其频率一代代增加,但文化传承却比个体学习更为复杂。这是因为,动物经由个体学习学到的东西会随着个体的死亡而丢失,而且经由个体学习所获得的信息从不会在世代之间进行传递。文化传承则不是这样,如果一种行为受到其他个体的复制,那么这种行为就会沿着文化传承的路径传递到很多世代。

假设成年鼠 A(世代 1)因在同伴身上嗅闻到了一种以前未吃过的食物味道而将这种食物类型纳入了自己的食谱,再假定与成年鼠 A 同群的一只幼鼠(世代 2)也因嗅闻了 A 鼠而接受了这一新食物。当成年鼠 A 最终死亡时,从它开始的文化传承链仍然存在,因为复制了成年鼠 A 行为的幼鼠仍然活着,也就是说,在世代 1 形成的对食物的偏爱已经传承到了世代 2。如果世代3的个体再从世代2那里学会了吃这种食物,那么这种行为的传承就会经历两个世代,并能按此继续传承下去(Mesoudi等,2006)。由此可以看出,文化传承不仅可以在世代内进行,而且也能在世代之间进行。

2. 纵向的文化传承

当信息是从亲代传向子代的时候就属于纵向的文化传承(vertical cultural transmission),例如:子代通过观察从父母那里学到东西,或父母主动将某一行为传授给自己的子女等。在一些鸣禽中,雄鸟常常是从听父亲的叫声中学会鸣唱的,而雌鸟对潜在配偶叫声的偏爱也主要是受父亲叫声的影响。

科学家曾研究过宽吻海豚(Tursiops truncatus)的纵向文化传承,这种海豚不论是在实验室内还是在自然水域中都有彼此互相模仿的习性。海豚群体中的每个个体都占有一个适当的位置,以便最有利于亲代和子代之间行为特征的传承。研究人员还着重研究了宽吻海豚觅食技能的纵向文化传承,因为这种海豚具有复杂的和多种多样的觅食策略。例如:为了追捕一条鱼,它们能跃出水面窜上海滩,然后很快将捕到的鱼带回水中,这种上岸捕鱼的行为是相当罕见的。在对澳大利亚Shark海湾的一个宽吻海豚种群所进行的长期研究中,只发现了4只成年雌海豚及其幼豚表现有窜上海滩捕鱼的行为。此外,在美国东南部的盐沼海滩也曾观察到另一种海豚具有同样的捕食策略:数只海豚联合行动先把一小群鱼隔离开来,然后制造水浪把它们赶向海滩,此时它们便跃出水面捕捉这些被搁浅了的鱼儿。这种捕鱼策略若成功了,对它们是非常有利的,但也存在很大风险,因为它们也可能被搁浅在海滩上。

Mann和Sargeant发现,只有采取这一觅食策略的雌兽的幼兽才能表现出这一特殊的捕食方法。他们还发现,这一觅食策略并不是靠遗传获得的,幼海豚是从它们母亲那里学会这一登陆捕鱼的绝技的。幼豚长期与它们的母亲生活在一起,是经过了纵向文化传承才从它们的母亲那里学会了这一危险的捕鱼技巧的。

觅食策略纵向文化传承的另一个实例也是在宽吻海豚中观察到的,这次涉及海豚使用工具的问题,也是第一次发现宽吻海豚会使用工具(Krutzen等,2005)。宽吻海豚的这一觅食策略很新奇,雌性成年海豚先从海底拾取一块海绵(多孔动物门),然后将其放置在口上并利用这一工具探寻捕获食物。有趣的是,只在成年雌海豚中才能看到这种使用工具的觅食策略。深入的分子遗传学分析表明:这种行为不是靠遗传获得的,而是靠纵向文化传承获得的。对生活在Shark海湾一个特定种群的研究表明:年轻的雌海豚是从它们的母亲那里学会使用工具觅食的。

3. 横向的文化传承

文化传承并不限于把信息从亲代传给子代,就人类来讲,每天的经历都可说明,大部分信息都是来自于同辈人或同龄人,这种类型的信息传递就称为横向的文化传承。这种传承不仅在成年人之间起作用,在青少年和儿童之间也在起作用。横向文化传承无论对人类还是对动物的行为都发挥着重要作用。下面以一种小鱼虹鳉为例说明其觅食行为的横向文化传承。虹鳉是以年龄和大小进行分群的,属于同一群的个体,其年龄和大小都大体相等。

Laland和Williams(1998)训练这些同龄鱼群沿着不同的路线到达食物所在地,一个是长路线,一个是短路线。不容置疑的是,当同时提供这两条路线时,训练鱼群走长路线会更困难一些,但研究人员想方设法做到了这一点。一旦训练出了走长路线的鱼群和走短路线的鱼群,研究人员便慢慢地把每个鱼群中原有的成员拿走,并将新的未经训练的虹鳉补充进来,这些补充进来的虹鳟对这两条路线都不熟悉。开始时让鱼群中含有的 5 条虹鳟都是受过训练的,接着让鱼群中含有 4 条受过训练的和 1 条未受过训练的虹鳟,再接着是让鱼群含有 3 条受过训练的和 2 条未受过训练的虹鳟,如此下去,直到受过训练的虹鳟一条都不留,使鱼群都是由未受过训练的虹鳟所组成。问题是,到试验的最后,留在鱼群中的虹鳟虽然都是没有受过训练的,但它们还会不会走传统的长路线和短路线?

Laland 和 Williams 发现:长路线鱼群和短路线鱼群到试验的最后仍然是在走长路线和短路线,虽然此时鱼群中受过训练的个体已经完全被未受过训练的个体所置换了。显然,在这个过程中是信息的横向文化传承在起着关键作用,因为在鱼群中彼此学习模仿的对象都是同龄同大小的个体。这个试验更有趣的一点是:它说明文化传承可以产生不良适应行为(如走长路线,与走短路线相比要耗时耗能),也可以产生适应行为(如走短路线)。事实上,长路线鱼群的横向文化传承不仅会使鱼群获得"错误的"信息,而且也会使该鱼群其后更难于学会利用短路线(Reader 等,2003;Brown 和 Laland,2002)。

4. 斜向的文化传承

斜向的文化传承(oblique cultural transmission)是指信息在世代之间的传递,但不是在亲代和子代之间。在这种类型的文化传承中,年幼动物是从成年动物那里获得信息,但这些成年动物不是它们的双亲。斜向的文化传承在有些动物中特别常见,这些动物没有亲代抚育行动,因此年轻个体和成年个体之间的关系往往是非亲非故的关系。下面以猕猴和蛇为例介绍这种文化传承类型。大家知道,猕猴害怕和回避蛇是靠学习得来的。家养的猕猴从未见到过蛇,所以它们不害怕蛇,第一次见到蛇时不会做出任何害怕的姿态和反应。野生猕猴则不一样,它们在自然界有很多机会与蛇相遇。在这种大背景下,Mineka 和 Cook(1986,1988)用试验检验了斜向的文化传承是不是在猕猴形成对蛇的害怕反应中起了作用。

Mineka 等人是从一些不害怕蛇的年轻猕猴开始他们的试验的。先让这些幼猴观察成年猴在遇到蛇时所摆出的姿态和做出的行为反应,此后幼猴在遇到蛇时很快就能做出同样的姿态和反应(至少能保持 3 个月),至于幼猴所观察到的成年猴是自己的双亲(纵向的文化传承),还是与自己毫无亲缘关系的其他成年猴(斜向的文化传承),其结果都是一样的。Mineka 等人还发现,当训练成年猴看到一个中性物体(如花朵)也做出害怕反应时,观察者(幼猴)并不会因看到成年猴的害怕反应而在看到花朵时也做出害怕的反应。这表明:害怕蛇的禀性是与斜向文化传承相互影响的,这种相互影响还可以从下述事实中得到印证,即当观察者第一次看到成年猴与蛇相遇时没有做出害怕的反应,而是在第二次才看到了这种反应,那么它在遇到蛇时所做出的害怕反应就不会那么强烈(与第一次看到成年猴与蛇相遇就做出怕害的反应相比),好像这些观察者在把蛇与害怕相联系方面具有了一定的"免疫力"。

5. 文化传承与脑量大小

前面我们列举了文化传承的很多实例,包括比较低等的鱼类和比较高等的灵长动物(Bshary 等,2002)。显然,在脑量很小的动物中,至少也表现有某种类型的文化传承,这说明在脑的大小和文化传承之间是存在着一定关系的。社会生物学家 E. O. Wilson 认为,脑子较大的动物比脑子较小的动物具有更强的创新能力、社会学习的能力和使用工具的能力。Reader 和 Laland(2003)对这方面的资料曾作过最广泛深入的研究和分析,他们发现,有 100 多种灵长动物其脑子大小与创新能力和使用工具的频率之间存在着正相关关系。

Reader 和 Laland 为创新所下的定义是,当面对环境和社会难题或压力时能否采用新的方法加以解决。根据这个定义,他们列举出了已被记录到的533项动物创新的实例、445个动物社会学习的实例和607次动物使用工具的记载。这些创新行为涉及全球203种已知灵长动物中的116种,虽然这116种灵长动物身体的大小差别很大,但创新、社会学习和使用工具这三者全都与其脑的大小存在着相关关系。

在北美、英国和澳大利亚的鸟类中,也曾发现了在脑的大小和创新能力之间存在着类似的关系(Lefebvre等,2004;Sol等,2007),这种关系对于鸟类的保护和生态学研究有很重要的价值(Sol等,2006)。例如:当人类通过大规模的引种计划,把珍稀鸟类引入新的栖息地时,上述的这种关系对引入的鸟类会产生怎样的影响呢?Sol等人研究和分析了全球600多项异地引种工作,发现脑大小与身体比率较高的物种引种成功的概率比较高,这些鸟类更容易在新的栖息地定居下来并走向繁盛。此外,研究人员还发现,当脑量大的物种被引入一个新环境时,这些物种的创新力比较强,包括学会新的觅食技巧等,创新力的增强反过来又会增加它们在新栖息地成功定居的概率。

前面我们曾经提到过,文化传承与个体学习是不相同的。因为文化传承涉及向其他个体学习的问题,而且文化传承的影响远远超出一个个体生命周期。文化传承可以使一个新的行为或反应迅速地传遍整个种群,而这靠个体学习是绝对做不到的。这里我们再强调一次,文化传承不是人类所独有的一种现象和能力。近些年来,动物行为学家已经在鱼类、鸟类、啮齿动物和灵长动物中观察到了同样的现象,并将其提升为动物行为研究的三大奠基石之一。

十六、动物使用工具

1. 使用工具的定义

行为学家为动物使用工具所下的定义是:为了获得眼前利益而使用一个外界物体作为自己身体功能的延伸。这个定义排除了很多极像是使用工具但实际不是使用工具的事例,例如有很多鸟为了破碎坚硬的食物而把它从空中扔向坚硬的岩石表面,有些鸥和乌鸦就是这样,它们把贝类从高空扔下来摔破它的贝壳。更有趣的是渡鸦(*Corvus corax*)和胡兀鹫(*Cypaetus barbatus*),它们为了能吃到骨髓而把骨头从空中扔下来。歌鸫(*Turdus philomelos*)也有破碎蜗牛壳的习性,但它是把岩石当做一块砧板使用。埃及秃鹫(*Neophron percnopterus*)有时为了打碎蛋壳而把蛋从空中扔下来,如果给它一个塑料蛋,经过几次失败之后,它就把蛋带到几米外的一块岩石上空继续尝试。埃及秃鹫也常飞到鸵鸟巢的上方,往鸵鸟蛋上扔石头,为的是把蛋砸碎,它也会在地面用喙衔着石块一次次地砸向鸵鸟蛋。

从以上举例不难看出,动物有两种破碎食物的方法,当一只鸟把蛋扔到坚硬的岩石上时,岩石并不是作为鸟身体功能的延伸而被利用,因此这不是使用工具;但当鸟用石块掉到或扔到蛋上时,性质就不一样了,显然它是把石块当成自己喙的功能的延伸在利用,在这种情况下,鸟是在利用一个外界物体获得眼前利益,因此是在使用工具。很多动物都在树干上摩擦自己的身体(擦痒),但通常并不把树看做是一种工具。然而,象和马常用长鼻或嘴捡起一根树枝摩擦自己的身体,这显然是在把树枝当成工具使用。

缝叶莺和织巢鸟用非常复杂的动作把筑巢材料编织成巢。缝叶莺先是把一个悬垂的大树叶折叠起来,然后再用植物纤维把树叶边缘缝在一起,而织巢鸟则是在树枝周围捆扎和编织草叶,最终做成一个篓状的巢。有人认为,可以把鸟巢看成是养育幼鸟的工具,但这并不是一种眼前利益或短期目的。也有人把筑巢材料本身看成是筑巢的工具。但大多数生物学家并不这么看,就好像用毛线织毛衣一样,毛线本身并不是工具,织毛衣的毛衣针才是工具。由此看来,筑巢材料本身并不能被看做是工具。

2. 从进化角度看动物使用工具

大多数动物对工具的使用都是极为特化的,像很多本能一样是为了解决某些特定的问题,例如:独居的细腰蜂(*Ammophila umaria*)常用大颚咬住一块小卵石当锤子使用,把泥土春入它的洞道内。寄居蟹(*Dardanus venosus*)栖息在软体动物的贝壳内,常把一个海葵(通常是 *Calliactis tricolor*)放在自己居住的贝壳上:先诱导海葵自行脱离岩石,然后再用大螯把海葵夹起来安放在贝壳上。海葵因生有刺细胞而对寄居蟹有保护作用。射水鱼(*Toxotes jaculator*)在红树林沼泽地接近水表面的地方觅食,当它看到水面上方悬垂的草叶上停歇着一只昆虫时,它会准确地喷出一股水流把昆虫击落到水面上并把它吃掉(图 12-25)。虽然射水鱼的身长只有几厘米,但它却能射中停落在距水面 1.2 m 高处的猎物。射水鱼的这种狩猎行为是种内所有个体都具有的,因此具有本能的性质。

在另一些动物中,使用工具有着明显的适应性,常被认为是智力的一种表现。例如:栖息在加拉帕戈斯群岛的啄木地雀(*Cactospiza pallida*)常用喙咬住一根仙人掌刺或小树枝探取小树洞或树皮缝中的昆虫(图 12-26)。仙人掌和小树枝的选择往往是恰到好处,如不合适还能将其折成适当的长度,有人曾观察到一只啄木地雀在用一个分叉的树枝探取昆虫,经过几次失败后,它便把分叉部位以上的一个分枝折断,用留下的单一小枝探取猎物,终于获得了成功。对啄木地雀一只刚出巢幼鸟的观察表明:它一出巢就喜欢啄取和摆弄小树枝,但当它感到饥饿和为它提供一只小洞中的昆虫时,它却把小树枝丢下用喙去探取猎物,但最终它还是学会了利用小树枝去获得猎物。显然,啄木地雀从一开始就具有使用工具的先天基础,并能在个体发育过程中加以完善和提高。它们靠学习能逐渐改进自己的觅食行为。

另一个使用工具的著名实例是海獭(*Enbydra lutris*),它常潜入海底把一只螃蟹、海胆或贻贝带到海面来,通常是在仰泳时享受这些美餐。在取食贻贝时,它先把一块直径约 10 cm 的石块带到海面来并作为砧板放在自己的胸部,然后再用前爪抓住贻贝往砧板上猛击,直到把贻贝壳击破能吃到其中的肉为止。有时一块砧板要使用很多次,当海獭潜入海底寻找另一个贻贝时就把作为砧板的石块夹在腋窝内。小海獭在 15 月龄之前一直靠母亲喂养,当母海獭潜入水中时小海獭也跟着潜

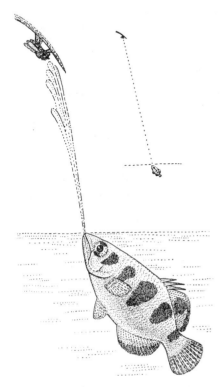

图 12-25 射水鱼正在喷出一股水流射击停在水面上方的猎物

图 12-26 啄木地雀用喙咬住仙人掌刺探取树洞中的昆虫幼虫

水,但它并不带食物上来,完全靠母亲把食物打碎后喂给它一些。小海獭学会利用石块当砧板则完全是靠观察和模仿,而且是在操作游戏期间学会的。

其实很多哺乳动物都会把稳定的岩体表面当砧板使用,但这不是使用工具,例如:倭獴(Helogale undulata)常用后腿夹住一个鸟蛋扔向一块岩石,以便把鸟蛋打碎。其他种类的獴也有把鸟蛋扔向地面的习性。在非灵长类哺乳动物中,唯一会使用工具的动物可能就是海獭。

不难想象为什么自然选择会有利于动物使用工具行为的进化。使用工具的大部分实例都能给动物带来明显的好处。蛋和贝类对很多动物来说都是不可食的,因为它们有坚硬的外壳。但动物一旦学会了使用工具就能增加自己的食物来源。在各种地雀中只有啄木地雀才能取食隐藏在朽木树洞中的昆虫。在加拉帕戈斯群岛上,各种地雀之间的竞争是很激烈的,这常会导致食性的特化。海獭也是唯一能进入海洋环境的水獭,当它进入海洋时,其他海洋哺乳动物已经在那里生活了,而且所有容易得到的食物已被开拓利用。在这种不利的情况下,海獭是靠使用工具才获得了其他动物所不能利用的食物资源。

有时,动物使用工具的本领并不是物种内每个个体都具有的,在这种情况下,一些个体常常借助于学习和模仿把使用工具的本领传递给本种其他成员,这在灵长类中特别常见。

3. 灵长动物对工具的利用

至今对灵长动物使用工具的研究比对其他动物都更为详尽,主要原因是各学科的科学家都对这个问题感兴趣。行为学家把使用工具看成是灵长动物自然行为的一部分;心理学家把使用工具作为灵长动物解决难题能力和智力发达程度的证据;人类学家对灵长动物使用工具的研究特别感兴趣,则是因为这类研究对早期人类和人类祖先使用工具的起源有很大启示。

人们经常会在野生状态下看到猴和猿使用工具的情况,通常是在取食期间或在攻击对手的时候。用木棍钩取食物、用石块打碎食物及用树叶和水清洁食物是很常见的现象。黑猩猩(Pan satyrus)会用木棍挖取植物的根食用,野生黑猩猩常用木棍撬开装着香蕉的木箱子(研究人员提供的),它还会从树上折下一段适当大小的树枝,然后剥去树叶,咬掉旁枝并用它挖掘蚂蚁(Crematogaster spp.)巢穴。

有人还观察到野生黑猩猩用木棍、树枝和草茎探寻食物,它们把木棍捅入蜜蜂蜂巢中捞取蜂蜜吃,还常把木棍插入蚂蚁巢内停留几秒钟后再拔出来,使木棍上爬满了蚂蚁,木棍上的蚂蚁可直接被它吃掉或用手掌把蚂蚁收集在一起后吃掉。草茎还常被插入大白蚁(Macrotermes)冢中获取美味食物——大白蚁。有时植物草茎是仔细挑选和准备的,如果草茎末端变得弯曲不直,就可能被咬掉或者再选一根。2岁的幼猩猩尚不会使用草茎猎取白蚁,虽然它们常常伴随在母亲身边并十分注意观察母亲的一举一动。1~2岁的幼猩猩在玩耍时常摆弄植物草茎,但它们不会把它当工具使用,直到2~3岁时才能基本学会。但此时还是显得有点笨拙不灵,常常选用一个大小不太适用的草茎。到4岁时,使用工具的熟练程度才更像是一个成年黑猩猩。这些观察表明:使用工具是需要反复练习的。

野生黑猩猩有时还把树叶当海绵使用,以便从树洞中得到饮用水,还常用树叶擦掉身体各处的污物如粪便、污泥、血迹和粘果汁等。虽然科学家对黑猩猩的研究最为详尽,但在其他灵长动物中也发现有类似的行为。例如:有人曾观察到悬猴用小树枝探取隐藏在枯树皮下的昆虫,日本猕猴(Macaca fuscata)用水冲洗食物,狒狒用小棍探食昆虫和用石块压碎蝎子等。

在笼养条件下可观察到更多的灵长动物使用工具。有人曾研究过悬猴、猩猩(Pongo pygmaeus)、大猩猩(Gorilla gorilla)和黑猩猩的绘画行为。还有人曾观察到悬猴、长尾猴和黑猩猩用面包屑引诱鸭子和小鸡,有时是为了玩耍,有时会把它们捉住并杀死。

很多灵长动物都被当成试验对象,用来测试它们使用工具的能力。用各种物体所做的试验说明,动物对它们所要做的事是有一定概念的。黑猩猩能从树上折下一段树枝,其长短刚好适合于做它们的事。它们也会把两根短棍接起来制造一根适用的长棍。但是它们只有在玩耍中或在其他试验中熟悉了这些物体时才能做到这一点。黑猩猩一旦熟悉了外部物体的特点和性质,它们就能利用它拿到本来是无法拿到的食物。试验证明,黑猩猩能够解开缠绕的电线,能把两根管子套接在一起,也能把木箱叠置起来以便能够拿到悬挂在高处的食物诱饵。它们还会把木箱拆散,顺着木板的纹理把木板劈开以便制造一根木棍,然后用木棍或石块击落树上的果子。但它们不会利用工具去制造工具(如用一把砍刀去劈木板),这是动物使用工具与人类使用工具的本质区别之一。

很多灵长动物都是在攻击敌人时使用工具的。猴子常从树上把果子和树枝投向其他动物以示恫吓。黑猩猩也常靠用力摇晃树枝威吓群体中的其他成员。虽然从严格意义上说这还不能算是使用工具,但据观察,黑猩猩、狒狒、猩猩和各种悬猴都能向其他动物投掷石块和树枝。大猩猩和黑猩猩在遇到敌人时常常向对方挥舞树枝并把树枝当棍棒使用。

4. 使用工具行为的起源和改进

灵长动物使用工具主要是靠学习,如果一只猴或猿在炫耀期间偶然把一个树枝掉到了敌人身上,而敌人又因这一偶然事件而逃跑了,那么这一偶然行动就得到了好的回报。同样,如果偶然发现挥舞树枝能够把对手吓跑,那么这一行为就会反复出现,而且迟早会用树枝击中对方,在这种情况下,效果就会更加显著。

猿类比猴类在解剖学上更加适合于进行投掷和击打。猿类在投掷时后足可以站立起来,而且肩带的形态像人一样适合于用力投掷物体。有时,黑猩猩的两臂摆动很像是投掷东西时的两臂动作。总之,灵长动物在学习使用攻击武器方面具有先天的遗传优势。

虽然使用工具大都是借助于"试-错学习"学会的,但有时也靠模仿。年轻的黑猩猩在玩耍期间常常摆弄一个树枝或一根棍并用它去刺戳不熟悉的物体。幼小的黑猩猩在母亲觅食时总是伴随在母亲身边,因此有很多机会观察母亲使用工具的情况。年轻的黑猩猩能像人的婴儿一样紧紧抓住物体,而成年个体则能精确地拿住某些东西做一些极为灵巧细致的工作,如用小树枝和草茎探取小洞中的昆虫等。很多灵长动物使用工具的技能都是在幼龄时期通过玩耍学会的。像用小棍探食白蚁这样的行为是需要极为熟练的技巧才能获得成功的,显然,这种使用工具的技巧是可借助于试-错学习而得到改进的。

参 考 文 献

[1] 尚玉昌. 行为生态学. 北京:北京大学出版社,1998.
[2] 尚玉昌. 动物行为学. 北京:北京大学出版社,2005.
[3] 蒋志刚,主编. 动物行为原理与物种保护方法. 北京:科学出版社,2004.
[4] Akcay, C., Searcy, W. A., Campbell, S. E. 2012. Who initiates extrapair mating in song sparrows? Behavioral Ecology 23: 44 – 50.
[5] Amici, F., Aureli, F., Visalberghi, E. 2009. Spider monkeys and capuchin monkeys follow gaze around barriers: Evidence for perspective taking? Journal of Comparative Psychology 123(4): 368 – 374.
[6] Ancona, S., Drummond, H., Zaldivar-Rae, J. 2010. Male whiptail lizards adjust energetically costly mate guarding at male-male competition and female reproductive value. Animal Behavioural 79: 75 – 82.
[7] Andersson, M., Simmons, L. W. 2006. Sexual selection and mate choice. Trends in Ecology and Evolution 21 (6): 296 – 302.
[8] Arnqvist, G., Kirkpatrick, M. 2005. The evolution of infidelity in socially monogamous passerines: The strength of direct and indirect selection on extrapair copulation behavior in females. American Naturalist 169: 282 – 283.
[9] Arnqvist, G., Kirkpatrick, M. 2007. The evolution of infidelity in socially monogamous passerines revisited: A reply to Griffith. American Naturalist 169: 282 – 283.
[10] Bakken, G. S., Krochmal, A. R. 2007. The imaging properties and sensitivity of the facila pits of pitvipers as determined by optical and heat-transfer analysis. Journal of Experimental Biology 210: 2801 – 2810.
[11] Ballerini, M., Cabbibo, N. 2008. Empirical investigation of starling flocks: A benchmark study in collective animal behaviour. Animal Behaviour 62: 201 – 215.
[12] Barske, J., Schlinger, B. A. 2011. Female choice for male motor skills. Proceedings of the Royal Society B 278: 3523 – 3528.
[13] Bateson, M., Nettle, D., Roberts, G. 2006. Cues of being watched enhance cooperation in a real-word setting. Biology Letters 2: 412 – 414.
[14] Bateson, P., Gluckman, P. 2011. Plasticity, Robustness, Development and Evolution. Cambridge: Cambridge University Press.
[15] Beekman, M., Fathke, R., Seeley, T. 2006. How does an informed minority of scouts guide a honeybee swarm as it flies to a new home? Animal Behaviour 71: 161 – 171.
[16] Bekoff, M. 2007. The Emotional Lives of Animal. Novato, CA: New World Library, Green Press.
[17] Berridge, K. C. 2004. Motivation concepts in behavioural neuroscience. Physiology & Behaviour 81: 179 – 209.
[18] Berthold, P. 2003. Genetic basis and evolutionary aspects of bird migration. Advances in the Study of Behavior 33: 175 – 229.
[19] Berzins, A., Krama, T. 2010. Mobbing as a trand-off between safety and reproduction in a songbird. Behavioral Ecology 21: 1054 – 1060.
[20] Bird, C. D., Emery, N. J. 2009. Rooks use stones to raise the water level to reach a floating worm. Current Biology 19: 1410 – 1414.
[21] Bitterman, M. E. 2006. Classical conditioning since Pavlov. Reviews of General Psychology 10: 365 – 376.

[22] Bolhuis, J. J., Macphail, E. M. 2001. A critique of the neuroecology of learning and memory. Trends in Cognitive Science 4: 426 – 433.

[23] Borries, C., Savini, T., Koenig, A. 2011. Social monogamy and the threat of infanticide in larger mammals. Behavioral Ecology and Sociobiology 65: 685 – 693.

[24] Bracke, M. B. M., Hopster, H. 2006. Assessing the importance of natural behavior for animal welfare. Journal of Agricultural and Environmental Ethics 19: 77 – 89.

[25] Brauer, J., Call, J. 2005. All great ape species follow gaze to distance locations and around barriers. Journal of Comparative Psychology 119(2): 145 – 154.

[26] Bro-Jorgensen, J., Durant, S. M. 2003. Mating strategies of topi bulls: Getting in the centre of attention. Animal Behaviour 65: 585 – 594.

[27] Brown, J. L., Morales, V. 2008. Divergence in parental care, habitat selection and larval life history between two species of Peruvian poison frogs: An experimental analysis. Journal of Evolutional Biology 21: 1534 – 1543.

[28] Bshary, R., Schafter, D. 2002. Choosy reef fish select cleaner fish that provide high quality service. Animal Behaviour 63: 557 – 564.

[29] Burghardt, G. M. 2005. The Genesis of Animal Play: Testing the Limits. Cambridge, MA: MIT Press.

[30] Burt de Perera, T. 2004. Fish can encode order in their spatial map. Proceeding of the Royal Society B 271: 2131 – 2134.

[31] Byers, J., Hehets, E., Podos, J. 2010. Female mate choice based upon male motor performance. Animal Behaviour 79: 771 – 778.

[32] Byrne, P. G., Whiting, M. 2011. Effects of simultaneous polyandry on offspring fitness in an African tree frog. Behavioral Ecology 22: 385 – 391.

[33] Campbell, C. J., Fuentes, A. 2006. Primates in Perspective. New York: Oxford University Press.

[34] Capellini, I., Nunn, C. L. 2008. Energetic constraints, not predation influence the evolution of sleep patterning in mammals. Functional Ecology 22: 847 – 853.

[35] Catania, K. C., Remple, E. E. 2004. Tactile foveae in the star-nosed mole. Brain, Behaviour and Evolution 63: 1 – 12.

[36] Catchpole, C. K., Slater, P. J. B. 2008. Bird Song: Biological Themes and Variation. Cambridge: Cambridge University Press.

[37] Chaloupkova, H., Illmann, G. 2007. The effect of pre-weaning housing on the play and agonistic behaviour of domestic pigs. Applied Animal Behaviour Science 103: 25 – 34.

[38] Chaine, A. S., Lyon, B. E. 2008. Adaptive plasticity in female mate choice dampens sexual selection on male ornaments in the lark bunting. Science 319: 459 – 462.

[39] Clubb, R., Rowcliffe, M., Lee, P. 2008. Compromised survivorship in zoo elephants. Science 322: 1649.

[40] Clutton-Brock, T. H. 2007. Sexual selection of males and females. Science 318: 1882 – 1885.

[41] Clutton-Brock, T. H., Russell, A. F. 2004. Behavioural tactics of breeder in cooperative meerkats. Animal Behaviour 68: 1029 – 1040.

[42] Concannon, M. R., Stein, A. C. 2012. Kin selection may contribute to lek evolution and trait introgression across an avian hybrid zone. Molecular Ecology 21: 1477 – 1486.

[43] Creel, S., Creel, N. M. 2002. The African Wild Dog: Ecology and Conservation. Princeton, NJ: Princeton University Press.

[44] Crews, D. 2003. Sex determination: Where environment and genetics meet. Evolution and Development 5: 50 – 55.

[45] Clews, D., Groothuis, T. 2009. Tinbergen's Fourth Question, Ontogeny: Sexual and Individual Differentiation. Cambridge: Cambridge University Press.

[46] Cunningham, E. J. A. 2003. Female mate preference and subsequent resistance to copulation in the mallard. Behavioral Ecology 14: 326 – 333.

[47] Dakin, R., Montromerie, R. 2011. Peahens prefer peacocks displaying more eyespots, but rarely. Animal Behaviour 82: 21 – 28.

[48] Dall, S. R. X., Giraldeau, L. A. 2005. Information and its use by animals in evolutionary ecology. Trends in Ecology and Evolution 20: 187 – 193.

[49] Darkins, M. S. 2008. The science of animal suffering. Ethology 114: 937 – 945.

[50] Dean, R., Nacagawa, S. 2011. The risk and intensity of sperm ejection in female bird. American Naturalist 178: 343 – 354.

[51] Delius, J. D., Siemann, J. E. 2001. Cognitions of birds as products of evolved brains. In: Brain Evolution and Cognition. New York: Wiley, pp. 451 – 490.

[52] den Hartog, P. M., de Kort, S. R. 2007. Hybrid vocalizations are effective within, but not outside, an avian hybrid zone. Behavioural Ecology 18: 608 – 614.

[53] De Jonge, F. H., Tilly, S. L. 2008. On the rewarding nature of appetitive feeding behaviour in pigs: Do domesticated pigs contrafreeload? Applied Animal Behaviour Science 114: 359 – 372.

[54] De Weal, E. B. M. 2000. Primates: A natural heritage of conflict resolution. Science 289: 586 – 590.

[55] Dibattista, J. D., Feldheim, K. A. 2008. Are indirect genetic benefits associated with polyandry? Testing predictions in a natural population of lemon sharks. Molecular Ecology 17: 783 – 795.

[56] Dindo, M., Thierry, B., Whiten, A. 2008. Social diffusion of novel foraging methods in brown capuchin monkeys. Proceedings of the Royal Society B 275: 187 – 193.

[57] Dingemanse, N. J., Both, C. 2003. Natal dispersal and personalities in great tits. Proceeding of the Royal Society B: 270: 741 – 747.

[58] Dudink, S., Simonse, H., Marks, I. 2006. Announcing the arrival of enrichment increases play behaviour and reduces weaning-stress-induced behaviours in piglets directly after weaning. Applied Animal Behaviour Science 101: 86 – 101.

[59] Duffy, J. E., Morrison, C. L., Ruben, R. 1999. Multiple origins of eusociality among sponge-dwelling shrimps. Evolution 54: 503 – 516.

[60] Edward, D. A., Chapman, T. 2001. The evolution and significance of male mate choice. Trends in Ecology and Evolution 26: 647 – 654.

[61] Edwardsson, M. 2007. Female callosobruchus maculatus mate when they are thirsty: Resource-rich ejaculates as mating effort in a beetles. Animal Behaviour 74: 183 – 188.

[62] Eliassen, S., Kokko, H. 2008. Current analyses do not resolve whether extrapair paternity is male or female driven. Behavioural Ecology and Sociobiology 62: 1795 – 1840.

[63] Fagen, R., Fagen, J. 2004. Juvenile survival and benefits of play behaviour in brown bears. Evolutionary Ecological Research 6: 89 – 102.

[64] Ferrari, P. F., Paukner, A. 2009. Reciprocal face-to-face communication between rhesus macaque mothers and their newborn infants. Current Biology 19(20): 1768 – 1772.

[65] Fitzpatrick, M. J., Ben-Shahar, Y. 2005. Candidate genes for behavioural ecology. Trends in Ecology and Evolution 20: 96 – 104.

[66] Fossoy, F., Johnsen, A. 2008. Multiple genetic benefits of female promiscuity in a socially monogamous passerine. Evolution 62: 145 – 156.

[67] Fraser Darling, F. 2008. A Herd of Red Deer. Edinburgh: Luath Press.

[68] Galoch, Z., Bischof, H. J. 2006. Behavioural responses to video playback by zebra finch males. Behavioural

Processes 74: 21-26.

[69] Gannon, D. P., Barros, N. B. 2005. Prey detection by bottle nose dolphins: An experimental test of the passive listening hypothesis. Animal Behaviour 69: 709-720.

[70] Gilbert, L., Williamson, K. A. 2012. Male attractiveness regulates daughter fecundity non-genetically via maternal investment. Proceedings of the Royal Society B 279: 523-528.

[71] Gerlach, N. M., McGlothlin, J. W. 2012. Promiscuous mating produces offspring with higher lifetime fitness. Proceedings of the Royal Society B 279: 860-866.

[72] Could, E., Reeves, A. J. 1999. Neurogenesis in the neocortex of adult primate. Science 286: 548-552.

[73] Griffin, D. R. 2001. Animal Minds: Beyond Cognition to Consciousness. Chicago: University of Chicago Press.

[74] Griffith, S. C. 2007. The evolution of infidelity in socially monogamous passerines: Neglected components of direct and indirect selection. American Naturalist 169: 274-281.

[75] Groothuis, T. G., Schwabl, H. 2002. Determinants of within and among clutch variation in levels of maternal hormones in black-headed gull eggs. Functional Ecology 16: 281-289.

[76] Hampton, N. G., Bolhuis, J. J. 1995. Induction and development of a filial predisposition in the chick. Behaviour 132: 451-477.

[77] Hare, B., Tomasello, M. 2004. Chimpanzees are more skillful in competetive than in cooperative cognitive task. Animal Behaviour 68: 571-581.

[78] Hartke, T. R., Baer, B. 2011. The mating biology of termites: A comparative review. Animal Behaviour 82: 927-936.

[79] Hauser, M., Chen, M. K. 2003. Give unto others: Genetically unrelated cotton-top tamarin monkeys preferentially give food to those who altruistically give food back. Proceeding of the Royal Society B 270: 2363-2370.

[80] Healy, S. D., de Kort, S. R. 2005. The hippocampus, spatial memory and food boarding: A puzzle revisited. Trends in Ecology and Evolution 20: 17-22.

[81] Himuro, C., Fujisaki, K. 2008. Males of the seed bug use accessory gland substances to inhibit remating by females. Journal of Insect Physiology 21: 211-216.

[82] Hogan, J. A., Bolhuis, J. J. 2009. The development of behavior: Trends since Tinbergen (1963). Cambridge: Cambridge University Press, pp. 82-106.

[83] Hohoff, C., Franzen, K. 2003. Female choice in a promiscuous wild guinea pig, the yellow-toothed cavy. Behavioral Ecology and Sociobiology 53: 341-349.

[84] Hoppitt, W., Laland, K. N. 2008. Social processes influencing learning in animals: A review of the evidence. Advances in the Study of Behavior 38: 105-165.

[85] Hoving, H. J. T., Lipinski, M. R. 2010. Sperm storage and mating in the deep-sea squid. Marine Biology 157: 393-400.

[86] Huk, T., Winkel, W. 2006. Polygyny and its fitness consequences for primary and secondary female pied flycatchers. Proceeding of the Royal Society B 273: 1681-1688.

[87] Hunt, G. R., Gray, R. D. 2003. Diversification and cumulative evolution in New Caledonian crow tool manufacture. Proceeding of the Royal Society of London B 270: 867-874.

[88] Hunt, S., Kilner, R. M. 2003. Conspicuous, ultraviolet-rich mouth colours in begging chicks. Proceeding of the Royal Society of London B 270: 525-528.

[89] Janik, V. M., Sayigh, L. S. 2006. Signature whistle shape conveys identity information to bottlenose dolphins. Proceeding of the National Academy of Sciences 103: 8293-8297.

[90] Jiguet, F., Bretagnolle, V. 2006. Manipulating lek size and composition using decoys: An experimental investigation of lek evolution models. American Naturalist 168: 758-768.

[91] Johnson, J. C., Trubl, P. 2011. Male black widows court well-fed females more than starved females: Silken cues indicate sexual cannibalism risk. Animal Behaviour 82: 383 – 390.

[92] Jones, G., Holderied, M. W. 2006. Bat echolocation calls: Adaptation and convergent evolution. Proceedings of the Royal Society B 274: 905 – 912.

[93] Keagy, J., Saward, J. F. 2011. Complex relationship between multiple measures of cognitive ability and male mating success in satin bowerbirds. Animal Behaviour 81: 1063 – 1070.

[94] King, L. E., Duglas-Hamilton, J. 2007. African elephants run from the sound of disturbed bees. Current Biology 17: R832 – R833.

[95] Kocher, T. 2004. Adaptive evolution and explosive speciation: The cichlid fish model. Nature Reviews Genetics 5: 288 – 298.

[96] Laland, K. N., Galef, B. G. 2009. The Question of Animal Culture. Cambridge, MA: Harvard University Press.

[97] Langmore, N. E., Kilner, R. M. 2005. The evolution of egg rejection by cuckoo hosts in Australia and Europe. Behavioural Ecology 16: 868 – 892.

[98] Legge, S. 2000. Siblicide in the cooperatively breeding kookaburra. Behavioral Ecology and Sociobiology 48: 293 – 302.

[99] Lesku, J. A., Both, T. C. 2006. A phylogenetic analysis of sleep architecture in mammals: The retegration of anatomy, physiology and ecology. The American Naturalist 168: 441 – 453.

[100] Lyon, B. E., Montgomerie, R. 2012. Sexual selection is a form of social selection. Philosophical Transactions of the Royal Society B 367: 2266 – 2273.

[101] Loyau, A., Saint Jalme, M. 2007. Nondefendable resources affect peafowl lek organization: A male removal experiment. Behavioural Processes 74: 64 – 70.

[102] McComb, K., Moss, C. 2001. Matriarchs as repositories of social knowledge in African elephants. Science 292: 491 – 494.

[103] McComb, K., Reby, D. 2003. Long-distance communication of acoustic cues to social identity in African elephants. Animal Behaviour 65: 317 – 329.

[104] Maklakov, A. A., Lubin, Y. 2003. Vibratory courtship in a web-building spider: Signalling quality or stimulating the female? Animal Behaviour 66: 623 – 630.

[105] Mann, J., Whitehead, H., Tyack, P. L. 2000. Cetacean Societies: Field Studies of Dolphins and Whales. Chicago: University of Chicago Press.

[106] Manoli, D. S., Meissner, G. W. 2006. Blueprints for behavior: Genetic specification of neural circuitry for innate behaviors. Trends in Neurosciences 29(8): 444 – 451.

[107] Marino, L. 2002. Convergence of complex cognitive abilities in cetaceans and primates. Brain Behavior and Evolution 59: 21 – 32.

[108] Mattila, H. R., Seeley, T. D. 2007. Genetic diversity in honey bee colonies enhances productivity and fitness. Science 317: 362 – 364.

[109] Mech, L. D., Baitani, L. 2003. Wolves: Behavior, Ecology and Conservation. Chicago: University of Chicago Press.

[110] Milinski, M. 2006. The major histocompatibility complex, sexual selection and mate choice. Animal Review Ecology, Evolution and Systematics 37: 159 – 186.

[111] Miller, J. A. 2007. Repeated evolution of male sacrifice behavior in spiders correlated with genital mutilation. Evolution 61: 1301 – 1315.

[112] Mitani, J., Call, J. 2012. The Evolution of Primate Societies. Chicago: University of Chicago Press.

[113] Monaghan, P., Charmantier, A. 2008. The evolutionary ecology of senescence. Functional Ecology 22: 371-378.

[114] Murphy, C. G. 2003. The cause of correlation between nightly numbers of male and female barking treefrog attending choruses. Behavioral Ecology 14: 274-281.

[115] Nazareth, T. M., Machado, G. 2010. Mating system and exclusive postzygotic paternal care in a Neotropical harvestman. Animal Behaviour 79: 547-554.

[116] Noble, D. 2008. Genes and causation. Philosophical Transactions of the Royal Society A 366: 3001-3015.

[117] Odling-Smee, F. J., Laland, K. N. 2003. Niche Construction: The Neglected Process in Evolution. Princeton, NJ: Princeton University Press.

[118] O'Donnel, R. P., Ford, N. B. 2004. Male red-sided garter snakes determine female mating status from pheromone trails. Animal Behaviour 68: 677-683.

[119] Oldroyd, B. P., Fewell, J. H. 2007. Genetic diversity promotes homeostasis in insect colonies. Trends in Ecology and Evolution 22: 408-413.

[120] Olsson, I. A. S., Keeling, L. J. 2005. Why in earth? Dustbathing in jungle and domestic fowl reviewed from a Tinbergian perspective. Applied Animal Behaviour Science 93: 259-282.

[121] Pasch, B., George, A. S. 2011. Androgen-dependent male vocal performance influences female preference in neotropical singing mice. Animal Behaviour 82: 177-183.

[122] Paukner, A., Suomi, S. J. 2009. Capuchin monkeys display affiliation towards humans who imitate them. Science 325: 880-883.

[123] Penn, D. J. 2002. The Scent of genetic compatibility: Sexual selection and major histocompatibility complex. Ethology 108: 1-21.

[124] Pepperberg, I. M. 2002. In search of king Solomon's ring: Cognitive and communicative studies of grey parrots. Brain Behavior and Evolution 59: 54-67.

[125] Pepperberg, I. M., Gordon, J. D. 2006. Number comprehension by a grey parrot, including a zero-like concept. Journal of comparative psychology 119: 1-13.

[126] Philips, J. B., Borland, S. C., Freake, M. J. 2002. Fixed-axis' magnetic orientation by an amphibian: Non-shoreward-directed compass orientation, misdirected to the magnetic field? Journal of Experimental Biology 205: 3903-3914.

[127] Pihlstrom, H., Fortelius, M. 2005. Scaling of mammalian ethmoid bones can predict olfactory organ size and performance. Proceedings of the Royal Society B 272: 957-996.

[128] Plomin, R., Haworth, C. M. A. 2009. Genetics of high cognitive ability. Behavior Genetics 39: 347-349.

[129] Pradhan, G. R., van Schaik, C. 2008. Infanticide-driven intersexual conflict over matings in primates and its effects on social organization. Behaviour 145: 251-275.

[130] Prum, R. O. 2010. The Land-Kirkpatrik mechanism is the mull model of evolution by intersexual selection: Implications for meaning, honesty and design in intersexual signals. Evolution 64: 3085-3100.

[131] Rangel, J., Seeley, T. D. 2008. The signals initiating the mass exodus of a honey bee swarm from the nest. Animal Behaviour 76: 1943-1952.

[132] Reiss, D., Marino, L. 2001. Mirror self-recognition in the bottlenose dolphins: A case of cognitive convergence. Proceedings of the National Acadenty of Sciences 98: 5937-5942.

[133] Riley, J. R., Greggers, U., Smith, A. D. 2005. The flight paths of honeybees recruited by the waggle dance. Nature 435: 205-207.

[134] Rittenhouse, T. A. G., Semlitsch, R. D. 2009. Survival costs associated with wood frog breeding migrations: Effects of timber harvest and drought. Ecology 90: 1620-1630.

[135] Rizzolatti, G., Craighero, L. 2004. The mirror-neuron system. Animal Review of Neuroscience 7: 169-192.

[136] Roberts, G. 2005. Cooperation through interdependence. Animal Behaviour 70: 901-906.

[137] Rodd, F. H., Hughes, K. A. 2002. A possible non-sexual origin of mate preference: Are male guppies miminking fruit? Proceeding of the Royal Society of London B 269: 457-481.

[138] Rodgers, C. T., Hore, P. J. 2009. Chemical magnetoreception in bird: The radical pair mechanism. Proceedings of the National Academy of Science 106: 353-360.

[139] Rodriguez-Munoz, R., Bretman, A. 2011. Guarding males protect females from predation in a wild insect. Current Biology 21: 1716-1719.

[140] Rolls, E. T. 2005. Emotion Explained. Oxford: Oxford University Press.

[141] Rolls, E. T. 2008. Memory, Attention and Decision-making. Oxford: Oxford University Press.

[142] Ros, A. F. H., Correla, M. 2009. Mounting an immune response correlates with decreased androgen levels in male peafowl. Journal of Ethology 27: 209-214.

[143] Rowland, W. J. 2000. Habituation and development of response specificity to a sign stimulus: Male preference for female courtship posture in stickle back. Animal Behaviour 60: 63-68.

[144] Rubenstein, D. R. 2007. Female extrapair mate choice in a cooperative breeder: Trading sex for help and increasing offspring heterozygosity. Proceeding of the Royal Society B 274: 1895-1903.

[145] Rueppell, O., Pankiw, T. 2004. The genetic architecture of the behavioral ontogeny of for aging in honeybee workers. Genetics 167: 1767-1779.

[146] Russell, A. F., Youing, A. J. 2007. Helpers increase the reproductive potential of offspring in cooperative meerkats. Proceeding of the Royal Society B 274: 513-520.

[147] Sardell, R. J., Arcese, P., Keller, L. F. 2011. Sex specific differential survival of extra-pair and within-pair offspring in song sparrows. Proceedings of the Royal Society B 278: 3251-3259.

[148] Schamel, D., Tracy, D. M. 2004. Male mate choice, male availability and egg production as limitations on polyandry in the red-necked phalarope. Animal Behaviour 67: 847-853.

[149] Schwensow, N., Eberle, M. 2008. Compatibility counts: MHC-associated mate choice in a wild promiscuous primate. Proceeding of the Royal Society B 275: 555-564.

[150] Scharer, L., Rowe, L., Arnqvist, G. 2012. Anisogamy, chance and the evolution of sex role. Trends in Ecology and Evolution 27: 260-264.

[151] Seed, A. M., Emery, N. J., Clayton, N. S. 2009. Intelligence in corvids and apes: A case of convergent evolution? Ethology 115: 401-420.

[152] Seeley, T. D., Tarpy, D. R. 2007. Queen promiscuity lowers disease within honeybee colonies. Proceeding of the Royal Society B 274: 67-72.

[153] Seeley, T. D., Visscher, P. K. 2004. Quorum sensing during nest-site selection by honeybee swarms. Behavioral Ecology and Sociobiology 56: 594-601.

[154] Seeley, T. D., Visscher, P. K. 2008. Sensory coding of nest-site value in honeybee swarms. Journal of Experimental Biology 211: 3691-3697.

[155] Setchell, J. M., Charpentier, M. J. E. 2010. Opposites attract: MHC-associated male choice in a polygynous primate. Journal of Evolutionary Biology 23: 136-148.

[156] Sharpe, L. L. 2005a. Play fighting does not affect subsequent fighting success in wild meerkats. Animal Behaviour 69: 1023-1029.

[157] Sharpe, L. L. 2005b. Play does not enhance social cohesion in a cooperative mammal. Animal Behaviour 70: 551-558.

[158] Sharpe, L. L. 2005c. Frequence of social play does not affect dispersal partnerships in wild meerkats. Animal Behaviour 70: 559-569.

[159] Sherman, G., Visscher, P. K. 2002. Honeybee colonies achieve fitness through dancing. Nature 419: 920-922.

[160] Shettleworth, S. J. 2003. Memory and hippocampal specialization in food-storing birds: Challenges for research on camparative cognition. Brain Behavior and Evolution 62: 108-116.

[161] Shettleworth, S. J. 2009. Cognition, Evolution and Behavior, 2nd ed. New York: Oxford University Press.

[162] Shorey, L. 2002. Mating success on white-bearded manakin leks: Male characteristics and relatedness. Behavioral Ecology and Sociobiology 52: 451-457.

[163] Shuster, S. M., Wade, M. 2003. Mating Systems and Strategies. Princeton, NJ: Princeton University Press.

[164] Silk, J. B. 2007. The strategic dynamics of cooperation in primate groups. Advances in the Study of Behaviour 37: 1-41.

[165] Sogabe, A., Matsumoto, K. 2007. Mate change reduces the productive rate of males in a monogamous pipefish: The benefit of long-term pair bonding. Ethology 113: 764-771.

[166] Sokolowski, M. B. 2001. Drosophila: Genetics meets behaviour. Nature Review of Genetics 2: 879-890.

[167] Spinka, M., Newberry, R. C., Bekoff, M. 2001. Mammalian play: Training for the unexpected. Quarterly Review of Biology 76: 141-168.

[168] Stevens, M. 2005. The role of eyespots as anti-predator mechanisms, principally demonstrated in the Lepidoptera. Biological Reviews 80: 573-588.

[169] Stevens, M., Cuthill, I. C. 2007. Hidden messages: Are ultraviolet signals a special channel in avian communication? BioScience 57: 501-507.

[170] Stoehr, A. M., Kokko, H. 2006. Sexual dimorphism in immunocompetence: What does life history theory predict? Behavioural Ecology 17: 751-756.

[171] Sutherland, L., Holbrook, R. 2009. Sensory system affects orientational strategy in a short-range spatial task in blind and eyed morphs of the fish Astyanax fasciatus. Ethology 115: 504-515.

[172] Swaddle, J. P., McBride, L., Malhotra, S. 2006. Female zebra finches prefer unfamiliar males but not when watching non-interactive video. Animal Behaviour 72: 161-167.

[173] Taylor, M. L., Wedell, N., Hosken, D. 2007. The heritability of attractiveness. Current Biology 17: R959-R960.

[174] ter Hofstede, H. M., Ratcliffe, J. M., Fullard, J. H. 2008. Nocturnal activity positively correlated with auditory sensitivity in noctuid moths. Biology Letters 4: 262-265.

[175] Thornhill, R., Gangestad, S. M. 2003. Major histocompatibility complex genes, symmetry and body scent attractiveness in men and women. Behavioural Ecology 14: 668-678.

[176] Tomer, R., Denes, A. S. 2010. Profiling by image registration reveals common origin of annelid mushroom bodies and vertebrate pallium. Cell 142: 800-809.

[177] Tomkins, J. L., Lebas, N. R. 2010. Positive allometry and the prehistory of sexual selection. American Naturalist 176: 141-148.

[178] Townsend, A. K., Clark, A. B. 2010. Direct benefits and genetic costs of extrapair paternity for female American crows. American Naturalist 175: E1-E9.

[179] Trainor, B. C., Basolo, A. L. 2000. An evaluation of video playback using *Xiphophorus helleri*. Animal Behaviour 59: 8-89.

[180] Trainor, B. C., Basolo, A. L. 2006. Location, location, location: Stripe position effects on female sword preference. Animal Behaviour 71: 135-140.

[181] Tregenza, T., Weddell, N. 2002. Polyandrous females avoid costs of inbreeding. Nature 415: 71-73.

[182] Tschirren, B., Postma, E. 2012. When mothers make sons sexy: Maternal effects contribute to the increased sexual attractiveness of extra-pair offspring. Proceeding of the Royal Society B 279: 1233-1240.

[183] Tsubaki, Y., Samejima, Y. 2010. Damselfly females prefer hot males: Higher courtship success in males in sunspots. Behavioural Ecology and Sociobiology 64: 1547 – 1554.

[184] Uhl, G., Nessler, S., Schneider, J. 2011. Securing paternity in spiders? A review on occurrence and effects of mating plugs and male genital mutilation. Genetica 138: 75 – 104.

[185] Vallin, A., Jakobson, S., Wiklund, C. 2005. Prey survival by predator intimidation: An experimental study of peacock butterfly defence against blue tits. Proceeding of the Royal Society B 272: 1203 – 1207.

[186] Vincent, A. C. J., Marsden, A. D., Evans, K. L. 2004. Temporal and spatial opportunities for polygamy in a monogamous seahorse. Behaviour 141: 141 – 156.

[187] Walker, R. S., Flinn, M. V., Hill, K. R. 2010. Evolutionary history of partible paternity in lowland South America. Proceeding of the National Academy of Sciences 107: 19195 – 19200.

[188] Ward, C., Bauer, E. B., Smuts, B. B. 2008. Partner preferences and asymmetries in social play among domestic dog. Animal Behaviour 76: 1187 – 1199.

[189] Webster, J. 2005. Animal Welfare: Limping Towards Eden. Oxford: Blackwell Publishing.

[190] Webster, M. S., Reichart, L. 2005. Use of microsatellites for parentage and kinship analyses in animals. Molecular Evolution 395: 222 – 238.

[191] Webster, M. S., Tarvin, K. A., Tuttle, E. M. 2007. Promiscuity drives sexual selection in a socially monogamous bird. Evolution 61: 2205 – 2211.

[192] Wenner, A. M. 2002. The elusive honeybee dance language hypothesis. Journal of Insect Behaviour 15: 859 – 878.

[193] West, S. A., Griffin, A. S., Gardner, A. 2007. Social semantics, altruism, cooperation, mutualism, strong reciprocity and group selection. Journal of Evolutionary Biology 20: 415 – 432.

[194] Whiting, M. J., Webb, J. K. 2009. Flat lizard female mimics use sexual deception in visual but not chemical signals. Proceedings of the Royal Society B 276: 1585 – 1591.

[195] Wier, A. A. S., Chappell, J., Kacelnik, A. 2002. The shaping of hooks by New Caledonian crows. Science 297: 981.

[196] Wier, A. A. S., Kacelnik, A. 2006. A New Caledonian crow creatively re-designs tools by bending or unbending aluminium strips. Animal Cognition 9: 317 – 334.

[197] Wilson, A. B., Martin-Smith, K. M. 2007. Genetic monogamy despite social promiscuity in the pot-bellied seahorse. Molecular Ecology 16: 2345 – 2352.

[198] Wilson, M. L., Hauser, M. D. 2001. Does participation in intergroup conflict depend on numerical assessment, range location, or rank for wild chimpanzees? Animal Behaviour 61: 1203 – 1216.

[199] Wiltschko, W., Wiltschko, R. 2001. Light-dependent magnetoreception in birds: The behaviour of European Robins under monochromatic light of various wavelengths and intensities. Journal of Experimental Biology 204: 3295 – 3302.

[200] Wojcieszek, J. M., Simmons, L. W. 2010. Male genital morphology influences paternity success in the millipede. Behavioural Ecology and Sociobiology 65: 1843 – 1856.

[201] Wyatt, T. D. 2003. Pheromones and Animal Behaviour: Communication by Smell and Taste. Cambridge: Cambridge University Press.

[202] Wyatt, T. D. 2010. Pheromones and signature mixtures: Defining species-wide signals and variable cues for identity in both invertebrates and vertebrates. Journal of Comparative Physiology A 196: 685 – 700.

动物行为学名词英-中对照及释义

Acquisition 获得
  在一种学习样式中学得一种行为反应。

Activational effects 激活效应
  是激素对某一特定行为表达所起的激发性作用,作为反应会在几小时或几天之内出现,相对于 organizational effects 而言是很快的。

Active avoidance learning 回避学习
  是操作条件反射的一种形式,为了避开某些有害或有毒的后果(如电击),动物必须做出的行为反应。

Adaptation 适应
  指与同种其他个体相比能使动物更好生存和生殖的任何形态结构、生理过程和行为特征;也可用于描述导致这些特征形成的进化过程。

Adaptive behavior 适应行为
  指与同种其他成员相比能使动物更适合于生存和生殖的行为方式。

Adaptive value 适应值
  某一特征或基因对个体适合度或个体遗传成功所做出贡献的大小。

Adrenal gland 肾上腺
  是紧靠肾脏的一对腺体,肾上腺皮质分泌类固醇激素,它与水分平衡、葡萄糖代谢和电解质平衡有关;肾上腺髓质分泌肾上腺素和去甲肾上腺素,它们与葡萄糖代谢、心率和血压调节有关。

Aggression 侵犯行为
  使其他个体受到伤害的行为。

Aggressive mimicry 侵犯拟态
  是一种捕食技巧,捕食者利用诱饵或其他方法向猎物提供错误信息。

Agonistic behavior 对抗行为
  指同种个体之内的侵犯行为如威吓和战斗,也包括受到侵犯后所做出的防卫反应如屈服和逃跑。

Allee effect 阿利效应
  种群密度过低时的不利后果。

Allele 等位基因
  同一基因的两种或多种不同形式,它们占有同源染色体的同一位置(位点)并能对某一特定发育过程产生不同的影响。

Alliance 联盟
  两个或更多个体在竞争中相互支持的一种个体间关系,特别适合应用于海豚个体之间所形成的长期结盟。

Allopatric 异域物种形成
  因地理障碍的存在而导致新物种的形成。

Allopatry 异域分布
  种群或物种的地理分布不重叠。

Altricialism 晚成性
  动物出生或孵化时与早成性相比尚处于发育的早期,不能独立生活。

Altruism 利他行为
  以牺牲自身适合度为代价而增加其他个体适合度的行为。

Analogy 同功
由于趋同进化而导致的功能相似性。

Antagonism 拮抗作用
两种作用力或因素起完全相反的作用,如两种激素对靶标组织的效应可能完全相反。

Aposematic coloration 警戒色
有毒动物的鲜艳醒目的色彩,它更容易被捕食者识别和回避。

Appetitive behavior 欲求行为
复杂行为通常可区分为欲求行为和完成行为(consummatory behavior)两个阶段,如取食行为的寻找食物阶段是欲求行为,吃食物是完成行为。欲求行为的可塑性强和学习能力强。

Applied animal behavior 应用动物行为
包括玩赏动物、家养动物、动物园和马戏团中的动物以及水族箱中动物行为生物学的所有方面。

Arrhythmic activity 无节律活动
不表现出任何明显周期性的活动。

Aschoff's Rule 阿孝夫法则
生活在恒定黑暗条件下的夜行性动物,其日节律的自运期(free-running period)每天会缩短一点,而生活在同样条件下的日行性动物,其自运期每天会延长一点。

Batesian mimics 贝次拟态
可食的物种在形态和行为方面模拟不可食物种从而获得防卫上的好处。

Behavior ecology 行为生态学
动物行为学的分支学科,主要研究动物行为的生态意义和存活值及其对生殖成功的贡献。

Behavior isolating mechanisms 行为隔离机制
指能防止不同种群或物种成员之间遗传交换的行为(通常是求偶行为)差异。

Behavior genetics 行为遗传学
研究基因在调控行为中所发挥的作用。

Biological clock 生物钟
生物体内的定时机制,它与体内自我维持的节拍器(pacemaker)和周期环境的同步因素(synchronizer)有关。

Biological rhythm 生物节律
按一定周期有规律发生的行为现象。

Bruce effect 布鲁斯效应
陌生雄鼠或其气味常可导致雌鼠败育。

Cannibalism 自残
杀死和吃掉同一物种成员。

Caste 等级
在社会性昆虫中,执行不同任务的个体在形态、生理和行为上存在明显差异。

Central nervous system (CNS) 中枢神经系统
指聚集在身体中心部位的神经系统,如脊椎动物的脑和脊髓以及昆虫的脑和神经节。

Central place forager 中心地觅食者
指动物同时收集多个食物,然后将其带到一个中心地点进行贮藏或喂幼。

Cephalization 头部形成,头向集中
感觉器官和其他神经组织向动物头区集中的进化趋势。

Cerebellum 小脑
脊椎动物后脑的一部分,对协调定向有重要作用。

Cerebrum 大脑
　　脊椎动物前脑的一部分,包括大脑皮质(paleocortex)和新大脑皮质(neucortex)。
Character displacement 特征替代
　　两个近缘物种在重叠分布区内的趋异进化过程,会导致多个特征出现明显差异。
Chemical synapse 化学突触
　　突触的一种类型,此处神经元之间的通讯是靠化学介质。
Chemoreceptor 化学感受器
　　对特定分子起反应的一种感受器。
Circadian rhythm 日节律
　　周期长大约为24小时的生物节律。
Circannual rhythm 年节律
　　周期长大约为一年的生物节律。
Cladistics 分支系统学,支序分类学
　　依据单源群(monophyletic group)重建系统发生的方法。
Classical conditioning 经典条件反射
　　是一种学习类型,一个无条件刺激(US)可以诱发一个特定的无条件反应(UCR),当后者与一个中性刺激相结合时,这个中性刺激就会转化为条件刺激(CS),该反应就会转化为条件反应(CR)。
Coevolution 协同进化
　　因两个物种彼此施加强大的选择压力而导致的基因频率变化。
Communal nesting 公共巢
　　巢穴中有多个雌性个体共同养育由一个以上雌性个体产出的后代。
Comparative method 比较研究法
　　对两个或两个以上物种的行为进行比较分析,以便阐明动物行为的生态学与进化的某些规律并可探讨行为的发生机制和适应行为的起源。
Competition 竞争
　　因两个或更多生物利用同一资源而导致个体之间形成的一种关系。
Composite signal 复合信号
　　由两个或多个简单信号结合而形成的信号。
Conditioned response(CR) 条件反应
　　在经典条件反射形成期间已被条件化了的行为。
Conditioned stimulus(CS) 条件刺激
　　在条件反射建立过程中能开始诱发条件反应的中性刺激。
Confusion effect 混淆效应
　　高密度的猎物群体可降低捕食动物的捕获效率。
Conspecific 同种,同种的
　　属于同一物种的动物。
Consummatory behavior 完成行为
　　参见 Appetitive behavior,生殖行为的求偶是欲求行为,交配是完成行为。
Cooperation 合作
　　两个或多个个体为达到一个共同目的而一起行动。
Cooperative breeding
　　是一种生殖体制,指非双亲个体与双亲共同喂养后代。

Core area 核域
巢域中最经常到达和利用的区域。

Corpora allata 咽侧体
无脊椎动物成对的内分泌腺体,位于胸部,可分泌防止成熟的保幼激素。

Corpora cardiaca 心侧体
无脊椎动物成对的内分泌腺体,位于心脏附近,可调节新陈代谢。能接受来自脑的神经分泌物并向血腔中释放内分泌产物。

Coursers 追猎者
长距离追逐猎物的捕食者。

Crepuscular 晨昏时活动的(动物)
日周期的高峰活动期在清晨和(或)黄昏。

Critical period 关键期
通常是指动物发育早期的一段时间,在此期间最容易形成某种习性或最容易出现和产生某种行为。

Cryptic female choice 隐蔽的雌性选择
在一雌与多雄交配的情况下,在交配时或交配后所发生的雌性个体对配偶的选择,在使卵受精时总是对特定雄性个体的精子有利。

Crystallized song 定形的鸣叫
鸣声发育的最后阶段,此时鸣叫的变化减少但更趋于稳定和不变。

Currency 通货
在最适模型中使其达到最大的资源,如在最适觅食模型中的能量资源。

Cycle 周期
构成生物节律的重复单元。

Dendrites 树突
可把信息传递到细胞体的神经细胞部分,大多数神经元都有多个树突。

Depolarized 去极化
减少膜内外的电荷差。

Deprivation experiments 剥夺实验
在实验中将特定类型的刺激(如社会的、感觉的和运动的)拿掉以便证实这些刺激对发育的影响。

Despot 域主
控制资源的一个优势个体。

Developmental homeostasis 发育内稳态
尽管存在突变基因潜在的不利影响和不太适宜的环境条件,但个体内的发育机制仍具有产生适应性特征的能力。

Diapause phase 滞育期
昆虫中最为常见的一个休眠期,发生在年气候周期中比较严酷的时段。

Diet selection model 食物选择模型
最适模型的一种类型,涉及动物应当试图获取和吃的食物种类。

Dilution effect 稀释效应
当捕食者在同一时刻只能捕到一头猎物时,生活在群体中的个体比单独生活的个体更难以被捕获。

Dimorphism 二态性,二形性
同一物种有两种或两种以上的形态、大小和外貌,通常是指雌雄两性差异。

Direct fitness 直接适合度
个体通过自身生殖对未来世代所做出的基因贡献。

Discrete signal　离散信号
全或无式的一种通讯方法,通常每次发出的信号强度相等如动物的报警鸣叫。

Discrimination　识别
在学习中辨别两个或更多刺激之间的差异并根据这些差异做出选择的能力。

Dispersal　散布
生物离开其出生地或种群高密度区的移动。

Dispersion　个体分布
种群内个体的空间分布格局。

Displacement activity　替代活动
对刺激做出的一种本能的和刻板的反应,这种反应看起来与当时的场合并不适宜或不相干。

Display　炫耀
在进化过程中经过了仪式化成为通讯信号的任何行为形式,多数炫耀行为都与生殖和对抗有关。

Diurnality　昼行性
指动物白天外出活动,夜晚休息和睡眠的活动习性。

Divergent evolution　趋异进化
因生活在不同环境和经受不同的选择压力而使近缘物种朝不同方向进化并增加差异。

Dominance hierarchy　优势等级体制
指动物群体中的社会排位,一些个体总是服从于另一些个体并常把可利用的资源让优势个体优先利用而无需发生战斗。

Ecdysone　蜕皮激素
由昆虫前胸腺分泌的一种能控制蜕皮的激素。

Eclosion　羽化
指昆虫从蛹到成虫的发育过程。

Economic defendability　经济可保卫性
从保卫资源或领域中所获得的利益大于为此所付出的代价。

Electroreceptor　电感受器
能感知电场的感觉器官。

Electric organ discharges　电器官放电
指某些种类的鱼产生电流并形成电场的现象,可用于保卫、捕食并可作为种内的通讯通道。

Endocrine glands　内分泌腺
无脊椎动物和脊椎动物体内的无管道腺体,可把各种激素释放到血液或淋巴液中运到身体各处。

Endogenous clock mechanism　内源生物钟机制
生物体内能决定和调控生物节律的任何过程。

Enrichment experiments　添加实验
在实验中为动物提供各种类型的刺激(社会的、感觉的和运动的)以便证实这些刺激对发育的影响。

Entrainment　导引
靠与外部某些环境刺激周期同步化而为生物钟定时或重新调时。

Epicycle　短周期节律
节律期少于 24 小时,一般只有几分钟至几小时,如潮间带的沙蠋每隔 6~8 分钟取食一次;田鼠(*Microtus pennsylvanicus*)每个取食-休息周期为 15~120 分钟不等。

Estrous cycle　动情周期
从一次排卵(动情期)到另一次排卵动物的行为和生理变化时期。

Estrus 动情期
排卵时间的可交配期。

Ethogram 行为谱
一种动物全部行为的目录清单。

Ethology 动物行为学
研究自然环境中动物的各种行为,特别着重分析各种行为和适应性与进化。

Eusociality 真社会性
最发达完善的社会体制,包括生殖分工(等级分化),世代重叠与成年个体在喂养幼虫时实行合作等。

Evolution 进化
各世代种群基因频率的改变,这种改变是由自然选择和(或)遗传漂变引起的。

Evolutionarily stable strategy(ESS) 进化稳定对策
为种群中大多数个体所采取而不会被任何其他对策所侵蚀的对策,最大特点是不可侵蚀性。

Evolutionary psycology 进化心理学
研究心理机制的适应值,是社会生物学的重要内容。

Exploratory behavior 探索行为
在没有任何内稳态需要的情况下自发地寻找并积极探究各种陌生物体或其他生物的行为,是玩耍学习的一种类型,有利于发现有用之物。

Explosive breeding assemblage 爆发式生殖集群
是一种交配体制,种群中大部分成年雌性个体都会集中在每年的一天或少数几天内达到性成熟并进行交配。

Extinction 消退、衰减
在学习中形成的反应在无强化的情况下其反应率和反应强度会逐渐减弱,直至消失。

Extra-pair copulation 婚外交配
在单配制物种中雄性或雌性个体与同群中非配偶异性交配的现象。

Fatigue 疲劳
当刺激连续或重复发生时所引起的反应持久性衰减,广义来说就是动物学会对特定刺激不发生反应。

Female defence polygyny 保卫雌配偶的一雄多雌制
通过与其他雄性个体的直接竞争阻止后者接近其妻妾群。

Female distribution theory 雌性个体分布理论
由于不同物种雌性个体空间分布方式的不同而导致形成多种不同的婚配体制,这将会影响采取不同交配策略的雄性个体所得到的适合度。

Female preference hypothesis 雌性偏爱假说
雌性个体对其交配对象存在偏爱和选择性,求偶场就是建立在这一假说的基础上。

Fertility insurance 受精保险
雌性个体借助于与多个雄性个体交配而增加卵受精的可能性。

Filial imprinting 子代印记
年幼动物对一个特定物体(刺激)形成依附性的过程,通常表现为跟随。在自然条件下依附对象通常是母亲。

Fitness 适合度
动物个体存活和生殖能力强弱的一个测度。

Fixed action pattern(FAP) 固定行为型
是按一定时空顺序进行的肌肉收缩活动,表现为一定的运动形式并能达到某种生物学目的。它是一种先天的和刻板不变的运动形式。

Free-running rhythm   自运节律
  置于恒定环境中的动物所表现出的活动周期,该周期不同于任何已知的环境变量周期。

Frequency-dependent selection   频率制约选择
  自然选择的一种类型,一个表型的适合度依存于它在种群中的相对频度。

Fundamental niche   基础生态位
  动物在无竞争者的最适条件下所占有的多维空间。

Gametes   配子
  成熟的二倍体细胞(精子和卵),可结合形成合子。

Game theory   博弈论
  研究动物行为适应的最好方法,动物从一个特定行为策略所获得的适合度报偿将依存于群体中其他个体的行为表现。

Gene flow   基因流
  基因通过迁移或变种间杂交从一个种群到另一个种群的移动。

Generalists   泛化物种
  指分布广占有多种生境和吃多种多样食物的物种。

Generation time   世代历期
  生物从出生到第一次生殖所经历的时间长短。

Genetic compatibility   遗传亲和性
  精子中的基因具有补充卵子中基因的功能,这将会导致合子发育成竞争力较强的个体。

Genetic drift   遗传漂变
  种群中的基因频率因机遇而不是因选择、基因流或突变所发生的随机变化。

Genotype   基因型
  一个生物体的遗传构成。

Good genes   优质基因
  能增进该基因载体适合度的基因。雌性个体选择配偶是为了给它们的后代提供雄性个体的优质基因以便增进后代的存活和生殖机会。

Good parent theory   好双亲理论
  是对配偶选择的一种解释,选择者选择配偶的依据是能否很好地养育它们的后代。

Graded signal   级进信号
  通讯的一种方式,信号强度或频率是变化的,因此可提供刺激强度的数量信息。

Green beard effect   绿胡须效应
  辨认亲属的一种机制,辨识基因能让动物辨认出带有同样基因的其他个体并对其表现出利他行为。

Group selection   群体选择
  对两个或多个群体所进行的选择,选择的单位是群体。

Habitat imprinting   生境印记
  动物常常依据早年生活过的生境选择它们的栖息地。

Habitat selection   生境选择
  选择一个生活地点。

Handicap   障碍假说
  很多动物雄性个体的性"装饰物"是有害的,但却能吸引雌性个体,因为它标志着这些雄性个体具有优质基因,使其甚至能在不利条件下存活。

Handling time   处理时间
  为吃一个食物而对其进行加工处理所花费的时间。

Haplodiploidy 单倍双倍体
　　膜翅目昆虫所特有的一种性决定方式，雄性个体来自单倍体的未受精卵，雌性个体来自双倍体的受精卵。

Healthy mate theory 健康配偶理论
　　雌性个体将选择足够健康的雄性个体作配偶以便能产生和保持精美的装饰物，这样的雄性个体将疾病和寄生物传染给配偶的可能性最小。

Helpers-at-the-nest 在巢中当帮手
　　自己不生殖的非双亲个体在其他个体的巢中帮助喂养后代。

Hibernation 冬眠
　　动物在冬季的严寒月份进入深眠状态并降低新陈代谢活动。

Homeostasis 内稳态
　　动物体内的生理条件常常趋向于稳态或平衡状态。

Home range 巢域
　　指动物大部分时间所在的那个区域。

Homing 返家,返巢
　　指动物被释放后返回巢地或家的能力。

Homology 同源(性)
　　两种器官结构因遗传自共同祖先而表现出的相似性。

Honest signal 忠实信号
　　向信号接受者传递自身有关表型质量的正确信息,如战斗能力或作为一个潜在配偶的质量。

Hormones 激素
　　由无管腺体和神经分泌细胞所分泌的化学物质,靠循环系统传送,能影响体内的各种生理过程。

Hypothesis 假说
　　对事物发生原因的可能解释。

Ideal free distribution 理想自由分布
　　在可自由决策的前提下非领域个体在不同质量各斑块中的分布,这种分布可以导致每个个体的资源净收益相等。

Illegitimate receiver 非常规信号接受者
　　利用从外来信号中所获得到的信息增进自己的适合度并降低信号发送者的适合度。

Illegitimate signaler 非常规信号发送者
　　发出的信号使信号接受者做出的反应有利于增加自己的适合度而不利于信号接受者。

Imprinting 印记
　　一种学习类型,通常是在生命的早期的一个关键期内对第一次看到的移动物体形成深刻印象并加以跟随,将来还可能对这一物体或具有类似刺激的个体表现出性行为。

Inbreeding depression 近交抑制
　　因近亲交配而引起的子代适合度下降,部分原因是有害隐性基因的积累。

Inclusive fitness 广义适合度
　　个体的直接适合度和间接适合度的总和。

Indicator traits 指示特征
　　为异性个体提供关于自身健康状况或适合度信息的特征。

Indirect fitness 间接适合度
　　个体靠间接帮助亲属生殖而对未来世代做出的基因贡献。

Individual distance 个体距离
　　一个动物与该物种其他成员所保持的最小距离。
Industrial melanism 工业黑化现象
　　因工业污染所引起的环境变化使个体的黑色型逐渐增多。
Innate 先天的(行为)
　　指有固定遗传基础的行为或有高度遗传预程序化(preprogramming)的行为。
Instrumental conditioning 工具性条件反射
　　见 operant conditioning。
Intelligence 智力
　　精神能力的总和,包括想象力、解决问题的能力、记忆力、利用从以前经历中获得的信息的能力、感受性以及行为的变通性等。动物靠智力获得环境信息并在其行为活动期间利用这些信息做出决策。
Intention movement 意向动作
　　动物在完成一个行为之前的预备动作,例如鸟类起飞之前先下蹲并伴随着翅的动作。
Intersexual selection 性间选择
　　在雌性个体(或雄性)配偶选择的基础上对雄性个体(或雌性)特征所进行的选择。
Intrasexual selection 性内选择
　　在雄性个体(或雌性)竞争配偶的基础上对雄性个体(或雌性)特征所进化的选择。
Isolating mechanisms 隔离机制
　　阻止不同物种或种群成员之间基因交流的形态或行为特征。
Kin discrimination 亲缘识别
　　动物依据自己与其他个体亲缘关系的远近而区别对待这些个体的能力。
Kinesis 动性
　　动物的一种随机和不定向的运动,最终总是使运动趋向有利刺激源和避开不利刺激源。
Kin selection 亲缘选择
　　基因水平上的一种自然选择,被选择的个体是广义适合度较大的个体,能较有效地传递自身基因(但不一定是借助于自己生殖)。
Knockout gene 失效基因
　　遗传工程突变基因,已被导向破坏而失去正常功能。
K selection K 选择
　　被选择的个体适应于生活在稳定和可预测的环境中。
Latent learning 潜在学习
　　学习的一种类型,学习时既不与即时的强化或报偿相关联,也不与特定行为相关联,但却可以贮存这些信息在未来的适当场合下利用。
Learning 学习
　　因个体经历和经验而使行为发生相对持久的适应性变化。
Learning set 学习集
　　动物获得的一种学习策略,即能在同一类型的问题之间转移学习所得。
Lek 求偶场
　　集体求偶炫耀的场所,通常是固定不变的。
Lesion 损毁
　　用电流或药物等方法破坏一定的靶组织部位。
Life range 生存域
　　动物一生中所利用的一个很大的地理区域。

Local mate competition　局部配偶竞争
　　同胞兄弟之间的配偶竞争,它取决于种群大小和可操控的性比率,也可能导致产生偏斜的子代性比率。
Local resource competition model　局部资源竞争模型
　　在灵长动物中,雌性个体产出的雄猴数量会大大多于雌猴,这将导致雄猴向外散布以便减少竞争,或者是高顺位的雌性个体产出更多的雌猴以便能有效的竞争资源。
Locus(loci)　位点
　　特定基因在染色体上的位置。
Macroevolution　大进化,宏观进化
　　物种层次以上的重要进化事件。
Male dominance polygyny　雄性优势的一雄多雌制
　　是一种交配体制,雄性个体彼此竞争优势地位,顺位较高的雄性个体能有更多的交配机会。
Marginal value theorem　边缘值理论
　　是一个模型,它可预测动物应当在什么时候停止在一个资源斑块内觅食并进入另一个斑块。
Mate guarding　保卫配偶
　　雄性动物防止自己的配偶从其竞争对手那里获得精子。
Menses　月经
　　子宫内膜及其相关液体的脱落期(在卵未受精时)。
Menstrual cycle　月经周期
　　指灵长动物从一次排卵周期结束到另一次排卵周期结束所经历的时间。
Microevolution　微(观)进化
　　在微量基础上所发生的基因频率或特征的变化。
Migration　迁移,迁飞
　　从一地到另一地的季节性移动。
Mobbing behavior　激怒行为
　　猎物群体对入侵的捕食者群起而攻之的行为。
Molt　蜕皮
　　指甲壳动物和昆虫等节肢动物以及蛇类等一些脊椎动物随着身体长大而脱去外骨骼或外表皮的过程。
Monestrous　一次动情
　　雌性个体只在每年的少数几天内处于可受精状态。
Monogamy　单配性
　　一种交配体制,雌雄个体在一定时期内配对并共同养育后代。
Monophyletic origin　单元起源
　　起源于同一祖先类型的生物群。
Monozygotic twins　单卵双生,单卵孪生
　　来自同一合子(卵)的两个个体,其遗传构成完全相同。
Motivation　动机
　　导致行为发生的内在生理过程,如渴了要喝水,饿了去捕食。
Mullerian mimics　缪勒拟态
　　两个有毒不可食物种在外形、色斑和行为上互相模拟。
Mutation　突变
　　基因中核苷酸排列顺序的改变。
Mutational analysis　突变分析
　　研究突变体对形态、生理和行为的影响。

Mutualism　互惠共生
　　同一物种或不同物种个体之间的互利关系。
Natural selection　自然选择
　　是发生进化改变的过程,原因是具有不同遗传特征的个体表现出的生殖差异。
Navigation　导航
　　在奔向目的地时动物利用各种信息确定自己所在方位的过程。
Neoteny　幼态延续,幼态成熟
　　成年个体保持幼年特征。
Neurosecretions　神经分泌
　　由特化神经元所分泌的类似激素的化学物质,能影响各种生理过程。
Nocturnal　夜行,夜出
　　每天夜晚活动白天休息的生活习性。
Nondescendant　非子代亲属
　　除子代以外的其他亲属。
Nuptial gift　婚配礼品
　　雄性个体在交配前或交配期间提供给对方的食物或其他有用之物。
Observational learning　观察学习
　　由于观察过在相同场合下另一动物的行为表现,所以其行为表现或所做出的反应与前者十分相似。
Observational method　观察法
　　包括任何用于观察和记录动物行为及其相互关系的技术方法。
Operant(instrumental) conditioning　操作性(工具性)条件反射
　　建立在试-错学习基础上的一种学习类型,在这种学习过程中一个动作或行为如果得到报偿其出现的频率就会越来越高。
Operational sex ratio　可操作性比率
　　在一特定时期内种群中性成熟的雌雄个体数量之比。
Optimal forage theory　最适觅食理论
　　假定动物的觅食决策将会使它们的能量净收益或其他食物所得达到最大,而这又直接与生殖的成功相关联。
Optimality modeling　最适模型
　　该模型可用于预测在特定场合下为了使适合度达到最大动物所应做出的决策。
Organizational effects　组织效应
　　指某些激素在动物发育关键期所起的作用,它可影响中枢神经系统和其他结构,使成年个体的形态和行为发生变化。
Oscillator　振荡器
　　在生物节律中生物体内起钟表作用的内在机制。
Parental investment　亲代投资
　　可增加后代存活和生殖机会的时间和能量投入。
Parental manipulation　亲代操纵
　　有选择地喂养一些后代而牺牲另一些后代,以便使双亲的生殖成功率达到最大。
Patches　斑块
　　资源丰富的局部区域。
Patch model　斑块模型
　　最适觅食模型的一种类型,该模型假定猎物是以离散的群体分布的并试图预测捕食者将在什么地点

和在什么时间寻觅这些猎物。

Payoff matrix　报偿矩阵
将各方博弈的结果,即把各方采取不同行为对策的得分和失分列出图表。

Perception　感受,知觉
对感觉信息所作的分析和解读。

Period　期
生物节律中一个周期的时间长。

Phenotype　表型
由基因型和环境因素所决定的生物的可见特征。

Phenotype match　表型匹配
亲缘个体之间彼此相互识别的一种机制。

Pheromone　信息素,外激素
动物释放的具有物种特异性的化学物质,能影响同种其他个体的行为和生理状况。

Phonotaxis　趋声性
与声音有关的定向。

Photoperiod　光周期
一天中的光照时数。

Phylogeny　系统发生
生物类群的进化史。

Piloting　引航
利用熟悉的地标找到方向和地区。

Plastic song　可塑性鸣叫
鸟类鸣声发育的一个阶段,此时鸟的鸣叫已经表现出了本种的特异性但仍有一定程度的变化。

Polyandry　一雌多雄
动物的一种交配体制,指一个雌性个体与多个雄性个体交配,雄性个体通常对后代有很大投资。

Polygamy　多配性
一种交配体制,雌雄个体都与多个异性个体交配。

Polygenic trait　多基因特征
受很多基因影响的特征,通常在种群中是连续分布的。

Polygyny　一雄多雌
一种交配体制,一个雄性个体与多个雌性个体交配,雌性个体通常对后代有很大投资。

Polyphyletic group　多源群
来自多个祖先的一个分类群体。

Precocialism　早成性
幼体在出生或孵化时便已发育得很好,基本上能独立生活。

Priming pheromone　引发信息素
能改变另一生物生理状态的化学信号,最终能使它的行为发生改变。

Profitability　有利性
从一种食物中所摄取的能量与处理这种食物所花时间的比值。

Protandry　先雄后雌
指序贯雌雄同体物种,个体先是雄性,后变为雌性。

Protogyny　先雌后雄
指序贯雌雄同体物种,个体先是雌性,后变为雄性。

Proximate causation(factor)　近期因果关系(因素)
行为发生机制的说明,包括激素的、神经系统的和行为发育方面的。

Psychobiology　心理生物学
从心理学和生物学两方面研究中枢神经系统的机制和功能。

Puberty　青春期
动物首次能进行生殖的年龄。

Punctuated equilibrium　点断平衡(说)
一种进化假说,认为进化是快速的和爆发式的,然后是一个较长时间的稳定期。

Quantitative genetics　数量遗传说
研究连续变化的特征。

Realized niche　现实生态位
在存在竞争者、捕食者、病原物和食物有限条件下动物实际所占有的多维空间。

Receiver bias　接受者偏斜
由于自然选择的作用信号受体一方对某些刺激的感受性越来越敏感,并将影响动物通讯行为的进化。

Recessive trait　隐性特征
由一个等位基因所决定的特征,当它与优势等位基因一起发生时其表型是受到抑制的,因此对于一个隐性表型特征的表达必须有两个隐性等位基因同时存在。

Reciprocal altruism　相互利他行为
一个个体的利他行为在其后的某个时间会得到该行为受益者的回报。

Red Queen hypothesis　红皇后假说
有性生殖因遗传变异而得以进化,这些变异的结果是使动物能够适应寄主与其寄生物以及捕食者与其猎物之间的进化"军备竞赛"。

Reflex　反射
对特定刺激做出的简单而刻板的行为反应。

Regulatory gene　调节基因
对其他基因起着开关作用的基因。

Reinforcement　强化
在学习中能改变行为发生概率的任何事情。

Releaser　释放者
对其他个体起着社会信号作用的某些形态和行为特征。

Reproductive effort　生殖努力
为生殖所消耗的能量和所冒的风险,以该生物其后生殖能力的下降为测度。

Reproductive success　生殖效果
一个个体所出生的子代存活个体数或直接适合度。

Resource defense polygyny　保卫资的一雄多雌制
雄性个体借助于独占重要资源而防止其他雄性个体接近其配偶。

Resource-holding power　持有资源力
一个个体保有和控制有价值资源的能力,常常与身体大小和经验有关。

Ritualization　仪式化
行为通过进化逐渐演变为通讯信号的过程。

r selection　r 选择
选择有利于能快速生长和生殖的个体,尤其是那些定居在短期存在的生境中的个体。

Runaway selection 脱缰选择
性选择的一种形式,指雌性个体在配偶选择中偏爱雄性个体的某些装饰,由此引发的正反馈环既有利于具有这些装饰的雄性个体又有利于偏爱这些装饰的雌性个体。

Scan sampling 扫描取样
观察记录动物行为的一种方法,每隔一定时间(如每1分钟或每5分钟)观察动物一次并记录下动物在取样时间内的活动。

Search image 搜寻印象
捕食者在搜寻隐蔽猎物时所利用的一种感觉筛选机制,一旦找到一个稀有的隐蔽猎物,此后的搜寻效率就会明显提高。

Sensitive period 敏感期
在个体发育中最容易形成跟随反应(印记学习)的一段时间。

Sensory adaptation 感觉适应
发生在感受器层次上的一个过程,包括传往中枢神经系统的神经冲动的减缓或停止。

Sexual imprinting 性印记
幼小动物对同种异性个体形成依附性的过程。

Sexual dimorphism 性二型
同一物种雌雄个体之间的差异。

Sexual selection 性选择
自然选择的一种形式,涉及雄性个体(或雌性)之间为争夺配偶所进行的性内竞争和雌性个体(或雄性)对异性个体所进行的性间选择。

Siblicide 同胞自残
兄弟姐妹之间的互相残杀。

Signal 信号
能够传递信息的任何行为类型。这些行为通过进化而具有了传递信息的功能后就可称为炫耀(displays)。

Sign stimulus 信号刺激
能代表发出刺激的整个主体的刺激。

Social organization 社会组织
群体所有成员之间所表现出的本种所特有的各种相互关系,包括空间分布格局、涉及优势等级或领域性的个体间关系、交配体制、亲子关系以及个体散布等。

Sociobiology 社会生物学
用进化原理去研究动物的社会行为和社会体系。

Specialists 特化种
指分布范围狭窄且所吃食物种类不多的物种。

Species-typical behavior 物种的典型行为
同一物种个体共同具有的动作和炫耀行为。

Sperm competition 精子竞争
在一个雌性个体与多个雄性个体交配的情况下,其中一个雄性个体的精子能使不成比例的卵子数量受精。

Stimulus filtering 刺激过滤
神经元和神经网对能够引起反应的刺激不予感应。

Strategy 对策
由遗传近期机制所控制的一套行为规则,动物在其行为对策上的差异是与其基因差异相联系的。

Stridulation 摩擦发声
  昆虫靠身体的一部分与另一部分摩擦发出声音。

Sun compass 太阳罗盘
  动物靠太阳和体内的生物钟进行导航的机制。

Sympatry 同域分布
  地理分布区重叠的种群或物种。

Synergism 增效作用，协同作用
  两个或更多因子相互作用所施加的共同影响大于每个因子单独影响之和，如两种激素共同作用于靶组织。

Taxis 趋性
  动物对刺激所作的定向反应，定向方向是身体长轴对准刺激源。

Temperature-compensated rhythm 温度补偿节律
  生物节律对温度影响的相对不敏感性。

Territory 领域
  一个动物或动物群体所独占并加以保卫的区域。

Thermoreceptors 热感受器
  对温度变化敏感的感觉细胞。

Threshold 阈值
  诱发一个全或无反应所必需的最小刺激强度。

Tradition 传统行为
  借助于学习从一代传递到下一代的行为。

Translocation 转运
  把动物从一地运送到另一地，以便弄清它们的活动周期会不会发生变化和需要多长时间发生变化以便适应于当地的光周期和其他环境特点。

Transplantation 移植
  把神经或激素组织从动物的一个部位移植到另一个部位，或从一个动物移植到另一个动物。

Trophic hormones(Trophic neurosecretions) 促激素(促神经分泌物)
  由内分泌腺或神经分泌细胞所生产的激素或神经分泌物，这些激素或分泌物能影响其他激素的生产和释放。

Ultimate causation(factors) 最终因果关系(因素)
  事情为什么会是现在这个样子的进化原因和历史原因。

Ultradian rhythm 亚昼夜短期节律
  少于 24 小时的周期节律。

Unconditioned response(UCR) 无条件反应
  在经典条件反射中，动物对最初的无条件刺激所做出的反应。

Unconditioned stimulus(US) 无条件刺激
  在经典条件反射中，最初引发动物做出无条件反应的刺激。

Warning coloration 警戒色
  见 aposematic coloration。

Zeitgeber 同步因素，定时因素
  对内在生物钟起定时或调时作用的任何调节因素，如日升和日落等。

Zugunruhe 迁徙性不安，迁徙兴奋
  动物在迁徙时期所表现出的行为躁动。